教育部高等学校电子信息类专业教学指导委员会规划教材
高等学校电子信息类专业系列教材 · 新形态教材

现代EDA技术及其应用

基于Intel FPGA & Verilog HDL的描述与实现

张俊涛　陈晓莉　编著

清华大学出版社
北京

内 容 简 介

本书系统讲述基于 Intel FPGA & Verilog HDL 的现代 EDA 技术及其应用。全书分为 3 篇，共 7 章。第 1～3 章为基础篇：第 1 章介绍 EDA 的基本概念和应用要素；第 2 章讲述 Verilog HDL 的基本结构、语法要点和应用；第 3 章讲述在 Quartus Prime 开发环境下进行数字系统设计的基本流程、原理图设计方法、仿真分析和在线测试方法。第 4～6 章为应用篇：第 4 章首先讲述常用数字器件的功能描述方法，然后讲述分频器和存储器的描述及应用；第 5 章讲述 Quartus Prime 中典型 IP 的应用；第 6 章讲述状态机的设计方法，并通过典型的应用实例突出 EDA 技术的应用。第 7 章为提高篇，首先讲述 HDL 代码的书写规范和数字系统的设计原则，然后简要介绍 Quartus Prime 综合与优化设计问题，最后重点讲述时序分析和 Verilog HDL 中的数值运算方法。

本书可作为高等学校电子信息类、计算机类和人工智能类本科 EDA 课程教材、全国大学生电子设计竞赛 EDA 专题培训辅导书，也可作为研究生或其他本科专业学生自学 EDA 技术的参考用书。

图书在版编目(CIP)数据

现代 EDA 技术及其应用：基于 Intel FPGA & Verilog HDL 的描述与实现/张俊涛，陈晓莉编著. —北京：清华大学出版社，2022.7

高等学校电子信息类专业系列教材　新形态教材

ISBN 978-7-302-61129-5

Ⅰ. ①现…　Ⅱ. ①张…　②陈…　Ⅲ. ①可编程序逻辑器件－系统设计－高等学校－教材　②电子电路－电路设计－计算机辅助设计－高等学校－教材　Ⅳ. ①TP332.1　②TN702.2

中国版本图书馆 CIP 数据核字(2022)第 111984 号

责任编辑：盛东亮　吴彤云
封面设计：李召霞
责任校对：时翠兰
责任印制：朱雨萌

出版发行：清华大学出版社
网　　址：http://www.tup.com.cn，http://www.wqbook.com
地　　址：北京清华大学学研大厦 A 座　　**邮　　编**：100084
社 总 机：010-83470000　　**邮　　购**：010-62786544
投稿与读者服务：010-62776969，c-service@tup.tsinghua.edu.cn
质量反馈：010-62772015，zhiliang@tup.tsinghua.edu.cn
课件下载：http://www.tup.com.cn，010-83470236
印 装 者：三河市铭诚印务有限公司
经　　销：全国新华书店
开　　本：185mm×260mm　　**印　　张**：25.25　　**字　　数**：618 千字
版　　次：2022 年 9 月第 1 版　　**印　　次**：2022 年 9 月第 1 次印刷
印　　数：1～1500
定　　价：74.00 元

产品编号：094595-01

高等学校电子信息类专业系列教材

序

FOREWORD

我国电子信息产业销售收入总规模在2013年已经突破12万亿元，行业收入占工业总体比重已经超过9%。电子信息产业在工业经济中的支撑作用凸显，更加促进了信息化和工业化的高层次深度融合。随着移动互联网、云计算、物联网、大数据和石墨烯等新兴产业的爆发式增长，电子信息产业的发展呈现了新的特点，电子信息产业的人才培养面临着新的挑战。

(1) 随着控制、通信、人机交互和网络互联等新兴电子信息技术的不断发展，传统工业设备融合了大量最新的电子信息技术，它们一起构成了庞大而复杂的系统，派生出大量新兴的电子信息技术应用需求。这些“系统级”的应用需求，迫切要求具有系统级设计能力的电子信息技术人才。

(2) 电子信息系统设备的功能越来越复杂，系统的集成度越来越高。因此，要求未来的设计者应该具备更扎实的理论基础知识和更宽广的专业视野。未来电子信息系统的设计越来越要求软件和硬件的协同规划、协同设计和协同调试。

(3) 新兴电子信息技术的发展依赖于半导体产业的不断推动，半导体厂商为设计者提供了越来越丰富的生态资源，系统集成厂商的全方位配合又加速了这种生态资源的进一步完善。半导体厂商和系统集成厂商所建立的这种生态系统，为未来的设计者提供了更加便捷却又必须依赖的设计资源。

教育部2012年颁布了新版《高等学校本科专业目录》，将电子信息类专业进行了整合，为各高校建立系统化的人才培养体系，培养具有扎实理论基础和宽广专业技能的、兼顾“基础”和“系统”的高层次电子信息人才给出了指引。

传统的电子信息学科专业课程体系呈现“自底向上”的特点，这种课程体系偏重对底层元器件的分析与设计，较少涉及系统级的集成与设计。近年来，国内很多高校对电子信息类专业课程体系进行了大力度的改革，这些改革顺应时代潮流，从系统集成的角度，更加科学合理地构建了课程体系。

为了进一步提高普通高校电子信息类专业教育与教学质量，贯彻落实《国家中长期教育改革和发展规划纲要(2010—2020年)》和《教育部关于全面提高高等教育质量若干意见》(教高〔2012〕4号)的精神，教育部高等学校电子信息类专业教学指导委员会开展了“高等学校电子信息类专业课程体系”的立项研究工作，并于2014年5月启动了“高等学校电子信息类专业系列教材”(教育部高等学校电子信息类专业教学指导委员会规划教材)的建设工作。其目的是推进高等教育内涵式发展，提高教学水平，满足高等学校对电子信息类专业人才培养、教学改革与课程改革的需要。

本系列教材定位于高等学校电子信息类专业的专业课程，适用于电子信息类的电子信息工程、电子科学与技术、通信工程、微电子科学与工程、光电信息科学与工程、信息工程及其相近专业。经过编审委员会与众多高校多次沟通，初步拟定分批次（2014—2017年）建设约100门课程教材。本系列教材将力求在保证基础的前提下，突出技术的先进性和科学的前沿性，体现创新教学和工程实践教学；将重视系统集成思想在教学中的体现，鼓励推陈出新，采用"自顶向下"的方法编写教材；将注重反映优秀的教学改革成果，推广优秀的教学经验与理念。

为了保证本系列教材的科学性、系统性及编写质量，本系列教材设立顾问委员会及编审委员会。顾问委员会由教指委高级顾问、特约高级顾问和国家级教学名师担任，编审委员会由教育部高等学校电子信息类专业教学指导委员会委员和一线教学名师组成。同时，清华大学出版社为本系列教材配置优秀的编辑团队，力求高水准出版。本系列教材的建设，不仅有众多高校教师参与，也有大量知名的电子信息类企业支持。在此，谨向参与本系列教材策划、组织、编写与出版的广大教师、企业代表及出版人员致以诚挚的感谢，并殷切希望本系列教材在我国高等学校电子信息类专业人才培养与课程体系建设中发挥切实的作用。

吕志伟 教授

前言

PREFACE

随着集成电路制造工艺水平的不断提高，可编程逻辑器件的密度越来越大，基于可编程逻辑器件的数字系统设计方法能够有效地减小产品的体积，降低系统的功耗，提高系统的工作速度和可靠性。目前，可编程逻辑器件已经广泛应用于数字通信、集成电路设计和嵌入式系统应用等领域。随着智能硬件时代的到来，可编程逻辑器件必将在人工智能、大数据和高速信息处理等方面发挥更大的作用。

编者从事电子技术基础课程和电子信息类专业课程教学 20 多年，同时组织并指导大学生电子设计竞赛近 20 年，深切地体会到 EDA 技术的应用为电子信息领域所带来的变革。为突出 EDA 技术的应用性和实践性，以及在新工科背景下，以学生为中心，以产出为导向，持续改进的教育理念，编者在 EDA 课程的教学过程中一直试图编写一本立足应用、突出实践性、注重工程应用能力培养的 EDA 课程教材。

本书分为 3 篇，共 7 章。

第 1～3 章为基础篇。第 1 章介绍 EDA 技术的基本概念和应用要素；第 2 章讲述 Verilog HDL 的基本结构、语法要点和应用；第 3 章讲述 Quartus Prime 开发环境的基本应用，包括数字系统设计的基本流程、原理图设计方法、仿真分析和在线测试方法。

第 4～6 章为应用篇。第 4 章首先对常用数字逻辑器件进行描述，以便能够与数字电路课程有效衔接，然后重点讲述分频器和 ROM 的描述及其应用。第 5 章和第 6 章分别讲述 IP 的应用以及经典的状态机设计方法，并通过 DDS 信号源、频率计、电子琴和 VGA 时序控制器等典型应用电路和系统的设计，突出 EDA 技术的应用性，培养读者学以致用的能力。

第 7 章为提高篇，首先讲述 Verilog HDL 代码的书写规范和数字系统的设计原则，然后简要介绍综合与优化方法，最后重点讲述时序分析和异步时序问题以及 Verilog HDL 中的数值运算方法。

本书的编写力求突出以下 3 个特点。

(1) 注重基础。以掌握数字电路为起点，通过对电子设计竞赛真题解析阐述学习 EDA 技术的必要性，然后结合数据选择器、译码器、锁存器、触发器以及计数器等基本功能电路的描述详细讲述 Verilog HDL 的语法要点。通过 4 选 1 数据选择器的设计与描述、仿真分析与在线测试讲述 Quartus Prime 开发环境的基本应用。

(2) 紧贴应用。通过对各类数字器件进行功能描述，以便与数字电路课程有效衔接，使读者迅速熟悉 EDA 技术的基本应用，然后重点讲述 DDS 信号源、数字频率计、VGA 时序控制器和电子琴等典型电路与系统的设计和应用。读者通过学习和重现这些应用实例，能够掌握 EDA 技术的应用精华。同时，在章节和习题中融入了历届电子设计竞赛 EDA 应用题，读者通过设计和实现这些竞赛题，提高 EDA 技术的应用能力。

(3) 突出系统性。全书以数字频率计的3种设计方案为主线,以扩展频率测量范围和提高频率测量精度为目标,讲述在不同的资源背景下不同的实现方法,举一反三,循序渐进,培养读者的系统设计能力。

本书在成稿过程中,许多章节内容和应用项目在编者的课程教学和实践过程中试用并逐步完善。

全书由张俊涛编写,陈晓莉老师在本书的规划和编写过程中提出了许多指导性的建议,帮助绘制了书中的许多插图,并协助进行了多次审核和校对。

需要说明的是,为了方便教学,同时也为了节约篇幅,书中许多例程采用直观形象的原理图设计顶层电路,使读者能够明悉系统的结构,并且应用简单易用的向量波形法进行仿真。在复杂的数字系统设计中,编者推荐应用HDL通过模块例化方法描述顶层电路,应用testbench进行仿真分析。

在多年的电子技术基础课程教学、电子信息类专业课程教学以及电子设计竞赛指导的过程中,编者参阅了国内外许多相关书籍、Altera/Intel官网资料和友晶公司的培训资料,无法一一尽述,在此向相关作者表示感谢。

由于编者水平有限,书中难免有疏漏之处,恳请读者提出意见和改进建议。

张俊涛

2022年4月

目录

CONTENTS

基础篇

应　用　篇

提 高 篇

基 础 篇

第 1 章　EDA 技术简介

第 2 章　Verilog HDL 基础

第 3 章　Quartus Prime 的应用

第1章 EDA技术简介

CHAPTER 1

电子设计自动化(Electronic Design Automation,EDA)是20世纪90年代初发展起来的,以可编程逻辑器件(Programmable Logic Device,PLD)为实现载体,以硬件描述语言(Hardware Description Language,HDL)为主要设计手段,以EDA软件为设计平台,以专用集成电路(Application Specific Integrated Circuits,ASIC)或片上系统(System on Chip,SoC)为目标器件,面向电子系统设计和集成电路设计的一门新技术。

应用EDA技术,设计者可以从系统的功能需求、算法或协议开始,用硬件描述语言分层描述功能模块,应用EDA软件完成编译、综合和优化,以及针对特定可编程逻辑器件的适配过程,直至实现整个系统。

千里之行,始于足下。本章首先从电子设计竞赛的需求出发,分析学习EDA技术的必要性,然后讲述EDA技术的应用要素,最后简要介绍EDA的主要应用领域以及网络学习资源。

1.1 为什么需要学习EDA技术

1.1a 微课视频

数字逻辑器件可分为通用逻辑器件和ASIC两种类型。从理论上讲,应用通用逻辑器件(如4000系列和74HC系列)、微处理器和存储器可以设计出任何数字系统。但是,通用逻辑器件的规模一般都比较小,而且功能固定,在设计复杂数字系统时需要使用大量芯片,这会导致系统的体积难以缩小,功耗难以降低,同时受器件传输延迟和芯片之间布线延迟的影响,使系统的工作速度难以有效提高。

1.1b 微课视频

下面结合2015年电子设计竞赛题“数字频率计”的设计进行分析。题目要求是设计并制作一台闸门时间为1s的数字频率计,能够测量1Hz~100MHz信号的频率,要求频率测量的相对误差不大于0.01%(10^{-4})。设信号为TTL(Transistor-Transistor Logic)矩形波。

1.1c 微课视频

频率是指周期信号在单位时间内的变化次数。频率计用于测量周期信号的频率,有直接测频、测周期和等精度测频3种方法。

1.1d 微课视频

直接测频法的原理电路如图1-1(a)所示。其中,与门的两个输入端分别接被测信号F_X和闸门信号G(Gate Signal),与门的输出作为计数器的时钟CLK。由闸门信号G控制计数器在固定的时间范围内统计被测信号的脉冲数,如图1-1(b)所示,脉冲数与时间之比即为被测信号的频率。取闸门信号G的作用时间为1s时,计数器的计数值即为被测信号的频率值。

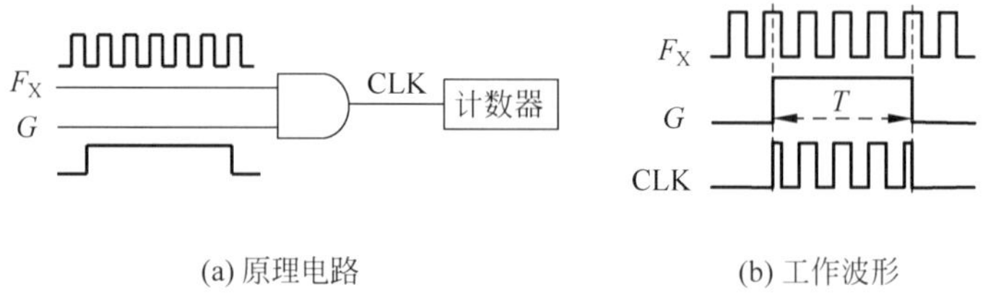

(a) 原理电路 (b) 工作波形

图 1-1 直接测频法

直接测频法能够测量信号的最高频率与闸门信号 G 的作用时间和计数器的容量有关。取闸门信号的作用时间为 1s 时，如果需要测量频率为 10kHz 的信号，那么要求计数器的容量为 10^4，基于中、小规模通用逻辑器件实现时可以应用 4 片十进制计数器 74HC160 级联实现。如果需要将测频范围扩展为 100MHz，在闸门信号的作用时间同样为 1s 的情况下，则要求计数器的容量为 10^8，这就需要用 8 片 74HC160 级联实现。一般地，在闸门信号作用时间固定的情况下，测量信号频率的范围越大，则计数所用的芯片越多，电路就越复杂。

当计数器的容量固定时，虽然可以通过缩短闸门信号的作用时间扩展频率测量的范围，但是会降低频率测量的精度。这是因为在直接测频法中，闸门信号 G 的作用时间是随机的，在计数过程中可能会存在一个脉冲的计数误差。

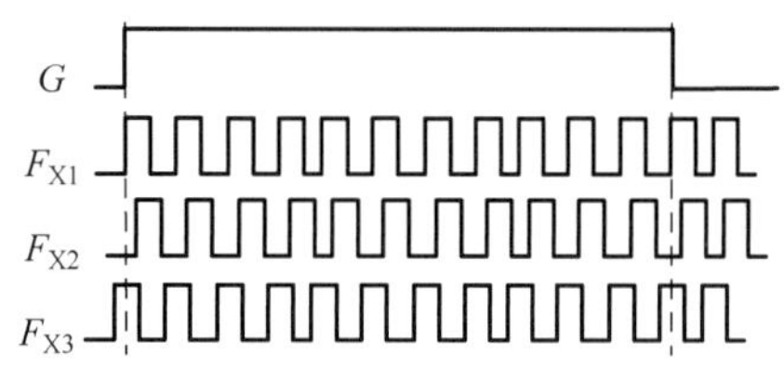

图 1-2 直接测频法计数误差成因分析

直接测频法计数误差成因分析如图 1-2 所示，其中被测信号 F_{X1}、F_{X2} 和 F_{X3} 的频率相同。设闸门信号 G 与被测信号 F_{X1} 同步，计数器在时钟脉冲的上升沿工作。

在闸门信号 G 的作用下，如果对信号 F_{X1} 的计数值为 N，则对信号 F_{X2} 的计数值为 $N-1$，对信号 F_{X3} 的计数值为 $N+1$。所以，取闸门信号的作用时间为 1s 时，直接测频率法的计数误差为 ±1Hz；闸门信号的作用时间为 0.1s 时，则计数误差为 ±10Hz。

另外，基于中、小规模通用逻辑器件设计频率计还存在一个问题：频率计的测频范围受计数器芯片性能的限制。查阅 NI(National Instruments)公司的器件资料可知，74HC160 从时钟到输出(Clock to Q)的传输延迟时间为 18ns，典型工作频率为 40MHz，如图 1-3 所示，最高工作频率为 43MHz。同时，应用多片 74HC160 级联扩展计数容量时，还需要考虑芯片与芯片之间布线传输延迟的影响。因此，虽然用 8 片 74HC160 级联理论上能够扩展出 10^8 进制计数器，实际上却无法测量 40MHz 以上信号的频率。

直接测频法的原理简单，但由于理论上存在一个脉冲的计数误差，所以被测信号的频率越低，直接测频法的相对误差越大，存在着测量实时性和测量精度之间的矛盾。例如，取闸门信号的作用时间为 1s，当被测信号的频率为 1000Hz 时，理论上频率测量的相对误差为 0.1%；而当被测信号的频率为 10Hz 时，则频率测量的相对误差高达 10%。

应用直接测频法虽然可以通过延长闸门信号的作用时间减小测频误差，但是对于频率为 10Hz 的信号，若要求频率测量的相对误差不大于 0.01%，则闸门信号的作用时间最短为 1000s。显然，这么长的测量时间是无法接受的，所以直接测频法不适合测量低频信号的频率。

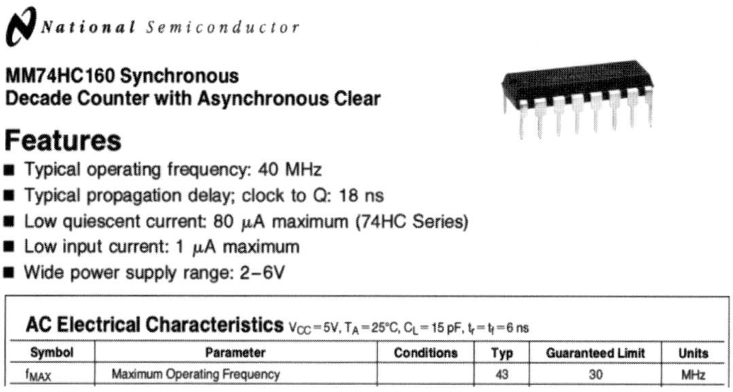

MM74HC160 Synchronous Decade Counter with Asynchronous Clear

Features

- Typical operating frequency: 40 MHz
- Typical propagation delay; clock to Q: 18 ns
- Low quiescent current: 80 μA maximum (74HC Series)
- Low input current: 1 μA maximum
- Wide power supply range: 2–6V

AC Electrical Characteristics $V_{CC}=5V, T_A=25°C, C_L=15 pF, t_r=t_f=6 ns$

Symbol	Parameter	Conditions	Typ	Guaranteed Limit	Units
f_{MAX}	Maximum Operating Frequency		43	30	MHz

图 1-3　74HC160 器件资料片段

从图 1-2 可以看出，如果能够控制闸门信号(G)与被测信号(F_X)同步，那么就可以消除计数误差，因而从理论上讲，频率测量的相对误差为 0。

等精度测频法就是通过控制闸门信号与被测信号 F_X 同步从而消除了计数误差，其原理电路如图 1-4 所示，将闸门信号 G 作为边沿 D 触发器的输入，被测信号 F_X 作为 D 触发器的时钟脉冲，D 触发器输出的新闸门信号 SG 与 F_X 同步。

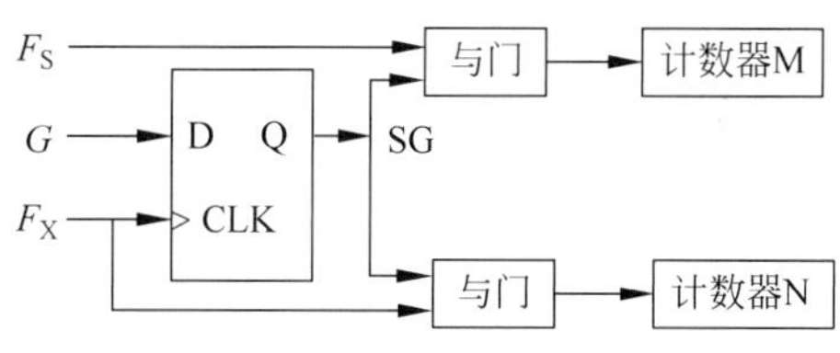

图 1-4　等精度测频法原理电路

等精度测频法的工作原理：当闸门信号 G 跳变为高电平后，只有当被测信号 F_X 的上升沿到来时，D 触发器输出的新闸门信号 SG(Synchronous Gate)才能跳变为高电平；当闸门信号 G 跳变为低电平后，同样只有当被测信号 F_X 的上升沿到来时，D 触发器输出的新闸门信号 SG 才能跳变为低电平。因此，D 触发器输出的新闸门信号 SG 与被测信号 F_X 严格同步，所以用新闸门信号控制时，能够消除计数误差。但是，由于新闸门信号 SG 的作用时间受被测信号 F_X 的控制，虽然取原闸门信号 G 的作用时间为 1s，但新闸门信号的作用时间不一定为 1s，因而计数器 N 中的计数值并不能代表被测信号的频率值。改进的方法是再添加一套与门和计数器，在新闸门信号 SG 的作用时间内同时对被测信号 F_X 和一个标准频率信号 F_S 进行计数，应用两个计数器的计数时间完全相同的关系推算出被测信号的频率值。

等精度测频法被测信号频率的计算原理如图 1-5 所示。若将新闸门信号 SG 的作用时间记为 T_D，标准频率信号 F_S 的周期记为 T_S，被测信号 F_X 的周期记为 T_X，在 T_D 时间内对标准频率信号和被测信号的计数值分别记为 N_S 和 N_X，则闸门信号 SG 的作用时间 T_D 可以精确地表示为

$$T_D = N_X T_X$$

虽然 D 触发器输出的新闸门信号 SG 与被测信号 F_X 严格同步，但并不一定与标准频率信号 F_S 同步，所以从理论上讲，在 T_D 时间内对标准信号进行计数，仍然可能存在一个脉冲的计数误差。因此，若用 $N_S T_S$ 表示 T_D 时，则

$$T_D \approx N_S T_S$$

取标准信号的频率很高使 $T_S \ll T_D$ 时，那么用 $N_S T_S$ 表示 T_D 的误差非常小，完全可

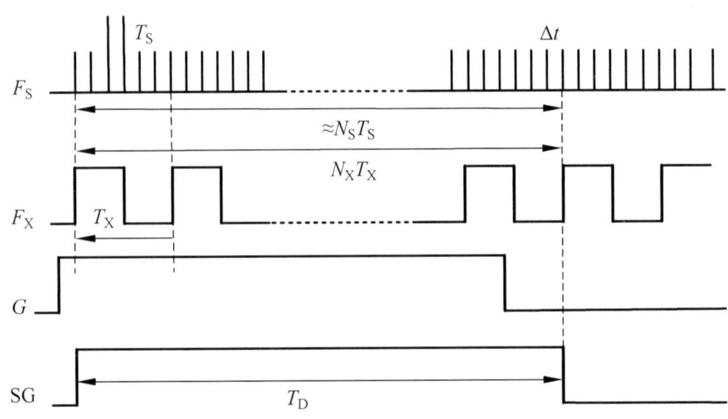

图 1-5 等精度测频法被测信号的计算原理

以忽略不计，则根据两个计数器的计数时间相等可以推出

$$N_S T_S \approx N_X T_X$$

若将标准频率信号和被测信号的频率分别用 f_S 和 f_X 表示，并将 $T_S = \frac{1}{f_S}$ 和 $T_X = \frac{1}{f_X}$ 代入，整理可得

$$f_X = \frac{N_X}{N_S} \times f_S$$

其中，N_S 和 N_X 分别为两个计数器的计数值。

下面对等精度测频的相对误差进行分析。

设用 $N_S T_S$ 表示 T_D 的误差记为 Δt，则

$$\Delta t = T_D - N_S T_S$$

设被测信号频率的精确值记为 f_{X0}。由于 $T_D = N_X T_{X0}$，所以 $f_{X0} = \frac{N_X}{T_D}$，因此频率测量的相对误差 δ 可以表示为

$$\begin{aligned}
\delta &= \frac{f_X - f_{X0}}{f_{X0}} = \frac{f_X}{f_{X0}} - 1 \\
&= \frac{f_S \dfrac{N_X}{N_S}}{\dfrac{N_X}{T_D}} - 1 = \frac{T_D}{T_S N_S} - 1 \\
&= \frac{T_D - T_S N_S}{T_S N_S} = \frac{\Delta t}{T_S N_S} \\
&= \frac{\Delta t}{T_D - \Delta t}
\end{aligned}$$

由于 Δt 最大为一个标准频率信号的周期，所以标准频率信号的周期 $T_S << T_D$ 时，$T_D - \Delta t \approx T_D$，因此频率测量的相对误差可以近似表示为

$$\delta \approx \frac{T_S}{T_D}$$

可以看出，等精度频率测量的相对误差与被测信号的频率无关，只取决于标准信号周期 T_S 与新闸门信号 SG 作用时间 T_D 的比值。标准信号的频率越高，或者闸门信号的作用时间越长，频率测量的相对误差就越小。

采用 100MHz 标准信号时，闸门信号的作用时间 T_D 与测频的相对误差 δ 之间的关系如表 1-1 所示。可以看出，取闸门信号 SG 的作用时间为 1s 时，频率测量的相对误差约为 0.000001%。

表 1-1　闸门信号作用时间与频率测量误差的关系

闸门时间 T_D/s	相对误差 δ/%
0.01	0.0001
0.1	0.00001
1	0.000001

等精度测频法的测量精度很高，但是需要应用乘法和除法运算计算被测信号的频率值。取闸门信号 G 的作用时间为 1s，标准信号的频率为 100MHz 时，如果要求频率计能够测量 100MHz 信号的频率，不但需要应用 27 位二进制计数器（因为 $2^{26}<10^8<2^{27}$）分别对被测信号 F_X 和标准频率信号 F_S 进行计数，还需要应用 27 位二进制乘法器和 54 位二进制除法器计算被测信号的频率值。若应用 74 系列中、小规模通用逻辑器件搭建 27 位乘法器和 54 位除法器，其电路的复杂程度是难以想象的。

那么，如何实现等精度频率测量呢？提供以下 3 种方案。

（1）应用微控制器和复杂可编程逻辑器件（Complex Programmable Logic Device, CPLD）实现。

应用 MCS-51、MSP430 或 STM32 等微控制器计算乘除法很方便，但是，对高频信号进行计数则相对困难。若应用微控制器内部的计数/定时器统计被测信号和标准信号的计数值，则会受到内部计数/定时器性能的限制，很难有效测量 1MHz 及以上信号的频率。

如果在微控制器外围扩展集成计数器进行计数，然后通过 I/O 口读取被测信号和标准信号的计数值，再通过编程计算被测信号的频率值，不但外围电路复杂，而且同样会受计数器芯片性能的限制，测频范围难以有效扩展。因此，推荐通过 CPLD 等可编程逻辑器件进行计数，应用微处理器计算乘除法。

（2）应用 EDA 技术，基于 IP（Intellectual Property）核实现。

应用 EDA 技术实现等精度频率计时，可以直接应用硬件描述语言描述所需要的计数器，然后在可编程逻辑器件中实现，不但不会受到具体器件功能的限制，而且计数器能够正常工作的最高频率远超过 100MHz。另外，还可以定制 EDA 软件中的乘法 IP 和除法 IP 实现乘除法运算，只需要将计算得到的二进制频率值转换为 BCD 码显示即可。

（3）应用 EDA 技术，基于片上系统实现。

在现场可编程门阵列（Field Programmable Gate Array, FPGA）中搭建处理器系统，用硬件描述语言描述所需要的计数器，应用处理器控制测频过程以及频率计算和显示。

1.2　应用 EDA 技术的 3 个要素

1.2a
微课视频

EDA 技术应用涉及硬件、软件和语言 3 方面，其中可编程逻辑器件是硬件系统实现的载体，EDA 软件是设计平台，而硬件描述语言则是描述设计思想的主要工具。

1.2b
微课视频

1.2.1 可编程逻辑器件

集成电路按照其应用领域可分为通用集成电路和专用集成电路两大类，如图 1-6 所示。通用集成电路不面向特定的应用，直接添加到电子系统中实现其相应的功能，如微处理器(Microprocessor Unit，MPU)、微控制器(Microcontroller Unit，MCU)、数字信号处理器(Digital Signal Processor，DSP)、通用逻辑器件(如 4000 系列和 74HC 系列)以及 A/D 和 D/A 转换器等。

专用集成电路(ASIC)是为特定应用而设计的集成电路，按照功能要求在单芯片上实现整个系统。与通用集成电路相比，专用集成电路具有体积小、功耗低和可靠性高等优点。

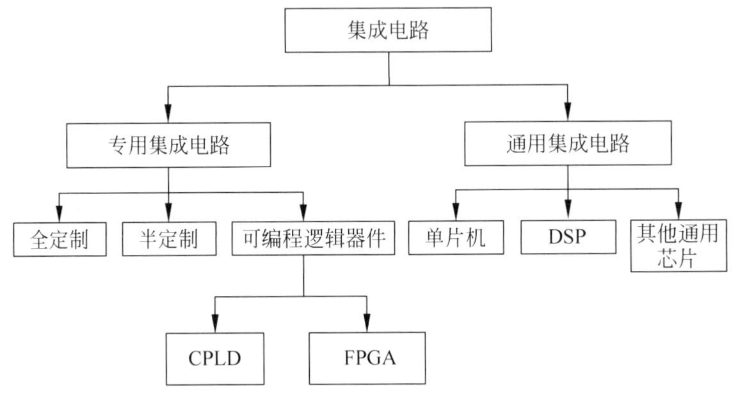

图 1-6 集成电路的分类

专用集成电路根据其设计方式又可以分为全定制(Full-custom)ASIC、半定制(Semi-custom)ASIC 和可编程逻辑器件 3 种类型。全定制 ASIC 应用集成电路最基本的设计方法完成所有晶体管和互连线而得到设计版图。半定制 ASIC 应用已经设计好的标准单元，如门电路、译码器、数据选择器和存储器等，通过模块组合完成系统设计。无论是全定制集成电路还是半定制集成电路，都要涉及芯片的布局布线和实现工艺问题，一旦投产后就不可更改，因而开发周期长，成本高。

可编程逻辑器件是在存储器基础上发展而来的，按照通用器件设计，但其逻辑功能由用户编程定义。

可编程逻辑器件诞生于 20 世纪 70 年代，最初产生的目的是替代种类繁多的中、小规模通用逻辑器件，以简化电路设计。在其后 40 多年的发展历程中，可编程逻辑器件经历了从 PROM(Programmable Read-Only Memory)、EPROM(Erasable Programmable Read-Only Memory)、E^2PROM(Electrically Erasable Programmable Read-Only Memory)到 FPLA(Field Programmable Logic Array)、PAL(Programmable Array Logic)、GAL(Generic Array Logic)和 EPLD(Erasable Programmable Logic Device)以及目前广泛应用的 CPLD 和 FPGA 等主要阶段，在结构、工艺、功耗、规模和速度等方面都得到了很大的发展。

可编程逻辑器件的发展历程大致可以分为 4 个阶段。

第 1 阶段为 20 世纪 70 年代初中期。这一阶段的器件主要有 PROM、EPROM 和 E^2PROM 这 3 类。这些器件结构简单、规模小，主要作为存储器件使用，只能实现一些简单的组合逻辑电路。

第 2 阶段为 20 世纪 70 年代中期到 20 世纪 80 年代中期。这一阶段出现了结构上稍复杂的 PAL 和 GAL 器件。这类器件内部由"与-或阵列"组成,同时又集成了少量的触发器,能够实现较为复杂的功能电路,并正式命名为 PLD。

第 3 阶段为 20 世纪 80 年代中期到 20 世纪 90 年代末期。Altera 公司和 Xilinx 公司分别推出了 CPLD 和 FPGA。在这一阶段,CPLD/FPGA 在制造工艺和性能上取得了长足的发展,达到了 0.18μm 工艺和数百万门的规模,其中 FPGA 具有结构灵活、集成度高等优点,成为产品原型设计的首选。

第 4 阶段为 20 世纪 90 年代末至今。随着半导体制造工艺达到了纳米级,可编程逻辑器件的密度越来越大,出现百万门甚至上千万门的 FPGA 器件。许多 FPGA 产品系列中内嵌了硬件乘法器、硬核处理器和吉比特差分串行接口等,已经超越了传统 ASIC 的规模和性能,同时也超越了传统意义上 FPGA 的概念,不仅能够支持软硬件协同设计(Hardware & Software Co-design),还能够实现高速与灵活性的完美结合,使可编程逻辑器件的应用范围扩展到系统级,出现了可编程片上系统(System on Programmable-Chip,SOPC)技术和 SoC FPGA 器件。

1. 基于乘积项结构的 PLD

传统的 PLD 由 ROM 发展而来,内部主要由输入电路、与阵列、或阵列和输出电路 4 部分组成,如图 1-7 所示,其中输入电路由互补输出的缓冲器构成,用于产生互补的输入变量;与阵列用于产生乘积项;或阵列用于将需要的乘积项相加而实现逻辑函数;输出电路可配置为不同的模式,如组合输出或寄存器输出,通常带有三态控制,同时将输出信号通过内部通道反馈到输入端,作为与阵列的输入信号。

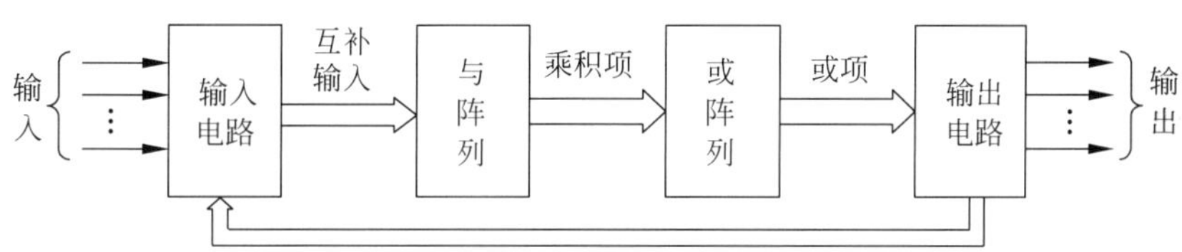

图 1-7 传统 PLD 的基本结构

CPLD 是基于"与-或阵列"结构的可编程逻辑器件,集成度可达万门,适用于中、大规模逻辑电路设计。不同厂商推出的 CPLD 产品在结构上有各自的特点,但概括起来,CPLD 主要由 3 部分组成:通用可编程逻辑块(Logic Block,LB)、输入/输出块(I/O Block,IOB)和可编程互连网络,如图 1-8 所示。就实现工艺而言,多数 CPLD 采用 E^2CMOS 编程工艺,也有少数采用快闪(Flash)工艺。

通用可编程逻辑块的电路结构如图 1-9 所示,由可编程与逻辑阵列、乘积项共享的或逻辑阵列和输出宏单元(Output Logic Macrocell,OLMC)3 部分组成,在结构上与 GAL 器件类似,又做了许多改进,组态时具有更大的灵活性。

乘积项结构的 CPLD 一般采用熔丝、E^2PROM 或快闪工艺制造,加电后就能工作,断电后信息也不会丢失。另外,由于乘积项结构的 CPLD 采用结构规整的与-或阵列结构,从输入到输出的传输延迟时间是可预期的,因此不易产生竞争-冒险,常用于接口电路设计中。

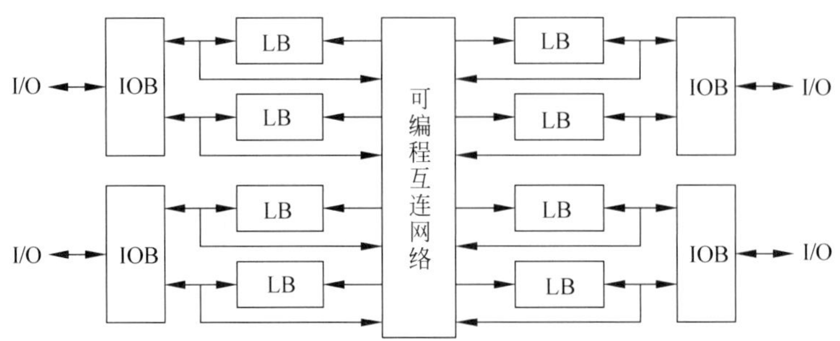

图 1-8 CPLD 的典型结构

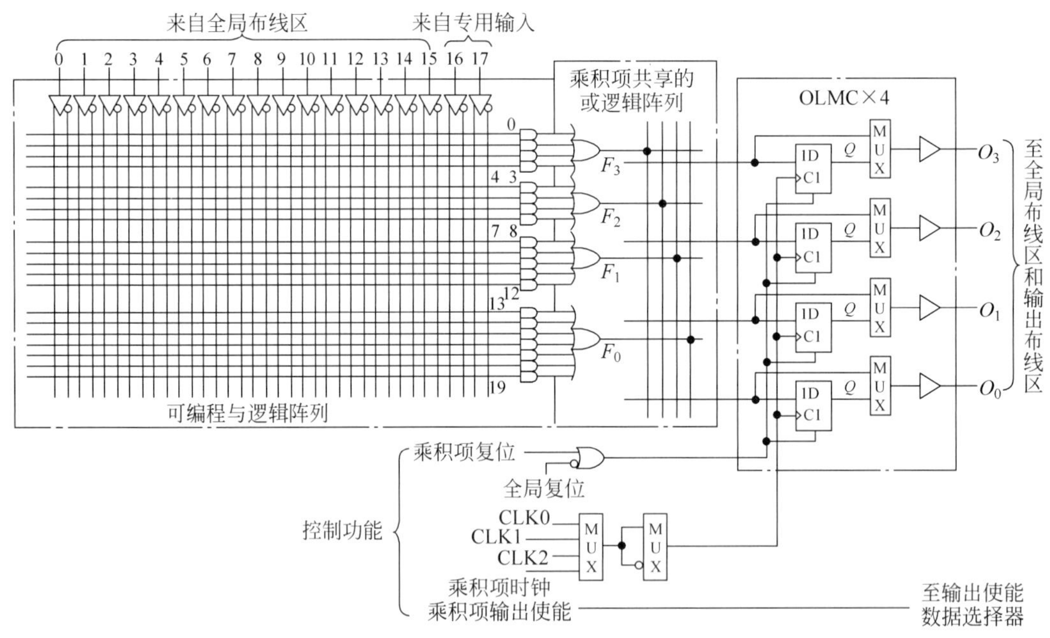

图 1-9 通用可编程逻辑块的电路结构

2. 基于查找表结构的 FPGA

FPGA 是另一类可编程逻辑器件，内部不再由与-或阵列构成，其基本逻辑单元为查找表(Look-Up-Table，LUT)，用户通过配置查找表对其逻辑功能进行定义。

应用查找表实现逻辑电路的原理是：任意 n 变量逻辑函数共有 2^n 个取值组合，如果将 n 变量逻辑函数的真值表预先存放在一个 $2^n \times 1$ 位的随机存取存储器(Random Access Memory，RAM)中，然后根据输入变量的取值组合查找 RAM 中相应存储单元中的函数值，就可以实现任意 n 变量逻辑函数。用户通过配置 RAM 的数值，就可以用相同的电路结构实现不同的逻辑函数。

应用查找表实现逻辑函数与应用数据选择器实现逻辑函数的原理相同。4 变量查找表的通用公式为

$$Y = D_0 m_0 + D_1 m_1 + D_2 m_2 + D_3 m_3 + \cdots + D_{14} m_{14} + D_{15} m_{15}$$

其中，$m_0 \sim m_{15}$ 为 4 变量逻辑函数的全部最小项。

如果需要用 4 变量查找表实现 3 变量逻辑函数 $Y_1 = AB' + A'B + BC' + B'C$，由于 Y_1

可表示为 $Y_1=m_1+m_2+m_3+m_4+m_5+m_6$，相对 3 变量逻辑函数的最小项表达式和 4 变量查找表的通用公式，可以看出，将 16×1 位查找表中的数据配置成 0111_1110_0000_0000 即可实现。

如果需要实现 4 变量逻辑函数 $Y_2=A'B'C'D+A'BD'+ACD+AB'$，由于 Y_2 可以表示为 $Y_2=m_1+m_4+m_6+m_8+m_9+m_{10}+m_{11}+m_{15}$，因此，将 16×1 位查找表中的数据配置成 0100_1010_1111_0001 即可实现。

应用 4 变量查找表实现 4 输入与门电路的原理如图 1-10 所示。

<table>
<tr><td colspan="2">逻辑函数</td><td colspan="2">LUT 实现</td></tr>
<tr><td colspan="2"> 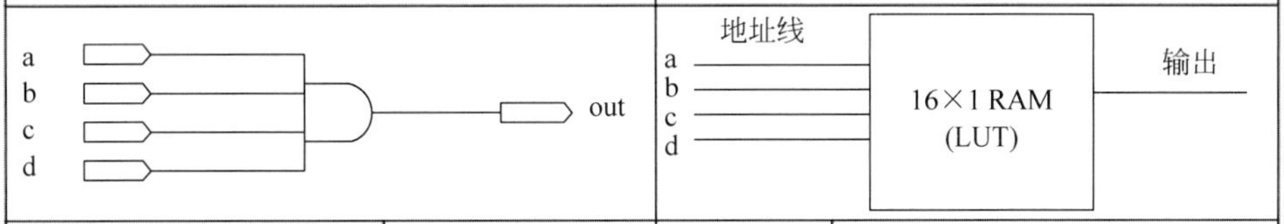a
b
c
d
out</td><td colspan="2">地址线
a
b
c
d
16×1 RAM
(LUT)
输出</td></tr>
<tr><td>输入</td><td>输出</td><td>地址</td><td>RAM 存储内容</td></tr>
<tr><td>0000</td><td>0</td><td>0000</td><td>0</td></tr>
<tr><td>0001</td><td>0</td><td>0001</td><td>0</td></tr>
<tr><td>…</td><td>0</td><td>…</td><td>0</td></tr>
<tr><td>1111</td><td>1</td><td>1111</td><td>1</td></tr>
</table>

图 1-10 4 输入与门电路的实现

FPGA 内部同样包含以下 3 类基本资源。

（1）可编程逻辑阵列块（Logic Array Block，LAB）：可编程逻辑阵列块是实现逻辑功能的基本单元，多个 LAB 规则地排列为阵列结构，分布于整个芯片。

（2）可编程输入/输出块：IOB 是连接芯片内部逻辑块与外部引脚之间的接口，围绕在逻辑阵列的四周。

（3）可编程内部互连网络：可编程内部互连网络由行互连网络、列互连网络和局部互联网络组成，如图 1-11 所示，用于将可编程逻辑块或输入/输出块连接起来，构成特定功能的电路。用户可以通过编程决定每个单元的功能及其互连关系，从而实现所需的逻辑功能。

考虑到不同场合对资源的不同需求，PLD 厂商在 FPGA 基本架构的基础上还加入了许多其他资源，如锁相环（PLL 和 DLL）、嵌入式存储器模块和硬件乘法器单元。部分高端的 FPGA 器件还内嵌高速收发器以及硬核处理器，使 FPGA 拥有更为广阔的应用前景。

由于 LUT 大多采用 SRAM 工艺，而 SRAM 基于 D 锁存器实现，因此断电后 FPGA 内部的数据会丢失，所以在实际应用时，FPGA 需要外接 Flash 配置器件（如原 Altera 公司的 EPCS 系列 Flash 存储器）以保存设计信息，因此应用 FPGA 会带来一些附加成本。在上电时，FPGA 自动将 EPCS 配置器件中的设计信息加载到 FPGA 内部查找表的 SRAM 中，完成后硬件电路就可以正常工作了。

由于 LUT 占用芯片的面积很小，因此 FPGA 具有很高的集成度，目前单芯片 FPGA 的规模从几十万门到上千万门。同时，基于 LUT 结构的 FPGA 比基于与-或阵列结构的 CPLD 具有更高的资源利用率，所以特别适合实现大规模和超大规模数字系统。

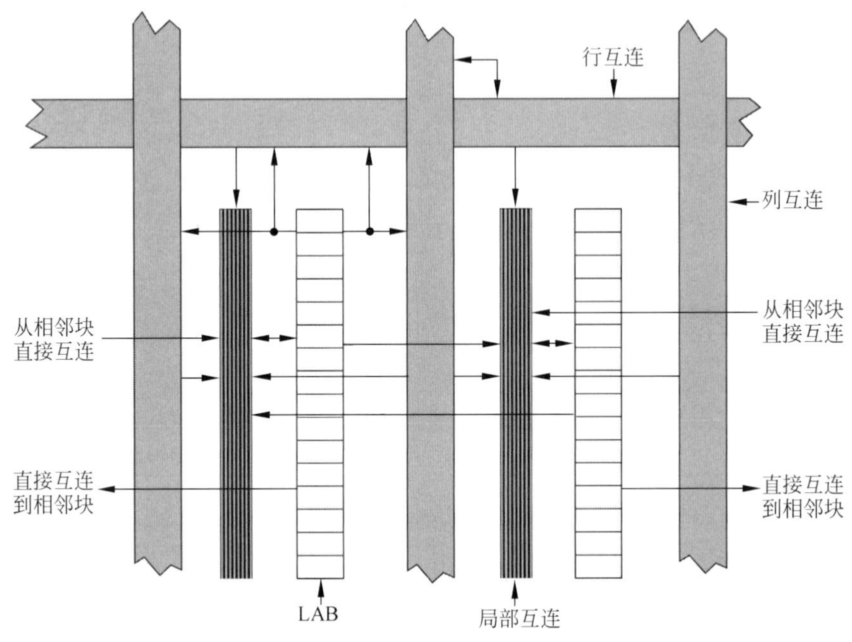

图 1-11 FPGA 内部互连网络

由于 FPGA 基于查找表、采用“滚雪球”的方式实现逻辑函数，因此对于多输入多输出的逻辑电路，从输入到输出的传输延迟时间是不可预期的，所以基于 FPGA 实现的数字系统时容易产生竞争-冒险现象。设计时尽量应用同步时序电路以避免竞争-冒险。

FPGA 作为 ASIC 领域中的一种可编程器件，既克服了 ASIC 的不足，又克服了与-或阵列结构 CPLD 资源利用率低的缺点。FPGA 将 ASIC 集成度高和可编程逻辑器件使用灵活、重构方便的优点结合在一起，特别适合产品原型设计或小批量产品研发。另外，应用 FPGA 设计数字系统能够缩短研发周期，降低研发风险，并且容易转向由 ASIC 实现，成为现代复杂数字系统设计的实现载体。

3. Intel 可编程逻辑器件

Altera 公司是 1990 年成立的专业从事设计、生产和销售高性能、高密度可编程逻辑器件及相应开发工具的半导体公司，是世界上最大的可编程逻辑器件供应商之一。Altera 公司于 2015 年被 Intel 公司收购，成为 Intel 公司的可编程事业部。

Intel 公司的可编程逻辑器件产品系列如表 1-2 所示，主要包含 CPLD 和 FPGA 及其配置器件，其中 FPGA 器件又分为面向中低端应用的 Cyclone 系列、适合高性能计算的 Arria 系列和面向高性能应用的 Stratix 系列。

表 1-2 Intel PLD 产品系列

器件类型	系 列	特 性
CPLD	MAX	成本最低，功耗最低
FPGA	Cyclone	低成本，SoC 和收发器

续表

器件类型	系　列	特　性
FPGA	Arria	高性能计算,SoC和收发器
FPGA	Stratix	高性能应用,针对高宽带进行了优化
FPGA	Agilex	Intel首款10nm FPGA芯片

目前,Intel公司的主流可编程逻辑器件有MAX Ⅱ/Ⅴ/10系列CPLD、Cyclone Ⅱ/Ⅲ/Ⅳ/Ⅴ/10系列FPGA、Arria Ⅱ/Ⅴ/10系列FPGA和Stratix Ⅱ//Ⅲ/Ⅳ/10系列FPGA。

1) Cyclone系列FPGA

Cyclone系列FPGA面向中低端设计应用,是价格敏感型应用的最佳选择。Altera/Intel公司先后推出了Cyclone Ⅰ～Ⅴ和Cyclone 10系列产品,产品升级换代的主要动力来源于半导体制造工艺水平的提高。

Intel FPGA使用4变量(Cyclone Ⅳ及以下系列)和6变量(Cyclone Ⅴ及以上系列)查找表。4变量查找表可以实现任意4变量(及以下)逻辑函数。当需要实现更多变量逻辑函数时,可以通过多个查找表的组合来实现,就像"滚雪球"一样,变量数越多,所用的LUT数量越多。

Intel公司Cyclone Ⅳ系列FPGA的器件标识和内部资源分布如图1-12所示,由逻辑阵列、IOEs(I/O Elements)、M9K存储器、嵌入式乘法器和PLL(锁环相)等功能块组成。其中,可编程逻辑阵列用于实现逻辑功能,IOEs用于提供封装引脚与内部逻辑之间的接口,M9K存储器用于实现数据的随机存取,PLL用于FPGA内部的时钟控制和管理。

(a) 器件标识

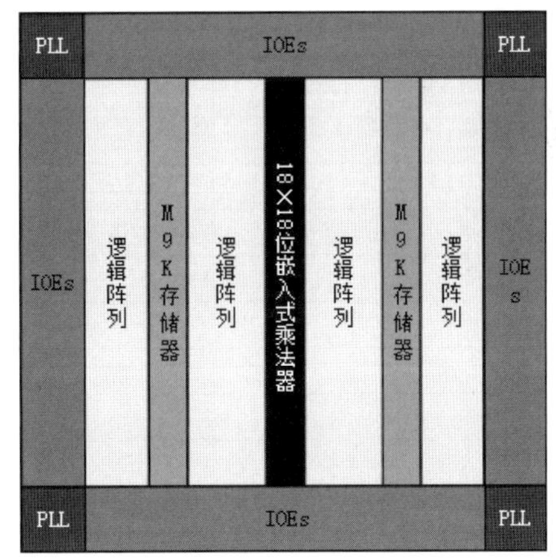

(b) 内部资源分布图

图1-12 Cyclone Ⅳ系列FPGA

Cyclone Ⅳ系列FPGA分为通用逻辑应用Cyclone Ⅳ E和集成了3.125Gb/s收发器的Cyclone Ⅳ GX两个子系列。其中,Cyclone Ⅳ E系列FPGA具有以下主要特点。

(1) 低成本。Cyclone Ⅳ系列简化了电源分配网络,仅需要两路电源供电,降低了芯片设计成本,减小了芯片面积,缩短了设计时间。

(2) 低功耗。Cyclone Ⅳ系列采用经过优化的60nm低功耗工艺,降低了内核电压。与前一代Cyclone Ⅲ系列FPGA相比,总功耗降低了25%。其中,EP4CE在85℃时的静态功耗只有 38mW，而容量最大的 EP4CE115 的静态功耗也只有 163mW。

(3) 片内资源丰富。根据片内资源数量的不同，Cyclone Ⅳ E 系列分为 EP4CE6、EP4CE10、EP4CE15、EP4CE22、EP4CE30、EP4CE40、EP4CE55、EP4CE75 和 EP4CE115 共 9 种类型，内部资源数量如表 1-3 所示。

表 1-3 Cyclone Ⅳ E 系列 FPGA 资源

资源	CE6	CE10	CE15	CE22	CE30	CE40	CE55	CE75	CE115
逻辑单元(LE)	6272	10320	15408	22320	28848	39600	55856	75408	114480
存储资源/kb	270	414	504	594	594	1134	2340	2745	3888
18×18 乘法器	15	23	56	66	66	116	154	200	266
通用 PLL	2	2	4	4	4	4	4	4	4
全局时钟网络	10	10	20	20	20	20	20	20	20
用户 I/O 块	8	8	8	8	8	8	8	8	8
最大 I/O 口数量	179	179	343	153	532	532	374	426	528

(4) 众多的产品型号。Cyclone Ⅳ E 系列 FPGA 每种类型又根据 I/O 口数量和封装形式的不同分出不同的产品型号，如 EP4CE6E144、EP4CE6F256、EP4CE6F484 和 EP4CE6F780 等，如表 1-4 所示，以适应不同应用场合的不同需求。同时，每种芯片型号又有不同的速度等级，如 EP4CE6F484 就有 C6、C7、C8(C 表示商业级芯片)和 I7(I 表示工业级芯片)4 种速度，其中数字越小，速度越快。

表 1-4 Cyclone Ⅳ E 系列 FPGA 封装矩阵

器件型号及封装	I/O 口数量						
	E144	M164	U256	F256	U484	F484	F780
EP4CE6	91	—	179	179	—	—	—
EP4CE10	91	—	179	179	—	—	—
EP4CE15	81	89	165	165	—	343	—
EP4CE22	79	—	153	153	—	—	—
EP4CE30	—	—	—	—	—	328	532
EP4CE40	—	—	—	—	328	328	532
EP4CE55	—	—	—	—	324	324	374
EP4CE75	—	—	—	—	292	292	426
EP4CE115	—	—	—	—	—	280	528

Intel 公司的合作伙伴中国台湾友晶科技公司面向大学教育及研究机构推出的 DE2-115 开发板如图 1-13 所示，基于 Cyclone Ⅳ E 系列 FPGA 器件 EP4CE115F29C7 设计。开发板集成有丰富的多媒体组件，为数字视音频处理、网络通信和图像处理提供了灵活可靠的组件和接口，能够满足视音频系统和嵌入式应用系统开发的需求。

另外，Intel 公司还提供了 EPCS 系列串行 Flash 存储器，习惯上称为 EPCS 配置器件，用于存储 FPGA 的配置信息。EPCS 配置器件配合 Cyclone 系列 FPGA，能够以最低的成本实现可编程片上系统。常用 EPCS 配置器件的型号和参数如表 1-5 所示。

图 1-13 DE2-115 开发板

表 1-5 常用 EPCS 配置器件

型号	容量/Mb	电压/V	常用封装
EPCS4	4	3.3	8 脚 SOIC
EPC16	16	3.3	16 脚 SOIC
EPCS64	64	3.3	16 脚 SOIC
EPCS128	128	3.3	16 脚 SOIC

2) MAX 系列 CPLD

Intel 公司的 MAX 系列是业界突破性的、基于查找表结构的低成本 CPLD，包括 MAX Ⅱ、MAX Ⅴ 和 MAX 10 这 3 个子系列。MAX 系列 CPLD 用于替代由 FPGA、ASSP 和标准逻辑器件所实现的多种应用，适合接口桥接、电平转换、I/O 扩展和模拟 I/O 管理等应用场合。

MAX Ⅱ 系列 CPLD 特性如表 1-6 所示，适合中小规模逻辑电路的实现。

表 1-6 MAX Ⅱ 系列 CPLD 特性

特性	EPM240/G/Z	EPM570/G/Z	EPM1270/G/Z	EPM2210/G/Z
逻辑单元(LE)	240	570	1270	2210
等价宏单元	192	440	980	1700
最大用户 I/O 口数量	80	160	212	272
闪存比特数	8192	8192	8192	8192

1.2.2 硬件描述语言

传统的数字系统设计基于中、小规模逻辑器件实现，应用原理图描述设计思想。在设计时，需要从原理图库中调用器件和元件，然后连线构建系统。例如，应用原理图设计 10^4 进制计数器时，需要从图形符号库中调用 4 个十进制计数器 74HC160 级联构成，扩展为 10^8 进制计数器时，需要再添加 4 片 74HC160 重新连线画图。

原理图设计方法不但效率低下，而且可重用性(Reusability)差，已经无法满足现代复杂数字系统的设计要求，因此需要借助更先进的设计方法，提高设计效率。这里，可重用性是指可以重复使用已经设计好的模块，或者使用专业设计公司提供的 IP 核(知识产权核，Intellectual Property Core)，通过参数定制和模块组合完成系统设计。

EDA 技术的发展和应用使数字系统的设计方法发生了革命性的变革，应用 HDL 描述数字系统的方法逐渐取代了传统的原理图设计方法。

硬件描述语言是用形式化方法描述数字电路行为与结构的计算机语言。数字电路和系统的设计者可以应用硬件描述语言从上到下逐层描述系统的设计思想，用一系列分层次的模块实现复杂的数字系统，利用 EDA 工具逐层进行仿真验证，再综合为门级网表，然后应用布局布线工具转换为在可编程逻辑器件实现的应用电路。例如，将 10^4 进制计数器扩展为 10^8 进制计数器时，对于应用 HDL 描述计数器模块时，只要将参数由 10^4 改为 10^8 重新进行编译和综合即可。

应用 HDL 描述数字系统的优点有：①只需要用 HDL 描述模块的行为或结构，实现细节由 EDA 软件自动完成，从而能够减少工作量，缩短设计周期；②HDL 与具体的实现工艺无关，因而代码重用(Code-Reuse)率比原理图设计方法高。

需要说明的是，HDL 用于描述硬件电路，具有不同于程序语言的 3 个特性。

(1) 并发性。硬件电路本质上是并行的，因此 HDL 具有描述同时发生的动作机制。

(2) 时间表示。硬件电路工作需要消耗时间，因此 HDL 具有描述时间的机制。

(3) 结构表示。复杂的数字系统通常由若干个功能模块组成，因此 HDL 具有描述模块之间连接关系的功能。

硬件描述语言有 30 多年的发展历史，成功地应用于数字系统的建模、仿真和综合等各个阶段。随着 EDA 工具软件功能的提高，应用综合工具将 HDL 模块转化为硬件电路的技术已经非常成熟，大大提高了复杂数字系统的设计效率。

目前，EDA 业界广泛应用的硬件描述语言有 Verilog HDL 和 VHDL 两种，还有在普及和推广中的 SystemVerilog 和 SystemC。

1. Verilog HDL

1983 年，GDA(Gateway Design Automation)公司的 Phil Moorby 首创了 Verilog HDL。1984—1985 年，Moorby 设计出第 1 个关于 Verilog HDL 的仿真器。1986 年，Moorby 提出了用于快速门级仿真的 Verilog HDL-XL 算法。随着 Verilog HDL-XL 算法的成功，Verilog HDL 得到迅速发展。

1987 年，Synopsys 公司开始使用 Verilog HDL 作为综合工具的输入。1989 年，Cadence 公司收购了 GDA 公司，Verilog HDL 成为 Cadence 公司的资产。1990 年初，Cadence 公司把 Verilog HDL 和 Verilog HDL-XL 分开，并公开发布了 Verilog HDL，随后

成立的 OVI(Open Verilog HDL International)组织负责促进 Verilog HDL 的发展。1993 年,几乎所有 ASIC 厂商都开始支持 Verilog HDL。同年,OVI 推出 2.0 版本的 Verilog HDL 规范,电气电子工程师学会(Institute of Electrical and Electronics Engineers,IEEE)则将 OVI 的 Verilog HDL 2.0 作为 IEEE 标准的提案。

1995 年,IEEE 发布了 IEEE Std 1364™-1995(简称 Verilog-1995)标准。2001 年,IEEE 对 Verilog-1995 进行了修正和扩展,发布了 IEEE Std 1364™-2001(简称 Verilog-2001)标准。2005 年,IEEE 再次对 Verilog-2001 进行了修订,发布了 IEEE Std 1364™-2005(简称 Verilog-2005)标准和加强硬件验证语言特性的 IEEE Std 1800—2005(称为 SystemVerilog)标准。SystemVerilog 包含了 Verilog-2005 的一些扩展定义。2009 年,IEEE 将 Verilog-2005 和 1800—2005 两个标准合并为 IEEE Std 1800—2009,成为统一的硬件描述验证语言(Hardware Description and Verification Language)标准。

目前,Verilog-2001 是 Verilog HDL 的主流标准,被大多数商业 EDA 软件所支持。

2. VHDL

超高速集成电路硬件描述语言(Very-high-speed integrated circuit Hardware Description Language,VHDL)是美国国防部于 20 世纪 80 年代后期出于军事工业需要而主持开发的硬件描述语言,经 IEEE 标准化后,于 1987 年推出了 IEEE Std 1076—1987 标准。此后,IEEE 对 VHDL 又进行了多次修订,先后推出了 IEEE Std 1076—1993/—2000/—2002/—2008 等多个版本。目前,VHDL 和 Verilog HDL 一样,成为广泛应用的硬件描述语言,得到了众多 EDA 公司的支持。

Verilog HDL 和 VHDL 同为 IEEE 标准的硬件描述语言,两者有着共同的特点:①能够以形式化方式描述电路的行为和结构;②支持层次化描述;③可以应用条件、分支和循环等高级程序语句描述电路的行为;④具有电路仿真与验证机制以测试设计的正确性;⑤支持电路描述由高层次到低层次的综合转换;⑥硬件描述和实现工艺无关;⑦便于文档管理;⑧易于理解和重用。

由于 Verilog HDL 和 VHDL 起源不同,两者也有其各自的特点:①Verilog HDL 在 C 语言的基础上发展而来,所以语法相对自由,而 VHDL 基于 Ada 语言开发,因此语法相对严谨;②Verilog HDL 易学易用,具有广泛的设计群体,如果有 C 语言基础,就可以短期内掌握 Verilog HDL;③Verilog HDL 和 VHDL 在行为级抽象建模的覆盖范围方面有所不同。一般认为,Verilog HDL 在系统级描述方面比 VHDL 略差一些,而在门级、开关级电路描述方面强得多。但是,随着 SystemVerilog 的产生和发展,Verilog HDL 在系统级描述方面的能力大大增强。

有关 Verilog HDL 和 VHDL 硬件描述语言的 IEEE 标准可以参看 EDA 工业工作组(EDA Industry Working Groups)官网(www.eda.org)提供的 IEEE 相关文档信息,或者 EDA 开发软件(如 Quartus Prime)提供的相关文档信息。

3. SystemVerilog 和 SystemC

随着高密度 FPGA 的出现以及嵌入式软核与硬核微处理器的发展,电子系统的软/硬件协同设计变得越来越重要。传统意义上的硬件设计越来越倾向于硬件设计与软件设计的结合。为适应新的趋势,硬件描述语言也在迅速发展,出现了 SystemVerilog 和 SystemC 等功能更强大的硬件描述语言。

SystemVerilog 在 Verilog HDL 的基础上，进一步扩展了 Verilog HDL 语言的功能，提高了 Verilog 的抽象建模能力，不但使 Verilog 的可综合性能和系统仿真性能大幅度提高，而且在 IP 重用方面也有重大的突破。SystemVerilog 的另一个显著特点是包含面向对象的验证技术，与芯片验证方法学结合在一起，作为实现方法学的一种语言工具，大大增强模块复用性，提高芯片开发效率，缩短开发周期。

SystemC 是由 Synopsys 公司、CoWare 公司和 Frontier Design 公司合作开发的软/硬件协同设计语言，应用 C++语法，扩展了硬件类和仿真核形成的硬件描述语言。由于结合了面向对象编程和硬件建模机制原理两方面的优点，SystemC 能够在不同级的抽象层次上进行系统设计。系统硬件部分可以用 SystemC 类描述，其基本单元是模块(Model)，模块内可包含子模块、端口和过程，模块之间通过端口和信号进行连接和通信。随着通信系统复杂性的不断增加，电子工程师将更多地面对使用 SystemC 描述复杂的 IP 核或系统，而 SystemC 具有良好的软/硬件协同设计能力这一特点，将会使其应用更加广泛。

1.2.3 EDA 软件

EDA 软件是 EDA 工程开发的软件环境。根据功能和应用对象不同，EDA 软件大致可分两大类：第 1 类是 PLD 厂商针对自己公司的器件提供的集成开发环境；第 2 类是专业的 EDA 软件公司提供的仿真、综合和时序分析等工具。

1. 集成开发环境

集成开发环境(Integrated Development Environment，IDE)是可编程逻辑器件厂商(如 Altera/Intel、Xilinx、Lattice 和 Actel 等)针对自己公司的器件提供的集成开发环境，支持设计输入，编译、综合与适配，以及编程与配置等开发流程的全部工作。

Altera 公司的集成开发环境有早期的 MAX＋plus Ⅱ 和广泛使用的 Quartus Ⅱ。MAX＋plus Ⅱ曾是业界最优秀的 EDA 开发软件之一，Quartus Ⅱ是 MAX＋plus Ⅱ的升级版，功能更为强大，支持 SOPC 以及 SoC 设计。2015 年，Intel 公司收购 Altera 后，将 Quartus Ⅱ更名为 Quartus Prime，提供了精简(lite)、标准(standard)和专业(pro)3 种版本。

Intel 公司的中文网站(www.intel.cn)提供 Intel 公司最新的产品信息、器件资料、技术支持、软件下载和解决方案等。

Xilinx 公司是 FPGA 的发明者，其产品系列有早期的 XC9500/9500XL 和 Coolrunner-Ⅱ 等 CPLD 和目前主流的 Spartan 和 Virtex 系列 FPGA，以及 Zynq 系列 SoC 器件，其中 Virtex-Ⅱ Pro 器件规模已达到 800 万门。

Xilinx 公司的集成开发环境有前期广泛应用的 ISE 软件和支持 All Programmable 概念的新版 Vivado 套件。

Xilinx 公司的中文网站(china.xilinx.com)提供 Xilinx 公司最新的产品信息、器件资料、技术支持、软件下载和解决方案等。

Intel 公司和 Xilinx 公司的 PLD 产品占有 60%以上的市场份额。除 Intel 公司和 Xilinx 公司之外，Lattice-Vantis 和 Actel 等公司的产品也有一定市场份额。原 Lattice 公司是在系统可编程(In-System Programmability，ISP)技术的发明者，其中、小规模产品比较有特色，大规模 PLD 的竞争力相对较弱。Actel 公司反熔丝(Anti-fuse)工艺的 PLD 具有抗辐射、耐高低温、功耗低和速度快等优良品质，产品在军工和宇航领域有较大优势。

2. 仿真软件

仿真软件是应用计算机算法对 HDL 代码进行仿真，以检查逻辑设计的正确性，包括布局布线前的功能仿真和布局布线后的包含了门延时和布线延时等信息的时序仿真。目前广泛应用的仿真软件有 ModelSim 和 Active-HDL 等。

ModelSim 是 Mentor Graphics 子公司 Mentor Technology 开发的目前 EDA 业界最优秀的 HDL 仿真软件，具有个性化的图形界面和用户接口，为用户加快调试提供了强有力的手段，是 FPGA/ASIC 设计的首选仿真软件。

ModelSim 不仅支持 Verilog HDL 仿真和 VHDL 仿真，而且支持 Verilog HDL 和 VHDL 混合仿真。ModelSim 支持在代码执行的任何步骤、任何时刻查看信号/变量的当前值，或者在 Dataflow 窗口查看工具某一模块或单元输入/输出信号的连续变化。

ModelSim 有 SE(System Edition)、DE(Deluxe Edition)和 PE(Personal Edition)等多种版本，其中 SE 为最高版本，支持 Windows、UNIX 和 Linux 平台。另外，Mentor Technology 公司还专门为 Intel 和 Xilinx 等公司提供了 OEM(Original Equipment Manufacturer)版 ModelSim，包含相应公司产品的库文件。因此，应用 OEM 版 ModelSim 仿真时不需要编译库文件，但 OEM 版 ModelSim 的性能低于 DE/PE 版。

Intel 公司的 OEM 版 ModelSim 有免费版(ModelSim-Altera Starter Edition，简称 ModelSim ase)和收费版(ModelSim-Altera Edition，简称 ModelSim ae)两种，其特性差异如表 1-7 所示。ModelSim-Altera 包含了 ModelSim PE 版的基本特性，包括行为仿真、HDL 测试平台和 Tcl 脚本。

表 1-7　ModelSim ase/ae 版本特性比较

产品信息	ModelSim ase	ModelSim ae
价格	免费，不需要许可证	收费，需要有许可证支持
软件支持	Quartus Prime 精简版、标准版和专业版	
器件支持	所有 Altera/Intel 器件(包括 MAX 系列 CPLD、Cyclone、Arria 和 Stratix 系列 FPGA)	
语言支持	Verilog HDL 和 VHDL 混合语言	
操作系统支持	Windows 和 Linux	
设计规模	小规模设计(10000 行以下可执行代码)	所有规模设计(对代码行数没有限制)

目前，多数 PLD 厂商提供的 IDE 支持第三方仿真工具。例如，在 Intel 公司的 Quartus Prime 集成开发环境中可以调用 ModelSim ae/ase 进行仿真分析。

3. 综合工具

综合工具用于将 HDL 或其他方式描述的设计电路转换为能够在可编程逻辑器件或 ASIC 中实现的网表文件，是由语言描述转换为硬件实现的关键环节。

目前，业界流行的 FPGA 综合工具有 Synplicity 公司(已经被 Synopsys 公司收购)的 Synplify Pro、Intel 公司的 Quartus Prime 和 Xilinx 公司的 XST，ASIC 综合工具有 Synopsys 公司的 Design Compiler II 和 Candence 公司的 RTL Compiler。

Synplify Pro 采用先进的时序驱动和行为级提取综合技术(Behavior Extraction Synthesis Technology)算法，在综合策略和优化手段上有较大幅度的提高，其综合出的电路占用资源少，工作速度快，因而在业界广泛应用。

为了优化设计结果，在进行复杂数字系统设计时，推荐使用专业的综合工具。目前，多数 PLD 厂商提供的 IDE 支持第三方综合工具。例如，Intel 公司的用户可以在 Quartus Prime 集成开发环境中调用 Synplify Pro 或 Design Compiler 进行综合。

对于复杂数字系统的设计，推荐采用多种 EDA 工具软件协同工作，集各家之所长完成系统设计。

1.3 EDA 技术的应用领域

EDA 技术是 20 世纪 90 年代初迅速发展起来的数字设计新技术。目前，FPGA 因其并行处理的高速性和可编程的高灵活性被广泛应用于数字通信、信号处理、人工智能和加速计算等领域。并且，在集成电路设计方面，FPGA 也被广泛用于产品原型的验证。

1. 数字通信

有线通信和无线通信都需要处理大量的信息流。虽然 ASIC 与 FPGA 相比具有成本优势，但 FPGA 具有启动成本低和设计灵活等优点。另外，由于数字通信更新换代速度很快，因此不适合用 ASIC 实现，而功能可编程的 FPGA 成为数字通信领域实现以太网交换机和路由器等复杂数字系统的首选器件。

FPGA 还可以用于实现高速接口电路，完成高速数据的收发和交换。这些应用通常需要采用具有高速收发接口的 FPGA，同时要求设计者精通高速接口电路设计和高速数字电路板级设计，具有电磁兼容性/电磁干扰（Electromagnetic Compatibility/Electromagnetic Interference，EMC/EMI）设计知识和模拟电路知识，能够解决高速收发过程中产生的信号完整性问题。

2. 信号处理

大数据和人工智能都离不开数字信号处理，而数字信号处理需要进行卷积、滤波和变换等复杂的数学运算。而且，高清图像处理和无人驾驶等领域对信号处理的实时性提出了更高的要求。传统的解决方案是采用多片 DSP 并联构成多处理器系统满足设计需求，但多处理器系统的主要问题是软硬件复杂度的提高和系统功耗的上升，进而影响系统的稳定性。

FPGA 支持并行计算，具有高速并行数据处理能力。随着密度和性能的提高，FPGA 已经在很多领域替代了传统的多 DSP 解决方案。

3. 高速数据采集

采用数字系统处理模拟量时首先需要对模拟信号进行采集，通常的实现方法是应用 A/D 转换器将模拟量转换为数字量后再送给处理器（如 ARM、DSP 等）进行运算和处理。对于低速的 A/D 转换器，可以采用标准的串行接口（如串行外设接口（Serial Peripheral Interface，SPI）、I^2C 等）进行转换过程控制和数据传输。但是，对于高速 A/D 转换芯片，就需要应用 FPGA 进行时序控制和数据存储（如先进先出（First In First Out，FIFO）），以满足高速性的需要。

4. 在接口电路中的应用

复杂电子系统往往具有多种接口电路，与外部设备进行通信和数据交换。如果系统的接口很多，就需要用大量的接口芯片，如串口、PCI、PS/2 和 USB 等，如图 1-14 所示，因而系统的体积和功耗都很大。若应用 FPGA 实现，可以将接口逻辑设计在 FPGA 内部，能够大大简化系统外围电路设计。

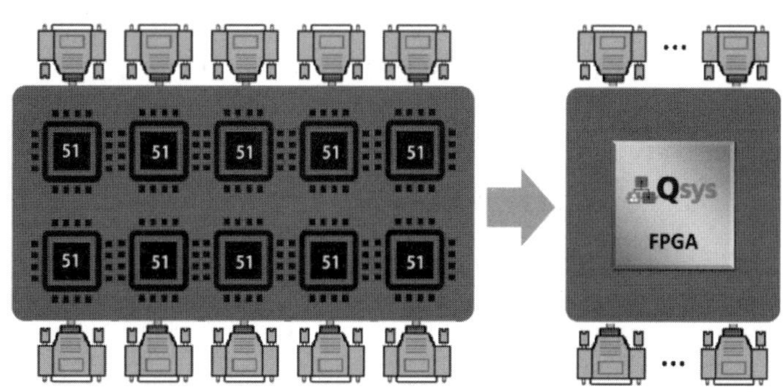

图 1-14 FPGA 在逻辑接口中的应用

另外，SDRAM、SRAM 和 Flash 等存储器在嵌入式系统设计中得到了广泛的应用，由于 FPGA 的逻辑功能由用户定义，因此应用 FPGA 可以很方便地实现这些存储器的接口电路。

5. 在电平转换方面的应用

除了 TTL/CMOS 电平之外，新型的 LVDS、HSTL、GTL/GTL＋、SSTL 等电平标准在现代电子系统设计中被很多电子产品采用。例如，液晶屏驱动接口采用 LVDS 接口，数字 I/O 口采用 LVTTL 电平，而 DDR/SDRAM 采用 HSTL 接口。在混合电平系统设计中，若采用传统的电平转换芯片实现接口，会导致电路复杂度提高，而应用 FPGA 支持多电平的特性，能够大大简化接口电路设计，降低设计风险。

1.4 电子系统设计方法

电子系统有自顶向下和自底向上两种基本设计方法。

自底向上(Bottom-Up)设计方法是设计者从现有的元件库中选择适合的元器件设计功能模块，然后由功能模块组成子系统，再由子系统构成更高一级的子系统，逐级向上直到实现整个系统为止。

自底向上设计方法可用如图 1-15 所示的树状图表示。由设计好的子模块构建模块，再由模块构建顶层模块。

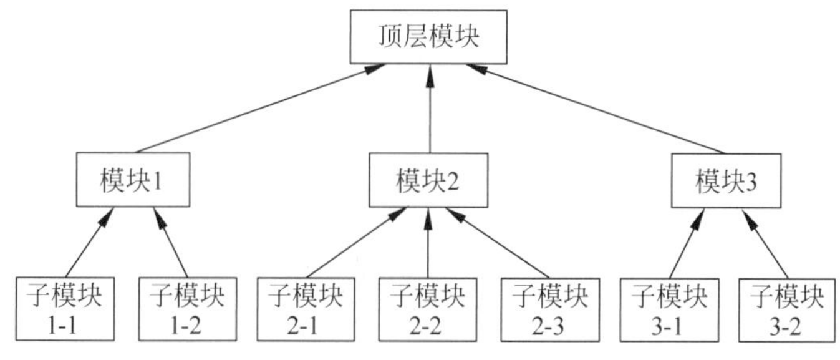

图 1-15 自底向上设计方法

自顶向下(Top-Down)设计方法是先把系统分解为许多功能模块，然后再把每个功能模块分解为下一层次的子模块，直到可以用元件库中的元器件或 IP 实现为止。

自顶向下设计方法可以用如图 1-16 所示的树状图表示。先把顶层模块分解为 3 个模块，再把每个模块分解为多个子模块。这些子模块可以应用库中的元器件或 IP 实现。

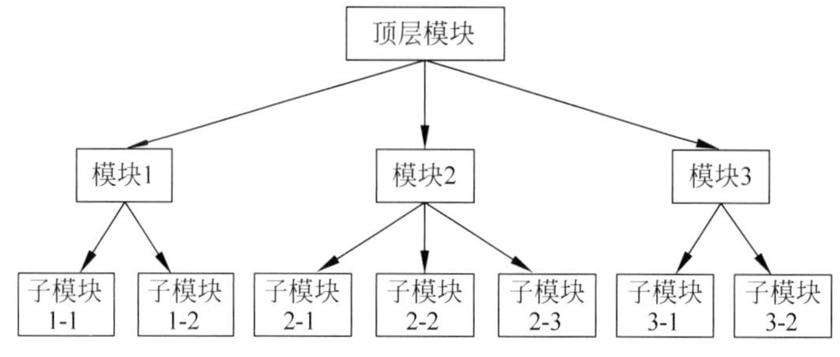

图 1-16　自顶向下设计方法

自顶向下设计方法的特点是：①适用于复杂的电子系统设计，从系统顶层开始设计和优化，保证了设计的正确性；②支持多团队协同工作，能够缩短设计周期；③依赖 EDA 工具和环境，需要精确的工艺库支持。

自顶向下设计方法的设计、仿真和调试过程是逐层完成的，方便项目管理，同时能够在设计早期发现结构设计上的错误，避免设计工作的浪费和重复设计。在复杂数字系统设计过程中，通常是将以上两种设计方法相结合，兼有以上两种方法的优点。在高层系统中用自顶向下设计方法实现，而使用自底向上设计方法从库元件或以往设计库中调用已有的单元电路设计功能模块。

1.5　网络学习资源

目前，学习 EDA 技术的网络资源很多，既有 EDA 公司和 PLD 厂商的官方网站提供产品信息、软件下载和解决方案，又有 FPGA 设计方面的论坛，提供交流和学习平台。

下面介绍几个主要网络资源。

(1) 友晶科技公司官网(www. terasic. com. cn)。友晶科技公司专注于开发 Intel FPGA 板卡，网站提供产品信息、解决方案和培训与活动等服务。友晶科技公司是 Intel 公司大学计划合作伙伴，为教育与科研机构开发了 DE(Design & Education)系列 FPGA 板卡。

DE2-115 教学开发板是友晶科技公司开发的，基于 Intel Cyclone Ⅳ E 系列 FPGA 芯片 EP4CE115F29C7 设计，提供了丰富的多媒体组件，为移动视频、音频处理、网络通信和图像处理提供了灵活可靠的外围接口，可满足视音频系统和嵌入式应用系统的开发需求。

(2) Intel 公司官方中文网站(www. intel. cn)，提供 Intel 公司和原 Altera 公司的产品信息、技术支持、解决方案和软件下载等服务。Quartus Prime 开发套件可以从 Intel 公司官网下载。

(3) Intel FPGA 学习交流社区(www. MyFPGA. org)，提供 FPGA 技术汇、产品支持专区、大赛讨论区和资源下载多个栏目。Quartus Prime 开发套件也可以从该网站下载。

(4) 开源硬件(Open Hardware)俱乐部网站(www. openHW. org)，由 Xilinx 和与非网

(www.eefocus.com)合作建设,为高校学生以及 FPGA 爱好者提供一个交流和分享硬件开发经验的开放式社区平台。对于 OpenHW 社区的项目,Xilinx 公司还提供不同形式的技术支持。

(5) Xilinx 中文社区(xilinx.eepw.com.cn),提供 Xilinx 公司的器件信息、解决方案和技术支持。

(6) 专业开发者社区(www.csdn.net),提供 Python、Java、架构、人工智能、计算机、游戏开发、5G、音视频开发和考试认证等多个板块,其中包含大量 FPGA 设计交流贴。

(7) GitHub(github.com)是通过 Git 进行版本控制的软件源代码托管服务平台,除了 Git 代码仓库托管和基本的 Web 管理界面以外,还提供了方便社会化共同软件开发的功能,包括允许用户追踪其他用户、组织、软件库的动态,对软件代码的改动和 Bug 提出评论等。许多 EDA 开源代码由 GitHub 网站托管,如 RISC-V 开源 CPU。

本章小结

本章以数字频率计的设计为目标,分析基于中、小规模器件设计数字系统的局限性,从而突出学习 EDA 技术的必要性,为后续章节的展开奠定基础。

EDA 即电子设计自动化,是以 PLD 为实现载体,以 HDL 为主要设计手段,以 EDA 软件为设计平台,以 ASIC 或 SoC 为目标器件,面向集成电路设计和电子系统设计的一门新技术。目前,EDA 技术已经广泛应用于通信产业、集成电路设计和人工智能等领域。

应用 EDA 技术需要有硬件的支持,同时还需要掌握硬件描述语言并熟悉 EDA 软件,其中硬件描述语言是 EDA 技术应用的核心。

电子系统有自顶向下和自底向上两种设计方法。在复杂数字系统设计过程中,通常是将自顶向下和自底向上两种设计方法相结合,兼有两种方法的优点。

EDA 技术是当今电子信息、集成电路设计和人工智能领域的应用热点,网络学习资源很多,既有 EDA 公司和 PLD 厂商的官方网站提供培训资料和解决方案,又有许多 EDA 论坛提供交流和学习园地。本书以 Intel 公司的 Quartus Prime 开发环境和友晶科技公司的 DE2-115 开发板为基础展开教学,读者需要从 Intel 公司官网下载开发软件,并从友晶科技公司官网获取开发板资料。

思考与练习

1-1 什么是 EDA 技术?应用 EDA 技术有哪些要素?

1-2 同为可编程逻辑器件,CPLD 和 FPGA 实现逻辑函数的原理有什么不同?各有什么应用特点?

1-3 EDA 软件主要有哪几种类型?分别进行说明。

1-4 常用的硬件描述语言有哪几种?各有什么特点?

1-5 EDA 技术有哪些典型的应用领域?

1-6 阅读 DE2-115 开发板用户手册(User Manual),熟悉基本的板载组件。

1-7 查找并下载以下器件资料,阅读器件资料,熟悉器件的功能与性能。

（1）同步十进制计数器 74HC160；
（2）显示译码器 7448/CD4511；
（3）4 位 D 锁存器 7475；
（4）8 位 D/A 转换器 DAC0832；
（5）双路 8 位 D/A 转换器 AD7528；
（6）8 路 12 位 A/D 转换器 LTC2308；
（7）8 位高速 A/D 转换器 TLC5510A；
（8）双路 12 位高速 A/D 转换器 ADS2807；
（9）双路 12 位高速 D/A 转换器 DAC2902。

第 2 章 Verilog HDL 基础

CHAPTER 2

Verilog HDL 是从 C 语言发展而来的用于描述数字电路行为与结构的计算机语言。与 C 语言不同的是，Verilog HDL 经过综合与适配后转化为硬件电路的网表文件，能够在可编程逻辑器件中实现，而 C 程序经过编译后转化为机器语言，仍然需要在处理器中执行，两者有着本质的区别。

Verilog HDL 是目前广泛应用的硬件描述语言，适合于系统级（System Level）、算法级（Algorithm Level）、寄存器传输级（Register Transfer Level）、门级（Gate Level）和开关级（Switch Level）多个层次的描述，成功地应用于数字系统设计的建模、仿真、验证和综合的各阶段。

另外，应用 Verilog HDL 描述数字系统与实现器件的工艺无关，设计者在设计和验证阶段不必考虑具体的实现细节，只需要根据系统的功能和性能要求进行描述并施加适当的约束就可以设计出应用电路，因而在数字集成电路的前端设计、数字信号处理等领域有着广泛的应用。

工欲善其事，必先利其器。本章以 Verilog-1995/2001 标准为基础，讲述 Verilog HDL 模块的基本结构、语法元素、运算符与操作符、模块的功能描述方法、测试平台文件和可综合语法。

2.1 模块的基本结构

2.1 微课视频

模块（Module）是应用 Verilog HDL（简称 Verilog）构建数字系统的基本单元，用于描述某种特定功能的应用电路。模块既可以用于描述简单的门电路，也可以用于描述译码器、数据选择器、寄存器和计数器等中规模数字逻辑器件，还可以用来描述复杂的数字系统。

Verilog 模块由模块声明、端口定义、内部线网/变量定义和功能描述等多个部分构成，其基本结构定义如下。

```
module 模块名(端口列表);                          // 模块声明
  // 端口定义
  input [位宽] 输入端口列表;
  output [位宽] 输出端口列表;
  inout [位宽] 双向端口列表;
  // 参数定义
  parameter 参数名, …;
```

```
  localparam 参数名,…;
  //线网和变量定义
  wire [位宽] 线网名,…;
  reg [位宽] 变量名,…;
  //函数与任务声明
  function [位宽] 函数名; ...; endfunction
  task 任务名; ...; endtask
  //模块功能描述
  assign 线网名 = 函数表达式;          //数据流描述
  always/initial 过程语句块;           //行为描述
  调用模块名 实例名(端口关联列表);      //结构描述
endmodule
```

其中,括号[]表示其中的内容是可选的。

下面对模块的主要组成部分进行简要说明。

1. 模块声明

模块声明以关键词 module 开始,以关键词 endmodule 结束,由模块名和端口列表两部分组成。

模块声明的语法格式为

```
module 模块名(端口列表);
  …
endmodule
```

其中,模块名为模块的标识;端口列表则用于说明模块对外的端口。

模块声明中的端口列表语法格式为

```
端口 1,端口 2,…,端口 n
```

例如,4 选 1 数据选择器的模块声明参考如下。

```
module MUX4to1(d0,d1,d2,d3,a,y);
  …
endmodule
```

上述代码中指定模块名为 MUX4to1,对外共有 4 路数据(d0、d1、d2 和 d3)、地址 a 和输出 y 共 6 组端口。

需要说明的是,模块名是模块的唯一标识,模块的命名应具有清晰的含义。模块的所有代码封装于关键词 module 和 endmodule 之间,包括端口定义、内部线网/变量定义、函数和任务声明以及功能描述等部分。

2. 端口定义

端口定义用于指定模块对外端口的数据流动方向和位宽,定义的语法格式为

```
input [msb:lsb] 输入端口 1,…,输入端口 n;
output [msb:lsb] 输出端口 1,…,输出端口 n;
inout [msb:lsb] 双向端口 1,…,双向端口 n;
```

其中,关键词 input 用于说明模块从外界获取数据的端口;关键词 output 用于说明模块向外界传送数据的端口;关键词 inout 用于说明双向端口,表示既可以输入数据,也可以输出数据的端口;msb 和 lsb 用于定义端口的位宽,默认端口的位宽为 1。例如,4 选 1 数据选择器的端口定义如下。

```
input d0,d1,d2,d3;                      // 4 路数据
input [1:0] a;                          // 2 位地址
output y;                               // 数据选择输出,可定义为 wire 或 reg 类型
```

上述端口定义方法基于 Verilog-1995 标准,即先在模块声明中将模块对外的所有端口列出来,然后在模块内部对端口的方向和位宽进行定义。

Verilog-2001 标准支持将端口的方向和位宽合并在模块声明中进行定义的 ANSI 方式。例如,对于 4 选 1 数据选择器,应用 Verilog-2001 标准进行模块声明和端口定义的 Verilog 代码参考如下。

```
module MUX4to1(
    input d0,d1,d2,d3,                  // 4 路数据输入
    input [1:0] a,                      // 2 位地址输入
    output y                            // 数据选择输出,可定义为 wire 或 reg 类型
    );
    …
endmodule
```

应用 Verilog-2001 标准的 ANSI 方式可以一次性完成模块声明和端口定义,不但代码紧凑,而且能够降低出错的概率。因此,在复杂的工程设计中,建议应用 ANSI 方式对端口进行定义,并且附加必要的注释,使端口的功能和含义更清晰。

3. 线网和变量定义

数据类型(Data Type)用于定义模块中数值可以改变的赋值对象。在 Verilog HDL 中,根据赋值方式的不同,将赋值对象分为线网(Net)和变量(Variable)两种数据类型,分别表示硬件电路中的物理连线和具有数据存储功能的赋值对象。

模块内部线网/变量定义的语法格式为

```
wire [msb:lsb] 线网名 1,线网名 2,…;
reg [msb:lsb] 变量名 1,变量名 2,…;
```

其中,wire 为常用的线网子类型,用于描述电路中的物理连线;reg 为寄存器变量,是具有数据存储功能赋值对象的抽象。

对于 4 选 1 数据选择器,可以在 MUX4to1 模块中定义 4 个内部线网,以方便后续代码的书写。

```
wire atmp,btmp,ctmp,dtmp;
```

描述计数器时,需要在模块中定义用于存储计数值的状态变量,如下所示。

```
reg [11:0] q;                       // 12 位寄存器变量
```

在 Verilog HDL 中,模块的端口除了需要定义方向和位宽外,还需要指定端口的数据类型。模块端口和与之连接端口的类型必须遵循以下规定。

(1) 没有指明数据类型的端口默认为 wire 类型。

(2) 输入端口为 wire 类型,可以被 wire/reg 类型的端口驱动。

(3) 输出端口和双向端口可以定义为 wire 或 reg 类型,但只能驱动 wire 类型的端口。

虽然 Verilog HDL 规定没有指明数据类型的模块端口默认为 wire 类型,但是明确指出输出端口的数据类型有利于增强代码的可阅读性。

4. 功能描述方式

功能描述用于定义模块的逻辑功能或说明模块的内部结构,有数据流、行为和结构 3 种描述方式。

1) 数据流描述

数据流描述方式应用连续赋值语句,通过在关键词 assign 后附加函数表达式或应用操作符和运算符定义线网的逻辑功能。

对于 4 选 1 数据选择器,其逻辑函数表达式为

$$Y=D_0A_1'A_0'+D_1A_1'A_0+D_2A_1A_0'+D_3A_1A_0$$

因此,根据函数表达式可以写出数据流描述代码为

```
wire atmp,btmp,ctmp,dtmp;
assign atmp = d0 && !a[1] && !a[0];
assign btmp = d1 && !a[1] && a[0];
assign ctmp = d2 && a[1] && !a[0];
assign dtmp = d3 && a[1] && a[0];
assign y = atmp || btmp || ctmp || dtmp;
```

其中,操作符 && 表示逻辑与;||表示逻辑或;!表示逻辑非。

需要注意的是,在数据流描述方式中,表达式左侧的被赋值对象应为 wire 类型。因此,应用数据流方式描述 4 选 1 数据选择器时,需要将输出端口 y 定义为线网类型,即

```
output wire y;                      // 定义 y 为输出端口,并且为线网类型
```

2) 行为描述

行为描述方式应用过程语句定义变量的逻辑功能。

always 语句是 Verilog 中最具有特色的过程语句,既可以用于描述组合逻辑电路,也可以用于描述时序逻辑电路。

对于 4 选 1 数据选择器,应用 always 语句描述其逻辑功能的 Verilog 代码参考如下。

```
always @(d0 or d1 or d2 or d3 or a) begin
   case (a)                         // 分支语句,根据地址从 4 路数据中选择其中一路输出
      2'b00: y = d0;
```

```
      2'b01: y = d1;
      2'b10: y = d2;
      2'b11: y = d3;
    default: y = d0;
  endcase
end
```

其中,d0 or d1 or d2 or d3 or a 为过程敏感条件,表示 d0、d1、d2、d3 或 a 中任意一个发生变化时,过程语句被激活,开始执过程体中的语句。

需要注意的是,过程语句中的被赋值对象应为 reg 类型。这是因为,当过程语句的事件列表中有事件发生时,过程语句中的被赋值对象才能被赋值;当事件列表中无事件发生时,不会执行过程体中的语句,因此过程体中的被赋值对象在无事件发生时应该保持原有的值,直到有事件发生为止,所以过程体中的被赋值对象应具有数据暂存功能,需要定义为变量类型。

根据上述分析,用 always 语句描述 4 选 1 数据选择器时,需要在端口定义中将输出 y 定义为 reg 类型,即

```
output reg y;                                // 定义 y 为输出端口,并且为寄存器类型
```

3) 结构描述

结构描述方式是应用例化语句,应用 Verilog 中基元(Primitive,门级或开关级元器件)、用户设计的功能模块或 IP 描述模块内部器件之间的连接关系。

结构描述的语法格式为

```
调用模块名 [实例名](端口关联列表);
```

其中,括号[]中的实例名是可选的。

对于 4 选 1 数据选择器,调用基元描述其结构的 Verilog 代码参考如下。

```
wire atmp,btmp,ctmp,dtmp;
and U1_and (atmp,d0,!a[1],!a[0]);            // 调用基元 and,实现 atmp = D0 A1' A0'
and U2_and (btmp,d1,!a[1], a[0]);            // 调用基元 and,实现 btmp = D1 A1' A0
and U3_and (ctmp,d2, a[1],!a[0]);            // 调用基元 and,实现 ctmp = D2 A1 A0'
and U4_and (dtmp,d3, a[1], a[0]);            // 调用基元 and,实现 dtmp = D3 A1 A0'
// 调用基元 or,实现 y = atmp + btmp + ctmp + dtmp
or U_or (y,atmp,btmp,ctmp,dtmp);
```

需要说明的是,结构描述方式中的被赋值对象为物理连线,需要定义为 wire 类型。因此,调用基元描述 4 选 1 数据选择器时,需要在端口定义中将输出 y 定义为线网类型,即

```
output wire y;                               // 定义 y 为输出端口,并且为线网类型
```

2.2
微课视频

2.2 Verilog 语法元素

Verilog HDL 代码由语法元素构成，包括关键词、标识符、运算符和操作符、数值和字符串，以及空白符和注释等。

Verilog 从 C 语言发展而来，保留了许多 C 语言的语法特点。例如，单行注释以符号//开始，到行末结束；多行注释以符号/*开始，以*/结束；代码中分号为语句结束标志；标识符同样区分大小写等。但是，Verilog HDL 本质是用来描述硬件电路的，因此也有许多与 C 语言不同之处，如取值集合、线网和变量的概念和部分操作符等。

2.2.1 取值集合

Verilog HDL 为每位赋值对象定义了 4 种基本取值：0、1、z 和 x，含义如表 2-1 所示。其中，x 表示非 0、非 1 和非 z 的值，通常用在测试平台文件中，表示没有经过初始化的输入端口值。

表 2-1 4 种基本取值

取　值	含　义
0	0、低电平、逻辑假
1	1、高电平、逻辑真
z 或 Z	高阻（三态，浮空）
x 或 X	未知（未初始化，不确定值）

需要说明的是，x 和 z 不区分大小写，即 1x0z、1x0Z、1X0z 和 1X0Z 是等价的。另外，在 Verilog HDL 输入表达式中，z 通常被解释为 x。这是因为当输入端为高阻时，输入信号为不确定状态。

由于 Verilog HDL 定义了 4 种基本取值，因此在 4 选 1 数据选择器的描述代码中，两位地址共有 4×4=16 种取值组合，而不是数字电路中通常所理解的 00、01、10 和 11 共 4 种取值，因此在编写代码时应特别注意。

2.2.2 常量

取值不变的量称为常量（Constant）。Verilog HDL 中的常量可分为整数常量、实数常量和字符串 3 种类型。

1. 整数常量

整数（Integer）常量定义的语法格式为

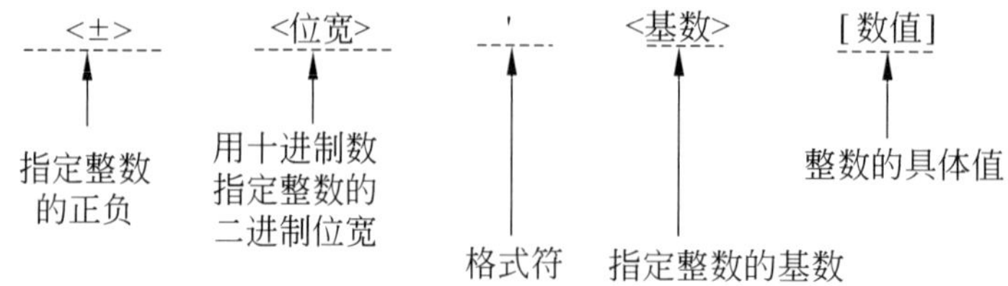

其中，基数(Radix)用于指定整数值的表示形式，符号和含义如表 2-2 所示。

表 2-2 基数符号和含义

基数符号	表示的进制	合法数值字符
B 或 b	二进制	0，1，x/X，z/Z，?和_
O 或 o	八进制	0～7，x/X，z/Z，?和_
D 或 d	十进制	0～9，x/X，z/Z，?和_
H 或 h	十六进制	0～9，A～F，x/X，z/Z，?和_

在 Verilog HDL 中，整数常量可用于表示有符号数，数值为正时其符号可以省略，如

```
4'b1001                              // 4 位二进制数,值为 1001
5'd23                                // 十进制数,二进制位宽为 5,值为 23
3'b01x                               // 3 位二进制数,值为 01x
12'hz                                // 12 位二进制数,每位均为 z
```

需要说明的是，x(或 z)在十六进制数中代表 4'bxxxx(或 4'bzzzz)，在二进制数中代表 1 位 x(或 z)，即 4'hz 与 4'bzzzz 等价，而 1'hz 即 1'bz。

整数常量为负数时，负号应写在位宽的前面，其数值的大小用补码表示，如

```
-8'd6:                        // 十进制数-6,二进制位宽为 8,用补码表示为 1111_1010
```

当基数符号默认时，常量默认为十进制数。当位宽默认时，按常量的实际值确定整数的位宽，如

```
659:                                 // 十进制数 659,位宽为 10(因为 2^9 < 659 < 2^10)
'h837ff:                             // 十六进制数,位宽为 20.
```

当整数常量的位数很多时，可以在数位中添加下画线(_)以提高数值的可阅读性。其中，下画线只起分隔的作用，编译时将被忽略。例如，常量 16'b0001001101111111 可以书写为 16'b0001_0011_0111_1111。

2. 实数常量

实数(Real)常量只用于仿真中，表示延迟量和仿真时间等参数。

在 Verilog HDL 中，实数常量既可以用带小数点的十进制数表示，也可以用科学计数法表示。但需要注意的是，在实数常量的小数点两侧至少应有一位有效数字，如

```
1.0                                  // 十进制数表示,不能只写为 1
3.1415926                            // 十进制数表示
123.45e2                             // 科学计数法表示,值为 12345(e 也可以用大写表示)
1.2e-1                               // 科学计数法表示,值为 0.12
```

3. 字符串

字符串(Strings)定义为双引号内的字符序列。Verilog HDL 字符串的数值用 ASCII 码序列表示，其中字符串中每个字符对应一个 8 位 ASCII 码。例如，字符串“Hello world!”

中共有12个字符,其数值序列表示为96'h48656c6c6f20776f726c64;而字符串“Internal error”中共有14个字符,其数值序列表示为112'h496e7465726e616c206572726f72。

在Verilog HDL中,字符串保存在reg类型的变量中。存储字符串“Hello World!”的reg变量至少应定义为12×8=96位,而存储字符串“Internal error”的reg变量至少应定义为14×8=112位,即

```
reg [95:0] str1;
reg [111:0] str2;
...
str1 = "Hello world!";
str2 = "Internal error";
```

需要说明的是,在Verilog HDL中,对字符串的赋值采用低位对齐(右对齐)方式。如果字符串的位数大于reg变量的位宽,则赋值时会自动截去数值序列中左边的数位;反之,如果字符串的位数小于reg变量的位宽,则赋值时默认用数值0填充reg变量左边的空位。例如,将字符串“Internal error”存入变量str1中,结果为96'h7465726e616c206572726f72,其中“496e”被截掉了,而将“Hello world!”存入变量str2中,结果为112'h000048656c6c6f20776f726c64。

和C语言一样,Verilog HDL的字符串不能分行书写。

在Verilog HDL中,字符串用于配合EDA软件,在编译、综合和适配等环节按照指定格式显示过程相关信息,或者警告信息和错误信息。

4. 参数定义语句

为了提高Verilog代码的可阅读性、可维护性以及模块的复用性,通常使用参数定义语句定义常量,用标识符代替具体的常量值,用于指定数据的位宽、延迟量和状态编码等参数。

参数定义语句的语法格式如下。

```
parameter 参数名 1 = 常量或常量表达式 1, 参数名 2 = 常量或常量表达式 2, … ;
localparam 参数名 1 = 常量或常量表达式 1, 参数名 2 = 常量或常量表达式 2, … ;
```

其中,parameter用于定义通用参数;localparam是Verilog-2001标准中新增的关键词,用于定义数值不可更改的参数,如

```
parameter MSB = 7, LSB = 0;            // 定义参数 MSB 和 LSB,值分别为 7 和 0
localparam DELAY = 10;                 // 定义参数 DELAY,值为 10
...
reg [MSB: LSB] cnt_q;                  // 引用参数 MSB 和 LSB 定义 q 的位宽
and #DELAY (y,a,b);                    // 引用参数 DELAY 定义延迟时间
```

参数定义语句parameter/localparam通常写在模块内部,只对当前模块起作用。除了写在模块内部的方式之外,parameter语句还可以写在模块名和端口列表之间,其语法格式为

```
module 模块名 #(parameter 参数名 1 = …,参数名 2 = …) (端口列表);
…
endmodule
```

parameter 语句具有参数传递功能。在层次化电路设计中,在上层模块中可以应用参数重定义语句 defparam 更改下层模块中用 parameter 语句定义的参数值,体现了模块可重用的设计思想。

参数重定义语句 defparam 应用的语法格式为

```
defparam (包含层次路径)参数 1,(包含层次路径)参数 2, …,(包含层次路径)参数 n;
```

关于 defparam 和 parameter 语句的参数传递功能将结合例 2-16 和例 2-17 进一步说明。

2.2.3 标识符与关键词

标识符(Identifier)是用于表示语言结构或模块名、端口名、线网和变量、参数以及子程序名称的字符串。

在 Verilog HDL 中,标识符的命名应遵循以下 3 条基本规定。

(1) 由 26 个大/小写英文字母、数字 0~9、$ 和_(下画线)组成。

(2) 以字母或下画线开头,中间可以使用下画线,但不能连续使用下画线。

(3) 长度小于 1024。

根据 Verilog 标识符命名的基本规定可知,Clk_100MHz、WR_n、_CE 和 P1_2 都是合法的标识符,而 64bits 和 ROM__dat 均为非法标识符。

和 C 语言一样,Verilog 中的标识符是区分大小写的,因此,MAX、Max 和 max 为 3 种不同的标识符,应用时应特别注意。

Verilog HDL 中预先保留了许多用于定义语言结构的标识符,称为关键词(Keywords),具有特定的含义,如 module、endmodule、input、output、inout、wire、reg、integer、real、initial、always、begin、end、if、else、case、casez、casex、endcase、for、while、repeat 和 forever 等。在编写 Verilog 代码时,用户定义的标识符不能和关键词重名。

另外,需要注意的是:①Verilog HDL 中的关键词都是小写的;②用户定义的标识符不能以 $ 开头,因为在 Verilog HDL 中,$ 开头的标识符代表系统命令,如系统任务或系统函数。

除基本标识符和关键词外,Verilog HDL 还定义了一类特殊的标识符,称为转义标识符(Escaped Identifier),是以反斜杠\开头,以空白符(空格、制表符或换行符)结束的字符串序列。所有可打印字符均可包含在转义标识符中,如

```
\sfji                    // 与 sfji 等价
\23kie                   // 与 23kie 等价
\*239d                   // 与 *239d 等价
```

转义标识符弥补了基本标识符不能以数字和 $ 开头的缺点,配合系统任务或函数,具有控制显示格式等一些特殊的用途。

2.3
微课视频

2.3 数据类型

数据类型(Data Type)用于定义 Verilog HDL 中数值可以改变的赋值对象。

Verilog HDL 定义了线网和变量两种数据类型。其中,线网用于描述硬件电路中的物理连线;变量则用于描述具有数据存储作用的赋值对象,与 C 语言中的变量作用相似。

数据类型定义的语法格式为

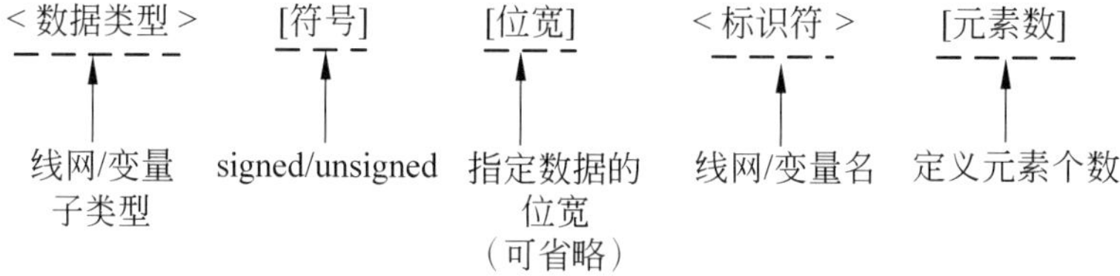

2.3.1 线网

线网(Nets)表示模块与模块之间,或者模块内部的物理连线。线网的特点是其值始终随驱动信号变化而变化,不具有数据存储功能。

线网定义的语法格式为

```
线网子类型名 [msb:lsb] 线网名 1,线网名 2, …, 线网名 n;
```

其中,线网子类型名是指线网的具体类型;msb 和 lsb 为定义位宽的常量或常量表达式,省略时默认为 1 位。

线网子类型的名称、默认位宽和含义如表 2-3 所示。其中,wire 和 tri 是两种常用的线网子类型。wire 用于描述单个驱动源驱动的线网(通常称为信号线);而 tri 则用于描述多个驱动源驱动的线网(称为三态线)。

表 2-3　线网子类型的名称、默认位宽和含义

名　　称	默认位宽/位	含　　义
wire, tri	1	线网连接
wor, trior	1	线或连接
wand,triand	1	线与连接
tri1,tri0	1	上拉或下拉连接
supply1,supply0	1	接电源或接地

线网有两种驱动方式:①在结构描述中,线网受 wire/reg 类型的端口驱动;②在数据流描述中,应用连续赋值语句 assign 对线网进行持续赋值。

注意,模块的双向端口 inout 需要应用三态逻辑,通常由连续赋值语句驱动,并且在一定条件可以被赋值为高阻状态。

当两个驱动源驱动同一个线网时,线网的取值由表 2-4 决定。例如:

```
wire [3:1] a, b;
tri [3:1] y;
assign y = a & b;
```

由线网定义和描述可以看出，y 有两个驱动源：a 和 b。因此，y 的取值由两个驱动源表达式的值按表 2-4 中所示的关系决定。若 a 的值为 01x，b 的值为 11z，则 y 的值为 x1x。

表 2-4　多源驱动时线网的取值

a	线网取值 y			
	b=0	b=1	b=x	b=z
0	0	x	x	0
1	x	1	x	1
x	x	x	x	x
z	0	1	x	z

线网表示硬件电路中的信号线或三态线，不具有数据存储功能，所以没有驱动源驱动的线网默认值为 x。

需要注意的是，数据流描述方式中的信号线和结构描述方式中的物理连线应定义为线网类型。

2.3.2 变量

变量(Variables)表示具有数据存储作用的赋值对象，有寄存器变量、整型变量、实数变量、时间变量和实时间变量 5 种子类型。

1. 寄存器变量

寄存器变量是最常用的变量类型。寄存器变量的特点是在某种触发机制的作用下分配到一个值后，在分配下一个值之前将一直保留原值。

寄存器变量用关键词 reg 定义，其语法格式为

```
reg [msb: lsb] 变量名 1, 变量名 2, … 变量名 n;
```

其中，msb 和 lsb 是用于定义位宽的常量或常量表达式。寄存器变量默认的位宽为 1，如

```
reg [7:0] cnt_q;                    // cnt_q 为 8 位寄存器变量
reg tmp;                            // tmp 为 1 位寄存器变量
reg [15:0] q1,q2,q3;                // 定义 3 个 16 位的寄存器变量
```

在 Verilog-1995 标准中，寄存器变量用于存储无符号数。因此，当寄存器变量被赋值为负数时，仍会被解释为无符号数，如

```
reg [3:0] tmp;                      // 定义 tmp 为 4 位寄存器变量
...
tmp = 5;                            // tmp 的值为 0101
tmp = -2;                           // tmp 的值为 1110(-2 的补码)，按无符号数 14 处理
tmp = -1;                           // tmp 的值为 1111(-1 的补码)，按无符号数 15 处理
```

寄存器变量未被赋值时，默认初值为 x。因此，在仿真时，需要预先在测试平台文件中为寄存器变量赋初值。

需要注意的是，过程语句(always 或 initial)中的被赋值对象应定义为 reg 类型。这是因为当过程语句有事件发生时，过程语句中被赋值对象的值才能更新，没有事件发生时被赋值对象将保持原有的值，因此过程语句中被赋值对象应具有数据存储功能。

需要强调的是，reg 用于定义寄存器变量，但并不意味着用 reg 变量描述的模块一定会被综合为时序逻辑电路。也就是说，reg 变量同样可以用来描述组合逻辑电路。例如，在 4 选 1 数据选择器的行为描述中，由于在 always 过程体内对输出 y 进行赋值，当 4 路数据和 2 位地址均没有发生变化时，y 应该保持不变，因此需要将 y 定义为寄存器变量。

2. 整型变量

整型变量用关键词 integer 定义，其语法格式为

```
integer 变量名 1[msb:lsb], 变量名 2[msb:lsb], …,变量名 n [msb:lsb];
```

其中，msb 和 lsb 为定义整型变量位宽的常量或常量表达式。整型变量的位宽默认为 32，如

```
integer int_a, int_b, int_c;              // 定义 3 个 32 位整数变量
integer stat[3:0];                        // 定义 stat 为 4 位整型变量
```

注意整型变量能够作为矢量进行访问。例如，对于上述定义的 32 位整型变量 int_a、int_b 和 int_c，引用 int_a[3：0]、int_b[31]或 int_c[20：10]都是合法的。

整型变量用于存储有符号数，其值以二进制补码形式表示，如

```
integer i;                                // 定义 i 为整型变量
…
i = -6;                                   // i 值为 32'b1111…11010
```

整型变量未被赋值时，默认其初值为 0。

3. 实数变量

实数变量用关键词 real 定义，其值以十进制数或科学计数法表示。

实数变量定义的语法格式为

```
real 变量名 1,变量名 2, …,变量名 n;
```

例如：

```
real j;                                   // 定义实数变量 j
…
j = 1.8e-1;                               // j 值为 0.18
```

实数变量未被赋值时，默认初值为 0。若将 x 或 z 赋给实数变量，则会被当作 0 处理。

需要说明的是，如果将实数值赋给整数变量，实数的取值将根据四舍五入的原则自动转换为整数，如

```
integer i;
real PI;
PI = 3.1415926;
i = PI;
```

则 i 的值为 3。

4. 时间变量

时间变量用关键词 time 定义，在仿真中用来存储时间值。

时间变量定义的语法格式为

```
time 变量名 1, 变量名 2, …，变量名 n;
```

例如：

```
time current_time;
…
current_time = $time;
```

上述代码表示把当前仿真时间赋给变量 current_time。

时间变量值为无符号数。时间变量未被赋值时，默认初值为 0。

5. 实时间变量

实时间变量用关键词 realtime 定义，在仿真中用于存储时间值。

实时间变量定义的语法格式为

```
realtime 变量名 1, 变量名 2, …，变量名 n;
```

实时间变量的用法和时间变量相同，只是实时间变量的值以实数表示。

需要注意的是，实数变量、时间变量和实时间变量只能用于仿真，不可综合。

2.3.3 存储器

Verilog HDL 应用 reg 变量数组定义存储器，用于描述 RAM 和 ROM（Read-Only Memory）。

存储器定义的语法格式为

```
reg [msb: lsb] 存储器名 [upper: lower];
```

其中，[msb: lsb]用于定义存储单元的位宽，通常称为存储宽度（Width），默认为 1 位；[upper: lower]用于定义存储单元的个数，通常称为存储深度（Depth），有 |upper-lower| +1 个存储单元，如

```
reg [9: 0] sine_rom [1023: 0];
```

上述代码定义名为 sine_rom 的存储器，每个单元存储 10 位二进制数据，共有 1024 个存储

单元。

寄存器变量和存储器能够应用同一 reg 语句进行定义，如

```
parameter DATA_WIDTH = 8,ROM_ADDR = 10;
localparam ROM_DEPTH = 1 << ROM_ADDR;
reg [DATA_WIDTH - 1:0] dds_rom [0:ROM_DEPTH - 1],sin_data;
```

上述代码定义 dds_rom 为 1024×8 位的存储器，同时定义 sin_data 为 8 位寄存器变量。

需要注意的是，虽然存储器和寄存器变量定义的格式类似，但含义和赋值方式不同。寄存器变量只有一个存储单元，用一条赋值语句就能完成赋值过程。但是，存储器有多个存储单元，用一条赋值语句只能对一个存储单元进行赋值，所以对 $n \times m$ 位的存储器进行赋值时，需要应用 n 条语句才能完成赋值，如

```
reg [7:0] cnt_q;                        // 定义寄存器 cnt_q,存储 8 位二进制数
reg fpga_lut [0:15];                    // 定义 16×1 位的存储器
…
assign cnt_q = 8'b0;                    // 对寄存器变量赋值,一次完成
assign fpga_lut = 16'b0;               /* 存储器整体进行赋值,错误!只能按单元进行赋值.
                                          即 fpga_lut[0] = 1'b0;
                                          …
                                          fpga_lut[15] = 1'b0;          */
```

2.3.4 标量与矢量

在 Verilog HDL 中，位宽为 1 位的线网/变量称为标量(Scalar)，位宽大于 1 位的线网/变量称为矢量(Vector)。

对矢量进行定义时，位宽范围由中括号内的一对整数、参数或参数表达式指定，中间用冒号隔开，如

```
parameter DATA_WIDTH = 16;
wire [DATA_WIDTH - 1:0] bus_dat ;           // 16 位线网
```

可按位或部分位赋值的矢量称为标量类矢量，用关键词 scalared 表示，相当于多个 1 位标量的集合。不能按位或部分位赋值的矢量称为矢量类矢量，用关键词 vectored 表示，如

```
reg scalared [7:0] Qtmp;                    // Qtmp 为标量类矢量
wire vectored [WIDTH - 1:0] bus_dat;        // bus_dat 为矢量类线网
```

标量类矢量是应用最多的一类矢量，其声明可以省略，即没有用关键词 scalared 或 vectored 说明的矢量均被解释为标量类矢量。

2.4 微课视频

2.4 运算符与操作符

Verilog HDL 中的操作符(Operator，部分习惯于称为运算符)按功能可分为 9 种类型，如表 2-5 所示。表达式中运算符的运算根据优先级的高低顺序执行，优先级数值越小，优先

级越高。优先级相同的运算符按照从左向右的顺序结合，可以用括号改变运算的优先顺序。

表 2-5 Verilog HDL 运算符

种　类	运算符	含　义	优先级	种　类	运算符	含　义	优先级
算术运算符	+	加	3	等式运算符	==	相等	6
	−	减	3		!=	不相等	6
	*	乘	2		===	全等	6
	/	整除	2		!==	不全等	6
	%	取余	2	条件操作符	?:	条件运算	11
逻辑运算符	!	非	1	移位操作符	<<	逻辑左移	4
	&&	与	9		>>	逻辑右移	4
	||	或	10		<<<	算术左移	4
位操作符	~	非	1		>>>	算术右移	4
	&	与	7	缩位运算符	&	与	1
	|	或	8		|	或	1
	^	异或	7		~&	与非	1
	~^或^~	同或	7		~|	或非	1
关系运算符	>	大于	5		^	异或	1
	<	小于	5		~^或^~	同或	1
	>=	大于或等于	5	拼接操作符	{}	拼接	—
	<=	小于或等于	5		{{}}	复制	—

2.4.1 算术运算符

算术运算符(Arithmetic Operators)用于数值运算，包括加、减、乘、整除和取余 5 种运算符，如表 2-6 所示。

表 2-6 算术运算符

运算符	含义	应 用 说 明
+	加法	1 + 2 结果为 3
−	减法	7 − 3 结果为 4
*	乘法	2 * 4 结果为 8
/	整除	9 / 2 结果为 4
%	取余	12 % 4 结果为 0，−15 % 2 结果为 −1，3 % −3 结果为 1

需要注意的是：①整除的结果为整数；②取余运算结果的符号与第 1 个操作数的符号一致；③算术运算中的操作数只要有一个为 x 或 z，则其运算结果为 x。

在进行算术运算时，表达式结果的位宽由最长的操作数决定。对于赋值语句，赋值结果的位宽由运算符左侧赋值目标的位宽决定，如

```
reg [3:0] reg_a,reg_b,reg_c;            // 4 位变量
reg [5:0] reg_d;                        // 6 位变量
…
```

```
reg_a = reg_b + reg_c;              // 4 位 + 4 位赋给 4 位,加法产生的进位会被丢弃
reg_d = reg_b + reg_c;              // 4 位 + 4 位赋给 6 位,加法结果的所有位都会被保存
```

对于复杂的表达式,运算过程的位宽如何确定呢? Verilog-1995 标准规定:表达式中的所有中间结果应取最长操作数的位宽,也包括左侧的赋值目标,如

```
wire [3:0] op_a, op_b;              // 4 位线网
wire [4:0] op_c;                    // 5 位线网
wire [5:0] op_d;                    // 6 位线网
wire [7:0] op_x;                    // 8 位线网
…
assign op_x = (op_a + op_c) + (op_b + op_d) ;
```

其中,右侧表达式中操作数的位宽最长为 6 位,但左端赋值目标 op_x 为 8 位,因此,所有的操作数均以 8 位进行运算。

如果操作数中既包含无符号操作数,又包含有符号操作数,则需要特别注意运算结果。因为 Verilog-1995 标准规定:表达式中只要有一个操作数为无符号数,那么其他操作数会自动被当作无符号数处理,并且运算结果也为无符号数。如果需要进行有符号数值运算,则每个操作数都必须定义为有符号数,如果表达式中存在无符号数,也必须通过系统函数 $signed 转换为有符号数。

需要强调的是,乘法运算符的综合依赖于所用的综合工具和实现的目标器件,而除法运算符和取余运算符通常不可以直接被综合。因此,在可综合电路设计中,应慎用除法和取余运算符。

2.4.2 逻辑运算符

逻辑运算符(Logic Operators)用于对操作数进行逻辑运算,包括与、或、非 3 种运算符,如表 2-7 所示。

表 2-7 逻辑运算符

运算符	含义	应用说明
&&	逻辑与	当 ab=00,01 和 10 时,a && b 结果为 0;当 ab=11 时,a && b 结果为 0
||	逻辑或	当 ab=00 时,a || b 结果为 0;当 ab=01,10 和 10 时,a || b 结果为 1
!	逻辑非	当 a=0 时,!a 结果为 1;当 a=1 时,!a 结果为 0

需要说明的是,逻辑运算中的操作数和运算结果均为 1 位。若操作数为矢量,则非 0 的操作数会被当作逻辑 1 处理。例如,当 a=4'b0110,b=4'b1000 时,则 a&&b 的结果为 1,a||b 的结果也为 1。

另外,当操作数中含有 x 或 z 时,则逻辑运算的结果由具体运算的含义确定,如

```
1'b0 && 1'bz                        // 结果为 0
1'b1 || 1'bz                        // 结果为 1
!x                                  // 结果为 x
```

2.4.3 位操作符

位操作符(Bitwise Operators)用于对操作数的对应位进行操作，包括与、或、非、异或和同或共5种操作符，如表2-8所示。

表 2-8 位操作符

操作符	含义	应用说明
&	位与	a & b：将a和b的对应位相与
|	位或	a | b：将a和b的对应位相或
~	取反	~a：将a按位取反；~b：将b按位取反
^	异或	a ^ b：将a和b的对应位异或
~^，^~	同或	a ~^ b或a ^~ b：将a和b的对应位同或

设a和b均为4位二进制数。当a=4'b0110，b=4'b1000时，a&b的结果为4'b0000，a|b的结果为4'b1110，~a的结果为4'b1001，~b的结果为4'b0111，a^b的结果为4'b1110，a~^b的结果为4'b0001。

Verilog HDL规定：当两个操作数的位宽不同时，先将位宽较短的操作数高位添零补齐，然后再按位进行操作，结果的位宽与位宽较长的操作数保持一致。例如，当ce1=4'b0111，ce2=6'b011101时，先将ce1补齐为6'b000111，因此ce1 & ce2=6'b000101。

位操作符与逻辑运算符的主要区别在于逻辑运算的操作数和结果均为1位；而位操作的操作数和结果既可以是1位，也可以为多位。

当操作数的位宽为1位时，位操作和逻辑运算的效果相同。

2.4.4 关系运算符

关系运算符(Relational Operators)用于判断两个操作数的大小，关系为真时返回1，关系为假时返回0。

关系运算包括大于、小于、大于或等于和小于或等于4种，如表2-9所示。

表 2-9 关系运算符

运算符	含义	应用说明
>	大于	a>b：为真时结果为1，为假时结果为0
>=	大于或等于	a>=b：为真时结果为1，为假时结果为0
<	小于	a<b：为真时结果为1，为假时结果为0
<=	小于或等于	a<=b：为真时结果为1，为假时结果为0

Verilog HDL规定：如果操作数的位宽不同，先将位宽较短的操作数左边添零补齐，再进行比较。例如，4'b1000>= 5'b01110等价于5'b01000>= 5'b01110，比较结果都为0。

需要注意的是，所有关系运算符具有相同的优先级，但低于算术运算符的优先级。另外，在关系运算符中，若操作数中含有x或z，则比较结果为x。

2.4.5 等式运算符

等式运算符(Equality Operators)用于判断两个操作数是否相等,比较结果为真时返回1,为假时返回0。

等式运算符分为逻辑等式运算符和case等式运算符两种类型,如表2-10所示。

表 2-10 等式运算符

运算符		含义	应用说明
逻辑等式运算符	==	等于	a==b:为真时结果为1,为假时结果为0
	!=	不等于	a!=b:为真时结果为1,为假时结果为0
case等式运算符	===	全等	a===b:为真时结果为1,为假时结果为0
	!==	不全等	a!==b:为真时结果为1,为假时结果为0

需要注意的是,应用逻辑等式运算符时,x和z被认为是无关位,含有x或z的操作数比较结果为x;应用case等式运算符时,严格按操作数的字符值进行比较,结果非0即1。例如,当a=4'b10x0,b=4'b10x0时,a==b的比较结果为x,而a===b的比较结果则为1。

逻辑等式运算和case等式运算的真值表如表2-11所示。需要注意的是,case等式运算符用于仿真,不可综合,所以只能在testbench文件中使用。

表 2-11 逻辑等式/case等式运算真值表

逻辑等式运算					case等式运算				
==	0	1	x	z	===	0	1	x	z
0	1	0	x	x	0	1	0	0	0
1	0	1	x	x	1	0	1	0	0
x	x	x	x	x	x	0	0	1	0
z	x	x	x	x	z	0	0	0	1

2.4.6 条件操作符

条件操作符(Condition Operator)根据条件表达式的取值是否为真进行选择性赋值。

条件操作符应用的语法格式为

```
(条件表达式) ? 为真时的返回值 : 为假时的返回值;
```

应用条件操作符很容易描述2选1数据选择器,代码如下。

```
input d0,d1;                    // 2 路数据
input sel;                      // 1 位地址
output wire y;                  // 输出
assign y = sel ? d1 : d0;       // 2 选 1
```

条件操作符也可以嵌套使用,实现分层次选择。例如,用条件操作符描述4选1数据选择器,代码如下。

```
input d3,d2,d1,d0;                                    // 4 路数据
input [1:0] a;                                        // 2 位地址
output wire y;                                        // 输出
assign y = a[1] ? (a[0] ? d3 : d2 ): (a[0] ? d1: d0); // 4 选 1
```

2.4.7 移位操作符

移位操作符(Shift Operators)用于对操作数进行移位。移位操作的语法格式为

```
<操作数><移位操作符><数值>;
```

其中,移位操作符包括逻辑左移、逻辑右移、算术左移和算术右移 4 种,如表 2-12 所示。移位的次数由操作符后面的数值决定。

表 2-12 移位操作符

操作符		含义	应用说明
逻辑移位操作符	<<	逻辑左移	data << n: 将无符号数 data 左移 n 位
	>>	逻辑右移	data >> n: 将无符号数 data 右移 n 位
算术移位操作符	<<<	算术左移	data <<< n: 将有符号数 data 向左移 n 位
	>>>	算术右移	data >>> n: 将有符号数 data 向右移 n 位

逻辑移位操作符用于对无符号数进行移位。无论是左移还是右移,移出的空位均用零填补。例如,当 a=4'b0111 时,a >> 2 的结果为 4'b0001,而 a << 2 的结果为 4'b1100。

在实际应用中,经常应用逻辑移位实现无符号数乘法运算,以简化电路设计。例如,需要计算 $y=d\times10$ 时,由于 10 可以分解为 2^3+2,因此可以应用以下连续赋值语句实现。

```
assign y = ( d<<3 ) + ( d<<1 ) ;
```

注意计算结果 y 应有足够的位宽。

算术移位操作符是 Verilog-2001 标准中新增的操作符,用于对有符号数进行移位。

<<<操作符用于对有符号数进行左移。移位时,符号位保持不变,数值位左移移出的空位用零填补。>>>操作符用于对有符号数进行右移。移位时,符号位保持不变,数值位右移移出的空位用符号位填补。例如,当 a=6'b111000(十进制数−8)时,那么 a <<< 1 的结果为 6'b110000(十进制数−16),而 a >>> 2 的结果为 6'b111110(十进制数−2)。

需要说明的是,Verilog HDL 标准中只定义了逻辑移位和算术移位两类操作符。如果需要实现处理器算术逻辑单元(Arithmetic & Logic Unit,ALU)中常用的循环移位,则需要根据循环移位的功能要求应用逻辑移位或算术移位描述。

桶形移位器(Barrel Shifter)是组合逻辑电路,具有 n 位数据输入和 n 位数据输出,以及用于指定移位类型(逻辑移位、算术移位或循环移位)、移位方向和移位位数的控制端。桶形移位器是微处理器重要的组成部分。

描述只具有循环右移功能的 8 位桶形移位器的 Verilog 参考代码如下。

```
input [7:0] din;                                  // 8 位数据输入
input [2:0] rbit;                                 // 右移位数
output wire [7:0] dout;                           // 8 位数据输出
// 内部线网定义
wire [7:0] dt1,dt2;
// 桶形移位逻辑
assign dt1 = rbit[0]? {din[0], din[7:1]} : din;   // 第 1 级移位
assign dt2 = rbit[1]? {dt1[1:0],dt1[7:2]} : dt1;  // 第 2 级移位
assign dout= rbit[2]? {dt2[3:0],dt2[7:4]} : dt2;  // 第 3 级移位
```

2.4.8 缩位运算符

缩位运算符(Reduction Operators)用于对单个操作数进行缩位运算,结果为 1 位。

缩位运算符包括缩位与、缩位或、缩位与非、缩位或非、缩位异或和缩位同或 6 种,如表 2-13 所示。

表 2-13 缩位运算符

运算符	含义	应用说明
&	缩位与	&a:将操作数 a 的每位相与
|	缩位或	|a:将操作数 a 的每位相或
~&	缩位与非	~&a:将操作数 a 的每位相与后再取非
~|	缩位或非	~|a:将操作数 a 的每位相或后再取非
^	缩位异或	^a:将操作数 a 的每位相异或
~^,^~	缩位同或	~^a 或^~a:将操作数 a 的每位相异或后再取非

缩位运算的具体过程:首先将矢量操作数的第 1 位和第 2 位进行运算,然后再将结果和第 3 位进行运算,以此类推,直至最后一位。例如:

```
wire [3:0] d;                 // 4 位操作数
wire y1,y2;
assign y1 = &d;               // 缩位与,实现 y1 = d[3] & d[2] & d[1] & d[0]
assign y2 = ~|d;              // 缩位或非,实现 y2 = ~(d[3] | d[2] | d[1] | d[0])
```

应用缩位运算符很容易实现奇偶校验和全 0/全 1 检测,如

```
input [7:0] din;
output wire even_parity,odd_parity;
output wire all_zeros,all_ones;
assign even_parity = ^din;            // 偶校验
assign odd_parity = ~(^din);          // 奇校验
assign all_zeros = ~|din;             // din 全为 0 时,all_zeros 为真
assign all_ones = &din;               // din 全为 1 时,all_ones 为真
```

需要注意的是,缩位运算符与位操作符形式相同,但含义不同。位操作符是双目操作符(Binary Operators),对两个操作数的对应位进行操作,当两个操作数至少有一个为多位时,

结果为多位，只有当操作数都为 1 位时，结果才为 1 位。缩位运算符是单目运算符(Unary Operators)，对单个操作数上的所有位进行运算，结果为 1 位。

2.4.9 拼接操作符

拼接操作符(Concatenation Operators)用于将两个或两个以上的操作数连接起来，形成一个新的操作数。

拼接操作应用的语法格式为

```
{ 操作数 1[msb:lsb], 操作数 2[msb:lsb], …, 操作数 n[msb:lsb] }
```

其中，[msb：lsb]定义操作数中参与拼接的位，省略时默认全部参与。例如，将 4 选 1 数据选择器的 4 路输入数据 d0，d1，d2 和 d3 应用语句{d0，d1，d2，d3}拼接为一个整体，其作用与直接定义 wire [0：3] d 等效；若应用语句{d3，d2，d1，d0}拼接为一个整体，其作用与直接定义 wire [3：0] d 等效。

合理应用拼接操作能够简化逻辑描述。例如，用拼接操作符实现逻辑移位，代码如下。

```
input dir,dil;                          // 右移数据输入，左移数据输入
reg [0:15] q;                           // 定义 16 位寄存器
q[0:15] <= { dir, q[0:14] };            // 16 位逻辑右移
q[0:15] <= { q[1:15], dil } ;           // 16 位逻辑左移
```

需要多次拼接同一个操作数时，拼接操作应用的语法格式为

```
{ 常数 { 操作数 }}
```

其中，拼接的次数由常数或参数指定。例如，{4{ 2'b01 }}和 8'b01010101 等价，而{ BUS_SIZE{ 1'b0 }}在定义参数 BUS_SIZE 为 16 的情况下，与 16'b0000_0000_0000_0000 等价。

2.5a 微课视频

需要说明的是，使用拼接操作符时，每个操作数都必须有明确的位数。

2.5 模块功能的描述方法

2.5b 微课视频

Verilog HDL 模块表示电路实体，既可以应用行为描述方式描述模块的行为特性，也可以应用数据流描述方式描述模块的逻辑关系，还可以应用结构描述方式描述模块内部器件之间的连接关系。

2.5c 微课视频

应用行为描述或数据流描述可综合(是指能够通过综合工具将 HDL 代码转换为门级网表)电路，通常称为 RTL(Register Transfer Level)描述，而描述系统或模块内部器件之间的连接关系通常称为结构化描述。

2.5.1 行为描述

2.5d 微课视频

行为描述(Behavioral Modeling)以过程语句为单位，在过程体内部应用高级程序语句和操作符描述模块的行为特性，不考虑具体的实现方法。

过程语句有 initial 和 always 两种形式。模块的功能可以应用一个或多个过程语句进行描述。每个过程语句均为并行关系,不能相互嵌套。

1. initial 语句

initial 语句称为初始化语句,无触发条件,其特点是从 0 时刻开始只执行一次。initial 语句只用于测试平台文件中,用于对变量进行初始化或描述信号波形。

initial 语句的语法格式为

```
initial begin
    块内变量说明;
    [延时控制 1] 语句 1;
    …
    [延时控制 n] 语句 n;
end
```

例如,用 initial 语句描述单次脉冲的参考代码如下。

```
initial begin
    clk = 0;                                  // 初始值为 0
    #10 clk = 1;                              // 延时 10 个时间单位跳变为 1
    #20 clk = 0;                              // 再延时 20 个时间单位跳变为 0
end
```

当模块中存在两个或两个以上的 initial 语句时,注意所有的 initial 语句同时从 0 时刻开始只执行一次。

2. always 语句

always 语句是最常用的过程语句,其特点是反复执行的,定义语法格式为

```
always @(事件列表)
  begin [:语句块名]
    块内变量说明;
    [延时控制 1] 语句 1;
    …
    [延时控制 n] 语句 n;
  end
```

其中,事件列表表示触发 always 过程体内语句执行的条件。

always 语句有两种过程状态:等待状态和执行状态。无事件发生时,always 语句处于等待状态;有事件发生时,always 语句进入执行状态,执行完毕后自动返回等待状态。

触发 always 过程体内语句执行的事件分为电平敏感事件和边沿触发事件两种类型。过程语句有多个事件时,在事件列表中使用关键词 or 将事件连接起来,表示至少有一个事件发生时,always 语句即进入执行状态。

电平敏感事件是指当线网/变量的电平发生变化时,触发 always 语句进入执行状态。

电平敏感事件定义的语法格式为

```
(电平敏感量 1 or … or 电平敏感量 n)
```

例如，用 always 语句描述 4 选 1 数据选择器，代码如下。

```
always @ (d0 or d1 or d2 or d3 or a)
  begin
  …
  end
```

上述代码表示 4 路数据 d0，d1，d2，d3 或 2 位地址 a 中至少有一个发生变化时，关键词 begin…end 中的语句就会被执行。

在 Verilog-2001 标准中，电平敏感事件列表中的关键词 or 可以用逗号代替，即应用语句 always @ (d0，d1，d2，d3， a)和应用语句 always @ (d0 or d1 or d2 ord3 or a)等效。由于语句 always @ (d0，d1，d2，d3， a)的书写形式更为简洁，因此通常使用 Verilog-2001 标准中的电平敏感量表示方法。

需要注意的是，用 always 语句描述组合逻辑电路时，过程语句内部赋值表达式中所有参与赋值的量都必须列到电平敏感事件的敏感量列表中。这是因为敏感量列表中未列出的线网/变量电平变化时不会触发被赋值变量的赋值过程，只有敏感量列表中有线网/变量发生变化时才能对变量进行赋值，所以综合工具会自动为未列出的线网/变量生成锁存器，先将未列入电平敏感量列表中的线网/变量保存起来，直到敏感量列表中有线网/变量发生变化时再对被赋值变量进行赋值，因而会综合出时序电路。

另外，Verilog-2001 标准还定义了 always @(*)和 always @ * 两种隐式敏感量列表方式，用于组合逻辑电路的描述，表示将过程语句中所有参与赋值的线网/变量都添加到敏感量列表中。例如，对于 4 选 1 数据选择器的描述，使用语句 always @(*)或 always @ * 和使用语句 always @ (d0，d1，d2，d3， a)等效。但是，这种隐式敏感量列表方式在实际工程中应尽量避免使用，因为将所有敏感量显式地表示出来，有利于增强代码的可阅读性，使过程语句的逻辑功能更清晰。另外，这种隐式敏感量列表方式还存在潜在的设计风险。例如，对于以下代码：

```
wire dat_a;
reg dat_b;
assign dat_a = 1'b0;
always @( * ) dat_b = 1'b0;
```

仿真时 dat_a 为 0，而 dat_b 为 x。这是因为 always @(*)表示将过程语句内所有的输入信号列为敏感量。由于 always @(*) dat_b = 1'b0 语句中没有信号发生变化，所以过程赋值语句 dat_b = 1'b0 始终没有被执行。因此，如果初始化时没有指定 dat_b 的值，则 dat_b 保持为 x。

边沿触发事件是指线网/变量发生边沿跳变时触发 always 过程语句的执行，分为上升沿(Positive Edge)触发和下降沿(Negative Edge)触发两种类型，分别用关键词 posedge 和

negedge 表示。

边沿触发事件定义的语法格式为

```
(边沿触发事件 1 or … or 边沿触发事件 n)
```

【例 2-1】 D 触发器的描述。

```
module d_ff(clk,d,q);
  input clk,d;
  output reg q;
  // 功能描述,时钟上升沿锁存数据
  always @( posedge clk )
     q <= d;
endmodule
```

【例 2-2】 4 位二进制加法计数器的描述。

```
module cnt4b(clk,q);
  parameter Nbits = 4;
  input clk;
  output reg [Nbits - 1:0] q;
  // 功能描述,时钟下降沿进行计数
  always @( negedge clk )
     q <= q + 1'b1;
endmodule
```

修改例 2-2 中参数 Nbits 的数值,可以实现任意位二进制加法计数器。

需要说明的是,always 过程语句也可以没有触发条件,永远反复执行,用来产生周期性的波形,但不可综合,只能用于测试平台文件中。

【例 2-3】 过程语句应用示例。

```
module clk_gen(clk1,clk2);
  output reg clk1,clk2;
  // 时钟初始值定义
  initial begin
     clk1 = 0;                          // clk1 初始值为 0
     clk2 = 0;                          // clk2 初始值为 0
  end
  //时钟波形定义
  always #50 clk1 = ~clk1;              // 每 50 个时间单位翻转一次
  always #100 clk2 = ~clk2;             // 每 100 个时间单位翻转一次
endmodule
```

需要注意的是,在 always 语句的事件列表中,电平敏感事件和边沿触发事件不能混合使用。一旦事件列表中含有由 posedge 或 negedge 引导的边沿触发事件,则不能再使用电平敏感事件。因此,描述具有异步复位功能的触发器时,应用以下代码是错误的。

```
always @( posedge clk or rst_n )
```

而应该描述为

```
always @( posedge clk or negedge rst_n )
   if ( !rst_n )
      …
```

3. 语句块

语句块(Statement Block)是将两条或两条以上的语句组合在一起,使其在形式上如同一条语句。语句块与C语言中的大括号“{}”的作用相同。

Verilog中语句块有顺序语句块和并行语句块两种类型。

顺序语句块(Sequential Block)按照块内语句的书写顺序执行语句,即前一条语句执行完后才能执行后一条语句。若使用延迟控制,则每条语句的延迟时间均相对于上一条语句的执行时刻而言。

顺序语句块由关键词begin和end定义,语法格式为

```
begin [:块名]
   [#延时量]语句 1;
   …
   [#延时量]语句 n;
end
```

其中,块名可以省略,如

```
reg a,b,c,d;
initial begin
      a = 1'b0;                    // a 在仿真时刻 0 时赋值
   #5 b = 1'b1;                    // b 在仿真时刻 5 时赋值
  #10 c = 1'b0;                    // c 在仿真时刻 15( = 10 + 5)时赋值
  #15 d = 1'b1;                    // d 在仿真时刻 30( = 15 + 10 + 5)时赋值
end
```

并行语句块(Parallel Block)中的所有语句从块被调用的时刻同时开始执行。若使用延迟,则每条语句的延迟时间均相对于块调用的开始时刻而言,与语句的书写顺序无关。

并行语句块由关键词fork和join定义,语法格式为

```
fork [:块名]
   [#延时量]语句 1;
   …
   [#延时量]语句 n;
join
```

其中,块名可以省略,如

```
reg a,b,c,d;
initial fork
      a = 1'b0;                    // a 在仿真时刻 0 时赋值
   #5 b = 1'b1;                    // b 在仿真时刻 5 时赋值
  #10 c = 1'b0;                    // c 在仿真时刻 10 时赋值
  #15 d = 1'b1;                    // d 在仿真时刻 15 时赋值
join
```

需要注意的是，并行语句块只能用于仿真，不可综合。

4. 延时控制

延时控制用于定义从开始遇到语句到真正执行该语句的延迟时间，有常规延时和内嵌延时两种书写形式。

常规延时的书写格式为

```
[#延时量] 线网 / 变量 = 表达式;
```

内嵌延时的书写格式为

```
线网 / 变量 = [#延时量] 表达式;
```

例如，应用赋值语句

```
#10 y = a & b;
```

表示延迟 10 个时间单位将 a & b 的结果赋给 y。上述语句也可以用内嵌延时的形式表示，即

```
y = #10 a & b;
```

在 Verilog HDL 中，延迟量的时间单位由编译预处理指令`timescale 进行定义。如果在模块声明前添加语句：

```
`timescale 1ns/1ps
```

表示仿真时间单位为 1ns，仿真精度为 1ps。根据该指令，仿真工具才能确认#10 表示延迟时间为 10ns。

需要注意的是，延时控制只能用于仿真，综合时所有的延时量将被忽略。

5. 过程赋值语句

过程赋值(Procedural Assignment)语句是指在过程语句 initial/always 内部对变量进行赋值的语句。

过程赋值语句应用的语法格式为

```
<变量><赋值操作符><赋值表达式>;
```

其中，过程赋值操作符分为两种类型：=和<=，分别表示阻塞赋值和非阻塞赋值。

阻塞赋值(Blocking Assignment)是指过程语句内部的赋值语句按照书写的顺序执行。也就是说，在前一条赋值语句执行结束之前，后一条语句被阻塞，不能执行。只有前一条语句赋值完成后，后一条语句才能被执行。

非阻塞赋值(Non-Blocking Assignment)是指过程语句内部的所有赋值语句同时执行，与语句的书写顺序无关，即后一条赋值语句的执行不受前一条赋值语句的影响。

为了准确地理解阻塞赋值和非阻塞赋值的差异，定义两个概念：RHS 和 LHS。RHS(Right-Hand-Side)表示赋值操作符右侧的表达式；LHS(Left-Hand-Side)表示赋值操作符左侧的变量。

阻塞赋值在赋值时先计算 RHS 的值，把 RHS 赋值给 LHS 后，才允许其后的赋值语句执行。所以，阻塞赋值语句的执行过程可以理解为计算 RHS 并更新 LHS，期间不允许其他任何语句干扰。由于综合时阻塞赋值语句中的延迟量将被忽略，因此从理论上讲，阻塞赋值语句与其后的赋值语句只有概念上的先后，并无实质上的延迟。

关于阻塞赋值的应用特点，可以通过 1 位数值比较器的设计进行说明。

设 a 和 b 分别表示两个 1 位二进制数，eq 表示数值是否相等的比数结果。若定义 a 和 b 相等时 eq=1，则 1 位数值比较器的函数表达式为

$$\mathrm{eq} = a'b' + ab$$

因此，描述 1 位数值比较器的 Verilog 代码参考如下。

```
module eq1b(a,b,eq);
  input a,b;
  output reg eq;
  reg tmp1,tmp2;
  always @(a,b) begin
    tmp1 = ~a & ~b;
    tmp2 = a & b;
    eq = tmp1 | tmp2;
  end
endmodule
```

对于上述代码，当敏感量列表中的 a 和 b 至少有一个发生变化时，过程体中的阻塞赋值语句被启动，3 条语句按顺序执行，最终输出 eq 被更新。

由于阻塞赋值语句是按顺序执行的，因此语句的书写顺序很关键，如果将上述 3 条赋值语句的书写顺序调整为

```
eq = tmp1 | tmp2;
tmp1 = ~a & ~b;
tmp2 = a & b;
```

则对 eq 赋值时，由于 tmp1 和 tmp2 还没有得到正确的值，因而综合出的电路是错误的。

非阻塞赋值在赋值操作开始时计算 RHS 的值，在赋值操作结束时更新 LHS，即在计算 RHS 和更新 LHS 期间，其他非阻塞赋值语句也能够同时计算 RHS 和更新 LHS。所以，非阻塞赋值语句的执行过程可以理解为两个步骤：①在赋值时刻开始时，计算 RHS 的值；

②在赋值时刻结束时,更新 LHS 的值。

非阻塞赋值提供了在串行语句块内实现并行操作的方法。

由于阻塞赋值与非阻塞赋值的赋值方法不同,因此综合出的电路存在差异,所以必须严格区分和正确应用这两类过程赋值语句。

【例 2-4】 阻塞赋值应用示例。

```
module blocking_demo(din,clk,q1,q2);
  input din,clk;
  output reg q1,q2;
  always @( posedge clk )
    begin
      q1 = din;
      q2 = q1;
    end
endmodule
```

对于例 2-4 所示的阻塞赋值方式,当时钟脉冲 clk 上升沿到来时,首先执行赋值语句 q1=din,执行结束后 q1 得到了 din 的值,再执行赋值语句 q2=q1,执行结束后 q2 得到 q1 的值。所以两条语句执行结束后,q2 和 q1 都得到了 din 的值,因而会综合出如图 2-1 所示的 2 位存储器,而且存储数据完全相同。

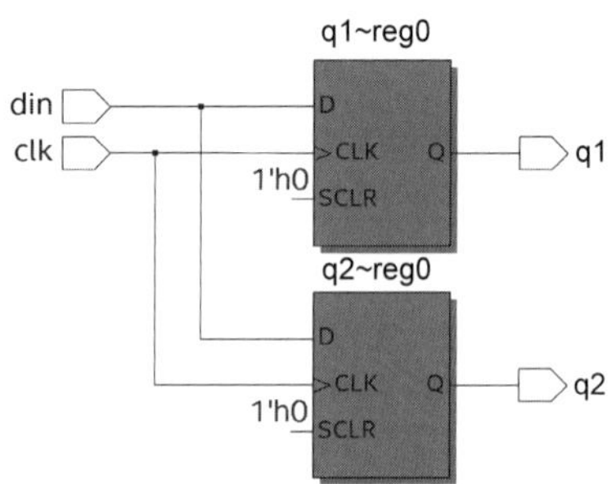

图 2-1 阻塞赋值综合结果

【例 2-5】 非阻塞赋值应用示例。

```
module non_blocking_demo(din,clk,q1,q2);
  input din,clk;
  output reg q1,q2;
  always @( posedge clk )
    begin
     q1 <= din;
     q2 <= q1;
    end
endmodule
```

对于例 2-5 所示的非阻塞赋值语句，当时钟脉冲 clk 上升沿到来时，赋值语句 q1<=din 和 q2<=q1 同时执行，即 q1 在得到 din 值的同时，q2 得到了 q1 原来的值，因而会综合出如图 2-2 所示的 2 位移位寄存器。

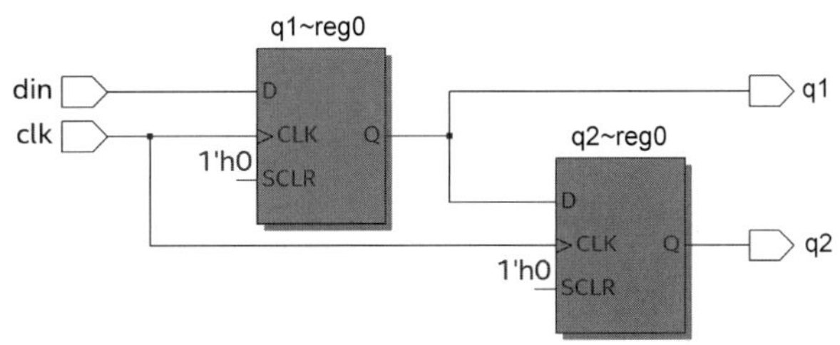

图 2-2　非阻塞赋值综合结果

阻塞赋值语句和非阻塞赋值语句的赋值特点不同，在编写 Verilog 代码时，建议遵循以下设计规范。

(1) 描述组合逻辑电路时，使用阻塞赋值。

(2) 描述时序逻辑电路时，使用非阻塞赋值。

(3) 在同一过程语句中不能既使用阻塞赋值，又使用非阻塞赋值。当模块中既包含组合逻辑，又包含时序逻辑时，建议将组合逻辑和时序逻辑分开进行处理。可以用一个 always 语句描述时序逻辑，用另一个 always 语句描述组合逻辑，或者改用连续赋值语句描述组合逻辑。

(4) 在同一个过程语句中既需要描述时序逻辑，又需要描述组合逻辑时，建议使用非阻塞赋值。

(5) 不要在两个或两个以上的过程语句中对同一个变量进行赋值。

另外，还需要注意的是，过程赋值与连续赋值的概念和应用不同。连续赋值的赋值行为是持续进行的，即当赋值表达式的值发生变化时，被赋值线网会立即更新。而对于过程赋值，有事件发生时，过程体中被赋值变量的值才会被更新，而且在更新后，其值将保持到下一次有事件发生时为止。换句话说，当过程语句未被启动时，即使赋值表达式的值发生了变化，被赋值的变量保持不变，直到事件列表中有事件发生为止。

6. 高级程序语句

Verilog HDL 中的高级程序语句和 C 语言一样，用于控制代码的流向，分为条件语句、分支语句和循环语句 3 种类型。

1) 条件语句

条件语句(Conditional Statement)应用关键词 if 和 else 描述，根据条件表达式是否为真对赋值过程进行控制，分为简单条件语句、分支条件语句和多重条件语句 3 种类型。

简单条件语句的语法格式为

```
if (条件表达式) 表达式为真时执行的语句块;
```

由于简单条件语句没有定义条件表达式为假时执行的操作，隐含着条件表达式为假时不执行任何操作。因此，在条件表达式为假时，被赋值的变量应该保持不变，因而应用简单条件语句会综合出时序逻辑电路。

【例 2-6】 D 锁存器的描述。

```
module d_latch(clk,d,q);
  input clk,d;
  output reg q;
  // 功能描述
  always @(clk,d)
    if ( clk ) q <= d;
endmodule
```

对于例 2-6 中的模块 d_latch，在 clk 为高电平时，输出 q 随输入 d 变化而变化。但是，由于代码中没有定义 clk 为低电平时的工作情况，默认 clk 为低电平时不发生任何动作，因而 q 应该保持不变，所以会综合出 D 锁存器。

分支条件语句的语法格式为

```
if(条件表达式)
  表达式为真时执行的语句块;
else
  表达式为假时执行的语句块;
```

【例 2-7】 2 选 1 数据选择器的行为描述。

```
module MUX2to1 (y,d0,d1,sel);
  input d0,d1,sel;
  output reg y;
  // 功能描述
  always @(d0,d1,sel)
    if (!sel)
      y = d0;
    else
      y = d1;
endmodule
```

应用分支条件语句描述时，如果语句在逻辑上是完善的，则会综合出组合逻辑电路，如例 2-7 所示。但是，如果语句在逻辑上不完善，则会综合出时序电路。例如，若用以下代码描述双向端口：

```
module bidir_Port (dir,a,b);
  input dir;                          // 双向控制端
  inout a,b;                          // 两个双向端口
  // 内部变量定义
  reg atmp,btmp;
  // 端口逻辑
  assign a = atmp;
  assign b = btmp;
  // 功能描述,应用阻塞赋值
  always @ (dir,a,b)
    if (dir)
```

```
      atmp = b;
    else
      btmp = a;
endmodule
```

由于 dir 为真时 btmp 未被赋值，所以 btmp 应保持不变，因此综合时会为 btmp 引入锁存器；而 dir 为假时 atmp 未被赋值，所以 atmp 应保持不变，因此综合时也同样会为 atmp 引入锁存器，所以应用上述代码会综合出时序电路，而不是期望的组合逻辑电路。

描述双向端口正确的 Verilog 参考代码如下。

```
module bidir_port (dir,a,b);
  input dir;                                  // 双向控制端
  inout a,b;                                  // 两个双向端口
  // 定义内部变量
  reg atmp,btmp;
  // 端口逻辑
  assign a = atmp;
  assign b = btmp;
  // 功能描述,应用非阻塞赋值
  always @ (dir,a,b)
    if (dir)
      begin atmp <= b; btmp <= 1'bz; end
    else
      begin btmp <= a; atmp <= 1'bz; end
endmodule
```

【例 2-8】 具有异步复位功能的 4 位二进制计数器的描述。

```
module cnt4b(clk,rst_n,q);
  input clk,rst_n;
  output reg [3:0] q;
  // 功能描述
  always @(posedge clk or negedge rst_n)
    if ( !rst_n )                             // 复位信号低电平有效
      q <= 4'b0000;
    else
      q <= q + 1'b1;
endmodule
```

多重条件语句常用于多路选择，应用的语法格式为

```
if(条件表达式 1)
  表达式 1 为真时执行的语句块;
else if(条件表达式 2)
  表达式 2 为真时执行的语句块;
…
else if(条件表达式 n)
  表达式 n 为真时执行的语句块;
else
  表达式 1～n 均为假时执行的语句块;
```

在多重条件语句中，由于条件表达式的判断有先后次序，所以隐含有优先级的关系，先判断的条件表达式优先级高，后判断的条件表达式优先级低。因此，多重条件语句通常用于描述具有优先级的逻辑电路。

【例 2-9】 4 线-2 线优先编码器的描述。

```
module prior_encoder(d,c,b,a,y);
  input d,c,b,a;                          // 4 路高、低电平信号
  output reg [1:0] y;                     // 2 位编码输出
  // 功能描述
  always @ ( d,c,b,a )
    if ( d ) y = 2'b11;
    else if ( c ) y = 2'b10;
         else if ( b ) y = 2'b01;
              else y = 2'b00;
endmodule
```

需要注意的是，在多重条件语句中，else 总是与它前面最近的一个没有 else 的 if 配对，如例 2-9 代码所示。使用多重条件语句时应特别注意 if 和 else 配对，以避免语义上的错误。

2）分支语句

分支语句使用关键词 case 和 endcase 定义，其功能相当于 C 语言中的 switch 语句，用于多路选择。

分支语句的语法格式为

```
case (分支表达式)
  列出值 1: 语句块 1;                      // 第 1 分支
  列出值 2: 语句块 2;                      // 第 2 分支
  …
  列出值 n: 语句块 n;                      // 第 n 分支
  [default: 语句块 n + 1;]                 // 默认项
endcase
```

分支语句在执行时，先计算分支表达式的值，然后将表达式的值依次与各个列出值进行比较，第 1 个与表达式的值相匹配的列出值后的语句块被执行，执行完后自动退出 case 语句。如果表达式的值与所有的列出值都不匹配，才会执行 default 项对应的语句块。

【例 2-10】 用分支语句描述 2 选 1 数据选择器。

```
module MUX2to1(d0,d1,sel,y);
  input d0,d1;
  input sel;
  output reg y;
  // 行为描述
  always @ (d0,d1,sel)
     case ( sel )
       1'b0: y = d0;
       1'b1: y = d1;
     default: y = d0;
     endcase
endmodule
```

【例 2-11】 用分支语句描述 2 线-4 线译码器。

```
module decoder_2to4 (en,bincode,y);
  input en;
  input [1:0] bincode;
  output reg [3:0] y;
  // 行为描述
  always @( en or bincode )
    if (en)
      case ( bincode )
        2'b00 : y = 4'b0001;
        2'b01 : y = 4'b0010;
        2'b10 : y = 4'b0100;
        2'b11 : y = 4'b1000;
       default : y = 4'b0000;
      endcase
    else
      y = 4'b0000;
endmodule
```

应用分支语句时，需要注意以下几点。

(1) 列出值有重叠时，case 语句根据表达式的值匹配到第 1 个列出值后，执行相应的语句块。

(2) case 语句在执行了某个分支的语句块后直接退出，而不像 C 语言中的 switch 语句，需要加 break 才能退出。

(3) 描述组合逻辑电路时，当 case 语句中的列出值没有涵盖表达式所有可能的取值时，必须在列出值后附加 default 项，以防止意外综合出锁存器。

(4) case 语句中的各分支没有优先级的区别。这不像多重条件语句是按照书写的顺序依次判断，隐含有优先级。因此，在不需要考虑优先级的电路设计中，应用 case 语句描述更为清晰。

除了 case…endcase 语句外，case 语句还有另外两种应用形式：casez…endcase 和 casex…endcase。应用 casez/casex 语句和 case 语句的语法格式相同，但对分支表达式与列出值的匹配处理上有差异。

在 case 语句中，如果分支表达式和列出值中含有 x 或 z，则 x 和 z 作为字符值进行比较。也就是说，x 只和 x(或 X)匹配相等，z 只和 z(或 Z)匹配相等。

casez 语句用来处理不考虑 z 的比较过程，出现在表达式和列出值中的 z 被认为是无关位，和任意取值匹配相等。

casex 语句用来处理不考虑 x 和 z 的比较过程，出现在表达式和列出值中的 x 和 z 都被认为是无关位，和任意取值匹配相等。

3 种分支语句 case、casez 和 casex 的真值表如表 2-14 所示。

在 Verilog HDL 中，通常用问号代替 x 和 z，表示无关位。

表 2-14 case/casez/casex 真值表

case	0	1	x	z	casez	0	1	x	z	casex	0	1	x	z
0	1	0	0	0	0	1	0	0	1	0	1	0	1	1
1	0	1	0	0	1	0	1	0	1	1	0	1	1	1
x	0	0	1	0	x	0	0	1	1	x	1	1	1	1
z	0	0	0	1	z	1	1	1	1	z	1	1	1	1

【例 2-12】 用分支语句描述 4 线-2 线优先编码器。

```
module prior_encoder(d,c,b,a,y);
  input d,c,b,a;                          // 4 路高、低电平信号
  output reg [1:0] y;                     // 2 位编码输出
  // 行为描述
  always @ ( d,c,b,a )
    casex({d,c,b,a})
      4'b1??? : y = 2'b11;
      4'b01?? : y = 2'b10;
      4'b001? : y = 2'b01;
      4'b0001 : y = 2'b00;
       default : y = 2'b00;
    endcase
endmodule
```

3）循环语句

Verilog HDL 中循环语句的作用与 C 语言相同。Verilog 支持 4 类循环语句：for、while、repeat 和 forever，其中 for 语句、while 语句的用法与 C 语言相同。

for 语句应用的语法格式为

```
for(循环变量初始表达式; 循环条件表达式;循环增量表达式) 语句块;
```

需要说明的是，Verilog HDL 不支持 i++和 i--这种循环增量的书写方式，递加和递减只能书写为 i=i+1 和 i=i-1。

【例 2-13】 用移位累加方法描述乘法器。

乘法可以应用移位累加实现。8 位乘法器的 Verilog 描述代码参考如下。

```
module multiplier(prod,op_a,op_b);
  parameter Nbits = 8;                    // 参数定义
  input [ Nbits:1 ] op_a,op_b;            // 被乘数与乘数
  output reg [ 2 * Nbits:1 ] prod;        // 乘法结果
  // 循环变量定义
  integer i;
  // 组合逻辑过程，描述移位累加逻辑
  always @(op_a,op_b) begin
    prod = 0;
    for(i = 1;i <= Nbits; i = i + 1)
      if ( op_b[i] )
        prod = prod + ( op_a <<(i - 1) ); // 移位累加
  end
endmodule
```

for 语句适用于具有固定初值和终值条件的循环。如果只有一个循环条件，建议使用 while 语句。

while 语句的语法格式为

```
while (循环条件表达式) 语句块;
```

while 语句在循环条件表达式的值为真时执行语句块，直到条件表达式的值为假为止。例如，应用 while 语句描述移位累加式乘法器。

```
// 内部变量定义
reg [2 * Nbits:1] atmp;
reg [Nbits:1] btmp;
// 循环变量定义
integer i;
// 组合逻辑过程，描述移位累加逻辑
always @(op_a,op_b) begin
    prod = 0;
    atmp = {{ Nbits{1'b0}},op_a };        // 拼接扩展为 2 * Nbits 位
    btmp = op_b;
    i = Nbits;
    while ( i > 0 ) begin
       if ( btmp[1] ) prod = prod + atmp; // 乘数末位为 1,则累加
       i = i - 1;                         // 循环次数减 1
       atmp = atmp << 1;                  // 被乘数左移一位
       btmp = btmp >> 1;                  // 乘数右移一位
    end
end
```

需要注意的是，如果 while 循环中条件表达式的值为 x 或 z 时，则循环次数为 0。

repeat 语句按照循环次数表达式指定的循环次数重复执行语句块。换句话说，循环次数在 repeat 语句执行前已经确定了。注意这和 C 语言的 do while 语句完全不同。

repeat 语句的语法格式为

```
repeat (循环次数表达式) 语句块;
```

当循环次数表达式的值为 x 或 z 时，则 repeat 语句的执行次数为 0。同样，应用 repeat 语句也可以描述移位累加式乘法器。

```
// 内部变量定义
reg [2 * Nbits:1] atmp;
reg [Nbits:1] btmp;
// 组合逻辑，描述移位累加逻辑
always @(op_a,op_b) begin
  prod = 0;
  atmp = {{Nbits{1'b0}},op_a};          // 拼接扩展为 2 * Nbits 位
  btmp = op_b;
  repeat ( Nbits ) begin                // 循环次数由 Nbits 确定
```

```
        if ( btmp[1] ) prod = prod + atmp;
        atmp = atmp << 1;                        // 被乘数左移一位
        btmp = btmp >> 1;                        // 乘数右移一位
    end
end
```

forever 语句没有循环条件，永远反复执行语句块。

forever 语句的语法格式为

```
forever 语句块;
```

例如，应用 forever 语句生成 4 位二进制码。

```
initial begin
    a3 = 0;a2 = 0;a1 = 0;a0 = 0;          // 定义初值均为 0
    forever #40 a3 = ~a3;                 // 定义 a3 的周期为 80
    forever #20 a2 = ~a2;                 // 定义 a2 的周期为 40
    forever #10 a1 = ~a1;                 // 定义 a1 的周期为 20
    forever #05 a0 = ~a0;                 // 定义 a0 的周期为 10
end
```

需要注意的是，多数综合软件不支持 while、repeat 和 forever 语句的综合，因此，while、repeat 和 forever 语句只用在仿真测试平台 testbench 中。for 语句虽然可综合，但综合时将每次循环简单地展开为一个模块，因而会消耗大量的逻辑资源，因此，在可综合电路设计中，应谨慎使用 for 语句。

2.5.2 数据流描述

数据流描述(Dataflow Modeling)方式采用连续赋值(Continuous Assignment)语句，基于表达式或操作符描述线网的逻辑功能，用于对组合逻辑电路进行描述。

连续赋值语句应用的语法格式为

```
assign  [#延迟量] 线网名 = 赋值表达式;
```

其中，=为连续赋值操作符；[ ]中的延迟量为可选项。

连续赋值语句总是保持有效状态，即赋值过程是连续进行的，当赋值表达式的值发生变化后，经过“#延迟量”定义的延迟时间后立即赋给左边线网。默认延迟时间为 0，如

```
wire a,b,y;
assign y = ~(a & b);
```

需要说明的是：

(1) 连续赋值语句只能对线网进行赋值，不能对变量进行赋值；

(2) 连续赋值语句和过程语句为平等关系，不能相互嵌套使用；

(3) 连续赋值语句的执行与语句书写的顺序无关，即多条 assign 语句同时执行；

(4) 连续赋值语句中的延迟量定义只用于仿真，综合时所有的延迟量均被忽略。

【例 2-14】 用数据流方式描述 2 选 1 数据选择器。

```
module MUX2to1(d0,d1,sel,y);
  input d0,d1,sel;
  output wire y;
  assign y = ~sel & d0 | sel & d1;
endmodule
```

【例 2-15】 用数据流方式描述全加器。

```
module full_adder(a,b,ci,sum,co);
  input a,b,ci;
  output wire sum,co;
  assign sum = a^b^ci;
  assign co = a & b | a & ci | b & ci;
endmodule
```

【例 2-16】 用数据流方式描述 8 位加法器。

```
module adder_nbits #(parameter Nbits = 8)(a,b,cin,sum,cout);
  input [Nbits - 1:0] a, b;
  input cin;
  output wire [Nbits - 1:0] sum;
  output wire cout;
  assign {cout,sum} = a + b + cin;
endmodule
```

在层次电路设计中，可以应用 parameter 语句的参数传递功能，在上层模块中应用 defparam 语句更改例 2-16 中参数 Nbits 的数值构建任意位加法器。例如，例化 adder_Nbits 模块描述 16 位加法器，代码如下。

```
module adder_16bits(a,b,cin,sum,cout);
  input [15:0] a, b;
  input cin;
  output wire [15:0] sum;
  output wire cout;
  defparam U_adder_16bits.Nbits = 16;
  adder_Nbits U_adder_16bits(a,b,cin,sum,cout);
endmodule
```

【例 2-17】 用数据流描述 4 位乘法器。

```
module multiplier_nxnb #(parameter Nbits = 4)(a,b,prod);
  input [Nbits - 1:0] a, b;
  output wire [2 * Nbits - 1:0] prod;
  assign prod = a * b ;
endmodule
```

同样，可以应用 parameter 的参数传递功能，在上层模块中应用 defparam 语句更改例 2-17 中参数 Nbits 的数值构建任意位乘法器。例如，例化 adder_nbits 模块描述 8×8 位乘法器，代码如下。

```
module multiplier_8x8b(a,b,prod);
  input [7:0] a, b;
  output wire [15:0] prod;
  defparam U_multiplier_8x8b.Nbits = 8;
  multiplier_nxnb U_multiplier_8x8b(a,b,prod);
endmodule
```

需要注意的是，参数重定义语句 defparam 不可综合，只能在仿真测试平台文件中使用。

2.5.3 结构描述

结构描述(Structural Modeling)方式类似于原理图设计，将电路中的基元、模块和功能 IP 之间的连接关系由图形方式转换为文字表达。

Verilog HDL 定义了 26 个基本元器件(Primitives，通常称为基元)，包括逻辑门和三态门、上拉电阻和下拉电阻，以及 MOS 开关和双向开关。

Verilog HDL 中的基元分为以下 6 种类型。

(1) 多输入门：and，nand，or，nor，xor，xnor。

(2) 多输出门：buf，not。

(3) 三态门：bufif0，bufif1，notif0，notif1。

(4) 上拉电阻/下拉电阻：pullup，pulldown。

(5) MOS 开关：cmos，nmos，pmos，rcmos，rnmos，rpmos。

(6) 双向开关：tran，tranif0，tranif1，rtran，rtranif0，rtranif1。

使用基元或模块创建新对象的过程称为例化(Instantiation)，被创建的对象则称为实例(Instance)。

调用基元创建实例的语法格式为

```
基元名 [实例名](端口 1, 端口 2, …, 端口 n);
```

其中，基元名为 26 个基元之一，实例名是调用基元创建新对象的名称(可选)。端口 1～n 表示实例模块的输入/输出端口，不同类型的基元输入/输出端口的数量和书写顺序不同。

1. 多输入门

多输入门有多个输入，但只有一个输出，包括与门(and)、与非门(nand)、或门(or)、或非门(nor)、异或门(xor)和同或门(xnor)6 种类型。

多输入门调用的语法格式为

```
多输入门名 [实例名] (输出端, 输入端 1, 输入端 2, …, 输入端 n);
```

2. 多输出门

多输出门有一个或多个输出，但只有一个输入，包括缓冲器(buf)和反相器(not)两种类型，其共同特点是只有一个输入，但可以有多个输出。

多输出门调用的语法格式为

```
多输出门名 [实例名](输出端 1,输出端 2, …,输出端 n,输入端);
```

3. 三态门

三态门有输入、输出和三态控制端共 3 个端口，分为三态驱动器和三态反相器两种类型。其中，三态驱动器的输出与输入同相，三态反相器的输出与输入反相。

Verilog HDL 定义了两种三态驱动器（bufif0，bufif1）和两种三态反相器（notif0，notif1），其中 if0 表示三态控制端低电平有效，而 if1 表示三态控制端高电平有效。

三态门调用的语法格式为

```
三态门名 [实例名](输出端,输入端,三态控制端);
```

需要说明的是，使用基元描述数字电路时，实例名省略时可以使描述代码更简洁。但在复杂的数字系统设计中，建议采用包含实例名的书写形式。

【例 2-18】 2 选 1 数据选择器的结构描述。

2 选 1 数据选择器逻辑电路如图 2-3 所示。

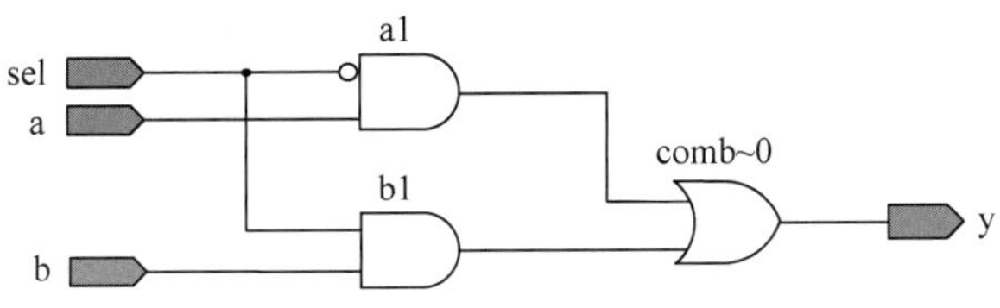

图 2-3 2 选 1 数据选择器逻辑电路

调用 Verilog 基元进行结构描述的代码参考如下。

```
module MUX2to1(y,a,b,sel);
  input a,b,sel;
  output wire y;
  // 内部线网定义
  wire sel_n,a1,b1;
  // 结构描述
  not (sel_n,sel);
  and (a1,a,sel_n);
  and (b1,b,sel);
  or (y,a1,b1);
endmodule
```

【例 2-19】 全加器的结构描述。

全加器逻辑电路如图 2-4 所示。

调用 Verilog 基元描述全加器的代码参考如下。

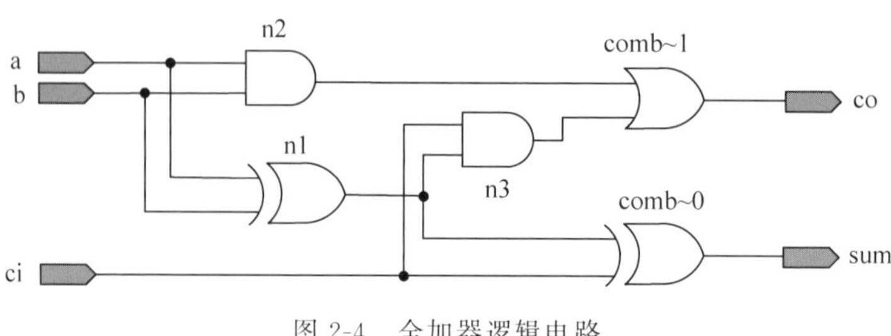

图 2-4 全加器逻辑电路

```
module full_adder(a,b,ci,sum,co);
    input a,b,ci;
    output wire sum,co;
    // 内部线网定义
    wire n1,n2,n3;
    // 结构描述
    xor (n1,a,b);
    xor (sum,n1,ci);
    and (n2,a,b);
    and (n3,n1,ci);
    or (co,n2,n3);
endmodule
```

2.5.4 混合描述方法

Verilog HDL 支持行为描述、数据流描述和结构描述方式的混合使用，即在同一模块中可以同时使用过程语句、连续赋值语句和例化语句。

【例 2-20】 全加器的描述。

```
module full_adder(a,b,cin,sum,co);
   input a,b,cin;
   output wire sum;
   output reg co;
   // 内部线网定义
   wire wtmp;
   // 混合描述
   xor (wtmp,a,b);                         // 结构描述，实现 wtmp = a ⊕ b
   assign sum  =  wtmp ^ cin;              // 数据流描述，实现 sum = a ⊕ b ⊕ cin
   always @ ( a, b, cin )                  // 行为描述，描述进位逻辑
     co  =  a && cin | b && cin | a && b;
endmodule
```

2.6
微课视频

2.6 层次化电路设计

设计复杂数字系统时，通常采用自顶向下的设计方法，先把系统分解成若干相互独立的功能模块，再把功能模块分解为下一层的子模块，依次向下，直到能够实现的底层模块为止。

每个模块对应一个 module，保存在扩展名为.v 的代码文件中，然后用底层模块构建功能模块，再用功能模块构建更大的功能模块，依次向上，直到实现整个系统。

对于系统的顶层电路设计，通常采用结构化描述方式，即在顶层模块中例化各功能模块，描述模块之间的连接关系。而对于低层模块，建议采用数据流描述或者行为描述方式，有利于定义和重构模块的逻辑功能。

自顶向下是典型的层次化设计方法。Verilog 中的基元、已经设计好的模块以及 IP 都是设计资源，例化是实现层次化设计的基本方法。

2.6.1 模块例化方法

在层次化电路设计中，被例化的基元、模块和 IP 习惯上称为子模块。子模块例化的语法格式为

```
子模块名 实例名(端口关联列表);
```

其中，端口关联列表用于定义子模块的端口与实例模块端口的连接关系，有名称关联(by-name)和位置关联(in-order)两种方式。

名称关联方式直接定义子模块的端口与实例模块端口之间的连接关系，与子模块端口的排列顺序无关。

名称关联方式的语法格式为

```
.子模块端口 1(实例端口名 1), …, .子模块端口 n(实例端口名 n);
```

其中，“子模块端口 1(实例端口名 1)”表示将子模块的端口 1 与实例端口名 1 相连，以此类推。实例模块端口名为空时表示子模块相应的端口悬空，如

```
dff dff1 (.q(q), .qbar( ), .din(d), .preset( ), .clock(clk) );
```

其中，子模块 dff 的端口 qbar 和 preset 的括号是空的，表示这两个端口悬空未连接。

位置关联方式不需要写出子模块定义时的端口名称，只需要把实例模块的端口名按子模块声明时的端口顺序排列，就能自动映射到子模块的对应端口。

位置关联方式的语法格式为

```
(实例端口 1,实例端口 2, …,实例端口 n);
```

例如：

```
dff dff2(q, ,d, , clk);
```

表示例化子模块 dff 时，子模块的第 2 个端口和第 4 个端口未连接。

由于名称关联方式比位置关联方式直观清晰，因此在工程应用中，模块的端口关联列表建议全部采用名称关联方式，以增强代码的可阅读性。

【例 2-21】 4 位串行加法器的描述。

多位加法器可以调用多个全加器按串行进位方式连接构成。4 位串行加法器的设计方案如图 2-5 所示。

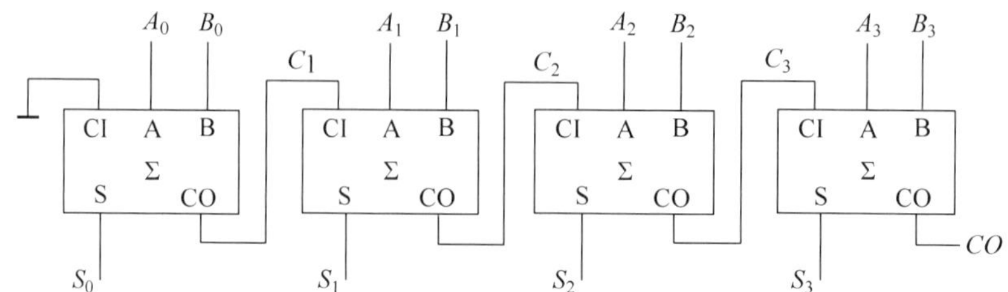

图 2-5 4 位串行加法器

采用层次化设计方法时,通过例化例 2-15 中的全加器模块实现 4 位加法器的 Verilog 代码参考如下。

```
`include "full_adder.v"
module adder_4bits (A,B,S,CO);
  input [0:3] A,B;
  output wire [0:3] S;
  output wire CO;
  wire c1,c2,c3;
  full_adder U1_fa(.a(A[0]),.b(B[0]),.ci(0), .sum(S[0]),.co(c1));
  full_adder U2_fa(.a(A[1]),.b(B[1]),.ci(c1),.sum(S[1]),.co(c2));
  full_adder U3_fa(.a(A[2]),.b(B[2]),.ci(c2),.sum(S[2]),.co(c3));
  full_adder U4_fa(.a(A[3]),.b(B[3]),.ci(c3),.sum(S[3]),.co(CO));
endmodule
```

其中,`include 为文件包含指令,表示编译时将模块 full_adder.v 的全部代码包含到模块 adder_4bits 中。

需要说明的是,当被包含的文件处于当前工程目录中时,文件包含指令实际上是多余的。因为编译器会自动根据例化语句的表述,在当前工程目录中查找被例化的模块文件。但是,在代码中添加文件包含指令的好处是能够使模块之间的相关关系更清晰。

2.6.2 生成语句

在数字系统设计中,有时需要编写结构相同但参数不同的语句或模块,如例 2-21 所示。当语句或模块很多时,采用例 2-21 中逐行列写的方法既不简洁,效率又很低。这时,可应用 Verilog-2001 标准中新增的生成语句(generate...endgenerate)优化描述代码,提高书写效率。

generate 语句配合循环语句、条件语句和分支语句可编写参数化的例化语句、赋值语句或复制模块等操作,用于生成模块、线网/变量、参数定义语句、连续赋值语句、行为语句以及任务和函数等语法结构。

generate 语句有 generate for、generate if 和 generate case 共 3 种应用形式。

1. generate for 语句

generate for 语句用于复制语句或模块，每次循环生成一个实例。在应用 generate for 语句时，需要配套使用 Verilog-2001 标准中新增关键词 genvar 定义的索引(Index)变量。

generate for 语句的语法格式为

```
genvar 索引变量;
generate for (索引变量 = 初值; 索引变量< = 终值;索引变量 = 索引变量 ± 常数)
  begin: 块名                              // 关键词 begin 和 end,以及块名都不能省略
    语句;
    …
  end
endgenerate
```

其中，genvar 语句既可以写在 generate for 语句体外，也可以写在语句体内。

【例 2-22】 16 位串行加法器的描述。

应用 generate for 语句，通过例化例 2-19 中的全加器模块实现 16 位加法器的 Verilog 代码参考如下。

```
`include "full_adder.v"
module adder_nbits #(parameter N = 16)(
  input [0:N-1] a,b,
  input cin,
  output wire [0:N-1] s,
  output wire cout
  );
  // 内部线网定义
  wire [0:N] c;
  // 指定进位输入
  assign c[0] = cin;
  // 应用 generate for 语句,生成串行加法器
  genvar i;
  generate for(i = 0;i < N;i = i + 1)
     begin: ripple_adder
        full_adder (.a(a[i]),.b(b[i]),.ci(c[i]),
                       .sum(s[i]),.co(c[i + 1]));
     end
  endgenerate
  // 定义进位输出
  assign cout = c[N];
endmodule
```

【例 2-23】 描述 n 位二进制码到格雷码转换电路。

格雷码(Gray Code)是一种可靠性编码，具有反射和循环特性。由于格雷码在相邻码间转换时，只有一位发生变化，比同时有两位及以上发生变化的其他编码更可靠，因此在可靠性电路设计方面有着广泛的应用。

设 n 位二进制码从高位到低位分别用 $B_{n-1}B_{n-2}\cdots B_0$ 表示，n 位格雷码从高位到低位

分别用$G_{n-1}G_{n-2}\cdots G_0$表示，则将n位二进制码转换为格雷码的公式可表示为

$$G_{n-1}=B_{n-1}$$

$$G_i=B_{i+1}\oplus B_i,\quad i=n-2,n-1,\cdots,0$$

根据上述转换公式，描述 8 位二进制码到 8 位格雷码转换模块的 Verilog 代码参考如下。

```
module bin2gray #(parameter N = 8)(
  input [N - 1:0] bin_code,
  output wire [N - 1:0] gray_code
  );
  // 根据转换公式描述
  assign gray_code[N - 1] = bin_code[N - 1];
  genvar i;
  generate for (i = N - 2;i > = 0; i = i - 1 )
    begin: BIN2GRAY
      assign gray_code[i] = bin_code[i + 1] ^ bin_code[i];
    end
  endgenerate
endmodule
```

2. generate if 语句

generate if 语句以模块中的参数作为条件，用来产生满足条件的语法结构，如

```
// 应用数据流描述 2 选 1 数据选择器
module MUX2to1a (D0,D1,sel,y);
  input D0,D1;
  input sel;
  output wire y;
  assign y = sel? D1:D0;
endmodule
// 应用行为方式描述 2 选 1 数据选择器
module MUX2to1b (D0,D1,sel,y);
  input wire D0,D1;
  input sel;
  output reg y;
  always @(D0,D1,sel)
    case (sel)
       1'b0: y = D0;
       1'b1: y = D1;
       default: y = D0;
    endcase
endmodule
// 例化选择
module MUX2to1_tst (D0,D1,sel,y);
  input D0,D1;
  input sel;
  output wire y;
  // 参数定义
```

```
    parameter MUX_CASE = 0;          // MUX_CASE 为 0 表示数据流描述方式,为 1 表示结构描述方式
    // 条件生成
    generate
      if ( MUX_CASE == 0 ) begin: u1
         MUX2to1b U_MUX2to1a (.D0(D0), .D1(D1),.sel(sel),.y(y));
      end
      else begin: u2
         MUX2to1a U_MUX2to1b (.D0(D0), .D1(D1),.sel(sel),.y(y));
      end
    endgenerate
  endmodule
```

上述代码用于选择不同描述方式的 2 选 1 数据选择器。

需要注意的是,generate if 语句中的条件表达式必须为常量或常量表达式,其值在建模(Elaboration)之前已经确定了。

3. generate case 语句

generate_case 语句与 generate_if 语句的功能相同,以模块中的参数作为条件,用来生成满足条件的语法结构,如

```
  // 数据流描述方式
  module MUX2to1a (D0,D1,sel,y);
    input D0,D1;
    input sel;
    output wire y;
    assign y = sel? D1:D0;
  endmodule
  // 行为描述方式
  module MUX2to1b (D0,D1,sel,y);
    input D0,D1;
    input sel;
    output reg y;
    always @(D0,D1,sel)
      if (sel)
        y = D1;
      else
        y = D0;
  endmodule
  // 例化选择
  module MUX2to1_tst (D0,D1,sel,y);
    input D0,D1;
    input sel;
    output wire y;
    // 参数定义
    parameter MUX_CASE = 1;          // MUX_CASE 为 0 表示数据流描述方式,为 1 表示行为描述方式
    // 分支生成
    generate
      case ( MUX_CASE )              // synopsys full_case
        0: MUX2to1a U_MUX2to1a (.D0(D0), .D1(D1),.sel(sel),.y(y));
```

```
        1: MUX2to1b U_MUX2to1b (.D0(D0), .D1(D1),.sel(sel),.y(y));
      endcase
    endgenerate
  endmodule
```

上述代码中的// synopsys full_case 为属性语句，告诉综合工具把未指定的输入组合当作无关项进行处理，相当于添加了 default 项。

需要注意的是，generate case 语句中的分支表达式必须为常量或常量表达式，其值在建模之前已经确定。

2.7
微课视频

2.7 函数与任务

将 Verilog 模块中重复使用的代码段定义为子程序，既能使描述代码具有更好的可阅读性、可维护性和可移植性，又能够降低出错的概率。

Verilog HDL 支持两种形式的子程序：函数(Functions)和任务(Tasks)。函数和任务既可以由系统定义，也可以由用户定义。

2.7.1 函数

函数是具有独立运算功能的单元电路。每次调用根据输入重新计算输出结果。

在 Verilog HDL 中，函数定义以关键词 function 开始，以关键词 endfunction 结束。

函数定义的语法格式为

```
function [位宽] 函数名;
   输入端口声明;
   语句 1;
   …
   语句 n;
endfunction
```

其中，位宽省略时，默认函数的返回值为 1 位。

在定义函数时，需要注意以下几点：①函数在模块内定义，但不能在过程语句中定义；②函数体内只有输入端口声明，没有输出端口声明；③函数体内可以调用函数，但不能调用任务。

在 Verilog HDL 中，对函数的调用是通过函数名完成的。函数名在函数体中代表一个变量，函数调用的返回值通过函数名传递给调用语句。

函数调用的语法格式为

```
<线网/变量名> = <函数名>(线网/变量 1,…,线网/变量 n);
```

在调用函数时，线网/变量的排列顺序必须与函数定义时的输入端口顺序一致。

【例 2-24】 用 2 线-4 线译码器构建 3 线-8 线译码器。

例 2-11 描述的 2 线-4 线译码器用于对 2 位二进制数进行译码，需要对 3 位二进制数进行译码时,可以应用两个 2 线-4 线译码器扩展实现,如图 2-6 所示。具体的实现方法:将 3 位二进制数 $D_2D_1D_0$ 的低 2 位 D_1D_0 分别连接到每片译码器的 A_1A_0 上,然后用最高位 D_2 控制译码器的使能端 EN:当 $D_2=0$ 时让第 1 片译码器工作,当 $D_2=1$ 时让第 2 片译码器工作。当前工作片的具体输出由低 2 位二进制数 D_1D_0 确定,这样组合起来就可以对 3 位二进制数进行译码。

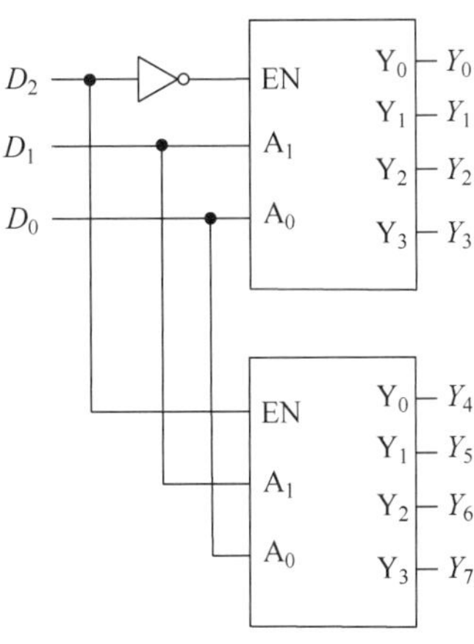

图 2-6　3 线-8 线译码器结构图

根据上述扩展思路,描述 3 线-8 线译码器的 Verilog 代码参考如下。

```
module dec_3to8(d,y);
  input [2:0] d;
  output reg [7:0] y;
  // 功能描述
  always @(d) begin
    y[3:0] = func_dec_2to4 (~d[2],d[1:0]);   // 函数调用
    y[7:4] = func_dec_2to4 ( d[2],d[1:0]);   // 函数调用
  end
  // 函数定义
  function [3:0] func_dec_2to4;
    input en;
    input [1:0] a;
    if (en)
      case (a)
        2'b00 : func_dec_2to4 = 4'b0001;
        2'b01 : func_dec_2to4 = 4'b0010;
        2'b10 : func_dec_2to4 = 4'b0100;
        2'b11 : func_dec_2to4 = 4'b1000;
       default : func_dec_2to4 = 4'b0000;
     endcase
    else
      func_dec_2to4 = 4'b0000;
  endfunction
endmodule
```

2.7.2 任务

在 Verilog HDL 中,任务定义以关键词 task 开始,以关键词 endtask 结束。

任务定义的语法格式为

```
task 任务名;
   输入/输出端口声明;
   语句 1;
   …
   语句 n;
endtask
```

在定义 Verilog 任务时,需要注意以下几点:①在 task 语句的首行不列出端口名称;②任务的端口数量没有限制,也可以没有端口;③在 task 定义中不能包含过程语句。

任务调用的语法格式为

```
<任务名>(线网/变量 1,…,线网/变量 n);
```

在调用任务时,线网/变量的排列顺序必须与任务定义时的端口顺序一致。在应用时,任务还可以调用其他任务。

与函数不同,任务允许有多个输出,并且允许有延迟控制或者事件控制。因此,任务比函数应用更为广泛。

【例 2-25】 用 4 位偶校验器构建 16 位偶校验器。

用 4 位偶校验器构建 16 位偶校验器的思路:将输入的 16 位数据分为 4 组,每组 4 位,分别用 4 位偶校验器进行校验,然后将 4 组的校验结果再进行校验,得到 16 位校验结果。

根据上述思路,用 4 位偶校验器实现 16 位偶校验器的 Verilog 参考代码如下。

```
module even_parity_16b(d,epout);
  input [15:0] d;
  output reg epout;
  // 内部变量定义
  reg [3:0] ep4b;
  // 功能描述
  always @(d) begin
     even_parity_4b (d[15:12],ep4b[3]);
     even_parity_4b (d[11:8], ep4b[2]);
     even_parity_4b (d[7:4], ep4b[1]);
     even_parity_4b (D[3:0], ep4b[0]);
     even_parity_4b (ep4b, epout );
  end
  // 任务定义
  task even_parity_4b;
     input [3:0] din;
     output ep4bout;
     ep4bout = ^din;
  endtask
endmodule
```

需要说明的是，综合工具只支持函数的综合，不支持任务的综合。因此，task 语句只能用在测试平台文件中。

2.8 编译预处理指令

2.8 微课视频

和 C 语言一样，Verilog HDL 编译器支持编译预处理指令，编译时先对预处理指令进行处理，然后再对代码进行编译。

Verilog HDL 编译预处理指令以反引号`为标志。支持的预处理指令有：

(1) `define、`undef；

(2) `ifdef、`else、`endif；

(3) `include；

(4) `timescale；

(5) `default_nettype；

(6) `resetall；

(7) `line

(8) `unconnect_drive、`nounconnected-drive；

(9) `celldefine、`endcelldefine。

其中，宏定义指令(`define、`undef)、条件编译指令(`ifdef、`else、`endif)、文件包含指令(`include)和时间尺度指令(`timescale)最为常用。

下面简要说明这 4 类预处理指令的应用要点。

2.8.1 宏定义指令

宏定义指令`define 是文本宏替换预编译指令，用指定的标识符代表字符串，以增加代码的可阅读性和可维护性。

宏定义指令应用的语法格式为

```
`define 标识符(宏名)  字符串(宏内容)
```

宏定义指令`define 类似 C 语言中的 # define，可以在模块的内部或外部定义，编译器在编译过程中遇到该指令时用宏内容替换宏名。例如，若定义

```
`define DATA_BUS_SIZE 32
```

那么就可以在代码中通过`DATA_BUS_SIZE 引用 32 这个具体的常量值，即

```
reg [`DATA_BUS_SIZE - 1:0] reg_A, reg_B;
```

宏定义指令`undef 用于取消已经定义的宏，应用的语法格式为

```
`undef 标识符(宏名)
```

例如：

```
`undef DATA_BUS_SIZE
```

应用宏定义指令时，需要注意以下4点。

(1) `define是编辑预处理指令，不是HDL语句，所以不需要在行末加分号。如果在行末加分号，那么分号被认为是宏内容的一部分，处理时会连同分号一起替换，因而会产生语法错误。

(2) `define用于定义全局符号量，既可以在模块内定义，也可以在模块外定义，对同时编译的模块均有效。这和参数定义语句(parameter/localparam)不同。参数定义语句用于定义局部参数，只在当前模块内有效。

(3) 宏定义指令的作用范围是从编译器遇到该指令开始直到编译结束，或者遇到指令`undef后失效。

(4) `define定义的全局符号量，引用时必须在标识符前加反引号，表示该标识符为宏名。例如，上例中定义`define DATA_BUS_SIZE 32，引用时应写成`DATA_BUS_SIZE，而不能只写成DATA_BUS_SIZE。

2.8.2 条件编译指令

条件编译指令`ifdef用于对代码进行选择性编译。当定义的条件满足时，对部分代码段进行编译，不满足时不编译，或者对其他代码段进行编译。

条件编译指令有两种基本应用形式。具体的语法格式为

```
`ifdef 宏名
  代码段
`endif
```

或

```
`ifdef 宏名
   代码段 1
`else
   代码段 2
`endif
```

例如：

```
wire a, b;
wire y;
`define OPMODE
`ifdef OPMODE                          //如果定义了 OPMODE
  assign y = a & b ;                   //应用数据流实现
`else                                  //否则
  and U_ and (y,a,b) ;                 //应用基元实现
`endif
```

注意条件编译指令允许嵌套使用。

2.8.3 文件包含指令

文件包含指令`include 用于将指定文件的代码复制到当前文件中，与当前文件一起进行编译。

文件包含指令应用的语法格式为

```
`include "<被包含的文件名>"
```

使用文件包含指令应注意以下 3 点。

（1）一条`include 指令只能包含一个文件。有多个文件需要包含时，应使用多条`include 指令。

（2）被包含的文件需要写出完整的文件名信息，包括文件类型名。

（3）被包含的文件名中可以含有文件的绝对路径或相对路径，但建议只包含文件名，不含有文件路径，以增强代码的可移植性。

2.8.4 时间尺度指令

时间尺度指令`timescale 用来定义模块仿真的时间单位和时间精度。

时间尺度指令应用的语法格式为

```
`timescale 时间单位/时间精度
```

其中，“时间单位”用于定义仿真时间和延迟量的基础单位；“时间精度”用于定义仿真计算的时间步长。

在`timescale 指令中，用“数字＋单位”定义时间单位和时间精度，其中数字必须为整数，并且有效数字为 1，10 和 100，单位用 s、ms、us、ns、ps 或 fs 表示。时间单位和参量值如表 2-15 所示。

表 2-15 时间单位和参量值

时间单位	参 量 值	时间单位	参 量 值
s	秒	ns	纳秒(10^{-9}s)
ms	毫秒(10^{-3}s)	ps	皮秒(10^{-12}s)
us	微秒(10^{-6}s)	fs	飞秒(10^{-15}s)

需要说明的是，在`timescale 指令中，时间单位和时间精度应满足：单位时间≥时间精度。仿真时如果时间精度的取值过小，则会加长仿真的执行时间。

2.9 测试平台文件

2.9 微课视频

测试平台文件(testbench)用于对模块进行仿真分析。在 testbench 中，首先例化被测模块，然后为被测模块提供激励信号，接收并显示仿真软件计算出的输出信号，以供用户进行分析。

testbench 有两个不同于可综合模块的特点。

(1) testbench 既没有输入,也没有输出,而是在 testbench 内部将被测模块的输入定义为寄存器变量(reg),将被测模块的输出定义为线网信号(wire)。

(2) testbench 用于仿真分析,不需要综合,因此可以应用 Verilog HDL 定义的所有语法编写 testbench 代码,而不像设计功能模块一样,只能应用可综合的语法进行描述。

testbench 的基本结构为

```
`timescale 时间单位/时间精度
module 模块名_vlg_tst();
    reg 变量名 1,…,变量名 n;              // 将被测模块的输入定义为变量
    wire 线网名 1,…,线网名 m;             // 将被测模块的输出定义为线网
    例化被测模块,传递输入激励并接收输出;
    应用过程语句 initial/always 描述激励信号波形;
    调用系统任务与函数显示信号波形;
endmodule
```

Verilog HDL 定义了许多以 $ 标识的系统任务和函数,用户可以在 testbench 中直接应用系统任务和函数实现一些特定的功能,以方便仿真分析和功能验证。

下面简要介绍常用的几类系统任务和函数。

2.9.1 显示任务

Verilog 定义了 4 种显示任务: $ display、$ write、$ monitor 和 $ strobe。这些任务在仿真时用于在控制台上显示字符信息。

1. $ display 任务

系统任务 $ display 用于在控制台显示信息。

应用 $ display 的语法格式为

```
$ display ("控制字符串",输出参数列表);
```

$ display 任务在遇到格式控制字符串中的显示控制字符%和格式控制字符\时,从后面的输出参数列表中取得对应参数的值,然后按照控制字符串指定的形式输出。

$ display 任务中常用显示控制符及其含义如表 2-16 所示。

表 2-16　常用显示控制符及其含义

显示控制符	含　　义
%h 或%H	以十六进制形式输出
%d 或%D	以十进制形式输出
%b 或%B	以二进制形式输出
%c 或%C	以 ASCII 字符输出
%s 或%S	以字符串的形式输出
%t 或%T	以当前时间格式输出
%e 或%E	以指数形式输出
%f 或%F	以浮点数形式输出

$ display 任务中常用的格式控制符及其含义如表 2-17 所示。

表 2-17 常用格式控制符及其含义

控制符	含 义
\n	输出换行符
\t	输出 Tab 符
\\	输出\
\"	输出"
\%	输出%

2. $ write 任务

系统任务 $ write 和 $ display 的功能基本相同，区别在于 $ display 在显示字符信息后会自动换行，而 $ write 不会。如果需要换行，则应在任务 $ write 的控制字符串中添加\n 表示换行。因此，$ write 任务和 C 语言中的 printf()函数功能相同。

应用 $ write 的语法格式为

```
$ write ("控制字符串",输出参数列表);
```

其中，控制字符串中的显示控制符和格式控制符的含义与 $ display 任务相同。

3. $ monitor 任务

系统任务 $ monitor 除了按照指定的格式显示输出参数列表中的参数值外，仿真时对参数的变化进行持续监测。当参数列表中的参数值发生变化时，整个参数列表中的参数都将重新刷新显示。

应用 $ monitor 的语法格式为

```
$ monitor ("控制字符串",参数 1, …,参数 n);
```

$ monitor 任务提供了持续监测线网/变量变化的方法，如

```
$ monitor ("rxd = % b txd = % b",rxd,txd); // 持续监测 rxd 和 txd,以波形形式显示
```

需要注意的是，系统任务 $ monitor 只监测本次调用时参数列表中指定的参数。再次调用 $ monitor 任务时，前一次监控的参数将失效。可以在仿真过程中多次调用 $ monitor 任务改变监测的参数。

与系统任务 $ monitor 相关的还有任务 $ monitoron 和 $ monitoroff，分别用来启动和停止已注册的监控任务。

4. $ strobe 任务

系统任务 $ strobe 和 $ display 的功能基本相同，只是 $ strobe 不立即执行，而是在仿真时间节拍结束时执行，因而应用任务 $ strobe 能够有效防止由于竞争所带来的显示数据不匹配。

2.9.2 仿真时间函数

仿真时间函数用于返回当前的仿真时刻值，以`timescale 定义的时间单位为基准。

Verilog HDL 定义了 3 种系数函数：$ time、$ stime 和 $ realtime。

$ time 返回一个 64 位整数，表示当前的仿真时刻。$ time 既可以在过程赋值语句中调用，将仿真时刻值赋 time 类型变量，也可以直接在显示任务中调用显示时刻值。例如，在 $ display 或 $ monitor 任务中调用系统函数 $ time 显示仿真时刻，代码如下。

```
$ monitor ( $ time,"rxd = % b txd = % b",rxd,txd);
```

需要注意的是，如果将系统函数 $ time 的值赋值给非 time 类型变量，如 reg 或 integer，则 Verilog HDL 将默认自动进行类型转换。

系统函数 $ stime 和 $ realtime 与 $ time 的功能相同，只是 $ stime 返回一个 32 位整数，表示当前的仿真时刻；而 $ realtime 返回一个实数，表示当前的仿真时刻。

另外，系统任务 $ timeformat 与仿真时间函数相配合，用于指定当格式字符串中出现%t 时，将以何种形式显示当前仿真时间。

应用 $ timeformat 的语法格式为

```
$ timeformat (时间单位数,时间精度,后缀,最小宽度);
```

其中，时间单位数为−15～0 的整数，用来表示显示时间数字的单位，具体含义如表 2-18 所示。

表 2-18 $ timeformat 时间单位数

时间单位数	表示的时间	时间单位数	表示的时间
0	1s	−8	10ns
−1	100ms	−9	1ns
−2	10ms	−10	100ps
−3	1ms	−11	10ps
−4	100μs	−12	1ps
−5	10μs	−13	100fs
−6	1μs	−14	10fs
−7	100ns	−15	1fs

2.9.3 仿真控制任务

系统任务 $ finish 和 $ stop 用来控制仿真的过程。

$ finish 用于结束当前仿真。执行到 $ finish 任务时结束当前仿真，退出并返回操作系统。

$ finish 可以带一个参数，其参数值说明如表 2-19 所示，以控制调用 $ finish 任务时，在控制台上显示的诊断信息。调用 $ finish 任务时如果不带参数，则默认按 1 进行处理。

表 2-19 $ finish 任务参数值说明

参数值	显示的诊断信息
0	不显示任务信息
1	显示仿真结束时间，以及调用 $ finish 任务的位置
2	显示仿真结束时间，调用 $ finish 任务的位置、内存使用情况和 CPU 时间

$ stop 任务用于暂停当前仿真。执行到 $ stop 任务时，当前仿真暂停。可以输入 run 命令控制仿真继续进行。

2.9.4 数据读取任务

Verilog HDL 定义了两个系统任务：$ readmemb 和 $ readmemh，用来从文件中读取数据到存储器中。其中，$ readmemb 任务用于读取二进制数据到存储器中；而 $ readmemh 任务用于读取十六进制数据到存储器中。

$ readmemb 和 $ readmemh 任务应用的语法格式为

```
$ readmemb ("<数据文件名>",<存储器名>[,起始地址][,结束地址]);
$ readmemh ("<数据文件名>",<存储器名>[,起始地址][,结束地址]);
```

其中，起始地址和结束地址用十进制数表示，为可选项；数据文件名可以包括文件的路径，如

```
// 定义名为 sine_mem 的存储器,共有 256 个数据单元,每个单元存储 8 位二进制数
reg[7:0] sine_mem[0:255];
// 读取文件 sinedat.txt 中的数据,存入 sine_mem 存储器中
initial $ readmemh("sinedat.txt",mem);
// 读取文件 sinedat.txt 中的数据,存入 sine_mem 存储器地址为 0～63 的单元中
initial $ readmemh("sinedat.txt",mem,0,63);
// 读取文件 sinedat.txt 中的数据,存入 sine_mem 存储器地址为 64 开始的单元中
initial $ readmemh("sinedat.txt",mem,64);
```

应用 $ readmemb/ $ readmemh 时，应注意以下几点。

(1) 数据文件中的数据需要用空白符或注释行分隔开。

若定义 sinedat. txt 文件中的数据为

```
7f 82 85 88 8b 8f 92 95 98 9b 9e a1 a4 a7 aa ad b0 b3 ... 4e ... 7c
```

则 $ readmemh("sinedat. txt",mem)语句表示将一个周期的 256 个正弦采样数据分别存入存储器 mem 的第 0～255 号单元中。

(2) 数据文件中只能包含空白符(包括空格、换行符和制表符 Tab)、注释行(包括//和/*...*/)和数据。其中，数据可以包含 x/X、z/Z 或下画线。例如，sinedat. txt 文件中的数据也可以书写为

```
7f 82 85 88 8b 8f 92 95 98 9b 9e a1 a4 aa ad b0          // 第 1 行数据
// 省略 14 行数据...
4e 51 54 57 5a 5d 60 63 66 69 6c 6f 73 76 79 7c          // 第 16 行数据
```

(3) 数据文件中不能包含数据位宽和格式说明。应用 $ readmemb 读取时，数据应为二进制数；应用 $ readmemh 读取时，数据应为十六进制数。

(4) 当数据文件中出现地址说明符@后附十六进制地址时，任务会从指定的地址开始依次读取数据到存储器中。

(5) 应确保数据文件中有足够的数据可供读取，否则将产生错误。

2.9.5 文件任务与函数

Verilog HDL 定义了多种文件任务和函数，提供了与外部文件的接口，仿真时用于对文件进行相关操作。

1. 文件打开函数和关闭任务

系统函数 $ fopen 用于打开指定的文件，并返回一个 32 位的通道描述符。通道描述符只有一位设置为 1，并定义通道号与通道描述符中被设置为 1 的位相对应。例如，标准输出通道描述符的第 0 位为 1，因此称为 0 通道，一直处于开放状态。以后每调用一次 $ fopen，都会打开一个新的通道，并且依次返回第 1 位，第 2 位直到第 30 位为 1，分别称为通道 1，通道 2，直到通道 30，第 31 位保留。应用通道描述符的优点可以有选择地进行多个文件操作。

系统函数 $ fopen 应用的语法格式为

```
integer 文件指针 = $ fopen ("文件名") ;
```

例如：

```
integer fp1,fp2,fp3;                    // 文件指针定义
initial begin
    fp1 = $ fopen("file1.txt");         // fp1 的值为 0...0 0010,对应通道号为 1
    fp2 = $ fopen("file2.txt");         // fp2 的值为 0...0 0100,对应通道号为 2
    fp3 = $ fopen("file3.txt");         // fp2 的值为 0...0 1000,对应通道号为 3
end
```

系统任务 $ fclose 用于关闭已经打开的文件，应用的语法格式为

```
$ fopen (文件指针);
```

2. 输出到文件任务

系统任务 $ fdisplay、$ fmonitor 、$ fwrite 和 $ fstobe 都用于将数据写入指定的文件中。这些任务与系统任务 $ display、$ monitor 、$ write 和 $ stobe 的功能类似，只是它们用于向文件中写入数据，而不是在控制台显示信息。

$ fdisplay 任务应用的语法格式为

```
$ display(文件指针,"控制字符串",数据 1,…,数据 n);
```

例如，对于以下代码：

```
integer fp;
initial begin
    fp1 = $ fopen("simu.txt");
    $ fdisplay(fp,"the simulation time is %t",&time);
    $ fclose(fp);
end
```

仿真时在 simu.txt 文件写入以下信息。

```
the simulation time is 0
```

2.9.6 应用示例

应用 testbench 进行仿真分析时，首先需要描述被测模块，然后再编写 testbench。

编写 testbench 时，首先需要例化被测模块，然后为待测模块提供输入激励信号，仿真软件计算出待测模块的输出量后传回 testbench，以供设计者进行功能分析。

下面分别举例说明组合逻辑电路和时序逻辑电路 testbench 的编写方法。

【例 2-26】 编写 4 选 1 数据选择器测试平台文件。

(1) 描述 4 选 1 数据选择器。

```
module MUX4to1(d0,d1,d2,d3,a,y);
  input d0,d1,d2,d3;
  input [1:0] a;
  output reg y;
  // 功能描述
  always @(d0,d1,d2,d3,a)
    case (a)
        2'b00: y = d0;
        2'b01: y = d1;
        2'b10: y = d2;
        2'b11: y = d3;
       default: y = d0;
   endcase
endmodule
```

(2) 编写 testbench。

```
`timescale 1ns/1ps
`include "MUX4to1.v"
module MUX4to1_vlg_tst();
  // 将被测模块的输入定义为寄存器变量
  reg d0,d1,d2,d3;
  reg [1:0] a;
  // 将被测模块的输出定义为线网信号
  wire y;
  // 例化被测模块,传递输入激励并接收输出
  MUX4to1 i1 (.d0(d0),.d1(d1),.d2(d2),.d3(d3),.a(a),.y(y));
  // 应用 initial 语句设置输入激励初始值
  initial begin
    d0 = 1'b0; d1 = 1'b0; d2 = 1'b0; d3 = 1'b0;
    a = 2'b00;
  end
  // 应用 always 语句设置 4 路输入数据波形
  always #10 d0 = ~d0;
```

```
  always #20 d1  =  ~d1;
  always #30 d2  =  ~d2;
  always #40 d3  =  ~d3;
  // 应用 always 语句设置 2 位地址波形
  always #500 a[1]  =  ~a[1];
  always #250 a[0]  =  ~a[0];
  // 调用系统任务显示输出波形
  initial
    $monitor( $time,,"d0 = %b d1 = %b d2 = %b d3 = %b a[1] = %b a[0] = %b y= %b",
                      d0,d1,d2,d3,a[1],a[0],y );
endmodule
```

【例 2-27】 编写 4 位计数器测试平台文件。

(1) 描述 4 位计数器。

```
module cnt4b (clk,rst_n,q);
  input clk, rst_n;
  output reg [3:0] q;
  always @( posedge clk or negedge rst_n )
   if ( !rst_n )
     q <=  4'b0000;
   else
     q <=  q + 1'b1;
endmodule
```

(2) 编写 testbench。

```
`timescale 1ns/1ps
`include "cnt4b.v"
module cnt4_vlg_tst();
  reg clk,rst_n;                              // 被测模块的输入定义为寄存器变量
  wire [3:0] q;                               // 被测模块的输出定义为线网信号
  parameter DELAY = 100;
  // 例化被测模块
  cnt4b i2 (.clk(clk),.rst_n(rst_n),.q(q));
  // 定义输入激励
  initial begin
    clk  =  0;
    rst_n  =  0;
    #DELAY rst_n = 1;
  end
  // 产生时钟波形
  always #(DELAY/2) clk = ~clk;
  // 定义输出及显示格式
  initial
     $monitor( $time,"clk = %b rst_n = %b q= %d",clk,rst_n,q);
endmodule
```

2.10 Verilog 可综合语法

2.10 微课视频

Verilog HDL 具有完整的语法结构，用于数字系统的仿真与综合。但需要注意的是，IEEE Std 1364—1995/2001 标准中定义的语法都可以用于仿真分析，只有部分语法可以综合为硬件电路。

Verilog HDL 可综合语法由 IEEE Std 1364—2002（简称 Verilog-2002）标准定义。Verilog-2002 定义了 Verilog-1995/2001 标准中哪些语法可综合，哪些语法不可以综合。另外，部分 EDA 综合工具可以综合 Verilog-2002 标准中未定义的语法，但综合效果往往不佳，应谨慎使用。

目前，所有 EDA 综合工具都支持的语法如下。

（1）模块声明：module…endmodule。

（2）端口声明：input，output，inout。inout 的应用比较特殊，应特别注意。

（3）线网类型：wire 和 tri。其中 tri 不常用。

（4）变量类型：reg 和 integer。integer 常用于 for 语句中，其他情况尽量不用。

（5）参数定义：parameter 和 localparam。

（6）运算符和操作符：支持绝大部分运算符和操作符，但不包括 case 等式运算符。

（7）条件语句：if，if ...else...和 if ...else if...。

（8）分支语句：case...endcase 和 default。

（9）连续赋值语句：assign

（10）always 语句：支持电平敏感事件和边沿触发（posedge/negedge）两种方式。

（11）顺序语句块：begin…end。

（12）基元：and，or，not，nand，nor，xor，xnor，bufif0/1，notif0/1，supply0/1。

（13）函数定义：function…endfunction。

（14）for 语句：循环语句很少应用，但在一些特定的设计中有事半功倍的效果。

（15）过程赋值语句：阻塞赋值（=）和非阻塞赋值（<=）两种方式。

（16）生成语句：generate for、generate if 和 generate case。

部分综合工具支持的语法：real，casex，casez，wand，triand，wor，trior，task...endtask，repeat，while。

所有综合工具都不支持的语法：time，defparam，$finish，fork，join，initial 和延时量定义。

2.10.1 可综合原则

为了确保 Verilog HDL 能够综合出硬件电路，在编写代码时，应遵循以下可综合原则。

（1）不使用 initial 语句。因为 initial 语句只用于仿真，不可综合。

（2）不使用延时量定义。因为延迟量只用于仿真，综合时将被忽略。

（3）不使用循环次数不确定的循环语句。因为循环次数不确定，综合工具难以综合为硬件电路。

（4）内部模块不能设计为三态端口（tri），描述时也不能包含 x 和 z。因为 FPGA 内部的 LUT 无法实现 x 和 z。

(5) 只使用 wire 和 reg 数据类型,不使用 real,尽量避免使用 integer(循环变量除外)。

(6) 用 always 语句描述组合逻辑电路时,应牢记将所有参与赋值的线网和变量都写在事件列表中,否则会综合出时序电路。

(7) 描述时序逻辑时,推荐应用同步时序逻辑电路,尽量避免使用异步逻辑电路。

(8) 不使用纯异步复位信号。建议使用异步复位同步释放信号,以确保系统内部寄存器复位后,释放时能够避免时序违例。

(9) 对于过程赋值语句,建议描述组合逻辑电路时使用阻塞赋值,描述时序逻辑电路时使用非阻塞赋值。

(10) 在同一个过程语句中,不能同时使用阻塞赋值和非阻塞赋值。

(11) 对于同一个赋值对象,不能既使用阻塞赋值,又使用非阻塞赋值。

(12) 一个过程语句只处理一个信号,一个信号只能在一个过程语句中产生。因为在多个过程语句中对一个变量进行赋值时,会导致多重赋值问题,综合时将会产生错误。但是,如果一组信号为平行关系,则可以在一个过程语句中同时进行处理。

(13) 描述组合逻辑电路时,必须防止意外综合出锁存器。为此,在 if 语句的所有条件或 case 语句的所有分支中对变量都有明确的赋值。

(14) 避免使用混合时钟,即在一个过程语句中同时使用同一时钟的上升沿和下降沿,如

```
always @( posedge clk or negedge clk ) begin
  …
end
```

因为可编程逻辑器件内部没有实现混合时钟的触发器。

(15) 应用 case 语句时,应确保列出值中只包含 0 和 1,不能包含 x 或 z。因为综合工具认为 x 和 z 为无关位,与任意取值匹配相等。

另外,需要特别强调的是, Verilog HDL 是硬件描述语言,而不是硬件设计语言,即 Verilog HDL 用于对硬件电路进行文本化描述。因此,在编写代码时,应对所实现的电路"胸有成竹",时刻牢记可综合语法与 RTL 电路的对应关系,应用硬件思维方式,才能有的放矢地编写出可靠的描述代码。例如,描述 OPcode=0 时实现 8 位二进制数 a+b 运算,OPcode=1 时实现 8 位二进制数 c+d 运算。若应用以下代码(后文称为代码(1))描述时,需要用两个加法器和一个数据选择器,如图 2-7 所示。

```
parameter Nbits = 8;
input OPcode;
input [Nbits - 1: 0] a,b,c,d;
output reg [Nbits: 0] sum;
always @( OPcode, a, b, c, d )
  if ( OPcode == 1'b0 )
    sum = a + b ;
  else
    sum = c + d ;
```

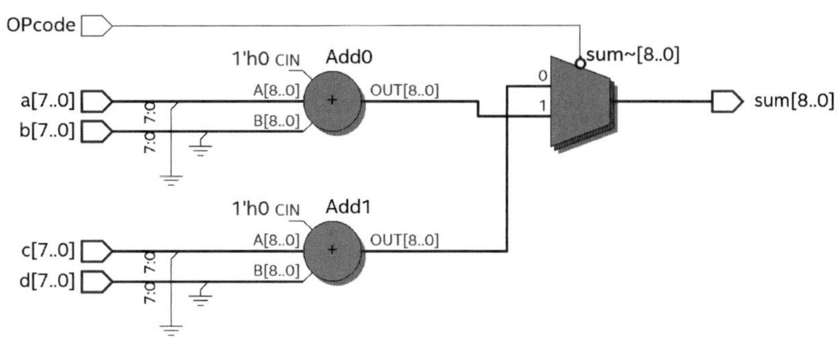

图 2-7 代码(1)综合的 RTL 电路

若应用以下代码(后文称为代码(2))描述时,需要用两个数据选择器和一个加法器,如图 2-8 所示。

```
parameter Nbits = 8;
input OPcode;
input [Nbits - 1:0] a,b,c,d;
output wire [Nbits:0] sum;
reg [Nbits - 1:0] op1,op2;
assign sum = op1 + op2;
always @( OPcode, a, b, c, d )
  if ( OPcode == 1'b0 )
    begin op1 = a ; op2 = b; end
  else
    begin op1 = c ; op2 = d; end
```

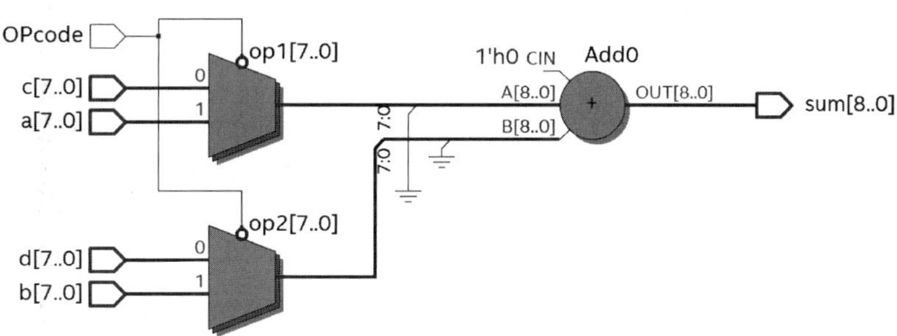

图 2-8 代码(2)综合的 RTL 电路

通常,实现加法比实现数据选择会消耗更多的逻辑资源,因而应用代码(2)描述比应用代码(1)描述更有利于节约资源。

2.10.2 组合逻辑电路的可综合描述

组合逻辑电路既可以应用连续赋值语句 assign 描述,也可以应用 always 过程语句描述,还可以应用模块例化进行结构化描述。

应用连续赋值语句描述组合逻辑电路时,被赋值对象必须定义为线网类型,既可以通过函数表达式对线网的逻辑进行描述,也可以通过操作符/运算符对线网进行赋值。

例如，应用连续赋值语句描述 4 选 1 数据选择器，代码如下。

```
input d0,d1,d2,d3;
input [1:0] a;
output wire y;
wire atmp,btmp,ctmp,dtmp;
assign atmp = d0 && !a[1] && !a[0];
assign btmp = d1 && !a[1] && a[0];
assign ctmp = d2 && a[1] && !a[0];
assign dtmp = d3 && a[1] && a[0];
assign y = atmp || btmp || ctmp || dtmp;
```

或

```
input d0,d1,d2,d3;
input [1:0] a;
output wire y;
assign y = a[1] ? (a[0] ? d3 : d2 ): (a[0] ? d1: d0);
```

应用 always 过程语句描述组合逻辑电路时，过程体内部既可以应用 if 语句进行描述，也可以应用 case 语句进行描述。例如，用过程语句描述 4 选 1 数据选择器，代码如下。

```
input d0,d1,d2,d3;
input [1:0] a;
output reg y;
always @(d0 or d1 or d2 or d3 or a)
  case (a)                              // 分支语句，根据地址从 4 路数据中选择其中一路输出
    2'b00: y = d0;
    2'b01: y = d1;
    2'b10: y = d2;
    2'b11: y = d3;
   default: y = d0;
  endcase
```

应用结构化方式描述组合逻辑电路时，通过例化基元或已经设计好的功能模块进行描述。例如，应用基元例化描述 4 选 1 数据选择器，代码如下。

```
input d0,d1,d2,d3;
input [1:0] a;
output wire y;
wire atmp,btmp,ctmp,dtmp;
and (atmp,d0,!a[1],!a[0]);              // 调用基元 and，实现 atmp = D0 A1' A0'
and (btmp,d1,!a[1], a[0]);              // 调用基元 and，实现 btmp = D1 A1' A0
and (ctmp,d2, a[1],!a[0]);              // 调用基元 and，实现 ctmp = D2 A1 A0'
and (dtmp,d3, a[1], a[0]);              // 调用基元 and，实现 dtmp = D3 A1 A0'
// 调用基元 or，实现 Y = D0 A1' A0' + D1 A1' A0 + D2 A1 A0' + D3 A1 A0
or (y,atmp,btmp,ctmp,dtmp);
```

数据流描述、行为描述和结构描述 3 种描述方式各有特点。数据流描述方式可控性好，而行为描述灵活性好，综合出电路往往与代码的编写水平有关系。结构描述基于基元、已经设计好的功能模块或 IP 搭建系统，结构清晰，能够避免行为描述不当带来的设计风险。

一般地，对于数字系统的底层模块，建议应用数据流或行为方式进行描述，而顶层模块通常应用结构描述方式，描述模块之间的连接关系。

2.10.3 时序逻辑电路的可综合描述

时序逻辑电路主要应用行为描述方式，在 always 过程语句体内应用 if 语句和 case 语句描述模块的逻辑功能。

时序逻辑电路分为同步时序逻辑电路和异步时序逻辑电路两大类。基于 FPGA 设计数字系统时，推荐应用同步逻辑电路，尽量避免应用异步逻辑电路。

根据复位方式进行划分，同步时序电路又分为同步复位和异步复位两种方式。

同步复位的时序逻辑电路描述模板如下。

```
input clk;
input rst_n;
always @( posedge clk )
  if ( !rst_n )
    语句/语句块;
  else
    语句/语句块;
```

异步复位的时序逻辑电路描述模板如下。

```
input clk;
input rst_n;
always @( posedge clk or negedge rst_n )
  if ( rst_n == 1'b0 )
      语句/语句块;
  else
      语句/语句块;
```

需要说明的是，应用数据流或结构方式描述的时序逻辑电路虽然可综合，但综合出的电路结构通常不理想。因此，对于可综合的时序逻辑电路设计，建议应用行为描述方式进行描述。

本章小结

Verilog HDL 以模块为单位描述数字电路和系统。

模块由模块声明、端口定义、线网和变量定义以及功能描述 4 个主要部分构成。其中，模块声明由模块名和端口列表两部分组成，端口有输入、输出和双向端口 3 种类型。同时，根据 Verilog 语法需要将端口声明为线网或变量数据类型，而功能描述有数据流描述、行为描述和结构描述 3 种方式，并且支持混合描述。

数据流描述应用连续赋值语句 assign 描述线网的逻辑功能。线网的取值由函数表达式或操作符确定。连续赋值始终处于有效状态。

行为描述应用过程语句 initial/always 描述模块的功能。其中，initial 语句只执行一次，只能用于仿真中；而 always 语句是反复执行的，可用于描述可综合电路。过程语句内部应用高级程序语句，如条件语句、分支语句和循环语句，描述模块的功能。

条件语句有简单条件语句、分支条件语句和多重条件语句 3 种应用形式。简单条件语句用于描述时序电路，分支条件语句用于描述非此即彼的逻辑关系，而多重条件语句对多个条件判断有先后顺序，隐含有优先级的关系，通常用于描述带有优先级的逻辑电路。

分支语句根据分支表达式的值匹配列出值，执行相应的语句分支，有 case...endcase、casez...endcase 和 casex...endcase 3 种形式。其中，casez 语句用来处理不考虑 z 的比较过程，出现在表达式和列出值中的 z 被认为是无关位；而 casex 语句用来处理不考虑 x 和 z 的比较过程，出现在表达式和列出值中的 x 和 z 均被认为是无关位，与任意取值均匹配相等。

循环语句有 for、while、repeat 和 forever 4 种形式。其中，for 和 repeat 语句有固定的循环次数；while 语句有一个循环条件；而 forever 语句没有循环条件，永远反复执行。

Verilog HDL 定义了 26 个基元，用户可以直接应用这些基元描述模块的结构。同时，Verilog HDL 支持层次化描述，用户也可以例化已经设计好的模块构建更高层次的功能模块。模块的端口有名称关联和位置关联两种方式。

Verilog-2001 标准中新增的 generate 语句用于生成结构相同但参数不同的语句或模块，有 generate for、generate if 和 generate case 3 种应用形式。合理应用 generate 语句能够优化代码的结构，提高书写效率。

在 Verilog HDL 中，可以将反复使用的代码封装成函数或任务，能够使描述代码更简洁，具有更好的可阅读性和可维护性。同时，Verilog HDL 定义了许多系统任务和函数，仿真时用户可以直接调用这些系统任务和函数实现的相应功能。

Verilog HDL 编译器支持预处理指令，常用的有宏定义、条件编译、文件包含和时间尺度 4 种预处理指令。

测试平台文件 testbench 用于仿真，为被测模块提供激励信号，仿真软件计算出被测模块的输出后，传回 testbench 显示供设计者进行分析。testbench 有两个不同于可综合模块的特点：①testbench 既没有输入，也没有输出，而是将被测模块的输入定义为寄存器变量，将被测模块的输出定义为线网信号；②testbench 只用于仿真分析，不需要综合，因此可以使用 Verilog HDL 定义的所有语法编写 testbench 代码，而不像设计功能模块一样，只能应用可综合的代码进行描述。

Verilog HDL 许多语法只能用于仿真，不可综合。综合工具不同，可综合的语法范围也不同。因此，在设计数字系统时，必须明确 Verilog HDL 语法的功能特点和应用范围，才能编写出简洁、高效的可综合代码。

思考与练习

2-1 Verilog HDL 模块有哪些基本组成部分？简要说明各部分的主要作用。

2-2 Verilog HDL 为线网/变量定义了哪几种基本取值？说明各取值的含义。4 位线网/变量共有多少种取值组合？

2-3 Verilog HDL 定义了哪几种数据类型？在连续赋值语句中，被赋值的对象必须定义为哪种数据类型？在过程赋值语句中，被赋值的对象必须定义为哪种数据类型？

2-4 Verilog HDL 有哪几种功能描述方式？说明每种描述方式的特点。

2-5 数据流描述方式应用什么语句描述模块的逻辑功能？写出应用数据流方式描述 2 选 1 数据选择器的模块代码。

2-6 行为方式应用什么语句描述模块的逻辑功能？写出应用行为方式描述 2 选 1 数据选择器的模块代码。

2-7 结构方式应用什么语句描述模块的逻辑功能？写出应用结构方式描述 2 选 1 数据选择器的模块代码。

2-8 在模块例化语句中，端口关联描述代码“. clk(sys_clk)”中哪个是例化模块的端口名？哪个是实例模块的端口名？

2-9 阻塞赋值方式和非阻塞赋值方式的本质区别是什么？举例说明其应用差异。

2-10 结合表 2-5，说明哪些运算符和操作符的结果是 1 位的。

2-11 Verilog HDL 定义了哪几种逻辑运算符？定义了哪几种位操作符？比较并说明逻辑运算符和位操作符的应用差异。

2-12 用 Verilog HDL 定义以下线网、变量或常数：

(1) 8 位寄存器变量 qtmp，初值为－2；

(2) 16 位整数变量 xdata；

(3) 内部参数 S1、S2、S3 和 S4，取值分别为 4'b0001、4'b0010、4'b0100 和 4'b1000；

(4) 容量为 1024×10 位的存储器 sin_rom；

(5) 值为 16 的参数 DATA_BUS_SIZE。

2-13 阅读以下 Verilog HDL 代码，分析运算结果，并将答案填入相应的括号中。

```
wire [3:0] dat_a;
wire [5:0] dat_b;
assign dat_a = 4'b1101;
assign dat_b = 6'b110100;
dat_a & dat_b = (          );
dat_a && dat_b = (          );
~dat_a = (          );
&dat_b = (          );
{dat_a,dat_b} = (          );
dat_a >> 1 = (          );
dat_b << 1 = (          );
```

2-14 阅读表 2-20 中的初始化语句。说明两组代码中每条语句的仿真执行时刻各为多少？仿真结束后，每个变量的值分别为多少？

表 2-20　初始化语句

第 1 组

```
initial begin
  a = 1'b0;
  b = 1'b0;
  c = 1'b1;
  #10 b = 1'b1;
  #5 c = 1'b0;
  #15 d = {a, b, c}
end
```

第 2 组

```
initial begin
  a = 1'b0;
  b = 1'b0;
  c = 1'b1;
  b<= #10 1'b1;
  c<= #5 1'b0;
  d<= #15 {a, b, c}
end
```

2-15　设使能信号 enable 的位宽为 1，y 和 d 的位宽均为 8，说明 Verilog 代码“assign y = (enable)? d : 8'bz”描述的是什么功能的电路？

2-16　异步复位和同步复位的动作特点有何不同？如何用过程语句描述具有异步复位和同步复位的 D 触发器？写出相应的描述代码。

2-17　参考例 2-8，描述具有同步复位功能的 4 位二进制计数器。

2-18　参考例 2-9，应用条件语句描述 8 线-3 线优先编码器。

2-19　参考例 2-11，应用分支语句描述 3 线-8 线译码器。

2-20　参考例 2-12，应用分支语句描述 8 线-3 线优先编码器。

2-21　已知半加器的真值表、逻辑函数表达式和逻辑图如图 2-9 所示，分别用行为描述、数据流描述和基元例化方式描述半加器。

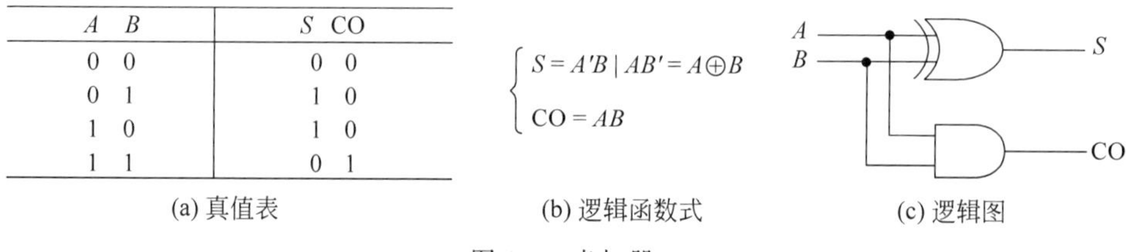

A B	S CO
0 0	0 0
0 1	1 0
1 0	1 0
1 1	0 1

(a) 真值表　(b) 逻辑函数式　(c) 逻辑图

图 2-9　半加器

2-22　已知全加器的真值表、逻辑函数表达式和逻辑图如图 2-10 所示，分别用行为描述、数据流描述和基元例化方式描述全加器。

A B CI	S CO
0 0 0	0 0
0 0 1	1 0
0 1 0	1 0
0 1 1	0 1
1 0 0	1 0
1 0 1	0 1
1 1 0	0 1
1 1 1	1 1

$$\begin{cases} S = A \oplus B \oplus CI \\ CO = AB + (A + B)CI \end{cases}$$

(a) 真值表　(b) 逻辑函数式　(c) 逻辑图

图 2-10　全加器

2-23 总线收发器如图 2-11 所示。描述总线收发器,写出完整的 Verilog 模块代码。

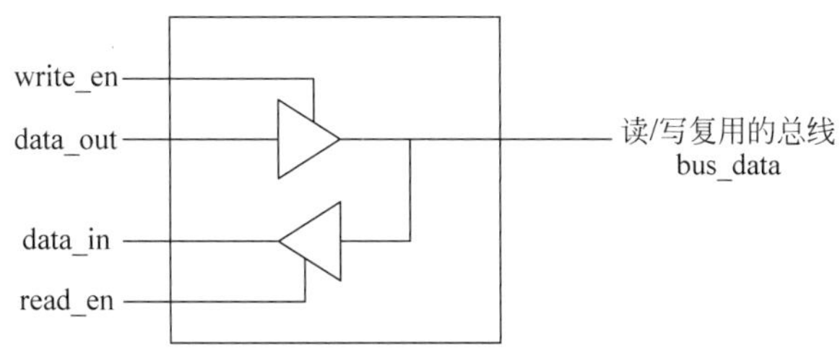

图 2-11 总线收发器

2-24 应用过程语句 initial 和 always 描述:

(1) 初值为高电平,周期为 20ns 的时钟脉冲 clk;

(2) 从 0ns 到 40ns 为低电平,之后一直保持为高电平的复位信号 rst_n;

(3) 周期为 20 个时间单位,占空比为 30%的时钟信号。

2-25 用 Verilog HDL 设计 7 人表决电路,约定多数人同意则事件通过,否则事件被否决。写出完整的模块代码。

2-26 独热码是指只有一位为 1,其余位均为 0 的状态编码,即 4 位独热码的取值分别为 4'b0001、4'b0010、4'b0100 和 4'b1000。编写 Verilog HDL 模块,判断输入的 4 位编码是否为独热码。

2-27 设 n 位二进制码用 $B_{n-1}B_{n-2}\cdots B_0$ 表示,n 位格雷码用 $G_{n-1}G_{n-2}\cdots G_0$ 表示。将 n 位格雷码转换为二进制码的公式可表示为

$$B_{n-1}=G_{n-1}$$

$$B_i=G_i\oplus B_{i+1},\quad i=n-2,n-3,\cdots,0$$

根据上述转换公式,应用 generate 语句编写 Verilog HDL 模块代码将 8 位格雷码转换为二进制码。

第3章 Quartus Prime的应用

CHAPTER 3

Quartus Ⅱ是原Altera公司的EDA开发环境，支持从建立工程、设计输入，到编译、综合与适配、仿真，以及编程与配置的全部设计流程。2015年Intel公司收购Altera后，从15.1版开始，将Quartus Ⅱ更名为Quartus Prime。

Quartus Prime支持硬件描述语言、原理图和状态机等多种输入方式，并且能够生成和识别电子设计交换格式（Electronic Design Interchange Format，EDIF）网表文件和HDL网表文件，同时支持第三方工具软件，设计者可以在设计流程的各个阶段根据需要选用更专业的工具软件。

Quartus开发环境支持Intel公司的可编程逻辑器件，不同版本支持的器件种类和范围有所不同。新版软件在增加对新器件支持的同时，也逐步放弃了对旧器件的支持。例如，Quartus Ⅱ 13.0支持MAX Ⅱ/Ⅴ系列CPLD和Cyclone Ⅰ～Ⅴ系列FPGA，而Quartus Ⅱ 13.1放弃了对MAX Ⅱ系列CPLD和Cyclone Ⅰ/Ⅱ系列FPGA的支持。发展到18.1版后，Quartus Prime只支持Cyclone Ⅳ/Ⅴ及以上系列FPGA。因此，设计者需要根据自己所用可编程逻辑器件的类型和型号选用合适的Quartus版本。例如，需要使用MAX Ⅱ系列CPLD，或者需要使用基于Cyclone Ⅱ FPGA设计的DE1/DE2开发板时，那么最高只能使用Quartus Ⅱ 13.0版；而使用基于Cyclone Ⅲ FPGA设计的DE0开发板时，则可以使用Quartus Ⅱ 13.1版；使用基于Cyclone Ⅳ系列FPGA设计的DE2-115开发板时，就可以使用Quartus Prime。

另外，不同版本的Quartus软件在功能上也有差异。从10.0版开始，Quartus Ⅱ放弃了9.1版（及以前）自带的、直观易用的向量波形仿真工具，而是调用功能更为强大的专业软件ModelSim进行仿真。从11.0版开始，Quartus Ⅱ推出了片上系统开发组件SOPC Builder的升级版本Qsys；而从13.0版开始，则完全淘汰了SOPC Builder，只保留Qsys，同时又恢复了9.1版直观易用的向量波形仿真方法，并更名为University Program VWF，以方便高校EDA课程教学使用。从Quartus Prime 16.1版开始，Intel公司将Qsys更名为Platform Designer，同时将内嵌的逻辑分析仪SignalTap Ⅱ更名为Signal Tap Logic Analyzer。

还需要注意的是，Quartus Ⅱ 13.0/13.1版既支持Windows 32位操作系统，又支持Windows 64位操作系统，而Quartus Ⅱ 14.0及以上版本只支持Windows 64位操作系统。因此，如果需要在Windows 32位操作系统下应用Quartus软件，那么最高只能安装Quartus II 13.0/13.1。关于Quartus软件各版本特性的详细信息，可以访问Intel公司的官方网站查阅 Quartus 软件的版本发布(Release)获取相关信息。

Quartus Prime 提供了 pro(专业版)、standard(标准版)和 lite(精简版)3 种版本。专业版只支持先进的 Intel SoC FPGA 器件,标准版提供最全面的器件支持,而精简版是大批量器件系列理想的设计起点。使用专业版和标准版需要许可证支持,而精简版可以免费使用。

实践出真知。本章以 Quartus Prime 18.1 标准版为基础,以 DE2-115 开发板为实现载体,以 4 选 1 数据选择器为例讲述 Intel 公司 EDA 开发环境 Quartus Prime 的应用,包括基本设计流程、原理图输入方法、仿真方法和嵌入式逻辑分析仪的应用。

3.1 基本设计流程

3.1a
微课视频

3.1b
微课视频

3.1c
微课视频

设计流程是指基于可编程逻辑器件应用 EDA 开发环境进行数字系统设计的具体过程。在 Quartus Prime 开发环境下进行 EDA 设计的基本流程如图 3-1 所示,包括建立工程、设计输入、编译、综合与适配、引脚锁定、编程与配置等主要步骤,同时还可以根据需要进行仿真分析、在线测试或时序分析。

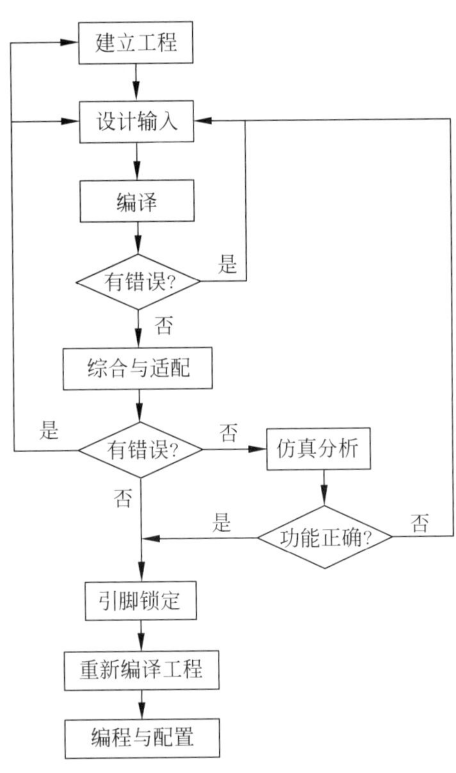

图 3-1 基本设计流程

本节讲述在 Quartus Prime 开发环境下进行 EDA 设计的基本步骤。

3.1.1 建立工程

Quartus Prime 以工程(Project)的方式对设计项目进行管理,将所有的文件存储在工程目录中,包括设计文件、波形文件、逻辑分析仪文件、存储器初始化文件和构成工程的编译器、仿真器和相关软件设置，以及编译、综合和适配过程中产生的相关文件和报告信息。因此，在 Quartus Prime 开发环境下进行 EDA 设计，首先需要建立工程。

Quartus Prime 提供了新建工程向导(New Project Wizard)，通过新建工程向导引导设计者快速完成新工程的建立，包括指定工程目录、设置工程名和顶层模块文件名、添加或删除工程文件和库、指定目标器件类型和型号，以及设置 EDA 工具软件等工作。

建立工程的具体步骤如下。

(1) 启动 Quartus Prime。Quartus Prime 18.1 标准版启动后的主界面如图 3-2 所示，由左侧的项目管理器(Project Navigator)和任务(Tasks)指示窗口、底部的信息(Messages)窗口、中央的主窗口以及右侧的 IP 目录(IP Catalog)窗口 5 部分组成。除了主窗口外，其余窗口都可以通过 View→Utility Windows 菜单中的相关命令开启或关闭。

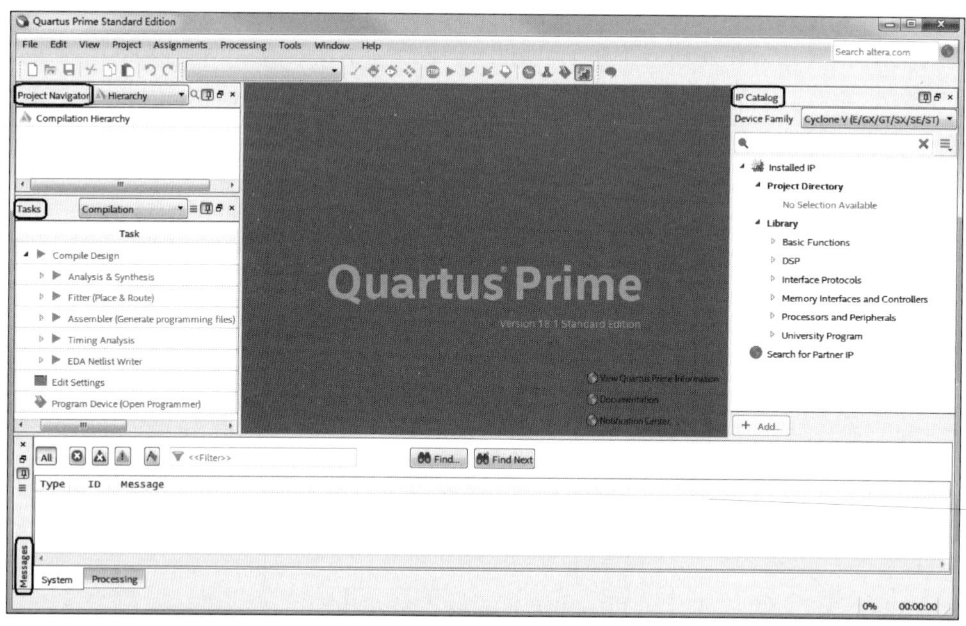

图 3-2　Quartus Prime 主界面

Quartus Prime 常用菜单命令如表 3-1 所示。除了 File、Edit 和 View 等 Windows 常用的菜单外，用于文件管理、工程设置、编译与综合以及内嵌工具的调用等命令分别在 Project、Assignments、Processing 和 Tools 菜单下。另外，Help 菜单中还提供了应用 Quartus Prime 和学习 HDL 的相关文档，帮助设计者迅速掌握软件和语言的应用要点。

表 3-1　Quartus Prime 常用菜单命令

菜单	命　　令	快捷键	功　　能
File	New...	Ctrl+N	新建文件
	Open...	Ctrl+O	打开文件
	Close	Ctrl+F4	关闭文件
	New Project Wizard...		新建工程向导
	Open Project...	Ctrl+J	打开工程
	Save Project		保存工程

续表

菜单	命　令	快捷键	功　能
File	Close Project		关闭工程
	Save	Ctrl+S	保存文件
	Save as...		文件另存为
	Save All	Ctrl+Shift+S	保存所有文件
	File Properties...		文件属性
	Create/Update ▶		生成/更新
	Export...		输出
	Convert Programming Files...		转换编程文件
	Recent Files ▶		最近打开的文件
	Recent Projects ▶		最近打开的工程
	Exit	Alt+F4	退出
Edit	Undo	Ctrl+Z	撤销
	Redo	Ctrl+Y	重做
	Cut	Ctrl+X	剪切
	Copy	Ctrl+C	复制
	Paste	Ctrl+V	粘贴
	Delete	Del	删除
	Select All	Ctrl+A	全选
	Find...	Ctrl+F	查找
	Find Next	F3	查找下一个
	Find Previous	Shift+F3	查找上一个
	Replace...	Ctrl+H	替换
	Toggle Connection Dot		添加/删除连接点
	Flip Horizontal		水平翻转
	Flip Vertical		垂直翻转
	Update Symbol or Block...		更新符号或者模块图
View	Utility Windows ▶		添加/关闭应用窗口
	Address Radix		地址格式
	Memory Radix		数据格式
	Zoom In	Ctrl+Space	放大
	Zoom Out	Ctrl+Shift+Space	缩小
	Show Guidelines		显示/隐藏网格线
Project	Add Current File to Project		添加当前文件到工程中
	Add/Remove Files in Project		添加/删除工程文件
Assignments	Device...		器件
	Settings...	Ctrl+Shift+E	设置
	Pin planner	Ctrl+Shift+N	引脚锁定工具
Processing	Stop Processing	Ctrl+Shift+C	停止编译
	Start Compilation	Ctrl+L	开始编译
	Start ▶		开始

续表

菜单	命　　令	快捷键	功　　能
Tools	Run Simulation Tool ▶		运行仿真工具
	Netlist Viewers ▶		网表浏览器
	Signal Tap Logic Analyzer		逻辑分析仪
	Programmer		编程器
	IP Catalog		IP 目录
	Nios Ⅱ SBT for Eclipse		片上系统软件开发工具
	Platform Designer		片上系统硬件开发平台
	Tcl Scripts...		Tcl 脚本命令
	Options...		选择
	License Setup...		许可文件设置
	Install Devices...		安装器件库
Help	Help Topics		帮助主题
	PDF Tutorials ▶		HDL 学习文档
	What's New		新版本信息
	Release Notes		版本发布信息
	On the Web ▶		网络资源
	About Quartus Prime		关于 Quartus Prime

注：①▶表示命令有子菜单；...表示命令有弹出信息页；②不同文档类型的菜单项不同；③SBT 为 Software Build Tools 的缩写。

在 Quartus Prime 主界面中，执行 File→New Project Wizard 菜单命令，弹出如图 3-3 所示的 New Project Wizard 对话框，提示设计者建立新工程需要完成以下 5 项任务：①指定工程名和工程目录；②指定顶层模块文件名；③添加或删除工程文件和库；④指定目标器件类型和型号；⑤设置 EDA 工具。

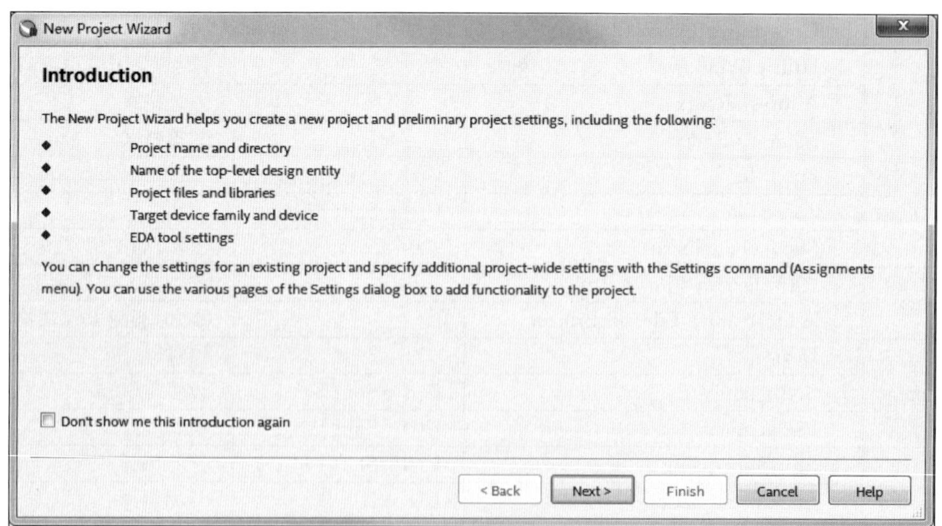

图 3-3　New Project Wizard 对话框

单击 Next 按钮进入设置工程目录、工程名和顶层模块名页面，如图 3-4 所示，其中第 1

栏用于指定存放工程文件的工作目录,第2栏用于指定工程名,第3栏用于指定顶层模块文件名。Quartus Prime要求顶层模块文件名与工程名相同,因此在输入工程名时,顶层模块文件名也随之自动输入。

需要强调的是:①工程路径中不能含中文、空格和特殊字符,因为Quartus软件无法正确地识别汉字和特殊字符编码;②当前工程项目中包含低层工程项目时,当前工程项目文件和所有低层项目文件应保存在同一目录中,不要分子目录保存。

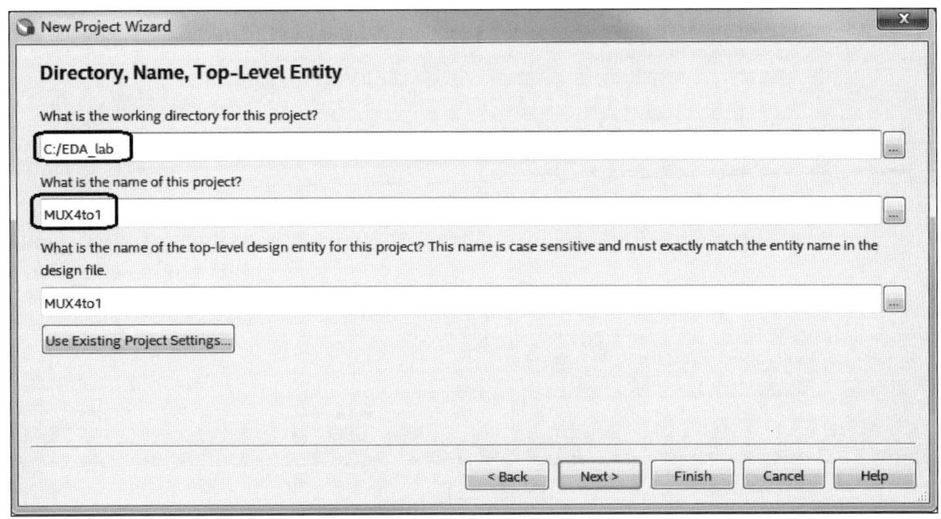

图 3-4 设置工程目录和工程名

(2)单击Next按钮进入工程类型(Project Type)页面,选择工程类型。对于初学者,建议先选择空工程(Empty project),如图3-5所示,以便熟悉在Quartus Prime开发环境下进行EDA设计的基本流程。对于已经熟悉基本设计流程的用户,则可以选择工程模板(Project template)以提高设计效率。

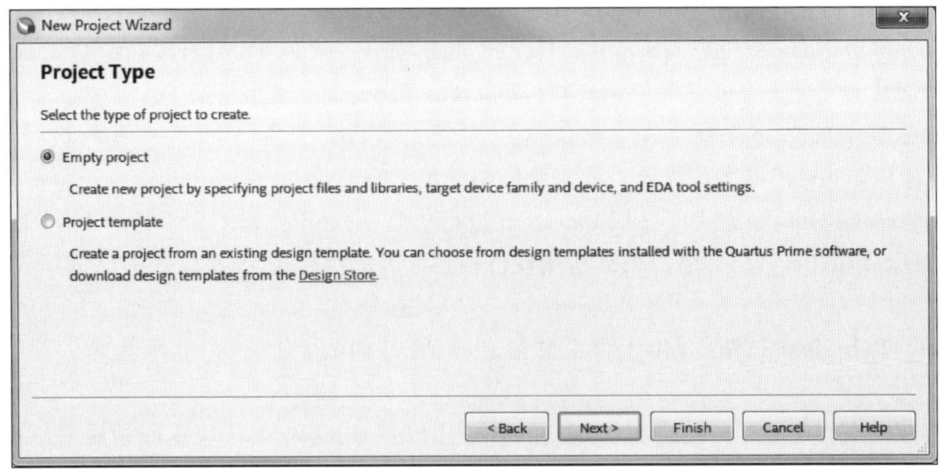

图 3-5 选择工程类型

(3)单击Next按钮进入添加文件(Add Files)页面,如图3-6所示,向工程中添加所需要的文件和库,也可以删除工程中多余的文件和库。当新建的工程中不包含任何设计文件时,可以跳过这一步。

另外,工程建立完成后,还可以通过 Project→Add/Remove Files in Project 菜单命令再次进入 Add Files 页面,向工程中添加新文件或删除工程中的多余文件。

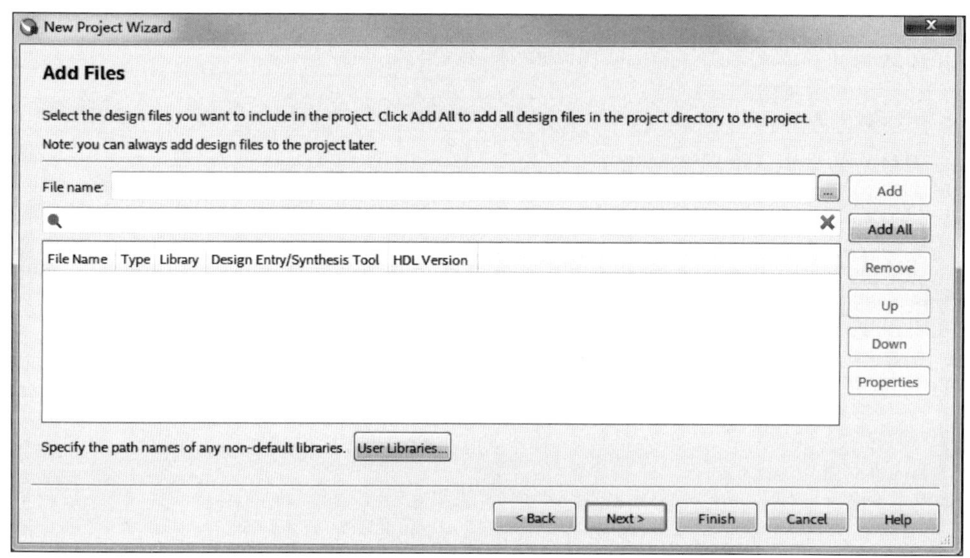

图 3-6 添加文件

(4) 单击 Next 按钮进入目标器件设置页面,如图 3-7 所示。首先,在 Family 下拉列表中选择目标器件的类型,然后在 Available devices 列表中选择具体的器件型号。在选择目标器件型号时,还可以通过指定器件的封装(Package)、引脚数(Pin count)和速度等级(Core speed grade)缩小选择范围。

图 3-7 中已经选择了 DE2-115 开发板的 FPGA 器件型号 EP4CE115F29C7,器件类型为 Cyclone IV E,封装为 FBGA,引脚数量为 780 个,速度等级为 7。

(5) 单击 Next 按钮进入 EDA 工具设置页面,如图 3-8 所示,用于选择综合工具、仿真工具和时序分析工具。不选择(None)时,Quartus Prime 应用默认的 EDA 工具。

对于复杂的数字系统设计,建议选用专业的 EDA 工具。对于一般的设计项目,Quartus Prime 提供的默认综合工具完全能够满足工程要求。

Quartus Prime 18.1 版应用 ModelSim 进行仿真。Intel 公司 OEM 版的 ModelSim 名为 ModelSim-Altera,仿真语言根据所用硬件描述语言的类型选定(图 3-8 中已选择 Verilog HDL)。

(6) 单击 Next 按钮,弹出工程汇总信息对话框,如图 3-9 所示,显示新建工程的相关信息。

若建立工程过程中的信息有误,还可以单击图 3-9 中的 Back 按钮返回相应的页面进行修改,无误则单击 Finish 按钮完成新工程的建立任务。这时 Quartus Prime 主界面最上方的标题栏已经包含了当前工程目录和工程名两项信息,如图 3-10 所示,同时在左侧的项目管理器中包含了目标器件和顶层模块名两项信息。

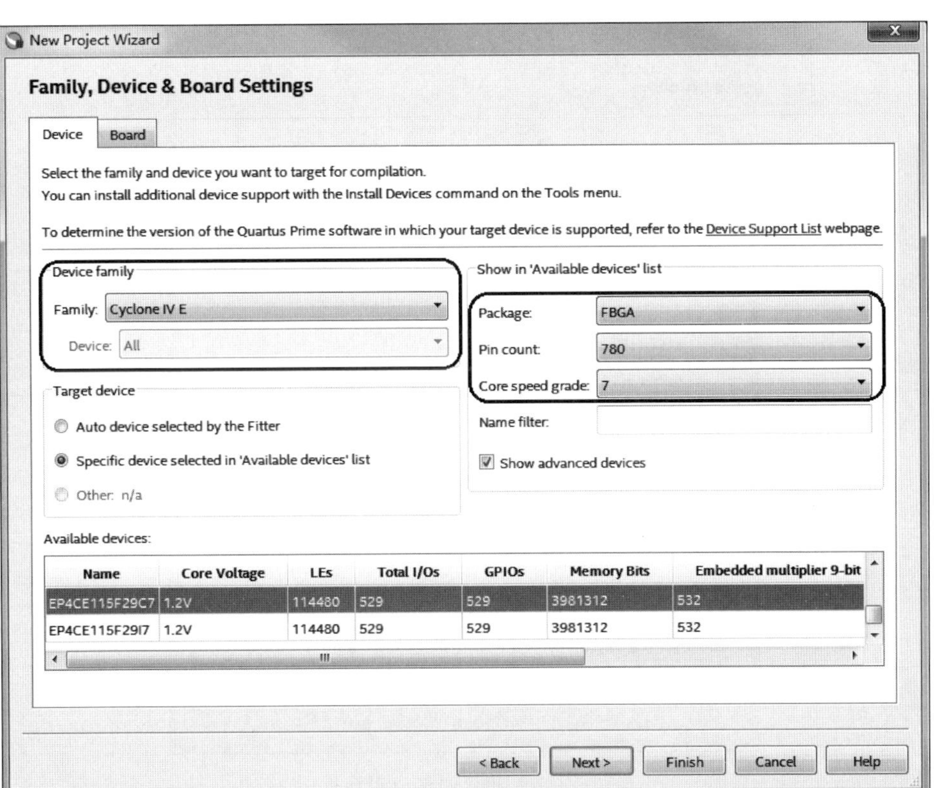

图 3-7　目标器件设置

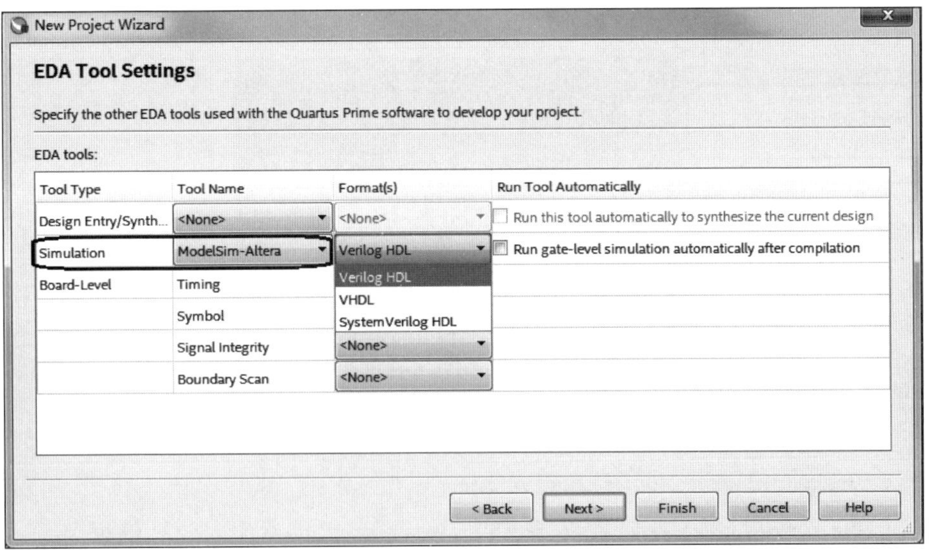

图 3-8　EDA 工具设置

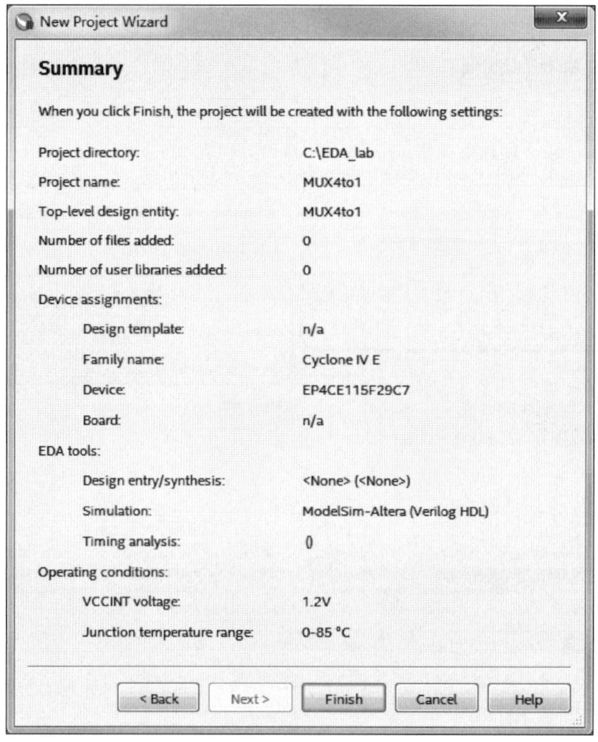

图 3-9　工程汇总信息对话框

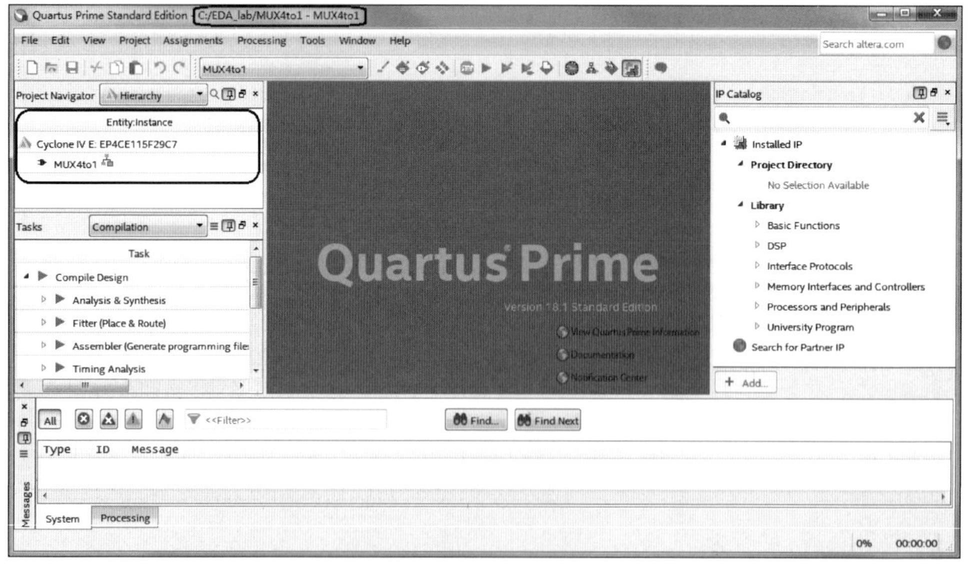

图 3-10　包含新建工程信息的 Quartus Prime 主界面

3.1.2 设计输入

设计输入(Design Entry)是将所设计的电路或系统以 EDA 软件支持的某种形式表达出来的过程。Quartus Prime 支持硬件描述语言(HDL)、原理图(Schematic)和状态机(State Machine)等多种文件类型,如表 3-2 所示,同时又提供了第三方设计输入接口,如 EDIF 网表文件等。

表 3-2 Quartus Prime 设计文件类型

设 计 文 件	扩展名	描 述
Verilog HDL	.v,.vlg,.verilog	应用 Verilog HDL 编写的设计文件
VHDL	.vhd,.vh,.vhdl	应用 VHDL 编写的设计文件
原理图	.bdf	应用 Quartus Prime Block Editor 建立的原理图设计文件
EDIF	.edf,.edif	应用任何标准 EDIF 编写程序生成的网表文件
图形	.gdf	应用 MAX+plus II Graphic Editor 建立的原理图设计文件
AHDL	.tdf	应用原 Altera 公司硬件描述语言 AHDL 编写的设计文件
VQM	.vqm	通过 Synplify 或 Quartus Prime 生成的 Verilog 网表文件

硬件描述语言是 EDA 设计中最主要的输入方式。与传统的原理图方法相比,应用 HDL 有利于应用自顶向下的设计方式,有利于模块的分解与重用,并且 HDL 描述还具有与实现器件工艺无关的特点。因此,基于可移植方面的考虑,EDA 工程设计大多应用 HDL 进行描述,以方便模块的功能重构与重用。

应用硬件描述语言输入方式的基本步骤如下。

(1) 在 Quartus Prime 主界面中,执行 File→New 菜单命令,弹出如图 3-11 所示的 New 对话框,用于新建项目文件。

Quartus Prime 支持 4 类项目文件:设计文件(Design Files)、存储器文件(Memory Files)、验证与调试文件(Verification/Debugging Files)和其他文件(Other Files)。每种项目文件又包含多种具体的文件类型选项。

若应用 Verilog HDL 进行设计,则应选择 Design Files 下的 Verilog HDL File,然后单击 OK 按钮,弹出如图 3-12 所示的 HDL 代码编辑窗口。

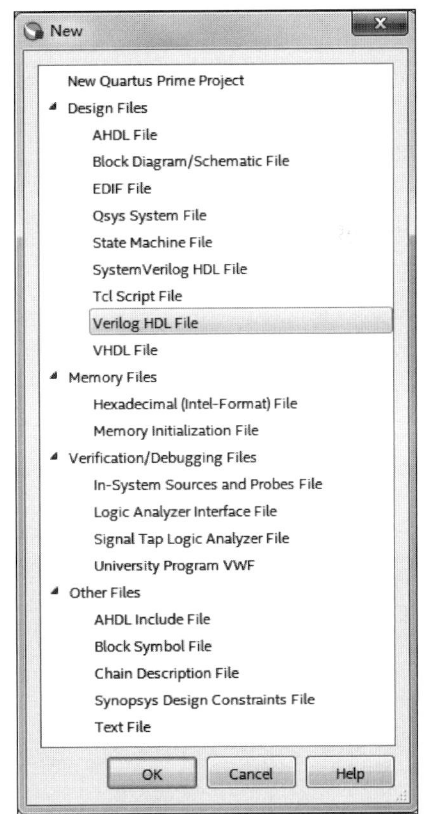

图 3-11 New 对话框

(2) 在 HDL 代码编辑窗口中,输入 Verilog HDL 代码并以模块名(本例为 MUX4to1)为文件名进行保存(提示:Verilog HDL 文件的扩展名为.v,VHDL 文件的扩展名为.vhd),如图 3-13 所示。

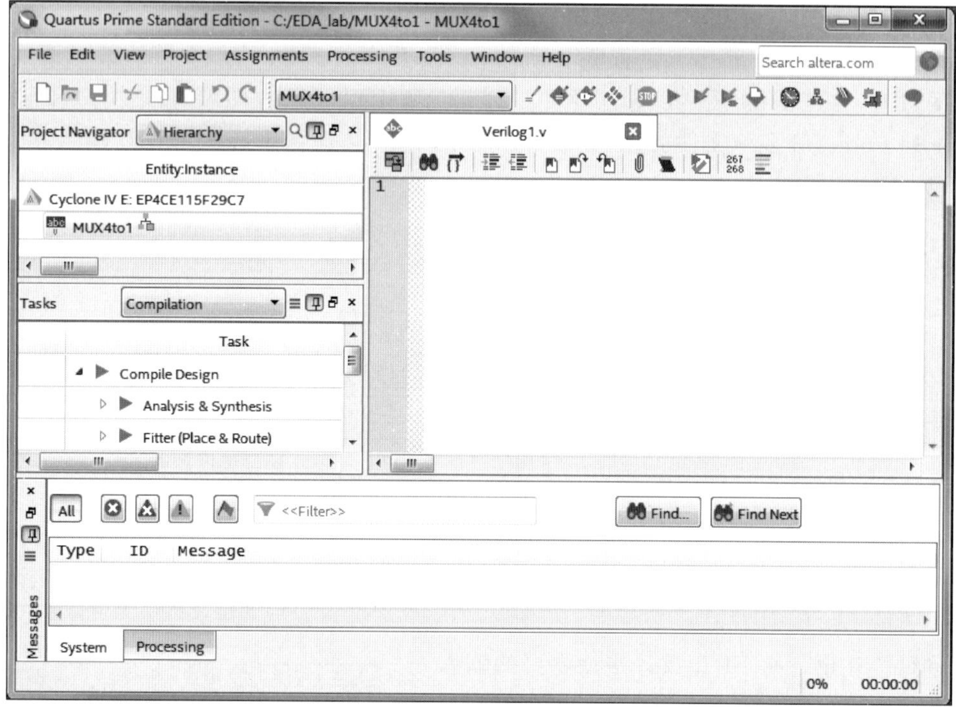

图 3-12 HDL 代码编辑窗口

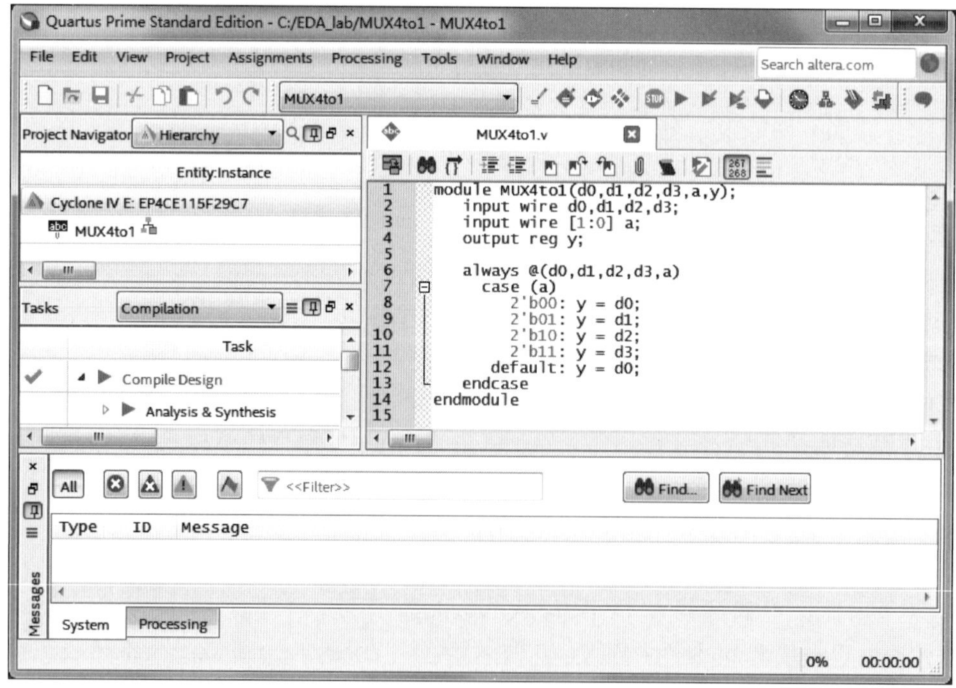

图 3-13 设计输入

需要注意的是：①Quartus Prime 要求顶层模块与工程同名，否则会导致编译失败。当工程只包含一个模块时，该模块即为顶层模块，因此一定要确保模块名、文件名与工程名严格一致；②对于顶层模块，新建工程和设计输入两个步骤可以互换。也就是说，可以先输入设计文件，保存设计文件时，在弹出如图 3-14 所示的对话框中单击 Yes 按钮，启动新建工程的过程。

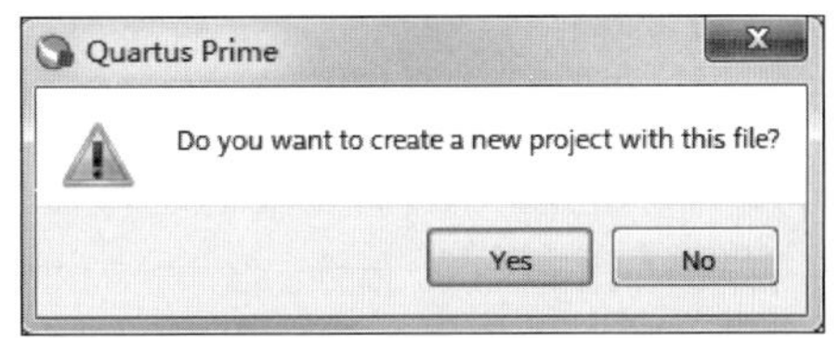

图 3-14　由文件建立工程

设计输入完成后，Verilog HDL 代码需要经过编译、综合与适配后才能生成可以下载到 CPLD 中的编程文件或 FPGA 中的配置文件。

3.1.3　编译、综合与适配

Quartus Prime 编译、综合与适配流程如图 3-15 所示，包括分析与建模、综合、适配、装配和时序分析等主要环节。

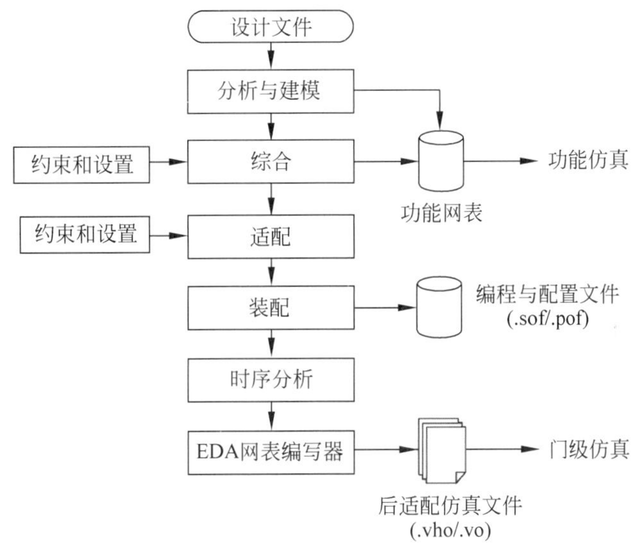

图 3-15　Quartus Prime 编译、综合与适配流程

分析与建模（Analysis & Elaboration）是调用 Quartus Prime 内嵌的编译器检查输入代码中是否存在语法错误以及潜在的逻辑错误的过程。

综合（Synthesis）是面向给定的约束和设置（Constraints & Settings），将 HDL 代码转换为门级网表的过程，是将 HDL 描述转化为硬件电路的关键步骤。

综合的效果决定设计电路的性能和芯片的资源利用率。在综合前，需要对设计施加适当的约束，包括时序约束、面积约束和功耗约束。综合器根据设定的约束，在器件厂商提供的综合库支持下，针对具体的可编程逻辑器件类型进行优化，目的是使综合所生成的电路满足设计要求。

给设计添加适当的约束，编译后对综合结果进行分析，找出设计中的瓶颈，对设计后期优化过程的成败起着决定性的作用。但是，给设计添加约束时，设计者必须充分理解分析与综合设置以及适配设置等优化项目的含义。关于综合与优化设置相关内容，将在第 7 章中讲述。未添加约束文件时，Quartus Prime 按照默认的设置进行编译与综合。

编译与综合过程完成之后，Quartus Prime 会自动将综合后产生的网表文件针对选定的目标器件进行映射，将工程的逻辑和时序要求与目标器件的可用资源相匹配，包括逻辑分割、逻辑优化和布局布线，这一过程称为适配和装配（Fitter & Assembler）。完成后，Quartus Prime 会生成针对具体目标器件的编程与配置文件（Programming & Configuration Files），并进行时序分析（Timing Analysis），生成后适配仿真文件（Post-Fit Simulation Files）和工程统计报告，说明目标器件的资源占用等情况。

在 Quartus Prime 主界面中，执行 Processing→Start Complication 菜单命令或直接单击主界面中的 ▶ 按钮启动编译与综合过程。若描述代码没有错误，则编译、综合与适配过程会自动完成，生成能够下载到 CPLD/FPGA 或其外部配置芯片的编程与配置文件，并显示如图 3-16 所示的工程汇总信息，说明该工程的编译时间、版本信息、器件信息和资源占用等情况。

Flow Summary

<<Filter>>

Flow Status	Successful - Sat Oct 24 11:29:52 2020
Quartus Prime Version	18.1.0 Build 625 09/12/2018 SJ Standard Edition
Revision Name	MUX4to1
Top-level Entity Name	MUX4to1
Family	Cyclone IV E
Device	EP4CE115F29C7
Timing Models	Final
Total logic elements	2 / 114,480 (< 1 %)
Total registers	0
Total pins	7 / 529 (1 %)
Total virtual pins	0
Total memory bits	0 / 3,981,312 (0 %)
Embedded Multiplier 9-bit elements	0 / 532 (0 %)
Total PLLs	0 / 4 (0 %)

图 3-16 工程汇总信息

若在编译过程中发现错误，Quartus Prime 将在信息窗口中用红色字体显示错误信息（Error Message）。对于代码问题，双击错误信息提示，Quartus Prime 会自动定位到错误代码附近。仔细阅读错误信息说明，修改代码并重新启动编译与综合过程，直到完全正确为止。

需要注意的是，编译与综合过程中出现蓝色字体的警告信息（Warning Message），虽然不影响编译、综合与适配过程的正常进行，但可能预示着代码中存在潜在的设计错误，因此，设计者应对编译过程中产生的警告信息足够重视，建议仔细阅读相关警告信息，排除潜在错误，确保综合出的电路功能正确。

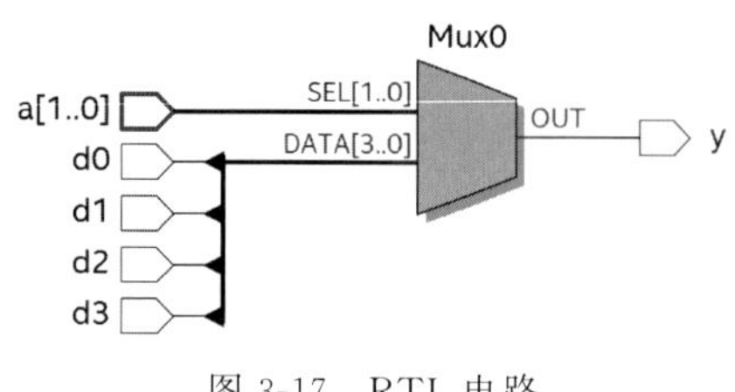

图 3-17 RTL 电路

编译、综合与适配过程完成之后，执行 Tools→Netlist Viewers 菜单命令，就可以查看综合出的 RTL 电路，如图 3-17 所示。可以看出，4 选 1 数据选择器是通过定制 Quartus Prime 中的通用数据选择器 IP 得到的。

3.1.4 引脚锁定

编译、综合与适配过程完成后，如果需要将综合出的电路下载到可编程逻辑器件中进行测试，那么还需要进行引脚锁定(或称为引脚约束)，以确定工程的顶层模块端口与目标器件引脚的对应关系。

Quartus Prime 提供了 3 种引脚锁定方法：①使用图形化工具 Pin Planner 锁定引脚；②编写 Tcl 脚本文件锁定引脚；③应用属性定义锁定引脚。

1. 使用 Pin Planner 锁定引脚

使用图形化工具 Pin Planner 是引脚锁定的基本方法，具体步骤如下。

(1) 在 Quartus Prime 主界面中执行 Assignments→Pin Planner 菜单命令，弹出如图 3-18 所示的 Pin Planner 窗口。需要在图 3-18 中的 Location 栏中输入模块 I/O 端口对应的引脚信息。

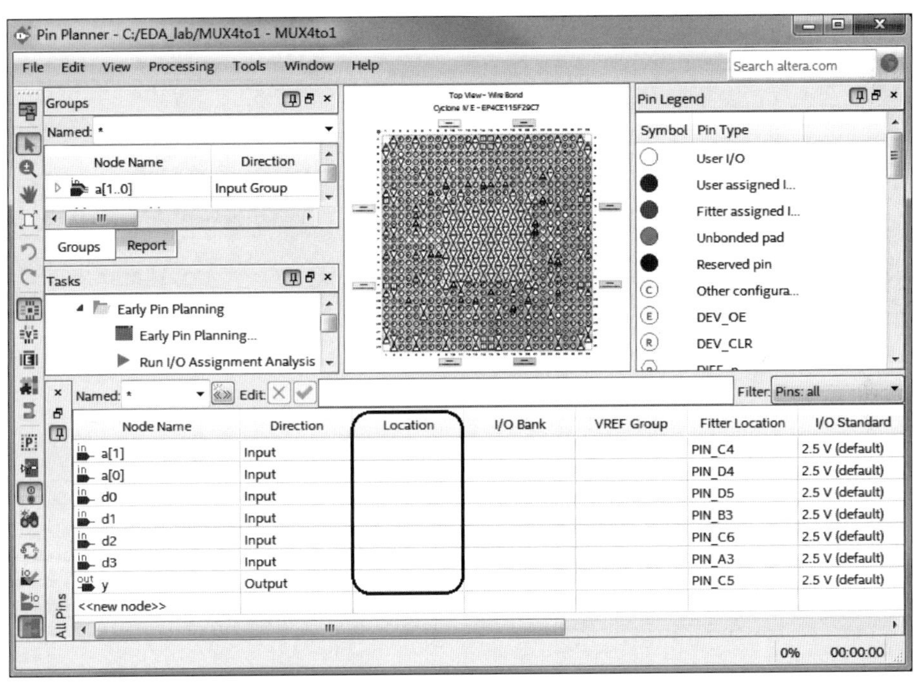

图 3-18 Pin Planner 窗口(1)

(2) 对于 DE2-115 开发板，需要查阅用户手册(User Manual)以确定 FPGA 外围电路组件与其 I/O 引脚的对应关系。DE2-115 开关量输入电路与 FPGA 器件 I/O 引脚的接口信息如图 3-19 所示，发光二极管(Light Emitting Diode，LED)驱动电路与 FPGA 器件 I/O 引脚的接口信息如图 3-20 所示。

若将 4 选 1 数据选择器的 4 路输入数据 d3、d2、d1 和 d0 分别锁定到开关 SW17～SW14 上，将 2 位地址 a[1]和 a[0]分别锁定到开关 SW1 和 SW0 上，将输出 y 锁定到发光二极管 LEDG8 上，则需要在 Pin Planner 窗口下部的 Location 栏中填入对应的 FPGA 引脚名，如图 3-21 所示。

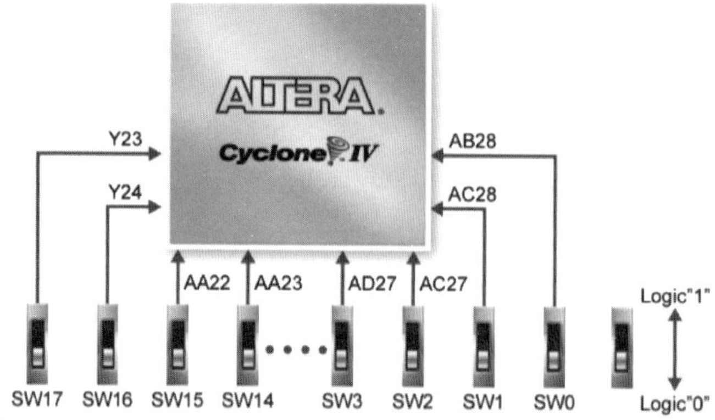

图 3-19　DE2-115 开发板开关量输入电路与 FPGA 器件 I/O 引脚的连接信息

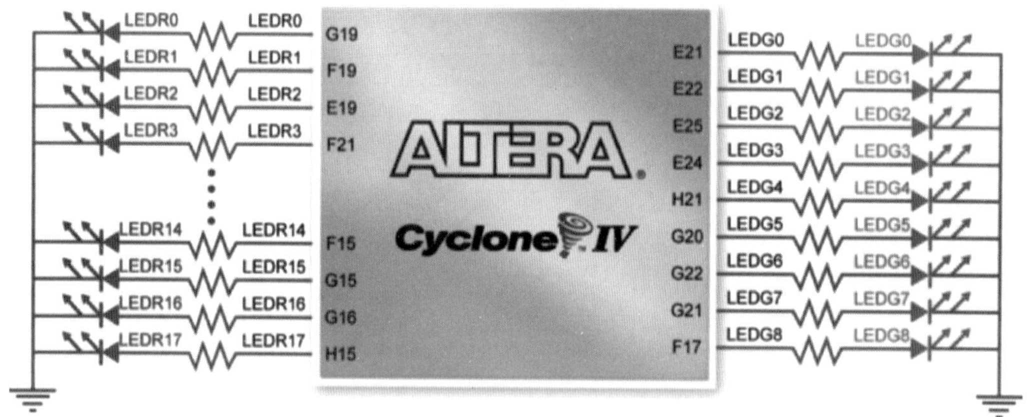

图 3-20　DE2-115 开发板 LED 驱动电路与 FPGA 器件 I/O 引脚的接口信息

Node Name	Direction	Location	I/O Bank	VREF Group	Fitter Location	I/O Standard
in a[1]	Input	PIN_AC28	5	B5_N2	PIN_C4	2.5 V (default)
in a[0]	Input	PIN_AB28	5	B5_N1	PIN_D4	2.5 V (default)
in d0	Input	PIN_AA23	5	B5_N2	PIN_D5	2.5 V (default)
in d1	Input	PIN_AA22	5	B5_N2	PIN_B3	2.5 V (default)
in d2	Input	PIN_Y24	5	B5_N2	PIN_C6	2.5 V (default)
in d3	Input	PIN_Y23	5	B5_N2	PIN_A3	2.5 V (default)
out y	Output	PIN_F17	7	B7_N2	PIN_C5	2.5 V (default)
<<new node>>						

图 3-21　Pin Planner 窗口(2)

(3) 引脚锁定完成后，需要重新编译工程，以生成带有引脚锁定信息的编程与配置文件。

2. 编写 Tcl 文件锁定引脚

对于顶层模块端口很多的应用工程，使用 Pin Planner 进行引脚锁定的方法费时费力，建议编写 Tcl 文件完成引脚锁定。

Tcl 是工具命令语言(Tool Command Language)，在 FPGA 开发中可以应用 Tcl 文件对引脚进行配置，既可以提高设计效率，又能够增强代码的可重用性。

Tcl 文件的格式定义如下。

```
#setup.tcl
#setup pin setting
set_global_assignment -name RESERVE_ALL_UNUSED_PINS "AS INPUT TRI-STATED"
set_global_assignment -name ENABLE_INIT_DONE_OUTPUT OFF
...
set_location_assignment PIN_引脚名 -to 端口名
...
```

其中，#setup.tcl 和#setup pin setting 为 Tcl 文件的说明部分；setup 为 Tcl 文件名，建议修改为当前工程名。

编写 Tcl 文件进行引脚锁定的具体方法如下。

(1) 在 Quartus Prime 主界面中执行 Files→New 菜单命令，弹出 New 对话框(见图 3-11)，选择 Design Files 栏下的 Tcl Script File，单击 OK 按钮进入 Tcl 文件编辑窗口。在窗口中输入 4 选 1 数据选择器 MUX4to1 的 Tcl 锁定信息，如图 3-22 所示。

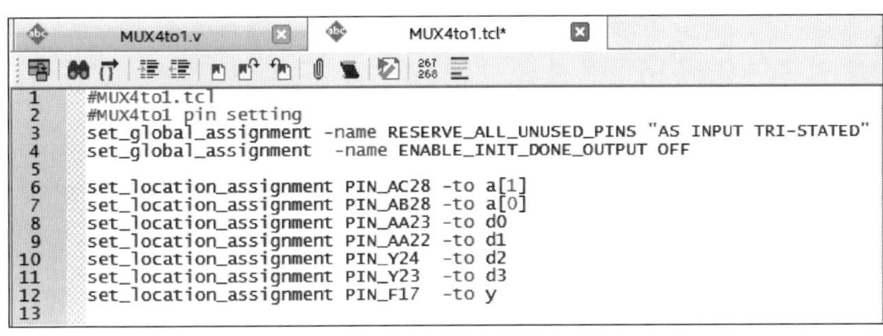

图 3-22 Tcl 文件编辑窗口

(2) Tcl 文件编辑好后，保存文件名为 MUX4to1.tcl，并执行 Projects→Add/Remove Files in Project 菜单命令将 Tcl 文件添加到工程中。

(3) 执行 Tools→Tcl Scripts 菜单命令，弹出如图 3-23 所示的 Tcl Scripts 对话框，打开相应的 Tcl 文件，单击 Run 按钮运行 Tcl 文件，即可一次完成引脚锁定。

通常，EDA 开发板配有示例工程模板，包含开发板所有引脚分配信息。例如，友晶公司为 DE2-115 开发板提供了一个名为 DE2_115_GOLDEN_TOP 的空工程模板，模板中已经包含了开发板所有的引脚锁定信息。因此，设计者可以基于 GOLDEN_TOP 工程进行设计，添加自己的功能代码，保持模块的端口名与模板已经锁定引脚的端口名一致，或者将模板中已经定义的端口名修改为自己定义的端口名，从而省去引脚锁定这个耗时费力的环节，有效地提高设计效率。

3. 应用属性定义锁定引脚

除了应用 Pin Planner 和编写 Tcl 文件锁定引脚的方法外，还可以应用 Quartus Prime 综合属性(Synthesis Attributes)语句中的芯片引脚属性(chip_pin)锁定引脚。

在 Verilog HDL 代码中添加芯片引脚属性不影响 Verilog HDL 的语法，但在布局布线(Place & Route)过程中，Quartus Prime 会根据 chip_pin 属性锁定引脚。

应用属性定义实现 4 选 1 数据选择器引脚锁定的代码如下。

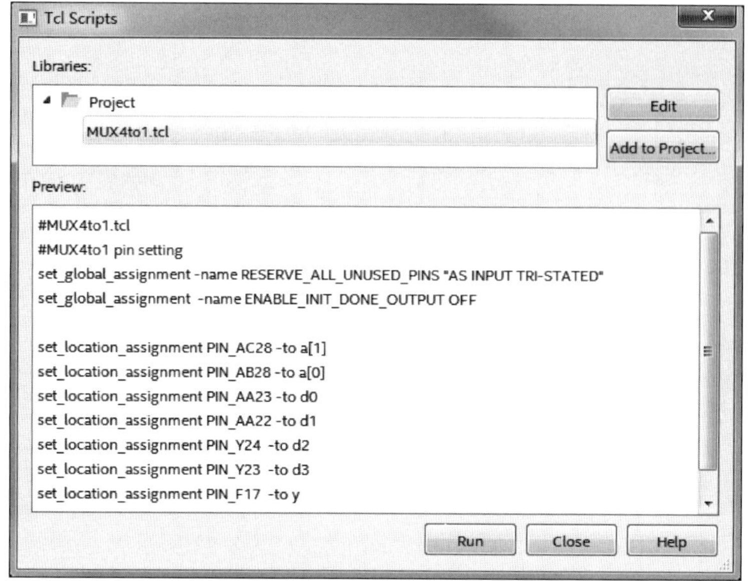

图 3-23 Tcl Scripts 对话框

```
module MUX4to1(d0,d1,d2,d3,a,y);
  input d0                          /* synthesis chip_pin = "AA23" */;
  input d1                          /* synthesis chip_pin = "AA22" */;
  input d2                          /* synthesis chip_pin = "Y24" */;
  input d3                          /* synthesis chip_pin = "Y23" */;
  input [1:0] a                     /* synthesis chip_pin = "AC28,AB28" */;
  output wire/reg y                 /* synthesis chip_pin = "F17" */;
  ...
endmodule
```

需要说明的是：①chip_pin 属性应放在端口列表和表示语句结束的分号之间，以"/ *"开始，以"* /"结束；②应用属性定义锁定引脚时，必须在新建工程中明确指出实现目标器件的具体型号；③应用属性定义锁定引脚的方法只能在顶层模块中应用。

3.1.5 编程与配置

编程与配置是指将经过编译与综合后产生的含有电路设计信息的目标文件(.sof 或 .pof)写入可编程逻辑器件(CPLD/FPGA)或 FPGA 外部配置器件(如 EPCS)中的过程。一般习惯将.sof 文件加载到 FPGA 内部查找表 SRAM 中的过程称为配置(Configuration)；将.pof 文件写入 CPLD 或固化到 FPGA 外部配置器件中的过程称为编程(Program)。

对 DE2-115 开发板进行编程与配置时，需要将装有 Quartus Prime 的计算机通过 USB 设备电缆(Type A to B)与 DE2-115 开发板的 USB-Blaster 接口连接起来并给开发板加电。

如果首次使用开发板，那么还需要安装 USB-Blaster 驱动程序。

USB-Blaster 的安装步骤如下。

① 通过 Windows 控制面板中的"设备管理器"打开设备管理界面。在"其他设备"中找到带有感叹号的 USB-Blaster 设备图标，如图 3-24 所示。

② 右击带有感叹号的 USB-Blaster 图标，在弹出的快捷菜单中选择“更新驱动程序软件(P)”。

③ 在弹出的对话框中选择“浏览计算机以查找驱动程序软件(R)”。

④ 浏览并指定 USB-Blaster 驱动程序路径。

对于 Quartus Prime 18.1 标准版，USB-Blaster 驱动程序位于 Quartus Prime 安装目录(默认为 c:\intelFPGA\18.1)下的 quartus\drivers\usb-blaster 子目录中。浏览并选中驱动程序所在的子目录后，单击“下一步”按钮进行安装。安装完成后，在设备管理器的“通用串行总线控制器”下就可以看到正常的 USB-Blaster 设备图标了，如图 3-25 所示。

图 3-24 未安装驱动的 USB-Blaster 设备图标

图 3-25 安装好驱动的 USB-Blaster 设备图标

Quartus Prime 支持 4 种编程与配置方式：JTAG(Joint Test Action Group)配置方式、Socket 编程(In-Socket Programming)方式、PS(Passive Serial)方式和 AS 编程(Active Serial Programming)方式。常用的有 JTAG 配置和 AS 编程两种方式，其中应用 JTAG 配置方式可对多个 FPGA 进行配置，应用 AS 编程方式可对 CPLD/EPCS 配置器件进行编程。另外，Quartus Prime 还支持 JTAG 间接配置方式，用于对 EPCS 配置器件进行间接编程。

1. JTAG 配置方式

JTAG 配置方式用于将综合与适配后生成的目标文件.sof(SRAM Object File)配置到 FPGA 查找表的 SRAM 中，以实现可编程逻辑。由于 SRAM 为易失性存储器(Volatile Memory)，断电后存储数据会丢失，所以应用 JTAG 配置方式直接配置 FPGA 不能长期保存电路的设计信息，适用于实验或产品研发阶段硬件电路的测试。

DE2-115 开发板的 JTAG 配置链如图 3-26 所示。应用 JTAG 对 FPGA 进行配置时，需要确保运行与编程(RUN/PROG)开关 SW19 处于 RUN 位置。

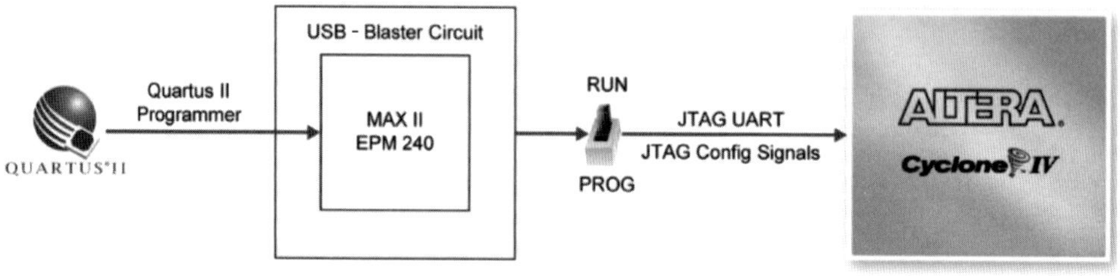

图 3-26 JTAG 配置链

应用 JTAG 方式配置 FPGA 的具体步骤如下。

（1）打开编程器。

在 Quartus Prime 主界面中执行 Tools→Programmer 菜单命令，打开 Quartus Prime 编程器(Programmer)。

Quartus Prime 编程器窗口如图 3-27 所示。

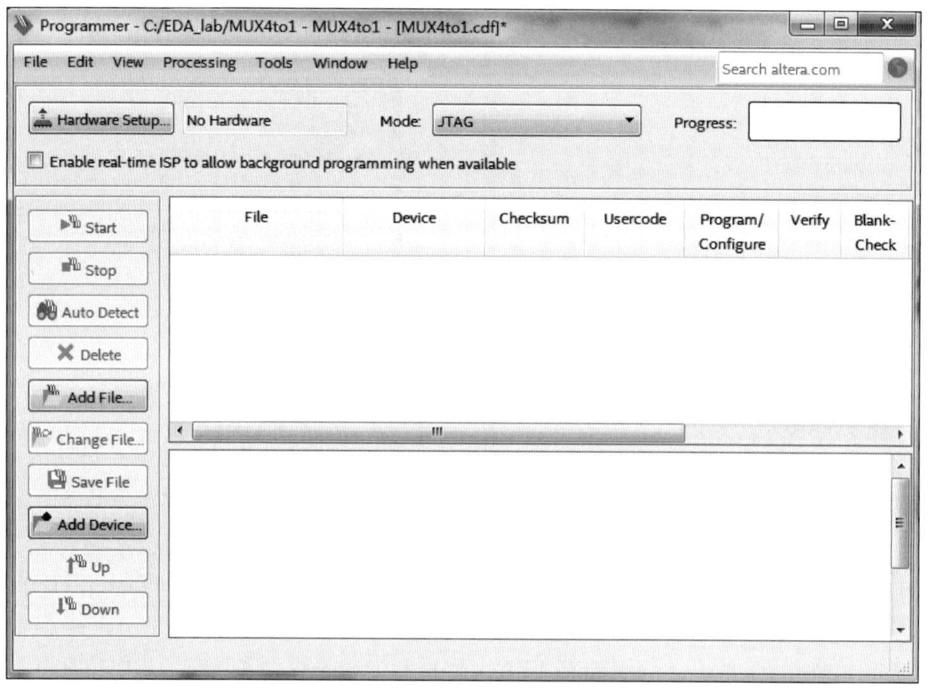

图 3-27 Quartus Prime 编程器窗口

（2）设置硬件连接。

单击 Hardware Setup 按钮，弹出 Hardware Setup 对话框，在 Currently selected hardware 下拉列表中选择 USB-Blaster[USB-0]，如图 3-28 所示，设置硬件连接。完成后单击 Close 按钮关闭对话框。

如果不能正确连接，则需要检查：①USB-Blaster 驱动程序是否已正确安装；②开发板是否已与计算机相连接；③开发板是否已经加电。

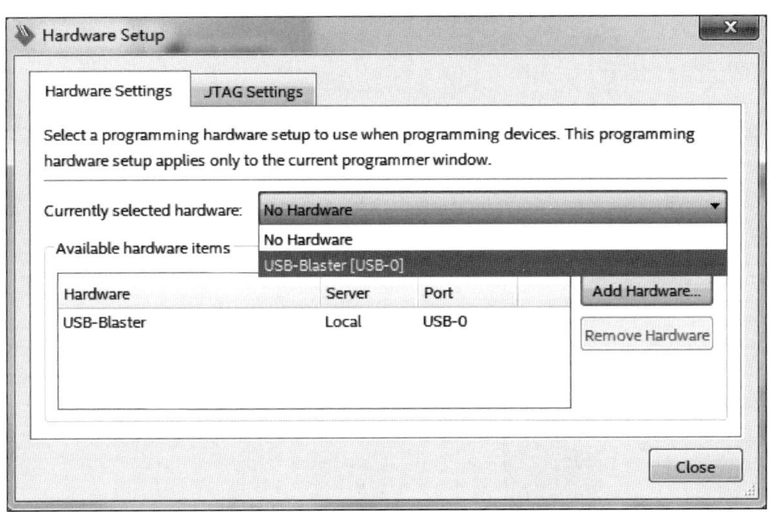

图 3-28 设置硬件连接对话框

(3) 选择编程与配置方式。

将设计电路下载到 FPGA 目标器件中,需要应用 JTAG 配置方式。Quartus Prime 默认的编程与配置方式即为 JTAG。

(4) 添加配置文件。

在工程编译、综合与适配过程完成之后,Quartus Prime 会生成.sof 配置文件,并且将文件自动添加到编程器窗口中。如果没有添加.sof 文件或需要更换配置文件,单击编程窗口左侧的 Add File 按钮打开选择编程文件窗口,浏览并选择工程目录中 output_files 子目录下的.sof 配置文件,如图 3-29 所示,单击 Open 按钮打开。

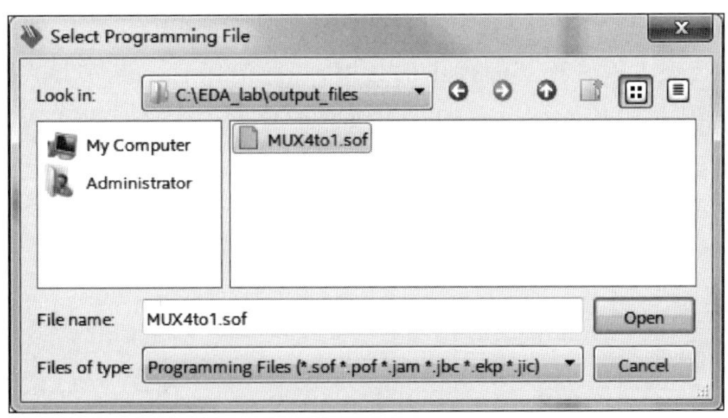

图 3-29 选择.sof 配置文件

(5) 启动配置过程。

在 Quartus Prime 编程器中勾选 Program/Configure 选项,如图 3-30 所示,并确认 DE2-115 开发板的运行与编程开关 SW19 处于 RUN 位置,然后单击 Start 按钮开始配置。当配置进度条(Progress)显示 100%时,配置完成。

配置完成后,就可以在开发板上测试 4 选 1 数据选择器的功能了。

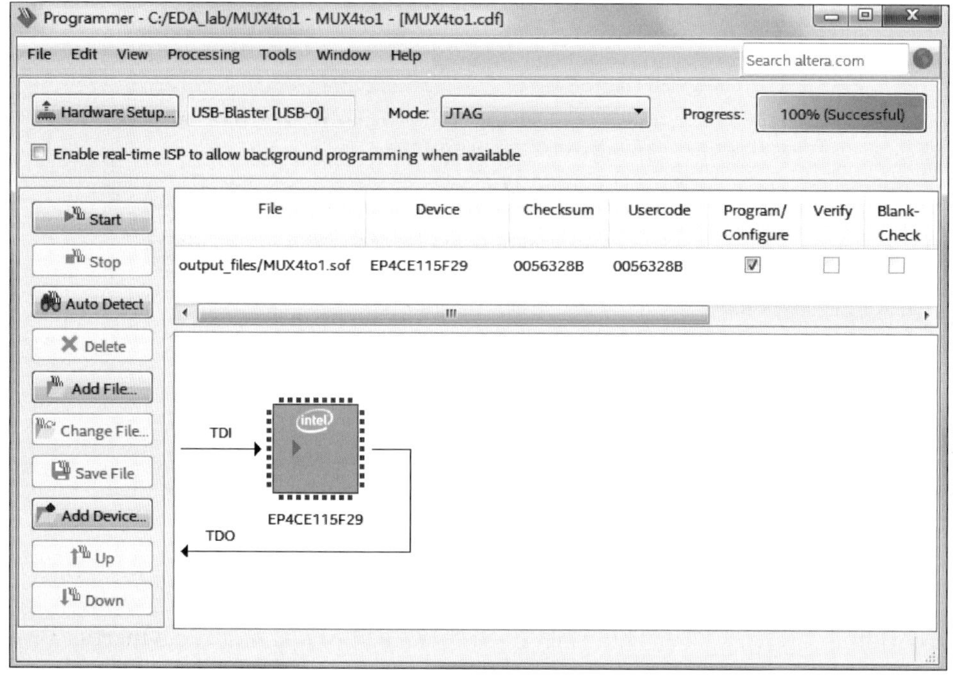

图 3-30　配置过程窗口

2. AS 编程方式

AS 编程方式用于将综合与适配后生成的目标文件.pof(Program Object File)写入 CPLD 或固化到 FPGA 外部的 EPCS 配置器件中。由于 CPLD 和 EPCS 配置器件均为非易失性存储器(Non-volatile Memory),所以应用 AS 编程方式能够永久保存电路的设计信息。

将编程文件固化到 FPGA 外部的 EPCS 配置器件后,每次开发板加电时,FPGA 会主动引导配置过程:读取 EPCS 配置器件中的数据,并加载到 FPGA 查找表的 SRAM 中。因此,应用 AS 编程方式将编程文件.pof 写入 EPCS 配置器件中能够使 FPGA 在上电后立即获得硬件电路的设计信息。

DE2-115 开发板的 AS 编程链如图 3-31 所示。应用 AS 方式编程 EPCS 器件时,需要将运行与编程(RUN/PROG)开关 SW19 拨到 PROG 位置。

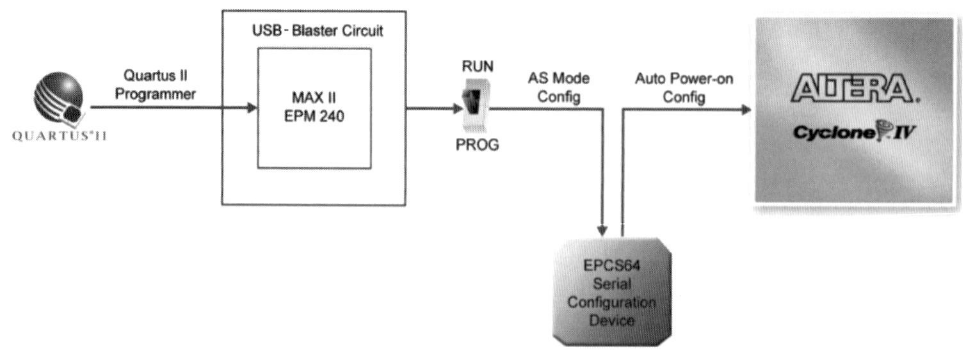

图 3-31　AS 编程链

需要注意的是，如果在建立工程的过程中没有指定 EPCS 配置器件，则综合与适配过程不会自动生成.pof 编程文件。因此，在应用 AS 编程方式之前，需要设置目标器件以指定 EPCS 配置器件的具体型号，然后重新启动编译、综合与适配过程才能生成.pof 编程文件。

应用 AS 方式编程 EPCS 器件的具体步骤如下。

(1) 在 Quartus Prime 主界面中执行 Assignments→Device 菜单命令，弹出 Device 对话框，如图 3-32 所示。

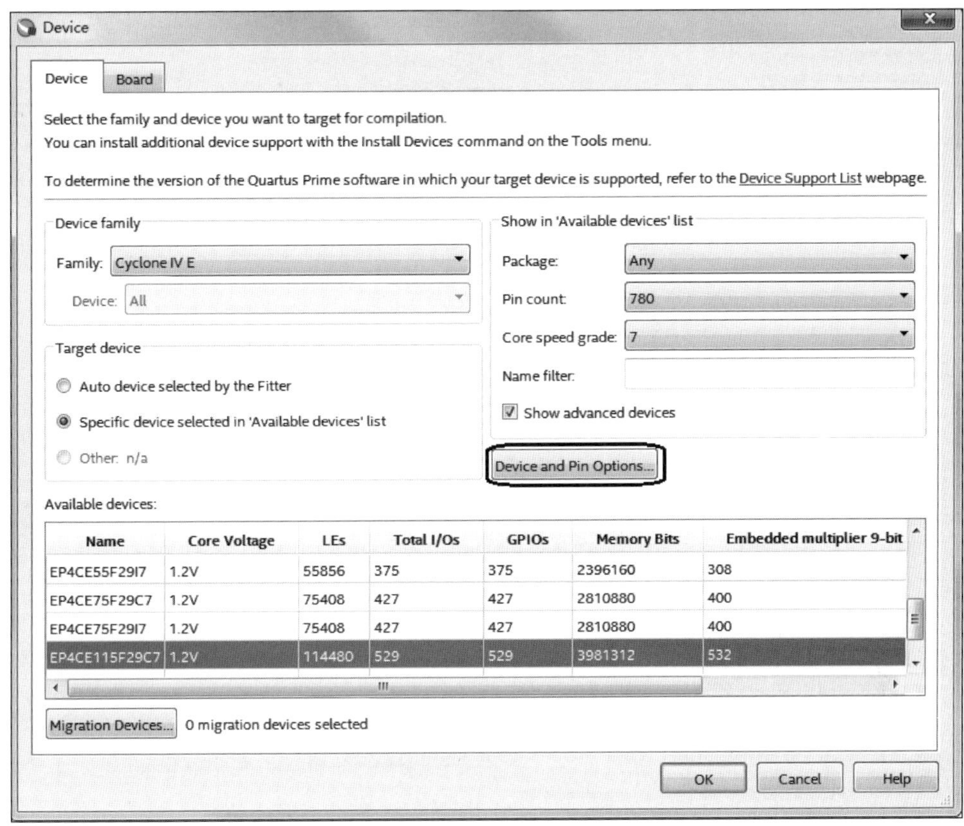

图 3-32　Device 对话框

(2) 单击图 3-32 中的 Device and Pin Options 按钮，在弹出的 Device and Pin Options（设备与引脚选择）对话框中选择 Category 栏下的 Configuration 选项，并勾选右侧的 Use configuration device 复选框，然后选择具体的 EPCS 配置器件型号（DE2-115 开发板的配置器件型号为 EPCS64），如图 3-33 所示，然后单击 OK 按钮完成设置过程。

(3) 重新启动编译、综合与适配过程，生成.pof 编程文件。

(4) 打开编程器，选择编程与配置方式。

在 Quartus Prime 主界面中执行 Tools→Programmer 菜单命令，打开 Quartus 编程器，在 Mode 下拉列表中选择 Active Serial Programming，如图 3-34 所示。

(5) 添加编程文件。

单击编程器窗口左侧的 Add File 按钮，弹出 Select Programming File 对话框，在 output_files 子目录中找到已经生成的.pof 编程文件，如图 3-35 所示。单击 Open 按钮打开。

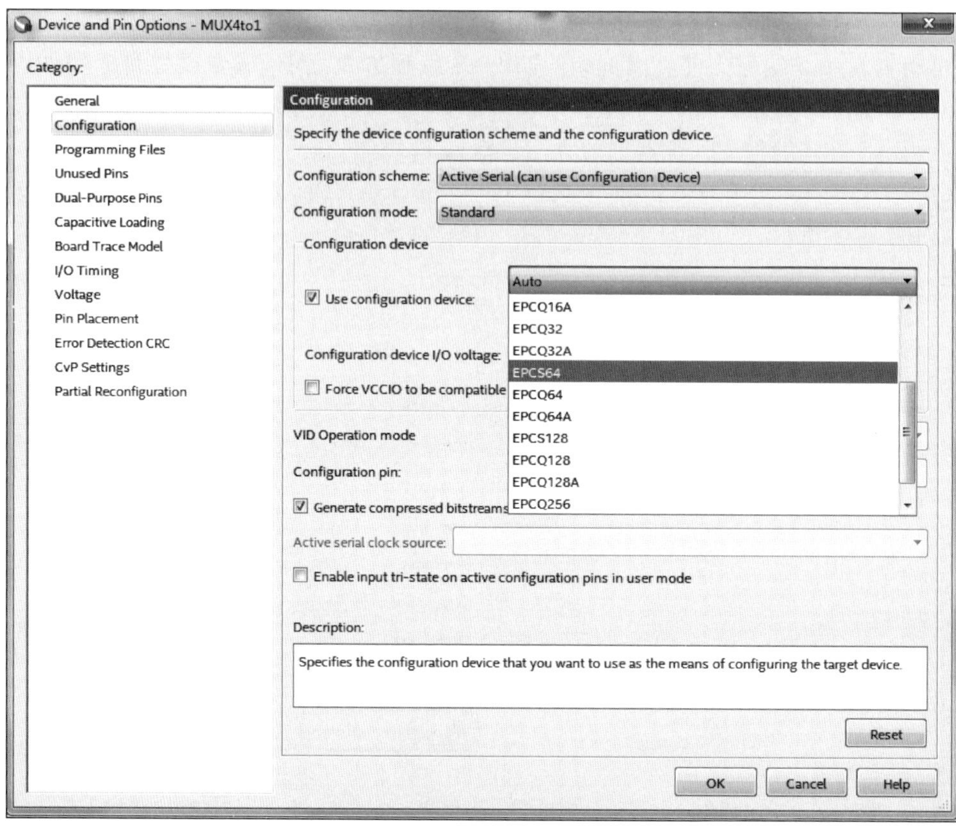

图 3-33 配置器件

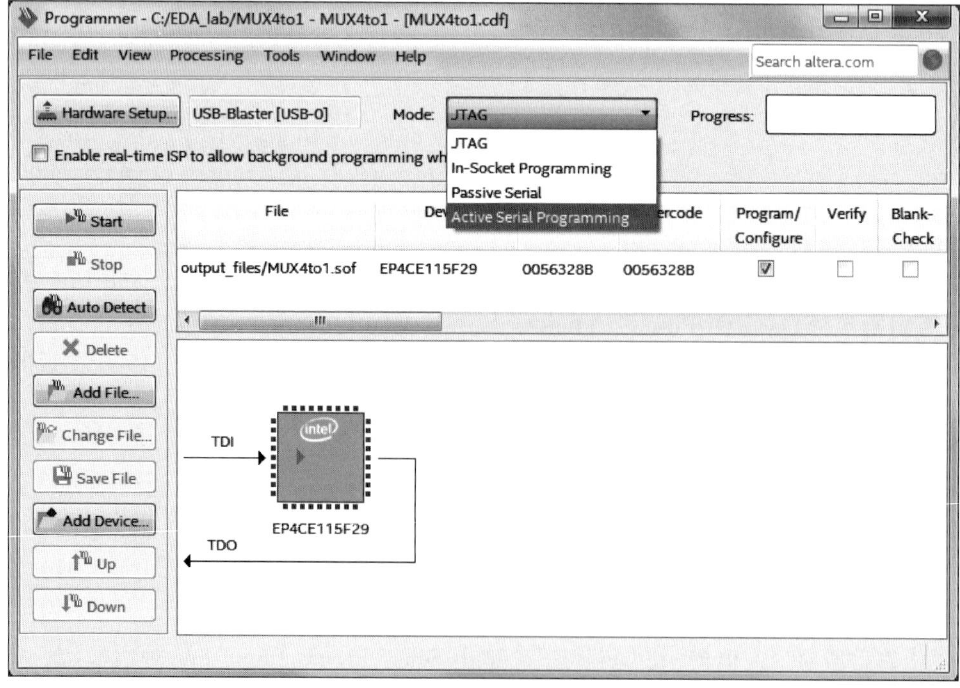

图 3-34 编程模式选择

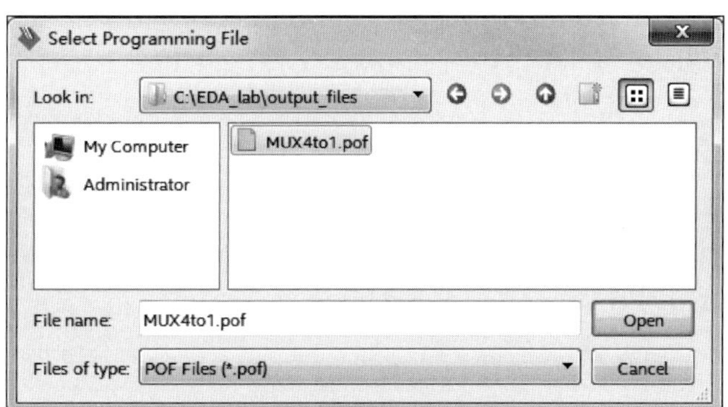

图 3-35　编程文件选择

(6) 启动编程过程。

如图 3-36 所示，勾选 Program/Configure，并且确认开发板的 RUN/PROG 开关已经拨到 PROG 位置，单击 Start 按钮开始编程。当进度条(Progress)显示 100%时，编程过程完成。

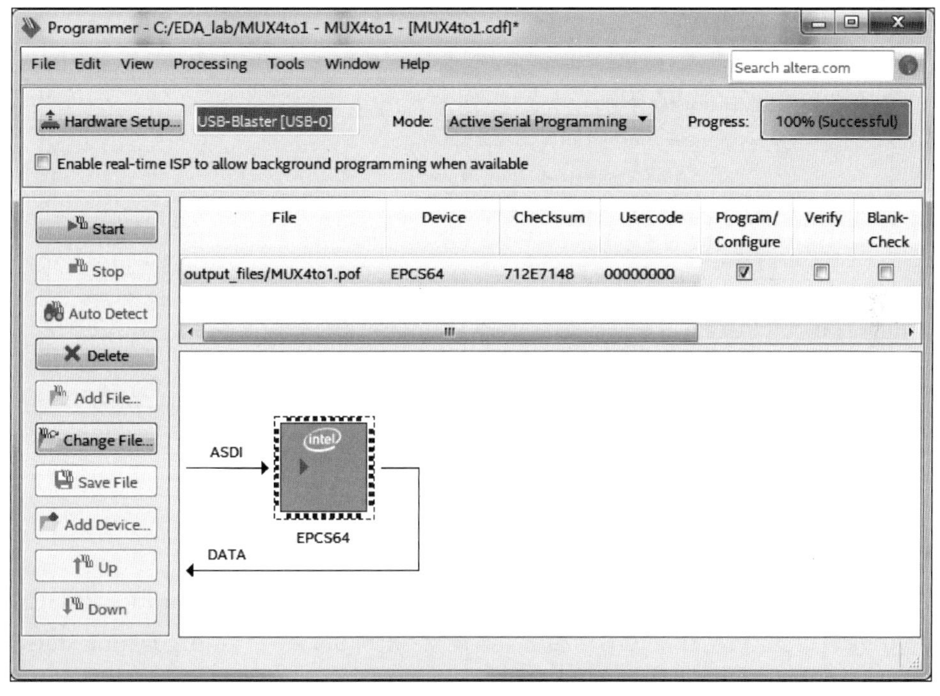

图 3-36　编程过程窗口

编程过程完成后，需要将 DE2-115 开发板的运行与编程开关 SW19 重新拨回 RUN 位置。开发板断电重启后，4 选 1 数据选择器应用电路信息就自动从 EPCS 配置器件加载到 FPGA 中，然后就可以在开发板上测试 4 选 1 数据选择器的功能了。

3. JTAG 间接配置方式

除了 JTAG 配置方式和 AS 编程方式外，Quartus Prime 还支持 JTAG 间接配置方式，用于应用 JTAG 对 EPCS 配置器件进行间接编程。

应用JTAG间接配置方式时，首先需要将配置文件.sof转换为JTAG间接配置文件(.jic)，然后再应用JTAG配置方式将间接配置文件写入EPCS器件，完成对配置器件的编程。

应用JTAG间接配置方式的具体步骤如下。

(1) 启动编程文件转换器。

在Quartus Prime主界面中执行File→Convert Programming Files菜单命令，弹出如图3-37所示的Convert Programming File对话框。

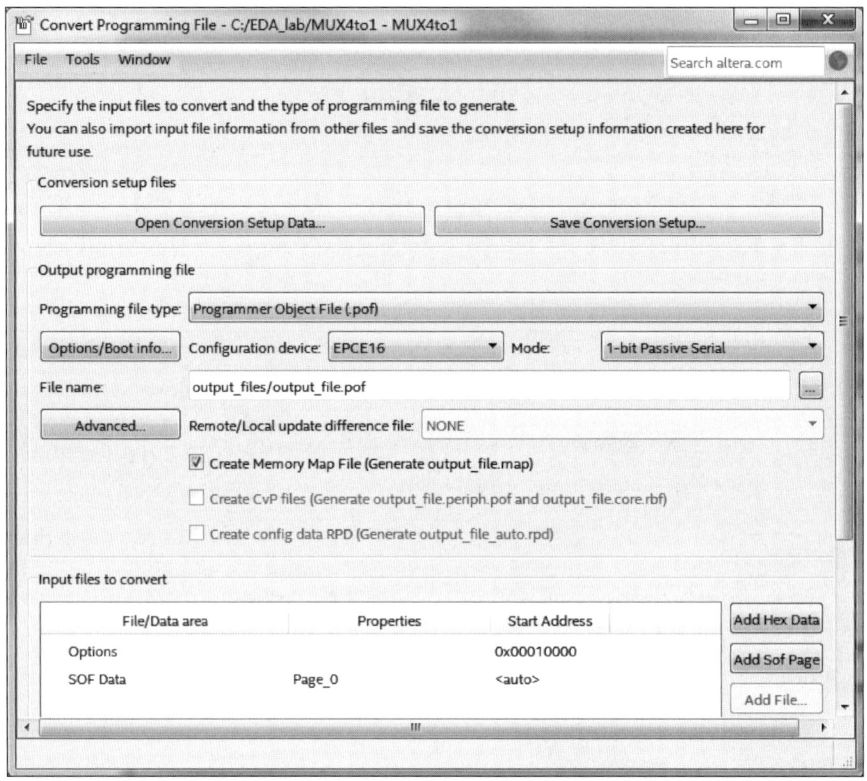

图3-37 Convert Programming File对话框

(2) 设置转换信息。

在Programming file type下拉列表中选择JTAG Indirect Configuration File(.jic)，在Mode下拉列表中选择Active Serial模式，如图3-38所示，并在Configuration device下拉列表中选择EPCS64(DE2-115开发板的配置器件型号)，同时将File name文本框默认的文件output_file.jic改为MUX4to1.jic。

(3) 指定Flash Loader器件。

在Input files to convert列表中单击Flash Loader项，再单击右侧的Add Device按钮添加Flash Loader器件，如图3-39所示。

在弹出的Select Devices对话框中，分别选择左侧的(DE2-115开发板上的)Cyclone Ⅳ E器件类型和右侧的EP4CE115器件型号，如图3-40所示，表示需要将Flash Loader配置到EP4CE115 FPGA中。单击OK按钮返回Convert Programming File对话框。

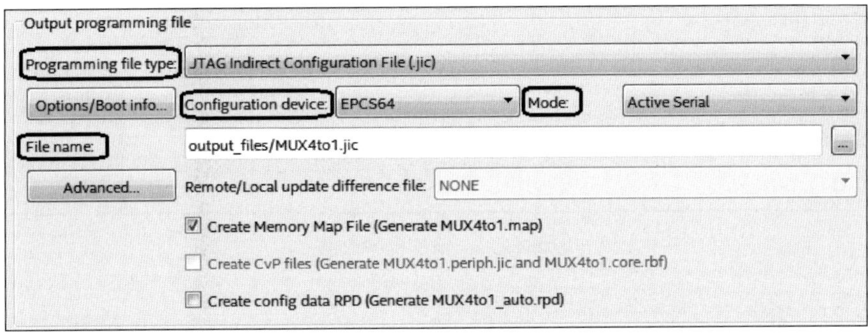

图 3-38　文件转换信息设置

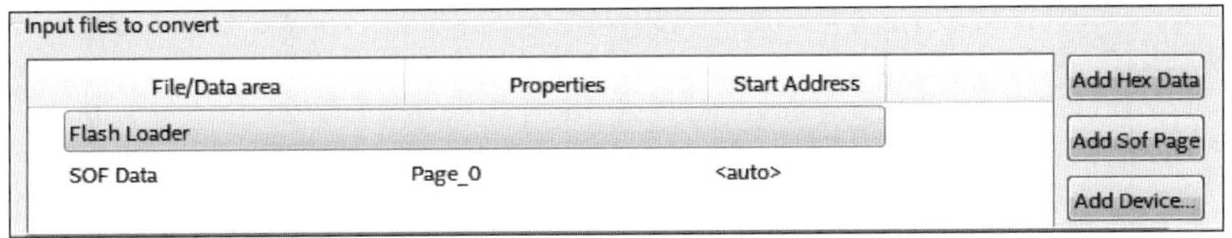

图 3-39　添加 Flash Loader 器件

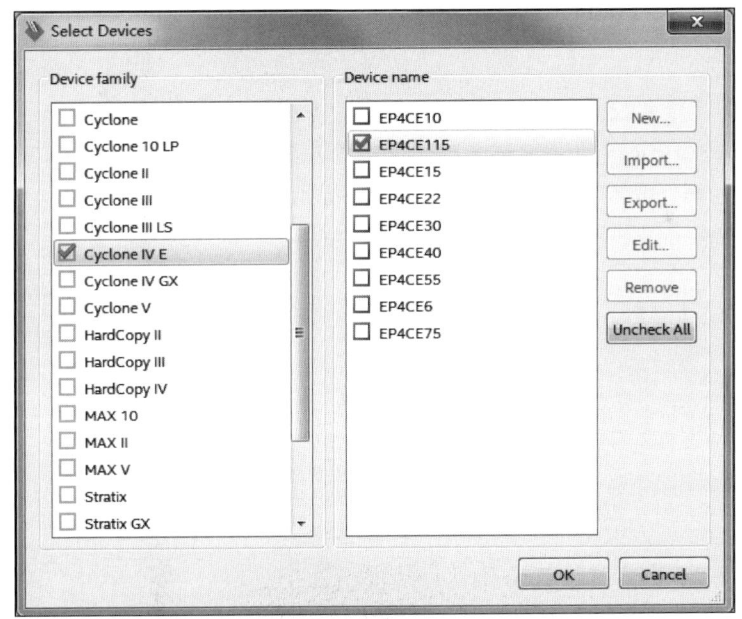

图 3-40　指定 Flash Loader 器件

(4) 添加需要转换的配置文件。

单击 SOF Data，如图 3-41 所示，再单击右侧的 Add File 按钮，添加需要转换的. sof 文件。

将文件目录切换到当前工程目录的 output files 子目录下，找到配置文件 MUX4to1. sof，单击 Open 按钮打开，如图 3-42 所示，表示需要转换的 SOF Data 为配置文件 MUX4to1. sof。

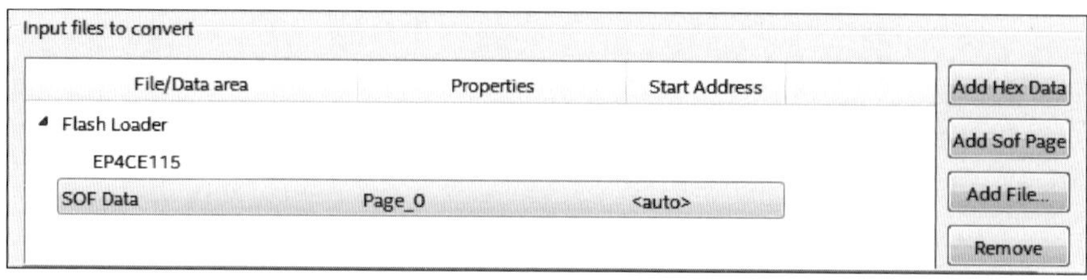

图 3-41 添加配置文件

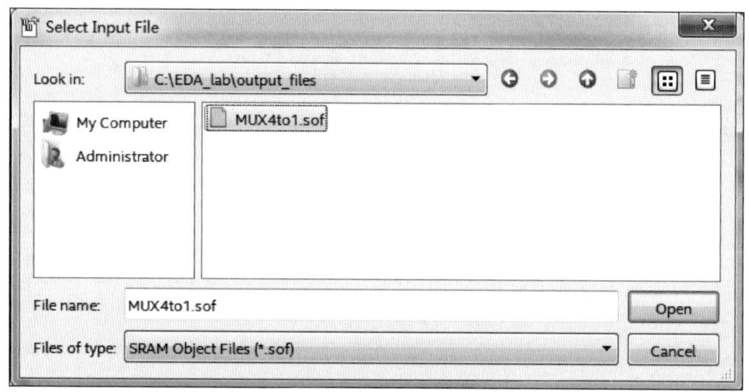

图 3-42 指定配置文件

（5）生成间接配置文件。

单击 Convert Programming File 对话框中的 Generate 按钮，如图 3-43 所示，启动间接配置文件生成过程。完成后，弹出生成成功消息提示框后，单击 OK 按钮关闭消息提示框。

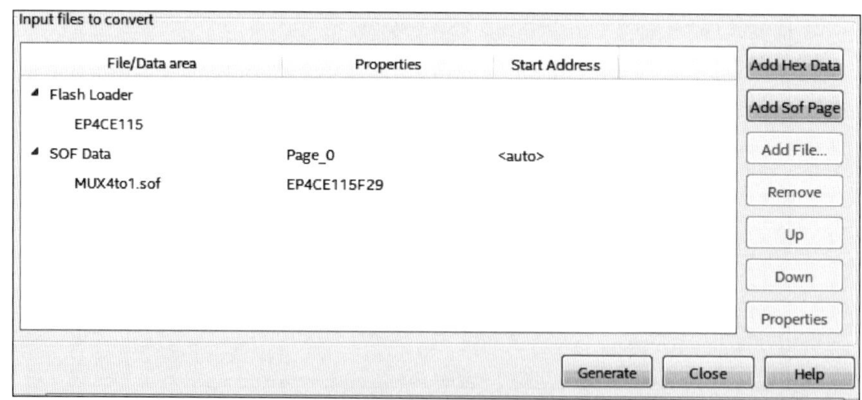

图 3-43 间接配置文件生成

（6）编程间接配置文件。

在 Quartus Prime 主界面中执行 Tools→Programmer 菜单命令，启动 Quartus 编程器，选择 JTAG 配置方式，单击 Add Files 按钮，添加工程目录的 output_files 子目录下的间接配置文件 MUX4to1. jic，勾选 Programming/Configuration 选项，如图 3-44 所示。

从图 3-44 可以看出，添加间接配置文件后，Quartus 编程器窗口中出现了两项文件信息：①Factory default enhanced SFL image，作用为 Flash Loader，将配置到 FPGA 器件中，引导编程过程；②间接配置文件 MUX4to1.jic，将固化到 EPCS 配置器件中。

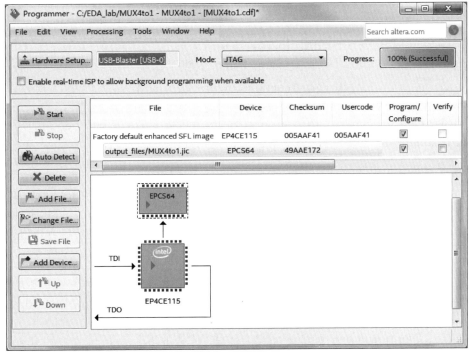

图 3-44 编程间接配置文件

确认开发板的运行与编程开关 SW19 处于 RUN 位置后，单击 Start 按钮开始间接配置过程。过程分两步进行：①应用 JTAG 配置 Flash Loader 到目标 FPGA 中；②通过 Flash Loader 将间接配置文件 MUX4to1.jic 写入 EPCS 配置器件中。完成后，硬件电路的设计信息已经固化到 EPCS 配置器件中了。

将开发板断电重启后，FPGA 会主动从 EPCS 配置器件中读取硬件电路的设计信息，并配置到 FPGA 中，4 选 1 数据选择器同样可以正常工作。

3.2 原理图设计方法

3.2 微课视频

Quartus Prime 既支持 HDL 输入方法，又支持原理图设计方法，还支持以 HDL 描述为主、原理图设计为辅的混合设计方式，以发挥两者各自的优点。底层模块通常应用 HDL 描述，以方便模块的功能定义和重构，使模块的功能既满足设计需求，又能节约 FPGA 资源。顶层电路既可以应用 Verilog HDL 模块例化方法描述各模块之间的连接关系，也可以采用传统的原理图方法进行设计。

应用原理图设计方法的好处是直观易用。有了数字电路课程基础，就可以在电子技术课程设计等实践中应用 EDA 技术设计数字系统了。原理图具有直观形象的优点，应用于顶层电路设计时能够使系统的总体结构清晰明了。但是，原理图方法的缺点也很突出，一是设计效率低，二是可移植性差。

简单的数字系统可以应用原理图方法设计顶层电路。对于复杂的数字系统，则建议应

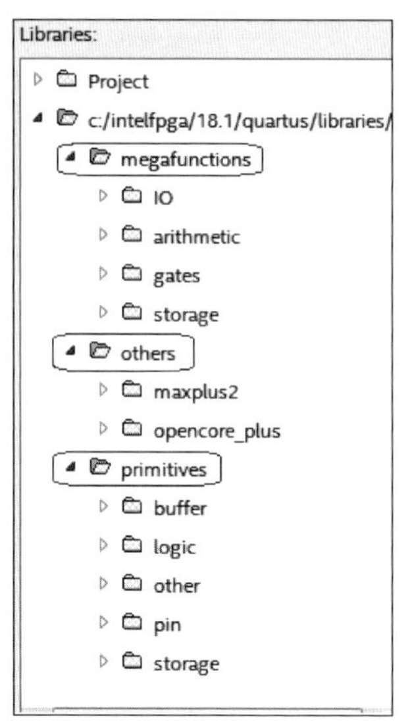

图 3-45　图形化元器件目录

用结构描述方法，通过模块例化方法描述顶层电路的结构。虽然结构描述方法不如原理图方法直观，但有利于系统的功能重构，并且具有良好的可移植性，因而在复杂数字系统设计中应用广泛。

Quartus Prime 提供了 3 类用于原理图设计的符号库：megafunctions、others 和 primitives，如图 3-45 所示。另外，用户也可以将自己设计好的功能模块通过 Quartus Prime 主界面中 Files→Create∠Update→Create Symbol Files for Current File 菜单命令封装成图形符号，以便在原理图设计中调用。

megafunctions 符号库包含 IO、arithmetic、gates 和 storage 4 类器件库，有参数化加/减法器、参数化乘/除法器、指数和对数运算、编码器与译码器、比较器、参数化触发器、参数化计数器、参数化 RAM 和参数化 FIFO 等多种类型的器件。

others 符号库包含 74 系列逻辑器件(maxplus2 子目录下)，如 7400/02/04、74138/139、74151/153、74160/161/162/163 等多种商品化数字器件。

primitives 符号库包含 5 类基本图形化符号，如缓冲器(buffer 目录下)、基本逻辑门(logic 目录下)、电源(vcc)和地(gnd)等符号(other 目录下)、输入/输出端口(pin 目录下)和存储器件(storage 目录下)。

原理图设计方法的流程与 HDL 输入方法的流程相同，只是在选择设计文件类型时，在新建文件的 New 对话框中选择设计文件类型中的 Block diagram/Schematic Files 后，弹出如图 3-46 所示的原理图设计窗口，就可以编辑扩展名为. bdf 的原理图文件了。

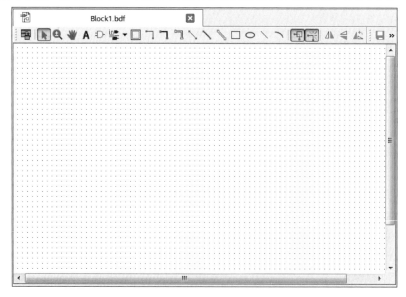

图 3-46　原理图设计窗口

原理图设计窗口包括原理图编辑区和工具栏两部分。原理图编辑区用于绘制原理图，工具栏则包含了绘制和编辑原理图所需要的工具，如表 3-3 所示。

表 3-3 原理图工具

按钮	工具名称	描述
	分离窗口	从 Quartus Prime 环境中分离或还原原理图窗口
	选择指针	选择器件、线条等图形元素
	缩放工具	单击放大图形，右击缩小图形
	放置器件	从元件库中选择要添加的器件或符号
	放置端口	从下拉列表中选择放置输入、输出或双向端口
	手工具	在原理图窗口中抓取器件或符号
	文字工具	在原理图窗口中添加文字
	插入模块	插入已设计好的模块
	正交导线	用于绘制水平或垂直方向的导线
	正交总线	用于绘制水平或垂直方向的总线
	正交导管	用于绘制水平或垂直方向的导管(Conduit)
	对角导线	用于绘制对角方向的导线
	对角总线	用于绘制对角方向的总线
	对角导管	用于绘制对角方向的导管(Conduit)
	矩形工具	用于画矩形窗口
	椭圆工具	用于画椭圆窗口
	画线工具	用于画不具有电气功能的连线
	弧线工具	用于画不具有电气功能的弧线
	打开/关闭橡皮筋连接功能	打开时移动元件连接在元件上的连线也跟着移动，不改变与其他元件的连接关系
	打开/关闭局部正交连线选择功能	打开局部正交连线选择功能，可以通过鼠标选择两条正交连线的局部
	垂直翻转	将选中的元件或模块进行垂直翻转
	水平翻转	将选中的元件或模块进行水平翻转
	旋转工具	将选中的元件或模块逆时针方向旋转 90°

应用原理图设计方法的基本步骤如下。

1. 添加图形符号

在原理图编辑区的任意空白处双击，或者单击工具栏中的按钮，弹出如图 3-47 所示的 Symbol 对话框。在左侧的 Libraries 列表中按分类查找所需要的元器件，选中后单击 OK 按钮，在原理图编辑区出现随鼠标移动的元器件符号，在绘图区适当的位置单击放置元器件。

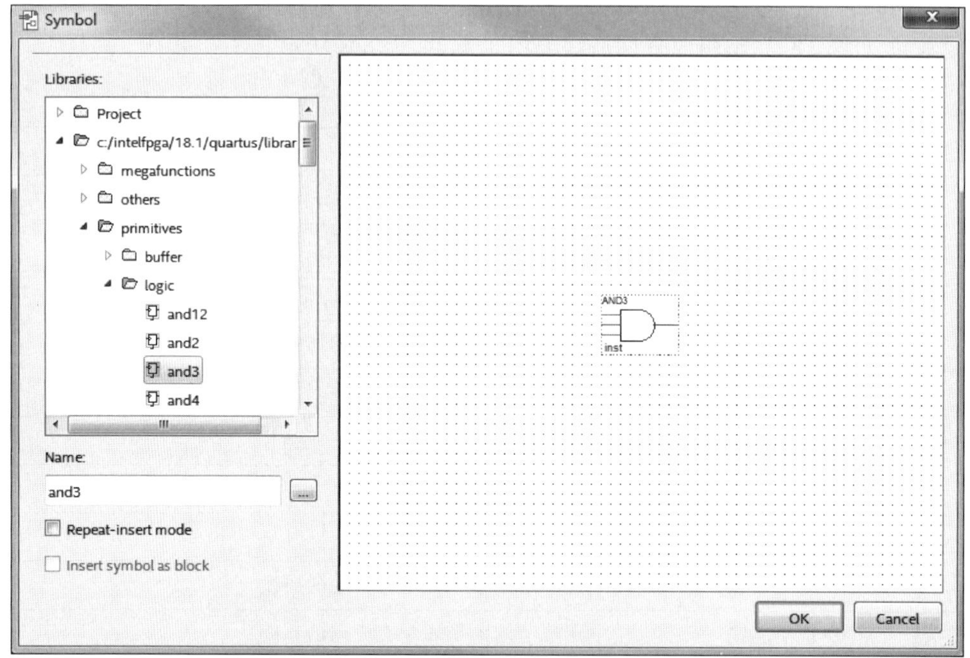

图 3-47　Symbol 对话框

2. 连接元器件

放置好元器件后，需要连线，将鼠标指向器件的端口，当鼠标指针变为直角形状时进入连线状态。拖动鼠标到另一个连接点位置后松开，则会放置一段连线。反复操作完成所有的连线。

需要删除连线时，先单击连线使其处于选中状态，然后按 Delete 键删除，或者右击连线，在弹出的快捷菜单中选择 Delete。

需要注意的是，原理图中的总线(Bus)为粗线，导线(Wire)为细线。从端口引出的连线是导线还是总线，取决于端口的宽度。若端口的宽度为 1 位，则引出的是导线；若端口的宽度为多位，则引出的是总线。

3. 设置 I/O 端口

在原理图编辑区的任意空白处双击，或者单击工具栏中的 按钮，弹出 Symbol 对话框。展开 primitives→pin 列表选择 input、output 或 inout 端口符号，单击 OK 按钮，出现随鼠标移动的端口图标，在绘图区合适的位置单击放置端口符号，调整端口方向，连接到器件需要输入/输出的引脚上。

双击端口符号中的 pin_name，修改端口名。注意，端口名的格式为

```
端口名[msb..lsb]
```

其中，msb 和 lsb 用于定义端口的位宽，默认的位宽为 1。

需要注意的是：①在原理图中，用于定义端口位宽的 msb 和 lsb 用符号“..”连接，而不是冒号(用冒号会导致编译错误)；②I/O 端口的宽度必须与其相连接的器件端口位宽严格

一致。

4. 保存文件

执行 File→Save/Save as 菜单命令保存原理图设计文件。如果原理图为顶层设计电路,则保存的文件名应为工程名加上原理图文件扩展名(.bdf)。

4 选 1 数据选择器原理图如图 3-48 所示,设置文件名为 MUX4to1.bdf。

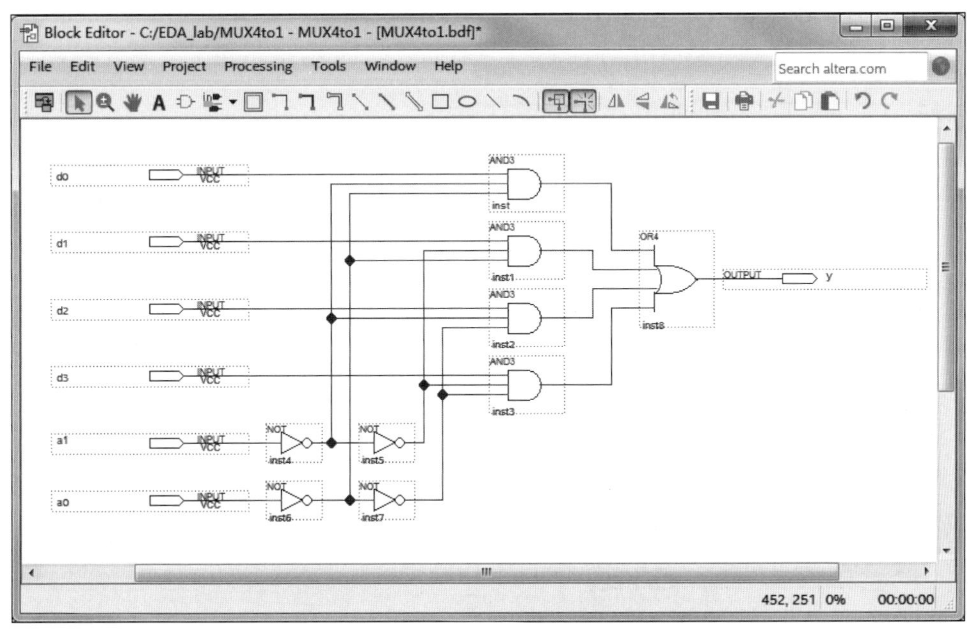

图 3-48 4 选 1 数据选择器原理图

原理图设计完成后,同样需要进行编译、综合与适配,以及引脚锁定、编程与配置。这些过程与 HDL 输入法完全相同,在此不再复述。

3.3 仿真分析

3.3a 微课视频

3.3b 微课视频

EDA 设计的基本流程包括建立工程,设计输入,编译、综合与适配,引脚锁定以及编程与配置 5 个主要环节。完成了设计输入并成功进行编译与综合后,并不能说明综合出的电路功能正确,性能能够满足设计要求。

模块功能的验证通常有两种方法:①应用 ModelSim 对设计电路进行仿真分析;②在设计电路中嵌入逻辑分析仪(Signal Tap Logic Analyzer)进行在线测试。

仿真(Simulation)是通过软件算法模拟电路的运行验证电路的逻辑功能,以及在适配过程中引入分布参数(包括器件传输延迟和布线延迟)后,验证其功能是否依然正确无误。

仿真分为功能仿真和时序仿真两种类型。

功能仿真(Functional Simulation)是指在不考虑器件的传输延迟时间和布线延迟时间情况下的仿真;而时序仿真(Timing Simulation)是指在完成布局布线之后进行包含了器件传输延迟和布线延迟信息的仿真。功能仿真为理想化仿真,而时序仿真结果能够较真实地反映电路的实际性能。

Quartus Prime 调用 ModelSim 进行仿真分析。Mentor 公司为 Intel 公司提供了两种 OEM 版的 ModelSim：ModelSim_ae 和 ModelSim_ase。使用 ModelSim_ae 需要有相应许可证的支持，而 ModelSim_ase 为入门版，虽然在应用上有一定的限制，只能仿真 10000 行(及以下)的可执行代码，但是完全能够满足大部分工程项目的仿真需求。

Quartus Prime 支持两种仿真方法：①基于 Intel 公司大学计划项目(University Program)的向量波形(Vector Waveform)仿真方法；②编写测试平台文件(testbench)进行仿真。无论哪种方法，都需要调用 ModelSim 进行仿真，只是方法不同而已。

3.3.1 基于向量波形的仿真方法

基于向量波形的仿真是图形化的仿真方法，具有直观易用的优点，适合简单工程的仿真需要。

下面介绍基于向量波形的仿真方法的具体步骤。

1. 建立向量波形文件

在设计工程中，在 Quartus Prime 主界面中执行 File→New 菜单命令，弹出 New 对话框(见图 3-11)，选择 Verification/Debugging Files 栏下的 University Program VWF，单击 OK 按钮，将弹出如图 3-49 所示的向量波形文件编辑窗口，其中窗口上方为波形编辑工具栏。

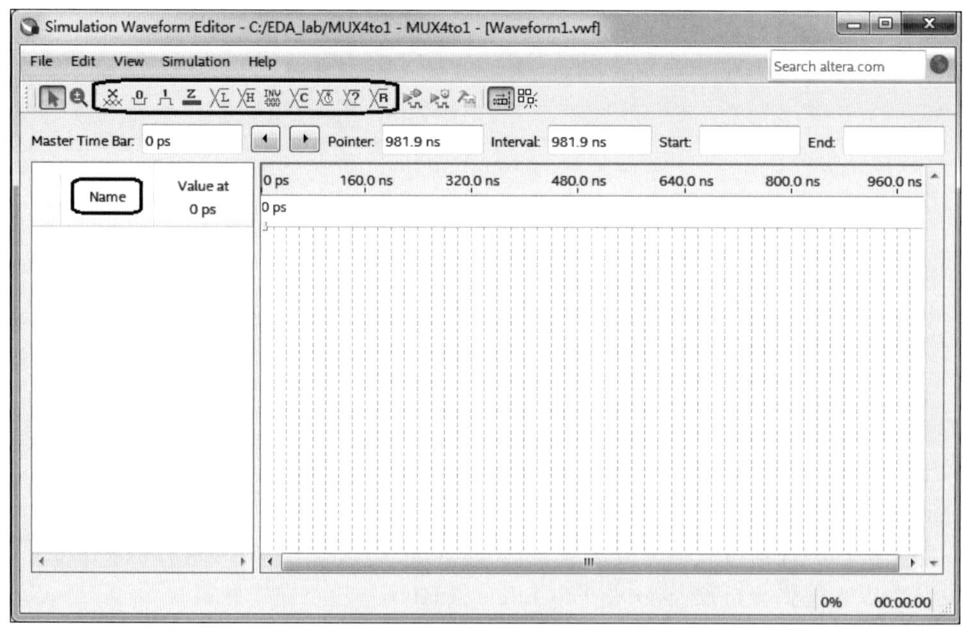

图 3-49 向量波形文件编辑窗口

波形编辑工具栏的下方分为两部分：左侧为节点名称(Name)栏，用于添加需要设置的输入激励信号以及需要观察的内部节点和输出信号；右侧为波形区，用于编辑输入信号的波形和显示仿真后内部节点和输出信号的波形。

2. 插入节点或总线

在波形编辑窗口左侧的 Name 栏的空白处右击，在弹出的快捷菜单中选择 Insert Node

or Bus，弹出如图 3-50 所示的 Insert Node or Bus 对话框。单击 Node Finder 按钮，弹出 Node Finder 对话框，如图 3-51 所示。

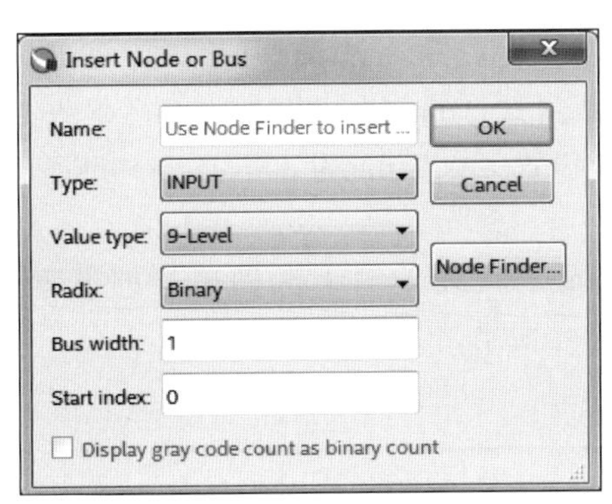

图 3-50　Insert Node or Bus 对话框

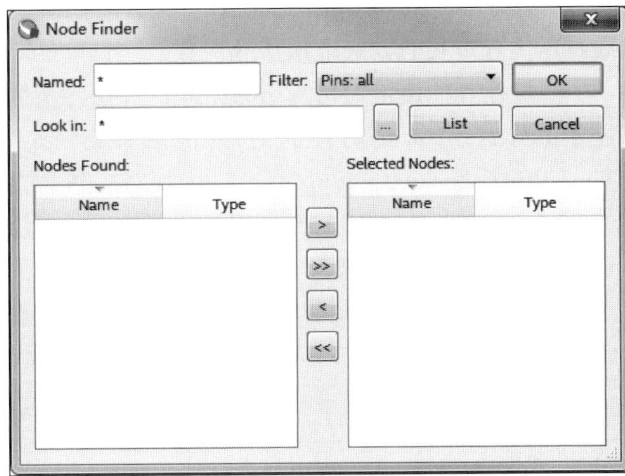

图 3-51　Node Finder 对话框

在插入节点或总线之前，可以先进行过滤(Filter)和定位(Look in)，以缩小查找范围。

选择 Filter 下拉列表中的 Pins：all，选择模块的端口，单击 List 按钮，将在 Nodes Found 列表中列出工程所有的 I/O 信号。选择需要设置和观测的端口，单击>按钮将端口添加到右侧 Selected Nodes 列表(不需要的端口可以通过<按钮移出，也可以通过>>和<<按钮将端口全部移入或移出)，如图 3-52 所示。完成后单击 OK 按钮返回，再单击对话框中的 OK 按钮返回波形文件主窗口。

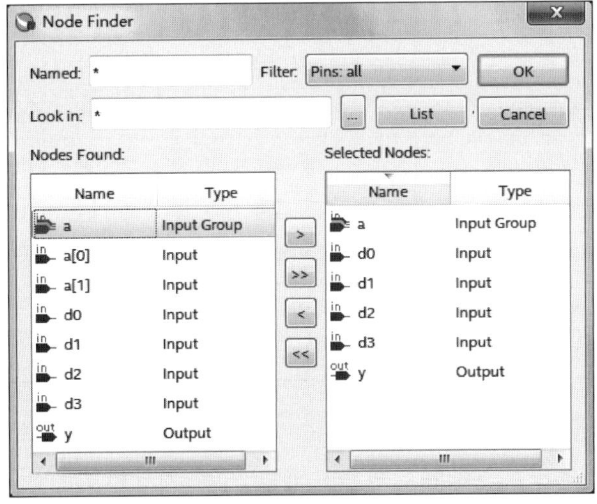

图 3-52　插入节点

3. 设置仿真参数

向量波形文件编辑窗口中 Edit 菜单下的 Grid Size 和 Set End Time 命令用于设置仿真步长和仿真结束时间。

Quartus Prime 默认的仿真步长为 10ns，仿真结束时间为 1μs。由此可以推出，Quartus Prime 默认的仿真次数为 1μs/10ns=100 次。对于组合逻辑电路，对应输入信号 100 种组合；对于时序电路，对应 50 个时钟周期。若仿真次数不够，则可以通过加长仿真结束时间或减小仿真步长的方法增加仿真次数。

一般推荐使用增加仿真结束时间的方法。例如，对 8 位二进制计数器进行分析时，至少需要仿真 $2^8=256$ 个时钟周期，才能观察到一个完整的计数循环过程，因此需要将 End Time 调整为 256×2×10ns=5.12μs；而对于基本的 3 线-8 线译码器进行仿真时，由于输入的二进制码只有 8 种取值组合，所以只需要仿真 8 次，因此设置 End Time 为 8×10ns=80ns。

4. 设置输入信号波形

仿真参数设置完成后，接下来需要应用波形编辑工具设置输入激励信号的波形。Quartus Prime 提供的波形编辑工具的功能描述如表 3-4 所示。

表 3-4 波形编辑工具

按钮	工具名称	描 述
	选择工具	选择信号或波形
	放缩工具	利用鼠标(左键)放大/(右键)缩小显示波形
	赋 x	将选中的波形段赋值为未知
	赋 0	将选中的波形段赋值为低电平
	赋 1	将选中的波形段赋值为高电平
	赋 z	将选中的波形段赋值为高阻状态
	取反	将选中的波形段反相
	计数赋值	以计数方式为周期性信号赋值
	时钟赋值	以时钟方式为周期性时钟信号赋值
	随机赋值	对选中的信号段进行随机赋值
	功能仿真	启动功能仿真(Functional Simulation)
	时序仿真	启动时序仿真(Timing Simulation)
	生成文件	生成 testbench 和 Script 文件
	栅格对齐	栅格对齐
	捕捉过渡	捕捉过渡

波形设置的具体方法：单击 Name 区的输入信号，当信号变为蓝色时，表示该信号已被选中。在波形区，拖动选择需要编辑的信号波形段，单击工具栏中的 或 按钮将该信号段设置为低电平或高电平，也可以单击工具栏中的 (Count Value)按钮对信号进行周期赋值，以仿真步长的倍数为基准进行变化，或者单击工具栏中的 (Random Values)按钮对信号进行随机赋值。

设置 4 选 1 数据选择器输入信号的波形，如图 3-53 所示。其中，4 路数据 d0、d1、d2 和 d3 分别以 10ns、20ns、30ns 和 40ns 为步长循环变化。单击信号名称左侧的 按钮展开 2

位地址 a，设置 a[1]和 a[0]分别以 500ns 和 250ns 为步长变化，则 2 位地址 a 按 00、01、10 和 11 的顺序变化。

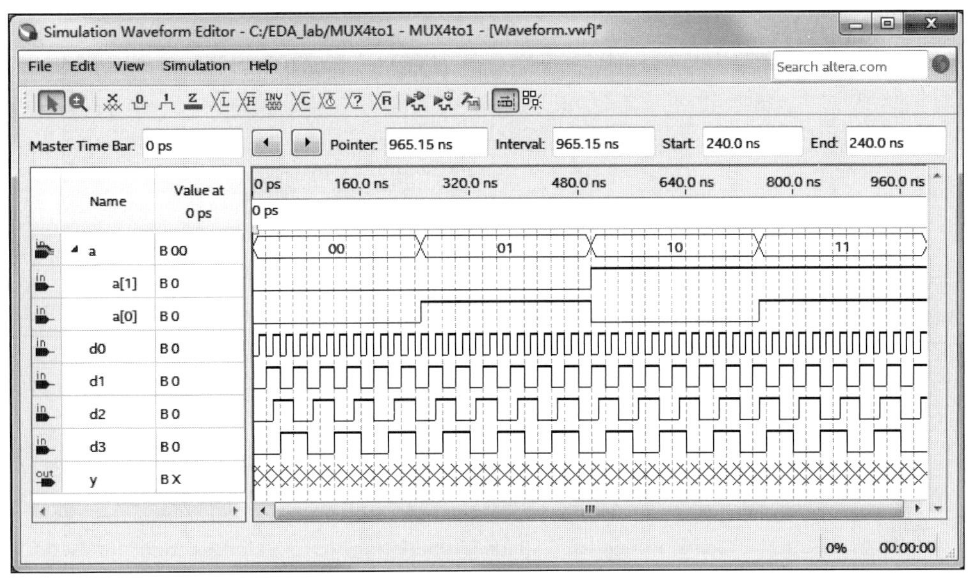

图 3-53 设置输入信号波形

5. 保存向量波形文件

执行向量波形文件编辑窗口 File→Save /Save as 菜单命令，将向量波形保存为. vwf 文件。

6. 启动仿真

需要进行功能仿真时，执行 Simulation→Run Functional Simulation 菜单命令，或者直接单击工具栏中的按钮启动功能仿真。进行时序仿真时，执行 Simulation→Run Timing Simulation 菜单命令，或者直接单击工具栏中的按钮启动时序仿真。

4 选 1 数据选择器的功能仿真结果如图 3-54 所示。分析仿真波形，验证逻辑功能是否正确。从图 3-54 中输出信号与输入信号的对应关系可以看出，当地址 a=2'b00 时，输出 y 的波形与 d0 的波形相同；当 a=2'b01 时，输出 y 的波形与 d1 的波形相同；当 a=2'b10 时，输出 y 的波形与 d2 的波形相同；当 a=2'b11 时，输出 y 的波形与 d3 的波形相同。因此，4 选 1 数据选择器功能正确。

如果仿真结果有误，就需要修改描述代码重新进行编译与综合过程，再进行仿真，直到模块功能正确为止。

3.3.2 基于 testbench 的仿真方法

基于向量波形的仿真方法适用于对简单工程进行仿真。对于复杂的数字系统，应用向量波形进行仿真时难以设置复杂的输入信号的波形组合，因而应用上有很大的局限性。

对于复杂的数字系统仿真，建议应用基于测试平台文件(testbench)的仿真方法。基于 testbench 进行仿真时，需要编写测试平台文件 testbench。

4 选 1 数据选择器的测试平台文件 testbench 与被测模块 MUX4to1 之间的关系如图 3-55

所示。仿真时，testbench 为 MUX4to1 模块为 4 路输入信号 d0、d1、d2、d3 以及 2 位地址 a 提供输入激励，例化 MUX4to1 并指定观测信号及显示数据格式，调用 ModelSim 仿真并输出观测信号以供设计者进行分析。

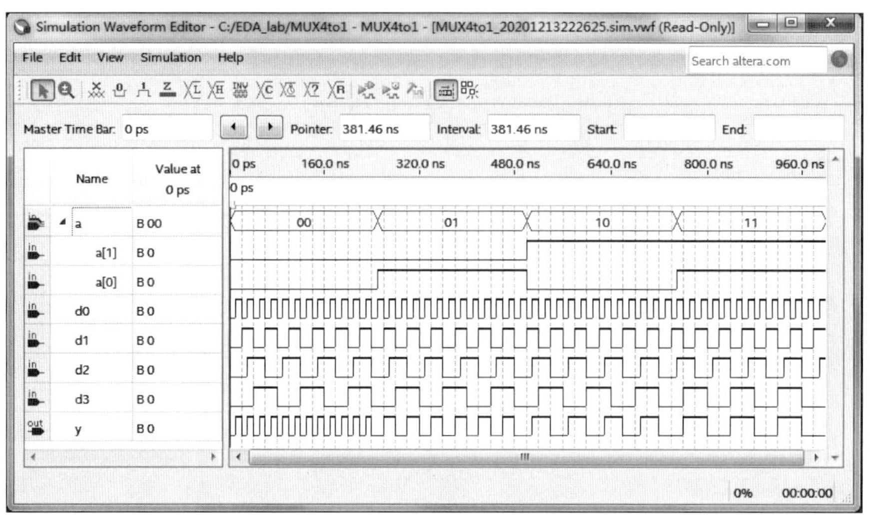

图 3-54　4 选 1 数据选择器功能仿真结果

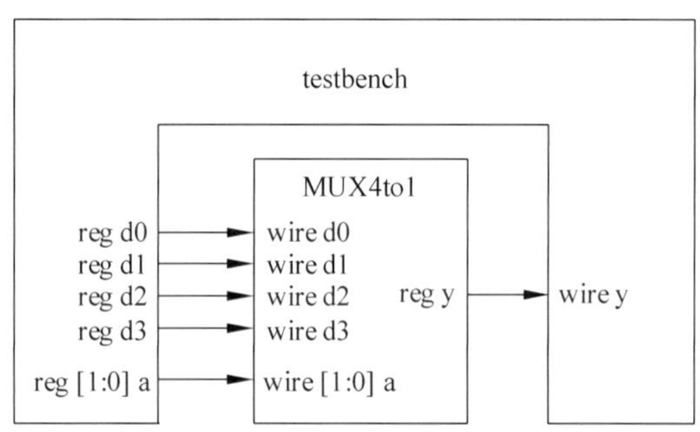

图 3-55　testbench 与被测模块的关系

需要说明的是，当 ModelSim 仿真软件随 Quartus Prime 一起安装时，Quartus Prime 会自动关联 ModelSim。在仿真过程中，如果出现 Quartus Prime 无法调用 ModelSim 的情况，则需要手动关联 ModelSim：在 Quartus Prime 主界面中，执行 Tools→Options 菜单命令，在弹出的 Options 对话框中选择 General 栏下的 EDA Tool Options，进入 EDA 工具选择对话框，在 ModelSim-Altera 栏中设置 ModelSim 的安装路径，如图 3-56 所示，具体与安装 Quartus Prime 时的路径设置有关。设置完成后单击 OK 按钮退出。

应用 testbench 进行 4 选 1 数据选择器仿真的具体步骤如下。

1. 生成 testbench 模板文件

在 Quartus Prime 主界面中，执行 Processing→Start→Start Test Bench Template Writer 菜单命令，将在"当前工程目录\simulation\modelsim"文件夹中自动生成一个扩展名为.vt 的测试平台文件(vt 表示 verilog testbench)，文件名与工程名一致。

对于 4 选 1 数据选择器，测试平台文件文件名为 MUX4to1.vt。

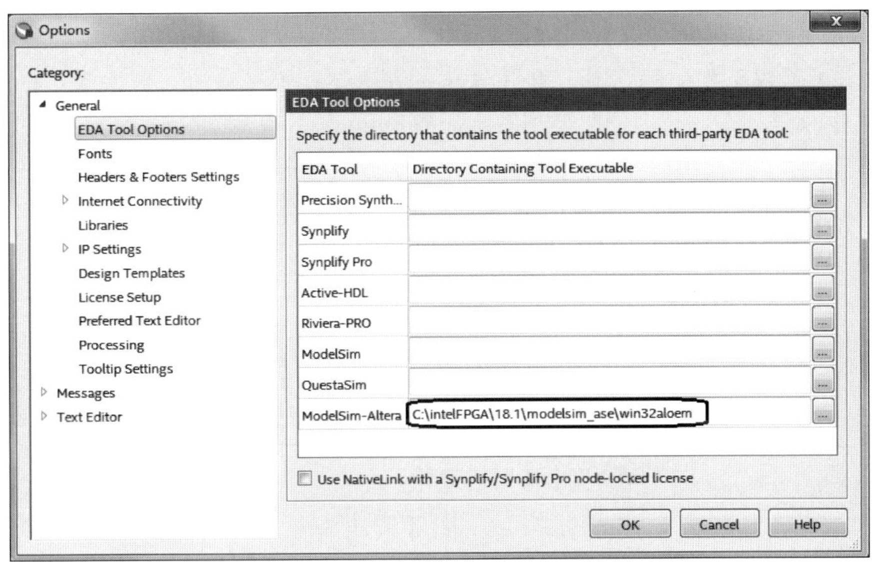

图 3-56　手动关联 ModelSim

打开测试平台文件 MUX4to1.vt，可以看到，自动生成的 testbench 模板文件已经完成了模块定义（默认模块名为“工程名_vlg_tst”）、端口声明和模块例化，但核心代码 initial 和 always 过程语句部分是空白的，如图 3-57 所示。用户需要添加代码设置输入信号的波形并指定需要观测的输出信号及其显示格式。

```
MUX4to1.v    MUX4to1.vt*

`timescale 1 ns/ 1 ps
module MUX4to1_vlg_tst();
// constants
// general purpose registers
reg eachvec;
// test vector input registers
reg [1:0] a;
reg d0;
reg d1;
reg d2;
reg d3;
// wires
wire y;

// assign statements (if any)
MUX4to1 i1 (
// port map - connection between master ports and signals/registers
	.a(a),
	.d0(d0),
	.d1(d1),
	.d2(d2),
	.d3(d3),
	.y(y)
);
initial
begin
// code that executes only once
// insert code here --> begin

// --> end
$display("Running testbench");
end
always
// optional sensitivity list
// @(event1 or event2 or .... eventn)
begin
// code executes for every event on sensitivity list
// insert code here --> begin

@eachvec;
// --> end
end
endmodule
```

图 3-57　4 选 1 数据选择器 testbench 模板

2. 编辑 testbench

在测试平台文件中应用 initial 和 always 过程语句设置 4 路输入数据和 2 位地址的起始值和波形，如图 3-58 所示，同时调用系统任务 $ monitor 持续监测输出信号 y 的变化。

```
`timescale 1 ns/ 1 ps
module MUX4to1_vlg_tst();

...

initial
  begin
    d0=0;d1=0;d2=0;d3=0;
    a=2'b00;
    $display("Running testbench");
    $monitor("%b",y);
  end

always #1 d0 <= ~d0;
always #2 d1 <= ~d1;
always #3 d2 <= ~d2;
always #4 d3 <= ~d3;

always #100 a[1] <= ~a[1];
always #50  a[0] <= ~a[0];

endmodule
```

图 3-58　编辑 testbench 代码

3. 关联 testbench 文件

执行 Assignments→Settings 菜单命令，在弹出的 Settings 对话框中的 Category 列表中选择 EDA Tool Settings→Simulation，进入如图 3-59 所示的仿真设置界面，将 Time scale 参数值设置为 1ns(与 MUX4to1.vt 中的参数设置一致)。

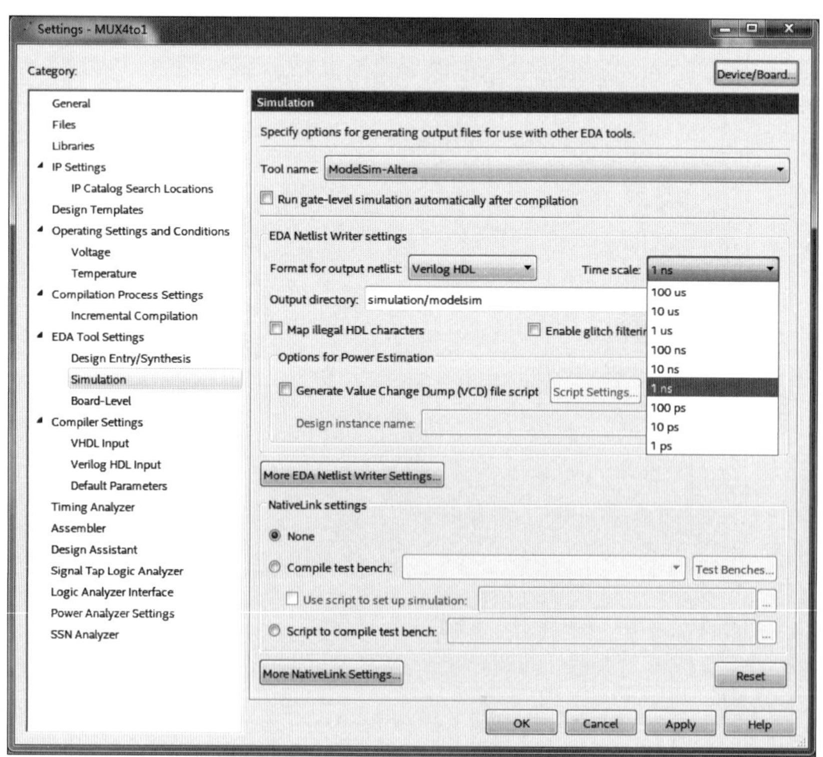

图 3-59　仿真设置

设置 NativeLink settings 栏中的相关信息以关联 testbench 文件。

(1) 勾选 Compile test bench，如图 3-60 所示，单击右侧的 Test Benches 按钮，弹出 Test Benches 对话框，以指定 testbench 文件。

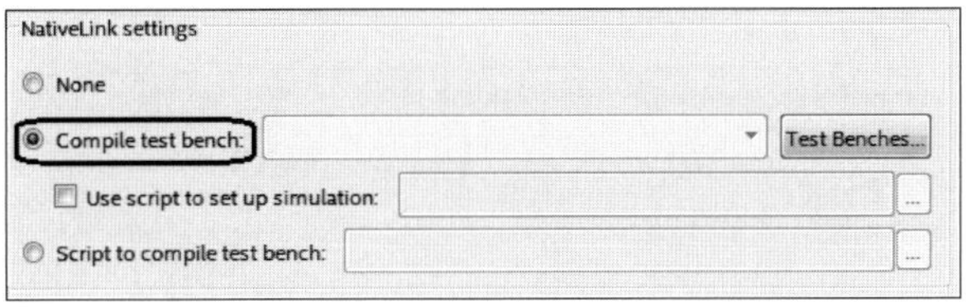

图 3-60 关联 testbench 文件(1)

如果没有关联过 testbench 文件，则 Test Benches 文件列表是空白的，如图 3-61 所示。

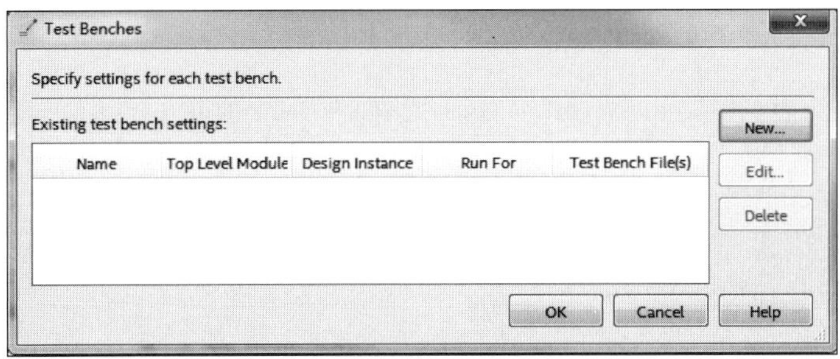

图 3-61 关联 testbench 文件(2)

(2) 关联 testbench 文件。单击 New 按钮，弹出 New Test Bench Settings 对话框，需要将相应的 testbench 文件名和相应的顶层模块名填入对应文本框中。对于 4 选 1 数据选择器的仿真，在 Test bench name 文本框中输入测试平台文件 MUX4to1. vt，在 Top level module in test bench 文本框中输入 testbench 模块名 MUX41a_vlg_tst，如图 3-62 所示。

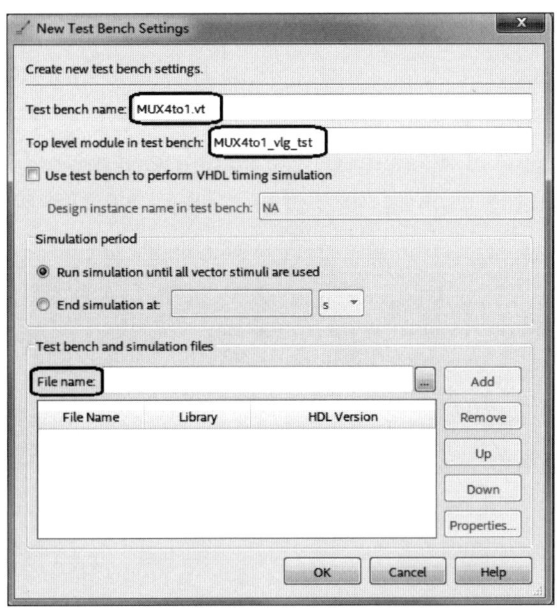

图 3-62 关联 testbench 文件(3)

(3) 添加 testbench 文件。单击 File name 文本框后的 ... 按钮，浏览“当前工程目录\simulation\modelsim”文件夹，查找 testbench 文件(MUX4to1. vt)，选中并加入(单击 Add 按钮)File Name 栏中，如图 3-63 所示。

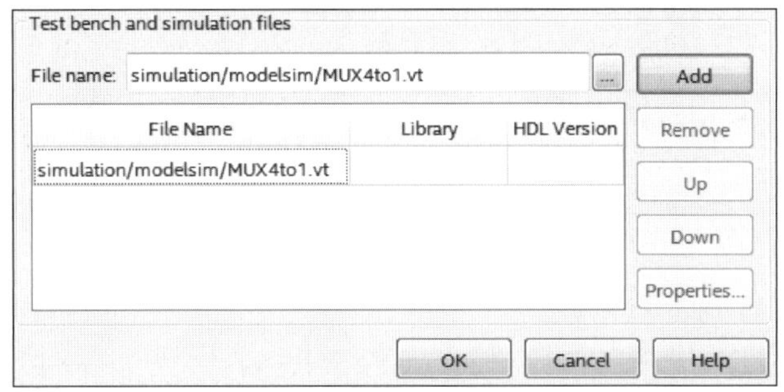

图 3-63 关联 testbench 文件(4)

单击 OK 按钮，弹出 Test Benches 对话框，如图 3-64 所示。连续单击 OK 按钮完成设置过程。

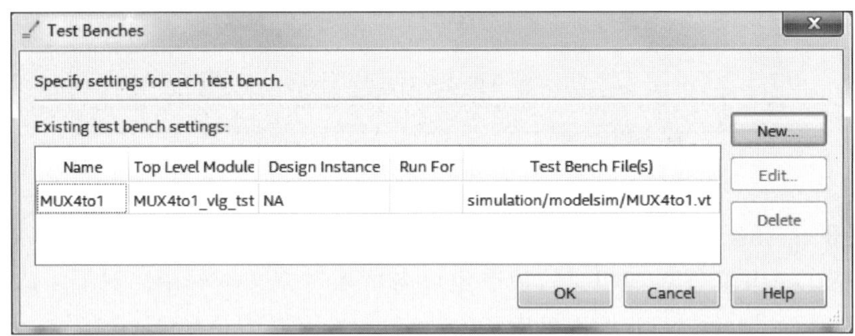

图 3-64 Test Benches 对话框

4. 启动仿真

设定完成后，在 Quartus Prime 主界面中，执行 Tools→Run Simulation Tool→RTL Simulation 菜单命令，调用 ModelSim 进行功能仿真。如果需要进行时序仿真，则执行 Tools→Run Simulation Tool→Gate Level Simulation 菜单命令。仿真完成后，会自动弹出 ModelSim 波形窗口，如图 3-65 所示。选定波形栏，单击 🔍🔍 按钮缩放波形以便于分析。

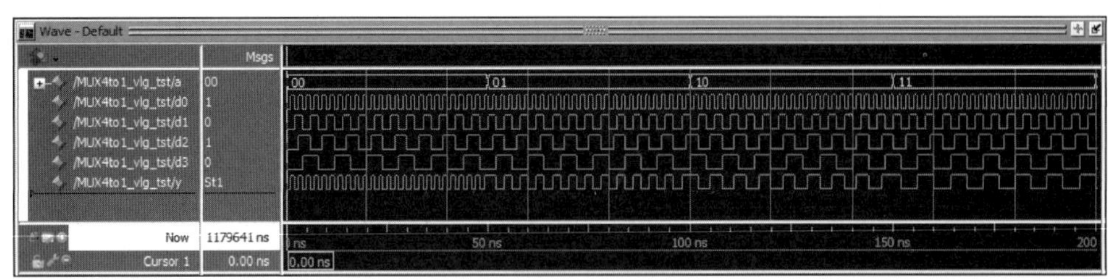

图 3-65 4 选 1 数据选择器 ModelSim 波形图

3.4 逻辑分析仪的应用

3.4
微课视频

数字系统开发不但需要仿真分析，还需要进行实际测试。

传统的测试方法是将逻辑分析仪和示波器等仪器设备连接到芯片的引脚或电路连线上进行测试。对于基于可编程逻辑器件设计的数字系统，这种测试方法需要预先将PLD内部需要观测的节点或总线锁定到芯片引脚上，再外接逻辑分析仪等设备进行测试。

随着半导体制造工艺水平的提高，FPGA的密度越来越大，I/O引脚数也越来越多，而且大多数FPGA采用了微间距的TQFP(Thin Quad Flat Package)封装或BGA(Ball Grid Array)封装，如图3-66所示，使采用传统的通过芯片引脚对内部信号进行测试的方法变得越来越难以实现。

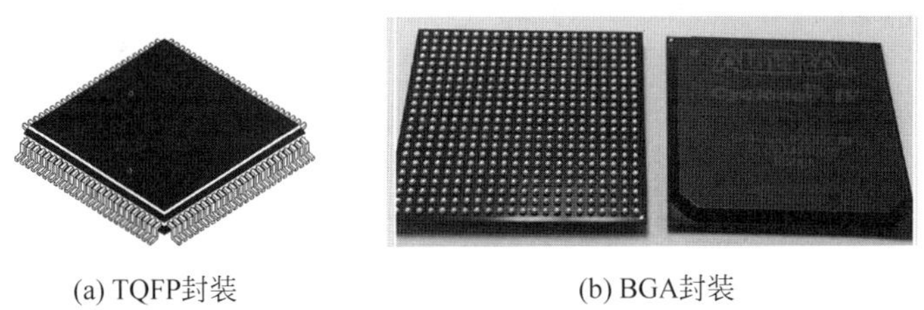

(a) TQFP封装　　(b) BGA封装

图3-66　FPGA封装

Signal Tap Logic Analyzer是内嵌于Quartus Prime开发环境中的逻辑分析仪。设计者可以将Signal Tap Logic Analyzer同设计电路一起配置到FPGA器件中。Signal Tap Logic Analyzer能够在电路工作期间实时捕获电路内部节点的信号和总线上的信息流，然后通过JTAG接口将采集到的数据反馈给Quartus Prime开发环境以显示电路内部节点上的信号波形或者总线上的信息流。

使用Quartus Prime内嵌的Signal Tap Logic Analyzer无需外接逻辑分析设备，设计者只需要通过USB-Blaster连接到需要测试的目标器件上，就可以应用Quartus Prime开发环境对FPGA内部硬件电路工作时的数据进行采集和显示，而且不影响硬件电路的正常工作。

为了测试4选1数据选择器，需要为4选1数据选择器提供4路激励数据d0、d1、d2、d3，然后在2位地址a的作用下对4选1数据选择器的4路数据和输出y进行采样并显示，以供设计者分析电路功能是否满足正确。

1. 建立测试工程

在4选1数据选择器工程目录(c:\EDA_lab)下，新建测试工程MUX4to1_tst，然后定制锁相环IP-ALTPLL(设模块名为PLL_for_MUX4to1_tst)，设置锁相环的5路输出信号c0、c1、c2、c3和c4依次为4MHz、3MHz、2MHz、1MHz和100MHz方波，分别作为4选1数据选择器的4路输入数据d0、d1、d2、d3和逻辑分析仪Signal Tap Logic Analyzer的时钟。

锁相环的定制方法和具体步骤将在本书5.2节中讲述。

新建原理图顶层设计文件，将定制好的锁相环PLL_for_MUX4to1_tst.qip和4选1数据选择器原理图符号文件MUX4to1.bsf(在MUX4to1工程中，通过Files→Create

∠Update→Create Symbol Files for Current File 菜单命令生成)连接成如图 3-67 所示的测试工程顶层电路,同时将 4 选 1 数据选择器的 2 位地址 a[1:0]分别锁定到两个外接开关 SW_1 和 SW_0 上,通过改变开关的状态观察数据选择器输出信号 y 的变化。

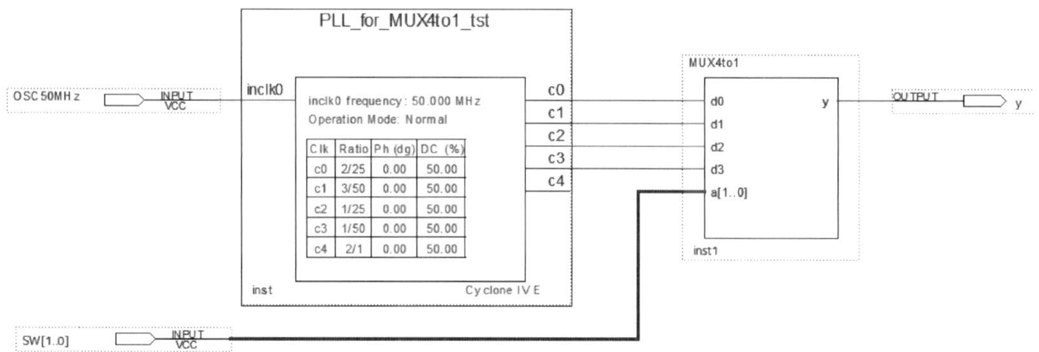

图 3-67　测试工程顶层电路

2. 新建逻辑分析文件

在 Quartus Prime 主界面中,执行 File→New 菜单命令,弹出 New 对话框,选中 Verification/Debugging Files 栏下的 Signal Tap Logic Analyzer File 文件类型,单击 OK 按钮确认,将弹出 Signal Tap Logic Analyzer 主窗口,如图 3-68 所示。

Signal Tap Logic Analyzer 主界面主要包含例化管理器(Instance Manager)、JTAG 链配置区(JTAG Chain Configuration)、SOF 管理器(SOF Manager)、信号节点列表区(auto_signaltap_0)、信号配置区(Signal Configuration)、层次显示区(Hierarchy Display)和数据日志(Data Log)共 7 个区域。

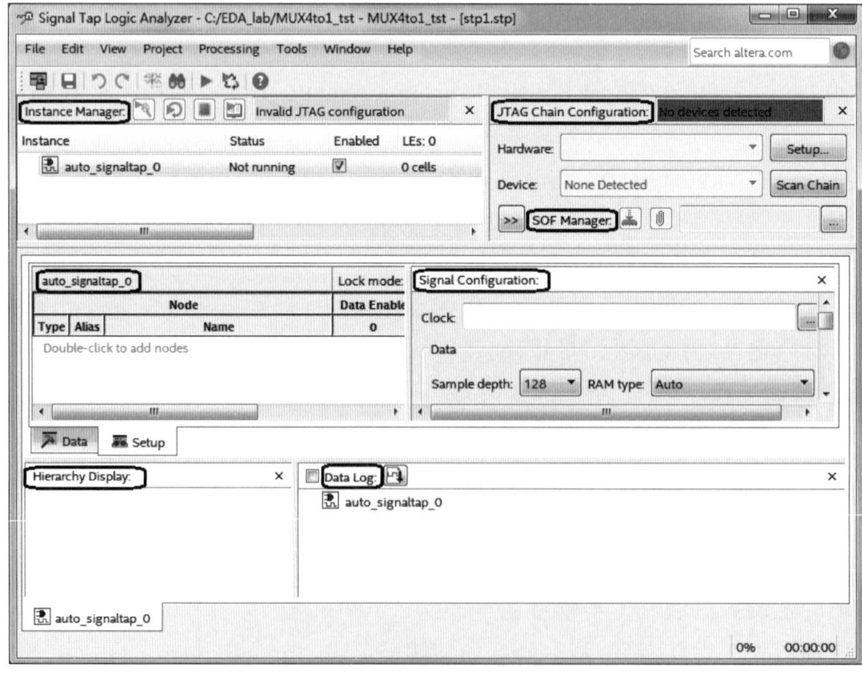

图 3-68　Signal Tap Logic Analyzer 主窗口(1)

例化管理器用于控制 Signal Tap Logic Analyzer 的工作过程，在没有设置待测信号和参数之前，例化管理器中的按钮是灰色的，为不可用状态。JTAG 链配置区用于指定具体的 JTAG 连接(对于 DE2-115 开发板，为 USB-Blaster)。SOF 管理器用于指定加载到 FPGA 的.sof 配置文件名和启动配置过程。信号节点列表区用于选择需要观测的信号并设置相关参数。信号配置区用于指定 Signal Tap Logic Analyzer 的时钟源、设置采样深度，以及触发控制和触发条件等相关参数。

单击例化管理区中的 auto_signaltap_0，将默认的逻辑分析仪名 auto_signaltap_0 更改为 signaltap_MUX4to1(方便记忆)。更改之后，信号列表区、层次显示区和数据日志中的名称也随之调整，如图 3-69 所示。

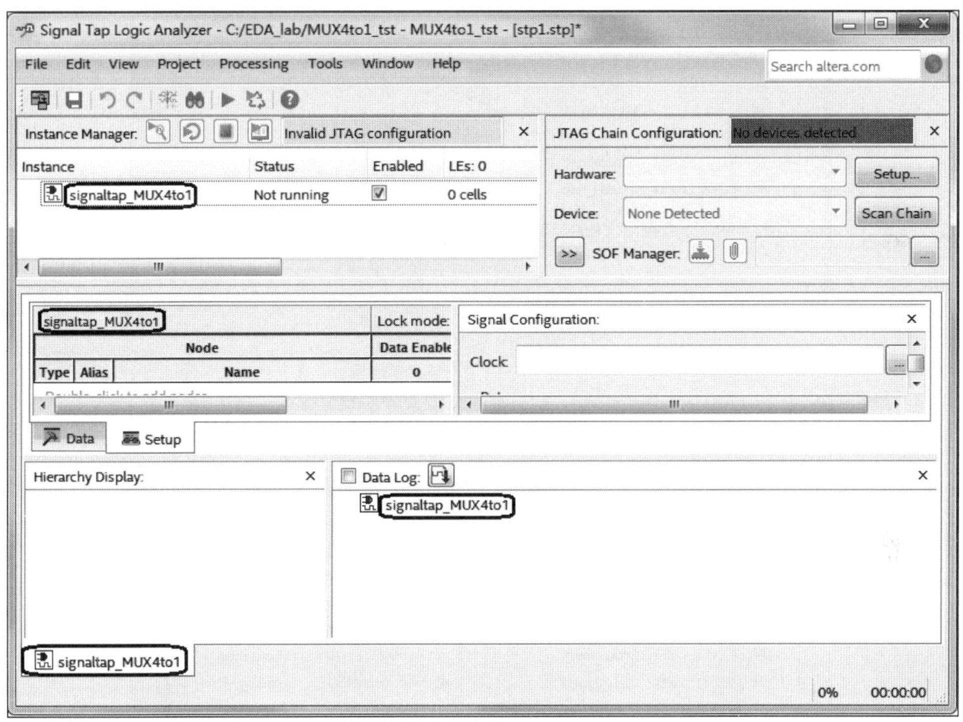

图 3-69 Signal Tap Logic Analyzer 主窗口(2)

3. 添加需要观测的信号

在信号节点列表区(signaltap_MUX4to1)的空白处双击，弹出 Node Finder 对话框。先单击按钮展开 Options 选项，然后在 Filter 下拉列表中选择 Design Entry(all names)，单击 List 按钮列出电路中所有模块的对外端口，如图 3-70 所示。

单击 Matching Nodes 列表中的 MUX4to1：inst1 左侧的展开，分别将数据选择器的 4 路输入数据 d0、d1、d2、d3 和 2 位地址 a 以及输出 y 添加到 Nodes Found 列表，作为需要观测的信号，如图 3-71 所示。

单击图 3-71 中的 Insert 按钮将需要观测的信号添加到信号列表区，如图 3-72 所示。注意，不要添加多余的节点到信号列表区，因为添加过多的信号会导致 Signal Tap Logic Analyzer 占用更多的 FPGA 资源，可能会导致编译失败。

节点列表中的 Data Enable 和 Trigger Enable 复选框栏用于启用或禁用已加入节点列

表中相关信号的使用。如果禁用 Data Enable，则 Signal Tap Logic Analyzer 不会采集相应的信号。如果禁用 Trigger Enable，则相应的信号不用作触发条件定义。利用这些选项有助于减少逻辑分析仪所占用的资源。

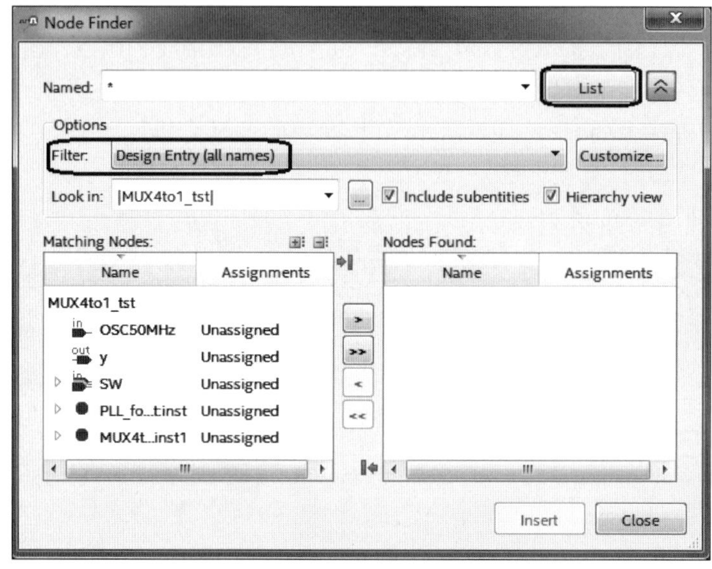

图 3-70　模块的对外端口

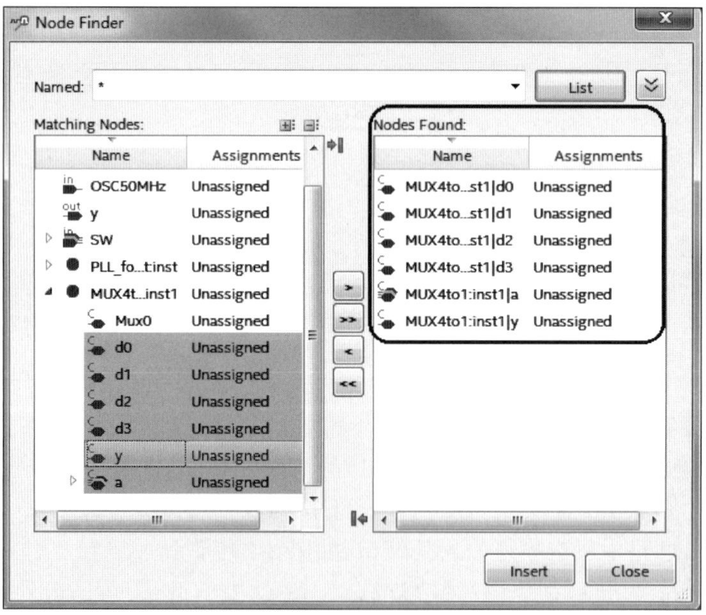

图 3-71　添加观测节点

触发条件(Trigger Conditions)有 Basic AND、Basic OR、Comparison 和 Advanced 4 个选项。Basic 用于为单个信号设置触发模式，其中 Basic AND 表示选定触发级数的所有信号相与的结果为真时，逻辑分析仪开始捕捉数据。如果需要将观察信号的不同组合作为触发条件，则应选择 Advanced，并且需要为逻辑分析仪定义触发条件表达式。

signaltap_MUX4to1　Lock mode: Allow all changes

Type	Alias	Name	Data Enable	Trigger Enable	Trigger Conditions
			7	7	1 Basic AND
		MUX4to1:inst1|d0	☑	☑	
		MUX4to1:inst1|d1	☑	☑	
		MUX4to1:inst1|d2	☑	☑	
		MUX4to1:inst1|d3	☑	☑	
		⊞ MUX4to1:inst1|a[1..0]	☑	☑	Xh
		MUX4to1:inst1|y	☑	☑	

图 3-72　待测节点列表

4. 配置采样参数

信号添加完成后，还需要配置 Signal Tap Logic Analyzer 的采样参数，指定采样时钟和设置采样深度。对于更深层次的应用，还需要设置触发流控制、触发位置设置和触发条件等相关信息。

(1) 设置采样时钟。在信号配置区，单击 Clock 文本框右侧的浏览按钮 ...，在弹出的 Node Finder 对话框中单击 List 按钮，列出工程中所有节点。展开锁相环 PLL_for_MUX4to1_tst: inst，将输出 c4 添加到 Nodes Found 列表中，如图 3-73 所示。单击 OK 按钮，即指定 Signal Tap Logic Analyzer 的采样时钟来自锁相环 PLL_for_MUX4to1_tst 的 c4 输出的 100MHz 信号。

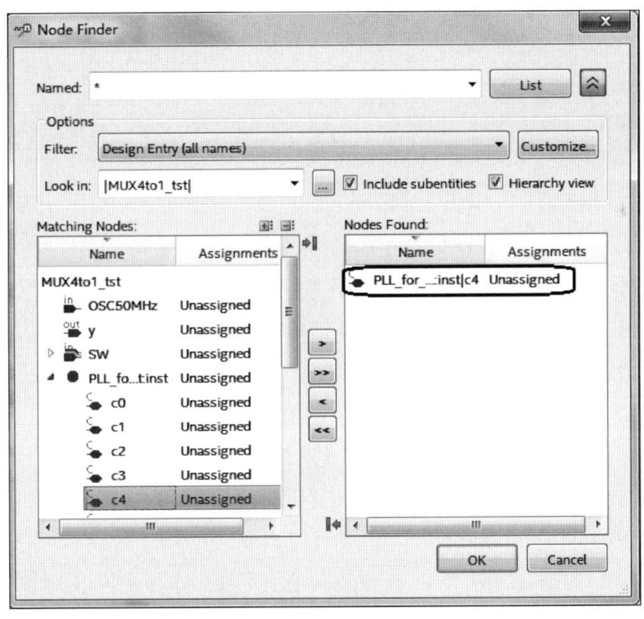

图 3-73　设置采样时钟

(2) 设置采样深度。在信号配置区中 Data 区域 Sample depth 下拉列表中选择采样深度，如图 3-74 所示。采样深度决定了采样信号存储数据量的大小，应根据采样条件和被测信号的数量决定，同时受 FPGA 内部 RAM 资源量的限制。采样深度确定之后，所有待测信号都获得同样的采样深度。

当选择采样深度为 2k(2000 个采样点)时，在时钟频率为 100MHz(周期为 10ns)的情况下，每次采样时长为 $2000\times10\text{ns}=20\mu\text{s}$。因此，4 路输入数据 d_0、d_1、d_2、d_3 为 4MHz、

3MHz、2MHz 和 1MHz 的情况下，每次分别采样 80、60、40 和 20 个数据周期，能够满足分析要求。

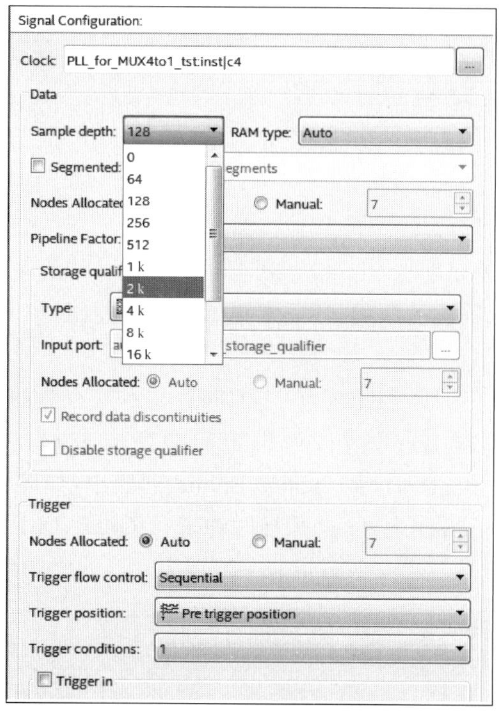

图 3-74 设置采样深度

对于复杂的工程测试，还可以设置 Trigger 区域中的触发流控制、触发位置、触发级数、触发信号和触发方式等相关参数，以控制数据采集过程。

(1) 触发流控制(Trigger flow control)有顺序(Sequential)和状态机(State-based)两个选项。其中，Sequential 表示按顺序计算所有的触发条件，即当一个触发条件满足后，判断第 2 个触发条件是否满足，依此类推，当所有的条件都满足时触发采集过程；State-based 表示应用状态机指定触发顺序，适用于较为复杂的触发控制。

Signal Tap Logic Analyzer 默认选择顺序控制，如图 3-74 所示。

(2) 触发位置(Trigger position)下拉列表用于设置触发位置，以确定触发位置前后应采集的数据量。其中，Pre trigger position 表示前点触发，保存触发前后 12%和 88%的数据信息；Center trigger position 表示中点触发，保存触发前后各 50%的数据信息；Post trigger position 表示后点触发，保存触发前后 88%和 12%的数据信息。

Signal Tap Logic Analyzer 默认选择前点触发，如图 3-74 所示。

(3) 触发级数(Trigger conditions)下拉列表用于设置触发级数，共有 10 级选项。在多级触发中，逻辑分析仪首先对第 1 级触发条件进行测试。当第 1 级触发表达式为真(TRUE)时，开始对第 2 级触发表达式进行测试。依此类推，直到完成所有触发级测试，并且最后一级触发条件测试结果为真时，逻辑分析仪开始捕获数据。

Signal Tap Logic Analyzer 默认的触发级数为 1，如图 3-74 所示。

(4) 选择触发信号和触发方式。若勾选 Trigger in 复选框，则应在 Source 栏中选择触发信号和触发电平，即当触发信号有效时，逻辑分析仪在采样时钟的作用下对待观测组中的信号进行单次或连续采样。

Signal Tap Logic Analyzer 默认不勾选 Trigger in 复选框，如图 3-74 所示。

5. 保存逻辑分析仪文件

执行 Signal Tap Logic Analyzer 主界面中 File→Save As 菜单命令，修改 Signal Tap Logic Analyzer 默认的文件名 stp1. stp 为 MUX4to1_tst. stp(. stp 为逻辑分析仪文件扩展名)，单击“保存”按钮，弹出如图 3-75 所示的添加逻辑分析仪文件提示框。单击 Yes 按钮，表示重新编译时将 Signal Tap Logic Analyzer 文件(MUX4to1_tst. stp)集成于工程中一起编辑、综合与适配，以便将逻辑分析仪 Signal Tap Logic Analyzer 同硬件电路一起配置到 FPGA 芯片中。

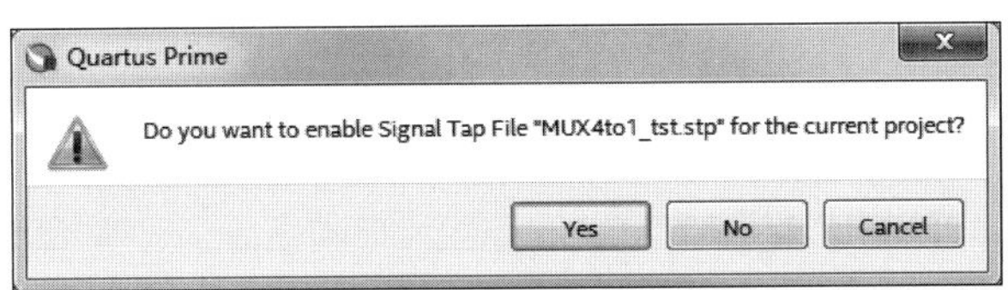

图 3-75 添加逻辑分析仪文件提示框

如果单击 No 按钮，则需要手动设置 Signal Tap Logic Analyzer。在 Quartus Prime 主界面中执行 Assignments→Settings 菜单命令，在弹出的 Settings 对话框的 Category 列表中选择 Signal Tap Logic Analyzer，单击 Signal Tap File name 文本框右侧的浏览按钮[...]，在弹出的对话框中选择已经保存的逻辑分析仪文件(MUX4to1_tst. stp)添加到工程中，并勾选 Enable Signal Tap Logic Analyzer 复选框，如图 3-76 所示，单击 OK 按钮返回。

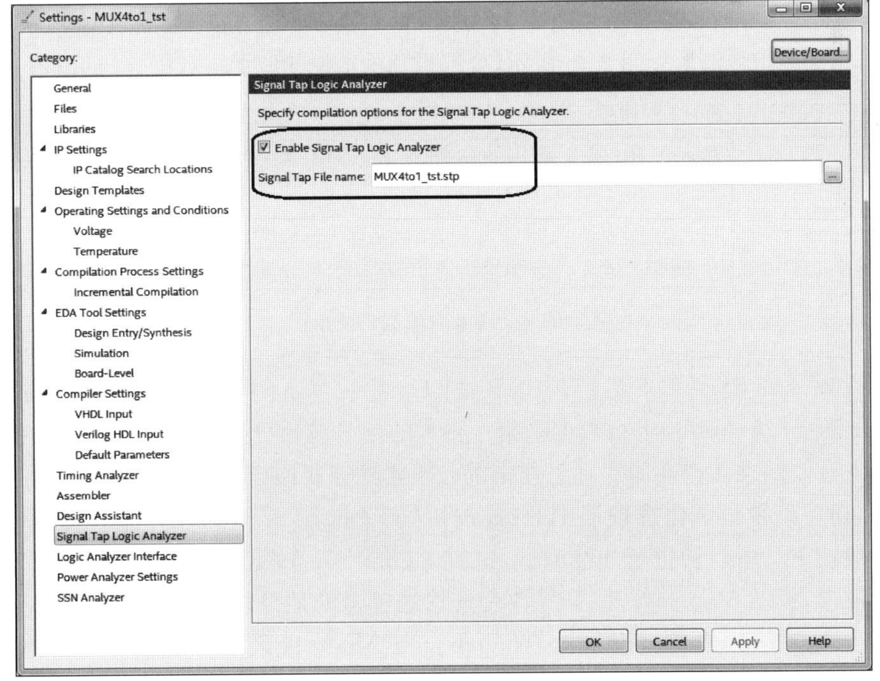

图 3-76 逻辑分析仪设置

6. 重新编译和配置

单击按钮对工程重新进行编译、综合与适配，将逻辑分析仪嵌入应用工程。

编译、综合与适配过程完成后，需要将 MUX4to1_tst.sof 文件配置到 FPGA 中。如果连接好硬件后没有自动检测到 USB-Blaster，则需要手动设置 USB-Blaster。单击图 3-77 中的 Setup 按钮，在 Hardware 下拉列表中选择 USB-Blaster [USB-0]。

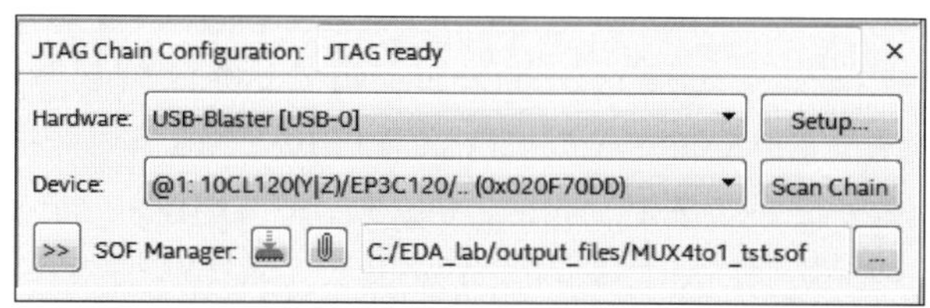

图 3-77 硬件连接设置

单击图 3-77 中的浏览按钮，在目前工程目录 output_files 子目录下选中新生成的文件 MUX4to1_tst.sof，再单击按钮进行配置。完成后，可以看到例化管理器 Instance Manager 右侧提示为 Ready to acquire，如图 3-78 所示，表示可以进行在线测试了。

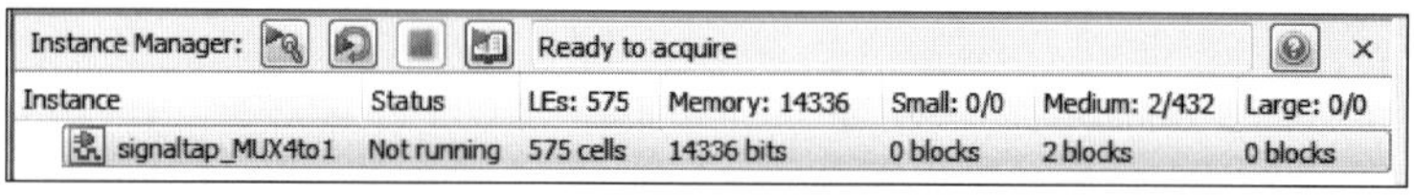

Instance Manager: Ready to acquire

Instance	Status	LEs: 575	Memory: 14336	Small: 0/0	Medium: 2/432	Large: 0/0
signaltap_MUX4to1	Not running	575 cells	14336 bits	0 blocks	2 blocks	0 blocks

图 3-78 配置完成后的例化管理器窗口

7. 启动逻辑分析仪进行测试

设置开关 SW_1 和 SW_0 均为低电平(a=00)，单击例化管理器中的按钮(或者执行 Processing→Run Analysis 菜单命令或按 F5 快捷键)启动 Signal Tap Logic Analyzer 进行单次数据采集，得到的信号波形如图 3-79 所示，可以看到输出 y 的波形与数据 d_0 的波形一致。

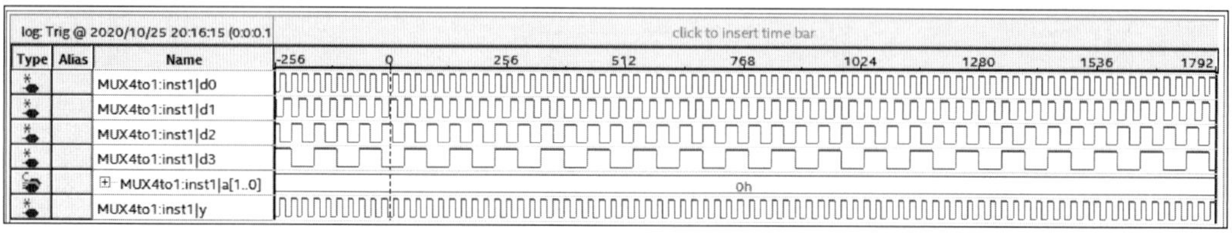

图 3-79 a=00 时的测试波形图

分别设置开关 SW_1 和 SW_0 为 01、10 和 11，然后单击例化管理器中的按钮启动 Signal Tap Logic Analyzer 进行数据采集。得到的信号波形分别如图 3-80～图 3-82 所示，可以看到 4 选 1 数据选择器的实际工作情况与逻辑功能相同。

另外，还可以单击例化管理器中的按钮(或者执行 Processing→AutoRun Analysis 菜单命令或按 F6 快捷键)进行连续测试，这时 Signal Tap Logic Analyzer 将实时采集和显示信号的波形，拨动 SW_1 和 SW_0 开关改变数据选择器的地址就可以观察到输出 y 的实时变化。单击按钮(或者执行 Processing→Stop Analysis 菜单命令或按 Esc 键)，Signal Tap Logic Analyzer 将停止数据采集。

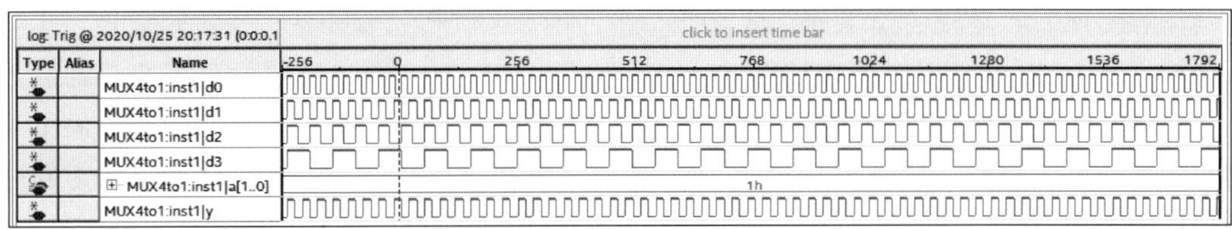

图 3-80 a=01 时的测试波形图

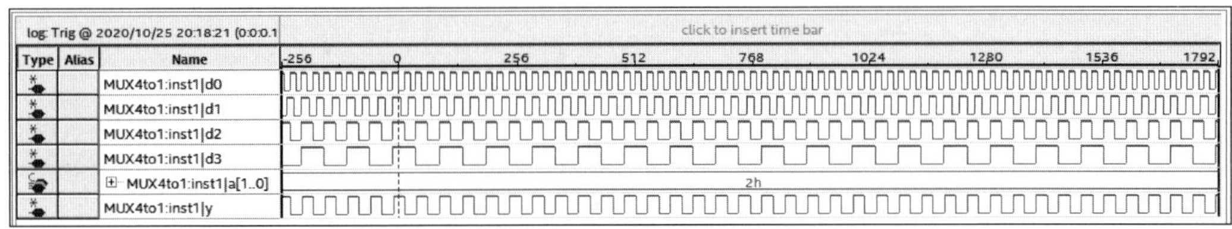

图 3-81 a=10 时的测试波形图

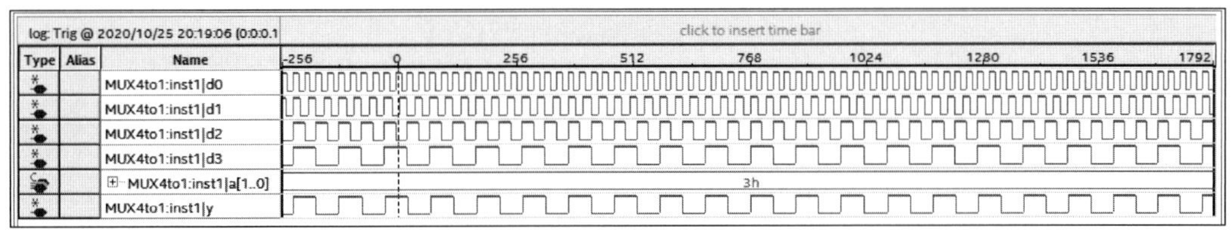

图 3-82 a=11 时的测试波形图

测试完成后，需要从工程中移除 Signal Tap Logic Analyzer 时，在图 3-76 所示的设置界面中取消勾选 Enable Signal Tap Logic Analyzer 复选框，重新进行编译与综合后即可移除逻辑分析仪。

3.5 数字频率计的设计——基于原理图方法

3.5
微课视频

本节应用原理图方法设计数字频率计，一方面是为了与数字电路课程相衔接，使只掌握了原理图设计方法的读者能够在电子技术课程设计和电子竞赛等实践环节中应用 EDA 技术设计中小规模数字系统；另一方面是为了与第 4 章应用 Verilog HDL 描述的方法进行比较，以体现应用 HDL 设计数字系统的优越性。

设计任务：设计能够测量 1Hz～100MHz 信号频率的数字频率计，应用 8 位数码管显示测频结果，要求测量误差不大于±1Hz。

分析：FPGA 内部逻辑单元的传输延迟时间很短，基于 FPGA 设计的频率计很容易测量 100MHz 及以上信号的频率（将在 7.3 节静态时序分析中进行验证）。要求测量误差不大于±1Hz 时，在闸门信号作用时间为 1s 的情况下，测量 1Hz～100MHz 信号的频率需要应用 10^8 进制计数器进行计数。

直接测频法的原理电路如图 1-1 所示。当计数器带有计数允许控制端（如 74HC160 的 EP）时，原理电路中的与门可以省略。另外，为了能够连续测量信号的频率，还需要在原理电路的基础上设计主控电路，在时钟脉冲的作用下，循环对计数器清零、开启闸门和刷新显示 3 项任务。

能够实现连续测频的频率计总体设计方案如图 3-83 所示，其中 F_X 为被测信号。主控电路输出的 CLR′为清零信号，用于将计数器清零；CNTEN 为闸门信号，用于控制计数器在固定的时间范围内对 CLK 进行计数；DISPEN 为显示刷新信号，用于控制锁存译码电路刷新测量结果。如果被测信号为正弦波，那么还需要将被测信号 F_X 经过放大整形为脉冲信号后作为测频计数器的时钟。放大与整形电路属于模拟和模数混合电路，在此不再复述。

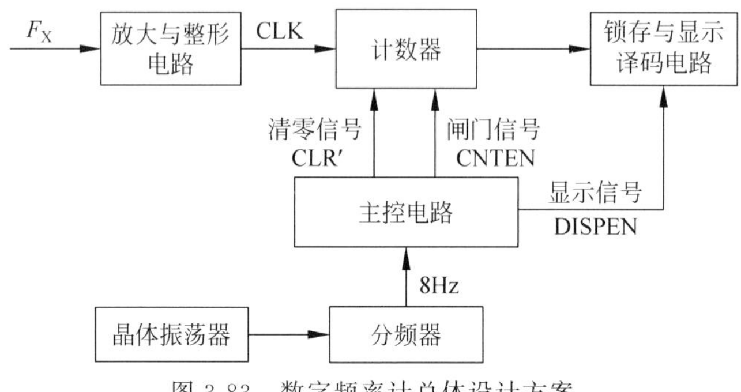

图 3-83 数字频率计总体设计方案

设计过程：从设计方案可以看出，数字频率计主要由主控电路、计数、锁存与显示译码电路和分频器构成。

1. 计数、锁存与显示译码电路设计

要求测量信号频率为 1Hz～100MHz 时，需要应用 10^8 进制计数器进行计数，驱动 8 位数码管显示频率值。10^8 进制计数器需要从 Quartus Prime 图形符号库中调用 8 个十进制计数器 74160 级联构成。

CD4511 是带有锁存功能的 BCD 显示译码器，因此锁存与译码电路基于 CD4511 设计最方便。但遗憾的是，Quartus Prime 提供的图形符号库中没有 CD4511，因此只能调用库中提供的 BCD 显示译码器 7448 设计。

由于 7448 没有锁存功能，为了能够锁存测量结果，还需要在每个计数器 74160 和显示译码器 7448 之间插入 4 位 D 锁存器（如 7475）以锁存需要显示的 BCD 码。另外，由于 DE2-115 开发板应用共阳数码管显示，因此基于 DE2-115 实现频率计时，还需要在 7448 的每个输出端加上反相器将高电平有效的驱动信号转换为低电平有效，以适应驱动共阳数码管的要求。

综上分析，BCD 码计数、锁存与显示译码电路如图 3-84 所示。

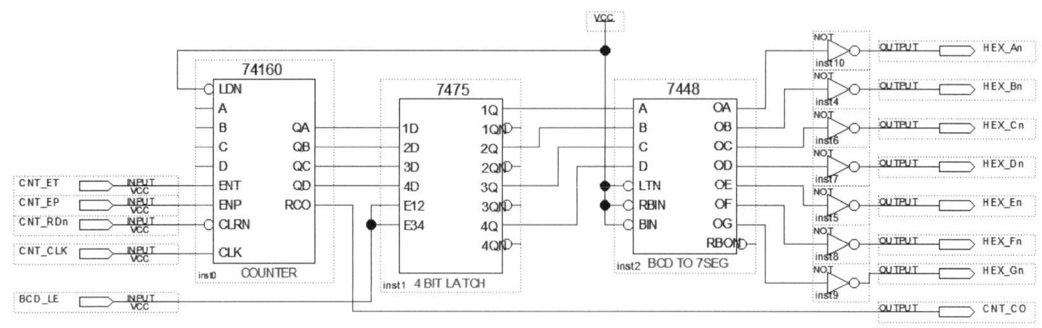

图 3-84 BCD 码计数、锁存与显示译码电路

为了使顶层设计电路简洁清晰，将图 3-84 所示的计数、锁存与显示译码电路通过 Files→Create∠Update→Create Symbol Files for Current File 菜单命令封装成如图 3-85 所示的图形符号 BCD_CNT_LE_7SEG，以便在顶层设计电路中调用。

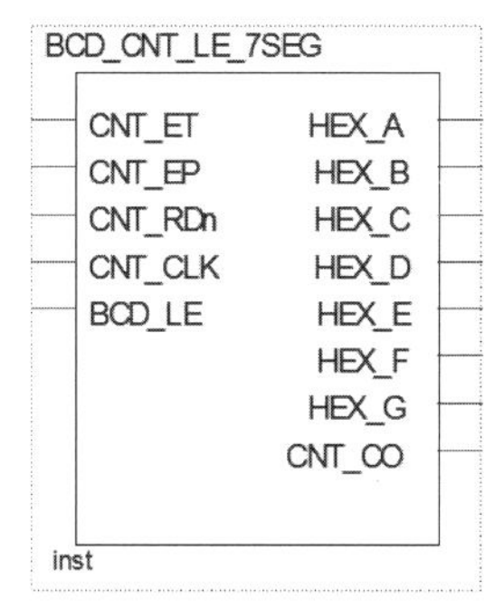

图 3-85 计数、锁存与显示译码模块图形符号

2. 主控电路设计

主控电路用于产生周期性的清零信号、闸门信号和显示刷新信号。

用十进制计数器 74160 作为主控器件，取时钟为 8Hz 时，测频计数器的清零信号 CLR′、闸门信号 CNTEN、显示刷新信号 DISPEN 与主控计数器的输出 $Q_3Q_2Q_1Q_0$ 之间的时序关系设计如表 3-5 所示。其中，清零信号的作用时间为 1/8s；闸门信号 CNTEN 的作用时间为 1s；显示刷新信号作用时间为 1/8s。

表 3-5 主控电路功能表

CLK	Q_3 Q_2 Q_1 Q_0	状态	CLR′	CNTEN	DISPEN
1	0 0 0 0	P_0	0	0	0
2	0 0 0 1	P_1	1	1	0
3	0 0 1 0	P_2	1	1	0
4	0 0 1 1	P_3	1	1	0
5	0 1 0 0	P_4	1	1	0
6	0 1 0 1	P_5	1	1	0
7	0 1 1 0	P_6	1	1	0
8	0 1 1 1	P_7	1	1	0
9	1 0 0 0	P_8	1	1	0
10	1 0 0 1	P_9	1	0	1

由表 3-5 可以写出 3 个控制信号的逻辑函数表达式，如下所示。

$$\begin{cases} \mathrm{CLR}' = P'_0 = (Q'_3Q'_2Q'_1Q'_0)' = Q_3 + Q_2 + Q_1 + Q_0 \\ \mathrm{CNTEN} = (P_0 + P_9)' = \mathrm{CLR}' \cdot \mathrm{DISPEN}' \\ \mathrm{DISPEN} = P_9 = C \end{cases}$$

其中，C 为计数器 74160 的进位信号。

由上述函数式设计出的主控电路如图 3-86 所示，其中，74175 用于将清零信号、闸门信号和显示信号锁存后输出，以避免组合逻辑输出所产生竞争-冒险现象，从而提高频率计工作的可靠性。

执行 Files→Create∠Update→Create Symbol Files for Current File 菜单命令，将主控电路封装成如图 3-87 所示的图形符号 Freqer_CTRL，以便在顶层设计电路中调用。

3. 分频器设计

分频器用于为主控电路提供 8Hz 的时钟脉冲。

将 DE2-115 开发板 50MHz 晶振信号分频为 8Hz 时，需要应用分频系数为 $50\times10^6/8=6250000$ 的分频器。直接应用原理图设计如此大分频系数的分频器时，电路规模相当复杂。

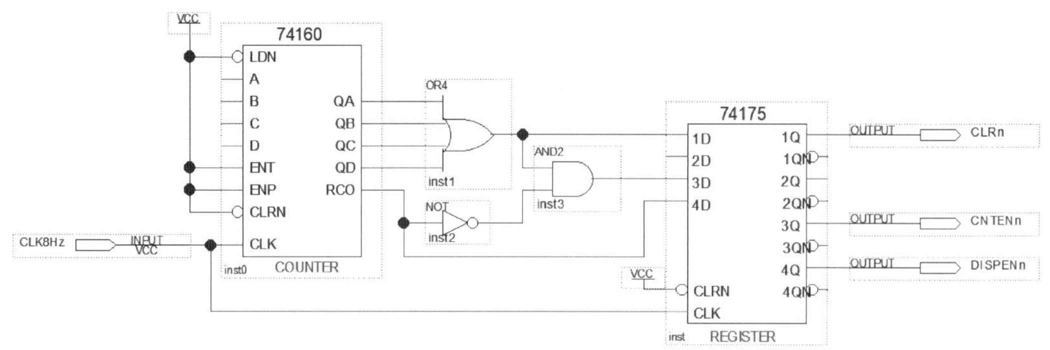

图 3-86　主控电路设计图

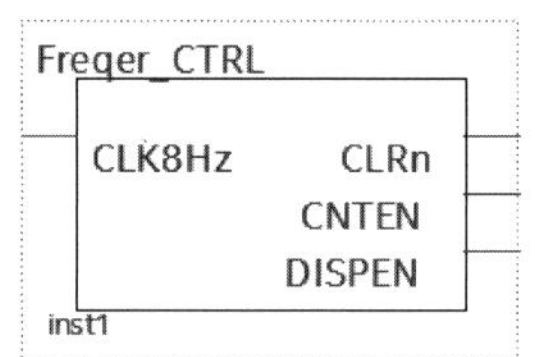

图 3-87　主控电路图形符号

为了简化分频电路设计，先定制锁相环（ALTPLL）将 50MHz 的晶振信号分频为 10kHz，然后再应用分频系数为 $10\times10^3/8=1250$ 的分频器将 10kHz 降为 8Hz。

锁相环的定制方法和具体步骤将在 5.2 节中讲述。

分频系数为 1250 的分频器应用 1250/2＝625 进制计数器级联一位二进制计数器实现，如图 3-88 所示。其中，625 进制计数器每经过 625 个脉冲输出一个进位信号，驱动一位二进制计器翻转输出 8Hz 方波。

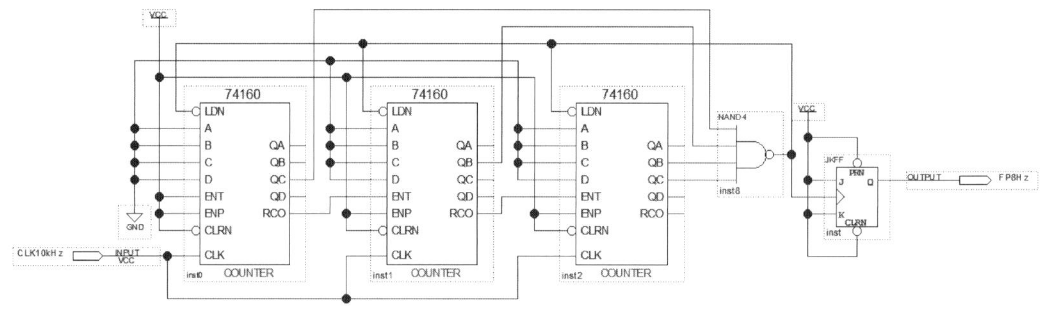

图 3-88　分频系数为 1250 的分频器

执行 Files→Create∠Update→Create Symbol Files for Current File 菜单命令，将图 3-88 所示的分频器封装成如图 3-89 所示的图形符号 FP10k_8Hz，以便在顶层设计电路中调用。

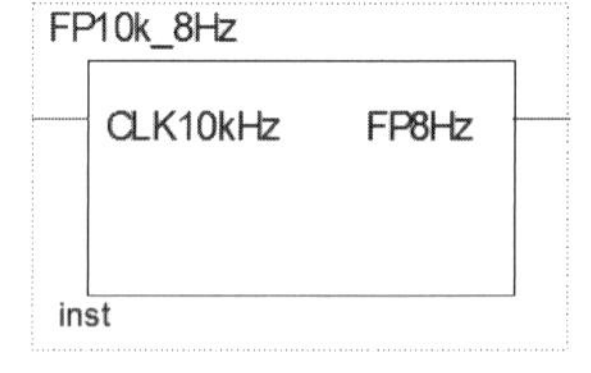

图 3-89　分频器图形符号

4. 顶层电路设计

频率计顶层电路是基于图 3-83 所示的设计方案，应用已经封装好的分频器，主控电路，计数、锁存与译码显示电路，以及定制的锁相环搭建而成，如图 3-90 所示。为了节约篇幅，顶层设计电路只连接了 4 组计数、锁存与显示译码模块，所以当闸门作用时间为 1s 时，能够测量信号的最高频率为 10kHz。将顶层电路中的计数、锁存与显示译码电路扩展为 6 组时，能够测量信号的最高频率为 1MHz，而设计测频范围为 1Hz～100MHz 的频率计需要将 4 组计数、锁存与显示译码电路扩展为 8 组才能实现。

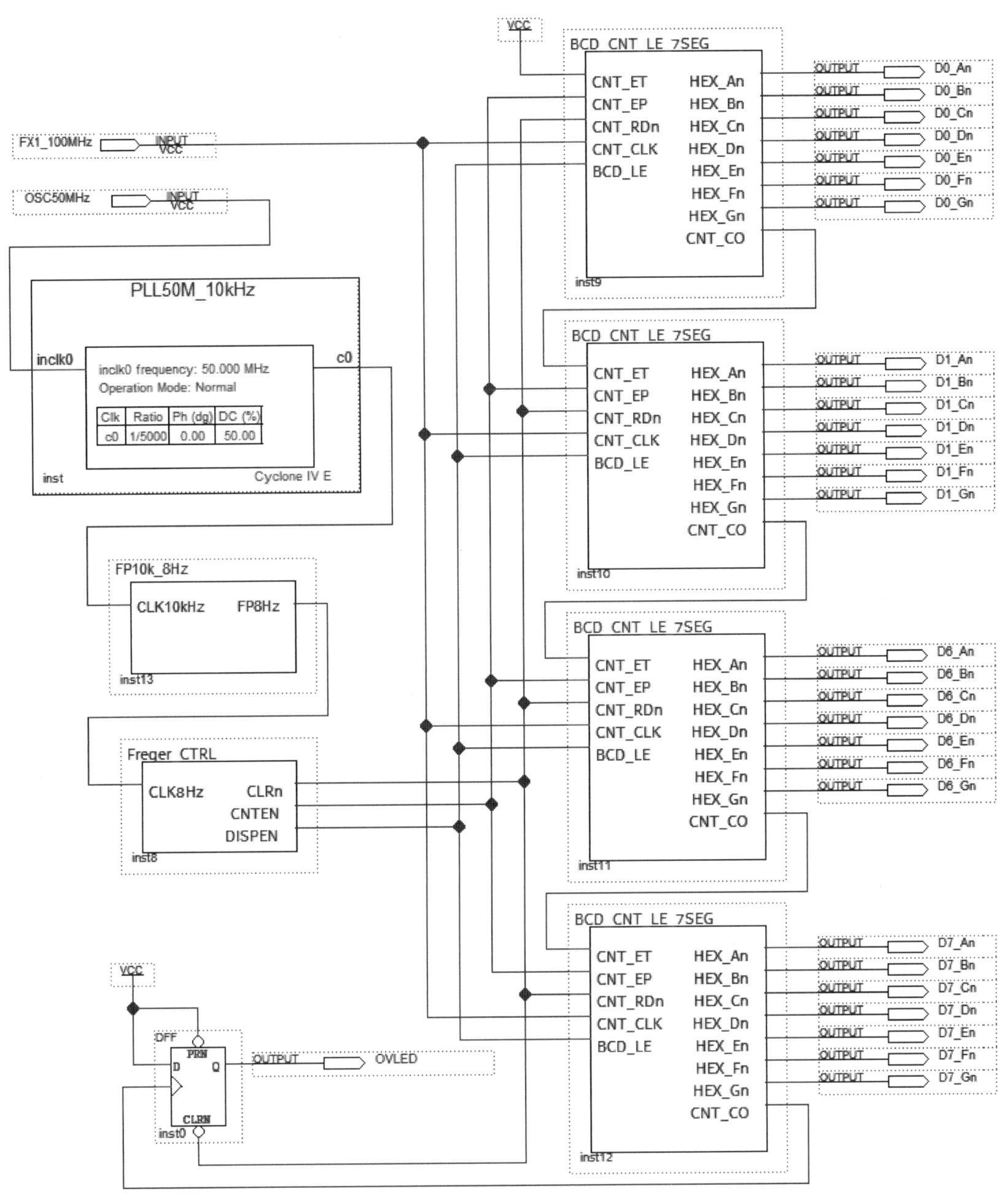

图 3-90 频率计顶层设计电路

需要说明的是，图 3-90 中的 D 触发器部分为超量程指示电路。当待测信号的频率超出测量范围时，D 触发器输出周期性脉冲，驱动外接的发光二极管 OVLED 闪烁，指示信号频率已经超出了测量范围。

另外，将测频信号的输入端(FX1_100MHz)连接到开发板 50MHz 晶振的输出端时，可以测试频率计功能的正确性。

对于应用数码管显示信息的多 I/O 端口数字系统，建议编写 Tcl 文件进行引脚锁定，以便可以在含有数码管的应用系统中重复使用。

驱动 8 位数码管显示信号频率的频率计 Tcl 文件内容参考如下。

```
#freqor_sch.tcl
#freqor pin setting
set_global_assignment -name RESERVE_ALL_UNUSED_PINS "AS INPUT TRI-STATED"
set_global_assignment -name ENABLE_INIT_DONE_OUTPUT OFF
set_location_assignment PIN_AG14 -to FX1_100MHz
set_location_assignment PIN_Y2 -to OSC50MHz
set_location_assignment PIN_AA14 -to D7_Gn
set_location_assignment PIN_AG18 -to D7_Fn
set_location_assignment PIN_AF17 -to D7_En
set_location_assignment PIN_AH17 -to D7_Dn
set_location_assignment PIN_AG17 -to D7_Cn
set_location_assignment PIN_AE17 -to D7_Bn
set_location_assignment PIN_AD17 -to D7_An
…
set_location_assignment PIN_H22 -to D0_Gn
set_location_assignment PIN_J22 -to D0_Fn
set_location_assignment PIN_L25 -to D0_En
set_location_assignment PIN_L26 -to D0_Dn
set_location_assignment PIN_E17 -to D0_Cn
set_location_assignment PIN_F22 -to D0_Bn
set_location_assignment PIN_G18 -to D0_An
```

Tcl 文件编写完成后，按 3.1.4 节所述方法完成频率计引脚的锁定。

将计数、锁存与显示译码电路扩展为 8 组(能够测量 100MHz 信号的频率)时，频率计顶层工程综合与适配的结果如图 3-91 所示。可以看出，频率计共使用了 733 个逻辑单元(Logic Elements)、458 个寄存器(Registers)、512 位片内存储资源(Memory Bits)和一个锁相环(PLL)。

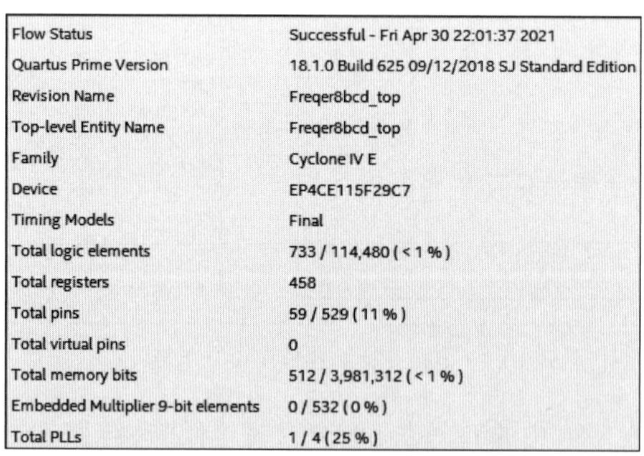

Flow Status	Successful - Fri Apr 30 22:01:37 2021
Quartus Prime Version	18.1.0 Build 625 09/12/2018 SJ Standard Edition
Revision Name	Freqer8bcd_top
Top-level Entity Name	Freqer8bcd_top
Family	Cyclone IV E
Device	EP4CE115F29C7
Timing Models	Final
Total logic elements	733 / 114,480 (< 1 %)
Total registers	458
Total pins	59 / 529 (11 %)
Total virtual pins	0
Total memory bits	512 / 3,981,312 (< 1 %)
Embedded Multiplier 9-bit elements	0 / 532 (0 %)
Total PLLs	1 / 4 (25 %)

图 3-91　频率计综合与适配结果

本章小结

本章讲述 Intel 公司的 EDA 综合开发环境 Quartus Prime 的基本应用，包括基本设计流程、原理图设计方法、仿真分析方法以及逻辑分析仪的应用。

Quartus Prime 能够完成建立工程，设计输入，编译、综合与适配，引脚锁定，以及编程与配置的全部设计流程，同时还可以根据需要进行仿真分析，以及在工程中嵌入逻辑分析仪进行在线测试。

Quartus Prime 支持硬件描述语言、原理图和状态机等多种输入方式，能够生成和识别 EDIF 网表文件和 HDL 网表文件，同时支持第三方工具软件，使设计者可以在设计流程的各个阶段能够根据需要选用更为专业的工具软件。

Verilog HDL 支持层次化设计方法。底层模块建议应用 HDL 描述，以方便模块功能的定义和重构。顶层设计电路既可以应用模块例化方式描述各模块之间的连接关系，也可以应用传统的原理图方法设计顶层电路。

受到 Quartus Prime 提供的原理图库中器件功能的限制，应用原理图设计数字系统既不利于优化设计，也不利于系统功能的重构。但是，原理图设计方法具有直观形象的优点。

仿真分析是通过计算机算法模拟代码的运行检查描述代码的逻辑是否正确，分为功能仿真和时序仿真两种类型。功能仿真是指在不考虑器件的传输延迟时间和布线延迟时间情况下的理想化仿真；而时序仿真是指在完成布局布线之后进行，包含了器件传输延迟和布线延迟信息的仿真。

Signal Tap Logic Analyzer 是集成于 Quartus Prime 开发环境中的逻辑分析仪。设计者可以将 Signal Tap Logic Analyzer 嵌入设计电路，然后一起配置到可编程逻辑器件中。Signal Tap Logic Analyzer 能够在电路工作期间实时捕获内部节点的信号或总线上的信息流，然后通过 JTAG 接口将采集到的数据传输给 Quartus Prime 开发环境显示电路内部节点的信号波形或总线上的数据信息，以供设计者进行分析。

思考与练习

3-1 简述在 Quartus Prime 开发环境下进行 EDA 设计的基本流程。

3-2 已知 4 线-16 线的译码器 74LS154 的两个功能端 S'_A 和 S'_B 均为低电平时，译码器正常工作，将输入的 4 位二进制码 $A_3A_2A_1A_0$ 翻译成低电平有效的输出信号 $Y'_0 \sim Y'_{15}$；否则译码器不工作，输出全部强制为高电平。

在 Quartus Prime 开发环境下应用 Verilog HDL 描述 74LS154 并进行仿真验证，然后下载到开发板进行功能测试。

3-3 已知 8 选 1 数据选择器 74HC151 的功能端 S' 为低电平时，数据选择器正常工作，根据地址码 $A_2A_1A_0$ 的不同从 8 路输入数据 $D_0 \sim D_7$ 中选择其中一路输出；否则数据选择器不工作，输出强制为低电平。

在 Quartus Prime 开发环境下应用 Verilog HDL 描述 74HC151 并进行仿真验证，然后下载到开发板进行功能测试。

3-4 应用原理图设计方法将两片十进制加/减计数器 74192 扩展为一百进制加/减计数器并进行仿真验证，然后下载到开发板进行功能测试。

3-5 在 Quartus Prime 开发环境下，应用 testbench 对例 2-26 中的 4 选 1 数据选择器进行仿真验证。

3-6 在 Quartus Prime 开发环境下，应用 testbench 对例 2-27 中的 4 位计数器进行仿

真验证。

3-7 完成3.5节数字频率计的设计。下载到开发板进行功能测试。

3-8[*] 应用原理图方法设计数码序列控制电路。具体要求如下：

(1) 在单个数码管上依次显示自然数序列(0～9)、奇数序列(1、3、5、7 和 9)、音乐符号序列(0～7)和偶数序列(0、2、4、6 和 8)；

(2) 加电后先显示自然数序列，然后按上述规律循环显示。

在 Quartus Prime 开发环境下完成设计，并下载到 EDA 开发板进行功能测试。

3-9[*] 应用原理图方法设计洗衣机定时控制器。具体要求如下：

(1) 洗涤时间以分钟为单位，可以在 1～99min 任意设置；

(2) 用两位数码管显示洗涤剩余时间；

(3) 开机后按"停 10s→正转 20s→停 10s→反转 20s"的模式循环运转；

(4) 洗涤时间到后洗衣机停止工作，同时发出光电信号和音频信号提醒用户注意。

在 Quartus Prime 开发环境下进行设计，并下载到 EDA 开发板进行功能测试。

提示：用开发板上的数码管显示洗涤剩余时间，用 3 个 LED 表示洗衣机的工作状态。

应　用　篇

第 4 章　常用数字器件的描述

第 5 章　IP 的应用

第 6 章　状态机的设计及应用

第 4 章 常用数字器件的描述

CHAPTER 4

数字电路根据其逻辑功能可分为组合逻辑电路和时序逻辑电路两大类。组合逻辑电路的输出只与输入有关；时序逻辑电路的输出不但与输入有关，还与电路的状态有关。

知之不若行之。掌握了 Verilog 硬件描述语言并且熟悉 Quartus Prime 开发环境之后，本章首先对数字电路中常用的逻辑器件进行功能描述，然后重点讲述分频器和存储器的描述及应用，最后通过数字频率计的设计阐述基于 HDL 设计数字系统的优越性。

4.1 组合逻辑器件的描述

4.1a
微课视频

组合逻辑器件除了基本逻辑门之外，还有编码器、译码器、数据选择器、数值比较器、三态缓冲器和奇偶校验器等多种类型。

4.1.1 基本逻辑门

4.1b
微课视频

4.1c
微课视频

逻辑代数中定义了与、或、非、与非、或非、异或和同或共 7 种逻辑运算。相应地，Verilog HDL 中定义了实现 7 种逻辑关系的基本器件（简称基元）。同时，Verilog 中还定义了 9 类操作符和运算符，应用其中的位操作符或逻辑运算符，也可以很方便地描述逻辑门。所以，基本逻辑门既可以应用行为描述方式或数据流描述方式进行描述，也可以应用结构描述方式调用基元进行描述。

应用数据流描述时，由连续赋值语句 assign 和逻辑运算符或位操作符实现。

【例 4-1】 基本逻辑门的描述。

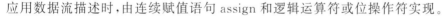

```
module basic_gates (a,b,yand,yor,ynot,ynand,ynor,yxor,yxnor);
   // 端口描述
   input a,b;
   output wire yand,yor,ynot,ynand,ynor,yxor,yxnor;
   // 数据流描述,应用位操作符
   assign yand = a & b;
   assign yor = a | b;
   assign ynot = ~a;
   assign ynand = ~( a & b);
   assign ynor = ~(a | b);
   assign yxor = a ^ b;
   assign yxnor = ~(a ^ b);
endmodule
```

4.1.2 编码器

编码器用于将输入的高/低电平信号转换成编码输出。二进制编码器有 4 线-2 线、8 线-3 线、16 线-4 线等多种类型。

74HC148 为 8 线-3 线优先编码器,能够将 8 个高/低电平信号编成 3 位二进制码。同时,74HC148 还附加了 3 个功能端,以方便器件的功能扩展及应用。

74HC148 逻辑功能如表 4-1 所示。

表 4-1　74HC148 逻辑功能

输入									输出				
S'	I'_0	I'_1	I'_2	I'_3	I'_4	I'_5	I'_6	I'_7	Y'_2	Y'_1	Y'_0	Y'_S	Y'_{EX}
1	×	×	×	×	×	×	×	×	1	1	1	1	1
0	1	1	1	1	1	1	1	1	1	1	1	0	1
0	×	×	×	×	×	×	×	0	0	0	0	1	0
0	×	×	×	×	×	×	0	1	0	0	1	1	0
0	×	×	×	×	×	0	1	1	0	1	0	1	0
0	×	×	×	×	0	1	1	1	0	1	1	1	0
0	×	×	×	0	1	1	1	1	1	0	0	1	0
0	×	×	0	1	1	1	1	1	1	0	1	1	0
0	×	0	1	1	1	1	1	1	1	1	0	1	0
0	0	1	1	1	1	1	1	1	1	1	1	1	0

Verilog HDL 中的条件语句、分支语句和条件操作符都可以用来描述优先编码器。

【例 4-2】 应用条件语句描述 74HC148。

```
module HC148a (
  input              s_n,              // 控制端,低电平有效
  input [7:0]        i_n,              // 高、低电平输入端,低电平有效
  output reg [2:0]   y_n,              // 二进制反码输出端
  output wire        ys_n,             // 无编码信号指示,低电平有效
  output wire        yex_n             // 有编码输出指示,低电平有效
  );
  // 编码标志逻辑
  assign ys_n = s_n ? 1'b1 : ( &i_n ? 1'b0 : 1'b1 );
  assign yex_n = s_n ? 1'b1 : ( &i_n ? 1'b1 : 1'b0 );
  // 编码过程,应用多重条件语句描述
  always @( s_n,i_n )                  // 当控制信号或输入高、低电平发生变化时
    if ( !s_n )                        // 当控制信号有效时
      if ( !i_n[7] )         y_n = 3'b000;
      else if ( !i_n[6] )    y_n = 3'b001;
      else if ( !i_n[5] )    y_n = 3'b010;
      else if ( !i_n[4] )    y_n = 3'b011;
      else if ( !i_n[3] )    y_n = 3'b100;
      else if ( !i_n[2] )    y_n = 3'b101;
      else if ( !i_n[1] )    y_n = 3'b110;
```

```
      else          y_n = 3'b111;
    else                                    // 控制信号无效时
      y_n = 3'b111;
endmodule
```

【例 4-3】 用分支语句描述 74HC148。

```
module HC148b( s_n,i_n,y_n,ys_n,yex_n );
  input             s_n;
  input [7:0]       i_n;
  output reg [2:0] y_n;
  output wire       ys_n;
  output wire       yex_n;
  // 编码标志逻辑
  assign ys_n = s_n ? 1'b1 : ( &i_n ? 1'b0 : 1'b1 );
  assign yex_n = s_n ? 1'b1 : ( &i_n ? 1'b1 : 1'b0 );
  // 编码过程,应用 casex 语句描述
  always @(s_n,i_n)
    if (!s_n)
      casex (i_n)
         8'b0??????? : y_n = 3'b000;
         8'b10?????? : y_n = 3'b001;
         8'b110????? : y_n = 3'b010;
         8'b1110???? : y_n = 3'b011;
         8'b11110??? : y_n = 3'b100;
         8'b111110?? : y_n = 3'b101;
         8'b1111110? : y_n = 3'b110;
         8'b11111110 : y_n = 3'b111;
         8'b11111111 : y_n = 3'b111;
             default : y_n = 3'b111;
      endcase
    else
      y_n = 3'b111;
endmodule
```

【例 4-4】 用操作符描述 74HC148。

```
module HC148c( s_n,i_n,y_n,ys_n,yex_n);
  input               s_n;
  input [7:0]         i_n;
  output wire [2:0]  y_n;
  output wire         ys_n;
  output wire         yex_n;
  // 编码标志逻辑
  assign ys_n = s_n ? 1'b1 : ( &i_n ? 1'b0 : 1'b1 );
  assign yex_n = s_n ? 1'b1 : ( &i_n ? 1'b1 : 1'b0 );
  // 编码过程,应用条件操作符进行描述
  assign y_n = ( s_n )?       3'b111 :
```

```
            ( i_n[7] == 1'b0 )? 3'b000 :
            ( i_n[6] == 1'b0 )? 3'b001 :
            ( i_n[5] == 1'b0 )? 3'b010 :
            ( i_n[4] == 1'b0 )? 3'b011 :
            ( i_n[3] == 1'b0 )? 3'b100 :
            ( i_n[2] == 1'b0 )? 3'b101 :
            ( i_n[1] == 1'b0 )? 3'b110 : 3'b111 ;
endmodule
```

4.1.3 译码器

译码器的功能与编码器相反，用于将编码重新翻译为高/低电平信号。二进制译码器有2线-4线、3线-8线和4线-16线等多种类型。

74HC138是3线-8线译码器，能够将3位二进制码翻译成8个高/低电平信号，其逻辑功能如表4-2所示。

表 4-2 74HC138 逻辑功能

输入						输出							
S_1	S'_2	S'_3	A_2	A_1	A_0	Y'_0	Y'_1	Y'_2	Y'_3	Y'_4	Y'_5	Y'_6	Y'_7
0	×	×	×	×	×	1	1	1	1	1	1	1	1
×	1	×	×	×	×	1	1	1	1	1	1	1	1
×	×	1	×	×	×	1	1	1	1	1	1	1	1
1	0	0	0	0	0	0	1	1	1	1	1	1	1
1	0	0	0	0	1	1	0	1	1	1	1	1	1
1	0	0	0	1	0	1	1	0	1	1	1	1	1
1	0	0	0	1	1	1	1	1	0	1	1	1	1
1	0	0	1	0	0	1	1	1	1	0	1	1	1
1	0	0	1	0	1	1	1	1	1	1	0	1	1
1	0	0	1	1	0	1	1	1	1	1	1	0	1
1	0	0	1	1	1	1	1	1	1	1	1	1	0

译码器同样可以应用行为描述、数据流描述和结构描述3种方式进行描述。

【例 4-5】 74HC138的行为描述。

```
module HC138a(s1,s2_n,s3_n,bin_code,y_n);
  input s1,s2_n,s3_n;
  input [2:0] bin_code;
  output reg [7:0] y_n;
  // 内部线网定义
  wire en;
  // 内部线网逻辑
  assign en = s1 && !s2_n && !s3_n;
  // 译码过程,应用 case 语句描述
  always @(en,bin_code)
    if ( en )
      case ( bin_code )
```

```
        3'b000 : y_n = 8'b11111110;
        3'b001 : y_n = 8'b11111101;
        3'b010 : y_n = 8'b11111011;
        3'b011 : y_n = 8'b11110111;
        3'b100 : y_n = 8'b11101111;
        3'b101 : y_n = 8'b11011111;
        3'b110 : y_n = 8'b10111111;
        3'b111 : y_n = 8'b01111111;
       default : y_n = 8'b11111111;
      endcase
    else
       y_n = 8'b11111111;
endmodule
```

【例 4-6】 74HC138 的数据流描述。

```
module HC138b(s1,s2_n,s3_n,bin_code,y_n);
  input             s1,s2_n,s3_n;
  input [2:0]       bin_code;
  output wire [7:0] y_n;
  // 内部线网定义
  wire en;
  // 内部线网逻辑
  assign en = s1&&(!s2_n)&&(!s3_n);
  // 译码过程,应用条件操作符进行描述
  assign y_n = ( !en )?                     8'b11111111 :
               ( bin_code == 3'b000 )? 8'b11111110 :
               ( bin_code == 3'b001 )? 8'b11111101 :
               ( bin_code == 3'b010 )? 8'b11111011 :
               ( bin_code == 3'b011 )? 8'b11110111 :
               ( bin_code == 3'b100 )? 8'b11101111 :
               ( bin_code == 3'b101 )? 8'b11011111 :
               ( bin_code == 3'b110 )? 8'b10111111 :
               ( bin_code == 3'b111 )? 8'b01111111 :
                                        8'b11111111 ;
endmodule
```

显示译码器是一种特殊的译码器,用于将 BCD 码或二进制码翻译成高/低电平信号,以驱动数码管显示数字信息。

CD4511 是 BCD 码显示译码器,输出高电平有效,同时具有灯测试(LT′)、灭灯(BI′)和锁存(LE)3 种附加功能。CD4511 逻辑功能如表 4-3 所示。

表 4-3　CD4511 逻辑功能

输　入							输　出							显示数字
LE	BI′	LT′	D	B	C	A	Y_a	Y_b	Y_c	Y_d	Y_e	Y_f	Y_g	
×	×	0	×	×	×	×	1	1	1	1	1	1	1	8
×	0	1	×	×	×	×	0	0	0	0	0	0	0	

续表

输入							输出							显示数字
LE	BI′	LT′	D	B	C	A	Y_a	Y_b	Y_c	Y_d	Y_e	Y_f	Y_g	
0	1	1	0	0	0	0	1	1	1	1	1	1	0	0
0	1	1	0	0	0	1	0	1	1	0	0	0	0	1
0	1	1	0	0	1	0	1	1	0	1	1	0	1	2
0	1	1	0	0	1	1	1	1	1	1	0	0	1	3
0	1	1	0	1	0	0	0	1	1	0	0	1	1	4
0	1	1	0	1	0	1	1	0	1	1	0	1	1	5
0	1	1	0	1	1	0	0	0	1	1	1	1	1	6
0	1	1	0	1	1	1	1	1	1	0	0	0	0	7
0	1	1	1	0	0	0	1	1	1	1	1	1	1	8
0	1	1	1	0	0	1	1	1	1	0	0	1	1	9
0	1	1	1	0	1	0	0	0	0	0	0	0	0	
0	1	1	1	0	1	1	0	0	0	0	0	0	0	
0	1	1	1	1	0	0	0	0	0	0	0	0	0	
0	1	1	1	1	0	1	0	0	0	0	0	0	0	
0	1	1	1	1	1	0	0	0	0	0	0	0	0	
0	1	1	1	1	1	1	0	0	0	0	0	0	0	
1	1	1	×	×	×	×	*							*

注：* 表示保持原状态不变。

【例 4-7】 CD4511 的功能描述。

```
module CD4511(le,bi_n,lt_n,bcd,seg7);
  input le,bi_n,lt_n;
  input [3:0] bcd;
  output reg [6:0] seg7;
  // 译码过程,非阻塞赋值
  always @( le,bi_n,lt_n,bcd )
    if ( !lt_n )                                     // 灯测试信号有效时
      seg7 <= 7'b1111111;                            // seg7: gfedcba
    else if ( !bi_n )                                // 灭灯输入有效时
      seg7 <= 7'b0000000;
    else if ( !le )                                  // 锁存信号无效时
      case ( bcd )                                   // seg7: gfedcba
         4'b0000 : seg7 <= 7'b0111111;               // 显示 0
         4'b0001 : seg7 <= 7'b0000110;               // 显示 1
         4'b0010 : seg7 <= 7'b1011011;               // 显示 2
         4'b0011 : seg7 <= 7'b1001111;               // 显示 3
         4'b0100 : seg7 <= 7'b1100110;               // 显示 4
         4'b0101 : seg7 <= 7'b1101101;               // 显示 5
         4'b0110 : seg7 <= 7'b1111100;               // 显示 6
         4'b0111 : seg7 <= 7'b0000111;               // 显示 7
         4'b1000 : seg7 <= 7'b1111111;               // 显示 8
         4'b1001 : seg7 <= 7'b1100111;               // 显示 9
         default : seg7 <= 7'b0000000;               // 不显示
      endcase
endmodule
```

4.1.4　数据选择器

数据选择器在地址信号的作用下，能够从多路输入数据中选择其中一路输出，有 2 选 1、4 选 1、8 选 1 和 16 选 1 等多种类型。

74HC151 为 8 选 1 数据选择器，具有两个互补的输出端，其逻辑功能如表 4-4 所示。

表 4-4　74HC151 逻辑功能

输入				输出	
S'	A_2	A_1	A_0	Y	W'
1	×	×	×	0	1
0	0	0	0	D_0	D_0'
0	0	0	1	D_1	D_1'
0	0	1	0	D_2	D_2'
0	0	1	1	D_3	D_3'
0	1	0	0	D_4	D_4'
0	1	0	1	D_5	D_5'
0	1	1	0	D_6	D_6'
0	1	1	1	D_7	D_7'

【例 4-8】　74HC151 的行为描述。

```
module HC151(s_n,d,addr,y,w_n);
  input s_n;
  input [7:0] d;
  input [2:0] addr;
  output reg y;
  output wire w_n;
  // 互补逻辑描述
  assign w_n = ~y;
  // 数据选择过程
  always @(s_n,d,addr)
    if (!s_n)
      case (addr)
        3'b000: y = d[0];
        3'b001: y = d[1];
        3'b010: y = d[2];
        3'b011: y = d[3];
        3'b100: y = d[4];
        3'b101: y = d[5];
        3'b110: y = d[6];
        3'b111: y = d[7];
        default: y = d[0];
      endcase
    else
      y = 1'b0;
endmodule
```

应用 EDA 技术设计数字系统时，不受具体器件的限制，可以根据需要用 HDL 描述任何功能电路。

【例 4-9】 用 Verilog 描述 4 位 4 选 1 数据选择器，用于从 4 路 4 位数据中选择其中一路输出。

```
module MUX4b_4to1(s_n,addr,d0,d1,d2,d3,y);
  input           s_n;
  input [1:0]     addr;
  input [3:0]     d0,d1,d2,d3;           // 4 路 4 位数据
  output reg [3:0] y;
  // 数据选择过程
  always @( s_n,addr,d0,d1,d2,d3 )
    if ( !s_n )
      case ( addr )
        2'b00: y = d0;
        2'b01: y = d1;
        2'b10: y = d2;
        2'b11: y = d3;
      default: y = d0;
      endcase
    else
     y = 4'b0000;
endmodule
```

4.1.5 数值比较器

数值比较器用于比较数值的大小。

74HC85 是 4 位数值比较器，用于比较两个 4 位二进制数的大小。同时，考虑到器件功能扩展的需要，74HC85 还附加有 3 个来自低位比较结果的输入端 $I_{(A>B)}$、$I_{(A<B)}$ 和 $I_{(A=B)}$。

74HC85 的逻辑功能如表 4-5 所示。

表 4-5 74HC85 逻辑功能

数值输入				级联输入			输出		
A_3,B_3	A_2,B_2	A_1,B_1	A_0,B_0	$I_{(A>B)}$	$I_{(A<B)}$	$I_{(A=B)}$	$Y_{(A>B)}$	$Y_{(A=B)}$	$Y_{(A<B)}$
$A_3>B_3$	×	×	×	×	×	×	1	0	0
$A_3<B_3$	×	×	×	×	×	×	0	0	1
$A_3=B_3$	$A_2>B_2$	×	×	×	×	×	1	0	0
$A_3=B_3$	$A_2<B_2$	×	×	×	×	×	0	0	1
$A_3=B_3$	$A_2=B_2$	$A_1>B_1$	×	×	×	×	1	0	0
$A_3=B_3$	$A_2=B_2$	$A_1<B_1$	×	×	×	×	0	0	1
$A_3=B_3$	$A_2=B_2$	$A_1=B_1$	$A_0>B_0$	×	×	×	1	0	0
$A_3=B_3$	$A_2=B_2$	$A_1=B_1$	$A_0<B_0$	×	×	×	0	0	1
$A_3=B_3$	$A_2=B_2$	$A_1=B_1$	$A_0=B_0$	1	0	0	1	0	0
$A_3=B_3$	$A_2=B_2$	$A_1=B_1$	$A_0=B_0$	0	1	0	0	1	0
$A_3=B_3$	$A_2=B_2$	$A_1=B_1$	$A_0=B_0$	0	0	1	0	0	1

【例 4-10】 74HC85 的功能描述。

```
module HC85(a,b,ia_gt_b,ia_eq_b,ia_lt_b,ya_gt_b,ya_eq_b,ya_lt_b);
  // gt = greater than, eq = equal,lt = less than.
  input [3:0] a,b;
  input ia_gt_b,ia_eq_b,ia_lt_b;
  output reg ya_gt_b,ya_eq_b,ya_lt_b;
  // 内部线网定义
  wire [2:0] iIN;
  // 拼接操作
  assign iIN = {ia_gt_b,ia_eq_b,ia_lt_b};
  // 数据比较过程
  always @( a,b,iIN )
    if ( a > b )
      begin ya_gt_b = 1'b1; ya_eq_b = 1'b0; ya_lt_b = 1'b0; end
    else if ( a < b )
      begin ya_gt_b = 1'b0; ya_eq_b = 1'b0; ya_lt_b = 1'b1; end
    else if ( iIN == 3'b100 )
      begin ya_gt_b = 1'b1; ya_eq_b = 1'b0; ya_lt_b = 1'b0; end
    else if ( iIN == 3'b001 )
      begin ya_gt_b = 1'b0; ya_eq_b = 1'b0; ya_lt_b = 1'b1; end
    else
      begin ya_gt_b = 1'b0; ya_eq_b = 1'b1; ya_lt_b = 1'b0; end
endmodule
```

4.1.6 三态缓冲器

三态缓冲器有低电平、高电平和高阻 3 种输出状态，用于总线驱动或双向数据接口的构建。

三态缓冲器有三态反相器和三态驱动器两种类型。当控制端有效时，三态反相器的输出与输入反相，三态驱动器的输出与输入同相。

74HC240/244 是双 4 位三态缓冲器，其中 74HC240 为三态反相器，74HC244 为三态驱动器。74HC240/244 的逻辑功能如表 4-6 所示。

表 4-6 74HC240/244 逻辑功能

输入		输出	
G'	A	74HC240	74HC244
0	0	1	0
0	1	0	1
1	×	z	z

【例 4-11】 74HC240 的功能描述。

```
module HC240(g1_n,a1,y1,g2_n,a2,y2);
  input g1_n,g2_n;                    // 控制端
  input [3:0] a1,a2;                  // 数据输入端
  output wire [3:0] y1,y2;
```

```
  // 数据流描述,应用条件操作符
  assign y1 = (!g1_n)? ~a1 : 4'bz;      // 第 1 组 4 位三态反相器
  assign y2 = (!g2_n)? ~a2 : 4'bz;      // 第 2 组 4 位三态反相器
endmodule
```

74HC245 为 8 位双向驱动器,逻辑功能如表 4-7 所示。

表 4-7 74HC245 逻辑功能

输入		输入/输出	
OE′	DIR	A_n	B_n
0	0	$A=B$	输入
0	0	输入	$B=A$
1	×	z	z

【例 4-12】 74HC245 的逻辑描述。

```
module HC245(port_a,port_b,dir,oe_n);
  input dir,oe_n;
  inout reg [7:0] port_a,port_b;
  // 组合逻辑过程,功能描述
  always @( port_a,port_b,dir,oe_n )
    if ( !oe_n )
      if ( dir == 1'b0 )
        begin port_a <= port_b; port_b <= 8'bz; end
      else
        begin port_b <= port_a; port_a <= 8'bz; end
      else
        begin port_a <= 8'bz; port_b <= 8'bz; end
endmodule
```

4.1.7 奇偶校验器

奇偶校验是并行通信中最基本的检错方法,分为奇校验和偶校验两种。

奇偶校验的原理是在发送端,根据 n 位数据产生 1 位校验码,使发送的 1 位校验码 $+n$ 位数据中 1 的个数为奇/偶数;在接收端,检查每个接收到的 $n+1$ 位数据中 1 的个数是否仍然为奇/偶数,从而判断信息在传输过程中是否发生了错误。其中,$n+1$ 位数据中 1 的个数为奇数的称为奇校验;为偶数的称为偶校验。相应地,产生奇偶校验码和进行奇偶检测的器件称为奇偶校验器。

一般地,n 位奇/偶校验器的逻辑函数表达式分别为

$$Y_{\text{ODD}}=(D_{n-1}\oplus D_{n-2}\oplus\cdots\oplus D_1\oplus D_0)'$$

$$Y_{\text{EVEN}}=D_{n-1}\oplus D_{n-2}\oplus\cdots\oplus D_1\oplus D_0$$

其中,$D_{n-1}D_{n-2}\cdots D_1D_0$ 表示 n 位数据;Y_{ODD} 和 Y_{EVEN} 分别为产生的奇/偶校验码或奇/偶校验结果。

74LS280 是集成奇偶校验发生/校验器,能够根据输入的 8/9 位数据产生 1 位偶校验码

(∑ODD)和奇校验码(∑EVEN),满足单字节数据的检测要求。74LS280 逻辑功能如表 4-8 所示。

表 4-8　74LS280 逻辑功能

9 位输入数据中 1 的个数	输　　出	
	偶校验码	奇校验码
0,2,4,6,8	0	1
1,3,5,7,9	1	0

【例 4-13】　74LS280 的功能描述。

```
module LS280 (din,y_odd,y_even);
  input [8:0] din;                        // 9 位输入数据
  output wire y_odd,y_even;               // 奇校验码,偶校验码
  // 数据流描述
  assign y_odd = ~(^din);                 // 奇校验码输出
  assign y_even = ^din;                   // 偶校验码输出
endmodule
```

4.2　常用时序逻辑器件的描述

4.2a
微课视频

时序逻辑电路任意时刻的输出不但与当时的输入信号有关,而且与电路的状态也有关系。时序逻辑器件分为寄存器和计数器两种类型,两者均以存储电路为核心。

4.2.1　触发器

4.2b
微课视频

锁存器和触发器是时序逻辑电路中两种最基本的存储电路。锁存器是电平敏感器件,在时钟脉冲的有效电平期间工作;而触发器是边沿触发器件,只在时钟脉冲的有效沿瞬间更新状态。

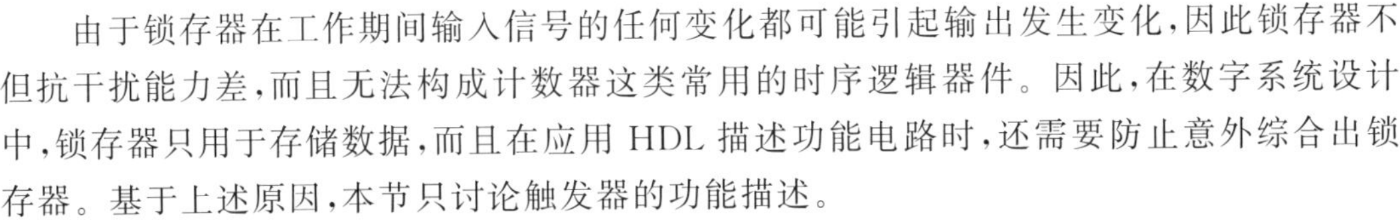

由于锁存器在工作期间输入信号的任何变化都可能引起输出发生变化,因此锁存器不但抗干扰能力差,而且无法构成计数器这类常用的时序逻辑器件。因此,在数字系统设计中,锁存器只用于存储数据,而且在应用 HDL 描述功能电路时,还需要防止意外综合出锁存器。基于上述原因,本节只讨论触发器的功能描述。

触发器分为脉冲触发器和边沿触发器两大类,其中脉冲触发器已经淘汰,目前广泛应用性能更优的边沿触发器。触发器分为 SR 触发器、D 触发器和 JK 触发器 3 种类型。D 触发器功能简单,应用方便,而且可以通过不同的外接方式实现 SR 触发器和 JK 触发器。因此,本节只讨论 D 触发器。

为了使用灵活方便,商品化的 D 触发器附有复位端。复位的作用是迫使时序电路在加电时内部各寄存器进入预先设定的状态,或者当电路受到外界干扰发生状态紊乱时,通过复位使电路内部各个寄存器返回初始状态。

复位分为异步复位和同步复位两种类型。异步复位与时钟无关,其中作用时间和恢复

时间不受时钟的控制，当复位信号有效时，能够立即将触发器复位。用 always 语句描述时，需要将异步复位信号列入 always 语句的事件列表中，当复位有效时，立即执行指定的操作。

描述低电平异步复位、上升沿工作的边沿 D 触发器的 Verilog 代码参考如下。

```
module dff_async_rst( clk,rst_n,d,q );
  input clk,rst_n,d;
  output reg q;
  // 功能描述
  always @( posedge clk or negedge rst_n )
    if (!rst_n)                        // 复位信号有效
      q <= 1'b0;
    else
      q <= d;
endmodule
```

同步复位受时钟的控制。当复位信号有效时，只有等到时钟脉冲的有效沿到来才能将触发器复位。用 always 语句描述时，只需要在 always 语句的事件列表中检测时钟脉冲的有效沿，在过程体内部检测复位信号是否有效。

描述低电平同步复位、上升沿工作的边沿 D 触发器的 Verilog 代码参考如下。

```
module dff_sync_rst( clk,rst_n,d,q );
  input clk,rst_n,d;
  output reg q;
  // 功能描述
  always @( posedge clk )
    if ( !rst_n )
      q <= 1'b0;
    else
      q <= d;
endmodule
```

上述两段代码综合出的触发器如图 4-1 所示，是应用 Quartus Prime 内嵌的通用 D 触发器 IP 定制而成的。

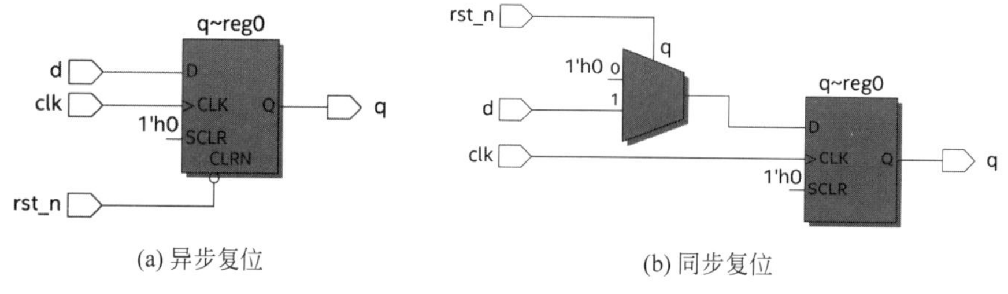

(a) 异步复位　　(b) 同步复位

图 4-1　D 触发器综合电路

由于直接应用触发器 IP 的复位端实现异步复位，如图 4-1(a)所示，复位信号不需要参与到输入电路中，因此异步复位的速度很快。但是，应用异步复位的最大问题在于复位信号的恢复时刻(从有效转为无效)不受时钟控制。如果复位信号恰好在时钟脉冲的有效沿附近恢复，那么就可能导致触发器进入亚稳态（非 0 非 1 的不确定状态），从而影响系统工作的可靠性。另外，异步复位信号上的毛刺还容易触发系统异常复位。

同步复位信号有效后，只有当时钟脉冲的有效沿到来时才能实现复位，因此应用同步复位能够设计出完全同步的时序逻辑电路，而且复位信号上的毛刺对系统产生干扰的概率也很小。也正因为同步电路有这样的优点，在许多应用系统中，可以将组合输出改为时序输出，应用同步时序逻辑消除竞争-冒险，提高输出信号的可靠性。但是，采用同步复位的最大问题在于复位依赖时钟脉冲，如果没有时钟则不能复位。另外，同步复位会延迟复位信号的作用时间，如图 4-1(b)所示，因而会降低系统的复位速度。

基于上述分析，在数字系统设计中，应尽量避免使用纯异步复位电路，建议应用异步复位、同步释放改进电路的输出作为系统的复位信号，同时兼有异步复位与同步复位的优点。具体的改进方法将在 7.3.4 节中讲述。

4.2.2 寄存器

寄存器由锁存器/触发器构成，用于存储一组二值信息，有 4 位和 8 位等多种类型。

74HC573 是 8 位三态寄存器，内部由 D 锁存器构成，在微处理器/控制器系统中用于数据或者地址信号的锁定。

74HC573 逻辑功能如表 4-9 所示，其中 OE′为输出允许（Output Enable）端（低电平有效），LE 为锁存允许（Latch Enable）端（高电平有效），D 为数据输入端，Q_0 表示保持原状态不变。

表 4-9　74HC573 逻辑功能

输　入			输　出
OE′	LE	D	Q
0	1	1	1
0	1	0	0
0	0	×	Q_0
1	×	×	z

【例 4-14】　74HC573 的功能描述。

```
module HC573(d,le,oe_n,q);
  input [7:0] d;
  input le,oe_n;
  output wire [7:0] q;
  // 内部变量定义
  reg [7:0] qtmp;
  // 三态输出描述
  assign q = (!oe_n)? qtmp : 8'bz;
  // 锁存过程
  always @( d, le )
    if ( le ) qtmp <= d;
endmodule
```

74HC574是8位三态寄存器，内部由D触发器构成，与74HC573作用类似，在微处理器/控制器系统中用于数据或者地址信号的锁定。

74HC574逻辑功能如表4-10所示，其中CLK表示时钟脉冲，Q_0表示保持原值不变。

表4-10 74HC574逻辑功能

输入			输出
OE′	CLK	D	Q
0	↑	1	1
0	↑	0	0
0	0	×	Q_0
1	×	×	z

【例4-15】 74HC574的功能描述。

```
module HC574(d,clk,oe_n,q);
  input [7:0] d;
  input clk,oe_n;
  output wire [7:0] q;
  // 内部变量定义
  reg [7:0] qtmp;
  // 三态输出描述
  assign q = (!oe_n)? qtmp : 8'bz;
  // 锁存过程
  always @(posedge clk)
    qtmp <= d;
endmodule
```

移位寄存器是在寄存器的基础上通过改进具有数据移位功能。

74HC194是4位双向移位寄存器，具有异步复位、同步左移/右移、并行输入和保持功能4种功能。74HC194逻辑功能如表4-11所示。

表4-11 74HC194逻辑功能

输入				功能说明	
CLK	R'_D	S_1	S_0	功能	说明
×	0	×	×	复位	$Q_0Q_1Q_2Q_3=0000$
↑	1	0	0	保持	$Q_0^*Q_1^*Q_2^*Q_3^*=Q_0Q_1Q_2Q_3$
↑	1	0	1	右移	$Q_0^*Q_1^*Q_2^*Q_3^*=D_{IR}Q_0Q_1Q_2$
↑	1	1	0	左移	$Q_0^*Q_1^*Q_2^*Q_3^*=Q_1Q_2Q_3D_{IL}$
↑	1	1	1	并行输入	$Q_0^*Q_1^*Q_2^*Q_3^*=D_0D_1D_2D_3$

【例4-16】 74HC194的功能描述。

```
module HC194( clk,rd_n,s,din,dil,dir,q );
  input clk,rd_n,dil,dir;
  input [0:3] din;
  input [1:0] s;
```

```
    output reg [0:3] q;
    // 功能描述
    always @( posedge clk or negedge rd_n )
      if ( !rd_n )
        q <= 4'b0000;
      else
        case (s)
          2'b01: q[0:3] <= {dir,q[0:2]};          // 右移
          2'b10: q[0:3] <= {q[1:3],dil};          // 左移
          2'b11: q <= din;                        // 并行输入
         default: q <= q;                         // 保持
      endcase
  endmodule
```

4.2.3 计数器

计数器是应用最广泛的时序逻辑器件，分为同步计数器和异步计数器两大类。集成计数器根据计数的容量又可分为二进制和十进制计数器两种类型，根据计数方式又可分为加法、减法和加/减计数器 3 种类型。

74HC160/162 为常用的同步十进制计数器，74HC161/163 为常用的同步十六进制计数器。74HC160/161/162/163 的引脚排列完全相同，不同的是，74HC160/161 具有异步复位功能，具体逻辑功能如表 4-12 所示；74HC162/163 具有同步复位功能，具体逻辑功能如表 4-13 所示。

表 4-12　74HC160/161 逻辑功能

<table>
<tr><th colspan="5">输　　入</th><th colspan="3">功能说明</th></tr>
<tr><th>CLK</th><th>R'_D</th><th>LD′</th><th>EP</th><th>ET</th><th>功能</th><th colspan="2">说　　明</th></tr>
<tr><td>×</td><td>0</td><td>×</td><td>×</td><td>×</td><td>异步复位</td><td colspan="2">$Q_3Q_2Q_1Q_0=0000$</td></tr>
<tr><td>↑</td><td>1</td><td>0</td><td>×</td><td>×</td><td>同步置数</td><td colspan="2">$Q_3^*Q_2^*Q_1^*Q_0^*=D_3D_2D_1D_0$</td></tr>
<tr><td>×</td><td>1</td><td>1</td><td>0</td><td>1</td><td rowspan="2">保持</td><td rowspan="2">$Q^*=Q$</td><td>C 保持</td></tr>
<tr><td>×</td><td>1</td><td>1</td><td>×</td><td>0</td><td>$C=0$</td></tr>
<tr><td>↑</td><td>1</td><td>1</td><td>1</td><td>1</td><td>计数</td><td colspan="2">$Q^*\leftarrow Q+1$</td></tr>
</table>

表 4-13　74HC162/163 逻辑功能

<table>
<tr><th colspan="5">输　　入</th><th colspan="3">功能说明</th></tr>
<tr><th>CLK</th><th>CLR′</th><th>LD′</th><th>EP</th><th>ET</th><th>功能</th><th colspan="2">说　　明</th></tr>
<tr><td>↑</td><td>0</td><td>×</td><td>×</td><td>×</td><td>同步复位</td><td colspan="2">$Q_3^*Q_2^*Q_1^*Q_0^*=0000$</td></tr>
<tr><td>↑</td><td>1</td><td>0</td><td>×</td><td>×</td><td>同步置数</td><td colspan="2">$Q_3^*Q_2^*Q_1^*Q_0^*=D_3D_2D_1D_0$</td></tr>
<tr><td>×</td><td>1</td><td>1</td><td>0</td><td>1</td><td rowspan="2">保持</td><td rowspan="2">$Q^*=Q$</td><td>C 保持</td></tr>
<tr><td>×</td><td>1</td><td>1</td><td>×</td><td>0</td><td>$C=0$</td></tr>
<tr><td>↑</td><td>1</td><td>1</td><td>1</td><td>1</td><td>计数</td><td colspan="2">$Q^*\leftarrow Q+1$</td></tr>
</table>

【例 4-17】 74HC160 的功能描述。

```
module HC160(clk,rd_n,ld_n,ep,et,d,q,co);
  input clk;
  input rd_n,ld_n,ep,et;
  input [3:0] d;
  output reg [3:0] q;
  output wire co;
  // 进位逻辑
  assign co = (( q == 4'b1001 ) & et );
  // 计数过程
  always @( posedge clk or negedge rd_n )
    if ( !rd_n )
      q <= 4'b0000;
    else if ( !ld_n )
      q <= d;
    else if ( ep & et )
      if ( q == 4'b1001 )
        q <= 4'b0000;
      else
        q <= q + 1'b1;
endmodule
```

【例 4-18】 74HC163 的功能描述。

```
module HC163(clk,clr_n,ld_n,ep,et,d,q,co);
  input clk,clr_n,ld_n,ep,et;
  input [3:0] d;
  output reg [3:0] q;
  output wire co;
  // 进位逻辑
  assign co = ((q == 4'b1111 ) & et );
  // 计数过程
  always @(posedge clk )
    if ( !clr_n )
      q <= 4'b0000;
    else if ( !ld_n )
      q <= d;
    else if ( ep & et )
      q <= q + 1'b1;
endmodule
```

加/减计数器在时钟脉冲下既能实现加法计数，也能实现减法计数，分为单时钟和双时钟两种类型。单时钟加/减计数器的计数方式由计数方向控制端(U'/D)控制，双时钟加/减计数器则通过不同的时钟输入控制加法计数和减法计数。

74HC191 是单时钟 16 进制加/减计数器，逻辑功能如表 4-14 所示，其中 U'/D 为计数方式控制端，当 $U'/D=0$ 时实现加法计数，$U'/D=1$ 时实现减法计数。在进行加法计数时，在状态 1111 输出进位信号；在进行减法计数时，在状态 0000 输出借位信号。

表 4-14 74HC191 逻辑功能

输 入				功能说明	
CLK_I	S'	LD'	U'/D	功能	说 明
×	×	0	×	异步置数	$Q_3Q_2Q_1Q_0=D_3D_2D_1D_0$
×	1	1	×	保持	$Q^*=Q$
↑	0	1	0	加法计数	$Q^*\leftarrow Q+1$
↑	0	1	1	减法计数	$Q^*\leftarrow Q-1$

【例 4-19】 74HC191 的功能描述。

```
module HC191(clk,s_n,ld_n,und,d,q,ocb);
  input clk,s_n,ld_n,und;
  input [3:0] d;
  output reg [3:0] q;
  output wire ocb;
  // 进位和借位逻辑
  assign ocb = (~und &( q == 4'b1111 )) | ( und &(q == 4'b0000));
  // 计数过程
  always @(posedge clk or negedge ld_n)
    if ( !ld_n )
      q <= d;
    else if ( !s_n )
      if ( !und )
        q <= q + 1'b1;
      else
        q <= q - 1'b1;
endmodule
```

4.3 分频器的设计及应用

4.3a 微课视频

分频器是一种时序逻辑电路,用于降低信号的频率。

设分频器时钟信号的频率为 f_{clk},分频输出信号的频率为 f_{fpout},则 N 分频器输出信号的频率与时钟信号频率之间的关系为

4.3b 微课视频

$$f_{fpout}=\frac{f_{clk}}{N}$$

其中,N 为分频系数。

通用 N 分频器的实现方法:应用 N 进制计数器,将待分频的信号作为计数器的时钟脉冲,分频信号作为输出。设 M 为 $1\sim(N-1)$的任意整数,在计数器从 0 计到 $M-1$ 期间,设置分频信号输出为低(或高)电平,再从 M 计到 $N-1$ 期间,设置分频信号输出为高(或低)电平。M 的具体数值根据分频输出信号的占空比要求进行调整。

4.3c 微课视频

【例 4-20】 通用 N 分频器的功能描述。

4.3d 微课视频

```
module fp_N ( clk,en,N,M,fp_out );
  input clk,en;                    // en 为分频器控制(enable)信号,高电平有效
  input [11:0] N;                  // 分频系数 N,定义为 12 位时最大分频系数为 4095
```

```
    input [11:0] M;                         // 高低电平分界设置,根据需要可在 1~4095 调整
    output wire fp_out;                     // 分频输出信号
    // 内部计数变量定义
    reg [11:0] cnt;                         // 容量应满足 2ⁿ≥N
    // PWM 输出
    assign fp_out = ( cnt < M ) ? 1'b0 : 1'b1;
    // 分频过程
    always @( posedge clk )
      if ( !en )                            // 控制信号无效时
        cnt <= 12'b0;
      else if ( cnt < N - 1 )
        cnt <= cnt + 1'b1;
      else
        cnt <= 12'b0;
endmodule
```

通用分频器是实现脉冲宽度调制(Pulse Width Modulation,PWM)的基础,改变 M 的取值,即可以改变输出信号的占空比。

取 $N=11,M=7$ 时,通用分频器的仿真结果如图 4-2 所示。

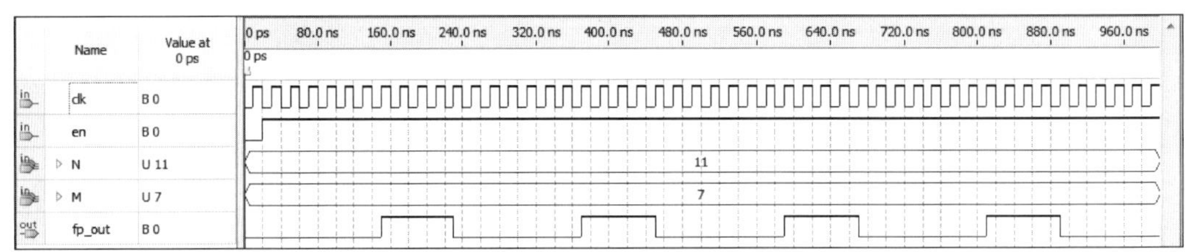

图 4-2 通用分频器仿真波形

根据分频系数 N 的特点,可以将分频器分为偶分频器、奇分频器和半整数分频器 3 种类型。

4.3.1 偶分频器设计

偶分频器的分频系数 N 为偶数。

输出为方波的偶分频器除了应用例 4-20 的通用分频器,取 $M=N/2$ 的实现方法之外,还有另一种实现方法:应用 $N/2$ 进制计数器,将待分频的信号作为计数器的时钟脉冲,分频信号作为输出。每当计数器计满 $N/2$ 个脉冲时,控制分频输出信号翻转,同时将计数器清零,在下次时钟到来时重新开始计数。如此循环反复,可以实现任意偶数分频。

【例 4-21】 偶分频器的功能描述。

```
module fp_even( clk,en,N_even,fp_out );
    input clk,en;                           // en 为分频器控制(enable)信号,高电平有效
    input [11:0] N_even;                    // 偶分频系数 N,定义 12 位时最大分频系数为 4094
    output reg fp_out;                      // 分频信号输出
    // 内部计数变量定义
    reg [11:0] cnt;                         // 容量应满足 2ⁿ≥(N/2)
```

```
  // 分频过程
  always @ ( posedge clk )
    if ( !en )                              // 控制信号无效时
      begin cnt <= 12'b0; fp_out <= 1'b0; end
    else
      if ( cnt <( N_even/2 - 1 ))
        cnt <= cnt + 1'b1;
      else
        begin cnt <= 12'b0; fp_out <= ~fp_out; end
endmodule
```

取 N_even=10 时，偶分频器的仿真结果如图 4-3 所示。

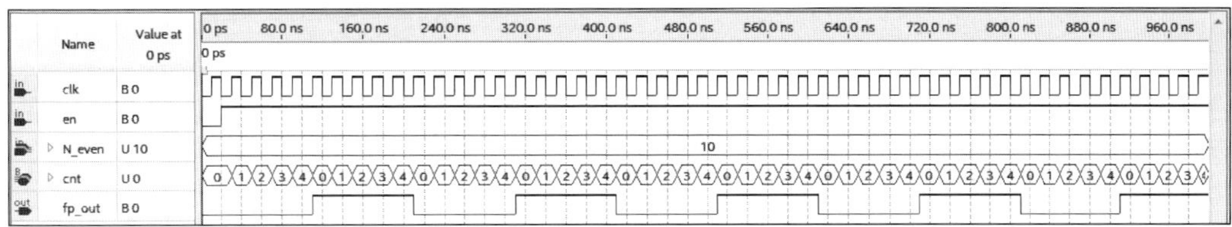

图 4-3　偶分频器仿真波形

4.3.2 奇分频器设计

奇分频器的分频系数 N 为奇数。

如果不要求分频输出信号为方波，则奇分频同样可以用例 4-20 的通用分频器实现。如果要求分频输出信号为方波，则奇分频器的设计相对复杂一些。具体设计方法：应用两个 N 进制计数器，将待分频的信号作为计数器的时钟脉冲，分别在时钟脉冲的上升沿和下降沿进行 N 进制计数。当计数器从 0 计到 $(N-1)/2$ 时分频输出为低电平，再从 $(N+1)/2$ 计到 $N-1$ 时分频输出为高电平，分别得到两个占空比非 50% 的分频信号，然后将两个分频输出信号相或，即可得到方波信号。

【例 4-22】　奇分频器的功能描述。

```
module fp_odd(clk,en,N_odd,fp_out);
  input clk,en;                         // en 为分频器控制信号,高电平有效
  input [11:0] N_odd;                   // 奇分频系数 N,定义为 12 位最大分频系数为 4095
  output wire fp_out;
  // 内部线网和变量定义
  reg [11:0] cnt1,cnt2;                 // n 位计数器,计数容量应满足 2^n>N
  (* synthesis,probe_port,keep *) wire fp1,fp2;
  // 输出逻辑描述
  assign fp1 = (cnt1 <= (N_odd - 1)/2)? 0:1;
  assign fp2 = (cnt2 <= (N_odd - 1)/2)? 0:1;
  assign fp_out = fp1 | fp2;
  // 上升沿计数过程
  always @(posedge clk)
    if (!en)
```

```
        cnt1 <= 12'b0;
      else if (cnt1 < N_odd - 1 )
            cnt1 <= cnt1 + 1'b1;
        else
            cnt1 <= 12'b0;
  // 下降沿计数过程
  always @ (negedge clk)
    if (!en)
        cnt2 <= 12'b0;
      else if (cnt2 < N_odd - 1 )
            cnt2 <= cnt2 + 1'b1;
        else
            cnt2 <= 12'b0;
endmodule
```

上述代码中的(* synthesis,probe_port,keep *)为 Quartus Prime 属性语句,告诉综合器在进行综合时保留(Keep)内部线网 fp1 和 fp2,不要优化,从而使 fp1 和 fp2 能够出现在仿真信号列表中。

取 N_odd=11 时,奇分频器的仿真结果如图 4-4 所示。

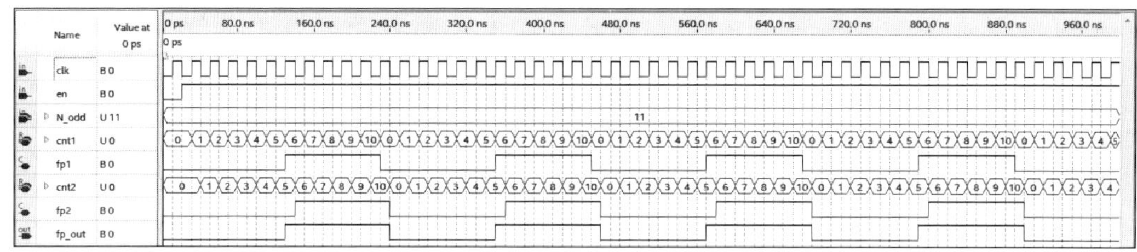

图 4-4 奇分频器仿真波形

4.3.3 半整数分频器设计

半整数分频器是指分频系数为整数一半(如 10.5)的分频器。

半整数分频器原理电路如图 4-5 所示,其中 N_counter 模块为上升沿工作的 N 进制计数器,co 为其进位信号。

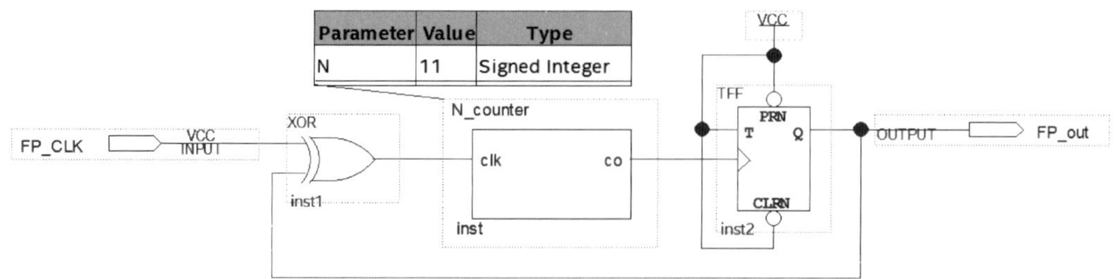

图 4-5 半整数分频器原理电路

半整数分频器的工作原理:计数开始前先将 T 触发器的状态清零,经过异或门控制 N 进制计数器 N_counter 的时钟脉冲为外部时钟信号 FP_CLK,因此 N 进制计数器将在时钟脉冲的上升沿计数。每当 N 进制计数器计到最后一个状态时，co 跳变为高电平，导致 T 触发器状态翻转，Q 输出为高电平，经过异或门后控制计数器 N_counter 的时钟信号转换为 FP_CLK′，因此计数器将在下次时钟脉冲 FP_CLK 的下降沿计数，使 N 进制计数器的最后一个状态只有半个脉冲周期，因此分频输出信号 FP_out 的周期为外部时钟 FP_CLK 周期的 $N-0.5$ 倍。

按照原理电路，描述分频系数为 10.5 的半分频器的 Verilog 参考代码如下。

```
module fp10p5(clk,fp_out);
  input clk;
  output wire fp_out;
  // 内部变量和线网定义
  reg [3:0] cnt;
  (* synthesis,probe_port,keep *) wire co;
  reg q;
  wire cnt_clk;
  // 描述异或门和输出
  assign cnt_clk = clk ^ q;
  // 描述输出
  assign fp_out = q;
  // 描述十一进制计数器
  assign co = ( cnt == 4'd10 );          // 进位信号
  always @( posedge cnt_clk )            // 计数逻辑
    if ( cnt == 4'd10 )
      cnt <= 4'd0;
    else
      cnt <= cnt + 1'b1;
  // 描述 T'触发器
  always @( posedge co )
    q <= ~q ;
endmodule
```

上述代码的仿真结果如图 4-6 所示。

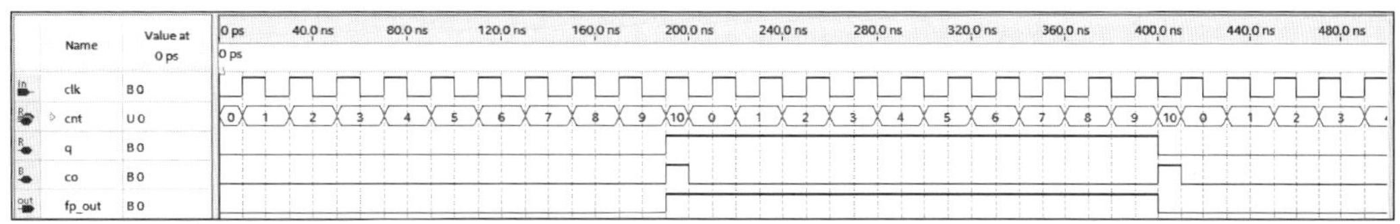

图 4-6 半整数分频器仿真波形

应用半整数分频器级联一位二进制计数器可以得到输出为方波的奇分频器。例如，用分频系数为 10.5 的半整数分频器驱动 T'触发器即可得到 21 分频器。

4.3.4 分频器的应用

分频器在电子系统中应用广泛。例如，要使用逻辑电路控制直流电机的速度，通常采用如图 4-7 所示的脉冲周期固定、占空比可调的 PWM 信号，应用如图 4-8 所示的驱动电路控制直流电机的转速，其中 SSR 为固态继电器(Solid State Relay)，而 PWM 信号则基于例 4-20

所示的通用分频器实现。

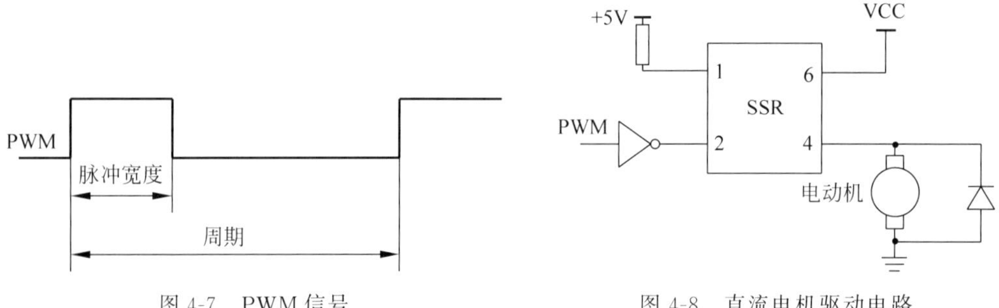

图 4-7　PWM 信号　　图 4-8　直流电机驱动电路

应用 PWM 控制电机转速的原理：PWM 输出脉冲的平均直流量与占空比成正比。PWM 信号的占空比越大，电机得到的平均电流量越大，电机的转速就越高。所以，只需要改变 PWM 信号的占空比，就可以调节电机的转速。

【例 4-23】　设计输出频率为 2kHz，占空比为 0～100%可调 PWM 信号的应用电路。要求占空比的分辨率为 1%。

分析　要求 PWM 的占空比在 0～100%可调，分辨率为 1%时，应有 101 种控制字。若用复位信号控制占空比为 1，用 100 进制 BCD 码计数器控制实现占空比为 0～99%时，刚好能够满足分辨率要求。

将开发板提供的 50MHz 晶振信号分频至 2kHz，则分频计数器的计数容量应为

$$\frac{50\times 10^6}{2\times 10^3}=25000$$

要产生 101 种占空比，则需要将计数器的容量等分为 100 份，每份应占 25000/100＝250 个计数值。当分频计数器的计数值小于(占空比的数值×250)时，PWM 输出为高电平，否则输出为低电平。

根据上述分析，产生频率为 2kHz，占空比满足设计要求的 PWM 信号的模块 Verilog 参考代码如下。

```
module pwm_N(clk_50,clr_n,BCDduty,pwm);
  input clk_50;                          // 50MHz 晶振输入
  input clr_n;                           // 复位信号,低电平有效
  input [7:0] BCDduty;                   // 2 位 BCD 码表示的占空比值
  output reg pwm;                        // 输出的 PWM 信号
  // 参数定义
  parameter N = 25000,M = 250;
  // 内部线网和变量定义
  reg [14:0] cnt_q;                      // 15 位计数器,其中 2^15 = 32768 > N( = 25000)
  wire [6:0] duty;                       // 7 位二进制数表示的占空比
  // 将 BCD 码表示的占空比转换为二进制数表示的占空比: 高位 BCD 码 × 10 + 低位 BCD 码
  assign duty = (BCDduty[7:4] << 3) + (BCDduty[7:4] << 1) + BCDduty[3:0];
  // 分频计数过程
  always @ ( posedge clk_50 or negedge clr_n )
```

```
    if ( !clr_n )
      cnt_q <= 15'b0;
    else if ( cnt_q == N-1)
      cnt_q <= 15'b0;
    else
      cnt_q <= cnt_q + 1'b1;
  // PWM 输出逻辑
  always @( clr_n,duty,cnt_q )
    if ( !clr_n )
      pwm = 1'b1;
    else if ( cnt_q<duty*M )
      pwm = 1'b1;
    else
      pwm = 1'b0;
endmodule
```

将上述代码经编译与综合后封装成原理图符号，并新建工程，嵌入逻辑分析仪进行测试。若设计每个 PWM 周期采样 100 个点，共采集 10 个周期，则应设置逻辑分析仪时钟频率为 2k×100=200kHz，设置采样深度为 10×100=1k。设置占空比分别为 25%、50%和 75%进行测试，分析结果如图 4-9 所示。

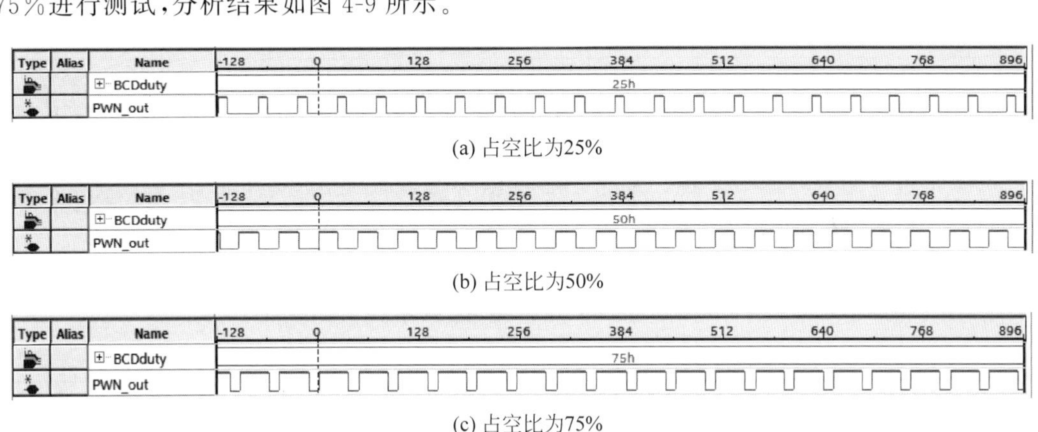

(a) 占空比为25%

(b) 占空比为50%

(c) 占空比为75%

图 4-9　PWM 逻辑分析结果

若用 PWM 信号驱动 EDA 开发板上的发光二极管，则能够根据占空比的大小调节发光二极管的亮度。另外，还可以应用 3 组 PWM 信号控制一组红、绿、蓝三基色发光二极管，通过不同占空比的组合调节灯光的色调和亮度。

如果控制 PWM 信号的占空比按正弦规律变化，然后将输出的 PWM 信号经低通滤波后，能够还原为正弦模拟信号，因此 PWM 还具有 D/A 转换功能。这些扩展应用留给读者思考和练习。

利用不同分频系数的分频器能够产生不同频率信号的功能，还可以应用分频器设计音乐播放器或实现电子琴。

【例 4-24】　设计数控分频器，能够产生音乐中的音调。

分析　乐曲由音符构成，而音符有音调和时长两个基本要素。音调是指声音频率的高低，表示人的听觉能够分辨声音高低的程度。

十二平均律是把两倍音程(f_0～$2f_0$)几何平均分成12个半音的音律体制，两个相邻半音之间的频率之比为$\sqrt[12]{2}\approx1.0594631$。国际标准音规定，钢琴小字1组a音的频率为440Hz，因此，根据频率的比例关系，可以推算出所有音调的频率。

钢琴键盘上的小字组和小字1～3组的音调名和频率如表4-15所示。

表4-15　小字各组音调的频率

唱名	小字组		小字1组		小字2组		小字3组	
	音调名	频率/Hz	音调名	频率/Hz	音调名	频率/Hz	音调名	频率/Hz
do	C	130.81	C1	261.63	C2	523.25	C3	1046.50
	$C^{\#}/D^{b}$	138.59	$C1^{\#}/D1^{b}$	277.18	$C2^{\#}/D2^{b}$	554.37	$C3^{\#}/D3^{b}$	1108.73
re	D	146.83	D1	293.66	D2	587.33	D3	1174.66
	$D^{\#}/E^{b}$	155.56	$D1^{\#}/E1^{b}$	311.13	$D2^{\#}/E2^{b}$	622.25	$D3^{\#}/E3^{b}$	1244.51
mi	E	164.81	E1	329.63	E2	659.26	E3	1318.51
fa	F	174.61	F1	349.23	F2	698.46	F3	1396.91
	$F^{\#}/G^{b}$	185.00	$F1^{\#}/G1^{b}$	369.99	$F2^{\#}/G2^{b}$	739.99	$F3^{\#}/G3^{b}$	1479.98
sol	G	196.00	G1	392.00	G2	783.99	G3	1567.98
	$G^{\#}/A^{b}$	207.65	$G1^{\#}/A1^{b}$	415.30	$G2^{\#}/A2^{b}$	830.61	$G3^{\#}/A3^{b}$	1661.22
la	A	220	A1	440	A2	880	A3	1760
	$A^{\#}/B^{b}$	233.08	$A1^{\#}/B1^{b}$	466.16	$A2^{\#}/B2^{b}$	932.33	$A3^{\#}/B3^{b}$	1864.66
si	B	246.94	B1	493.88	B2	987.77	B3	1975.53

音调可以应用分频器来实现。基于DE2-115开发板实现时，为了简化分频电路设计，首先定制锁相环ALTPLL(或者设计分频器)将板载的50MHz晶振信号分频为440kHz，然后再根据每个音调的频率值基于440kHz计算分频系数。

小字组和小字1～3组音调对应的(十六进制)分频系数值如表4-16所示。

表4-16　小字各组音调的分频系数值

唱名	小字组		小字1组		小字2组		小字3组	
	音调名	分频系数	音调名	分频系数	音调名	分频系数	音调名	分频系数
do	C	D24	C1	692	C2	349	C3	1A4
	$C^{\#}/D^{b}$	C67	$C1^{\#}/D1^{b}$	633	$C2^{\#}/D2^{b}$	31A	$C3^{\#}/D3^{b}$	18D
re	D	BB5	D1	5DA	D2	2ED	D3	177
	$D^{\#}/E^{b}$	B0C	$D1^{\#}/E1^{b}$	586	$D2^{\#}/E2^{b}$	2C3	$D3^{\#}/E3^{b}$	162
mi	E	A6E	E1	537	E2	29B	E3	14E
fa	F	9D8	F1	4EC	F2	276	F3	13B
	$F^{\#}/G^{b}$	94A	$F1^{\#}/G1^{b}$	4A5	$F2^{\#}/G2^{b}$	253	$F3^{\#}/G3^{b}$	129
sol	G	8C5	G1	462	G2	231	G3	119
	$G^{\#}/A^{b}$	847	$G1^{\#}/A1^{b}$	423	$G2^{\#}/A2^{b}$	212	$G3^{\#}/A3^{b}$	109
la	A	7D0	A1	3E8	A2	1F4	A3	0FA
	$A^{\#}/B^{b}$	760	$A1^{\#}/B1^{b}$	3B0	$A2^{\#}/B2^{b}$	1D8	$A3^{\#}/B3^{b}$	0EC
si	B	6F6	B1	37B	B2	1BD	B3	0DF

设计过程 从表4-16可以看出，小字组音调中最大分频系数为D24，小字3组音调中最小分频系数为0DF，因此数控分频器的分频系数应定义为12位二进制数。

新建工程，将例4-21所示的偶分频器和例4-22所示的奇分频器分别封装成原理图符号fp_even和fp_odd，然后设计分频器控制模块tone_ctrl，根据分频系数的奇偶性生成控制奇/偶分频器工作的控制(enable)信号。

控制模块tone_ctrl的Verilog描述代码参考如下。

```
module tone_ctrl(fpN,fp_even_en,fp_odd_en);
  input [11:0] fpN;
  output wire fp_even_en,fp_odd_en;
  // 控制逻辑描述
  assign fp_even_en = ( fpN == 12'b0 ) ? 0 : ~fpN[0];
  assign fp_odd_en = ( fpN == 12'b0 ) ? 0 : fpN[0];
endmodule
```

新建工程，将分频器控制模块tone_ctrl封装成原理图符号，并建立如图4-10所示的数控分频器顶层设计电路(tone_top.bsf)，用于产生音乐中的音调。

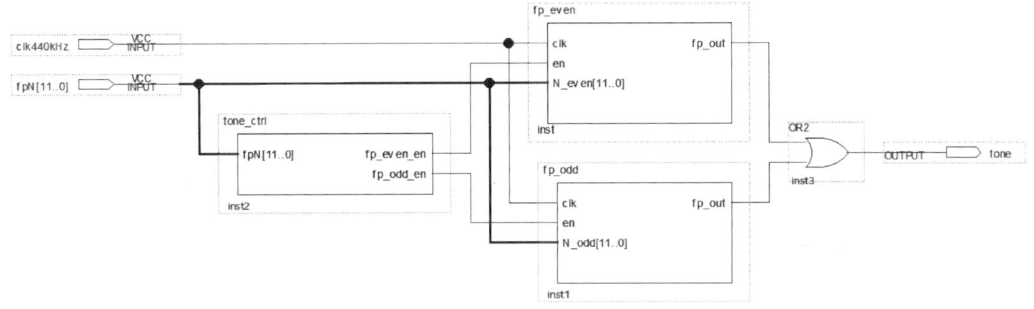

图4-10 数控分频器顶层设计电路

取fpN=10和11时，数控分频器的仿真结果如图4-11所示。可以看出，数控分频器功能正确。

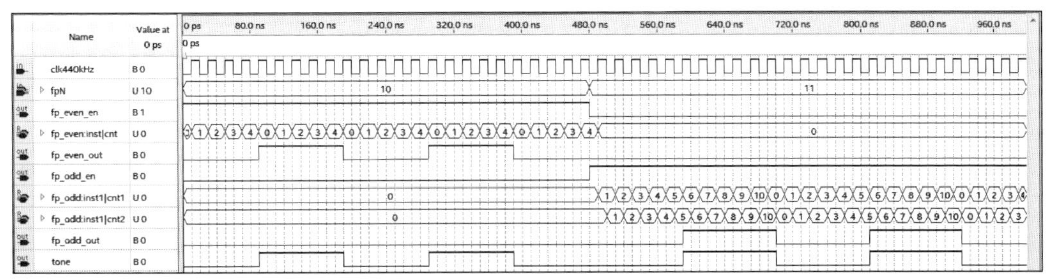

图4-11 数控分频器仿真波形

基于DE2-115开发板测试数控分频器时，12位二进制分频系数fpN可以通过开发板上的滑动开关SW11～SW0产生。如果改用独立按键(应用编码器)控制分频系数，可以实现简易电子琴；应用计算机键盘控制分频系数时，则可以实现键盘电子琴。

4.4a
微课视频

4.4b
微课视频

4.4c
微课视频

4.4d
微课视频

4.4 存储器及其应用

在数字系统设计中，经常需要用存储器保存数据。存储小容量数据，可以应用 FPGA 片内的逻辑资源或存储资源来实现；存储大容量数据，就需要在 FPGA 外部扩展存储芯片来实现。

存储器分为 ROM 和 RAM 两种基本类型。ROM 为只读存储器，用于存储固定不变的数据信息，分为单口 ROM 和双口 ROM 两种类型，如程序和数表。RAM 为随机存取存储器，所存储的数据能够随时被读取或更改，用于存储系统工作过程中产生的数据信息，分为单口 RAM、双口 RAM 和伪双端口 RAM 3 种类型。

除 ROM 和 RAM 之外，在数字系统设计中还经常应用一类特殊的存储器，称为 FIFO，具有先进先出的特性，用于串行数据的缓存和跨时钟域数据的传输。

4.4.1 ROM

ROM 本质上为组合逻辑电路。小容量的 ROM 可以直接应用 case 语句定义存储数据。例如，描述二进制显示译码的 16×7 位 ROM 的 Verilog 代码参考如下。

```
module rom_16x7b(bincode,oHex7);
  input [3:0] bincode;
  output reg [6:0] oHex7;
  // 显示译码逻辑描述
  always @( bincode )
    case ( bincode )                         // gfedcba，高电平有效
      4'b0000 : oHex7 = 7'b0111111;      // 显示 0
      4'b0001 : oHex7 = 7'b0000110;      // 显示 1
      4'b0010 : oHex7 = 7'b1011011;      // 显示 2
      4'b0011 : oHex7 = 7'b1001111;      // 显示 3
      4'b0100 : oHex7 = 7'b1100110;      // 显示 4
      4'b0101 : oHex7 = 7'b1101101;      // 显示 5
      4'b0110 : oHex7 = 7'b1111101;      // 显示 6
      4'b0111 : oHex7 = 7'b0000111;      // 显示 7
      4'b1000 : oHex7 = 7'b1111111;      // 显示 8
      4'b1001 : oHex7 = 7'b1101111;      // 显示 9
      4'b1010 : oHex7 = 7'b1110111;      // 显示 a
      4'b1011 : oHex7 = 7'b1111100;      // 显示 b
      4'b1100 : oHex7 = 7'b0111001;      // 显示 c
      4'b1101 : oHex7 = 7'b0011110;      // 显示 d
      4'b1110 : oHex7 = 7'b1111001;      // 显示 e
      4'b1111 : oHex7 = 7'b1110001;      // 显示 f
       default : oHex7 = 7'b0000000;     // 不显示
    endcase
endmodule
```

需要说明的是，用 case 语句定义存储数据的 ROM 应用 FPGA 内部的逻辑资源实现，适用于小型数表的存储。

【例 4-25】 设计数码序列控制电路，能够在单个数码管上依次循环显示自然数序列(0～9)、奇数序列(1、3、5、7、9)、音乐序列(0～7)和偶数序列(0、2、4、6、8)。

分析 自然数序列有 10 个数码，奇数序列和偶数序列分别有 5 个数码，音乐顺序有 8 个数码，一个完整的序列循环共有 28 个数码。因此，先描述 28×4 位 ROM，并应用 case 语句定义 28 个存储单元的数据为需要显示的序列 BCD 码，然后设计一个 28 进制计数器，将计数器的状态作为 ROM 的地址，驱动 ROM 输出 BCD 码序列，再应用显示译码器将 BCD 码序列译为七段码输出，驱动数码管显示相应的数字。

设计过程 描述序列控制电路的 Verilog HDL 代码参考如下。

```
module SEG_controller(iclk,rst_n,oseg7);
  input iclk,rst_n;
  output reg [6:0] oseg7;
  // 内部变量定义
  reg [4:0] cnt_q;
  reg [3:0] disp_bcd;
  // 时序逻辑过程，描述 28 进制计数器
  always @( posedge iclk or negedge rst_n )
    if ( !rst_n )
        cnt_q <= 5'd0;
    else if ( cnt_q == 5'd27 )
          cnt_q <= 5'd0;
        else
          cnt_q <= cnt_q + 1'b1;
  // 组合逻辑过程，定义显示序列 BCD 码
  always @( cnt_q )
    case( cnt_q )
      5'd0 : disp_bcd = 4'd0;
      5'd1 : disp_bcd = 4'd1;
      5'd2 : disp_bcd = 4'd2;
      5'd3 : disp_bcd = 4'd3;
      5'd4 : disp_bcd = 4'd4;
      5'd5 : disp_bcd = 4'd5;
      5'd6 : disp_bcd = 4'd6;
      5'd7 : disp_bcd = 4'd7;
      5'd8 : disp_bcd = 4'd8;
      5'd9 : disp_bcd = 4'd9;
      5'd10 : disp_bcd = 4'd1;
      5'd11 : disp_bcd = 4'd3;
      5'd12 : disp_bcd = 4'd5;
      5'd13 : disp_bcd = 4'd7;
      5'd14 : disp_bcd = 4'd9;
      5'd15 : disp_bcd = 4'd0;
      5'd16 : disp_bcd = 4'd1;
      5'd17 : disp_bcd = 4'd2;
      5'd18 : disp_bcd = 4'd3;
      5'd19 : disp_bcd = 4'd4;
```

```
      5'd20 : disp_bcd = 4'd5;
      5'd21 : disp_bcd = 4'd6;
      5'd22 : disp_bcd = 4'd7;
      5'd23 : disp_bcd = 4'd0;
      5'd24 : disp_bcd = 4'd2;
      5'd25 : disp_bcd = 4'd4;
      5'd26 : disp_bcd = 4'd6;
      5'd27 : disp_bcd = 4'd8;
     default : disp_bcd = 4'd0;
    endcase
  // 时序逻辑过程,显示译码输出
  always @ ( posedge iclk )
    case ( disp_bcd )
      4'd0 : oseg7 <= 7'b1000000; // 对应 gfedcba 段,低电平有效
      4'd1 : oseg7 <= 7'b1111001;
      4'd2 : oseg7 <= 7'b0100100;
      4'd3 : oseg7 <= 7'b0110000;
      4'd4 : oseg7 <= 7'b0011001;
      4'd5 : oseg7 <= 7'b0010010;
      4'd6 : oseg7 <= 7'b0000010;
      4'd7 : oseg7 <= 7'b1111000;
      4'd8 : oseg7 <= 7'b0000000;
      4'd9 : oseg7 <= 7'b0010000;
    default : oseg7 <= 7'b1111111;
     endcase
endmodule
```

一般地,通用 ROM 可以用寄存器数组描述,然后将定义存储数据的存储器初始化数据文件(.mif 或.hex)加载到寄存器数组中实现。

【例 4-26】 设计音乐播放器,能够在时钟脉冲的作用下播放乐曲。

分析 乐曲由音符构成,而音符有音调和时长两个基本要素。音调可以用例 4-24 所设计的数控分频器产生,时长由分频系数切换的间隔时间决定。将音调的分频系数和音符的时长数存入 ROM,然后在时钟脉冲的作用下控制分频器的输出,即可实现乐曲的自动播放。

设计过程 以播放如图 4-12 所示的舞剧《天鹅湖》场景音乐为例进行说明。

Swan Theme
from Swan Lake
Pyotr Ilyich Tchaikovsky (1840–1893)
Op. 20, Act II, No. 10
Moderato (♩ = 84)
p espress.
cresc.
f
ff

图 4-12 《天鹅湖》场景音乐乐谱

从乐谱可以看出，全曲有18个小节，共83个音符（包括休止符）。在乐曲前多加一个2分音起始休止符，将84个音符的分频系数和持续时间以“音符时长（用4位二进制数表示）+分频系数（用12位二进制数表示）”的格式存入84×16位ROM中，在时钟脉冲的作用下依次取出，控制数控分频器实现乐曲的演奏。

表示音符时长的数值按表4-17进行定义。由于乐谱中标记的演奏速度为每分钟84个4分音符，而一个4分音符的时长等于两个8分音符的时长，因此读取ROM中的数据需要使用84×2/60=2.8Hz的时钟信号。

表4-17 音符时长的定义

音符	符号	时长数值	音符	符号	时长数值
8分音符	♪	1	2分音符	𝅗𝅥	4
4分音符	♩	2	全音符	𝅝	8

Cyclone IV 系列FPGA内置锁相环能够输出信号的频率范围为2kHz～1000GHz，所以2.8Hz时钟信号只能应用分频器来实现。具体实现方法：先定制锁相环产生440kHz的信号，然后再用分频器将440kHz分频为2.8Hz。

将440kHz信号分频为2.8Hz的分频器描述代码参考如下。

```
module fp440k_2p8Hz (iclk440k, oclk2p8);
  input iclk440k;
  output wire oclk2p8;
  // 参数定义
  parameter N = 157143;                    // 注: 440kHz/2.8Hz≈157143
  // 内部计数变量定义
  reg [17:0] fp_cnt;                       // 18 位
  // 时钟输出,定义占空比(≈50%)
  assign oclk2p8 = ( fp_cnt <(N - 1)/2)) ? 0: 1;
  // 分频过程
  always @ ( posedge iclk440k )
    if ( fp_cnt == N - 1)
      fp_cnt <= 18'b0;
    else
      fp_cnt <= fp_cnt + 1'b1;
endmodule
```

在Quartus Prime主界面中，执行File→New菜单命令，弹出New对话框。选择Memory Files栏下的Memory Initialization File，新建扩展名为.mif的存储器初始化文件，弹出如图4-13(a)所示的参数设置对话框。

将对话框中默认的参数256和8分别修改为84和16，如图4-13(b)所示，表示建立84×16位的存储器初始化数据表，单击OK按钮，弹出存储器初始化数据页。

在Quartus Prime主界面中，执行View→Address Radix和Memory Radix菜单命令，将存储器地址和数据的基数修改为十六进制数，如图4-14所示，显示的存储器初始化文件数据页如图4-15(a)所示。

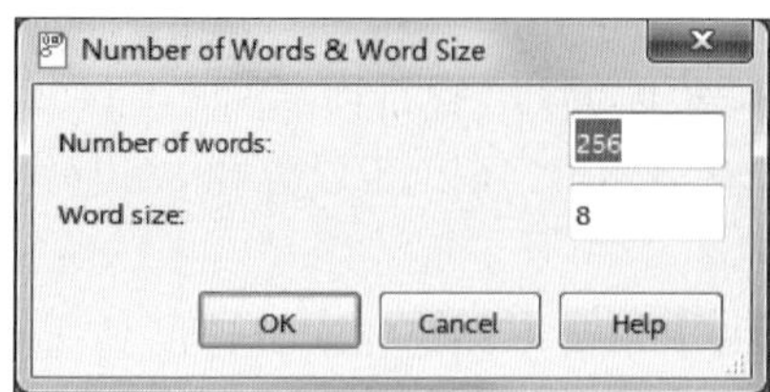

(a) 设置前

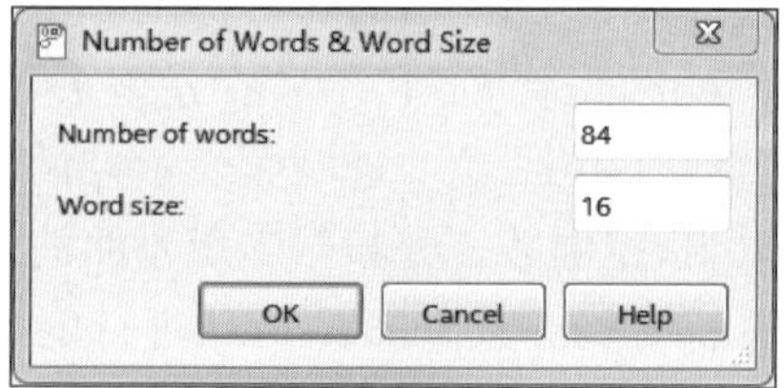

(b) 设置后

图 4-13 存储器参数设置对话框

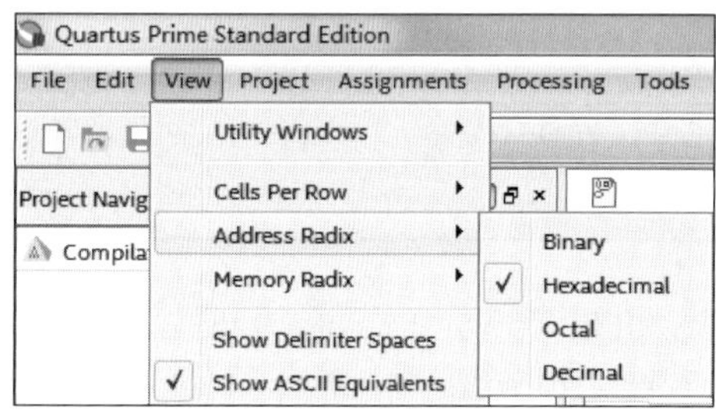

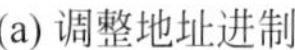

(a) 调整地址进制

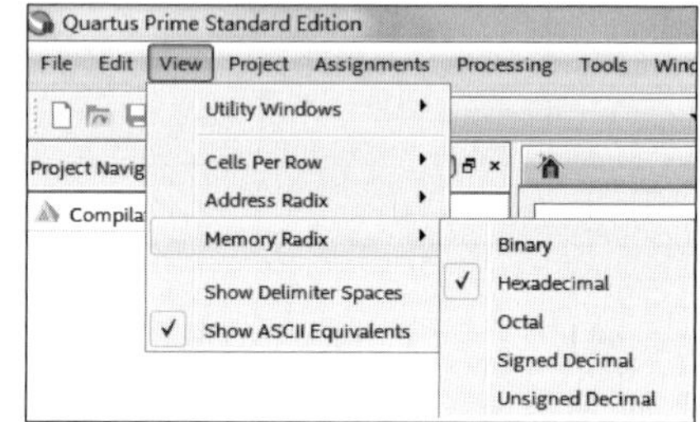

(b) 调整数据进制

图 4-14 调整存储器地址和数据进制

将乐曲的音符时长和分频系数按定义的格式依次填入初始化数据表中，如图 4-15(b)所示，保存文件名为 swanlake_scene_notes. mif。

Mif1.mif

Addr	+0	+1	+2	+3	+4	+5	+6	+7	ASCII
00	0000	0000	0000	0000	0000	0000	0000	0000	
08	0000	0000	0000	0000	0000	0000	0000	0000	
10	0000	0000	0000	0000	0000	0000	0000	0000	
18	0000	0000	0000	0000	0000	0000	0000	0000	
20	0000	0000	0000	0000	0000	0000	0000	0000	
28	0000	0000	0000	0000	0000	0000	0000	0000	
30	0000	0000	0000	0000	0000	0000	0000	0000	
38	0000	0000	0000	0000	0000	0000	0000	0000	
40	0000	0000	0000	0000	0000	0000	0000	0000	
48	0000	0000	0000	0000	0000	0000	0000	0000	
50	0000	0000	0000	0000					

(a) 初始化数据

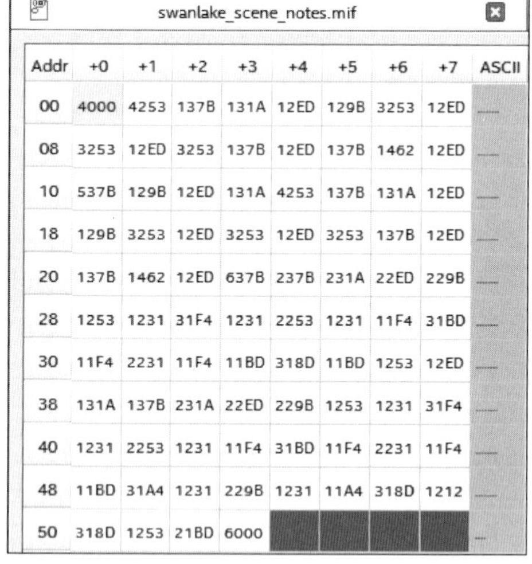

swanlake_scene_notes.mif

Addr	+0	+1	+2	+3	+4	+5	+6	+7	ASCII
00	4000	4253	137B	131A	12ED	129B	3253	12ED	
08	3253	12ED	3253	137B	12ED	137B	1462	12ED	
10	537B	129B	12ED	131A	4253	137B	131A	12ED	
18	129B	3253	12ED	3253	12ED	3253	137B	12ED	
20	137B	1462	12ED	637B	237B	231A	22ED	229B	
28	1253	1231	31F4	1231	2253	1231	11F4	31BD	
30	11F4	2231	11F4	11BD	318D	11BD	1253	12ED	
38	131A	137B	231A	22ED	229B	1253	1231	31F4	
40	1231	2253	1231	11F4	31BD	11F4	2231	11F4	
48	11BD	31A4	1231	229B	1231	11A4	318D	1212	
50	318D	1253	21BD	6000					

(b) 填入音符参数

图 4-15 存储器初始化文件

设计音乐播放控制模块，先将 swanlake_scene_notes. mif 文件加载到《天鹅湖》场景音乐 ROM 中，然后按音符的时长控制播放。

音乐播放控制模块的 Verilog 描述代码参考如下。

```
module swanlake_controller( clk2p8Hz,rst_n,tone_fpdat );
  input clk2p8Hz;
  input rst_n;
  output reg [11:0] tone_fpdat;
  // 内部存储器定义,并加载初始化数据文件
  reg [15:0] swanlake_scene_rom [0:83] /* synthesis ram_init_file =
                                      "swanlake_scene_notes.mif" */;
  // 内部变量定义
  reg [3:0] beat_cnt;                    // 节拍计数
  reg [6:0] tone_addr;                   // 音调地址
  // 播放控制过程,应用阻塞赋值
  always @( posedge clk2p8Hz or negedge rst_n )
    if ( !rst_n ) begin
      tone_addr = 7'd0;
      beat_cnt = swanlake_scene_rom[0][15:12];
      tone_fpdat = swanlake_scene_rom[0][11:0];
    end
    else begin
       beat_cnt = beat_cnt - 1'b1;
       if ( beat_cnt == 0 )
          if ( tone_addr == 7'd83 )
            tone_addr = 7'd0;
          else begin
            tone_addr = tone_addr + 1'b1;
            beat_cnt = swanlake_scene_rom[tone_addr][15:12];
            tone_fpdat = swanlake_scene_rom[tone_addr][11:0];
          end
      end
endmodule
```

其中,存储器初始化数据文件 swanlake_scene_notes.mif 通过 Quartus Prime 属性语句 synthesis ram_init_file 加载到寄存器数组 swanlake_scene_rom 中。

新建工程,将 swanlake_controller 模块全编译后,基于向量波形的方法进行功能仿真,结果如图 4-16 所示。可以看出,播放控制模块时序正常。

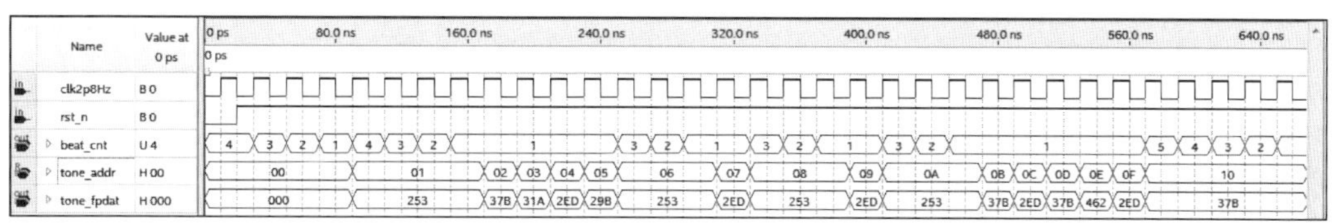

图 4-16　swanlake_controller 模块仿真结果

在 Quartus Prime 主界面中,执行 Files→Create∠Update→Create Symbol Files for Current File 菜单命令,将 swanlake_controller 模块封装成图形符号,以便在顶层原理图设计电路中调用。

建立工程,将图 4-10 所示的数控分频器设计电路封装成图形符号,以便在顶层原理图设计电路中调用。

建立音乐播放器顶层工程 music_player，选择原理图输入方式，调用上述模块连接成如图 4-17 所示的音乐播放器顶层设计电路。其中，440kHz 时钟信号通过定制锁相环 ATLPLL 由开发板提供的 50MHz 晶振产生。锁相环定制的方法与步骤参看 5.2 节。

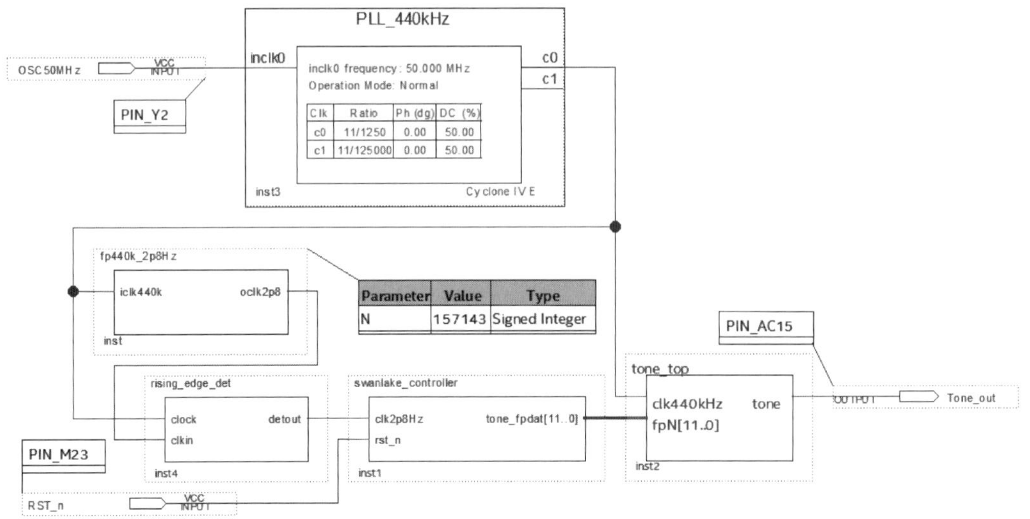

Clk	Ratio	Ph (dg)	DC (%)
c0	11/1250	0.00	50.00
c1	11/125000	0.00	50.00

图 4-17　音乐播放器顶层设计电路

需要说明的是，顶层设计电路中的 rising_edge_det 模块用于检测 2.8Hz 时钟脉冲的上升沿，以实现 swanlake_controller 模块与 tone_top 模块之间的时钟同步，用于消除异步信号采集带来的亚稳态问题。

上升沿检测电路的设计原理：应用 3 级具有右移功能的同步寄存器，在 440kHz 时钟脉冲的作用下，对 2.8Hz 时钟信号进行采样并依次右移存入寄存器。当移存数据为 x10 时，则输出时钟上升沿检测标志脉冲。

描述上升沿检测模块的 Verilog 代码参考如下。

```
module rising_edge_det (clock, clkin, detout );
  input clock;                          // 440kHz
  input clkin;                          // 2.8Hz
  output wire detout;                   // 检测输出
  // 3 级同步寄存器定义
  reg [0:2] sync_reg;
  // 向右移存过程
  always @ ( posedge clock )
    sync_reg [0:2] <= { clkin,sync_reg[0:1] };
  // 上升沿检测逻辑
  assign detout = sync_reg[1] & ~sync_reg[2] ;
endmodule
```

以 rising_edge_det.v 模块建立工程，编译与综合后建立向量波形文件进行功能仿真，结果如图 4-18 所示。

对顶层设计工程 music_player 进行全编译后，将 OSC50MHz 端口连接到 DE2-115 开发板的 50MHz 晶振输出端上，将复位端 RST_SW 锁定到开发板的按键 KEY0 上，将输出 Tone_out 锁定到 GPIO 口的 GPIO[1]上。具体的锁定信息请查阅 DE2-115 开发板用户手册。

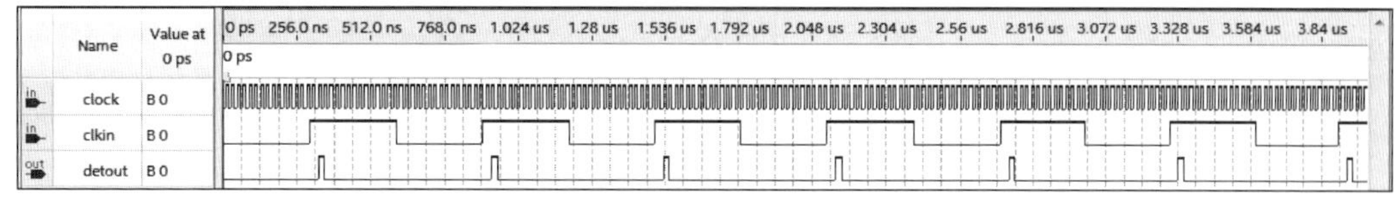

图 4-18　上升沿检测模块仿真波形

新建逻辑分析仪文件，将 2.8Hz 时钟信号(clkin)、节拍计数器(beat_cnt)、音调地址(tone_addr)、分频系数(tone_fpdat)和音调输出(Tone_out)作为需要观测的信号，并设置采样时钟设置为 4.4kHz(锁相环的输出端 c1)，采样深度设置为 128k。

重新编译工程，将生成的配置文件 music_player.sof 下载到 DE2-115 开发板，并启动逻辑分析仪进行在线测试，逻辑分析结果如图 4-19 所示。

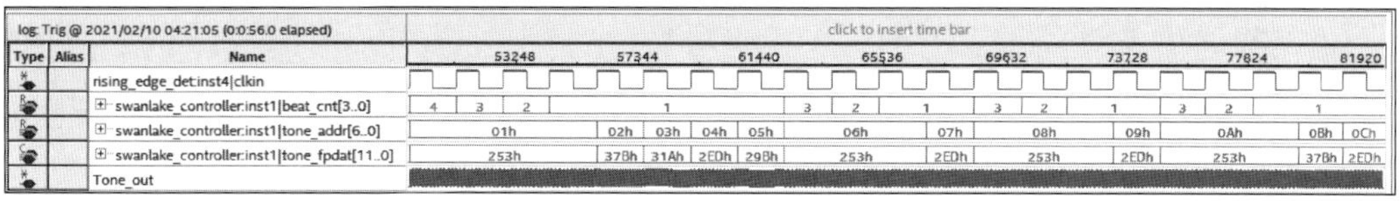

图 4-19　音乐播放器逻辑分析结果

在开发板的 GPIO[1]引脚和 GND 之间外接如图 4-20 所示的扬声器驱动电路，即可播放出天鹅湖场景音乐。

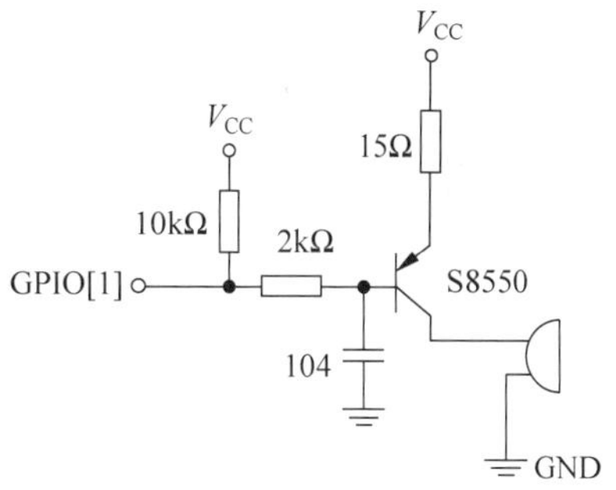

除了应用 case 语句直接描述小规模 ROM，以及应用寄存器数组加载初始化数据文件实现 ROM 的方法之外，还可以应用 Quartus Prime 开发环境中的片上 ROM IP 定制所需要的 ROM。这部分内容将在 5.3 节结合 DDS 信号源的设计进行讲述。

图 4-20　扬声器驱动电路

4.4.2　RAM

RAM 为时序逻辑电路，分为单口 RAM、双口 RAM、伪双口 RAM 3 种类型。

在基于 FPGA 的数字系统设计中，构建小容量 RAM 有两种方法：①应用 RAM IP 核，基于片上存储资源构建；②应用 Verilog HDL 描述，基于 FPGA 内部逻辑资源构建。一般构建片内 RAM 的原则是：构建较大的存储器应用片上存储资源；构建较小的存储器可以应用代码直接描述。

1. 单口 RAM

单口(Single-Port)RAM 具有一组地址线、一组输入数据线和一组数据输出线。由于单口 RAM 的读/写共用时钟和地址线，所以单口 RAM 的读操作和写操作不能同时进行。

1024×8 位单口 RAM 由 SRAM 附加读/写控制电路构成，如图 4-21 所示，分为直接输出和锁存输出两种类型。当 wren(write enable)有效时，在时钟脉冲 clock 的作用下将数据

data 写入相应地址对应的数据单元；当 wren 无效（或 ren 有效）时，在时钟脉冲 clock 的作用下，将相应地址对应单元的数据由 q 输出。

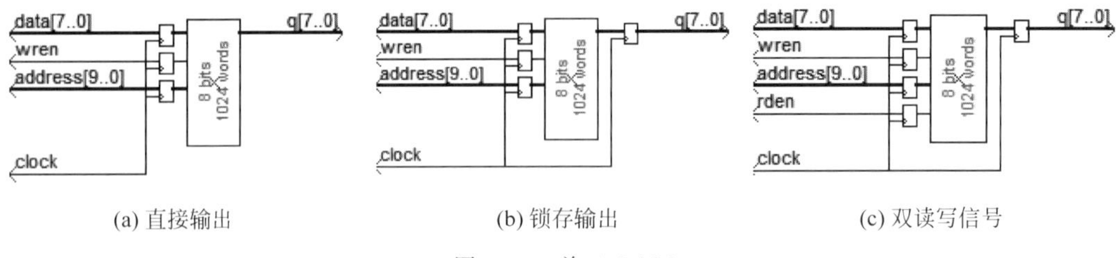

(a) 直接输出　(b) 锁存输出　(c) 双读写信号

图 4-21　单口 RAM

【例 4-27】　1024×8 位单口 RAM 的功能描述。

```
module RAM_1port #( parameter ADDR_WIDTH = 10,DATA_WIDTH = 8 )
                  ( clock,data,wren,address,q );
  localparam RAM_DEPTH  =  1 << ADDR_WIDTH;
  input clock;
  input [DATA_WIDTH - 1:0] data;
  input wren;
  input [ADDR_WIDTH - 1:0] address;
  output wire [DATA_WIDTH - 1:0] q;
  // 存储体定义
  reg [DATA_WIDTH - 1:0] mem [RAM_DEPTH - 1:0];
  // 写过程
  always @ ( posedge clock )
    if ( wren )
      mem[address] <= data;
  // 读操作,直接输出型
  assign q  =  mem[address];
endmodule
```

2. 双口 RAM

双口(Dual-Port)RAM 具有两组地址线、两组输入数据线和两组输出数据线，分为单时钟和双时钟两种类型，如图 4-22 所示。

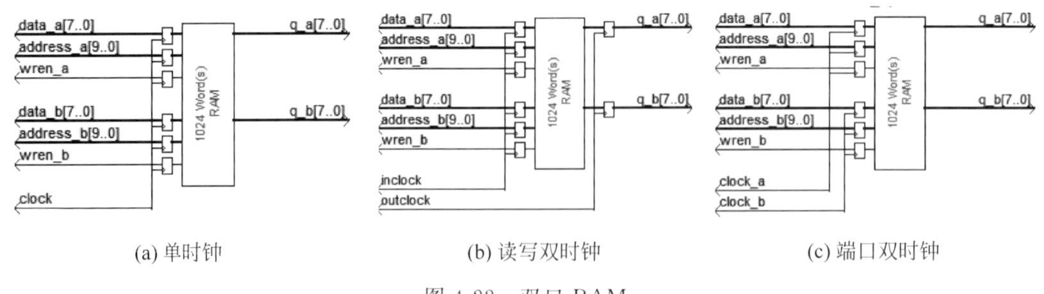

(a) 单时钟　(b) 读写双时钟　(c) 端口双时钟

图 4-22　双口 RAM

由于双口 RAM 具有两组独立的读写端口，因此读写可以同时进行。双口 RAM 在异构系统中应用广泛，可以通过双口 RAM 实现跨时钟域数据的传输。

需要注意的是，当双口 RAM 的两个端口同时对同一个存储单元进行读写操作时，就会引发冲突。解决这一问题有两种方法：①在时序上保证不会同时读/写同一地址，如乒乓 RAM 操作；②设置写 busy 信号，对两端口的写操作进行控制。

3. 伪双口 RAM

伪双口(Simple Dual-Port)RAM 有两组地址线和两条时钟线、一组输入数据线和一组数据输出线。伪双口 RAM 与双口 RAM 的区别在于伪双口 RAM 一个端口只读，另一个端口只写；而双口 RAM 的两组端口都可以进行读写。

1024×8 位伪双口 RAM 的电路框图如图 4-23 所示，其中 wrclock 和 rdclock 分别为写时钟和读时钟，data 为写数据输入端，wraddress 为写地址端，wren 为写使能信号，rdaddress 为读地址端，rden 为读使能信号，q 为读数据输出端。

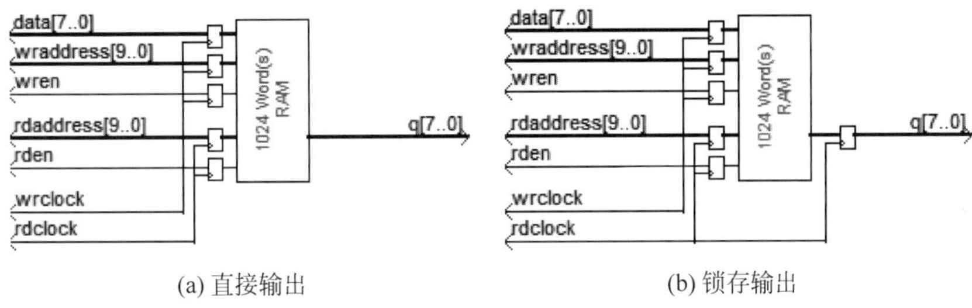

(a) 直接输出　　(b) 锁存输出

图 4-23 伪双口 RAM

伪双口 RAM 的写入和读取的时钟独立，所以读写操作可以同时进行。

【例 4-28】 1024×8 位伪双口 RAM 功能描述。

```
module DPRAM_simp #( parameter ADDR_WIDTH = 10,DATA_WIDTH = 8 )
  ( wrclock,rdclock,data,wraddress,wren,rdaddress,rden,q );
  // 存储深度定义
  localparam RAM_DEPTH  =  1 << ADDR_WIDTH;
  // 模块端口定义
  input wrclock,rdclock;                          // 写时钟和读时钟
  input [DATA_WIDTH - 1:0] data;                  // 输入数据
  input [ADDR_WIDTH - 1:0] wraddress,rdaddress;   // 写地址和读地址
  input wren,rden;                                // 写控制信号读控制信号
  output reg [DATA_WIDTH - 1:0] q;                // 数据输出
  // RAM 存储体定义
  reg [DATA_WIDTH - 1:0] ram_mem [RAM_DEPTH - 1:0];
  // 写过程
  always @( posedge wrclock )
    if ( wren )
      ram_mem[wraddress] <= data;
  // 读过程
  always @( posedge rdclock )
    if ( rden )
      q <= ram_mem[rdaddress];
endmodule
```

4.4.3 FIFO

FIFO 为先进先出(First-In First-Out)的缓存器,通常由双口 RAM 附加读写控制电路构成。与双口 RAM 不同的是,FIFO 没有外部地址线,只能按顺序写入和读出,而双口 RAM 可以通过设置地址对任意单元进行读写。

FIFO 有宽度(Width)和深度(Depth)两个主要参数,其中宽度表示每个存储单元能够存储二进制数据的位数,而深度表示 FIFO 存储单元的个数。

根据 FIFO 读写时钟的差异,将 FIFO 分为同步 FIFO 和异步 FIFO 两种类型。同步 FIFO 的典型结构如图 4-24 所示。

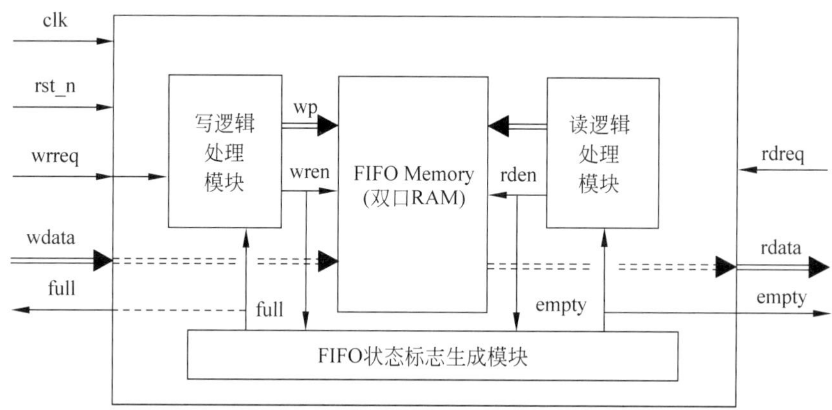

图 4-24 同步 FIFO 的典型结构

同步 FIFO 的读操作和写操作基于同一时钟,使用读/写指针(即地址)指定数据的读写单元。写指针 wp(write pointer)总是指向下一个要写入数据的单元。读指针 rp(read pointer)总是指向下一个要读出数据的单元。存储深度为 8 的同步 FIFO 的工作过程示意如表 4-18 所示,其中灰色表示相应的单元已经写有存储数据。

表 4-18 同步 FIFO 的工作过程

读/写操作	FIFO 状态								状态标志
	单元 0	单元 1	单元 2	单元 3	单元 4	单元 5	单元 6	单元 7	
复位时	rp,wp								空
写 1 个数据后	rp	→wp							
再写 3 个数据后	rp				→wp				
读 2 个数据后			→rp		wp				
再读 2 个数据后					→rp,wp				空
写 3 个数据后					rp			→wp	
再写 5 个数据后					→wp,rp				满
读 4 个数据后	→rp				wp				

注:→表示移动的指针。

由于同步 FIFO 的读/写时钟相同,所以可以通过统计存储数据的个数产生空标志(empty)和满标志(full)。FIFO 初始化时先将数据存储个数置为 0,写入一个数据后将存储个数加1,读出一个数后将存储个数减1。当数据存储个数为0时,产生 empty 标志；当数据存储个数等于 FIFO 的深度时,产生 full 标志。

【例 4-29】 1024×8 位同步 FIFO 功能描述。

```
`timescale 1ns/1ps
module sync_FIFO #( FIFO_WIDTH = 8 )(
  input FIFO_clk,                          // FIFO 时钟
  input FIFO_rst_n,                        // 复位信号,低电平有效
  input FIFO_rdreq,                        // 读请求信号
  input FIFO_wrreq,                        // 写请求信号
  input [FIFO_WIDTH - 1:0] wdata,          // 需要写入的数据
  output reg [FIFO_WIDTH - 1:0] rdata,     // 读出的数据
  output wire full,                        // FIFO 满标志
  output wire empty                        // FIFO 空标志
  );
  // FIFO 存储深度定义
  parameter FIFO_ADDR = 10;
  localparam FIFO_DEPTH  =  1 << FIFO_ADDR;
  // 内部线网和变量定义
  wire rden,wren;                          // 允许读信号和允许写信号
  reg [FIFO_ADDR - 1:0] rp,wp;             // 读指针和写指针
  reg [FIFO_ADDR:0] used_cnt;              // 存储数据个数统计
  // 描述 FIFO 存储实体
  reg [FIFO_WIDTH - 1:0] FIFO_mem [FIFO_DEPTH - 1:0];
  // 读写允许逻辑定义
  assign rden  =  FIFO_rdreq && !empty ;
  assign wren  =  FIFO_wrreq && !full ;
  // 状态标志逻辑,高电平有效
  assign empty  =  ( used_cnt  ==  0 );
  assign full  =  ( used_cnt  ==  FIFO_DEPTH );
  // 读过程
  always @( posedge FIFO_clk )
    if ( rden )
      rdata  <=  FIFO_mem[rp];
  // 写过程
  always @( posedge FIFO_clk )
    if ( wren )
      FIFO_mem[wp] <=  wdata;
  // 读指针处理过程
  always @  ( posedge FIFO_clk or negedge FIFO_rst_n)
    if ( !FIFO_rst_n )
      rp  <=  0;
    else if( rden )
      rp  <=  rp  +  1;
  // 写指针处理过程
  always @  ( posedge FIFO_clk or negedge FIFO_rst_n)
    if ( !FIFO_rst_n )
      wp  <=  0;
    else if( wren )
```

```
        wp <= wp + 1;
    // 数据存储个数统计
    always @( posedge FIFO_clk or negedge FIFO_rst_n )
      if ( !FIFO_rst_n )
        used_cnt <= 0;
      else case ({rden,wren})
            2'b01: if ( used_cnt != FIFO_DEPTH )
                        used_cnt <= used_cnt + 1'b1;
            2'b10: if ( used_cnt != 0 )
                        used_cnt <= used_cnt - 1'b1;
          default: used_cnt <= used_cnt;
      endcase
endmodule
```

异步 FIFO 的读写时钟不同，常用于跨时钟域数据的传输。由于异步 FIFO 的读写在不同的时钟域，所以无法通过统计数据存储个数的方法产生 empty 和 full 标志。对于异步 FIFO，full 标志由写时钟域产生，而 empty 标志由读时钟域产生。为了解决空/满标志的产生问题，需要将写指针同步到读时钟域与读指针进行比较产生 empty 标志。同样，需要读指针同步到写时钟域与写指针进行比较产生 full 标志。

异步 FIFO 的设计和应用比较复杂，将在第 7 章结合跨时钟域多比特数据的传输进行进一步讲述。

在基于 FPGA 的数字系统设计中，建议通过定制 Quartus Prime 开发环境中的片上存储器（On Chip Memory）IP 实现 FIFO，如图 4-25 所示，以避免因行为描述不当造成的系统设计风险。

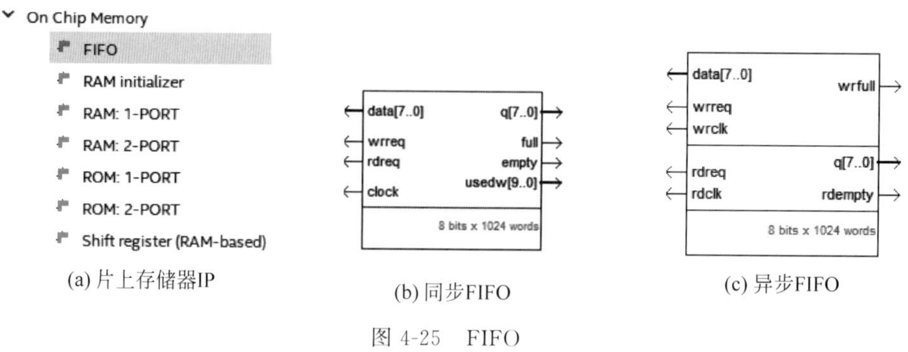

(a) 片上存储器IP (b) 同步FIFO (c) 异步FIFO

图 4-25 FIFO

另外，Quartus Prime 还提供基于 RAM（RAM-based）的移位寄存器 IP，具有两个数据端口，一个端口写入（shiftin），另一个端口读出（shiftout），数据按照写入的顺序从读端口输出。基于 RAM 的移位寄存器 IP 实现原理如图 4-26(a)所示，配置为 8 位 12 级移位寄存器，具有 4 个抽头（taps）、每组抽头间距为 3 的移位寄存器配置框图如图 4-26(b)所示。

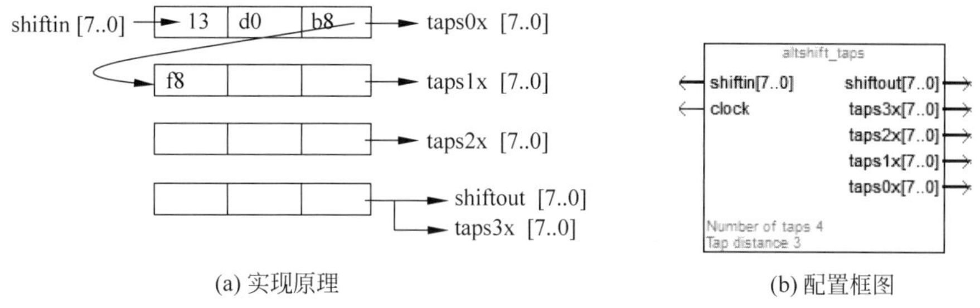

(a) 实现原理　　(b) 配置框图

图 4-26　基于 RAM 的移位寄存器

4.5　数字频率计的设计——基于 HDL 方法

4.5a 微课视频

4.5b 微课视频

由 3.5 节中数字频率计的设计过程可以看出，应用原理图设计数字系统时，受到 Quartus Prime 提供的图形符号库中具体器件的功能限制，设计时灵活性差，既不利于节约资源，也不利于优化系统的性能。

基于 HDL 设计数字系统时，可以根据需要应用 Verilog HDL 描述所需要的功能电路，既有利于节约资源，又有利于提高系统的性能和可靠性。

本节仍以设计能够测量 1Hz～100MHz 信号频率的数字频率计为目标，讲述基于 Verilog HDL 的系统设计方法。频率计应用 8 位数码管显示频率值，要求测量误差为 ±1Hz。

频率计基于图 3-83 的设计方案，由主控电路，计数、锁存与显示译码电路和分频电路构成。

1. 计数、锁存与显示译码电路设计

需要测量 1Hz～100MHz 信号的频率时，测频计数器仍然用 8 个十进制计数器级联构成。

74HC160 是具有异步清零、同步置数、计数允许控制和进位链接功能的同步十进制计数器。设计频率计时，可以简化不需要的同步置数功能以优化电路设计。

描述只具有异步清零、计数允许控制和进位链接功能的同步十进制计数器的 Verilog 代码参考如下。

```
module HC160s(clk,rd_n,ep,et,q,co);
  input clk;
  input rd_n,ep,et;
  output reg [3:0] q;
  output wire co;
  // 进位逻辑
  assign co = (( q == 4'b1001 ) & et );
  // 计数过程
  always @( posedge clk or negedge rd_n )
    if ( !rd_n )
      q <= 4'b0000;
    else if ( ep & et )
```

```
      if ( q == 4'b1001 )
        q <= 4'b0000;
      else
        q <= q + 1'b1;
endmodule
```

锁存与译码电路基于 CD4511 设计。为了节约 FPGA 资源，可以简化 CD4511 的灯测试和灭灯功能，只保留锁存功能，同时将显示译码器的输出设计为低电平有效以适应驱动 DE2-115 开发板上共阳数码管的需要。

描述只具有锁存功能，输出低电平有效的显示译码器的 Verilog 代码参考如下。

```
module CD4511s ( bcd, le, seg7 );
  input [3:0] bcd;
  input le;
  output reg [6:0] seg7;
  // 功能描述
  always @( bcd, le )
    if ( !le )                                    // 锁存信号无效时
      case ( bcd )                                // gfedcba, 低电平有效
        4'b0000 : seg7 <= 7'b1000000;             // 显示 0
        4'b0001 : seg7 <= 7'b1111001;             // 显示 1
        4'b0010 : seg7 <= 7'b0100100;             // 显示 2
        4'b0011 : seg7 <= 7'b0110000;             // 显示 3
        4'b0100 : seg7 <= 7'b0011001;             // 显示 4
        4'b0101 : seg7 <= 7'b0010010;             // 显示 5
        4'b0110 : seg7 <= 7'b0000010;             // 显示 6
        4'b0111 : seg7 <= 7'b1111000;             // 显示 7
        4'b1000 : seg7 <= 7'b0000000;             // 显示 8
        4'b1001 : seg7 <= 7'b0010000;             // 显示 9
         default : seg7 <= 7'b1111111;            // 不显示
      endcase
endmodule
```

2. 主控电路设计

主控电路用于产生周期性的清零信号、闸门信号和显示刷新信号。基于 HDL 设计时，可以根据功能要求直接描述主控电路。

主控电路仍基于如表 3-5 所示的功能进行设计，只是将显示刷新信号设计为低电平有效(DISPEN′)以便显示译码器 CD4511s 的锁存允许端 LE 的电平相匹配。

取主控电路的时钟频率为 8Hz 时，则清零信号作用时间为 1/8s，闸门信号作用时间为 1s，显示刷新信号作用时间为 1/8s。

描述主控电路逻辑功能的 Verilog 代码参考如下。

```
module freqer_ctrl ( clk, clr_n, cnten, dispen_n );
  input clk;                          // 8Hz
  output reg clr_n;                   // 计数器清零信号
  output reg cnten;                   // 闸门信号
```

```
  output reg dispen_n;                    // 显示刷新信号,低电平有效
  // 计数变量定义
  reg [3:0] q;
  // 十进制计数逻辑描述
  always @( posedge clk )
    if ( q >= 4'b1001)
        q <= 4'b0000;
    else
        q <= q +1'b1;
  // 译码输出过程
  always @( q )
    case ( q )
      4'b0000 : begin clr_n = 0; cnten = 0; dispen_n = 1; end
      4'b0001 : begin clr_n = 1; cnten = 1; dispen_n = 1; end
      4'b0010 : begin clr_n = 1; cnten = 1; dispen_n = 1; end
      4'b0011 : begin clr_n = 1; cnten = 1; dispen_n = 1; end
      4'b0100 : begin clr_n = 1; cnten = 1; dispen_n = 1; end
      4'b0101 : begin clr_n = 1; cnten = 1; dispen_n = 1; end
      4'b0110 : begin clr_n = 1; cnten = 1; dispen_n = 1; end
      4'b0111 : begin clr_n = 1; cnten = 1; dispen_n = 1; end
      4'b1000 : begin clr_n = 1; cnten = 1; dispen_n = 1; end
      4'b1001 : begin clr_n = 1; cnten = 0; dispen_n = 0; end
       default : begin clr_n = 1; cnten = 0; dispen_n = 1; end
    endcase
endmodule
```

3. 分频电路设计

分频电路用于为主控电路提供 8Hz 的时钟脉冲。

将 DE2-115 开发板所用的 50MHz 晶振分频为 8Hz,需要用分频系数为 $50\times10^6/8=6250000$ 的分频器。具体实现方法设计一个 $6250000/2=3125000$ 进制计数器,计数器每计完一个循环将分频信号翻转一次,这样计数器时钟与分频信号的周期之比为 625000∶1,从而将 50MHz 时钟信号分频为 8Hz 输出。

描述分频电路的 Verilog 代码参考如下。

```
module fp50MHz_8Hz(clk,fp_out);
  input clk;
  output reg fp_out;
  // 参数定义
  localparam N = 6250000;
  // 内部变量定义
  reg [21:0] cnt;                         // 22 位
  // 分频过程
  always @ (posedge clk)
    if ( cnt < N/2 - 1)
      cnt <= cnt + 1'b1;
    else
      begin cnt <= 22'b0; fp_out <= ~fp_out; end
endmodule
```

4. 顶层电路设计

频率计顶层电路既可以应用原理图设计，也可以应用 Verilog HDL 进行例化描述。

1）应用原理图设计顶层电路

基于原理图设计顶层电路时，需要分别建立工程，将分频电路模块（fp50MHz_8Hz. v）、主控电路模块（freqer_ctrl. v）、计数器模块（HC160s. v）和锁存与译码显示电路模块（CD4511s. v）经过编译与综合后封装成图形符号，然后搭建如图 4-27 所示的顶层设计电路，其中 D 触发器部分仍为超量程指示电路。当待测信号的频率超出测量范围时，D 触发器输出周期性脉冲以驱动外接的发光二极管闪烁指示信号频率超量程。

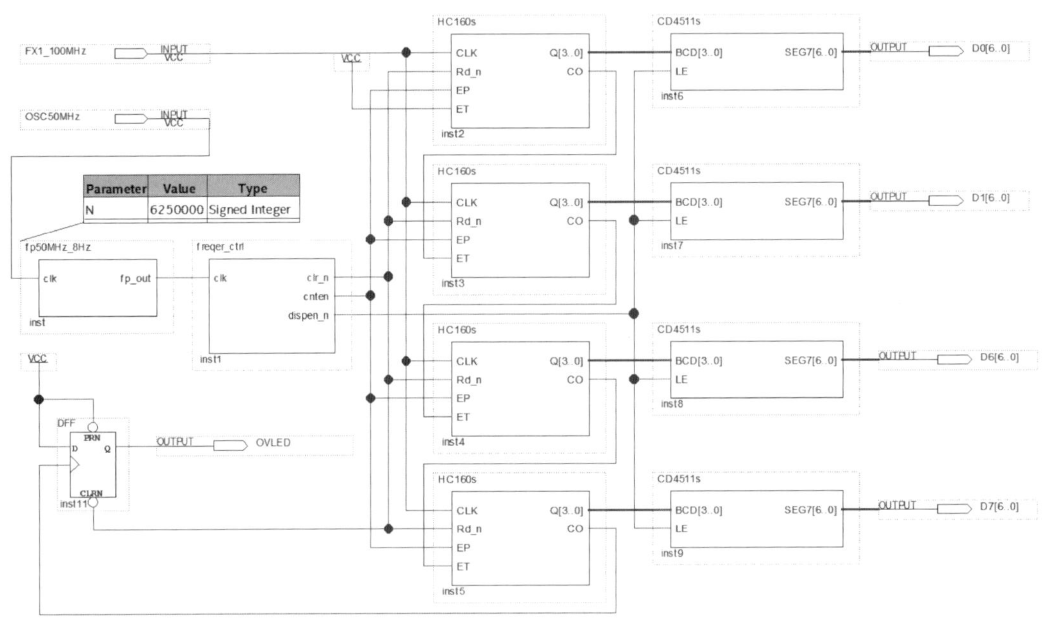

图 4-27　频率计顶层设计电路

图 4-27 所示的频率计顶层设计电路只连接了 4 组十进制计数器 HC160s 和相应的显示译码电路 CD4511s。因此，当闸门信号的作用时间为 1s 时，能够测量信号的最高频率为 10kHz，分辨率为 1Hz。当闸门信号的作用时间为 1s 时，连接 6 组计数器和相应的显示译码电路则能够测量信号的最高频率扩展为 1MHz，连接 8 组计数器和相应的显示译码电路则能够测量信号的最高频率扩展为 100MHz。

连接 8 组计数器和相应的显示译码电路，能够测量 100MHz 信号频率的频率计顶层工程的综合与适配的结果如图 4-28 所示。可以看出，频率计共占用 212 个逻辑单元和 60 个寄存器。与 3.5 节应用原理图设计的频率计相比，逻辑单元（LE）占用率约为前者的 28.9%，寄存器占用率只为前者的 13.1%，而且没有使用片内存储资源和锁相环。

2）应用 HDL 例化方法描述顶层电路

用 Verilog HDL 描述顶层电路时，先建立频率计顶层设计工程 freqer8b_top. qpf，然后在 Quartus Prime 主界面中执行 Project→Add/Remove Files in Project 菜单命令，将分频电路模块文件 fp50MHz_8Hz. v、主控电路模块文件 freqer_ctrl. v、计数器模块文件 HC160s. v 和锁存与译码显示模块文件 CD4511s. v 添加到顶层设计工程中，最后建立顶层

Flow Status	Successful - Fri Apr 30 20:59:04 2021
Quartus Prime Version	18.1.0 Build 625 09/12/2018 SJ Standard Edition
Revision Name	Freqer8bbcd_top
Top-level Entity Name	Freqer8bbcd_top
Family	Cyclone IV E
Device	EP4CE115F29C7
Timing Models	Final
Total logic elements	212 / 114,480 (< 1 %)
Total registers	60
Total pins	59 / 529 (11 %)
Total virtual pins	0
Total memory bits	0 / 3,981,312 (0 %)
Embedded Multiplier 9-bit elements	0 / 532 (0 %)
Total PLLs	0 / 4 (0 %)

图 4-28 频率计编译与综合结果

设计文件 freqer8b_top.v，应用模块例化方法描述顶层设计电路。

描述频率计顶层设计电路的 Verilog HDL 参考代码如下。

```
module freqer8b_top(
  input OSC50MHz,                              // 50MHz 晶振输入
  input fx1_100MHz,                            // 待测信号输入
  output wire [6:0] d0,d1,d2,d3,d4,d5,d6,d7,   // 8 位数码管驱动输出
  output wire ov_led                           // 超量程指示
  );
  // 内部线网和变量定义
  wire fp8Hz,rd_n,ep,le;
  wire [3:0] bcd0,bcd1,bcd2,bcd3,bcd4,bcd5,bcd6,bcd7;
  wire c1,c2,c3,c4,c5,c6,c7,co;
  // 分频器例化描述，应用名称关联方式
  fp50MHz_8Hz U0 (.clk(OSC50MHz),.fp_out(fp8Hz));
  // 主控模块例化描述，应用名称关联方式
  freqer_ctrl U1(.clk(fp8Hz),.clr_n(rd_n),.cnten(ep),.dispen_n(le));
  // 计数器模块例化描述，应用名称关联方式
  HC160s U10 (.clk(fx1_100MHz),.rd_n(rd_n),.ep(ep),.et(1'b1),.q(bcd0),.co(c1));
  HC160s U11 (.clk(fx1_100MHz),.rd_n(rd_n),.ep(ep),.et(c1),.q(bcd1),.co(c2));
  HC160s U12 (.clk(fx1_100MHz),.rd_n(rd_n),.ep(ep),.et(c2),.q(bcd2),.co(c3));
  HC160s U13 (.clk(fx1_100MHz),.rd_n(rd_n),.ep(ep),.et(c3),.q(bcd3),.co(c4));
  HC160s U14 (.clk(fx1_100MHz),.rd_n(rd_n),.ep(ep),.et(c4),.q(bcd4),.co(c5));
  HC160s U15 (.clk(fx1_100MHz),.rd_n(rd_n),.ep(ep),.et(c5),.q(bcd5),.co(c6));
  HC160s U16 (.clk(fx1_100MHz),.rd_n(rd_n),.ep(ep),.et(c6),.q(bcd6),.co(c7));
  HC160s U17 (.clk(fx1_100MHz),.rd_n(rd_n),ep(ep),.et(c7),.q(bcd7),.co(co));
  // 锁存与译码模块例化描述，应用名称关联方式
  CD4511s U20 (.bcd(bcd0),.le(le),.seg7(d0));
  CD4511s U21 (.bcd(bcd1),.le(le),.seg7(d1));
  CD4511s U22 (.bcd(bcd2),.le(le),.seg7(d2));
  CD4511s U23 (.bcd(bcd3),.le(le),.seg7(d3));
  CD4511s U24 (.bcd(bcd4),.le(le),.seg7(d4));
```

```
  CD4511s U25 (.bcd(bcd5),.le(le),.seg7(d5));
  CD4511s U26 (.bcd(bcd6),.le(le),.seg7(d6));
  CD4511s U27 (.bcd(bcd7),.le(le),.seg7(d7));
  // 超量程指示模块例化描述,应用名称关联方式
  DFF U3(.CLK(co),.CLRN(rd_n),.D(1'b1),.PRN(1'b1),.Q(ov_led));
endmodule
```

将频率计顶层设计工程 freqer8b_top 经过编译与综合以及引脚锁定后即可下载到FPGA中进行功能测试。

应用 Verilog HDL 例化方法描述频率计顶层电路的优点是所有模块均在顶层设计工程的框架下统一进行处理，而不需要为每个模块建立工程,进行编译与综合以生成图形符号。所以,应用模块例化方法描述系统的顶层模块能够提高设计效率,同时又方便工程管理,因而在复杂数字系统设计中广泛应用。

另外,还可以在频率计顶层设计电路中嵌入分频式信号源(设模块名为 fx32),将锁相环输出的 96MHz 信号分频为 96MHz,48MHz,…,0.0894Hz 和 0.0447Hz 共 32 种频率信号,通过 5 位开关 fsel 选择信号源输出作为频率计的输入信号以测试频率计的性能。

96MHz 信号源通过定制锁相环 ALTPLL 产生,具体方法和步骤参看 5.2 节。

分频式信号源的 Verilog 描述参考代码如下。

```
module fx32 (
  input clk,                          // 信号源时钟,96MHz
  input [4:0] fsel,                   // 输出频率选择
  output reg fpout                    // 分频输出
  );
  // 内部变量定义
  reg [31:0] q; // 分频计数变量
  // 描述 32 位二进制计数逻辑
  always @(posedge clk )
    q <= q + 1'b1;
  // 输出选择过程
  always @( fsel,clk,q )
    case (fsel)                       // 根据 fsel 定义输出
        5'b00000: fpout = clk;        // 96MHz
        5'b00001: fpout = q[0];       // 48MHz
        5'b00010: fpout = q[1];       // 24MHz
        5'b00011: fpout = q[2];       // 12MHz
        5'b00100: fpout = q[3];       // 6MHz
        5'b00101: fpout = q[4];       // 3MHz
        5'b00110: fpout = q[5];       // 1.5MHz
        5'b00111: fpout = q[6];       // 750kHz
        5'b01000: fpout = q[7];       // 375kHz
        5'b01001: fpout = q[8];       // 187.5kHz
        5'b01010: fpout = q[9];       // 93750Hz
        5'b01011: fpout = q[10];      // 46850Hz
```

```
        5'b01100: fpout = q[11];          // 23437.5Hz
        5'b01101: fpout = q[12];          // 11718.75Hz
        5'b01110: fpout = q[13];          // 5859.375Hz
        5'b01111: fpout = q[14];          // 2929.6875Hz
        5'b10000: fpout = q[15];          // 1464.84375Hz
        5'b10001: fpout = q[16];          // 732.421875Hz
        5'b10010: fpout = q[17];          // 366.2109375Hz
        5'b10011: fpout = q[18];          // 183.10546875Hz
        5'b10100: fpout = q[19];          // 91.552734375Hz
        5'b10101: fpout = q[20];          // 45.7763671875Hz
        5'b10110: fpout = q[21];          // 22.88818359375Hz
        5'b10111: fpout = q[22];          // 11.444091796875Hz
        5'b11000: fpout = q[23];          // 5.7220458984375Hz
        5'b11001: fpout = q[24];          // 2.86102294921875Hz
        5'b11010: fpout = q[25];          // 1.430511474609375Hz
        5'b11011: fpout = q[26];          // 0.7152557373046875Hz
        5'b11100: fpout = q[27];          // 0.35762786865234375Hz
        5'b11101: fpout = q[28];          // 0.178813934326171875Hz
        5'b11110: fpout = q[29];          // 0.0894069671630859375Hz
        5'b11111: fpout = q[30];          // 0.04470348358154296875Hz
          default: fpout = q[31];
    endcase
  endmodule
```

将 fx32.v 模块经过编译与综合后封装为图形符号嵌入图 4-27 所示的频率计顶层设计电路，或者直接例化到顶层模块 freqer8b_top，即可应用分频式信号源测试频率计的性能。

4.6 伪随机序列发生器的设计

4.6
微课视频

伪随机序列(Pseudo-Random Sequence)是指具有随机统计特性，重复产生的确定性二值序列，在雷达、数字通信、信息安全和通信系统性能测试等领域有着广泛的应用。例如，在连续波雷达系统中，伪随机序列可用作测距信号；在数字通信中，伪随机序列可用作群同步信号；在保密通信中，伪随机序列可用作加密和干扰信号；在通信系统误码率测量中，伪随机序列可用作噪声源。

伪随机序列通常由移位寄存器附加反馈网络产生，可分为线性反馈移位寄存器(Linear Feedback Shift Register LFSR)和非线性反馈移位寄存器两大类。由 LFSR 产生的最大长度二值序列称为 m 序列。n 级 LFSR 产生的 m 序列长度为 2^n-1，是除全 0 状态之外的所有状态。m 序列因其理论成熟，实现简单而获得了广泛的应用。

由 n 级 LFSR 构成的伪随机序列产生电路如图 4-29 所示，图中的⊕表示异或运算，c_1，c_2，…，c_n 分别为第 1 级到第 n 级寄存器的反馈系数。$c_i(i=1\sim n)$为 1 时表示第 i 级寄存器参与反馈，c_i 为 0 时则第 i 级寄存器不参与反馈。

n 级 LFSR 序列的特征多项式可以表示为

$$f(x)=1+c_1x+c_2x^2+\cdots+c_nx^n$$

其中，c_n 恒为 1，表示第 n 级寄存器始终参与反馈。特征多项式决定 LSFR 的反馈连接和序列结构，x^i 用于指明第 i 级反馈系数 c_i，x 本身没有实际意义。若特征多项式 $f(x)$满足以下 3 个条件，则 $f(x)$为本原多项式：①$f(x)$是既约的，即 $f(x)$不能再分解为多项式；②$f(x)$可整除 x^p+1，其中 $p=2^n-1$；③$f(x)$除不尽 x^q+1，其中 $q<p$。

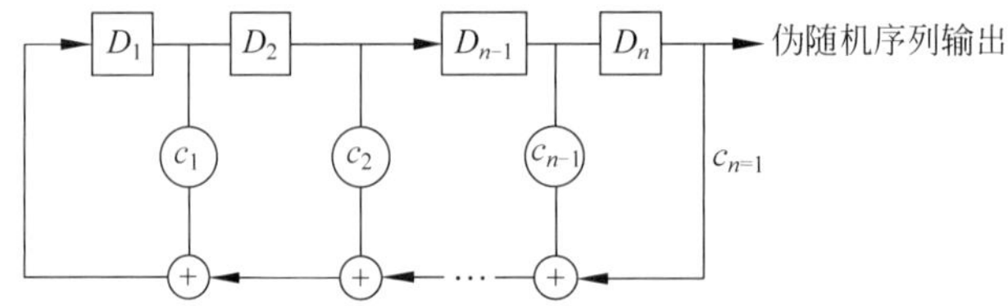

图 4-29　伪随机序列产生电路

LFSR 能够产生 m 序列的充要条件是其特征多项式为本原多项式。部分常用的本原多项式如表 4-19 所示。例如，对于 7 级 LFSR，取反馈系数 c_1 和 c_7 同时为 1，或者 c_3 和 c_7 为同时 1 时，可以产生 127 位的 m 序列；而对于 12 级 LFSR，取反馈系数 c_1、c_4、c_6 和 c_{12} 同时为 1 时，可以产生 4095 位的 m 序列。

表 4-19　m 序列本原多项式

LFSR 级数 n	m 序列周期	本原多项式
3	7	$1+x+x^3$
4	15	$1+x+x^5$
5	31	$1+x^2+x^5$，$1+x^3+x^5$
6	7	$1+x+x^6$
7	127	$1+x+x^7$，$1+x^3+x^7$
8	255	$1+x^2+x^3+x^4+x^8$
9	511	$1+x^4+x^9$
10	1023	$1+x^7+x^{10}$
11	2047	$1+x^2+x^{11}$
12	4095	$1+x+x^4+x^6+x^{12}$

本节以 2011 年电子设计竞赛 E 题(简易数字信号传输性能分析仪)中数字信号发生器的设计为例，讲述应用 Verilog HDL 产生 m 序列的方法。

【例 4-30】　设计数字信号发生器。具体要求如下：

(1) 数字信号为 $f(x)=1+x^2+x^3+x^4+x^8$ 的 m 序列；

(2) 序列数据率为 10～100kb/s，按 10kb/s 步进可调。

分析　要求数字信号的特征多项式为 $f(x)=1+x^2+x^3+x^4+x^8$，表示应用 8 级 LFSR，反馈系数 c_2、c_3、c_4 和 c_8 取 1。要求 m 序列的数据率为 10～100kb/s、按 10kb/s 步进可调时，应用分频器或 DDS 控制 m 序列发生器的时钟频率分别为 10kb/s，20kb/s，30kb/s，…，100kb/s 即可实现。

设计过程　根据上述分析，生成 m 序列的 Verilog 模块代码参考如下。

```
module mCode8b_Gen (
  input clk,                        // 时钟，频率为 10～100kb/s，按 10kb/s 步进变化
  input rst_n,                      // 复位信号，低电平有效
  output wire mCode_out             // m 序列输出
```

```
    );
    // m 序列 LFSR 长度参数定义
    parameter mCode_LFSR_LEN = 8;
    // LFSR 初始状态参数和 m 序列特征多项式定义
    parameter LFSR_INIT_STATE = 8'b1000_0000;
    wire [0:mCode_LFSR_LEN] polynomial = 9'b1_0111_0001;
    // 内部变量定义
    reg [1:mCode_LFSR_LEN] mCode_reg;        // LFSR 寄存器
    reg mCode_bit;                           // m 序列输出位
    reg polydat;                             // 反馈网络输出值
    // 循环变量定义
    integer i,j;
    // 时序逻辑过程,生成 m 序列输出位
    always @( posedge clk or negedge rst_n )
      if ( !rst_n ) begin
        mCode_reg <= LFSR_INIT_STATE;
        mCode_bit <= 1'b0;
      end
      else begin
        mCode_reg[1] <= polydat;
        for ( i=1; i <= mCode_LFSR_LEN-1; i = i+1 )
          mCode_reg[i+1] <= mCode_reg[i];
        mCode_bit <= mCode_reg[mCode_LFSR_LEN];
      end
    // 组合逻辑过程,根据特征多项式确定反馈值
    always @ *
      for ( j = mCode_LFSR_LEN; j>= 1; j = j-1 )
        if ( j == mCode_LFSR_LEN )
          polydat = mCode_reg[j];
        else if ( polynomial[j] )
          polydat = polydat ^ mCode_reg[j];
    // m 序列输出描述
    assign mCode_out = mCode_bit;
endmodule
```

应用上述代码即可产生所需要的数字信号。序列的时钟可通过切换分频器的分频系数或应用 DDS 实现,这部分内容留给读者思考与实践。

本章小结

本章首先应用 Verilog HDL 对常用数字逻辑器件进行描述,包括门电路、组合逻辑器件和时序逻辑器件,然后重点讲述分频器的设计及应用,以及存储器的描述及应用,最后应用 Verilog HDL 描述数字频率计,并与原理图设计方法进行资源消耗对比,体现了 HDL 描述方法的优越性。

门电路既可以应用数据流方式进行描述,也可以应用行为方式或基元例化方式进行描述。组合逻辑器件可以应用上述 3 种方式进行描述。

时序逻辑器件通常采用行为描述方式，应用 always 过程语句结合高级程序语句描述模块的逻辑功能。

分频器用于降低信号的频率，分为偶分频器、奇分频器和半整数分频器 3 种类型。分频器能够产生不同频率不同占空比的信号，如音调和 PWM，因此应用十分广泛。

伪随机序列是指具有随机统计特性，可以重复产生和复制的确定性二值序列，在雷达、数字通信、信息安全和通信系统性能测试等领域有着重要的应用。

应用 HDL 输入法描述数字系统时，可以根据需要定制功能模块，不但能够节约逻辑资源和优化电路设计，而且有利于模块功能的重构和提高系统工作的可靠性。因此，HDL 描述方法广泛应用于现代数字系统的设计中。

设计与实践

4-1 分别用行为方式、数据流方式和结构方式描述 7 种逻辑门，并进行仿真验证。

4-2 分别用数据流和结构两种方式描述 3 线-8 线译码器 74HC138，并进行仿真验证。

4-3 三态驱动器 74HC244 的功能如表 4-6 所示。描述 4HC244 并进行仿真验证。

4-4 参考例 4-7 中显示译码器 CD4511 的描述代码，设计二进制显示译码器，能够对输入的 4 位二进制数 0000～1111 进行译码，在数码管上显示 0～9、a、b、c、d、e、f 共 16 个数字/字符。下载到开发板进行功能测试。

4-5 用 Verilog HDL 描述 8 位加法器，能够实现两个 8 位无符号二进制数 a 和 b 相加，输出 8 位加法和 sum 以及进位信号 co。

4-6 用 Verilog HDL 描述 4 位二进制乘法器，能够实现两个 4 位无符号二进制数 a 和 b 相乘，输出 8 位乘法结果 prod。下载到开发板进行功能测试。

4-7 用 Verilog HDL 描述同步 4 位二进制加法计数器 74HC161，并进行仿真验证。

4-8 设计十六进制计数器，用格雷码进行状态编码，并下载到开发板进行功能测试。

4-9 用 Verilog 描述一个可控进制计数器，当控制信号 $M=0$ 时实现十进制加法计数，当控制信号 $M=1$ 时实现 4 位二进制加法计数。下载到开发板进行功能测试。

4-10 用 Verilog 描述一个可控进制计数器，当控制信号 $A_1A_0=00$、01、10 和 11 时分别实现十进制、五进制、八进制和五进制计数器。下载到开发板进行功能测试。

4-11 基于移位寄存器设计的 1111 序列检测器电路如图 4-30 所示。根据图 4-30 所示的电路结构，应用 Verilog HDL 描述 1111 序列检测器。具体描述方法不限。

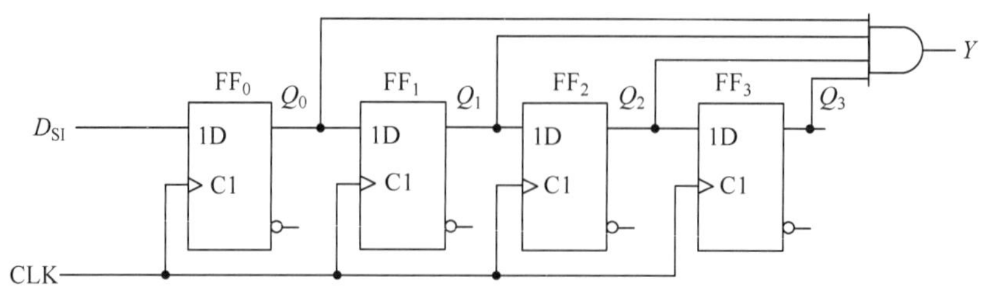

图 4-30 1111 序列检测器

4-12 用 Verilog HDL 描述 12 分频器。在 Quartus Prime 开发环境下进行仿真验证。

4-13 用 Verilog HDL 描述 3 分频器，要求输出信号为方波。在 Quartus Prime 开发环境下进行仿真验证。

4-14 设计脉冲边沿检测模块，能够检测脉冲的下降沿。编写模块代码并进行仿真验证。

4-15 完成例 4-25 数码序列控制电路的设计。下载到 EDA 开发板进行功能测试。设每个数码的显示时间均为 1s。

4-16 完成 4.5 节 1Hz～100MHz 数字频率计的设计。下载到开发板进行性能测试，填写表 4-20。若要求频率测量的相对误差不大于 0.01%，分析频率计的有效测频范围。

表 4-20　频率计测频结果分析

信号源频率/kHz	测量值	相对误差/%	信号源频率/Hz	测量值	相对误差/%
96000			2929.6875		
24000			732.421875		
6000			183.10546875		
1500			45.7763671875		
375			11.444091796875		
93.75			2.86102294921875		
23.4275			0.7152557373046875		
5.859375			0.178813934326171875		

4-17 分析 4.5 节频率计的两种顶层电路设计方法，说明应用原理图设计和模块例化方法的优缺点。

4-18* ［2011 年电子设计竞赛 E 题(任务 3)］在通信系统性能测试中，伪随机序列通常用于模拟信道的噪声。设计伪随机序列发生器，具体要求如下：

(1) 伪随机序列为 $f(x)=1+x+x^4+x^5+x^{12}$ 的 m 序列；

(2) 序列的数据率为 10Mb/s。

在 Quartus Prime 开发环境下完成设计，仿真并输出到示波器进行测试。

第 5 章 IP 的应用

CHAPTER 5

在电子信息领域，IP(Intellectual Property)是指具有知识产权的功能模块。

Quartus Prime 内嵌了许多功能 IP，面向 Intel 公司的可编程逻辑器件进行了优化，设计者可以应用这些 IP 设定参数以满足自己的设计需求，不但能够提高设计效率，而且能够增强系统的可靠性。

资源决定方法。本章首先介绍 Quartus Prime 中内嵌 IP 的分类以及定制方法，然后结合 DDS 信号源和等精度频率计的设计讲述 IP 的应用。

5.1
微课视频

5.1 基本功能 IP

Quartus Prime 中内嵌的 IP 可以在 IP Catalog 中查阅和定制，分为基本功能(Basic Functions)、数字信号处理(DSP)、接口协议(Interface Protocols)、存储器接口和控制器(Memory Interfaces and Controllers)、处理器和外围设备(Processors and Peripherals)和大学计划项目(University Program)6 种类型，如图 5-1 所示。其中每种类型又包含多个子类型，如表 5-1 所示，而子类型中包含数量不等的功能 IP。

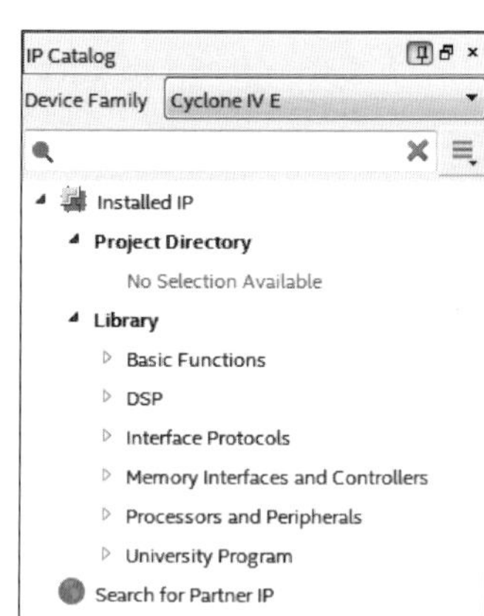

图 5-1 IP 目录

表 5-1 IP 的分类

IP 类型	子 类 型	功 能 说 明
基本功能	Arithmetic	算术运算类，包含 LPM_COUNTER、LPM_MULT 和 LPM_DIVIDE 等 26 个 IP
	Bridges and Adapters	桥和适配器，包含 Memory Mapped
	Clock; PLLs and Resets	时钟、锁相环和复位类，包含 PLL Intel FPGA IP 等 3 个 IP
	Configuration and Programming	配置与编程类，包含 Serial Flash Loader Intel FPGA IP 等 15 个 IP
	I/O	接口类，包含 ALTDLL 等 9 个 IP
	Miscellaneous	其他类，包含 LPM_MUX 等 6 个 IP
	On Chip Memory	片上存储器，包含 FIFO 等 7 个 IP
	Simulation; Debug and Verification	仿真、调度和验证类，包含 38 个 IP

续表

IP类型	子　类　型	功 能 说 明
数字信号处理	Error Detection and Correction	误码检测与纠正，包含 Viterbi 等 5 个 IP
	Filters	滤波器类，包含 CIC 和 FIR Ⅱ
	Floating Point	浮点类，包含组合和时序两个 IP
	Signal Generation	信号产生类，包含 NCO
	Transforms	信号变换类，包含 FFT
接口协议	Audio and Video	音频与视频类，包含 4 个 IP
	Ethernet	以太网类，包含 1G 多速率以太网等两个 IP
	PCI Express	PCI-E 接口 IP
	Serial	串行接口类，包含 4 个 IP
存储器接口和控制器	Memory Interfaces with ALTMEMPHY	存储器接口类，包含 DDR 和 DDR2
处理器和外围设备	Co-processors	协处理器类，包含 Nios II 用户定制指令 IP
	Peripherals	外围设备类，包含 I^2C 等 3 个 IP
大学计划项目	Audio & Video	音频与视频类，包含 1602 等 3 个 IP
	Clock	时钟类，包含 4 个 IP
	Communications	通信类，包含 RS232 UART 等两个 IP
	Generic IO	通用 I/O 类，包含 PS2、USB 控制器等 4 个 IP
	Memory	存储器类，包含 SRAM 和 SSRAM

Quartus Prime 内嵌的基本功能 IP 如表 5-2 所示，大致可分为两种类型：①原 Altera 公司提供的 IP，以 ALT 开头标注的，如 ALTPLL、ALTFP_MULT 和 ALTFP_DIV 等；②参数化模块库(Library of Parameterized Modules)中的 IP，以 LPM 开头标注的，如 LPM_COUNTER、LPM_MULT 和 LPM_DEVIDE 等。

表 5-2　基本功能 IP

IP类型	子　类　型	IP　名　称	功 能 说 明
基本功能	Arithmetic	ALTFP_ABS	浮点绝对值函数
		ALTFP_ADD_SUB	浮点加/减函数
		ALTFP_COMPARE	浮点比较器
		ALTFP_CONVERT	浮点转换器
		ALTFP_DIV	浮点除法器
		ALTFP_EXP	浮点指数函数
		ALTFP_LOG	浮点自然对数函数
		ALTFP_MULT	浮点乘法器
		ALTFP_SINCOS	浮点正弦/余弦函数
		ALTFP_SQRT	浮点平方根模块
	Clock; PLLs and Resets	ALTPLL	锁相环模块
	Miscellaneous	LPM_CLSHIFT	参数化组合逻辑转换
		LPM_ADD_SUB	参数化加/减模块
		LPM_COMPARE	参数化比较器
		LPM_COUNTER	参数化计数器
		LPM_DEVIDE	参数化除法器

续表

IP 类型	子　类　型	IP　名　称	功 能 说 明
基本功能	Miscellaneous	LPM_MULT	参数化乘法器
		LPM_DECODE	参数化译码器
		LPM_MUX	参数化数据选择器
		LPM_SHIFTREG	参数化移位寄存器
	On Chip Memory	LPM_CONSTANT	参数化常数存储器
		ROM：1-PORT	单口 ROM
		ROM：2-PORT	双口 ROM
		RAM：1-PORT	单口 RAM
		RAM：2-PORT	双口 RAM
		Shift Register(RAM-based)	移位寄存器

需要说明的是，Quartus Prime 内嵌的 IP 中，一类是免费的，如浮点运算、普通运算、三角函数、基本存储器类 IP、配置类 IP、PLL、所有的桥接组件、FPGA 内嵌的 Cortex ARM 硬核和 Nios II 软核(不含源码)等；另一类是收费的，如以太网软 IP、PCI-E 软 IP、RapidIO 和视频图像处理 IP 以及 DDR/DDR2/DDR3 软 IP、256 位 AES 硬件加密 IP 等，使用这些 IP 应确保有相应的授权许可(License)。具体信息可查阅 IP 相关文档。

5.2
微课视频

5.2　IP 的定制方法

应用 Quartus Prime 中的 IP Catalog 可以很方便地引导用户定制 IP。定制完成后，IP Catalog 默认生成 HDL 目标文件(. v 或. vhd)，同时还能够生成图形符号文件(. bsf)、HDL 例化模板文件(_inst. v 或_inst. vhd)和 Verilog 黑盒文件(_bb. v)等多种文件类型供用户选择，如表 5-3 所示。

表 5-3　IP Catalog 生成文件类型

文件类型	说　　明
<output file>. v	宏功能模块的 Verilog HDL 例化文件
<output file>. vhd	宏功能模块的 VHDL 例化文件
<output file>. ppf	Pin Planner 端口文件
<output file>. inc	宏功能模块封装文件中 AHDL Include 文件
<output file>. cmp	VHDL 组件声明文件(Component Declaration File)
<output file>. bsf	原理图设计中使用的图形符号文件
<output file>_inst. v	宏功能模块的 Verilog HDL 例化模板
<output file>_inst. vhd	宏功能模块的 VHDL 例化模板
<output file>_bb. v	Verilog HDL 黑盒文件，用于综合时指定端口的方向

锁相环(Phase-Locked Loop，PLL)是一种闭环电子电路，能够应用外部参考信号控制环路内部振荡器的频率和相位，合成出不同频率的信号，在数字系统中用来实现时钟的倍频、分频、占空比调整和移相等功能。

本节以定制锁相环 IP，由 DE2-115 开发板提供的 50MHz 晶振信号产生 4 选 1 数据选择器测试所需要的 4 路输入信号以及逻辑分析仪 Signal Tap Logic Analyzer 所需要的时钟为目标，说明 IP 的定制方法。

设 4 选 1 数据选择器的 4 路输入信号 d0、d1、d2 和 d3 的频率分别为 4MHz、3MHz、2MHz 和 1MHz，逻辑分析仪的时钟频率为 100MHz。

定制锁相环 IP 的具体步骤如下。

(1) 在 Quartus Prime 开发环境中，执行 Tools→IP Catalog 菜单命令进入 IP 目录。选择 Basic Functions→Clocks; PLLS and Resets→PLL→ALTPLL，如图 5-2 所示，双击启动 IP 应用向导开始定制锁相环。

(2) 在弹出的 Save IP Variation 对话框中输入定制锁相环的名称，选择输出 HDL 的语言类型，并确认输出文件存放的工程目录。本例为测试 4 选 1 数据选择器定制锁相环，因此设置 IP 存放的目录为 4 选 1 数据选择器工程目录(C:/EDA_lab)，定制的锁相环 IP 文件名为 PLL_for_MUX4to1_tst，输出 HDL 的语言类型为 Verilog，如图 5-3 所示。

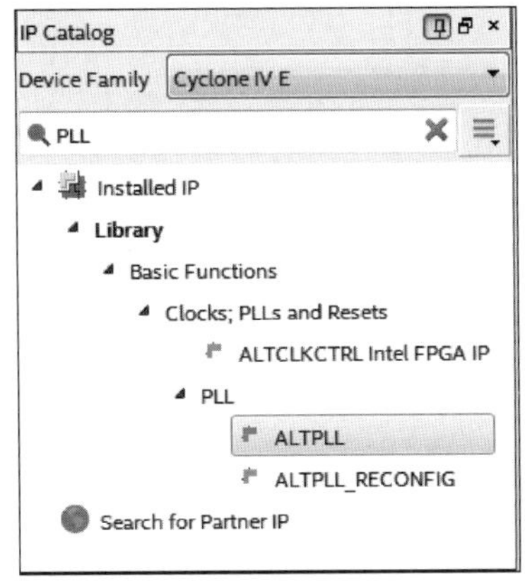

图 5-2 锁相环定制向导(1)

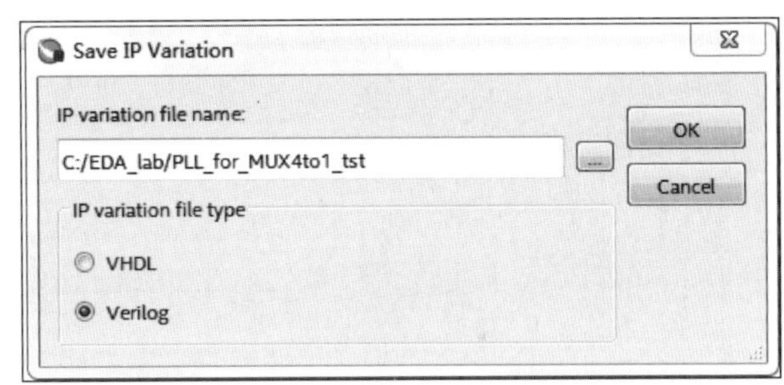

图 5-3 锁相环定制向导(2)

(3) 单击图 5-3 中的 OK 按钮进入锁相环参数设置界面，用于指定锁相环输入时钟、锁相环类型和工作模式、附加端口、锁相环的带宽以及输出信号频率等参数。

DE2-115 开发板的时钟电路如图 5-4 所示，由板上 50MHz 有源晶振为 FPGA 提供 3 路时钟信号，同时由两个 SMA 接口为 FPGA 提供外接时钟输入和时钟输出。

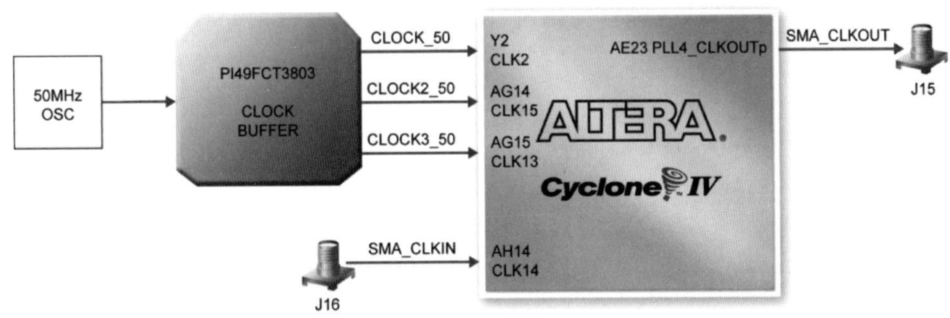

图 5-4 DE2-115 开发板时钟电路

设置锁相环 ATLPLL 的输入时钟频率为 50MHz，实现器件为 Cyclone IV E 系列 FPGA，速度等级为 7，如图 5-5 所示。

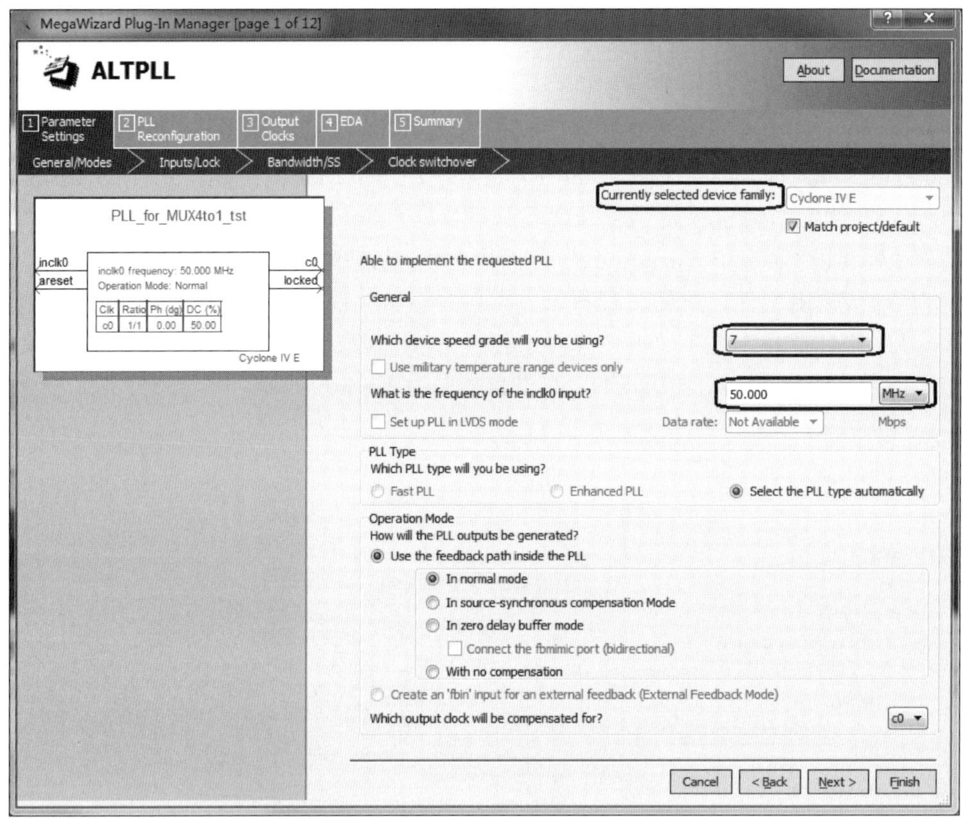

图 5-5　锁相环定制向导(3)

(4) 单击 Next 按钮进入锁相环附加端口配置界面，根据需要选择是否为锁相环添加异步复位端(areset)和输出锁定标志(locked)。测试数据选择器只需产生信号而不需要锁定，因此取消勾选相应的复选框，如图 5-6 所示。

(5) 单击 Next 按钮进入锁相环带宽配置界面，选择是否需要指定锁相环的带宽，如图 5-7 所示。保持选择默认选项(Auto)不变。

(6) 单击 Next 按钮进入锁相环附加时钟配置界面，如图 5-8 所示，选择是否为锁相环添加第 2 个输入时钟源并添加输入源选择端。保持选择默认选项(不添加)不变。

(7) 连续单击 Next 按钮进入输出 c0 参数设置界面。选择使用输出信号 c0，并设置频率为 4MHz，相位偏移为 0°，如图 5-9 所示。

锁相环输出信号的频率也可以通过设置乘法因子和除法因子指定。输出信号频率与输入时钟源频率以及乘法因子和除法因子的关系为

$$\text{输出信号频率} = \frac{\text{乘法因子}}{\text{除法因子}} \times \text{输入时钟源频率}$$

需要注意的是，不同系列 FPGA 器件中内置锁相环的性能不同。在定制锁相环时，输出信号频率不能超出锁相环的性能范围。Cyclone Ⅱ～Ⅳ系列 FPGA 内置锁相环的特性参

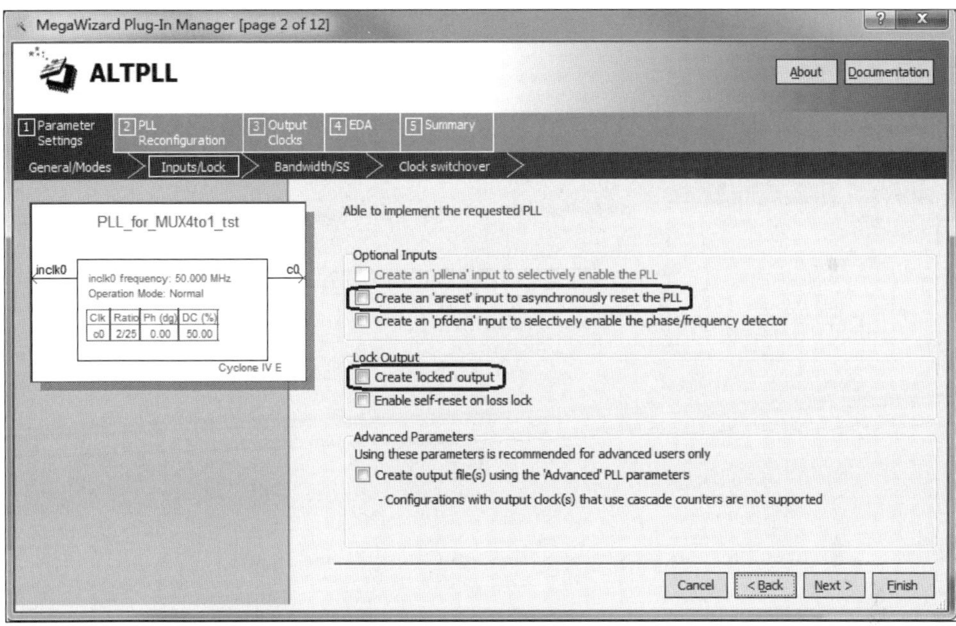

图 5-6 锁相环定制向导(4)

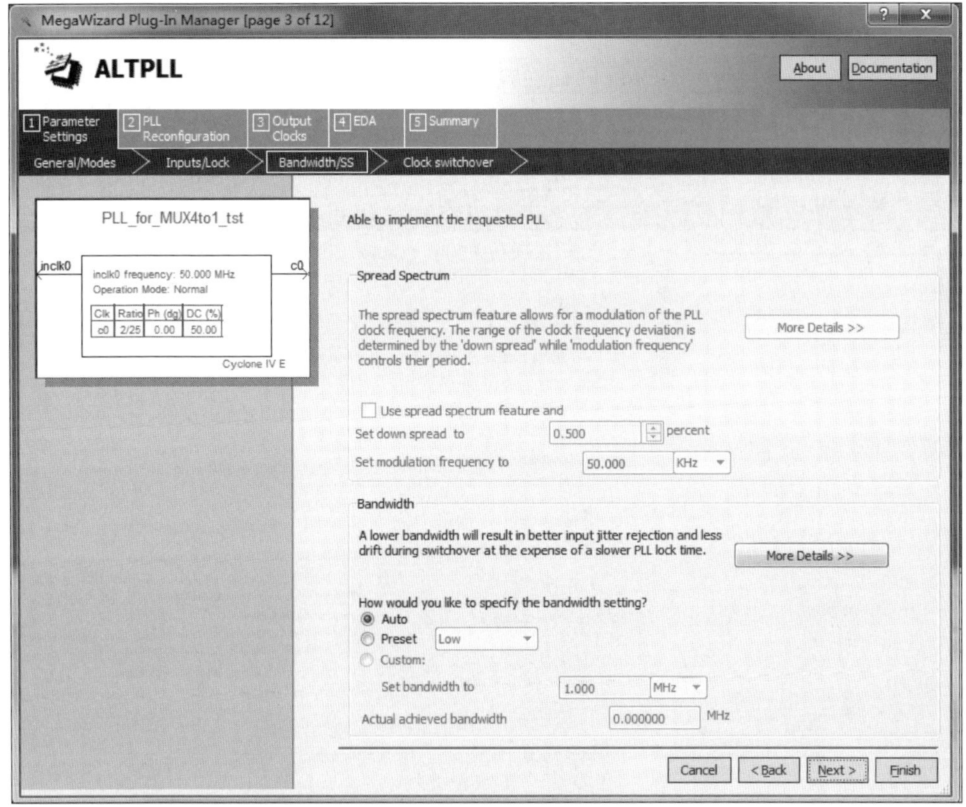

图 5-7 锁相环定制向导(5)

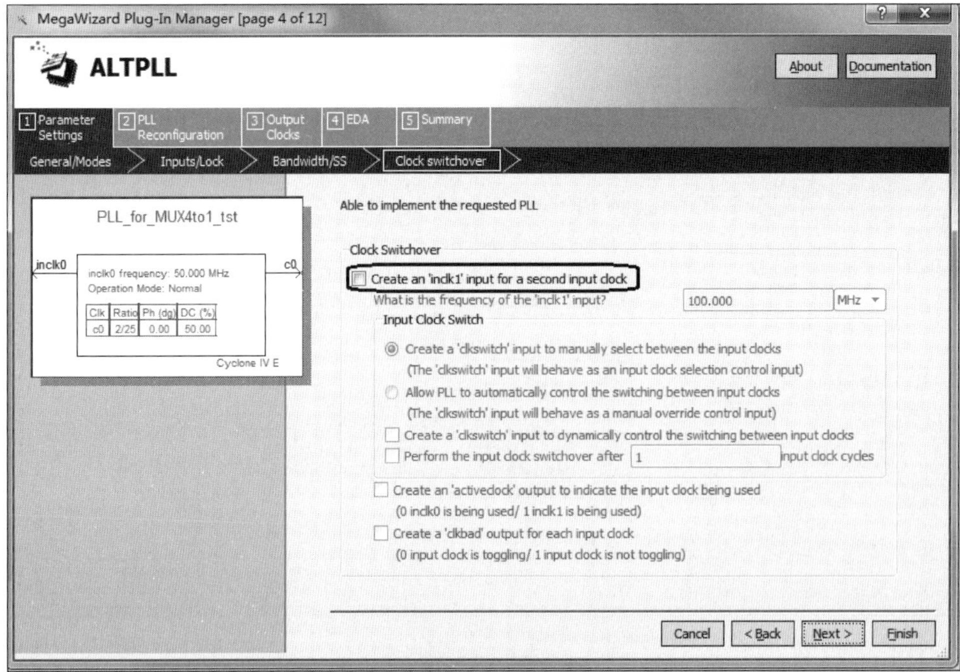

图 5-8　锁相环定制向导(6)

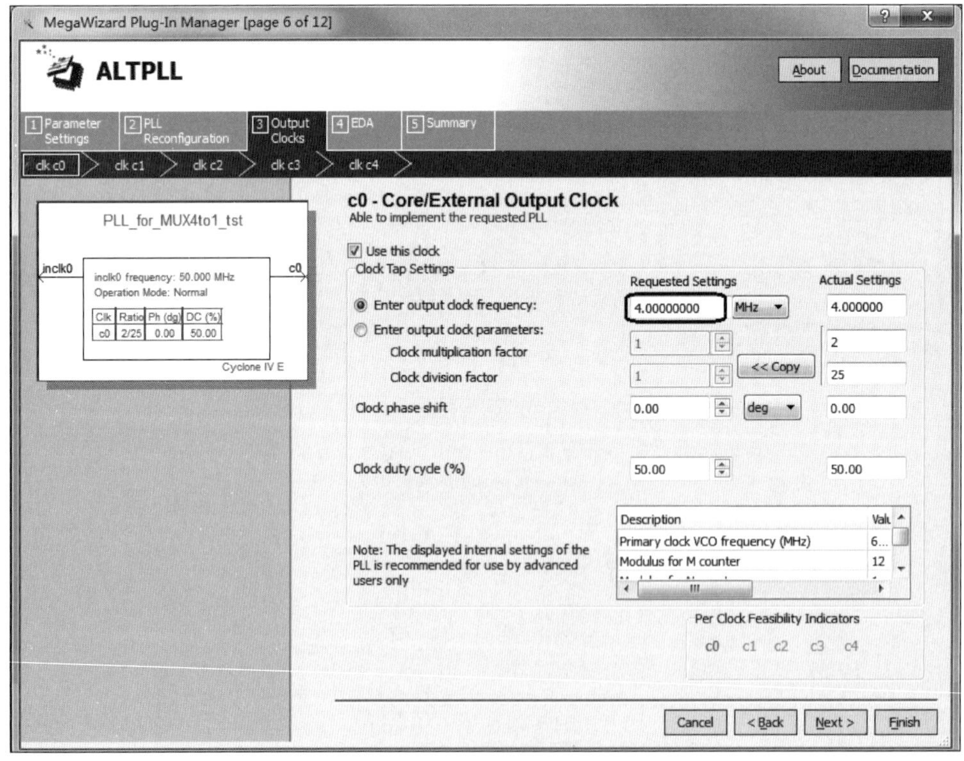

图 5-9　锁相环定制向导(7)

数如表 5-4 所示。可以看出，Cyclone Ⅳ 系列 FPGA 内置锁相环输出信号的频率范围为 2kHz～1000MHz。

表 5-4 Cyclone 系列锁相环特性参数

FPGA 系列	下限频率	上限频率
Cyclone Ⅱ	10MHz	400MHz
Cyclone Ⅲ	2kHz	1300MHz
Cyclone Ⅳ	2kHz	1000MHz

（8）单击 Next 按钮进入输出 c1 参数设置界面。选择使用输出 c1，并设置乘法因子为 3，除法因子为 50，相位偏移为 0°，如图 5-10 所示，即设置输出 c1 的频率为 3MHz。

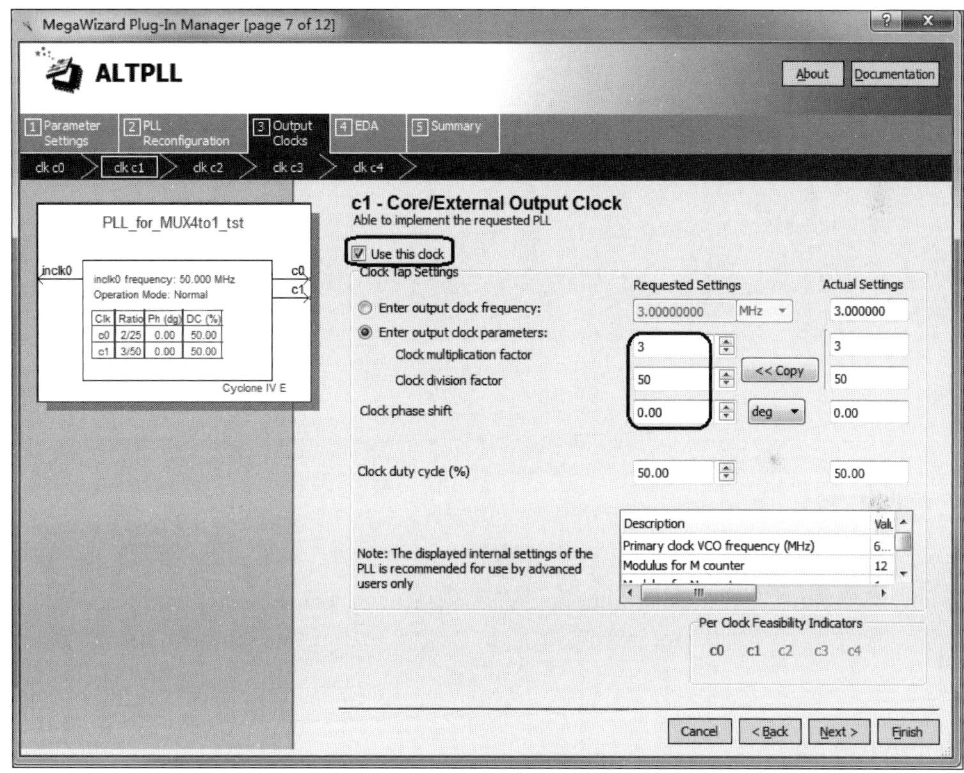

图 5-10 锁相环定制向导(8)

同理，选择使用输出 c2 和 c3，并设置 c2 和 c3 的频率分别为 2MHz 和 1MHz。

（9）单击 Next 按钮进入输出 c4 参数设置界面。选择使用输出 c4，并指定 c4 频率为 100MHz，如图 5-11 所示。

（10）连续单击 Next 按钮进入锁相环定制文件生成界面，如图 5-12 所示，通过勾选相应文件选择需要生成的文件类型，其中灰色表示默认生成的文件。若需要在原理图设计中调用定制的锁相环，则需要勾选图形符号文件 pll_for_MUX4to1_tst. bsf；若需要通过例化方式调用锁相环，则需要 pll_for_MUX4to1_tst_inst. v 文件；若需要通过第三方软件进行综合，则需要 pll_for_MUX4to1_tst_bb. v 文件，将锁相环模块作为黑盒进行例化。

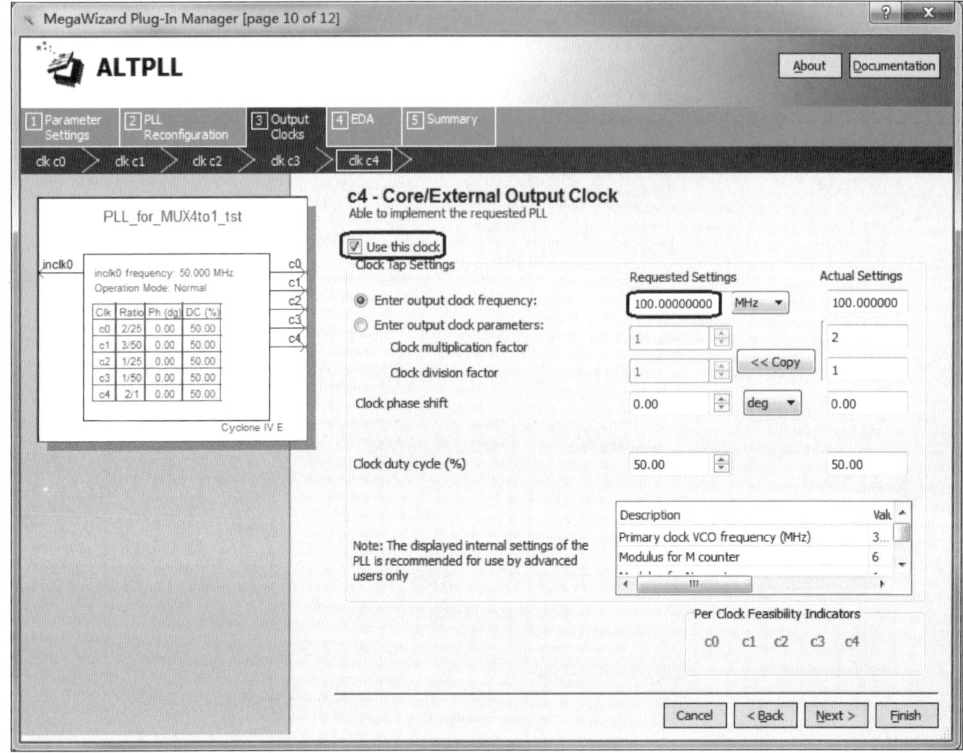

图 5-11　定制锁相环向导(9)

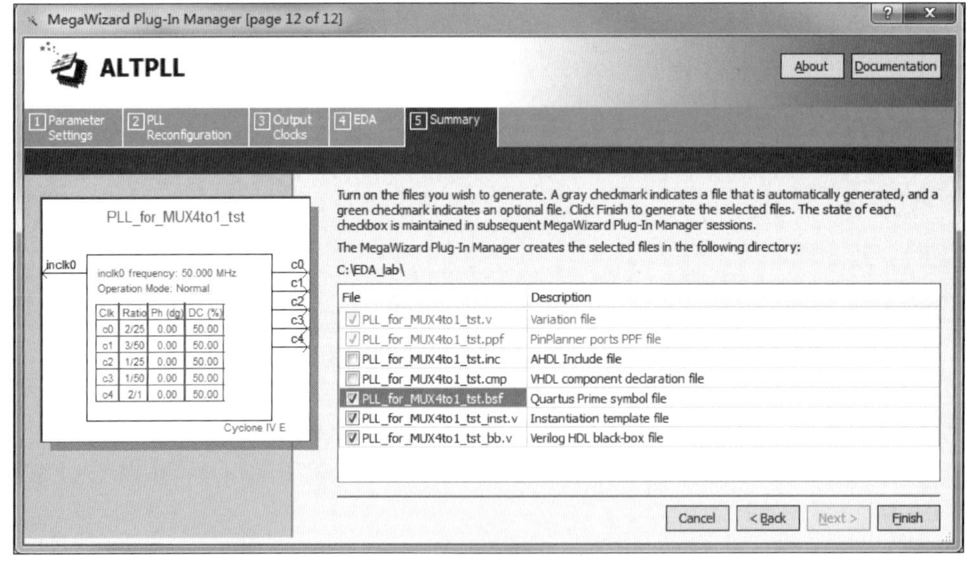

图 5-12　锁相环定制向导(10)

生成文件选择完成后，单击 Finish 按钮完成锁相环的定制过程。

(11) 在 Quartus Prime 主界面中，执行 Project→Add/Remove Files in Project 菜单命令，在弹出的对话框中可以看到锁相环模块 PLL_for_MUX4to1_tst.qip 已经添加到工程

中，如图 5-13 所示。因此，在设计工程中可以通过图形符号或 Verilog 例化方式调用定制好的锁相环。

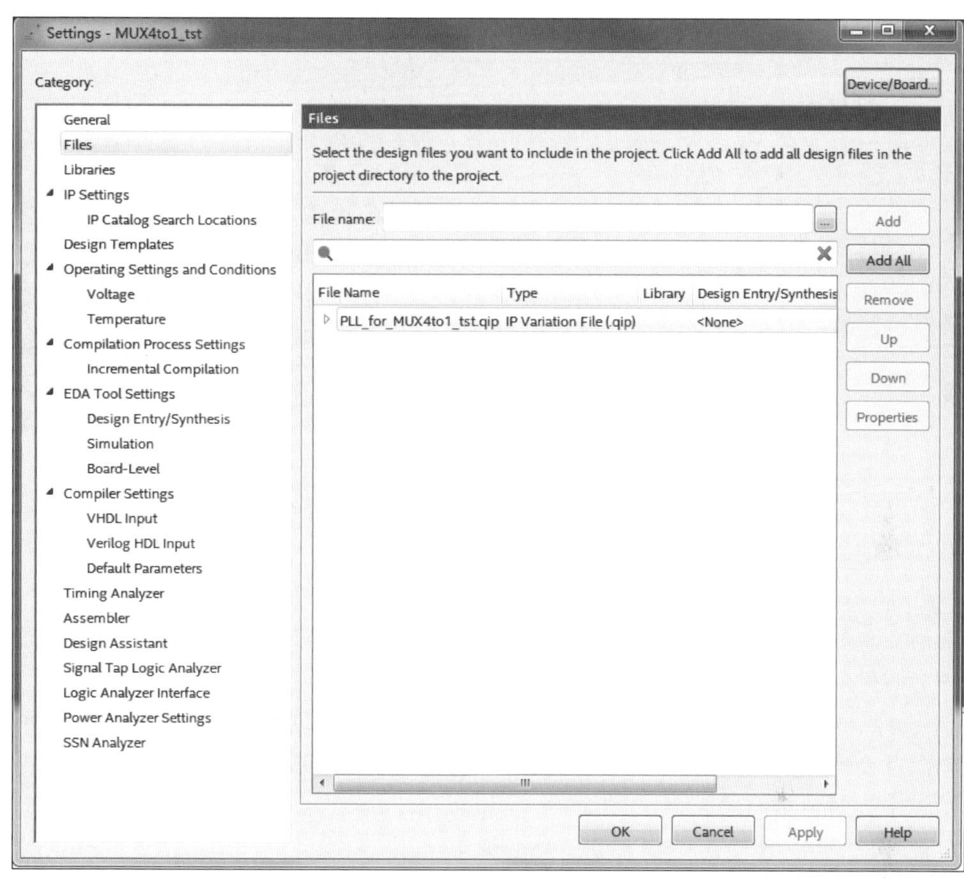

图 5-13 已添加的 IP 文件

5.3 DDS 信号源的设计

5.3a 微课视频

5.3b 微课视频

5.3c 微课视频

信号源是常用的电子仪器，能够输出正弦、脉冲、调制和扫频等多种类型信号，作为电子系统的激励源或噪声源，用于测量系统的振幅特性、频率特性、传输特性和其他电参数，或者用于测量元器件的特性和参数。

直接数字频率合成器(Direct Digital Synthesizer，DDS)应用数字技术实现信号源，具有控制灵活、分辨率高和稳定性好等优点。

DDS 信号源的基本结构如图 5-14 所示，由相位累加器、波形存储器、D/A 转换器和低通滤波器 4 部分组成，其中相位累加器和波形存储器应用数字方法实现。

DDS 信号源的工作原理是相位累加器在时钟脉冲的作用下进行相位循环累加，输出相位序列。波形存储器以相位累加器输出的相位序列作为地址，从存储器中查询相应的波形数据后依次输出。D/A 转换器和低通滤波器则用于将波形存储器输出的数字信号还原为模拟信号。

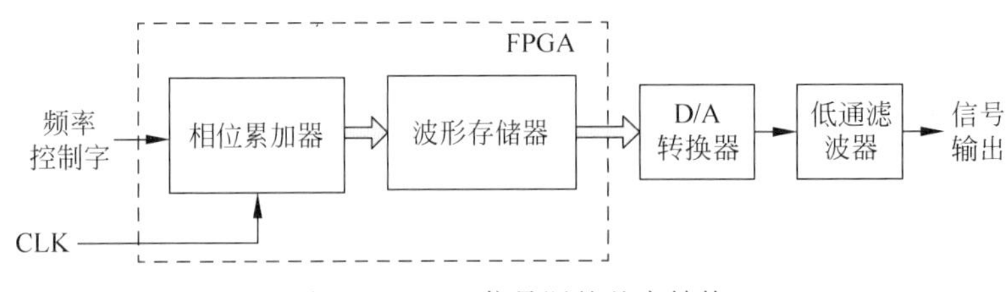

图 5-14 DDS 信号源的基本结构

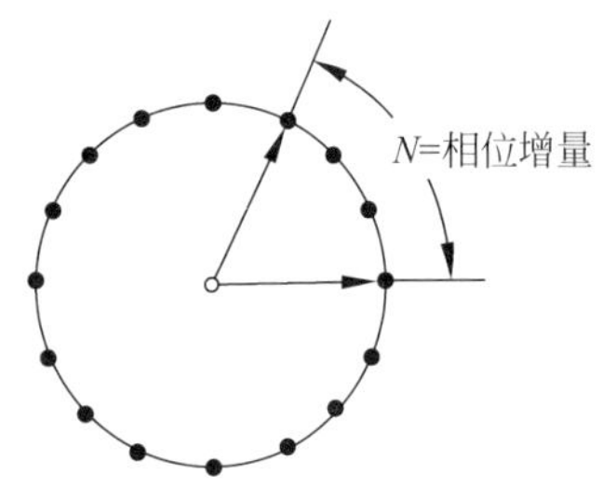

图 5-15 正弦 DDS 的实现原理

正弦相位累加的原理可以通过图 5-15 来解释。在一个正弦周期（0～2π）上均匀采样 2^n 个点（对应最小的相位增量为 $2\pi/2^n$），并将采样点的正弦模拟幅度值经过量化与编码转换为数字量后存入 ROM 中。然后，在时钟脉冲的作用下：

（1）依次输出每个采样点（对应相位增量 $N=1$）的幅值时，那么经过 2^n 个时钟才能输出一个完整的正弦波，因此输出正弦信号的周期为时钟周期的 2^n 倍，即输出正弦信号的频率为时钟频率的 $1/2^n$；

（2）每隔一个点输出一个采样点（对应相位增量 $N=2$）的幅值时，则经过 $2^n/2$ 个时钟就能输出一个完整的正弦波，输出正弦信号的周期为时钟周期的 2^{n-1} 倍，即输出正弦信号的频率为时钟频率的 $2/2^n$；

（3）每隔两个点输出一个采样点（对应相位增量 $N=3$）的幅值时，则经过 $2^n/3$ 个时钟就能输出一个完整的正弦波，因此输出正弦信号的周期为时钟周期的 $2^n/3$ 倍，即输出正弦信号的频率为时钟频率的 $3/2^n$。

以此类推，可推出 DDS 输出正弦信号的频率 f_{OUT} 与时钟脉冲频率 f_{clk} 之间的关系为

$$f_{\text{OUT}} = \frac{f_{\text{clk}}}{2^n} \times N$$

其中，N 为相位增量，通常称为频率控制字。

本节以设计能够输出 100Hz～25.5kHz，步进为 100Hz 的 DDS 正弦信号源为目标，讲述 ROM IP 在数字系统设计中的应用。

分析 ①频率范围为 100Hz～25.5kHz，步进为 100Hz 的正弦信号共有 255 种频率值，因此需要用 8 位频率控制字（因为 $2^7<255<2^8$）进行控制；②为了保证输出正弦信号无失真，根据奈奎斯特采样定理，每个正弦周期至少应输出 2 个及以上的采样点，才能恢复出正弦波，而且输出的采样点数越多，越有利于后续低通滤波器的设计。但是，采样点数越多，所需要的存储容量越大，消耗的 FPGA 存储资源越多，因此需要折中考虑。当输出 25.5kHz 正弦波时，若设计每个周期输出 16 个采样点，则 DDS 信号源的时钟频率至少应取 25.5kHz×16＝408kHz。

根据上述分析，取 DDS 时钟脉冲 f_{clk} 为 409.6kHz，$n=12$ 和 8 位频率控制字时，能够输出的正弦波信号的频率恰好为 100Hz～25.5kHz，步进为 100Hz。

为了节约 FPGA 片上有限的存储资源，对图 5-16 所示的正弦信号进行采样时，只存储第 1 象限（0～π/2）的正弦采样值，然后利用正弦波结构的对称性，映射出第 2～4 象限

(π/2～2π)的正弦函数值。

本例中的相位累加器设计、正弦 ROM 的定制以及输出数据的校正都是按照这种思路处理的。

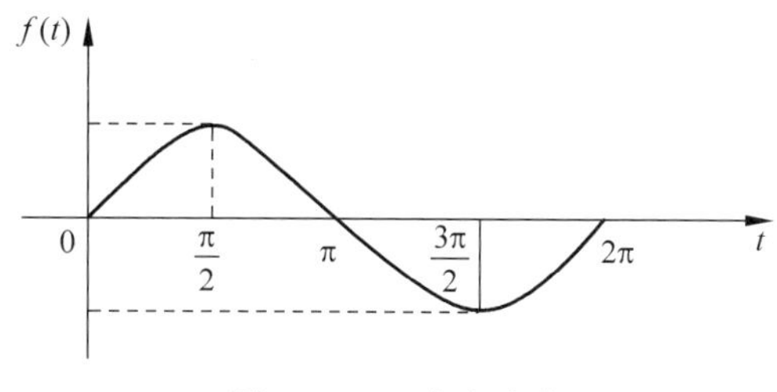

图 5-16 正弦波波形

设计过程 正弦 DDS 信号源设计方案如图 5-17 所示。在时钟脉冲的作用下,12 位相位累加器以频率控制字为步长进行相位循环累加,输出 10 位相位值,然后将相位累加器输出的 10 位相位值序列作为正弦 ROM 的地址,查询预先存放在 ROM 中正弦波的第 1 象限 1024 个采样数据输出数字化正弦幅值序列,ROM 输出的数据校正后经过 8 位 D/A 转换器转换为时间连续的信号,再经过低通滤波器输出正弦模拟信号。

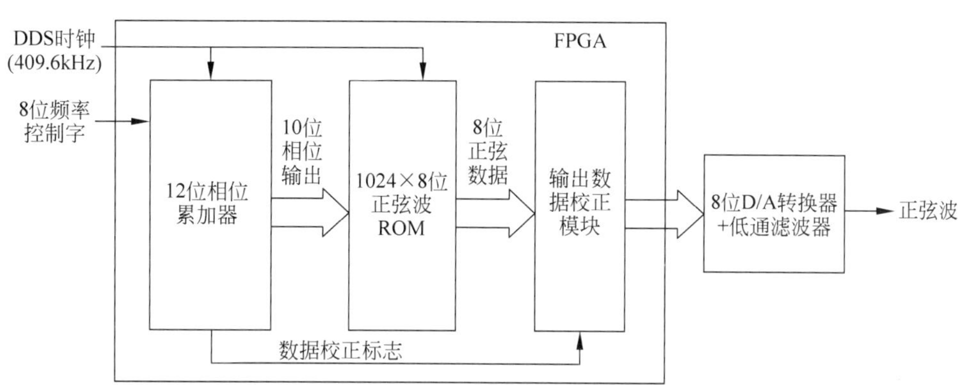

图 5-17 正弦 DDS 信号源设计方案

基于上述设计方案,应用 FPGA 实现 DDS 信号源时,需要应用 Verilog HDL 描述相位累加器和定制正弦 ROM。在设计之前,先建立新工程(设工程名为 DDS_sin4096x8b),以便设计和定制过程中产生的相关文件能够添加到工程中。

5.3.1 相位累加器的设计

相位累加器在时钟脉冲的作用下,将加法器输出的相位值与频率控制字循环累加,以保持相位的连续变化,从而保证输出波形的连续性。

取 $n=12$ 时,应采用 12 位二进制相位累加器。只存储 1/4 周期正弦采样数据时,相位累加器只需要输出 10 位相位序列值和正弦数据是否需要反相的标志。因此,实现相位累加的 Verilog 代码参考如下。

```
module phase_adder12b(clk,rst_n,phase_step,phase_out,datinv);
  input clk,rst_n;                                    // DDS 时钟及复位信号
```

```
  input [7:0] phase_step ;                                        // 频率控制字
  output reg [9:0] phase_out;                                     // 相位输出
  output reg datinv;                                              // 数据反相标志
  // 内部变量定义
  reg [11:0] cnt;                                                 // 相位累加寄存器
  // 时序逻辑过程,相位累加
  always @( posedge clk or negedge rst_n )
    if ( !rst_n )
      cnt <= 12'b0;
    else
      cnt <= cnt + phase_step;
  // 组合逻辑过程,定义输出
  always @( cnt )
     case ( cnt[11:10] )
        2'b00: begin phase_out = cnt[9:0]; datinv = 0; end       // 第 1 象限
        2'b01: begin phase_out = ~cnt[9:0]; datinv = 0; end      // 第 2 象限
        2'b10: begin phase_out = cnt[9:0]; datinv = 1; end       // 第 3 象限
        2'b11: begin phase_out = ~cnt[9:0]; datinv = 1; end      // 第 4 象限
       default: begin phase_out = cnt[9:0]; datinv = 0; end
     endcase
endmodule
```

以 phase_adder12b.v 文件建立工程并进行编译和综合后，执行 Files→Create∠Update→Create Symbol Files for Current File 菜单命令，为模块 phase_adder12b.v 生成图形符号文件 phase_adder12b.bsf，以便在顶层设计中调用。

5.3.2 正弦 ROM 的定制

正弦 ROM 用于实现“相位-幅度”的转换，根据正弦波的相位值输出相应的幅度值。1024×8 位正弦 ROM 可以定制单口 ROM IP 实现。

在定制 ROM 之前，首先需要创建存储器初始化文件，以便在定制 ROM 过程中能够加载正弦采样数据。

1. 创建存储器初始化文件

Quartus Prime 支持两种格式的存储器初始化文件：MIF(Memory Initialization File)文件格式和 HEX(Hexadecimal)文件格式。

1）MIF 文件

MIF 为原 Altera 公司定义的纯文本格式的存储器初始化文件，可以用任何文本编辑器(如记事本)进行编辑。

1024×8 位的 MIF 文件格式如下。

```
-- 说明部分略
WIDTH = 8 ;                               // 定义存储数据的位宽,以十进制数表示
DEPTH = 1024 ;                            // 定义存储单元的总数,以十进制数表示
ADDRESS_RADIX = BIN/DEC/HEX/UNS;          // 定义地址基数
DATA_RADIX = BIN/DEC//HEX/UNS;            // 定义数据基数
                                          /* BIN 表示二进制数,
```

```
                                        DEC 表示十进制数,
                                        HEX 表示十六进制数,
                                        UNS 表示无符号十进制数 */
CONTENT BEGIN                           // 描述存储单元及数值
  单元 0 : 数值 0;                       // 单元号: 存储数值
  单元 1 : 数值 1;
  单元 2 : 数值 2;
  …
  单元 1023: 数值 1023;
END;
```

MIF 文件格式可以在 Quartus Prime 中生成。在 Quartus Prime 环境下新建存储器初始化文件，在弹出的如图 5-18 所示的对话框中的 Number of words 和 Word size 文本框中分别设置存储器的单元数和存储数据的位宽，先建立一个空白的.mif 文件，然后将初始化数据填入后保存即可。

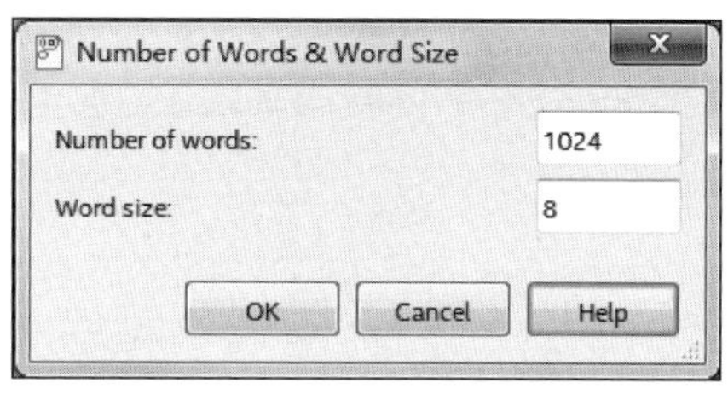

图 5-18 设置存储器单元数和位数

存储器初始化文件还可以直接应用 C 程序生成。将一个正弦周期均匀采样 4096 个点，计算并存储第 1 象限的 1024 个采样点数据。每个采样点的数据用 8 位无符号二进制数表示。生成 1024×8 位正弦 ROM 初始化数据文件(设文件名为 sin1024x8b.mif)的 C 程序参考如下。

```
#include <math.h>                               // 包含算术运算库
#include <stdio.h>                              // 包含标准输入/输出库
#define PI 3.1415926                            // 定义 PI 为 3.1415926
// 存储器初始化文件名和路径定义
#define PATH "c:/EDA_lab/sin1024x8b.mif"
int main (void)
{
  float x;                                      // 定义浮点变量,用于保存正弦计算值
  unsigned char sin8b;                          // 定义 8 位无符号整型变量,用于保存正弦变换值
  FILE * fp_mif;                                // 定义文件指针
  unsigned int i;                               // 定义循环变量
  // 打开存储器初始化文件
  fp_mif = fopen(PATH,"w+");
  // 添加文件信息头
  fprintf(fp_mif,"WIDTH = 8;\n");
  fprintf(fp_mif,"DEPTH = 1024;\n");
  fprintf(fp_mif,"ADDRESS_RADIX = UNS;\n");
  fprintf(fp_mif,"DATA_RADIX = UNS;\n");
  fprintf(fp_mif,"CONTENT BEGIN\n");
  // 计算并保存地址和正弦数据
  for (i = 0;i < 1024;i++)                      // 输出 1024 个点
    {
    x = sin(2 * PI * i/4096);                   // 采样 4096 个点
    sin8b = (int)((x + 1) * 255/2);             // 转换为 8 位无符号数
```

```
      fprintf(fp_mif," %4d : %3d;\n",i,sin8b);          //保存地址和数据
    }
  // 写入结束标志
  fprintf(fp_mif,"END;\n");
  // 关闭文件返回
  fclose(fp_mif);
  return 0;
}
```

存储器初始化文件也可以应用 MATLAB 软件生成。生成 1024×8 位正弦采样数据初始化文件 sin1024x8b. mif 的 m 代码参考如下。

```
fp = fopen('C:\EDA_lab\sin1024x8b.mif','w+');
fprintf(fp,'WIDTH = 8;\r\n');
fprintf(fp,'DEPTH = 1024;\r\n');
fprintf(fp,'ADDRESS_RADIX = HEX;\r\n');
fprintf(fp,'DATA_RADIX = HEX;\r\n');
fprintf(fp,'CONTENT BEGIN\r\n');
for i = 0:1023
  fprintf(fp,'%4x: %4x;\n,i,round((0.5 + 0.5 * sin(2 * pi * i/4096)) * 255);
fprintf(fp,'END;\n');
fclose(fp);
```

在 Quartus Prime 开发环境下分别打开 C 程序和 MATLAB 生成的存储器初始化文件 sin1024x8b. mif。初始化文件的数据片段如图 5-19 所示。

2）HEX 文件

HEX 是 Intel 公司定义的通用数据文件格式，既可以在 Quartus Prime 中直接生成，也可以将. mif 文件转换为. hex 文件。

直接生成. hex 文件的方法：在 Quartus Prime 环境下新建一个空白 HEX 文件（设文件名为 sin1024x8b. hex），然后将 C 程序/MATLAB 生成的正弦采样数据填入 sin1024x8b. hex 中保存即可。

实现. mif 文件到. hex 文件转换的方法：在 Quartus Prime 中先打开. mif 文件，再另存为. hex 文件。

需要注意的是，基于向量波形方法仿真含有 ROM 的数字系统时，既可以应用. mif 文件加载存储器初始化数据，也可以应用. hex 文件加载存储器初始化数据。但是，基于 testbench 仿真含有 ROM 的数字系统时，只能应用. hex 文件加载存储器初始化数据。因此，用 C 程序生成存储器初始化后，如果需要应用 testbench 进行仿真，还需要在 Quartus Prime 环境下将. mif 存储器初始化文件转换为. hex 文件格式。

2. 定制 ROM

存储器初始化文件生成之后，按照以下步骤定制正弦波 ROM。

（1）打开 Quartus Prime，执行 Tools→IP Catalog 菜单命令进入 IP 目录，如图 5-20 所示。

（2）双击 IP Catalog 中 Basic Functions 栏下 On Chip Memory 中的 ROM：1-PORT，开始定制单口 ROM。

sin1024x8b.mif

Addr	+0	+1	+2	+3	+4	+5	+6	+7	ASCII
0	127	127	127	128	128	128	128	128	
8	129	129	129	129	129	130	130	130	
16	130	130	131	131	131	131	131	131	
24	132	132	132	132	132	133	133	133	
32	133	133	134	134	134	134	134	135	
40	135	135	135	135	136	136	136	136	
48	136	137	137	137	137	137	138	138	
56	138	138	138	139	139	139	139	139	
64	139	140	140	140	140	140	141	141	
72	141	141	141	142	142	142	142	142	
80	143	143	143	143	143	144	144	144	
88	144	144	145	145	145	145	145	146	
96	146	146	146	146	146	147	147	147	
104	147	147	148	148	148	148	148	149	
112	149	149	149	149	150	150	150	150	
120	150	151	151	151	151	151	151	152	
128	152	152	152	152	153	153	153	153	
136	153	154	154	154	154	154	155	155	

(a) 十进制格式

sin1024x8b.mif

Addr	+0	+1	+2	+3	+4	+5	+6	+7	ASCII
000	7F	7F	7F	80	80	80	80	80	
008	81	81	81	81	81	82	82	82	
010	82	82	83	83	83	83	83	83	
018	84	84	84	84	84	85	85	85	
020	85	85	86	86	86	86	86	87	
028	87	87	87	87	88	88	88	88	
030	88	89	89	89	89	89	8A	8A	
038	8A	8A	8A	8B	8B	8B	8B	8B	
040	8B	8C	8C	8C	8C	8C	8D	8D	
048	8D	8D	8D	8E	8E	8E	8E	8E	
050	8F	8F	8F	8F	8F	90	90	90	
058	90	90	91	91	91	91	91	92	
060	92	92	92	92	92	93	93	93	
068	93	93	94	94	94	94	94	95	
070	95	95	95	95	96	96	96	96	
078	96	97	97	97	97	97	97	98	
080	98	98	98	98	99	99	99	99	
088	99	9A	9A	9A	9A	9A	9B	9B	

(b) 十六进制格式

图 5-19 存储器初始化数据文件

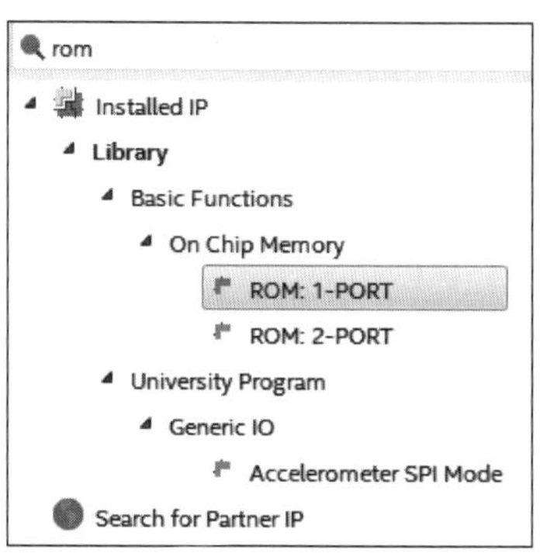

图 5-20 正弦 ROM 定制向导(1)

(3) 在弹出的 Save IP Variation 对话框中,输入保存定制 ROM 的名称,选择输出 HDL 的语言类型,并确认输出文件将保存在 DDS 工程目录中。

本例中设定输出文件存放的目录为 C:/EDA_lab,输出文件名为 sin_rom_quarter,输出

HDL 的语言类型为 Verilog，如图 5-21 所示。

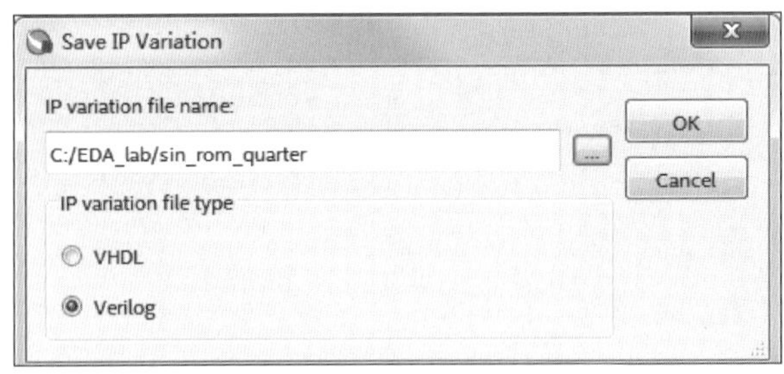

图 5-21 正弦 ROM 定制向导(2)

(4) 单击图 5-21 中的 OK 按钮进入设置 ROM 存储单元数和位宽界面。

设置 ROM 的单元数为 1024(在下拉列表中选择或直接输入)，位宽为 8 位，时钟模式为单时钟，Auto 实现方式，如图 5-22 所示。

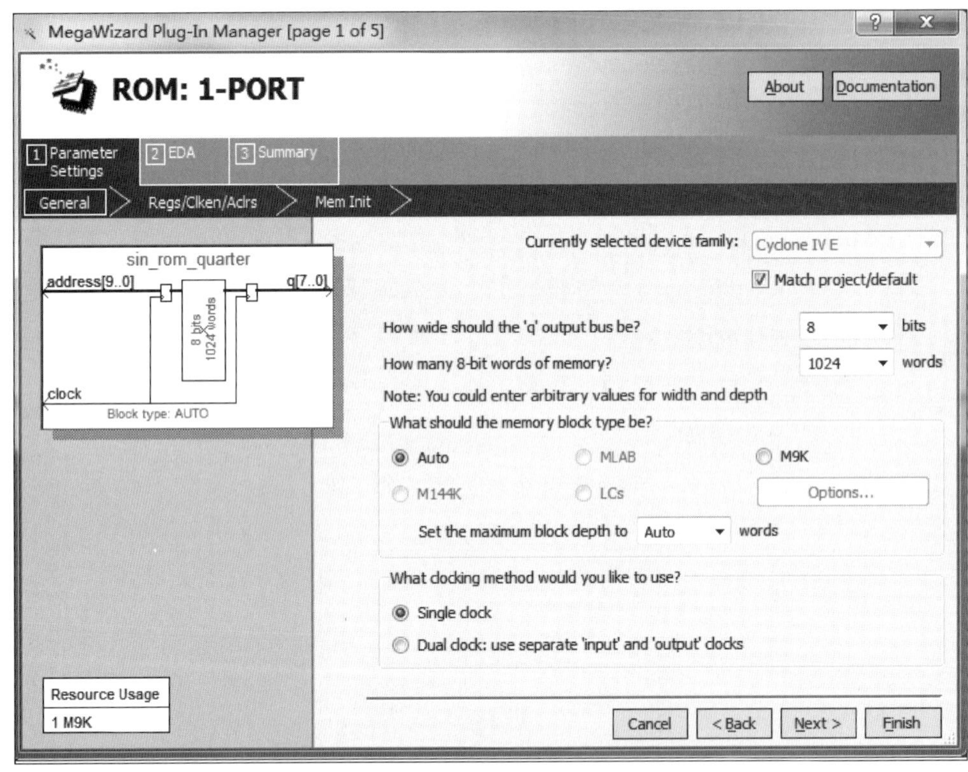

图 5-22 正弦波 ROM 定制向导(3)

(5) 单击 Next 按钮进入添加功能端口界面。取消勾选'q' output port 选项以取消 ROM 的输出寄存功能，如图 5-23 所示。

(6) 单击 Next 按钮进入添加存储器初始化文件对话框。首先选择“Yes，use this file for memory content data”单选项，然后单击 Browse 按钮查找并选中已经生成好的初始化文件 sin1024x8b.mif(或 sin1024x8b.hex)，如图 5-24 所示，确认加入。

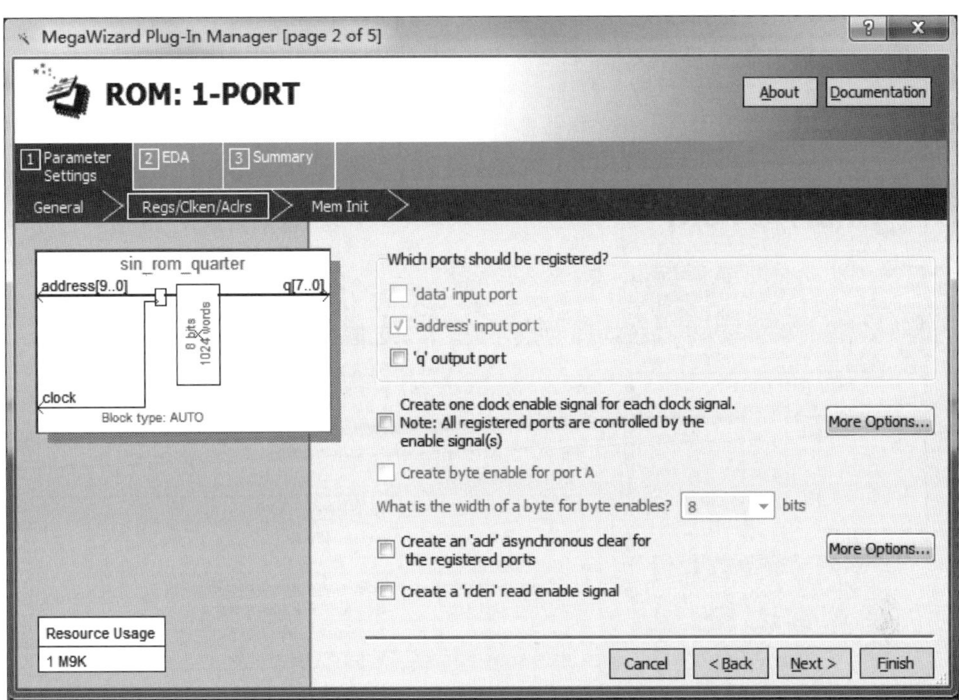

图 5-23　正弦 ROM 定制向导(4)

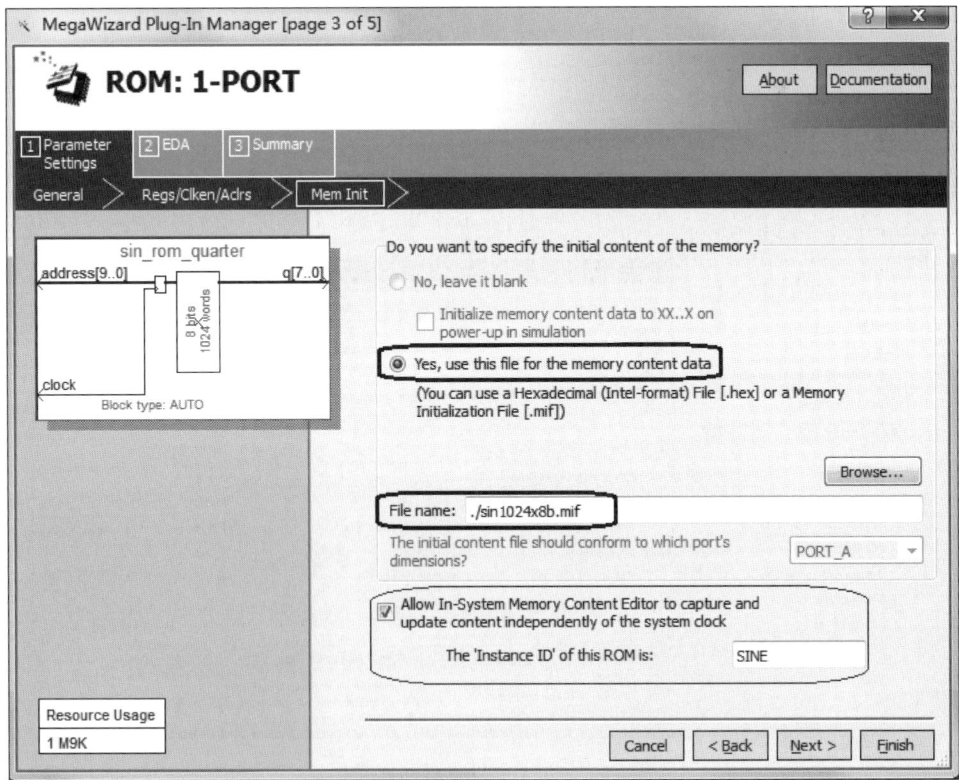

图 5-24　正弦 ROM 定制向导(5)

(7) 单击 Next 按钮两次进入输出文件生成界面,如图 5-25 所示。勾选 sin_rom_quarter. bsf 选择输出图形符号文件,以便在顶层设计中通过原理图方式调用。单击 Finish 按钮完成定制过程。

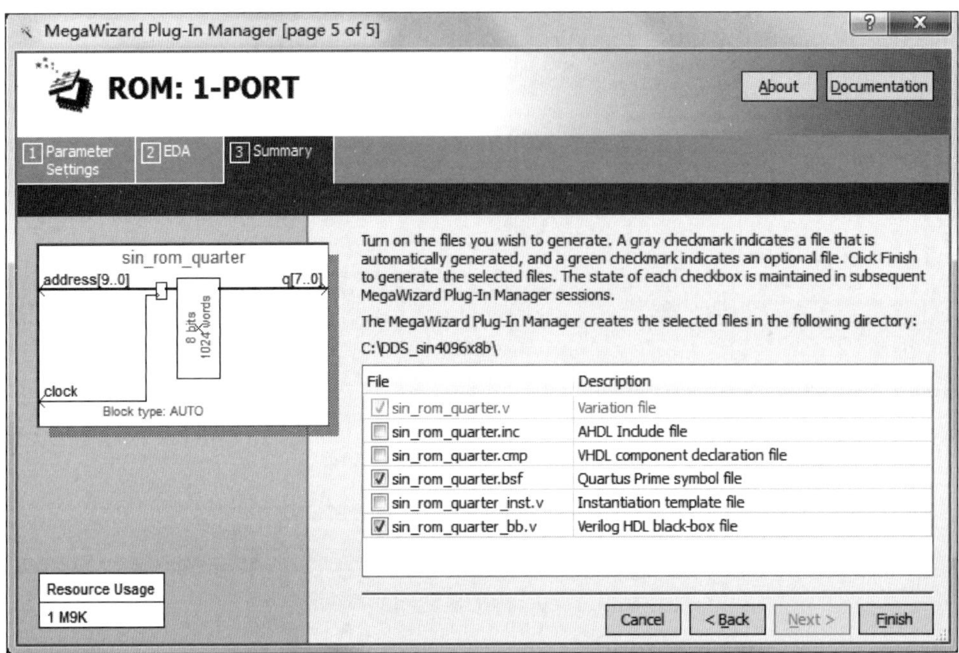

图 5-25 正弦 ROM 定制向导(6)

(8) 执行 Project→Add/Remove Files in Project 菜单命令,可以看到已经加入工程中的 sin_rom_quarter. qip IP 文件,如图 5-26 所示。

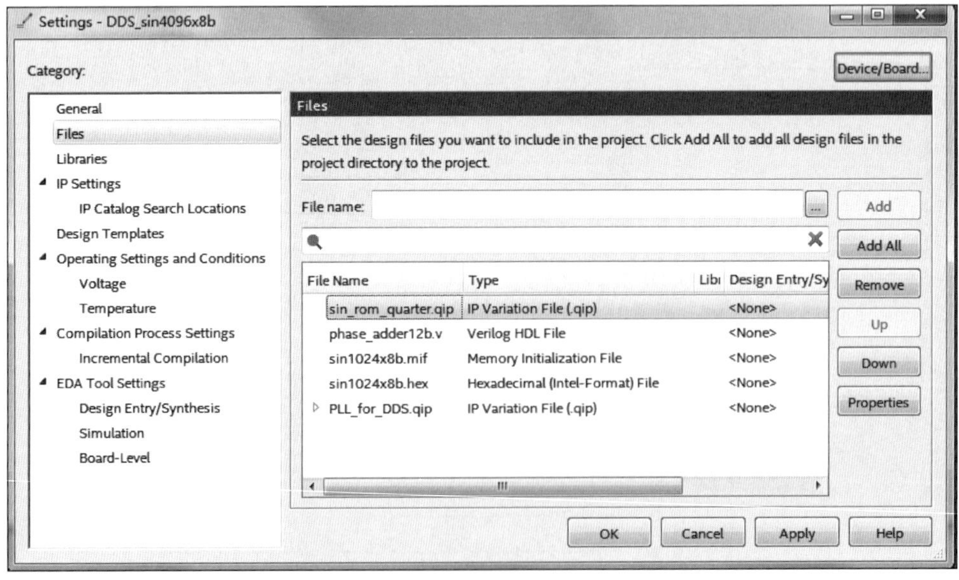

图 5-26 正弦 ROM 定制向导(7)

5.3.3 输出数据的校正

由于正弦 ROM 中只存储了第 1 象限的正弦采样数据值，因此，需要对 ROM 输出的正弦数据进行校正才能映射出完整的正弦周期数据序列。

对正弦数据进行校正的 Verilog 代码参考如下。

```
module sin_dat_adj (
  input [7:0] din,                    // 第 1 象限正弦序列输入
  input datflag,                      // 数据校正标志
  output wire [7:0] dout              // 正弦序列数输出
  );
  // datflag = 1 时按位取反，映射出第 3、4 象限的正弦数据
  assign dout = datflag? ~din : din;
endmodule
```

将上述代码经编辑综合后封装成图形符号文件(sin_dat_adj. bsf)，以便在 DDS 信号源顶层电路设计中调用。

另外，如果在 sin_dat_adj 模块的对外端口中添加如下输出口和相应的端口赋值语句，则可以输出与正弦信号同频的方波信号。

```
output wire squ_out,                  // 输出端口
assign squ_out = datflag;             // 端口赋值语句
```

5.3.4 顶层电路设计

DDS 正弦信号源的顶层电路应用原理图进行设计。

打开 Quartus Prime，新建设计文件并选择 Design Files 栏下的 Block Diagram/Schematic Files，打开原理图编辑窗口。在编辑窗口的空白处双击，单击 Name 栏右侧的浏览按钮[...]，依次调入相位累加器 phase_adder12b. bsf、正弦波存储器 sin_rom_quarter. bsf 和输出数据校正模块 sin_dat_adj. bsf 的图形符号，按图 5-17 的设计方案连接成如图 5-27 所示的顶层设计电路，并将顶层原理图文件保存为 DDS_sin4096x12b. bsf(顶层设计文件必须与工程同名)。

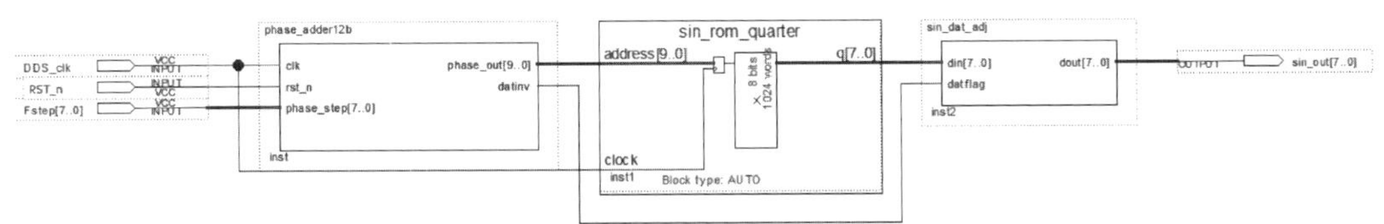

图 5-27 DDS 正弦信号源顶层设计电路

1. 仿真分析

建立向量波形文件，添加信号源时钟 DDS_clk、复位信号 RST_n、频率控制字 Fstep 和正弦输出序列 sin_out 为需要观测的信号。执行 Edit→Set End Time 菜单命令，将仿真结束时间设置为 81.92μs(因为 81.92μs/2/10ns=4096，对应一个正弦基波周期)。设置 Fstep

为 8 进行仿真，得到如图 5-28 所示的仿真结果。

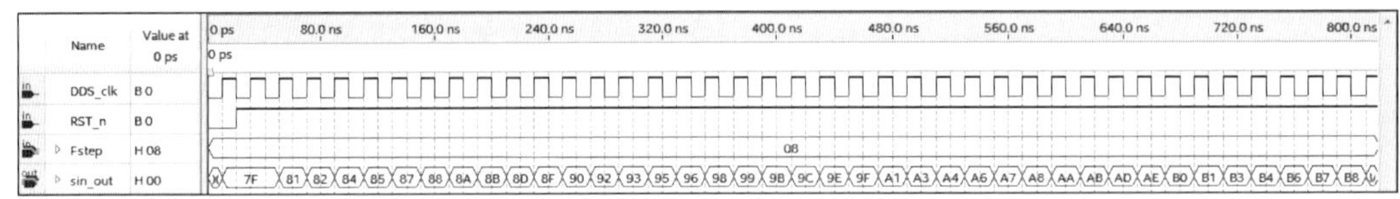

图 5-28 正弦 DDS 信号源仿真波形

从仿真波形可以看出，输出正弦序列幅值与采样值一致。若将输出的正弦序列幅值经过 D/A 转换和低通滤波，就可以还原为正弦模拟信号。

2. Signal Tap Logic Analyzer 测试

定制锁相环 ALTPLL 输出 409.6kHz 方波(c0 和 c1)，分别作为 DDS 信号源的时钟和逻辑分析仪的采样时钟。建立如图 5-29 所示的 DDS 信号源测试电路。

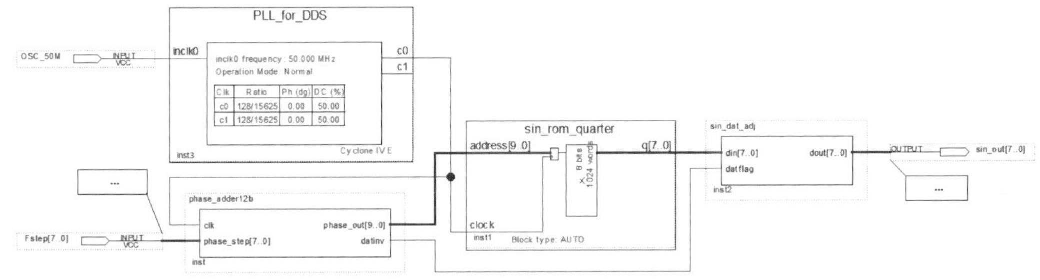

图 5-29 DDS 信号源测试电路

设置锁相环的输入时钟为 50MHz。将频率控制字 Fstep[7:0]锁定到 DE2-115 开发板的 SW7～SW0 上，将复位信号锁定到 DE2-115 开发板的 KEY0 上，将正弦序列输出 sin_out[7:0]锁定到 GPIO[11]～[25]单号引脚上。具体的锁定信息如图 5-30 所示。

All Pins

Named: * Edit: <<new node>> Filter: Pins: all

Node Name	Direction	Location	I/O Bank	VREF Group	Fitter Location	I/O Standard
Fstep[7]	Input	PIN_AB26	5	B5_N1	PIN_AB26	2.5 V
Fstep[6]	Input	PIN_AD26	5	B5_N2	PIN_AD26	2.5 V
Fstep[5]	Input	PIN_AC26	5	B5_N2	PIN_AC26	2.5 V
Fstep[4]	Input	PIN_AB27	5	B5_N1	PIN_AB27	2.5 V
Fstep[3]	Input	PIN_AD27	5	B5_N2	PIN_AD27	2.5 V
Fstep[2]	Input	PIN_AC27	5	B5_N2	PIN_AC27	2.5 V
Fstep[1]	Input	PIN_AC28	5	B5_N2	PIN_AC28	2.5 V
Fstep[0]	Input	PIN_AB28	5	B5_N1	PIN_AB28	2.5 V
OSC_50M	Input	PIN_Y2	2	B2_N0	PIN_Y2	2.5 V
RST_n	Input	PIN_M23	6	B6_N2	PIN_AH15	2.5 V (default)
sin_out[7]	Output	PIN_AF16	4	B4_N2	PIN_AF16	2.5 V
sin_out[6]	Output	PIN_AF15	4	B4_N2	PIN_AF15	2.5 V
sin_out[5]	Output	PIN_AE21	4	B4_N1	PIN_AE21	2.5 V
sin_out[4]	Output	PIN_AC22	4	B4_N0	PIN_AC22	2.5 V
sin_out[3]	Output	PIN_AF21	4	B4_N1	PIN_AF21	2.5 V
sin_out[2]	Output	PIN_AD22	4	B4_N0	PIN_AD22	2.5 V
sin_out[1]	Output	PIN_AD25	4	B4_N0	PIN_AD25	2.5 V
sin_out[0]	Output	PIN_AE25	4	B4_N1	PIN_AE25	2.5 V
<<new node>>						

图 5-30 DDS 信号源测试电路引脚锁定信息

新建逻辑分析仪文件(打开 Signal Tap Logic Analyzer File),添加 DDS 时钟(PLL_for_DDS 的 c0)、频率控制字 Fstep[7:0]、相位累加器输出 phase_out[9:0]和正弦序列输出 sin_out[7:0]为需要观测的信号,如图 5-31 所示。

trigger: 2020/12/24 13:27:12 #1			Lock mode:	Allow all changes	
Node			Data Enable	Trigger Enable	Trigger Conditions
Type	Alias	Name	26	26	1 ☑ Basic AND
		⊞ Fstep[7..0]	☑	☑	XXh
		⊞ ...ase_adder12b:inst|phase_out[9..0]	☑	☑	XXXh
		⊞ sin_out[7..0]	☑	☑	XXXXXXXXb

图 5-31 添加需要观测信号

设置逻辑分析仪的采样时钟为 409.6kHz(PLL_for_DDS 中的 c1),采样深度为 128kb,重新编译工程并下载到 FPGA 中,设置频率控制字 Fstep 为 8 并启动逻辑分析仪进行分析,设置相位累加器输出 phase_out 和正弦序列输出 sin_out 为 unsigned line chart 显示方式,得到如图 5-32 所示的测试波形。可以看出,DDS 功能正确。

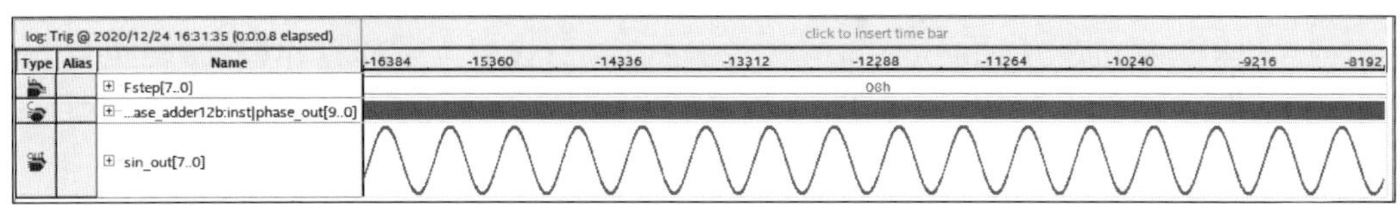

图 5-32 DDS 信号源逻辑分析波形

需要说明的是,Quartus Prime 提供了功能强大的数控振荡器(Numerically Controlled Oscillator,NCO)IP,用户只需要对 NCO IP 进行简单的配置,就可以方便地生成单路或双通道高精度离散正弦波和余弦波,在信号处理、数字通信和电力电子等领域有着重要的应用。有兴趣的读者可查阅 Intel 公司的相关文档学习 NCO 的使用方法。

5.3.5 D/A 转换及滤波电路

D/A 转换电路用于将 FPGA 输出的正弦幅值序列转换为时间上连续、幅值上离散的信号,再通过低通滤波器还原为正弦模拟信号。

由于正弦采样数据为 8 位无符号二进制数,因此需要用 8 位 D/A 转换器进行转换。

DAC0832 为集成 8 位 D/A 转换器,电流建立时间为 1μs。因此,在不考虑外接运放特性的情况下,DAC0832 理论上的最高输入速率为 10^6 次/s。正弦 DDS 信号源的时钟频率为 409.6kHz,即每秒输出 409600 个数据,所以 DAC0832 能够满足设计要求。

DAC0832 内部结构如图 5-33 所示,由 8 位输入寄存器、8 位 DAC 寄存器和 8 位梯形电阻网络 D/A 转换器 3 部分组成。其中,8 位输入寄存器由 ILE、CS′和 WR_1'信号控制,8 位 DAC 寄存器由 WR_2'和 XFER′信号控制。

DAC0832 可设置为双缓冲、单缓冲或直通 3 种工作模式。当 ILE、CS′和 WR_1'信号均有效时,锁存允许信号 LE_1'无效,因此外部待转换的二进制数 $DI_7 \sim DI_0$ 通过输入寄存器到达 DAC 寄存器的输入端。当 WR_2'和 XFER′信号均有效时,锁存允许信号 LE_2'无效,输入寄存器的数据通过 DAC 寄存器到达 D/A 转换器的输入端,开始进行 D/A 转换。

DAC0832 为电流输出型 DAC,还需要应用 I-V 转换电路将输出电流转换为电压。

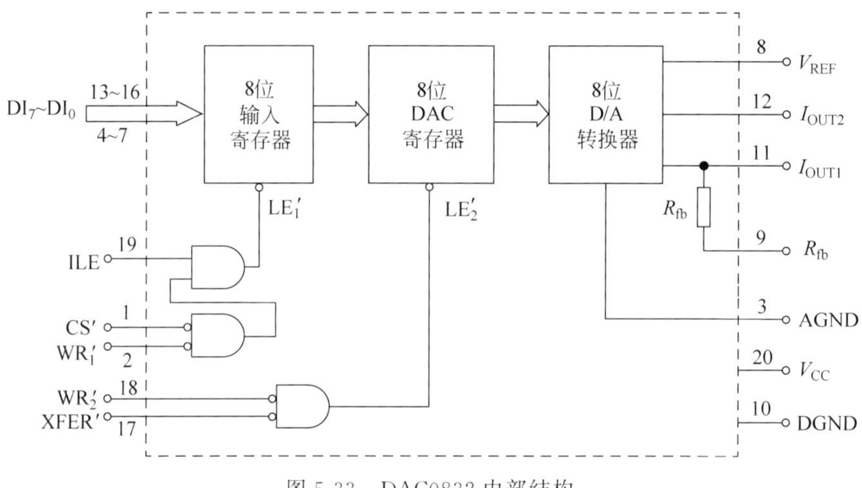

图 5-33 DAC0832 内部结构

应用 DAC0832 设计的 DDS 信号源 D/A 转换和滤波电路如图 5-34 所示，先将 FPGA 输出的 8 位正弦幅值序列 sin_out[7:0]经过 DAC0832（设置为直通工作模式）转换为电流信号 I_{OUT}，再应用运放将输出电流 I_{OUT} 转换为电压，最后通过 RC 低通滤波电路，即可得到正弦模拟信号 v_o。

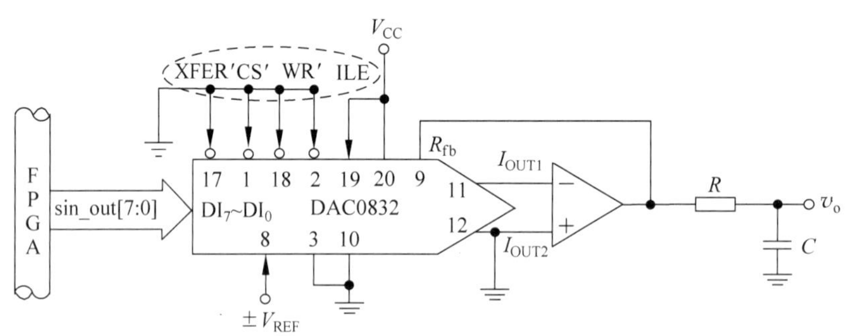

图 5-34 D/A 转换与滤波电路

由于输出正弦信号的最高频率为 25.5kHz，因此设置低通滤波器的上限频率为 25.5/0.707≈36kHz 即可满足设计要求。经计算，取 $C=0.01\mu F$，$R\approx 440\Omega$。

需要说明的是，当集成 D/A 转换器的速率不能满足设计要求，或者成本太高时，可以应用如图 5-35 所示的双级权电阻网络 D/A 转换原理电路搭建 D/A 转换器，选择合适的运放满足设计需求。图 5-35 中 $8R$ 电阻可用 4 个 $2R$ 电阻串联实现，$4R$ 电阻可用两个 $2R$ 电阻串联实现，而 R 电阻可用 2 个 $2R$ 电阻并联实现，$R/2$ 电阻可用 4 个 $2R$ 电阻并联实现，以方便权电阻网络设计。

另外，在对驱动能力要求不高的应用场合，还可以省去图 5-35 中的运放和反馈电阻，优点是不但能够节约电路成本，并且 D/A 转换的速度不再受运放的性能限制，但缺点是 D/A 转换器的驱动能力不强。

DDS 信号源以其输出频率可控、精度高和稳定性好等优点在电子系统设计中广泛应用。例如，在 2019 年电子设计竞赛 D 题（简易电路特性测试仪）中，需要应用 DDS 信号源为放大电路提供交流输入信号，如图 5-36 所示，以测量放大电路的输入电阻、输出电阻、电压增益以及通频带等特性参数。电路特性测试仪的具体任务要求可从全国电子设计竞赛官网(nuedc. xjtu. edu. cn)下载。设计思路和实现方法留给读者思考和实践。

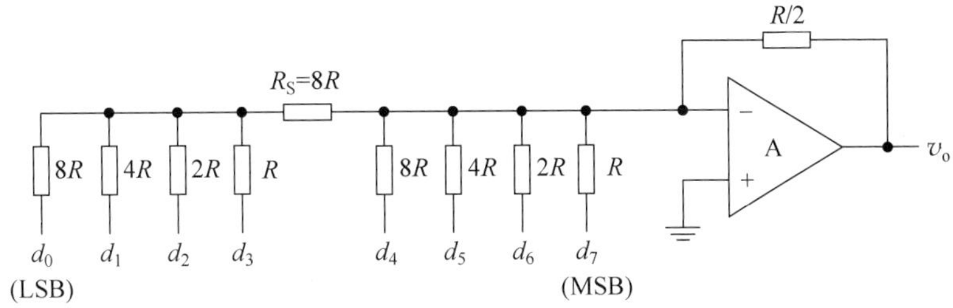

图 5-35 双级权电路网络 D/A 转换器

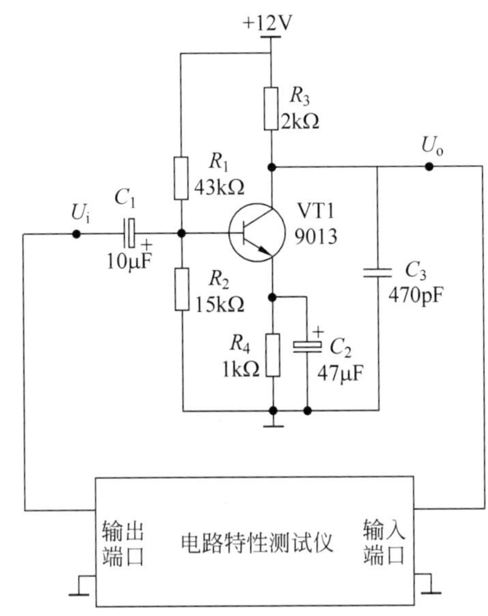

图 5-36 简易电路特性测试仪

5.3.6 功能扩展及应用

如果将 DDS 信号源中应用的单口 ROM 扩展为图 5-37 所示的双口 ROM，同时改写相位累加器代码以驱动双口 ROM 输出双路正弦数据，再添加相位初值控制字以设置两个通道的相位差，则可实现双频、相差可调的双通道 DDS 信号源，可用于信号的调制与解调等应用场合。

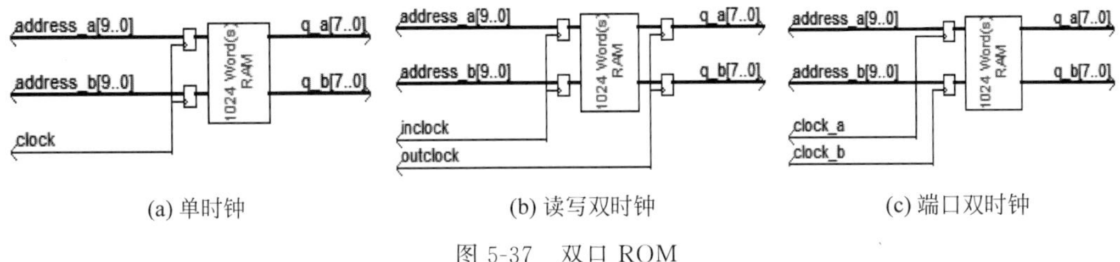

图 5-37 双口 ROM

双路正弦 DDS 信号源的相位累加器描述代码参考如下。

```
module bichannel_phase_adder12b (
  input ch1_clk,ch2_clk,                   // 双路时钟信号
  input rst_n,                             // 复位信号
  input [7:0] freq_word1,freq_word2,       // 8 位频率控制字
  input [11:0] phase_value1,phase_value2,// 12 位相位初值控制字
  output reg [9:0] rom_addr1,rom_addr2,    // 10 位 ROM 地址输出
  output reg datinv1,datinv2               // 数据是否反相标志
  );
  // 内部线网和变量定义
  reg [11:0] cnt1,cnt2;
  wire [11:0] phase_out1,phase_out2;
  // 相位累加输出
  assign phase_out1 = cnt1 + phase_value1;
  assign phase_out2 = cnt2 + phase_value2;
  // 时序逻辑过程,通道 1 相位累加
  always @( posedge ch1_clk or negedge rst_n )
    if ( !rst_n )
      cnt1 <= 12'b0;
    else
      cnt1 <= cnt1 + freq_word1;
  // 时序逻辑过程,通道 2 相位累加
  always @( posedge ch2_clk or negedge rst_n )
    if ( !rst_n )
      cnt2 <= 12'b0;
    else
      cnt2 <= cnt2 + freq_word2;
  // 组合逻辑过程,通道 1 输出
  always @( phase_out1 )
    case ( phase_out1[11:10] )
        2'b00: begin rom_addr1 = phase_out1[9:0]; datinv1 = 0; end
        2'b01: begin rom_addr1 = ~phase_out1[9:0]; datinv1 = 0; end
        2'b10: begin rom_addr1 = phase_out1[9:0]; datinv1 = 1; end
        2'b11: begin rom_addr1 = ~phase_out1[9:0]; datinv1 = 1; end
      default: begin rom_addr1 = phase_out1[9:0]; datinv1 = 0; end
    endcase
  // 组合逻辑过程,通道 2 输出
  always @( phase_out2 )
    case ( phase_out2[11:10] )
      2'b00: begin rom_addr2 = phase_out2[9:0]; datinv2 = 0; end
      2'b01: begin rom_addr2 = ~phase_out2[9:0]; datinv2 = 0; end
      2'b10: begin rom_addr2 = phase_out2[9:0]; datinv2 = 1; end
      2'b11: begin rom_addr2 = ~phase_out2[9:0]; datinv2 = 1; end
    default: begin rom_addr2 = phase_out2[9:0]; datinv2 = 0; end
  endcase
endmodule
```

综合上述代码,并封装为图形符号,然后将相位累加模块 bichannel_phase_adder12b、双口 ROM 和数据校正模块 sin_dat_adj 连接成如图 5-38 所示的双通道 DDS 顶层设计电路。

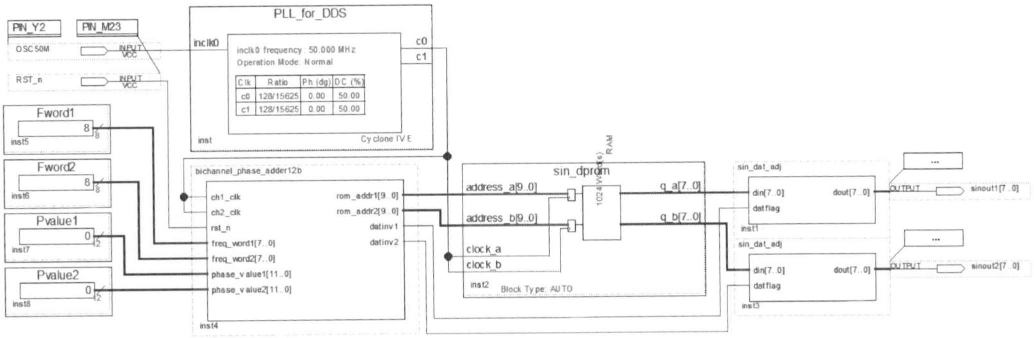

图 5-38 双通道 DDS 顶层设计电路

由于单个正弦周期共采样了 4096 个点，对应正弦相位为 360°，因此两个相邻采样点之间对应的相位增量为 360°/4096=0.087890625°，由此可以推算出正弦波的相差与相位初值差数之间的关系，如表 5-5 所示。所以，需要产生相差为 90°的正交信号时，应设置双路信号的相位初值之差为 1024。

表 5-5 相差与相位初值关系

要求相差	初值差数		要求相差	初值差数	
	十进制	十六进制		十进制	十六进制
0°	0	000	180	2048	800
45°	512	200	225	2560	A00
90°	1024	400	270	3072	C00
135°	1536	600	315	3584	E00

在双通道 DDS 信号源的测试过程中，为了能够在线(on-line)设置正弦波的输出频率和相差，需要定制参数化常数存储器 IP 为频率控制字 freq_word1 和 freq_word2、相位初值 phase_value1 和 phase_value2 提供输入值。

定制参数化常数存储器 IP 的具体步骤如下。

(1) 执行 IP Catalog 命令进入 IP 目录。双击 Basic Functions 栏下 Miscellaneous 中的 LPM_CONSTANT，如图 5-39 所示，启动参数化常数存储器 IP 的定制过程。

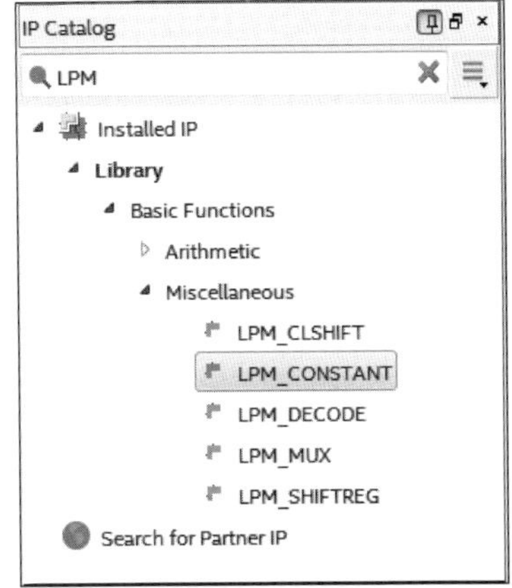

图 5-39 常数寄存器定制向导(1)

(2) 在 Save IP Variation 对话框中设置 IP 变量文件名为 Fword1，如图 5-40 所示，然后单击 OK 按钮进入 IP 参数设置界面。

(3) 在如图 5-41 所示的 IP 参数设置界面中，将 Fword1 的位宽设置为 8，常数值设置为 8，例化 ID 名设置为 FWD1，并勾选 Allow In-System Memory Content Editor to capture and update content independently of the system clock 选项，以便在逻辑分析仪工作过程中能够应用 In-System Memory Content Editor 在线捕获和更新常数值。

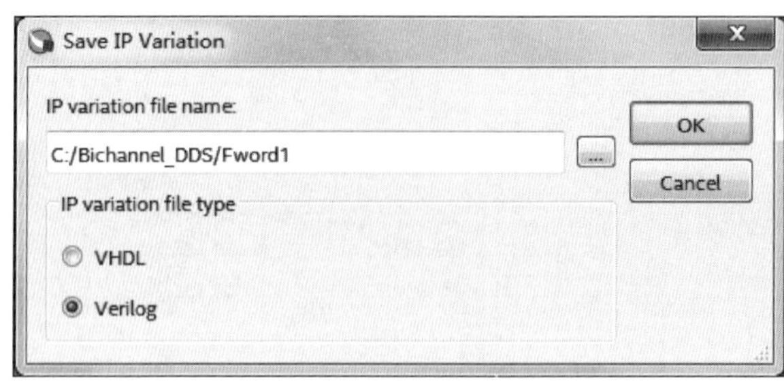

图 5-40　常数寄存器定制向导(2)

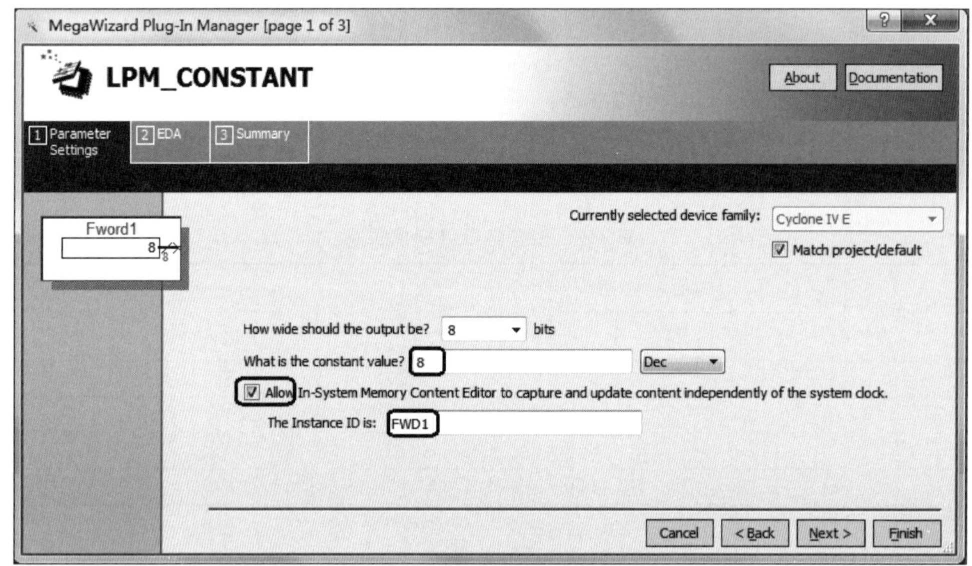

图 5-41　常数寄存器定制向导(3)

(4) 连续单击 Next 按钮跳过仿真网表生成步骤，进入 IP 输出文件生成界面，如图 5-42 所示。勾选图形符号文件 Fword1.bsf，以便在顶层原理图电路中调用。

单击 Finish 按钮完成 Fword1 的定制过程。

按相同的步骤定制 Fword2、Pvalue1 和 Pvalue2，分别将例化 ID 名设置为 FWD2、PVL1 和 PVL2。Fword2 的值设置为 8，而 Pvalue1 和 Pvalue2 的位宽设置为 12，常数值设置为 0。

将参数化常量 Fword1 和 Fword2、Pvalue 和 Pvalue2 分别与顶层设计电路中的频率控制字 freq_word1 和 freq_word2、相位初值 phase_value1 和 phase_value2 相连，如图 5-38 所示，即设置 DDS 输出双路初始相位均为 0°的 800Hz 正弦波。编译并综合顶层设计电路，并完成引脚锁定。

新建逻辑分析仪文件，设置采样时钟为 409.6kHz(应用 PLL_for_DDS 中的 c1)，采样深度设置为 16k。添加累位累加器输出地址 rom_addr1 和 rom_addr2，以及双口 ROM 输出的正弦序列 sinout1 和 sinout2 为需要观测的信号。

重新编译工程后下载到 FPGA 中，启动逻辑分析仪进行分析，设置正弦序列 sinout1 和 sinout2 为 unsigned line chart 显示方式，得到如图 5-43 所示的逻辑分析波形。从图 5-43 中的地址和数据以及通道波形可以看出，双通道正弦信号同相。

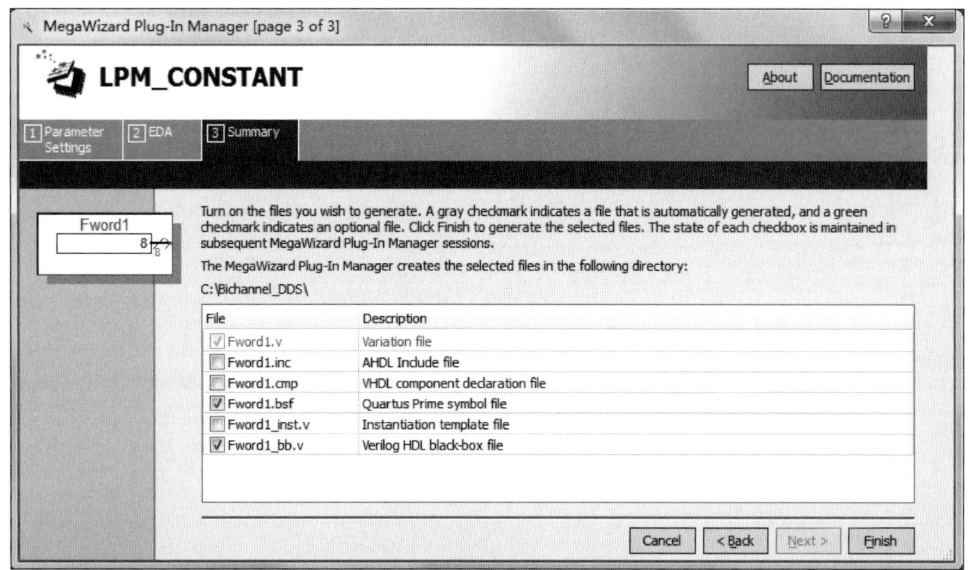

图 5-42　常数寄存器定制向导(4)

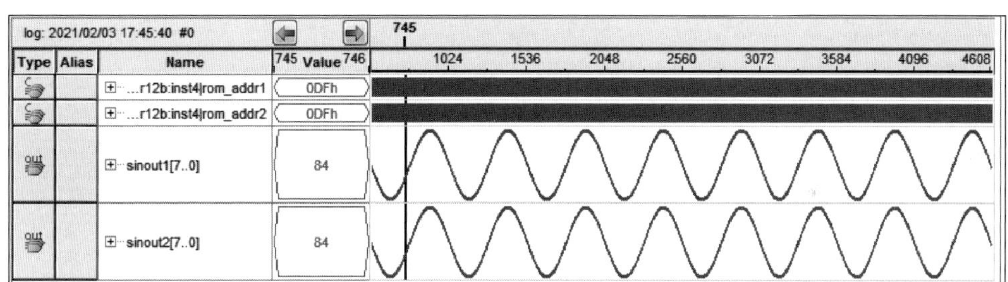

图 5-43　双通道 DDS 逻辑分析波形(1)

在 Quartus Prime 开发环境下，执行 Tools→In-System Memory Content Editor 菜单命令启动在系统存储器数据编辑器，初始界面如图 5-44 所示。

单击图 5-44 中的 Setup 按钮建立 USB-Blaster 连接，然后执行 Processing→Read Data from In-System Memory 菜单命令(或者直接按 F5 快捷键)依次读入参数化常量 FWD1 和 FWD2、PVL1 和 PVL2 的存储数据，如图 5-45 所示。

选中 PLV2 的数值 000，修改为(十六进制)400，如图 5-46 所示。然后执行 Processing→Write Data to In-System Memory 菜单命令(或者直接按 F7 快捷键)将修改后的常量值写回到 PLV2 中。

参数修改完成后，返回逻辑分析仪重新进行分析，得到如图 5-47 所示的波形。从图 5-47 中的地址和数据的对应关系以及通道波形可以看出，双通道正弦信号正交。

需要说明的是，In-System Memory Content Editor 主要用于读取和更新 ROM/RAM 中的存储数据。在 DDS 信号源的设计过程中，在定制 ROM 时需要勾选 Allow In-System Memory Content Editor to capture and update content independently of the system clock 选项(见图 5-24)，才能应用在系统(In-System)存储器数据编辑器读取和编辑 ROM 中的存

储数据，如图 5-48 所示，实现存储数据的在线更新。

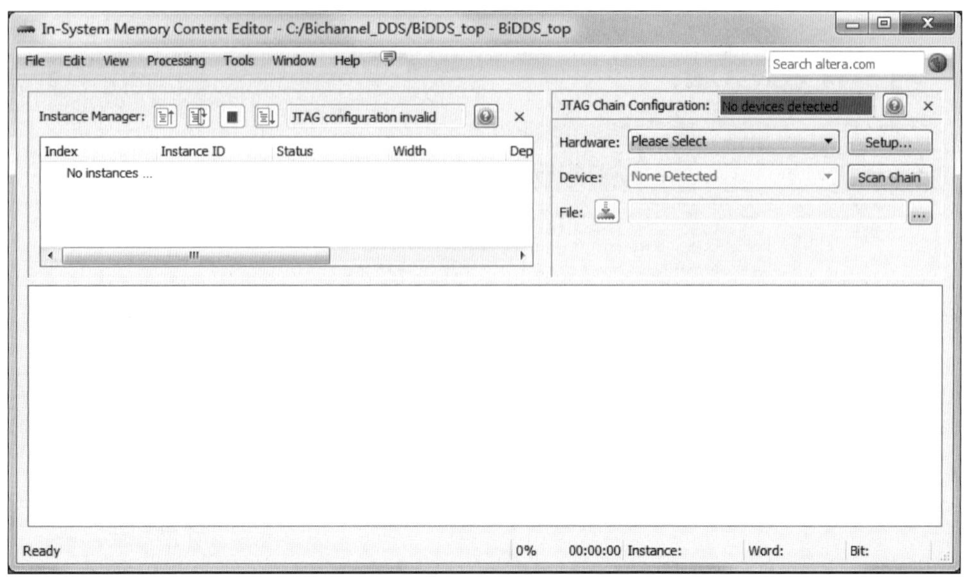

图 5-44　在系统存储器数据编辑器初始界面

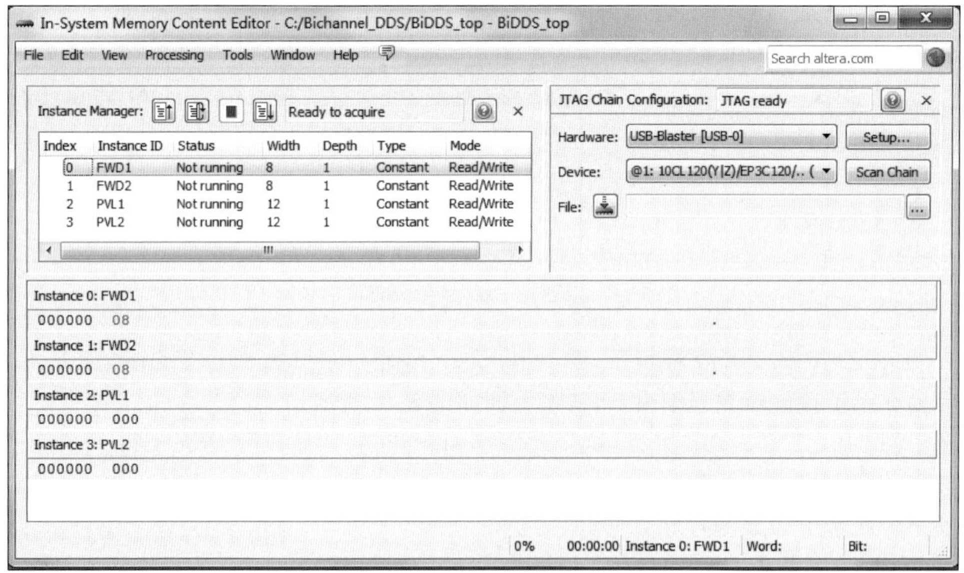

图 5-45　读取常量值

双通道 DDS 信号源能够产生不同相差、不同频率的双路信号。产生同频的正交信号时，可实现信号的正交调制与解调。2013 年电子设计竞赛 E 题（简易频率特性测试仪的系统结构）如图 5-49 所示，需要应用正交信号实现网络幅频特性和相频特性的测量。

另外，如果将 DDS 正弦信号源与 PWM 相结合，还可以实现脉冲宽度按正弦规律变化的正弦脉宽调制波（Sinusoidal PWM，SPWM）。在电力电子技术中，相对于空间矢量、随机

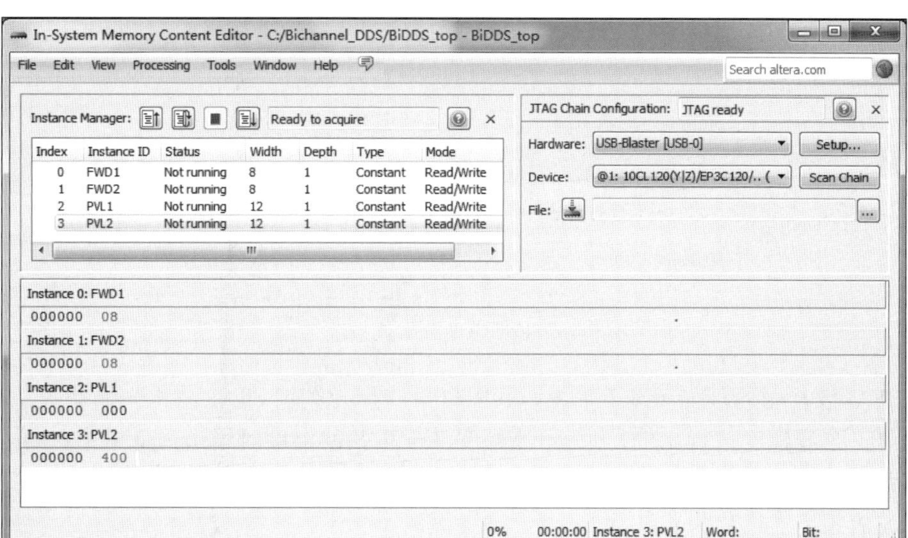

图 5-46 写回常量值

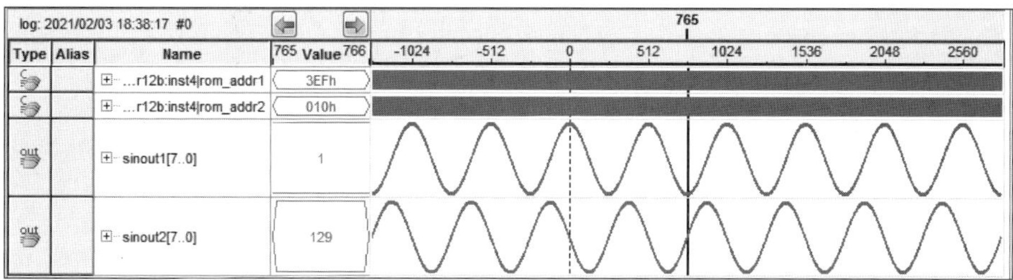

图 5-47 双通道 DDS 逻辑分析波形(2)

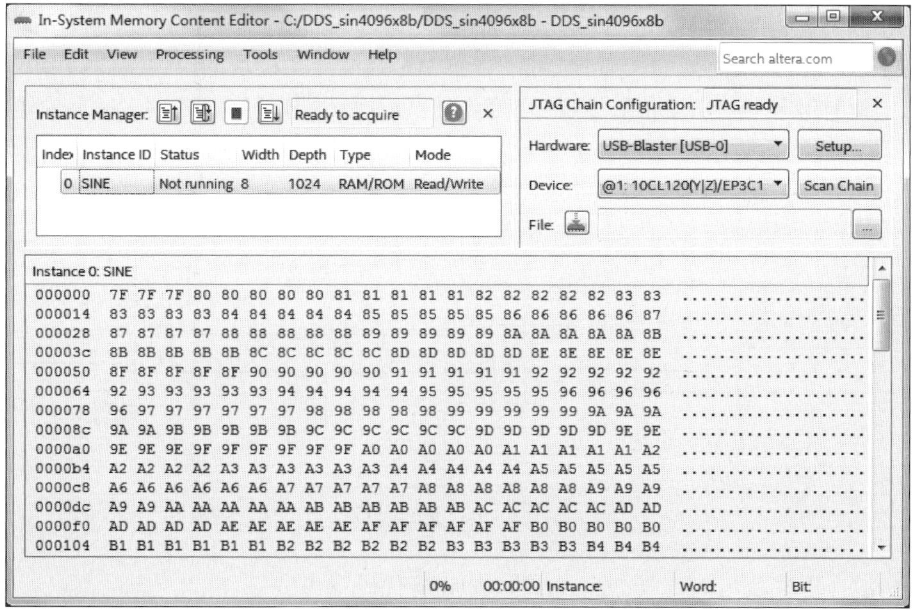

图 5-48 DDS 信号源 ROM 中的存储数据

采样和自然采样等其他类型的PWM,SPWM的谐波分量最小,因此广泛应用于电机调速和变频电源等应用场合。

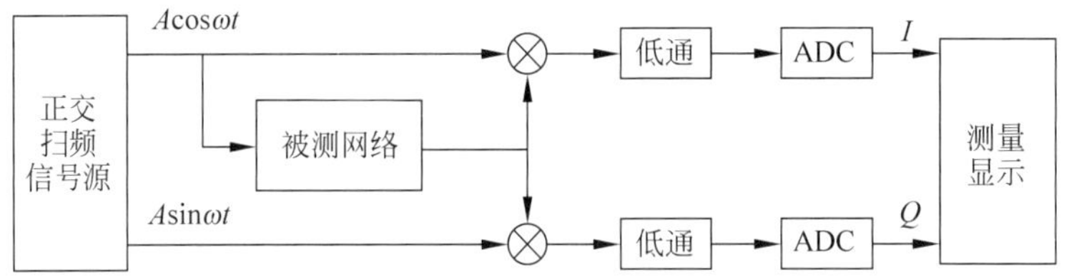

图 5-49 频率特性分析仪系统结构

SPWM 波产生原理如图 5-50 所示,其中三角波称为载波,正弦波称为调制波。将三角波幅度与正弦波幅度进行比较,当三角波幅度大于正弦波幅度时输出为低电平,三角波幅度小于正弦幅度时输出为高电平,即可得到占空比随正弦信号变化的 SPWM。一般将三角波与正弦波的频率之比称为载波比。

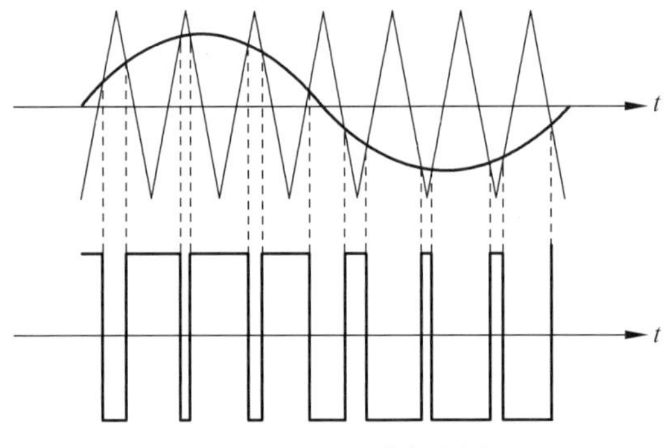

图 5-50 SPWM 波产生原理

应用 FPGA 产生 SPWM 的数字系统结构如图 5-51 所示,其中锁相环输出两路时钟信号,一路作为三角波产生模块的时钟,另一路作为正弦波产生模块的时钟。CNT10b 模块为 10 位二进制计数器,DDS 正弦信号源和三角波信号源每周期存储 1024 点,每个采样点的幅值用 10 位二进制数表示。

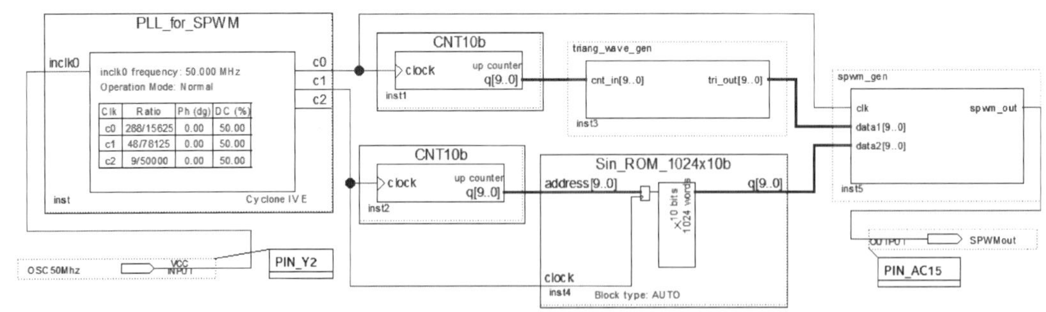

Clk	Ratio	Ph (dg)	DC (%)
c0	288/15625	0.00	50.00
c1	48/78125	0.00	50.00
c2	9/50000	0.00	50.00

图 5-51 SPWM 顶层设计电路

三角波产生模块 triang_wave_gen 的 Verilog 代码参考如下。

```
module triang_wave_gen ( cnt_in, tri_out);
  input [9:0] cnt_in;
  output wire [9:0] tri_out;
  // 条件操作符描述
  assign tri_out = ( cnt_in < 10'd512 ) ? cnt_in[9:0] << 1 :
                   ( cnt_in == 10'd512 ) ? 10'd1023     :
                                           (11'd1024 - cnt_in)<< 1 ;
```

SPWM 波产生模块 spwm_gen 的 Verilog 代码参考如下。

```
module spwm_gen (clk,data1,data2,spwm_out);
  input clk;
  input [9:0] data1;
  input [9:0] data2;
  output reg spwm_out;
  // 数值比较过程
  always @ ( posedge clk )
    if ( data1 > data2 )
      spwm_out <= 0;
    else
      spwm_out <= 1;
endmodule
```

需要产生频率为 30Hz，载波比为 30 的 SWPM 时，正弦波时钟信号的频率应设置为 30Hz×1024=30.72kHz，三角波时钟信号的频率应为 30.72kHz×30=0.9144MHz。

新建逻辑分析仪文件，以每周期采样 4 个载波点计算，则应设置采样时钟为 30×30×4=3600Hz（从 PLL_for_DDS 的 c2 口输出），采样深度设置为 128k。添加 SPWM 产生模块的时钟 clk、三角波和正弦波的输入信号 data1 和 data2，以及 SPWM 波的输出 spwm_out 为需要观测的信号。

重新编译工程后下载到 FPGA，启动逻辑分析仪进行分析，设置 data1 和 data2 为 unsigned line chart 显示方式，得到如图 5-52 所示的逻辑分析仪波形。可以看出，系统能够输出 SPWM。

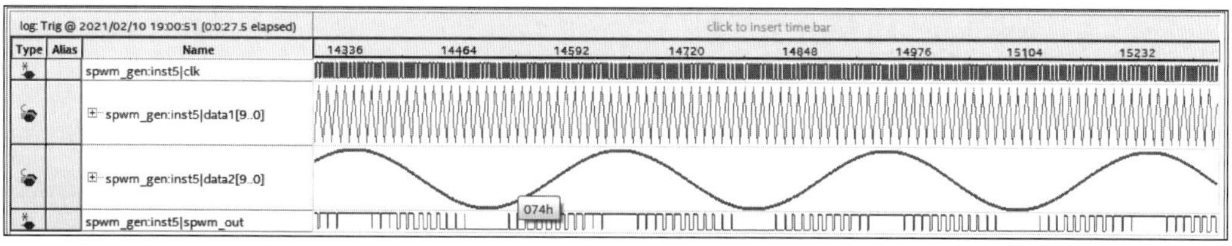

图 5-52　SPWM 电路逻辑分析波形

若用 SPWM 驱动 DE2-115 开发板上的发光二极管，则能够控制发光二极管的亮度周期变化（习惯上称为呼吸灯）。若应用 3 组 SPWM 控制一组红、绿、蓝三基色发光二极管，则可以通过相位差组调节灯光的色调和亮度。

5.4a 微课视频

5.4 等精度频率计的设计

第 3 章和第 4 章中讲述的数字频率计均基于直接测频法设计。

5.4b 微课视频

直接测频法通过统计在固定时间内被测信号的脉冲数,从而计算出被测信号的频率值。由于闸门信号的作用时间与被测信号不一定同步,在计数过程中可能会存在一个脉冲的计数误差,所以被测信号的频率越低,测频的相对误差越大。虽然可以通过加长闸门信号的作用时间减小测量误差,但是存在着测量实时性和测量精度之间的矛盾。

5.4c 微课视频

等精度频率计通过控制闸门的作用时间与被测信号同步消除了直接测频法中的计数误差,因而从理论上讲,在被测信号频率范围内测频精度是恒定的。

本节以设计能够测量信号的频率范围为 1Hz～100MHz,频率测量的相对误差不大于 0.01%的等精度频率计为目标,进一步说明 IP 在数字系统设计中的应用。频率测量结果仍用 8 位数码管显示。

要求等精度频率计的测频误差 $\delta_{\max}$ 不大于 0.01%时,若取标准信号频率为 96MHz(周期约为 10.42ns),则要求闸门的作用时间最短为

$$T_{\mathrm{d}}=T_{\mathrm{s}}/\delta_{\max}=\frac{1.042\times10^{-8}}{0.0001}\approx1.042\times10^{-4}\,\mathrm{s}$$

即闸门的作用时间大于 104.2μs 即可满足测量精度要求。为方便主控电路设计,等精度频率计闸门的作用时间仍设计为 1s。

等精度测频的原理电路如第 1 章图 1-4 所示,总体设计方案如图 5-53 所示,其中主控电路、标准信号产生电路、频率测量与计算电路以及数值转换与显示译码电路都可以在 FPGA 中实现。

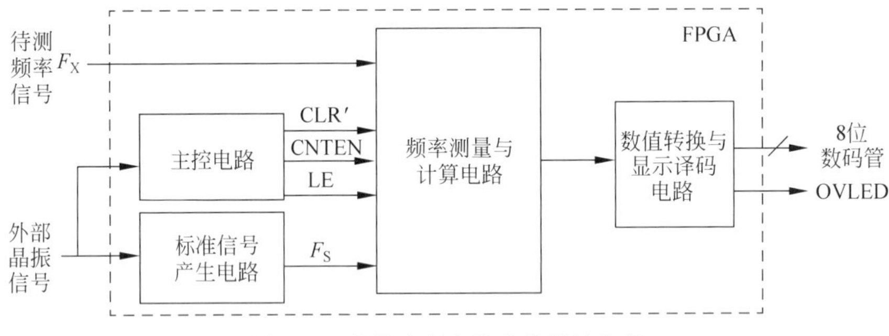

图 5-53 等精度频率计总体设计方案

标准信号产生电路通过定制锁相环模块 ALTPLL 实现,将 DE2-115 开发板提供的 50MHz 晶振锁定到 96MHz。另外,锁相环输出 10MHz 信号以方便分频器设计。锁相环定制的具体方法和步骤参看 5.2 节。

5.4.1 主控电路设计

主控电路与直接测频法中的主控电路功能完全相同,用于产生计数器的复位信号 CLR′和闸门信号 CNTEN,以及显示译码电路所需要的锁存允许信号 LE。

主控电路可以直接应用 Verilog HDL 进行描述。取时钟频率为 8Hz,闸门信号的作用

时间为 1s 时,描述主控电路的 Verilog 代码参考如下。

```
module fp_ctrl (input clk,                // 时钟,8Hz
                output reg clr_n,         // 计数器清零信号
                output reg cnt_en,        // 闸门信号,作用时间为 1s
                output reg le             // 锁存允许信号,高电平有效
                );
  // 计数变量定义
  reg [3:0] q;
  // 十进制计数逻辑描述
  always @( posedge clk )
    if ( q >= 4'd9 )
      q <= 4'b0000;
    else
      q <= q + 1'b1;
  // 控制信号生成过程
  always @( q )
    case ( q )
       4'b0000 : begin clr_n = 0; cnt_en = 0; le = 0; end
       4'b0001 : begin clr_n = 1; cnt_en = 1; le = 0; end
       4'b0010 : begin clr_n = 1; cnt_en = 1; le = 0; end
       4'b0011 : begin clr_n = 1; cnt_en = 1; le = 0; end
       4'b0100 : begin clr_n = 1; cnt_en = 1; le = 0; end
       4'b0101 : begin clr_n = 1; cnt_en = 1; le = 0; end
       4'b0110 : begin clr_n = 1; cnt_en = 1; le = 0; end
       4'b0111 : begin clr_n = 1; cnt_en = 1; le = 0; end
       4'b1000 : begin clr_n = 1; cnt_en = 1; le = 0; end
       4'b1001 : begin clr_n = 1; cnt_en = 0; le = 1; end
       default  : begin clr_n = 1; cnt_en = 0; le = 0; end
    endcase
endmodule
```

新建工程,将 fp_ctrl 模块经过编译与综合后封装成图形符号以便在频率计顶层设计电路中调用。

5.4.2 频率测量与计算电路设计

频率测量与计算电路实现的原理电路如图 5-54 所示。当闸门信号 G 跳变为高电平后,必须等到被测信号 F_X 的有效沿到来时,通过 D 触发器将 SG 置 1 后才能对标准信号和被测信号同时进行计数。当闸门信号 G 跳变为低电平后,同样需要等到被测信号 F_X 的有效沿到来时,通过 D 触发器将 SG 置 0 后才停止对标准信号和被测信号的计数。在主控电路的作用下锁存计数值,然后应用乘法器和除法器计算被测信号的频率值。

应用原理图设计频率计顶层电路时,D 触发器可以直接调用 primitives 图形符号库中的 D 触发器实现。若应用结构化方式描述频率计顶层电路,则根据功能直接应用 Verilog 描述 D 触发器。

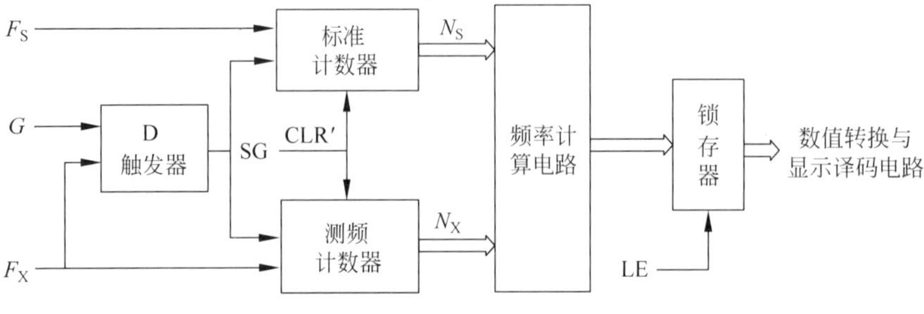

图 5-54　频率测量与计算电路

```
module DFF_mk(g,fx,sg);
  input g,fx;
  output reg sg;
  // 行为描述
  always @(posedge fx)
    sg <= g;
endmodule
```

当闸门时间取 1s，应用 96MHz 标准信号时，若要测量 100MHz 的信号，则标准计数器和测频计数器至少需要采用 27 位二进制计数器（因为 $2^{26}<10^8<2^{27}$）实现，同时还需要为计数器添加异步复位端 CLR′和计数允许控制端 ENA，以便与主控电路连接。

为了与乘法器 IP 和除法器 IP 的参数相匹配，标准计数器和测频计数器均设计为 28 位二进制计数器。

标准计数器的 Verilog 描述代码参考如下。

```
module FScnt(FSCLK,CLR_n,ENA,FSQ);
  input FSCLK,CLR_n,ENA;
  output reg [27:0] FSQ;
  // 计数过程
  always @(posedge FSCLK or negedge CLR_n)
    if ( !CLR_n )
      FSQ <= 28'b0;
    else if ( ENA )
      FSQ <= FSQ + 1'b1;
endmodule
```

测频计数器的 Verilog 描述代码参考如下。

```
module FXcnt(FXCLK,CLR_n,ENA,FXQ);
  input FXCLK,CLR_n,ENA;
  output reg [27:0] FXQ;
  // 计数过程
  always @(posedge FXCLK or negedge CLR_n)
    if ( !CLR_n )
      FXQ <= 28'b0;
    else if (ENA)
      FXQ <= FXQ + 1'b1;
endmodule
```

新建工程，分别将FScnt和FXcnt计数器模块经过编译、综合与适配后封装成图形符号以便在频率计顶层设计电路中调用。

频率计算电路中所需要的乘法器通过定制参数化乘法器IP-LPM_MULT实现，其中乘法器的输入定制为28位无符号二进制数，乘法结果定制为56位无符号二进制数。

在Quartus Prime主界面中执行Tools→IP Catalog菜单命令打开IP目录，选择Basic Functions栏下Arithmetic中的LPM_MULT，如图5-55所示。

双击LPM_MULT，打开乘法器IP定制向导界面，取乘法器模块名为fmult，被乘数与乘数均定制为28位无符号二进制数，如图5-56所示。

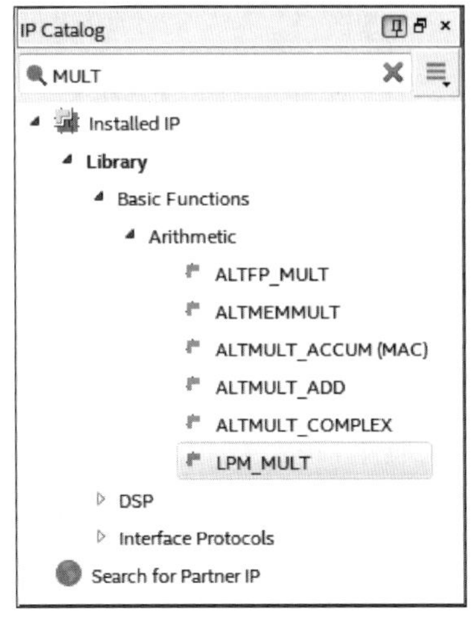

图5-55 乘法器定制向导(1)

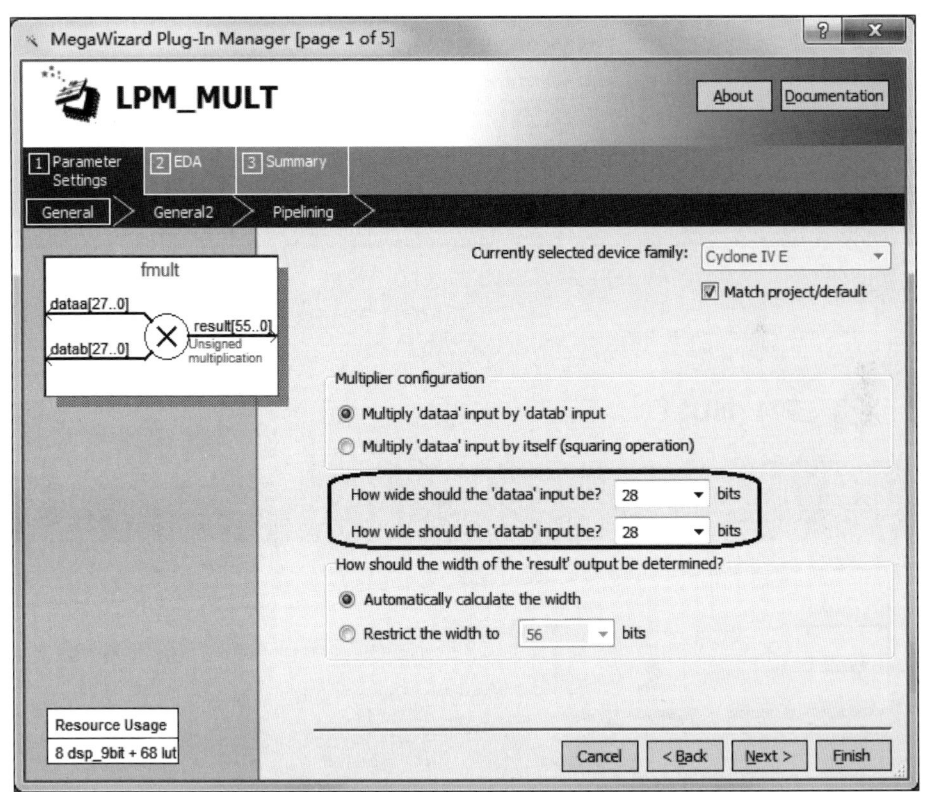

图5-56 乘法器定制向导(2)

单击Next按钮，进入乘数参数设置界面。设置乘数为常数96000000(96MHz)，如图5-57所示，其余参数保持不变。

连续单击Next按钮进入IP文件生成界面，如图5-58所示。勾选fmult.bsf，表示需要生成图形符号文件，以便在频率计顶层设计电路中调用。如果应用结构化方式描述顶层设计电路，则应勾选fmult_inst.v以生成乘法器例化模板文件。

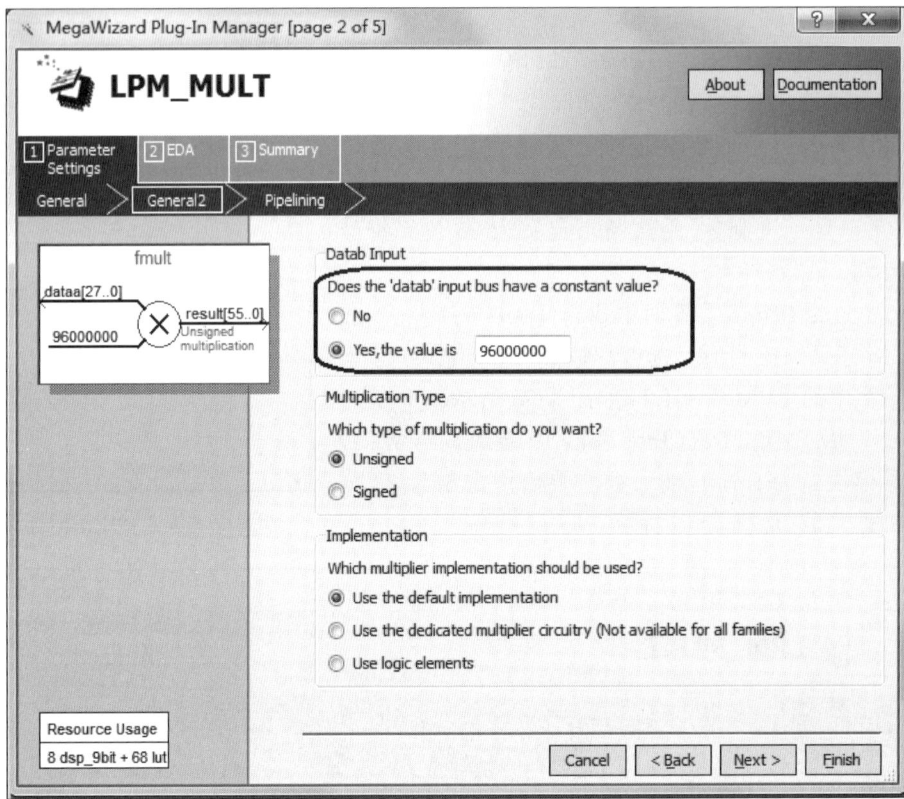

图 5-57　乘法器定制向导(3)

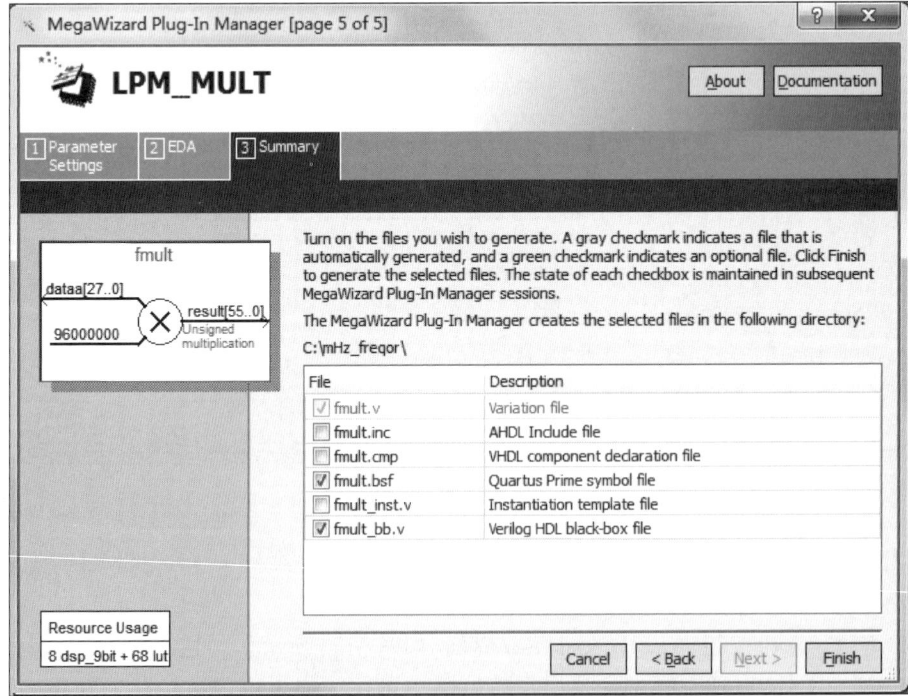

图 5-58　乘法器定制向导(4)

单击 Finish 按钮完成乘法器 IP 定制过程。

频率计算电路中所需要的除法器通过定制参数化除法器 IP-LPM_DIVIDE 实现。取除法器模块名为 fdiv，被除数和除数分别定制为 56 位和 28 位无符号二进制数，则商数和余数分别为 56 位和 28 位无符号二进制数。

除法器的定制方法和步骤与乘法器定制相同，因此不再赘述。

将除法器 fdiv 输出的 56 位商数和 28 位余数应用锁存器 latch84 锁存后输出 28 位商数和 28 位余数。取锁存允许端口名为 EN，则描述锁存器的 Verilog 代码参考如下。

```
module latch84 (en,din56,din28,dout28a,dout28b);
  input en;
  input [55:0] din56;
  input [27:0] din28;
  output reg [27:0] dout28a;
  output reg [27:0] dout28b;
  // 锁存输出过程
  always @(en,din56,din28)
    if ( en ) begin
      dout28a <= din56[27:0];
      dout28b <= din28;
    end
endmodule
```

新建工程，将 latch84 模块编译与综合后封装成图形符号以便在顶层设计电路中调用。

5.4.3 数值转换与显示译码电路设计

由于频率测量与计算电路输出的频率值为二进制数，因此还需要应用转换电路将二进制频率值转换为 BCD 码，才能进行显示译码以驱动数码管显示频率值。

将二进制数转换为 BCD 码从理论上可以应用整除和取余运算来实现。但是，这种方法需要多次应用除法，因而会消耗大量的 FPGA 内部资源。因此，需要寻求实现二进制数到 BCD 码转换的高效算法。

下面从原理上进行分析。

将二进制数转换为 BCD 码的基本原理是按照其位权展开式展开，然后将各部分相加即可得到等值的十进制数，即

$$(d_{n-1}d_{n-2}\cdots d_1 d_0)_2=(d_{n-1}\times 2^{n-1}+d_{n-2}\times 2^{n-2}+\cdots+d_1\times 2^1+d_0\times 2^0)_{10}$$

位权展开式可以进一步整理为

$$(d_{n-1}d_{n-2}\cdots d_1 d_0)_2=((((d_{n-1}\times 2+d_{n-2})\times 2+\cdots)\times 2+d_1)\times 2+d_0)_{10}$$

该式说明，将 n 位二进制数按位权展开式展开求和时，式中的 2^i ($i=n-1,\cdots,n-2,\cdots,0$) 可以应用连续乘 2 运算 i 次实现。由于 Verilog HDL 中的逻辑左移操作相当于乘 2 运算，因此 2^i 可以转化为左移 i 次实现。

由于 BCD 码是用二值数码表示的十进制数，有 0000～1001 共 10 个取值组合，分别表示十制数的 0～9，其运算规则为逢十进一，而 4 位二进制数共有 0000～1111 共 16 种取值，其运算规则为逢十六进一。对于 BCD 码，当数码大于 9 时应由低位向高位产生进位；但是

对于 4 位二进制数，只有当数值大于 15 时才会产生进位。因此，在对数值进行移位前，需要进行修正，才能确保逻辑左移后得到正确的 BCD 码。

下面讨论具体的修正方法。

BCD 码逢十进一，而 10/2＝5，所以左移前需要判断每 4 位数值是否大于或等于 5。如果数值大于或等于 5，就需要在移位前给相应的数值加上 6/2＝3，这样左移时会跳过 1010～1111 这 6 个取值组合而得到正确的 BCD 码。例如，移位前若数值为 0110(对应十进制数 6)，加 3 得到 1001，左移后数码值为 10010，看作 BCD 码时，为十进制数 12。将这种二进制数转换为 BCD 码的方法称为移位加 3 算法(Shift and Add 3 Algorithm)。

综上所述，应用移位加 3 算法将二进制数转换为 BCD 码的具体方法是：对于 n 位二进制数，需要将数值左移 n 次。每次移位前需要先判断移入的每 4 位数值是否大于或等于 5，大于或等于 5 时应给相应的数值位加 3 修正，然后再进行移位。继续判断直到移完 n 次为止。

将 8 位二进制数 11111111 转换为 3 位 BCD 码的具体转换步骤如表 5-6 所示。

表 5-6　8 位二进制数转换为 BCD 码的具体步骤

转换操作	转换缓存区			8 位二进制数	
	高 4 位	中 4 位	低 4 位	高字节	低字节
	8	8	8	1 1 1 1	1 1 1 1
第 1 次左移			1	1 1 1 1	1 1 1
第 2 次左移			1 1	1 1 1 1	1 1
第 3 次左移			1 1 1	1 1 1 1	1
加 3 修正			1 0 1 0	1 1 1 1	1
第 4 次左移		1	0 1 0 1	1 1 1 1	
加 3 修正		1	1 0 0 0	1 1 1 1	
第 5 次左移		1 1	0 0 0 1	1 1 1	
第 6 次左移		1 1 0	0 0 1 1	1 1	
加 3 修正		1 0 0 1	0 0 1 1	1 1	
第 7 次左移	1	0 0 1 0	0 1 1 1	1	
加 3 修正	1	0 0 1 0	1 0 1 0	1	
第 8 次左移	1 0	0 1 0 1	0 1 0 1		
转换结果	2	5	5	BCD 码	

在等精度频率计的设计中，应用移位加 3 算法，将 28 位二进制除法商和余数转换为 8 位 BCD 码的 Verilog 代码参考如下。

```
module BIN28toBCD( BINdata, BCDout );
  input [27:0] BINdata;              // 28 位二进制数输入
  output wire [31:0] BCDout;         // 8 位十进制码输出
  // 内部变量定义
  reg [31:0] BCDtmp;                 // 32 位移位缓存区
  integer i;                         // 循环变量
```

```
  // 输出定义
  assign BCDout = BCDtmp;
  // 转换过程,移位加 3 算法
  always @( BINdata ) begin
    BCDtmp = 32'b0;                      // 移位缓存区清零
    for( i = 0; i<28 ; i = i + 1 ) begin
      // 移位前修正
      if (BCDtmp[31:28] >= 5) BCDtmp[31:28] = BCDtmp[31:28] + 3;
      if (BCDtmp[27:24] >= 5) BCDtmp[27:24] = BCDtmp[27:24] + 3;
      if (BCDtmp[23:20] >= 5) BCDtmp[23:20] = BCDtmp[23:20] + 3;
      if (BCDtmp[19:16] >= 5) BCDtmp[19:16] = BCDtmp[19:16] + 3;
      if (BCDtmp[15:12] >= 5) BCDtmp[15:12] = BCDtmp[15:12] + 3;
      if (BCDtmp[11:8] >= 5) BCDtmp[11:8] = BCDtmp[11:8] + 3;
      if (BCDtmp[7:4] >= 5) BCDtmp[7:4] = BCDtmp[7:4] + 3;
      if (BCDtmp[3:0] >= 5) BCDtmp[3:0] = BCDtmp[3:0] + 3;
      // 逻辑左移,应用拼接操作符实现
      BCDtmp[31:0] = { BCDtmp[30:0],BINdata[27 - i] };
      end
  end
endmodule
```

为了提高频率显示的准确度,定义频率大于或等于10kHz时以8位整数的形式显示;频率小于10kHz且大于或等于1kHz时以“4位整数+4位小数”的形式显示;频率小于1kHz且大于或等于100Hz时以“3位整数+5位小数”的形式显示;而频率小于100Hz时以“2位整数+6位小数”的形式显示。调用BIN28toBCD.v模块,实现数值转换与显示译码的Verilog代码参考如下。

```
module HEX7_8 (
  input [27:0] iBIN28a,iBIN28b,                  // 除法商和余数输入
  output wire [6:0]  oSEG7,oSEG6,oSEG5,oSEG4,     // 数码管驱动信号
                     oSEG3,oSEG2,oSEG1,oSEG0,
  output reg  [2:0]  DPoints,                     // 小数点驱动信号
  output reg         OV_LED                       // 超量程指示信号
  );
  // 内部线网和变量定义
  wire  [31:0]  BCD32a,BCD32b;                    // 商数 BCD 码,余数 BCD 码
  reg  [31:0]  DispBCD;                           // 显示 BCD 码
  // 数值转换
  BIN28toBCD x1(iBIN28a,BCD32a);                  // 二进制商数转换为 BCD 码
  BIN28toBCD x2(iBIN28b,BCD32b);                  // 二进制余数转换为 BCD 码
  // 根据频率值自动切换显示格式
  always@( iBIN28a ) begin
    if ( iBIN28a >= 100_000_000 )                 // 如果频率大于或等于 100MHz
      OV_LED = 1'b1;                              // 超量程指示信号亮
    else
      OV_LED = 1'b0;                              // 超量程指示信号灭
    if ( iBIN28a >= 10000 ) begin                 // 如果频率大于或等于 10kHz
      DispBCD = BCD32a[31:0];                     // 取 8 位商数
```

```
        DPoint = 3'b000;                        // 不显示小数点
        end
    else if ( iBIN28a >= 1000 ) begin           // 如果频率大于或等于 1kHz
        DispBCD = {BCD32a[15:0],BCD32b[31:16]}; // 取 4 位商数和 4 位余数
        DPoints = 3'b001;                       // 显示低位小数点
        end
    else if ( iBIN28a >= 100 ) begin            // 如果频率大于或等于 100Hz
        DispBCD = {BCD32a[11:0],BCD32b[31:12]}; // 取 3 位商数和 5 位余数
        DPoints = 3'b010;                       // 显示中位小数点
        end
    else begin                                  // 否则,频率小于 100Hz
        DispBCD = {BCD32a[7:0],BCD32b[31:8]};   // 取 2 位商数和 6 位余数
        DPoints = 3'b100;                       // 显示高位小数点
        end
  end
  // 例化显示译码模块
  CD4511s U7( .le(1'b0), .bcd(DispBCD[31:28]), .seg7(oSEG7));
  CD4511s U6( .le(1'b0), .bcd(DispBCD[27:24]), .seg7(oSEG6));
  CD4511s U5( .le(1'b0), .bcd(DispBCD[23:20]), .seg7(oSEG5));
  CD4511s U4( .le(1'b0), .bcd(DispBCD[19:16]), .seg7(oSEG4));
  CD4511s U3( .le(1'b0), .bcd(DispBCD[15:12]), .seg7(oSEG3));
  CD4511s U2( .le(1'b0), .bcd(DispBCD[11:8]),  .seg7(oSEG2));
  CD4511s U1( .le(1'b0), .bcd(DispBCD[7:4]),   .seg7(oSEG1));
  CD4511s U0( .le(1'b0), .bcd(DispBCD[3:0]),   .seg7(oSEG0));
endmodule
```

新建工程,将 HEX7_8. v 模块经过编译与综合后封装成原理图符号以便在频率计顶层设计电路中调用。

5.4.4 顶层电路设计

等精度频率计的顶层设计电路如图 5-59 所示,其中锁相环输出 96MHz(c0)和 2kHz(c1)的信号,分别作为计数器标准频率信号 FSCLK 和 8Hz 分频基准信号。当待测信号 FX1Hz_100MHz 的频率超过 100MHz 时,超量程指示灯 OV_LED 亮,指示被测信号的频率超量程。

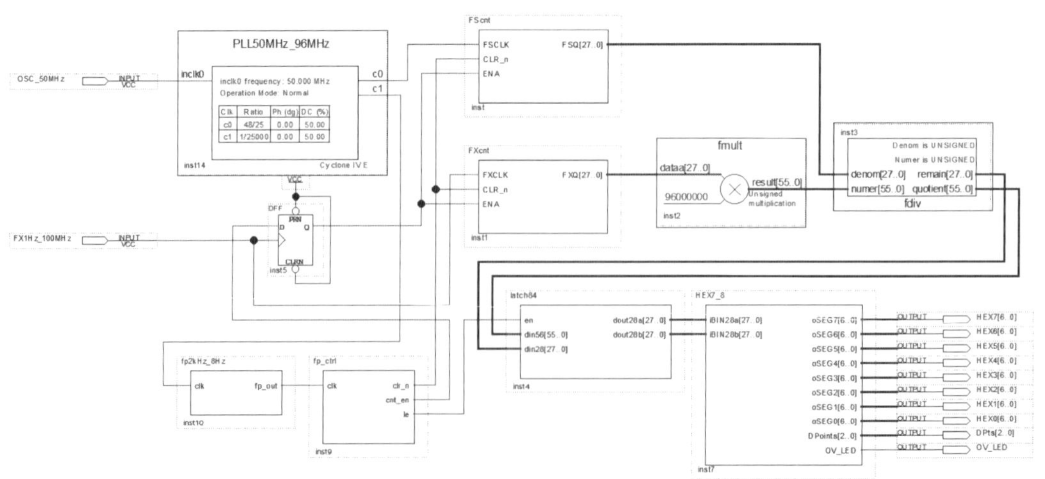

图 5-59 等精度频率计顶层设计电路

需要说明的是，顶层设计电路中的分频器模块 fp2kHz_8Hz 用于将锁相环输出的 2kHz 方波分频为 8Hz，为主控电路（fp_ctrl 模块）提供时钟。描述分频器的 Verilog 代码参考如下。

```
module fp2kHz_8Hz(clk,fp_out);
  input clk;
  output reg fp_out;
  // 参数定义
  localparam N = 250;
  // 计数变量定义
  reg [7:0] cnt;
  // 分频过程
  always @ (posedge clk)
    if ( cnt < N/2 - 1)
      cnt <= cnt + 1'b1;
    else
      begin cnt <= 8'b0; fp_out <= ~fp_out; end
endmodule
```

另外，还可以在顶层设计电路中嵌入 32 路分频信号源 fx32.v，将锁相环输出（c0）的 96MHz 信号分频为 96MHz，48MHz，…，0.0894Hz 和 0.0447Hz 共 32 种频率信号，作为等精度频率计的输入信号 FX1Hz_100MHz，以测试频率计的性能。

分频信号源 fx32.v 参看 4.5 节中的描述代码。

5.4.5 功能扩展及应用

等精度频率计以其频率测量精度高而获得广泛的应用。如果在图 5-59 的频率计顶层设计电路中再扩展部分功能电路，还可以实现脉冲占空比测量和序列相差检测。

1. 脉冲占空比测量

占空比（Duty）是指脉冲宽度（高电平持续时间）与脉冲周期的比值。

脉冲占空比测量基本原理如图 5-60 所示，其中 F_X 为待测占空比信号，SG 为与 F_X 同步的闸门信号。在闸门信号 SG 作用期间，通过一个计数器持续对标准信号 F_S 进行计数，得到计数值 N_S。另外，在闸门信号 SG 作用期间并且当 F_X 为高电平时，再通过一个计数器对标准信号 F_S 进行计数，得到计数值 N_{tw}，计数值 N_{tw} 与 N_S 之比即为信号 F_X 的占空比。

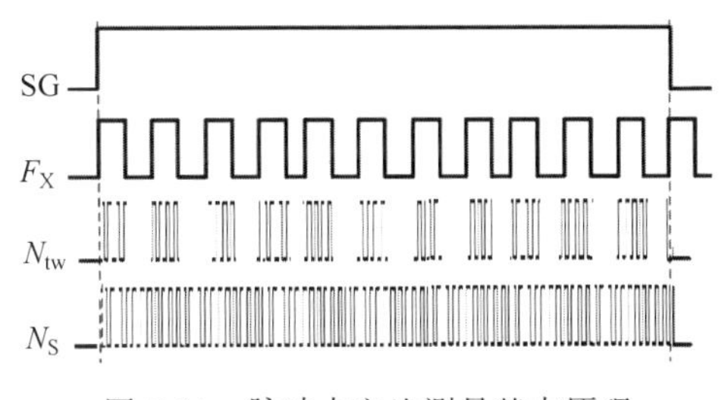

图 5-60 脉冲占空比测量基本原理

根据上述测量原理，基于等精度频率计实现脉冲占空比测量的设计方案是：在频率计顶层设计电路中先添加一个 28 位计数器 FDcnt，再添加一个与门用于将闸门信号 SG 与被测频率信号 F_X 相与，作为计数器 FDcnt 的计数使能信号，然后定制一个除法 IP 用于计算两个计数器 FDcnt 和 FScnt 的计数值 N_{tw} 与 N_S 的比值，最后修改 latch84 和 HEX4_7 模块代码实现频率值与占空比的切换显示。

2. 序列相差检测

相差是指两个同频信号之间的相位差值，而序列相差是指两个相同的数字序列之间的相位差值。序列相差检测既可以应用异或门实现，也可以应用触发器实现。

1）应用异或门实现序列相差检测

在异或逻辑中，由于 $0\oplus0=0,1\oplus1=0$，所以将两个同频同相的数字序列 A 和 B 加到异或门的输入端时，其输出 Y 恒为 0。但是，当两个数字序列同频而不同相时，异或门将会输出周期性的脉冲，如图 5-61 所示。通过测量和计算输出信号 Y 的占空比，就可以得到两个序列之间的相位差值。

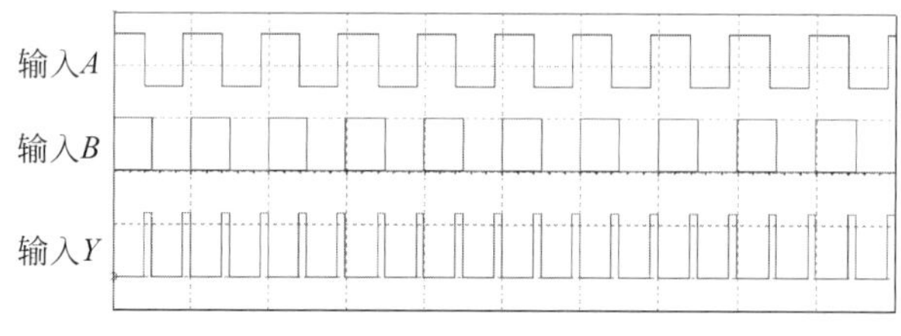

图 5-61　应用异或门进行相差检测

需要注意的是，异或门每个序列周期会输出两个相差脉冲，在计算脉冲占空比时应特别注意。

2）应用触发器实现序列相差检测

应用边沿触发器检测序列相差的原理电路如图 5-62 所示，其中 u_I 和 u_R 为两路同频的模拟信号。设 $u_I=\sin(100\pi t)$，$u_R=\sin(100\pi t-\Phi)$，即两路模拟信号的相差为 Φ。通过双比较器 LM393 构成的同相过零比较器将模拟信号转换为相应的数字序列 D_I 和 D_R，再将序列 D_I 作为边沿 D 触发器 FF_1 的时钟，将序列 D_R 作为边沿 D 触发器 FF_2 的时钟。

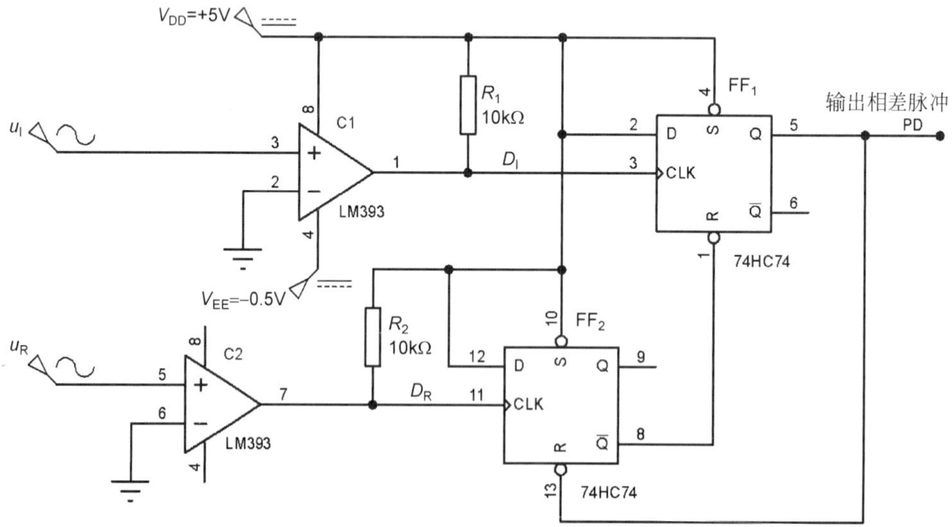

图 5-62　边沿触发器相差检测电路

上述相差检测电路的工作原理：在序列 D_I 的上升沿到来时将触发器 FF_1 输出的相差脉冲 PD 置为高电平后，触发器 FF_2 的复位信号无效，因此在序列 D_R 的上升沿到来时将触

发器 FF_2 置 1 时，$\overline{Q}$ 将 FF_1 输出的相差脉冲 PD 复位为低电平，同时 PD 将 FF_2 复位，所以输出脉冲 PD 的宽度与相差 Φ 相关。Φ 越大，则 PD 的宽度越宽。通过测量和计算相差脉冲宽度与序列周期的比值即可实现相差检测。

边沿触发器相差检测电路输出的相差脉冲 PD 与数字序列 D_I 和 D_R 的波形对应关系如图 5-63 所示，每个序列周期输出一个相差脉冲。

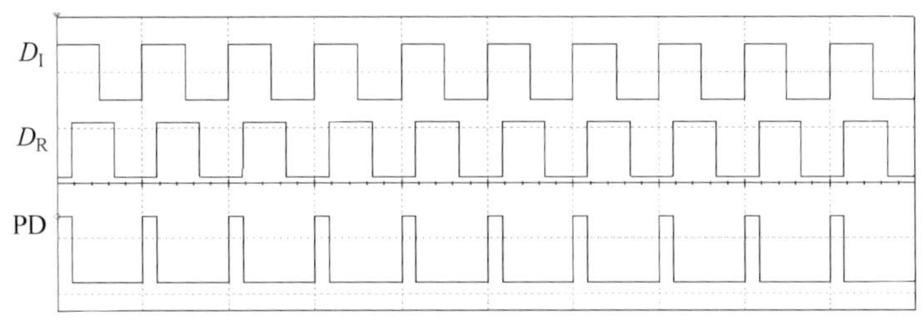

图 5-63 相差检测电路工作波形

脉冲占空比测量和序列相差检测的具体实现电路留给读者设计和实践。

本章小结

Quartus Prime 开发环境中内嵌的 IP 是重要的设计资源。应用 IP 构建应用系统不但能够提高设计效率，而且能够规避因行为描述不当造成的设计风险。

本章首先介绍 Quartus Prime 中内嵌 IP 的分类以及常用基本功能 IP，然后以锁相环 IP ALTPLL 为例讲述 IP 的定制方法，最后结合应用实例讲述 ROM、乘法和除法 IP 的应用。

DDS 应用数字技术实现信号源，具有精度高、控制灵活等优点。DDS 信号源由相位累加器、波形 ROM、D/A 转换器和低通滤波器 4 部分组成，其中相位累加器和波形 ROM 应用数字方法实现。双通道 DDS 正弦信号源能够产生不同频率、不同相差的双路正弦信号，可用于信号的调制与解调等应用场合。

设计等精度频率计时，需要应用乘法和除法计算被测信号的频率。在 Quartus Prime 开发环境下，可以通过定制参数化乘法器 LPM_MULT 实现乘法运算，定制参数化除法器 LPM_DIVIDE 实现除法运算。另外，在等精度频率计的基础上进行功能扩展，还可以实现脉冲占空比测量和数字序列的相差检测。

设计与实践

5-1 应用计数器 IP-LPM_COUNTER 定制 60 进制加法计数器，并进行仿真验证。

5-2 应用数据选择器 IP-LPM_MUX 定制 8 选 1 数据选择器，并进行仿真验证。

5-3 应用译码器 IP-LPM_DECODE 定制 4 线-16 线译码器，并进行仿真验证。

5-4 应用乘法器 IP-LPM_MULT 定制 8 位乘法器，能够实现两个 8 位有符号二进制数乘法。应用 testbench 进行仿真验证。

5-5 应用除法器 IP-LPM_DEVIDE 定制除法器，能够实现两个有符号数除法。设被除数为16位有符号二进制数,除数为8位有符号二进制数。应用testbench进行仿真验证。

5-6 基于ROM设计数码序列控制电路。具体要求如下:

(1) 在单个数码管上依次显示自然数序列(0~9)、奇数序列(1、3、5、7和9)、音乐符号序列(0~7)和偶数序列(0、2、4、6和8);

(2)加电时先显示自然数序列,然后按上述规律循环显示。

提示:数码序列控制电路的参考设计方案如图5-64所示。

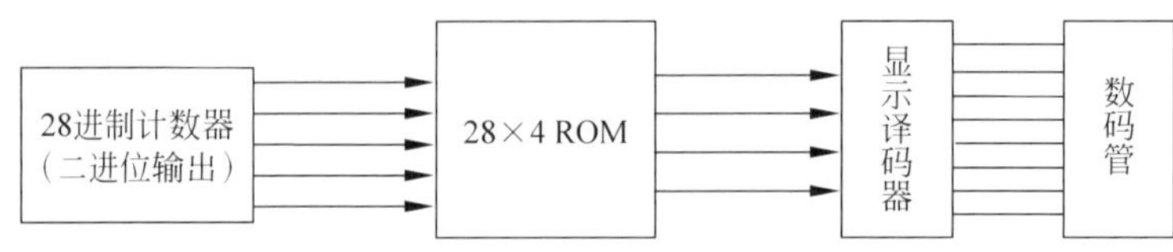

图5-64 数码序列控制电路结构框图

5-7 设计1024×10位DDS正弦信号源。具体要求如下:

(1) 输出正弦信号的频率范围为1k~64kHz,步进为1kHz;

(2) 在Quartus Prime中完成DDS信号源数字部分设计,并进行仿真验证;

(3) 在DE2-115开发板的GPIO上外接10位D/A转换器AD7520并设计低通滤波电路,完成DDS信号源设计,并进行功能测试。

5-8 完成5.3.6节双通道DDS正弦信号源的设计,能够驱动双通道显示器清晰稳定地显示双路信号的波形。

5-9 完成5.4节等精度频率计的设计。下载到开发板进行性能测试,填写表5-7。

(1) 若要求频率测量的相对误差不大于0.01%,分析等精度频率计的有效测频范围。

(2) 若频率测量范围达不到1Hz~100MHz的设计要求,如何扩展测频范围?从等精度测频原理上进行分析,修改设计方案并进行测试验证。

表5-7 等精度频率计测量结果分析表

信号源频率/kHz	测量值	相对误差/%	信号源频率/Hz	测量值	相对误差/%
96000			2929.6875		
24000			732.421875		
6000			183.10546875		
1500			45.7763671875		
375			11.444091796875		
93.75			2.86102294921875		
23.4275			0.7152557373046875		
5.859375			0.178813934326171875		

5-10 应用移位加3算法原理,基于直接测频法应用二进制计数器设计1~9999Hz频率计。应用Verilog HDL描述并下载到开发板进行功能和性能测试。

5-11[*] 李沙育图形(Lissajous Figures)是应用不同频率比(f_y/f_x)、不同相差(Φ)的两路正弦信号形成的图形,如表5-8所示。

表 5-8 李沙育图形

f_y/f_x	$\Phi=0°$	$\Phi=45°$	$\Phi=90°$	$\Phi=135°$	$\Phi=180°$
1∶1					
2∶1					
3∶1					
3∶2					

设计双通道 DDS 信号源，能够产生表 5-8 所示的频率可变、相位可调的正弦信号，以驱动双通道示波器(应用 x/y 档)显示李沙育图形。要求能够在线更新图形的形状。

5-12* [2016 年电子设计竞赛 E 题(任务 1～2)] 设计脉冲信号参数测量系统。具体要求如下：

(1) 脉冲信号的频率范围为 10Hz～2MHz，要求测量误差的绝对值不大于 0.1%；

(2) 脉冲信号占空比的范围为 10～90%，要求测量误差的绝对值不大于 2%。

5-13* [2016 年电子设计竞赛 E 题(任务 5)] 脉冲信号参数的定义如图 5-65 所示，其中上升时间 t_r 是指脉冲的输出电压从脉冲幅度 V_m 的 10%上升到 90%所需要的时间，而过冲 σ 是指脉冲的峰值电压超过脉冲幅度 V_m 的程度，定义为 $\sigma=\frac{\Delta V_m}{V_m}\times100\%$。

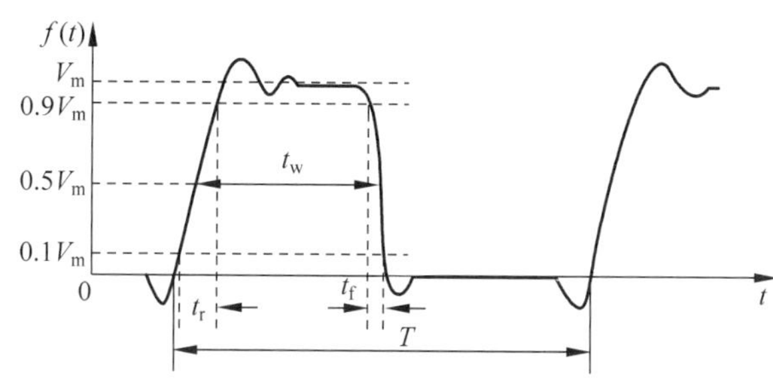

图 5-65 脉冲信号参数的定义

设计矩形脉冲信号发生器。具体要求如下：

(1) 输出脉冲的频率为 1MHz，误差的绝对值不大于 0.1%；

(2) 脉冲宽度 t_W 为 100ns，误差的绝对值不大于 1%；

(3) 负载电阻为 50Ω 时，输出脉冲的幅度 V_m 为 5±0.1V；

(4) 上升时间 t_r 不大于 30ns，过冲不大于 5%。

5-14* [2003 年电子设计竞赛 C 题(任务 1)]设计如图 5-66 所示的移相信号发生器。具体要求如下：

(1) 输出信号 A 和 B 的频率范围均为 20Hz～20kHz，步进为 20Hz，要求频率可预置；

(2) 输出信号 A 和 B 的相差范围为 0～359°，步进为 1°，要求相差可预置；

(3) 以数码管显示两路输出信号的频率值和相位差。

5-15* [2003 年电子设计竞赛 C 题(任务 3)]设计如图 5-67 所示的相位测量仪。具体要求如下：

(1) 测量信号的频率范围为 20Hz～20kHz 时，相差测量的绝对误差不大于 2°；

(2) 具有频率测量和显示功能；

(3) 显示相差读数，要求分辨率为 0.1°。

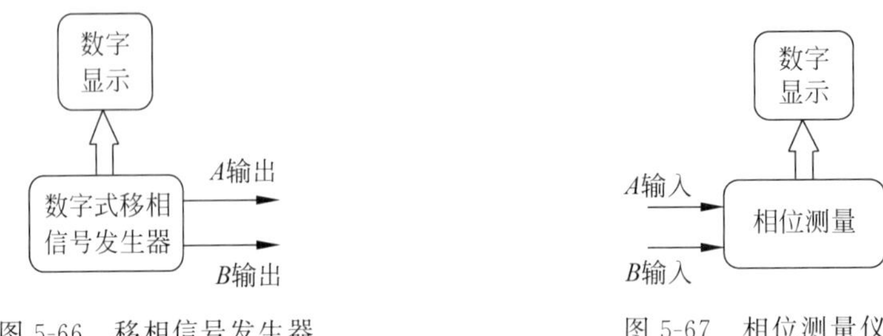

图 5-66 移相信号发生器　　图 5-67 相位测量仪

第6章 状态机的设计及应用

CHAPTER 6

状态机用于描述任何有逻辑顺序和时序规律的事件，是实现高速和高可靠性逻辑控制的重要途径。

基于 HDL 的状态机设计方法具有固定的模式，结构清晰，易于构成性能良好的同步时序电路，因而在数字系统设计中应用广泛。

方法决定效率。本章先介绍状态机的基本概念及其分类，然后讲述状态机典型的描述方法，最后通过多个应用实例阐述状态机的应用。

6.1 状态机的概念与分类

6.1 微课视频

时序逻辑电路在时钟脉冲的作用下，在有限个状态之间进行转换，以完成某种特定的功能，所以将时序逻辑电路又称为有限机状态机(Finite State Machine，FSM)，简称为状态机。但是，状态机不单是指时序电路，而是用于描述任何有逻辑顺序和时序规律的事件。以大学生活为例，校园生活可以简单地概括为“三点一线”，即在宿舍、教室和餐厅之间活动，如图 6-1 所示，其中地点为状态，功能为输出。但是，把校园生活概括为“三点一线”过于简单，因为人不是机器，除了吃饭、学习和休息之外，还需要进行体育锻炼保持身体健康，从事一些娱乐活动(如看电影)丰富自己的生活。

假设学校的体育馆周一到周五 16：00～18：00 开放，在周末才有时间去看电影，那么，应该为校园生活引入时间的概念。另外，没课时才能去体育馆锻炼身体，有好电影才值得去看，因此，可以将校园生活表示成如图 6-2 所示的更加详细的状态图。

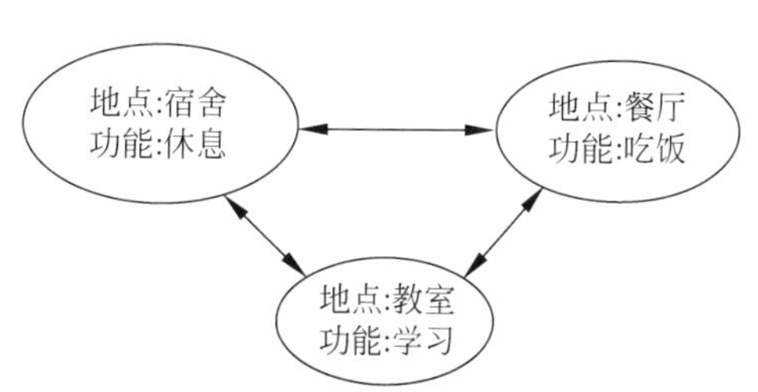

图 6-1　校园生活状态图(1)

从上述示例可以看出，状态机有 3 个基本要素：状态、输出和输入。

状态用于划分逻辑顺序和时序规律。例如，校园生活中的宿舍、食堂、教室、体育馆和电影院为不同的状态。对于数字系统设计，不同功能电路的状态设定依据也不同。例如，对于 1111 序列检测器，应该以检测到 1 的个数作为设定状态的依据。

输出是指在某个状态下发生的特定事件。例如，宿舍的功能是休息，教室的功能是学习等。对于电机监控系统，如果检测电机转速过高，则输出转速过高报警信号，或者输出减速指令、启动降温设备等。

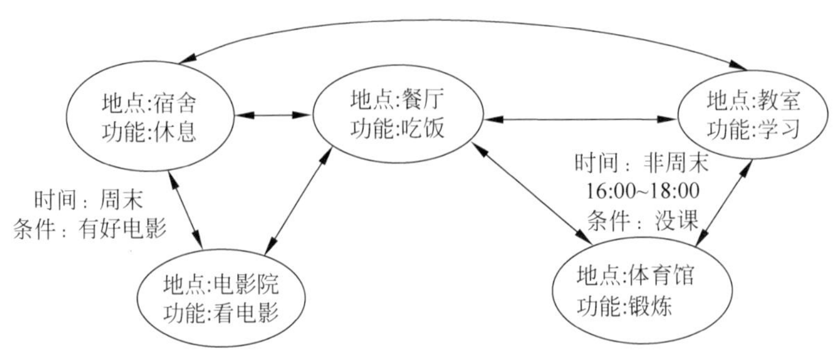

图 6-2 校园生活状态图(2)

输入是指状态机中进入每个状态的条件。有些状态机没有输入条件,有些状态机有输入条件,当某个输入条件满足时才能转移到相应的状态中去。例如,学校的体育馆是否开放、没课和有好电影是状态转换的条件。

在数字电路中,状态机由状态寄存器和组合逻辑电路两部分构成。根据状态机的输出是否直接与输入有关,将状态机分为摩尔(Moore)型状态机和米里(Mealy)型状态机两大类。

1. Moore 型状态机

Moore 型状态机的输出仅取决于当前状态,与输入无关。例如,在图 6-1 所示的状态图中,图中的地点是状态,功能是状态的输出,并且输出只与状态有关,所以是 Moore 型状态机。

一般地,Moore 型状态机也可能有输入,只是输出不直接与输入信号相关而已。因此,在数字电路中,Moore 型状态机表示为如图 6-3 所示的结构形式,其中输出 $z(t)=F[s(t)]$,与输入 $x(t)$无关。

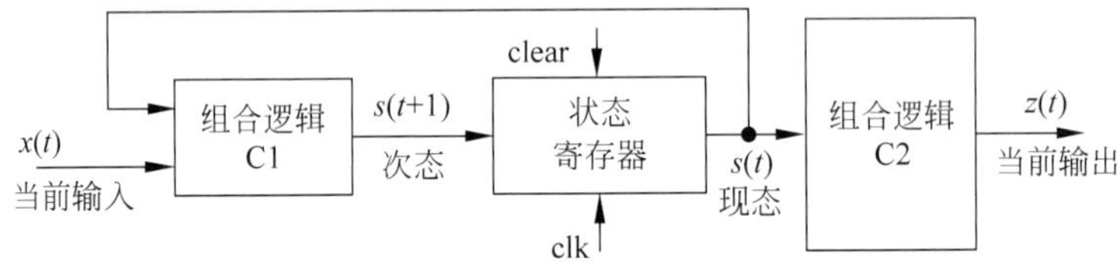

图 6-3 Moore 型状态机的结构

2. Mealy 型状态机

Mealy 型状态机的输出不仅与当前状态有关,而且与输入有关。在图 6-2 所示的状态图中,地点是状态,功能是输出,但状态转换是有条件的,学校的体育馆周一到周五 16:00～18:00 才开放,因此,只有在这个时间段并且在没课的情况才能到体育馆去锻炼。因此,图 6-2 所示是一个 Mealy 型状态机。

Mealy 型状态机的输出既与状态有关,又与输入有关,因此,在数字电路中,Mealy 型状态机表示为如图 6-4 所示的结构形式,其中输出 $z(t)=F[x(t),s(t)]$。

由于 Moore 型状态机的输出不直接与输入相关,而 Mealy 型状态机的输出直接与输入相关,所以当输入信号发生变化时,Moore 型状态机的输出会比 Mealy 型状态机慢一拍,即一个时钟周期。因此,设计状态机时应充分注意到两种状态机的输出特点。

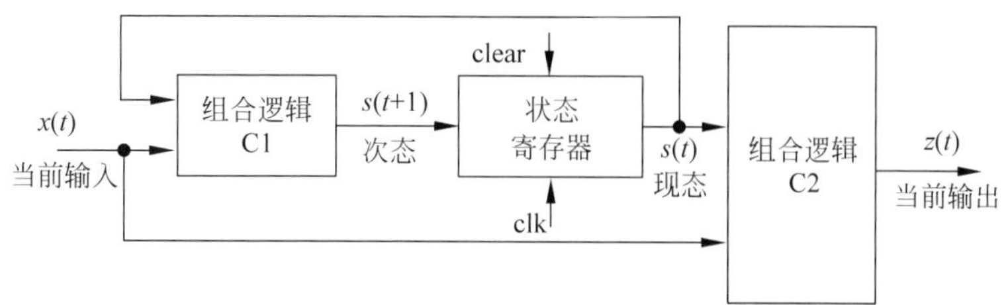

图 6-4 Mealy 型状态机的结构

6.2 状态机的描述方法

6.2a
微课视频

6.2b
微课视频

6.2c
微课视频

状态机用于描述任何有逻辑顺序和时序规律事件，有状态、输出和输入 3 个基本要素。状态机有 3 种表示方法：状态转换图、状态转换表和 HDL 描述。

状态转换图是描述状态机最基本的形式，如图 6-1 和图 6-2 所示。状态转换表是用表格的方式描述状态机。这两种表示方法在数字电路课程中已经讲过了。

应用 HDL 描述状态机不但结构清晰规范，而且安全高效，易于维护，是本章的重点。

下面结合具体的应用实例进行讲述。

【例 6-1】 设计一个串行序列检测器，要求连续输入 4 个或 4 个以上的 1 时输出为 1，否则输出为 0。

分析 串行序列检测器应该具有一个串行数据输入口和一个检测结果输出端。如果用 X 表示串行数据输入，用 Y 表示检测结果输出，则串行序列检测器的框图如图 6-5 所示。

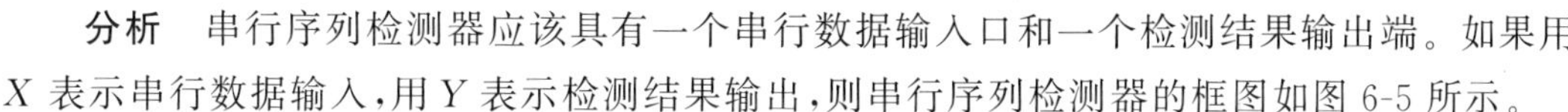

设计过程 状态机设计的基本步骤是先定义电路的状态，画出状态转换图或列出状态转换表，然后进行状态编码，最后应用 HDL 描述状态转换关系以及每个状态下的输出。

X— 串行数据检测器 —Y

图 6-5 串行数据检测器框图

1. 状态定义

定义状态需要根据具体任务的要求，确定状态机内部的状态数并定义每个状态的含义。

由于检测器用于检测 1111 序列，所以需要识别和记忆连续输入 1 的个数，因此定义电路内部有 S_0、S_1、S_2、S_3 和 S_4 共 5 个状态，其中 S_0 表示当前还没有接收到一个 1，S_1 表示已经接收到一个 1，S_2 表示已经接收到两个 1，S_3 表示已经接收到 3 个 1，而 S_4 表示已经接收到 4 个 1。

2. 画出状态转换图

状态定义完成之后，需要分析在时钟脉冲的作用下，状态转移的方向以及输出，画出状态转换图。通常从系统的初始状态、复位状态或空闲状态开始分析，标出每个状态的转换方向、转换条件以及输出。

对于 1111 序列检测器，根据功能要求，检测器的输出 Y 和内部状态的转换关系与输入序列 X 的关系如表 6-1 所示。

表 6-1　输入、输出与状态转换关系

输入 X	0	1	0	1	1	0	1	1	1	0	1	1	1	1	0	1	1	1	1	1	0	1
输出 Y	0	0	0	0	0	0	0	0	0	0	0	0	0	1	0	0	0	0	1	1	0	0
内部状态	S_0	S_1	S_0	S_1	S_2	S_0	S_1	S_2	S_3	S_0	S_1	S_2	S_3	S_4	S_0	S_1	S_2	S_3	S_4	S_4	S_0	S_1

根据表 6-1 所示的状态转换关系即可画出如图 6-6 所示的状态转换图。

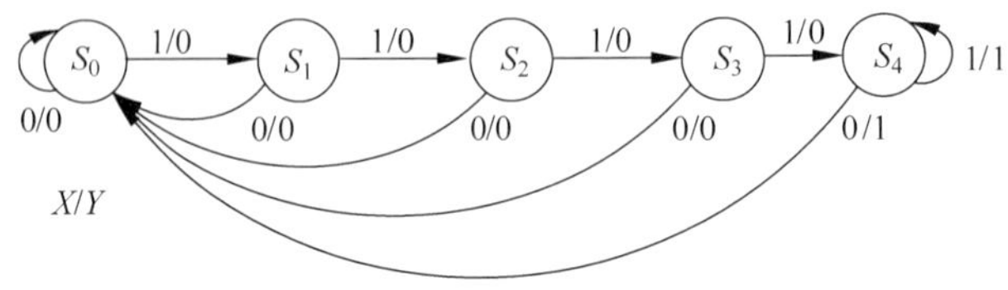

图 6-6　例 6-1 状态转换图

3. 状态编码

状态编码又称为状态分配，用于为每个状态指定唯一的二值代码。若状态编码方案选取得当，既能简化电路设计，又可以减少竞争-冒险，反之会导致状态机占用的资源多、工作速度慢和可靠性差等问题。因此，设计时需要综合考虑电路的复杂度和性能等因素。

常用的状态编码方案有顺序码、格雷码和独热码(One-Hot Encoding)等多种编码方式，如表 6-2 所示。

表 6-2　编码方式及其属性定义方法

编码方式	属性定义方法
顺序码	(* syn_encoding ="sequential" *)
格雷码	(* syn_encoding ="gray" *)
独热码	(* syn_encoding ="one-hot" *)
默认编码	(* syn_encoding ="default" *)
约翰逊码	(* syn_encoding ="johnson" *)
最简码	(* syn_encoding ="compact" *)
安全独热码	(* syn_encoding ="safe,onehot" *)

顺序码是按二进制数或 BCD 码的自然顺序进行编码。例如，将串行序列检测器的 5 个状态 S_0、S_1、S_2、S_3 和 S_4 依次编码为 000、001、010、011 和 100。顺序码使用的状态寄存器少，但状态转换过程中可能有多位同时发生变化。例如，状态从 011 转换到 100 时 3 个触发器会同时发生变化，因此容易产生竞争-冒险。

格雷码任意两个相邻码之间只有 1 位发生变化，因此应用格雷码编码二进制计数器这类简单的时序电路时不会产生竞争-冒险，可靠性很高。但是，当状态不在相邻码之间转换时，格雷码仍有多位同时发生变化的情况。例如，将串行序列检测器的 5 个状态 S_0、S_1、S_2、S_3 和 S_4 依次编码为 000、001、011、010 和 110。当状态从 S_2 返回 S_0 时，两位同时发生变化。所以，格雷码只适用于编码一些状态转换关系简单而且非常规律的时序电路。

独热码是指任意一个状态编码中只有一位为 1，其余位均为 0。例如，将串行序列检测器的5个状态 S_0、S_1、S_2、S_3 和 S_4 依次编码为00001、00010、00100、01000和10000。采用独热码编码状态机时任意两个状态之间转换只有两位同时发生变化，因而可靠性比顺序编码方式高，但对 n 个状态进行编码就需要使用 n 个触发器，因而占用的存储资源比顺序编码和格雷码编码方式多。

独热码编码方式虽然使用的触发器多，但状态译码简单，而且能够简化输出组合逻辑电路的设计。对于存储资源丰富的FPGA，采用独热码进行编码可以有效地提高电路的速度和可靠性。

但是，由于独热码的编码方式每个编码只有一位为1，因此不可避免地会带来大量的无效状态。例如，采用独热码编码5个状态时会产生 $2^5-5=27$ 个无效状态。若不对这些无效的状态进行有效处理，当状态机受外部干扰等因素的影响进入无效状态时会出现短暂失控或始终无法返回正常状态循环而导致系统功能失效。因此，对无效状态的处理是必须考虑的重要问题。

无效状态的处理大致有3种方式：①转入空闲状态，等待下一个任务的到来；②转入指定的状态，去执行特定任务；③转入预先定义的专门处理错误的状态，如预警状态等。

在状态机设计中，建议使用parameter/localparam参数定义语句定义状态编码，以增强代码的可阅读性。

4. 状态机的描述

Verilog HDL用过程语句描述状态机。由于时序电路的次态是现态以及输入信号的逻辑函数，因此需要将现态和输入信号作为过程的敏感事件或边沿触发事件，结合case和if等高级程序语句等描述逻辑功能。

状态机有一段式、两段式和三段式3种描述方式。

一段式状态机应用一个always语句，既描述状态转换关系，又描述次态和输出。一段式状态机的优点是输出为时序逻辑，能够减少竞争-冒险，可靠性高；缺点是结构不清晰，难以扩展和调试，代码的可阅读性和可维护性差。

两段式状态机应用两个always语句，一个用于描述状态转换关系，另一个用于描述次态和输出。两段式状态机的结构清晰，而且方便添加时序约束，有利于综合和优化以及布局布线。但是，两段式状态机的输出为组合逻辑，容易产生竞争-冒险，特别是用状态机的输出信号作为其他时序模块的时钟或作为锁存器的输入信号时则会产生不良的影响。

三段式状态机应用3个always语句，一个用于描述状态转换关系，一个用于确定电路的次态，一个用于描述电路的输出。三段式状态机与两段式状态机相比，代码清晰易读，而且输出既可以采用组合逻辑，也可以改用时序逻辑，但占用的资源比两段式多。3种描述方式特性比较如表6-3所示。

表6-3 3种描述方式特性比较

比较项目	一段式	两段式	三段式
代码简洁度	不简洁	最简洁	简洁
过程语句个数	1	2	3
有利于时序约束	否	是	是
为寄存器输出	是	否	是

续表

比较项目	一段式	两段式	三段式
有利于综合与布线	否	是	是
代码的可靠性与可维护度	低	高	最高
代码的规范性	差	规范	规范
推荐等级	不推荐	推荐	推荐

随着 FPGA 的密度越来越大,数字系统的成本越来越低,三段式状态机以其结构清晰,代码简洁规范而得到了广泛的应用。

三段式状态机的描述模板如下。

```
//第 1 个过程语句,时序逻辑,描述状态的转换关系
always @ ( posedge clk or negedge rst_n )
  if ( !rst_n )                                 // 复位信号有效时
    current_state <= IDLE;
  else
    current_state <= next_state;                // 状态转换
// 第 2 个过程语句,组合逻辑,描述次态
always @ ( current_state, input_signals )       // 电平敏感条件
  case ( current_state )
      S1: if(条件表达式 1)
            next_state = ...;                   // 阻塞赋值
          else
            next_state = ...;
      S2: if (条件表达式 2)
            next_state = ...;
          else
            next_state = ...;
      ...
      default: … ;
  endcase
// 第 3 个过程语句描述输出(1),应用组合逻辑
always @ ( current_state, input_signals )
  case ( current_state )
      S1:if (条件表达式 1)
            out = ...;                          // 阻塞赋值
          else
            out = ...;
      S2: if (条件表达式 2)
            out = ...;
          else
            out = ...;
      ...
      default: … ;
  endcase
// 第 3 个过程语句描述输出(2),应用时序逻辑
always @ ( posedge clk or negedge rst_n )
  if ( !rst_n )
      out <= ...;                               // 非阻塞赋值
```

```
else
  case ( current_state )
    S1:if (条件表达式 1)
           out <= ...;
       else out <= ...;
    S2: if (条件表达式 2)
           out <= ...;
       else
           out <= ...;
    …
    default: … ;
  endcase
```

需要注意的是，应用过程语句描述次态逻辑时，必须为所有分支中的 if 语句添加对应的 else 语句，以防止意外综合出锁存器。即使 if 语句条件表达式不满足时不改变当前的状态，也必须添加 else 语句，将次态设置为当前状态，这样才能综合出组合逻辑电路。

状态机输出的描述可分为两种情况：当输入信号发生变化时，如果希望状态机能够立即输出结果，则应用组合逻辑描述输出；如果不要求立即输出结果，可以改用时序逻辑描述输出，以避免竞争-冒险，提高电路工作的可靠性。

设计例 6-1 的 1111 序列检测器，应用三段式状态机描述的 Verilog 代码参考如下。

```
module serial_detor( input clk,              // 检测器时钟
                     input rst_n,            // 复位信号
                     input x,                // 串行数据输入
                     output wire y           // 检测结果输出
                     );
  // 状态定义及编码
  localparam S0 = 5'b00001,
             S1 = 5'b00010,
             S2 = 5'b00100,
             S3 = 5'b01000,
             S4 = 5'b10000;
  // 内部状态变量定义
  reg [4:0] current_state,next_state;        // 现态和次态
  // 输出逻辑,Moore 型状态机
  assign y = ( current_state == S4 );
  // 时序逻辑过程,描述状态转换
  always @( posedge clk or negedge rst_n)
    if (!rst_n)
      current_state <= S0;
    else
      current_state <= next_state;
  // 组合逻辑过程,确定次态
  always @( current_state,x )
    case ( current_state )
          S0 : if (x) next_state = S1; else next_state = S0;
          S1 : if (x) next_state = S2; else next_state = S0;
```

```
            S2 : if (x) next_state = S3; else next_state = S0;
            S3 : if (x) next_state = S4; else next_state = S0;
            S4 : if (x) next_state = S4; else next_state = S0;
        default : next_state = S0;
      endcase
endmodule
```

将上述代码经过编译与综合后，建立向量波形文件进行功能仿真，得到的时序波形如图 6-7 所示。可以看出，序列检测器功能正确。

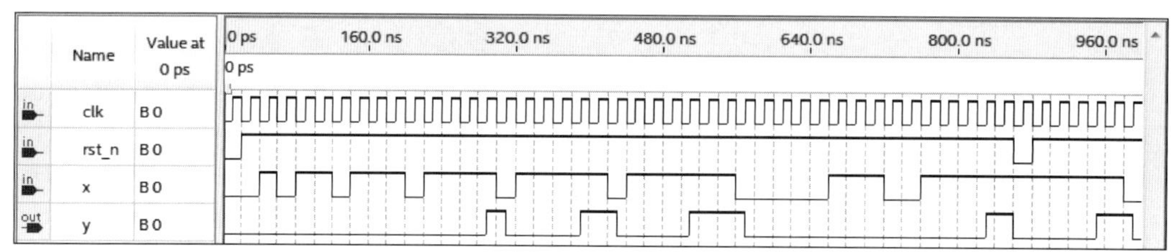

图 6-7　例 6-1 状态仿真波形

【例 6-2】　应用状态机设计按键消抖电路，以消除按键抖动。

分析　按键(button)和开关(switch/key)为机械部件。当按键或开关接通和断开时，由于簧片的弹性会产生短暂的抖动，如图 6-8 所示，然后才能稳定接通或断开。按键的抖动现象会导致电路的输出产生毛刺，从而可能导致系统产生误动作。

按键抖动时间的长短由簧片的机械特性决定，一般在 20ms 内。

在数字系统中，为了防止因按键抖动引起的系统误动作，必须对按键电路进行消抖，只在按键闭合或断开稳定后才允许输出。

按键消抖有软件消抖和硬件消抖两种方法。软件消抖是在嵌入式系统中检测到按键按下时，应用软件延时 20ms 后再次检测按键的状态，如果两次状态相同，则确认按键已经按下。这种处理方式虽然简单，但会浪费 CPU 资源。

硬件消抖有多种方法。

第 1 种方法是应用施密特电路的回差特性配合积分电路实现按键消抖，应用电路如图 6-9 所示。

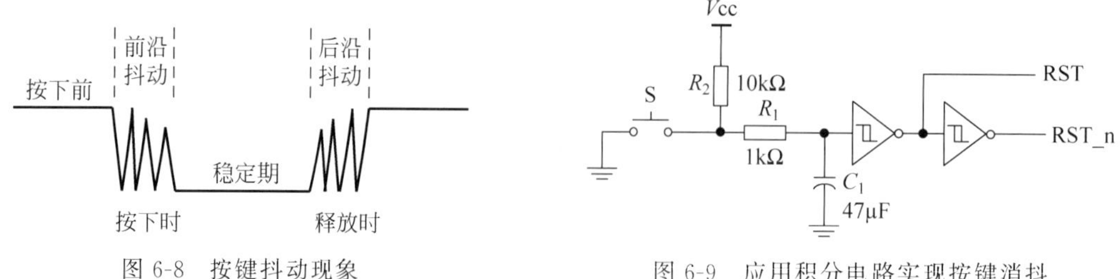

图 6-8　按键抖动现象

图 6-9　应用积分电路实现按键消抖

第 2 种方法是应用锁存器的保持功能实现开关消抖，应用电路如图 6-10 所示。

以上两种电路的消抖原理已经在数字电路课程中讲述，因此在此不再复述。

除上述两种按键消抖电路外，应用状态机也能够设计按键消抖电路。

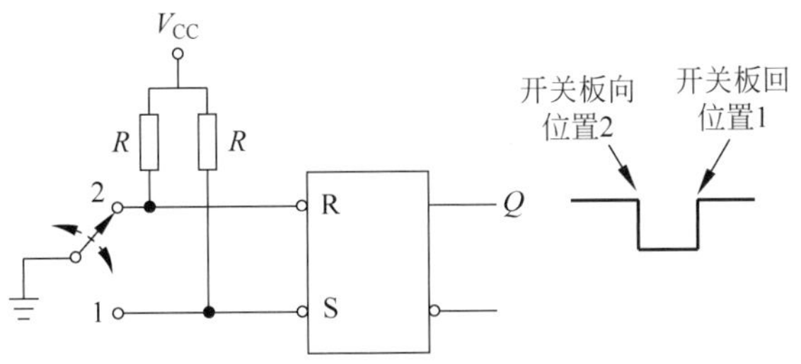

图 6-10 应用锁存器实现开关消抖

基于状态机设计按键消抖电路时,需要将按键的一次动作分解为按下前、按下时、稳定期和释放时 4 个状态,如图 6-8 所示,分别用 KEY_IDLE、KEY_PRESSED、KEY_ACTIVE 和 KEY_RELEASE 表示。设按键输入用 key_in 表示,低电平有效,设计消抖时间为 20ms,则按键消抖电路的状态转换关系如图 6-11 所示。

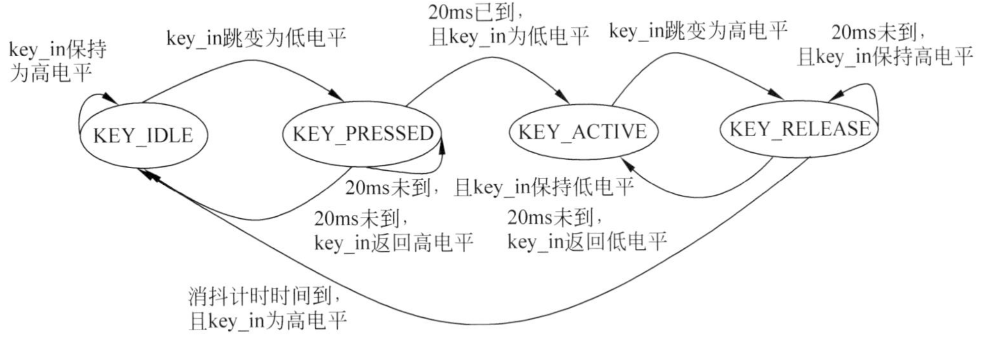

图 6-11 按键消抖状态转换图

根据上述状态转换关系,描述按键消抖电路的 Verilog HDL 代码参考如下。

```
module KEY_debounce #(parameter DEBOUNCE_TIME = 1000_000 )(
  // 50MHz 时钟时,对应消抖时间为 20ms
  input clk_50,                           // 50MHz 时钟,周期为 20ns
  input rst_n,                            // 复位信号
  input key_in,                           // 按键输入
  output reg key_out                      // 消抖后输出
  );
  // 内部状态定义,循环编码方式
  localparam KEY_IDLE = 2'b00,            // 按下前
             KEY_PRESSED = 2'b01,         // 按下时
             KEY_ACTIVE = 2'b11,          // 稳定期
             KEY_RELEASE = 2'b10;         // 释放时
  // 内部变量定义
  reg [19:0] debounce_cnt;                // 消抖计数变量
  reg [1:0] current_state,next_state;     // 现态和次态
  reg [0:1] keytmp;                       // 同步寄存器
  // 内部线网定义
  wire cnt_en,cnt_end;                    // 计数允许和停止计数标志
  wire cnt_flag;                          // 消抖计数标志
  wire release_flag;                      // 按键释放标志
```

```
// 允许消抖计数逻辑：按键按下时或释放时,cnt_en 有效
assign cnt_en = current_state == KEY_PRESSED
                || current_state == KEY_RELEASE;
// 停止计数标志：cnt_en 有效并且 debounce_cnt 达到最大值,则 cnt_end 有效
assign cnt_end = cnt_en && ( debounce_cnt == DEBOUNCE_TIME - 1 );
// 正在计数标志：cnt_en 有效并且 debounce_cnt 未达到最大值,则 cnt_flag 有效
assign cnt_flag = cnt_en && ( debounce_cnt < DEBOUNCE_TIME );
// 按键已释放标志：cnt_end 有效,并且 keytmp[1]为高电平,则 release_flag 有效
assign release_flag = cnt_end && keytmp[1];
// 按键输入两级同步寄存过程,以消除亚稳态
always @(posedge clk_50 or negedge rst_n)
  if ( !rst_n )
    keytmp <= 2'b00;                          // 清零
  else
    keytmp [0:1] <= {key_in,keytmp[0]};       // 右移
// 时序逻辑过程,描述状态转换
always @(posedge clk_50 or negedge rst_n)
  if ( !rst_n )
    current_state <= KEY_IDLE;
  else
    current_state <= next_state;
// 组合逻辑过程,定义次态
always @( * ) begin
  case ( current_state )
    KEY_IDLE: if ( !keytmp[1] )                 // 按键按下时,进入 KEY_PRESSED
                next_state = KEY_PRESSED;
              else                              // 否则,保持 KEY_IDLE
                next_state = current_state;
    KEY_PRESSED: if ( cnt_end && !keytmp[1] )
                   // 消抖时间到且 keytmp[1]为 0,确认按下有效
                   next_state = KEY_ACTIVE;
                 else if ( cnt_flag && keytmp[1] )
                       // 正在计数,但 keytmp[1]为 1,则为抖动
                       next_state = KEY_IDLE;
                     else                       // 否则状态保持
                       next_state = current_state;
    KEY_ACTIVE: if ( keytmp[1] )                // keytmp[1]跳变为 1,则进入释放状态
                  next_state = KEY_RELEASE;
                else
                  next_state = current_state;   // 否则状态保持
    KEY_RELEASE: if ( release_flag )            // 按键已释放,返回
                   next_state = KEY_IDLE;
                 else if ( cnt_flag && !keytmp[1] )
                       // 正在计数,但 keytmp[1]为 0,则为抖动
                       next_state = KEY_ACTIVE;
                     else                       // 否则状态保持
                       next_state = current_state;
    default: next_state = KEY_IDLE;
  endcase
```

```
    end
    // 时序逻辑过程,消抖计时
    always @( posedge clk_50 or negedge rst_n )
      if ( !rst_n )
        debounce_cnt <= 20'b0;
      else if ( cnt_en )                          // 计数允许信号有效
              if ( cnt_end )                      // 消抖时间到
                debounce_cnt <= 20'b0;
              else                                // 消抖时间未到
                debounce_cnt <= debounce_cnt + 1'b1;
          else                                    // 计数允许信号无效
            debounce_cnt <= 20'b0;
    // 时序逻辑过程,按键消抖后输出
    always @( posedge clk_50 or negedge rst_n )
      if ( !rst_n )
        key_out <= 1'b1;
      else
        case ( current_state )
          KEY_IDLE     :  key_out <= 1'b1;
          KEY_PRESSED :  key_out <= 1'b1;
          KEY_ACTIVE   :  key_out <= 1'b0;
          KEY_RELEASE :  key_out <= 1'b0;
              default :  key_out <= 1'b1;
        endcase
endmodule
```

对上述代码进行仿真验证时,需要建立 testbench 文件,应用 $random 系统函数产生随机数,以模拟不规则的抖动脉冲间隔。

应用 $random 系统函数产生随机整数的语法格式为

```
num =  $random % b
```

其中,b 为十进制整数；num 为－(b－1)～(b－1)的随机整数。

应用 $random 系统函数产生随机非负整数的语法格式为

```
num = { $random} % b
```

其中,b 为十进制整数；num 为 0～(b－1)的随机整数。

测试按键消抖模块功能的 testbench 代码参考如下。

```
`timescale 1ns/1ps
module KEY_debounce_vlg_tst();
  reg clk;
  reg rst_n;
  reg key_in;
  wire key_out;
  // 模块参数重定义,减少计数容量,以缩短仿真时间
  defparam KEY_debounce.DEBOUNCE_TIME = 50000;
```

```
// 内部变量定义
reg [15:0] rand_num;
// 仿真参数定义
parameter RESET_TIME = 2, STEP = 5;
// 按键消抖模块例化
KEY_debounce i1
  ( .clk     (clk),
    .rst_n   (rst_n),
    .key_in  (key_in),
    .key_out (key_out));
// 设置复位信号波形
initial begin
  rst_n = 1;
  #1;
  rst_n = 0;
  #(STEP * RESET_TIME);
  rst_n = 1;
end
// 设置按键输入
initial begin
  #1;
  key_in = 1;                          //按下前
  #(STEP * 10);
  press_key;                           //第 1 次按键过程
  #10_000;
  press_key;                           //第 2 次按键过程
end
// 设置时钟信号
initial begin
  clk_50 = 0;
end
always #(STEP/2) clk_50 = ~clk_50;
// 监测任务
initial
  $monitor($time,"clk_50 = %b rst_n = %b key_in = %b key_out = %b",
             clk_50,rst_n,key_in,key_out);
// 按键任务定义
task press_key;
  begin
    repeat (20) begin                  // 模拟前沿抖动过程
      rand_num = {$random} % 5000;
      #rand_num key_in = ~key_in;
    end
    key_in = 0;
    #300_000;
    repeat (20) begin                  //模拟后沿抖动过程
      rand_num = {$random} % 5000;
      #rand_num key_in = ~key_in;
    end
    key_in = 1;
```

```
        #300_000;
    end
    endtask
endmodule
```

上述代码中使用了 defparam 语句用于对 KEY_debounce 模块中的 DEBOUNCE_TIME 参数进行重定义，在确保功能验证的前提下缩短消抖时间。启动 ModelSim 进行仿真，结果如图 6-12 所示。

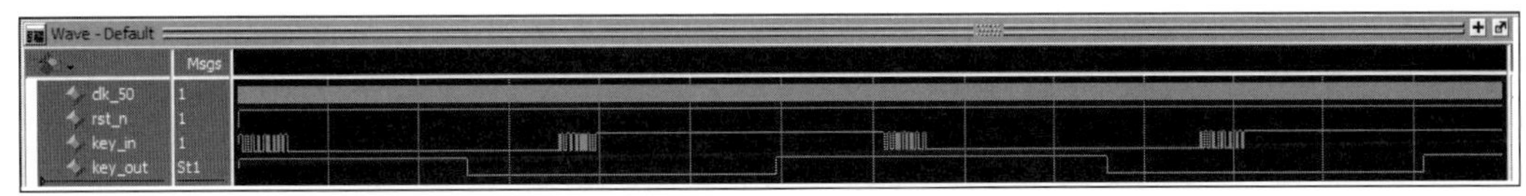

图 6-12 按键消抖模块仿真波形

从图 6-12 中可以看出，消抖电路对按键按下和释放产生的 4 次抖动都能实现有效消抖，因此基于状态机设计的按键消抖模块功能正确。

6.3 交通灯控制器的设计

6.3a 微课视频

6.3b 微课视频

交通灯控制器用于控制十字路口交通信号灯的状态，指导车辆和行人通行。交通灯控制器是典型的时序逻辑电路，很容易应用状态机设计方法实现。

【例 6-3】 在一条主干道和一条支干道汇成的十字路口，在主干道和支干道车辆入口分别设有红、绿、黄三色信号灯。设计交通灯控制器，用于控制红、绿、黄三色信号灯的状态，以引导车辆和行人通行。具体要求如下：①主干道和支干道交替通行；②主干道每次通行45s，支干道每次通行 25s；③每次由绿灯变为红灯时，要求黄灯先亮 5s。

分析 交通灯控制器应由状态控制电路和计时电路两部分构成。控制电路用于切换主、支干道绿灯、黄灯和红灯的状态，计时电路用于控制通行时间。

1）状态控制电路设计

主干道和支干道的绿、黄、红三色灯正常工作时共有 4 种组合，分别用 4 个状态 S_0、S_1、S_2 和 S_3 表示，各状态的具体含义如表 6-4 所示。

表 6-4 工作状态定义

状态	状态含义	主干道	支干道	计时时间/s
S_0	主干道通行	绿灯亮	红灯亮	45
S_1	主干道停车	黄灯亮	红灯亮	5
S_2	支干道通行	红灯亮	绿灯亮	25
S_3	支干道停车	红灯亮	黄灯亮	5

根据设计要求，可以画出如图 6-13 所示交通灯控制电路的状态转换图。

设主干道的绿灯、黄灯和红灯分别用 mG、mY、mR 表示；支干道的绿灯、黄灯和红灯分别用 sg、sy、sr 表示，并规定灯亮为 1，灯灭为 0，则控制电路真值表如表 6-5 所示。

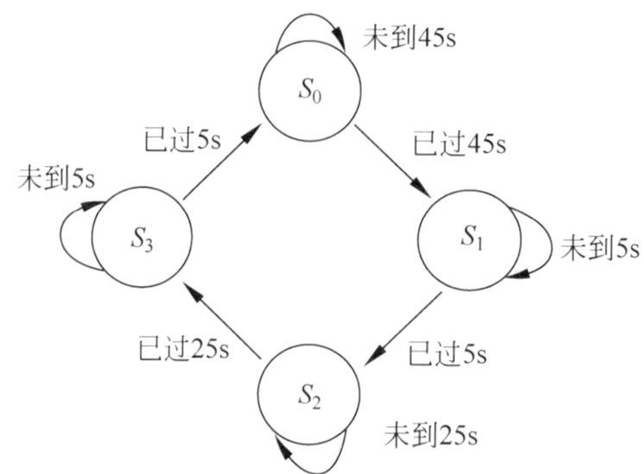

图 6-13 交通灯控制电路状态转换图

表 6-5 控制电路真值表

状态	主干道			支干道		
	mG	mY	mR	sg	sy	sr
S_0	1	0	0	0	0	1
S_1	0	1	0	0	0	1
S_2	0	0	1	1	0	0
S_3	0	0	1	0	1	0

设计过程 设用 $T_{45}=1$ 表示已到 45s，$T_{25}=1$ 表示已到 25s，$T_5=1$ 表示已到 5s，则根据状态转换图设计交通灯控制电路的 Verilog 代码参考如下。

```
module traffic_controller( clk,rst_n,t45,t2,t25,
                           traffic_state,mG,mY,mR,sg,sy,sr );
  input clk,rst_n;
  input t45,t5,t25;
  output wire [3:0] traffic_state;          // 显示计时时间时,状态需要输出
  output reg mG,mY,mR;                      // 主干道绿、黄、红灯
  output reg sg,sy,sr;                      // 支干道绿、黄、红灯
  // 状态及编码定义,独热码方式
  localparam S0 = 4'b0001, S1 = 4'b0010, S2 = 4'b0100, S3 = 4'b1000;
  // 内部变量定义
  reg [3:0] current_state,next_state;       // 现态和次态
  // 状态输出描述
  assign traffic_state = current_state;
  // 时序逻辑过程,描述状态转换
  always @(posedge clk or negedge rst_n)
    if ( !rst_n )                           // 异步复位
      current_state <= S0;
    else                                    // 状态切换
      current_state <= next_state;
  // 组合逻辑过程,确定次态
  always @( current_state,t45,t25,t5 )
    case ( current_state )
        S0 : if (t45) next_state = S1; else next_state = S0;
```

```
        S1 : if ( t5) next_state = S2; else next_state = S1;
        S2 : if (t25) next_state = S3; else next_state = S2;
        S3 : if ( t5) next_state = S0; else next_state = S3;
        default : next_state = S0;
    endcase
  // 组合逻辑过程,描述输出
  always @( current_state )
    case ( current_state )
      S0: begin
          mG = 1; mY = 0; mR = 0;        // 主干道绿灯
          sg = 0; sy = 0; sr = 1;        // 支干道红灯
          end
      S1: begin
          mG = 0; mY = 1; mR = 0;        // 主干道黄灯
          sg = 0; sy = 0; sr = 1;        // 支干道红灯
          end
      S2: begin
          mG = 0; mY = 0; mR = 1;        // 主干道红灯
          sg = 1; sy = 0; sr = 0;        // 支干道绿灯
          end
      S3: begin
          mG = 0; mY = 0; mR = 1;        // 主干道红灯
          sg = 0; sy = 1; sr = 0;        // 支干道黄灯
          end
      default: begin                     // 其他取值时
          mG = 1; mY = 0; mR = 0;
          sg = 0; sy = 0; sr = 1;
          end
  endcase
endmodule
```

2）计时电路设计

如果不要求显示计时时间，则计时电路的设计比较简单。取计时电路的时钟周期为 5s 时，则 45s、5s、25s 和 5s 计时共需要 9+1+5+1=16 个时钟周期。

设计一个十六进制加法计数器，状态编码为 0～15。当状态为 8 时令 $T_{45}=1$，状态为 9 时令 $T_5=1$，状态为 14 时令 $T_{25}=1$，状态为 15 时令 $T_5=1$。因此，计时电路的 Verilog 描述参考如下。

```
module traffic_timer(clk,rst_n,t45,t5,t25);
  input clk,rst_n;
  output wire t45,t5,t25;
  // 内部计数变量定义
  reg [3:0] timer;
  // 描述十六进制计数器
  always @( posedge clk or negedge rst_n )
    if ( !rst_n )
      timer <= 4'd0;
    else
```

```
        timer <= timer + 1'd1;
    // 描述输出
    assign t45 = ( timer == 4'd8 ) ;
    assign t5 = ( timer == 4'd9 ) || ( timer == 4'd15 ) ;
    assign t25 = ( timer == 4'd14 ) ;
endmodule
```

将交通灯控制模块 traffic_controller 和计时模块 traffic_timer 连成如图 6-14 所示的顶层设计电路，即可实现简单的交通信号灯控制器，并将时钟脉冲 CLK 和复位信号 RST_n 连接在一起以控制两个子模块同步。

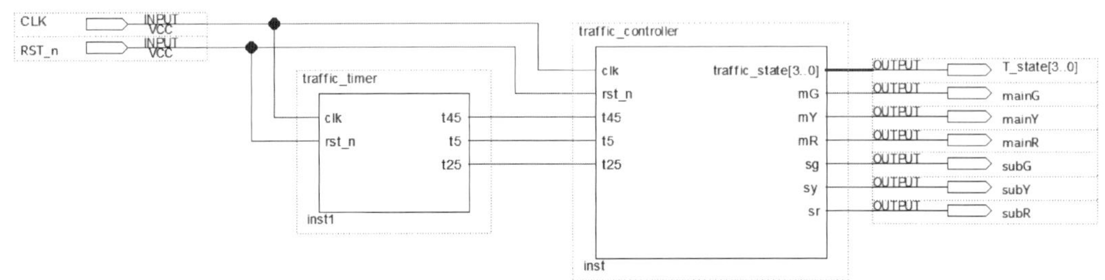

图 6-14　交通灯控制器顶层设计电路

新建向量波形文件并进行仿真分析，得到的仿真结果如图 6-15 所示，其中 T_state=1 为主干道通行状态，T_state=2 为主干道停车状态，T_state=4 为支干道通行状态，T_state=8 为支干道停车状态。从仿真波形可以看出，交通灯控制器功能正确。

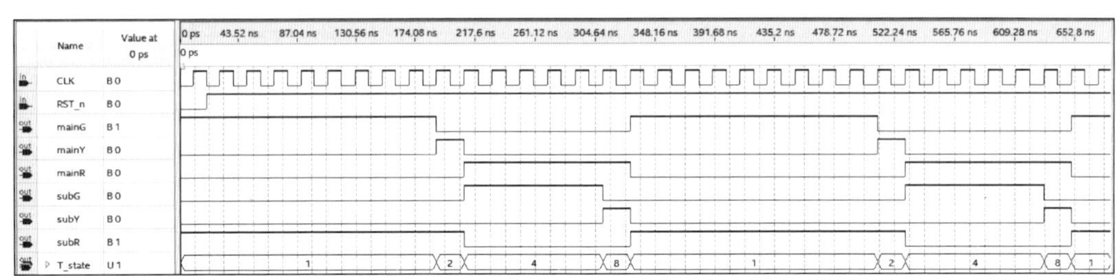

图 6-15　交通灯控制器仿真结果

若需要显示状态时间，则需要重新设计计时电路，而且计时时间与主支干道的状态有关。若以倒计时方式分别显示主干道和支干道状态的剩余时间，则计时电路设计的 Verilog 描述代码参考如下。

```
module traffic_timer(clk,rst_n,state,t45,t5,t25,main_timer,sub_timer);
  input clk,rst_n;
  input [3:0] state;                    // 状态信息,来自 traffic_controller
  output wire t45,t5,t25;               // 计时到输出信号,用于控制状态切换
  output reg [5:0] main_timer,sub_timer;  // 主干道和支干道计时信息,用于显示
  // 状态定义及编码,独热码方式
  localparam S0 = 4'b0001, S1 = 4'b0010, S2 = 4'b0100, S3 = 4'b1000;
  // 组合逻辑,计时时间到逻辑
```

```
    assign t45 = ( state == S0 ) && ( main_timer == 0 );
    assign t5 = ( main_timer == 0 ) && ( sub_timer == 0 );
    assign t25 = ( state == S2 ) && ( sub_timer == 0 );
    // 计时过程
    always @(posedge clk or negedge rst_n)
      if ( !rst_n ) begin                              // 复位有效时
          main_timer <= 45;                            // 从主干道通行开始
          sub_timer <= 50;
          end
      else                                             // 否则,在时钟作用下
          case ( state )                               // 分情况讨论
             S0: if ( t45 ) begin                      // 主干道通行时间到
                    main_timer <= 4;
                    sub_timer <= sub_timer - 1;
                  end
                  else begin
                    main_timer <= main_timer - 1;
                    sub_timer <= sub_timer - 1;
                  end
             S1: if ( t5 ) begin                       // 主干道停车时间到
                    main_timer <= 29;
                    sub_timer <= 24;
                  end
                  else begin
                    main_timer <= main_timer - 1;
                    sub_timer <= sub_timer - 1;
                  end
             S2: if ( t25 ) begin                      // 支干道通行时间到
                    main_timer <= main_timer - 1;
                    sub_timer <= 4;
                  end
                  else begin
                    main_timer <= main_timer - 1;
                    sub_timer <= sub_timer - 1;
                  end
             S3: if ( t5 ) begin                       // 支干道停车时间到
                    main_timer <= 44;
                    sub_timer <= 49;
                  end
                  else begin
                    main_timer <= main_timer - 1;
                    sub_timer <= sub_timer - 1;
                  end
             default: begin
                        main_timer <= 45;
                        sub_timer <= 50;
                      end
        endcase
  endmodule
```

需要注意的是，由于计时时间是以二进制方式计数的，因此显示主、支干道计时时间时，还需要设计 6 位二进制数到两组 BCD 码的转换电路，才能驱动数码管进行显示。

将 6 位二进制数转换为两组 7 段码的 Verilog HDL 代码参考如下。

```
module BinarytoSEG( BINdata, SEG1,SEG0 );
  input [5:0] BINdata ;                    // 6 位二进制数输入
  output wire [6:0] SEG1,SEG0;             // 两组 7 段码输出
  // 内部变量定义
  reg [7:0] BCDtmp;                        // 处理缓存区
  integer i;                               // 循环变量
  // 移位加 3 算法
  always @( BINdata ) begin
    BCDtmp = 8'b0;
    for( i = 0; i<6 ; i = i + 1 ) begin
      // 移位前调整
      if(BCDtmp[7:4] >= 5) BCDtmp[7:4] = BCDtmp[7:4] + 3;
      if(BCDtmp[3:0] >= 5) BCDtmp[3:0] = BCDtmp[3:0] + 3;
      // 左移操作
      BCDtmp[7:0] = {BCDtmp[6:0],BINdata[5 - i]};
    end
  end
  // 显示译码逻辑
  assign SEG1 = BCDtoSEG(BCDtmp[7:4]);
  assign SEG0 = BCDtoSEG(BCDtmp[3:0]);
  // 子程序: 显示译码函数
  function [6:0] BCDtoSEG;
    input [3:0] BCD;
    case ( BCD )      // SEG: gfedcba, 低电平有效
      4'b0000 : BCDtoSEG = 7'b1000000; // 显示 0
      4'b0001 : BCDtoSEG = 7'b1111001; // 显示 1
      4'b0010 : BCDtoSEG = 7'b0100100; // 显示 2
      4'b0011 : BCDtoSEG = 7'b0110000; // 显示 3
      4'b0100 : BCDtoSEG = 7'b0011001; // 显示 4
      4'b0101 : BCDtoSEG = 7'b0010010; // 显示 5
      4'b0110 : BCDtoSEG = 7'b0000010; // 显示 6
      4'b0111 : BCDtoSEG = 7'b1111000; // 显示 7
      4'b1000 : BCDtoSEG = 7'b0000000; // 显示 8
      4'b1001 : BCDtoSEG = 7'b0010000; // 显示 9
      default : BCDtoSEG = 7'b1111111; // 不显示
    endcase
  endfunction
endmodule
```

带计时显示的交通灯控制器顶层测试电路如图 6-16 所示。由按键产生脉冲，经过模块 KEY_debounce 消抖后作为交通灯计时电路的时钟。在计时模块 traffic_timer 的作用下，模块 traffic_controller 驱动交通灯显示状态，同时 BinarytoSEG 模块驱动数码管显示主、支干道状态的剩余时间。另外，实现时还可以应用 traffic_state 状态控制数码管的颜色，与当前信号灯的状态一致。

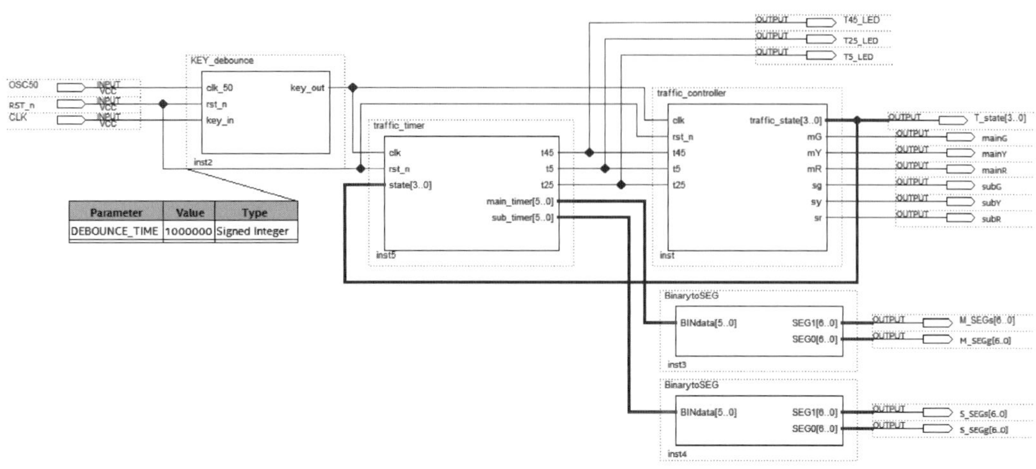

图 6-16　交通灯控制器顶层测试电路

需要说明的是，当多个模块使用相同的状态编码时，可以使用宏定义指令`define 代替参数定义语句 parameter/localparam 定义状态编码，以简化代码描述。对于交通灯控制器的设计，用宏定义指令定义状态编码时，只需要在 traffic_controller 模块或 traffic_timer 模块声明前定义一次，即

```
`define S0 4'b0001
`define S1 4'b0010
`define S2 4'b0100
`define S3 4'b1000
module traffic_...(      );
```

而不像用 parameter 定义状态编码时，在 traffic_controller 和 traffic_timer 模块内均书写一次，而且定义还必须完全保持一致。

另外，还可以将上述宏定义指令单独保存在一个文件中，如 traffic_states. h，然后用文件包含指令`include 将文件 traffic_states. h 包含到在 traffic_controller 或 traffic_timer 模块中，使文件结构和模块功能更为清晰，如

```
`include "traffic_states.h"
module traffic_...(      );
```

6.4　周期法频率计的设计

6.4a
微课视频

6.4b
微课视频

第 3 章和第 4 章中分别应用原理图和 HDL 设计了基于直接测频法的数字频率计，第 5 章应用乘法 IP 和除法 IP 设计了等精度频率计。在这 3 种频率计中，闸门信号的作用时间均设计为 1s，因此从理论上讲，只能测量 1Hz 以上信号的频率。虽然可以通过延长闸门信号的作用时间扩展频率测量的下限值，但这种方法具有很大的局限性，因为统一加长了频率测量的时间。

对于低频信号，可以应用周期法进行测频。周期法测频的基本原理如图 6-17 所示，应用标准频率信号统计被测信号两个相邻脉冲之间的脉冲数，然后通过脉冲数计算出被测信号的周期，再根据频率与周期之间的倒数关系计算出频率值。

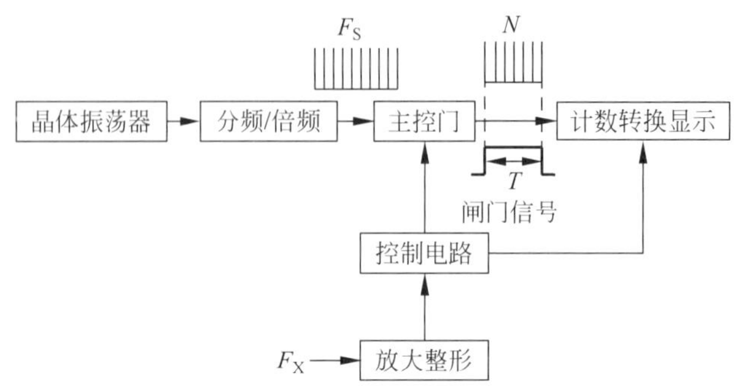

图 6-17　周期法频率计原理框图

本节以周期法频率计的设计为例，进一步阐述状态机的应用。

【例 6-4】 设计数字频率计，能够测量 10mHz～10kHz 低频信号的频率，应用 8 位数码管显示频率值。

分析 （1）10mHz 信号的周期为 100s。若应用 DE2-115 板载的 50MHz 晶振信号统计被测信号的周期，则两个相邻脉冲之间需要统计 $50\times10^6\times100=5\times10^9$ 个脉冲，因此需要应用 33 位二进制计数器（$2^{32}<5\times10^9<2^{33}$）进行计数。

（2）被测信号的周期以两个相邻脉冲的边沿为基准进行测量。信号边沿检测的通用方法是应用同步寄存器捕获和存储被测信号。若应用 3 级具有右移功能的同步寄存器，当移存数据为 x10 时表示检测到被测信号的上升沿，当移存数据为 x01 时表示检测到被测信号的下降沿，其中 x 表示无关位。

根据上述检测原理，描述信号边沿检测电路的 Verilog 代码参考如下。

```
module edge_detector (
  input det_clk,                          // 时钟,50MHz
  input rst_n,                            // 复位信号,低电平有效
  input x_signal,                         // 被测信号
  output wire rising_edge,                // 上升沿标志,高电平有效
  output wire fall_edge                   // 下降沿标志,高电平有效
  );
  // 同步寄存器定义
  reg [0:2] sync_reg;
  // 同步移存过程
  always @( posedge det_clk or negedge rst_n )
    if ( !rst_n )
      sync_reg <= 3'b000;
    else
      sync_reg[0:2] <= { x_signal, sync_reg[0:1] };
  // 边沿检测逻辑
  assign rising_edge = sync_reg[1] & ~sync_reg[2];
  assign fall_edge = ~sync_reg[1] & sync_reg[2];
endmodule
```

应用上述代码综合出的 RTL 电路如图 6-18 所示。

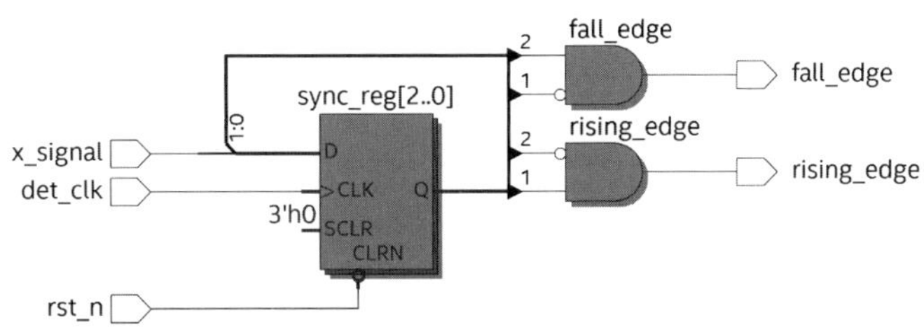

图 6-18 脉冲边沿检测 RTL 电路

在 Quartus Prime 开发环境下，应用向量波形法对信号边沿检测模块进行功能仿真，结果如图 6-19 所示。可以看出，边沿检测电路功能正确。由于应用 3 级移位寄存器进行同步，因此输出的边沿检测标志比信号边沿滞后 3 个时钟周期。

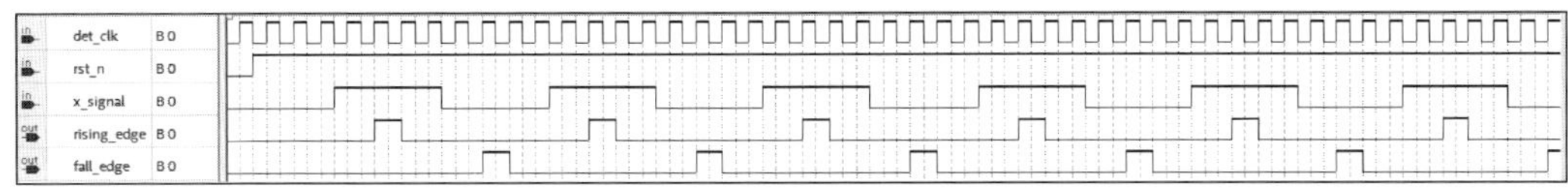

图 6-19 边沿检测模块仿真波形

设计过程 周期法频率计内部的状态机需要定义 4 个状态：复位(RESET)、空闲(IDLE)、计数(COUNT)和结束(DONE)。状态机设计的基本思路如下。

(1) 复位信号有效时，强制状态机处于 RESET 状态；

(2) 复位信号撤销后，状态机转入 IDLE 状态，等待被测信号的有效沿。

(3) 检测到第 1 个有效沿时，状态机转入 COUNT 状态，开始进行计数；

(4) 检测到第 2 个有效沿时，状态机转入 DONE 状态，停止计数并输出周期计数值；

(5) 状态机处于 DONE 时，下一个时钟脉冲转入 IDLE 状态。

根据上述思路，绘制周期测量电路的状态转换图，如图 6-20 所示。

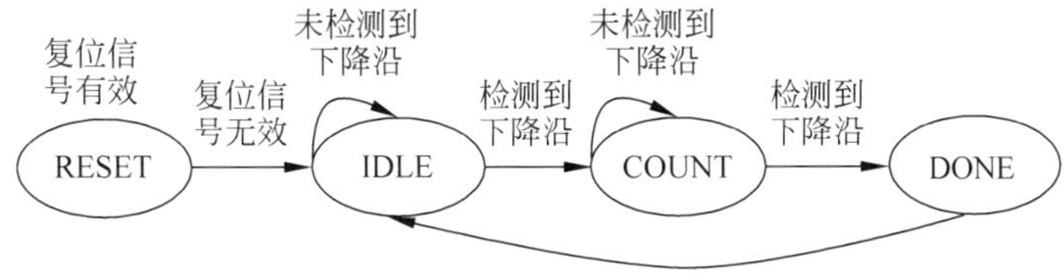

图 6-20 周期测量状态转换图

根据上述状态转换图，描述周期测量状态机的 Verilog 代码参考如下。

```
module period_detector (
  input det_clk,                               // 检测电路时钟,50MHz
  input rst_n,                                 // 复位信号,低电平有效
  input x_signal,                              // 被测频率信号
  output reg [32:0] period_value               // 周期测量值
  );
  // 状态定义及编码
```

```
    localparam RESET = 4'b0001;
    localparam IDLE = 4'b0010;
    localparam COUNT = 4'b0100;
    localparam DONE = 4'b1000;
    // 内部线网和变量定义
    reg [0:2] sync_reg;                                              // 同步寄存器
    (* synthesis,probe_port,keep *) wire fall_edge;                  // 下降沿标志
    reg [3:0] current_state,next_state;                              // 现态与次态
    (* synthesis,probe_port,keep *) wire cnt_en;                     // 计数允许信号
    (* synthesis,probe_port,keep *) reg [32:0] period_cnt; // 周期计数值
    // 下降沿检测逻辑
    assign fall_edge = ~sync_reg[0] & sync_reg[1];
    // 计数允许逻辑
    assign cnt_en = ( current_state == COUNT );
    // 同步移存过程
    always @( posedge det_clk or negedge rst_n )
      if ( !rst_n )
        sync_reg <= 3'b000;
      else
        sync_reg [0:2] <= { x_signal, sync_reg[0:1] };
    // 状态转换过程
    always @( posedge det_clk or negedge rst_n )
      if ( !rst_n )
        current_state <= RESET;
      else
        current_state <= next_state;
    // 组合逻辑,次态描述
    always @ ( current_state )
      case ( current_state )
        RESET: next_state <= IDLE;
        IDLE: if ( fall_edge )
                next_state = COUNT;
              else
                next_state = IDLE;
        COUNT: if ( fall_edge )
                next_state = DONE;
              else
                next_state = COUNT;
        DONE: next_state = IDLE;
        default: next_state = RESET;
    endcase
    // 周期计数过程
    always @( posedge det_clk )
      if ( current_state == IDLE )
        period_cnt <= {33{1'b0}};
      else if ( cnt_en )
        period_cnt <= period_cnt + 1'b1;
    // 计数值锁存过程
    always @ ( current_state )
      if ( current_state == DONE )
        period_value <= period_cnt;
endmodule
```

上述状态机代码的仿真波形如图 6-21 所示。可以看出，状态机时序正确。

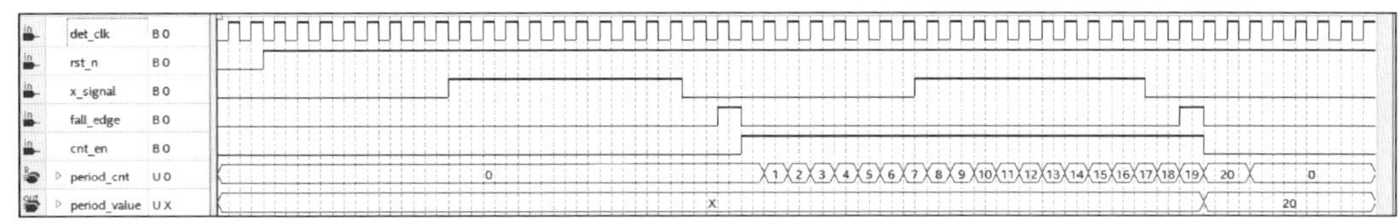

图 6-21 周期测量状态机仿真波形

在状态机的控制下，统计到被测信号周期的计数值 period_value 后，还需要将计数值换算为频率值。

取时钟信号为 50MHz 时，时钟周期 $T_{\text{det\_clk}}=20\text{ns}$，因此被测信号的周期 T_x 可表示为

$$T_x = \text{period\_value} \times T_{\text{det\_clk}} = \text{period\_value} \times 20\ (\text{ns})$$

所以，被测信号的频率值为

$$f_x = \frac{1}{T_x} = \frac{10^9}{\text{period\_value} \times 20} = \frac{5 \times 10^7}{\text{period\_value}}\ (\text{Hz})$$

可以看出，需要应用除法器计算被测信号的频率值。

对于频率值的显示格式，定义被测信号的频率大于或等于 1Hz 时，频率值以“4 位整数+4 位小数”的格式显示；被测信号的频率小于 1Hz 时，频率值以“8 位小数”的格式显示。为处理方便，先将频率值 f_x 扩大 10^8 倍，再应用除法器进行计算。所以，当频率小于 1Hz 时除法的商即为实际的频率值，以“8 位小数”格式显示。当频率大于或等于 1Hz 时，将除法的商缩小 10^4 倍(相当于将频率值 f_x 只扩大 10^4 倍)，以“4 位整数+4 位小数”加上小数点显示时，即为实际的频率值。

按上述思路处理时，则

$$10^8 \times f_x = \frac{5 \times 10^{15}}{\text{period\_value}}$$

由于被除数 5×10^{15} 需要用 53 位二进制数($2^{52}<5\times10^{15}<2^{53}$)表示，而除数 period_value 为 33 位二进制数，因此需要定制 53 位二进制数除以 33 位二进制数的除法器。

在 Quartus Prime 开发环境下，执行 Tools → IP Catalog，菜单命令打开 IP 目录，选择 Basic Functions 栏下 Arithmetic 类中的除法器 IP——LPM_DIVIDE，如图 6-22 所示。

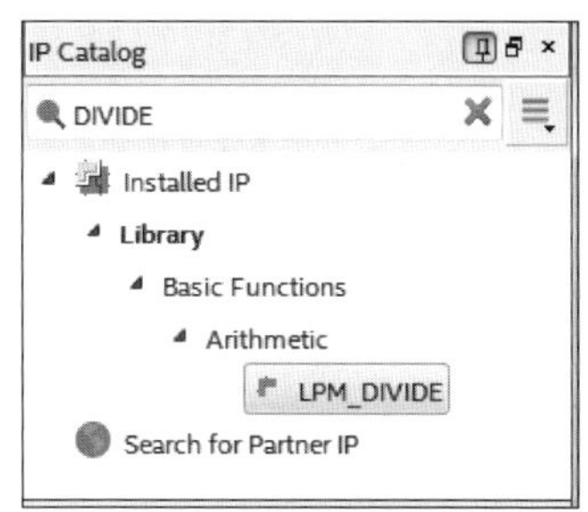

图 6-22 除法器定制向导(1)

双击 LPM_DIVIDE 打开除法器 IP 定制向导，设置分子和分母分别为 53 位和 33 位无符号二进制数，如图 6-23 所示。

连续单击 Next 按钮进入 IP 文件生成界面。勾选 DIVIDER_for_freqor_inst.v 文件，如图 6-24 所示，表示生成例化模板文件，以便可以应用例化语句调用定制好的除法器。

单击 Finish 按钮完成除法器 IP 的定制过程。

除法器定制完成后，就可以通过例化除法模块，应用除法计算被测信号的频率值。设计量程切换电路，当除法商数值小于 10^8(被测信号的频率小于 1Hz)时，将除法商数直接送给

转换译码模块以“8 位小数”的格式显示；当除法商数不小于 10^8 时，先将除法商数除以 10^4 再送给转换译码模块以“4 位整数+4 位小数”的形式显示，并设置小数点标志有效。

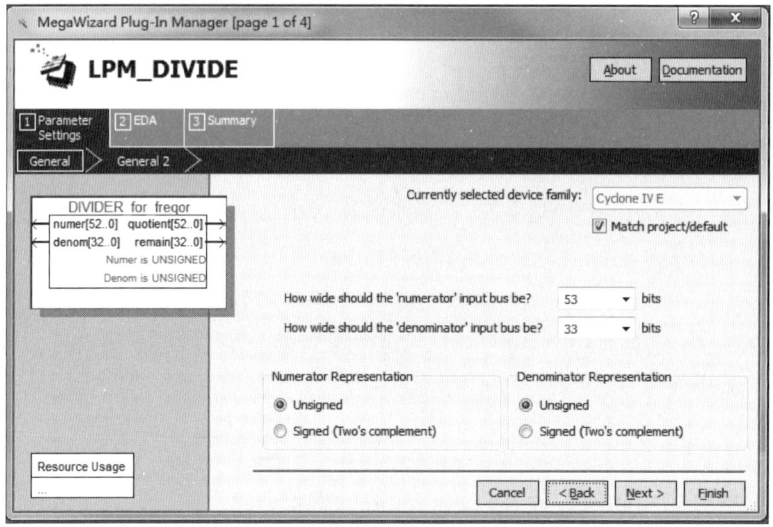

图 6-23　除法器定制向导(2)

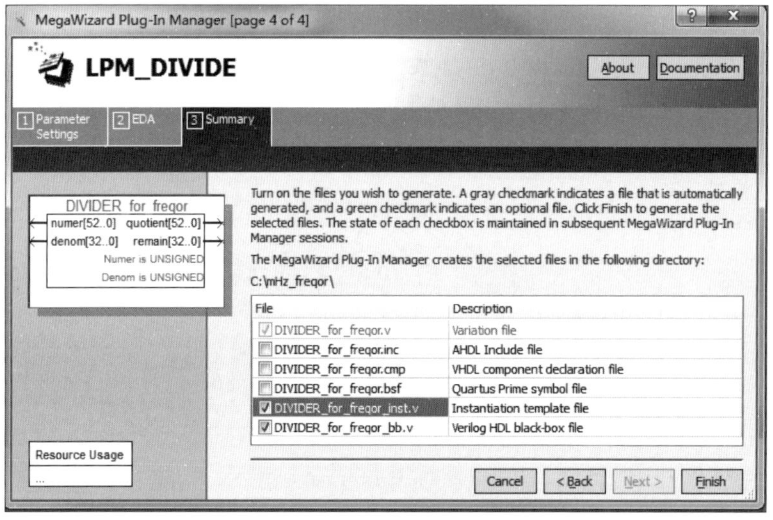

图 6-24　除法器定制向导(3)

根据上述处理思路，将周期计数值转换为频率的 Verilog 描述代码参考如下。

```
module period2freq (
  input [32:0] period_value,                    // 33 位周期计数值
  output wire [27:0] freq_value,                // 28 位二进制频率值
  output wire DP_flag                           // 小数点标志
  );
  // 内部线网定义
  wire [52:0] div_quotient;                     // 53 位除法商数
  wire [32:0] div_remain;                       // 33 位除法余数
```

```
  wire [52:0] freq_tmp;                                        // 商数/10000
  // 除法器 IP 例化
  DIVIDER_for_freqor DIVIDER_for_freqor_inst (
    .denom ( period_value ),                                   // 分母,周期计数值
    .numer ( 53'd5000000000000000 ),                           // 分子,常数 5×10^15
    .quotient ( div_quotient ),                                // 除法商数,53 位
    .remain ( div_remain )                                     // 除法余数,33 位
    );
  // 频率显示值和小数点标志输出
  assign freq_tmp = div_quotient/10000;
  assign freq_value = (div_quotient < 100000000)?  // 是否小于 10^8
                      div_quotient[27:0] :          // 以"8 位小数"显示
                      freq_tmp[27:0];               // 以"4 位整数 + 4 位小数"显示
  assign DP_flag = ( div_quotient < 100000000 )? 0 : 1;
endmodule
```

将上述代码中的 freq_value 先转换为 BCD 码,然后才能进行译码驱动 8 个数码管显示频率值。将 28 位二进制数转换为 BCD 码的 BIN28toBCD. v 模块参看 5.4.3 节中的描述代码。

显示译码模块的 Verilog 描述代码参考如下。

```
module HEX7_44 (
  input [13:0] iBIN28,                                 // 频率值输入
  input DP_flag,                                       // 小数点标志
  output wire [6:0] aSEG3,aSEG2,aSEG1,aSEG0,           // 高 4 位数码管驱动信号
  output wire [6:0] bSEG3,bSEG2,bSEG1,bSEG0,           // 低 4 位数码管驱动信号
  output wire DP_point                                 // 小数点驱动信号
  );
  // 内部线网定义
  wire [31:0] DispBCD;                                 // 8 位 BCD 码
  // 28 位二进制数转换为 BCD 码模块例化
  BIN28toBCD x0 ( .BINdata(iBIN28),.BCDout(DispBCD)) ;
  // 显示译码器例化
  CD4511s Ua3 ( .le(1'b0), .bcd(DispBCD[31:28]), .seg7(aSEG3));
  CD4511s Ua2 ( .le(1'b0), .bcd(DispBCD[27:24]), .seg7(aSEG2));
  CD4511s Ua1 ( .le(1'b0), .bcd(DispBCD[23:20]), .seg7(aSEG1));
  CD4511s Ua0 ( .le(1'b0), .bcd(DispBCD[19:16]), .seg7(aSEG0));
  CD4511s Ub3 ( .le(1'b0), .bcd(DispBCD[15:12]), .seg7(bSEG3));
  CD4511s Ub2 ( .le(1'b0), .bcd(DispBCD[11:8]), .seg7(bSEG2));
  CD4511s Ub1 ( .le(1'b0), .bcd(DispBCD[7:4]), .seg7(bSEG1));
  CD4511s Ub0 ( .le(1'b0), .bcd(DispBCD[3:0]), .seg7(bSEG0));
  // 小数点驱动逻辑
  assign DP_point = DP_flag;
endmodule
```

其中,CD4511s. v 模块参看 4.5 节中的描述代码。

将周期测量状态机(period_detector. v)、周期计数值到频率的转换模块(period2freq. v)和译码显示模块(HEX7_44. v)经编译与综合后分别封装为图形符号,然后连接为如图 6-25 所示的频率计顶层设计电路(period_freqor_top. bsf)。同时,参考 4.5 节中的 32 路分频信号源(fx32. v)的描述,设计 20 路 10mHz～10kHz 分频式信号源 fx20. v,经编译与综合后封

装为图形符号嵌入顶层设计电路中，作为频率计的信号源，以测试频率计的性能。

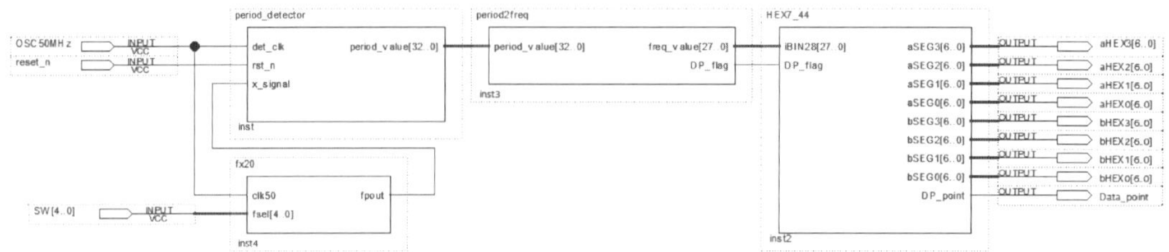

图 6-25　低频信号频率计顶层设计电路

20 路 10mHz～10kHz 分频式信号源的 Verilog 描述代码参考如下。

```
module fx20 (
  input       clk50,                    // 时钟,50MHz
  input [4:0] fsel,                     // 频率选择
  output reg  fpout                     // 信号源输出
  );
  // 计数变量定义
  reg [31:0] q;
  // 计数逻辑描述
  always @(posedge clk50 )
      q <= q + 1'b1;
  // 输出选择过程
  always @(fsel,q)
    case (fsel)                         // 根据 fsel 分频输出
      5'b01100: fpout = q[12];          // 6103.515625Hz
      5'b01101: fpout = q[13];          // 3051.7578125Hz
      5'b01110: fpout = q[14];          // 1525.87890625Hz
      5'b01111: fpout = q[15];          // 762.939453125Hz
      5'b10000: fpout = q[16];          // 381.4697265625Hz
      5'b10001: fpout = q[17];          // 190.7348631825Hz
      5'b10010: fpout = q[18];          // 95.367431640625Hz
      5'b10011: fpout = q[19];          // 47.6837158203125Hz
      5'b10100: fpout = q[20];          // 23.84185791015625Hz
      5'b10101: fpout = q[21];          // 11.920928955078125Hz
      5'b10110: fpout = q[22];          // 5.9604644775390625Hz
      5'b10111: fpout = q[23];          // 2.98023223876953125Hz
      5'b11000: fpout = q[24];          // 1.490116119384765625Hz
      5'b11001: fpout = q[25];          // 0.7450580596923828125Hz
      5'b11010: fpout = q[26];          // 0.37252902984619140625Hz
      5'b11011: fpout = q[27];          // 0.186264514923095703125Hz
      5'b11100: fpout = q[28];          // 0.0931322574615478515625Hz
      5'b11101: fpout = q[29];          // 0.04656612873077392578125Hz
      5'b11110: fpout = q[30];          // 0.023283064365386962890625Hz
      5'b11111: fpout = q[31];          // 0.0116415321826934814453125Hz
        default: fpout = q[14];         // 1525.87890625Hz
  endcase
endmodule
```

6.5　状态机设计实践

状态机的描述模式简单规范，根据控制信号在预先设定的状态间进行状态转换，能够灵活地处理复杂的数字逻辑，因此在时序控制和信息处理等方面有着独特的优势。

本节再通过 3 个应用实例进一步阐述状态机的应用。

6.5.1　键盘电子琴的设计

6.5.1a
微课视频

6.5.1b
微课视频

PS/2 是 IBM 公司于 1987 年随其 PS/2(Personal System 2)计算机推出的键盘/鼠标接口标准，应用双向串行通信协议。PS/2 接口采用 6 脚 mini-DIN 连接器，其中 4 个脚有定义，如表 6-6 所示。PS/2 键盘/鼠标依靠计算机端的插座提供电源，Clock 和 Data 则用于键盘/鼠标与计算机之间的数据通信。

表 6-6　PS/2 接口及引脚定义

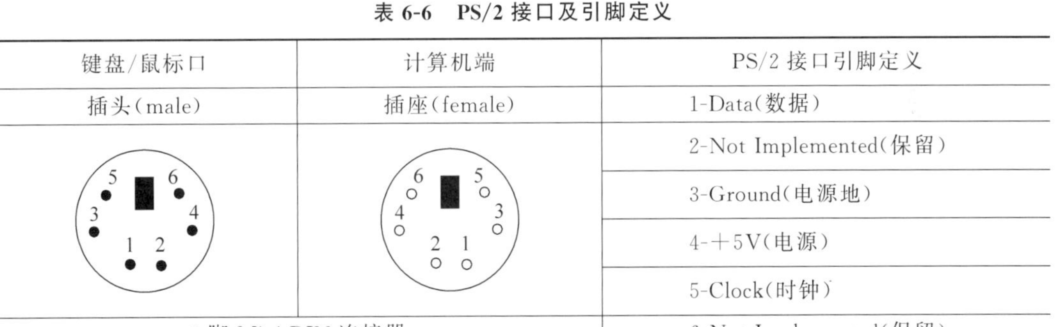

键盘/鼠标口	计算机端	PS/2 接口引脚定义
插头(male)	插座(female)	1-Data(数据)
		2-Not Implemented(保留)
		3-Ground(电源地)
		4-+5V(电源)
		5-Clock(时钟)
6 脚 Mini-DIN 连接器		6-Not Implemented(保留)

对于图 6-26 所示的 PS/2 键盘，计算机通过扫描码(Scan Code)识别按键输入。扫描码分为通码(Make Code)和断码(Break Code)两种类型。当按键按下时发送通码，当按键释放时发送断码。当按住按键不放时，则键盘重复按键机制启动，间隔 0.25～1.00s 持续发送按键通码。键盘上每个按键都被分配了唯一的通码和断码，即键盘上的左 Shift 和右 Shift、左 Ctrl 和右 Ctrl 以及左 Alt 和右 Alt 按键都分配有不同的扫描码。

图 6-26　PS/2 键盘

键盘的通码和断码组成了扫描码集。数字和字母的通码为单字节，而断码为双字节，在通码前面加上 F0 构成，如表 6-7 所示。对于扩展(Extended)按键，其通码为双字节，其中第 1 个字节为 E0，而相应的断码为 3 字节，其中前两个字节分别为 E0F0。

键盘处于小写字母状态时，如果需要输入大写字母 A，应先按住左 Shift 键，再按下 A 键，然后依次松开 A 键和左 Shift 键，键盘向主机发送的扫描码依次为 12、1C、F0、1C、F0 和 12 共 6 字节。

需要注意的是，PrintScreen 和 Pause 键的扫描码比较特殊，PrintScreen 的通码和断码分别为 4 字节和 6 字节，而 Pause 的通码为 8 字节。

表 6-7 键盘扫描码

键	通码	断码	键	通码	断码	键	通码	断码
A	1C	F0,1C	`	0E	F0,0E	F2	06	F0,06
B	32	F0,32	—	4E	F0,4E	F3	04	F0,04
C	21	F0,21	=	55	F0,55	F4	0C	F0,0C
D	23	F0,23	\	5D	F0,5D	F5	03	F0,03
E	24	F0,24	BKSP	66	F0,66	F6	0B	F0,0B
F	2B	F0,2B	SPACE	29	F0,29	F7	83	F0,83
G	34	F0,34	TAB	0D	F0,0D	F8	0A	F0,0A
H	33	F0,33	CAPS	58	F0,58	F9	01	F0,01
I	43	F0,43	L_Shift	12	F0,12	F10	09	F0,09
J	3B	F0,3B	R_Shift	59	F0,59	F11	78	F0,78
K	42	F0,42	L_Ctrl	14	F0,14	F12	07	F0,07
L	4B	F0,4B	R_Ctrl	E0,14	E0,F0,14	NUM	77	F0,77
M	3A	F0,3A	L_Alt	11	F0,11	KP /	E0,4A	E0,F0,4A
N	31	F0,31	R_Alt	E0,11	E0,F0,11	KP *	7C	F0,7C
O	44	F0,44	L_GUI	E0,1F	E0,F0,1F	KP —	7B	F0,7B
P	4D	F0,4D	R_GUI	E0,27	E0,F0,27	KP +	79	F0,79
Q	15	F0,15	Apps	E0,2F	E0,F0,2F	KP Enter	E0,5A	E0,F0,5A
R	2D	F0,2D	Enter	5A	F0,5A	KP .	71	F0,71
S	1B	F0,1B	ESC	76	F0,76	KP 0	70	F0,70
T	2C	F0,2C	Scroll	7E	F0,7E	KP 1	69	F0,69
U	3C	F0,3C	Insert	E0,70	E0,F0,70	KP 2	72	F0,72
V	2A	F0,2A	Home	E0,6C	E0,F0,6C	KP 3	7A	F0,7A
W	1D	F0,1D	Page Up	E0,7D	E0,F0,7D	KP 4	6B	F0,6B
X	22	F0,22	Page Dn	E0,7A	E0,F0,7A	KP 5	73	F0,73
Y	35	F0,35	Delete	E0,71	E0,F0,71	KP 6	74	F0,74
Z	1A	F0,1A	End	E0,69	E0,F0,69	KP 7	6C	F0,6C
0	45	F0,45	[	54	F0,54	KP 8	75	F0,75
1	16	F0,16	]	5B	F0,5B	KP 9	7D	F0,7D
2	1E	F0,1E	;	4C	F0,4C	U Arrow	E0,75	E0,F0,75
3	26	F0,26	‘	52	F0,52	L Arrow	E0,6B	E0,F0,6B
4	25	F0,25	,	41	F0,41	D Arrow	E0,72	E0,F0,72
5	2E	F0,2E	.	49	F0,49	R Arrow	E0,74	E0,F0,74
6	36	F0,36	/	4A	F0,4A	Pause	E1,14,77,E1 F0,14,F0,77	—
7	3D	F0,3D	PrntScr	E0,7C	E0,F0,7C			
8	3E	F0,3E		E0,12	E0,F0,12			
9	46	F0,46	F1	05	F0,05			

PS/2 应用双向串行通信协议。PS/2 键盘向主机发送数据，称为设备-主机通信；主机向键盘发送数据，称为主机-设备通信。无论为哪种通信方式，时钟总是由键盘产生，频率为 10～20kHz。数据通信以帧为单位，每帧包含 11 位串行数据：第 1 位是起始位(低电平)，随后分别为 8 位扫描码(从低位到高位)、一位奇偶校验位和一位停止位(高电平)。

键盘-主机通信的时序如图 6-27 所示，由键盘产生时钟和数据。在空闲状态时，时钟线和数据线均处于高电平，从键盘发送到主机的数据在时钟脉冲的下降沿被读取。

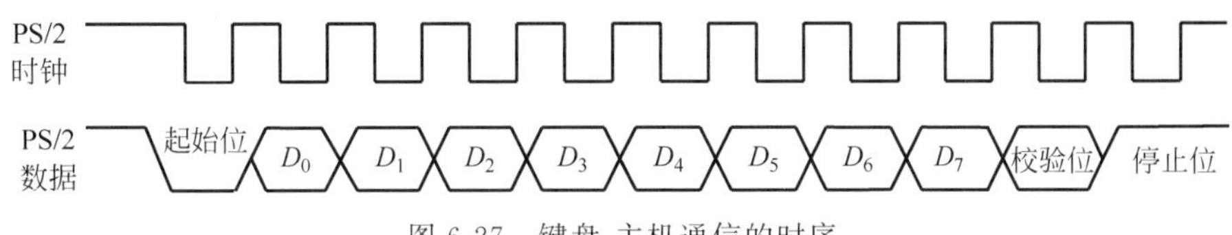

图 6-27　键盘-主机通信的时序

【例 6-5】　设计 PS/2 键盘接口电路，能够捕获 PS/2 键盘上数字或字母键的扫描码。

分析　数字和字母键的通码为单字节，断码为双字节，因此需要定义两个 11 位帧寄存器，根据键盘-主机通信的时序，将接收到的扫描码存入寄存器中。

设计过程　设两个 11 位帧寄存器分别用 KEYcode_reg1 和 KEYcode_reg2 表示，并按照如图 6-28 所示的方式串行存储帧数据。

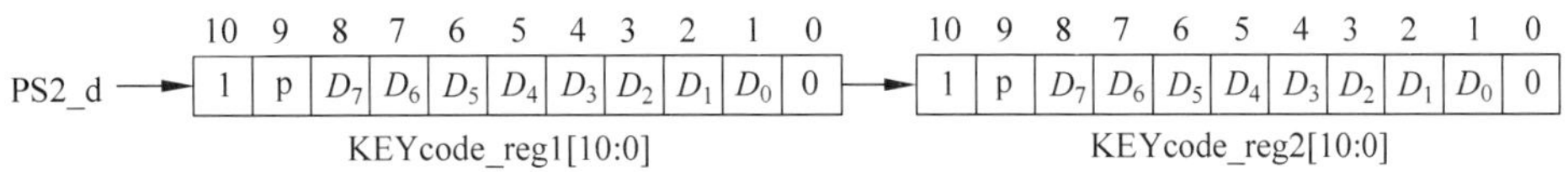

图 6-28　键盘-主机通信的时序图

通常，主机从键盘接收到的时钟和数据都含有噪声。为了准确识别时钟和数据，需要对接收到的信号进行滤波。数据滤波方法有多种，最简单的方法是将信号送入 n 位移位缓冲区，并且规定连续接收到 n 个 1 则确认为高电平，连续接收到 n 个 0 则确认为低电平。

按照上述设计思路，描述 PS/2 键盘接口电路的 Verilog HDL 代码参考如下。

```
module PS2keyboard_scanner (
  input OSC50,                           // 50MHz 时钟
  input rst_n,                           // 复位信号,低电平有效
  input PS2C,                            // PS2 时钟线
  input PS2D,                            // PS2 数据线
  output wire [15:0] scan_code           // 2B 扫描码输出
  );
  // 内部线网和变量定义
  reg clk25;                             // 滤波时钟,25MHz
  reg [7:0] PS2C_tmp8b,PS2D_tmp8b;       // 滤波缓冲区
  reg PS2_clk,PS2_d;                     // 有效时钟和数据
  reg [10:0] KEYcode_reg1,KEYcode_reg2;  // 帧缓冲区
  // 提取扫描码
  assign scan_code = { KEYcode_reg2[8:1],KEYcode_reg1[8:1] };
  // 生成滤波时钟
  always @ ( posedge OSC50 )
    clk25 <= clk25 + 1'b1;
```

```
  // 接收及滤波过程
  always @( posedge clk25 or negedge rst_n )
    if ( !rst_n ) begin
      PS2C_tmp8b <= 8'h00;                    // 缓冲区清零
      PS2D_tmp8b <= 8'h00;
      PS2_clk    <= 1'b1;                     // 设置时钟和数据为空闲
      PS2_d      <= 1'b1;
    end
    else begin
      // 接收 PS2 时钟信号,右移存入缓冲区
      PS2C_tmp8b[7:0] <= { PS2C, PS2C_tmp8b[7:1] };
      // 接收 PS2 数据信号,右移存入缓冲区
      PS2D_tmp8b[7:0] <= { PS2D, PS2D_tmp8b[7:1] };
      // 滤波逻辑
      if ( &PS2C_tmp8b )                      // 缩位与,全 1 则确认时钟为高电平
        PS2_clk <= 1'b1;
      else if ( ~|PS2C_tmp8b )                // 缩位或非,全 0 则确认时钟为低电平
        PS2_clk <= 1'b0;
      if ( &PS2D_tmp8b )                      // 缩位与,全 1 则确认数据为 1
        PS2_d <= 1'b1;
      else if ( ~|PS2D_tmp8b )                // 缩位或非,全 0 则确认数据为 0
        PS2_d <= 1'b0;
      end
  // 帧数据存入过程
  always @( negedge PS2_clk or negedge rst_n )
    if ( !rst_n ) begin
      KEYcode_reg1 <= 11'd0;
      KEYcode_reg2 <= 11'd0;
    end
    else begin                                // 时钟 PS2_clk 的下降沿接收数据 PS2_d,移位存入
      KEYcode_reg1 <= { PS2_d, KEYcode_reg1[10:1] };
      KEYcode_reg2 <= { KEYcode_reg1[0], KEYcode_reg2[10:1] };
    end
endmodule
```

将上述代码经编译、综合和适配后，然后将输出的扫描码锁定到 DE2-115 开发板的发光二极管上，如图 6-29 所示。将配置文件下载到开发板并插入 PS/2 键盘进行测试，能够驱动发光二极管显示正确的键盘扫描码。

将上述 PS/2 键盘扫描模块和数控分频器相结合，应用键盘的扫描码控制数控分频器的分频系数，就可以设计出键盘电子琴。

【例 6-6】 设计键盘电子琴，能够应用 PS/2 键盘实现 3 个八度音程范围内乐曲的弹奏。

设计过程 将如图 6-26 所示键盘上排的 Q、W、E、R、T、Y 和 U 键，中排的 A、S、D、F、G、H 和 J 键以及下排的 Z、X、C、V、B、N 和 M 键分别定义为小字 2 组（高音区）、小字 1 组（中音区）和小字组（低音区）的 do、re、mi、fa、sol、la、si，即可实现 3 个八度音程的键盘电子琴。

根据表 4-16 所示的音调分频系数和表 6-7 所示的键盘扫描码表，描述 3 个八度音程的

Node Name	Direction	Location	I/O Bank	VREF Group	Fitter Location	I/O Standard
OSC50	Input	PIN_Y2	2	B2_N0	PIN_Y2	2.5 V
PS2C	Input	PIN_G6	1	B1_N0	PIN_G6	2.5 V
PS2D	Input	PIN_H5	1	B1_N1	PIN_H5	2.5 V
rst_n	Input	PIN_R24	5	B5_N0	PIN_R24	2.5 V
scan_code[15]	Output	PIN_H15	7	B7_N2	PIN_H15	2.5 V
scan_code[14]	Output	PIN_G16	7	B7_N2	PIN_G16	2.5 V
scan_code[13]	Output	PIN_G15	7	B7_N2	PIN_G15	2.5 V
scan_code[12]	Output	PIN_F15	7	B7_N2	PIN_F15	2.5 V
scan_code[11]	Output	PIN_H17	7	B7_N2	PIN_H17	2.5 V
scan_code[10]	Output	PIN_J16	7	B7_N2	PIN_J16	2.5 V
scan_code[9]	Output	PIN_H16	7	B7_N2	PIN_H16	2.5 V
scan_code[8]	Output	PIN_J15	7	B7_N2	PIN_J15	2.5 V
scan_code[7]	Output	PIN_H19	7	B7_N2	PIN_H19	2.5 V
scan_code[6]	Output	PIN_J19	7	B7_N2	PIN_J19	2.5 V
scan_code[5]	Output	PIN_E18	7	B7_N1	PIN_E18	2.5 V
scan_code[4]	Output	PIN_F18	7	B7_N1	PIN_F18	2.5 V
scan_code[3]	Output	PIN_F21	7	B7_N0	PIN_F21	2.5 V
scan_code[2]	Output	PIN_E19	7	B7_N0	PIN_E19	2.5 V
scan_code[1]	Output	PIN_F19	7	B7_N0	PIN_F19	2.5 V
scan_code[0]	Output	PIN_G19	7	B7_N2	PIN_G19	2.5 V
<<new node>>						

图 6-29 键盘接口电路引脚锁定

按键译码模块的 Verilog 参考代码如下。

```
module PS2key_decoder(scan_code,fpdat);
  input [15:0] scan_code;                  // 键盘扫描码
  output reg [11:0] fpdat;                 // 分频系数
  // 组合逻辑过程,根据键盘扫描码定义分频系数
  always @( scan_code )
    if ( scan_code[15:8] == 8'hf0 )        // 断码时
      fpdat = 12'h000 ;                    // 分频系数置 0
    else                                   // 通码时,根据键盘码值确定分频系数
      case ( scan_code[7:0] )
        // 高音区(小字 2 组)
        8'h15: fpdat = 12'h349 ;           // Q:C2
        8'h1D: fpdat = 12'h2ED ;           // W:D2
        8'h24: fpdat = 12'h29B ;           // E:E2
        8'h2D: fpdat = 12'h276 ;           // R:F2
        8'h2C: fpdat = 12'h231 ;           // T:G2
        8'h35: fpdat = 12'h1F4 ;           // Y:A2
        8'h3C: fpdat = 12'h1BD ;           // U:B2
        // 中音区(小字 1 组)
        8'h1C: fpdat = 12'h692 ;           // A:C1
        8'h1B: fpdat = 12'h5DA ;           // S:D1
        8'h23: fpdat = 12'h537 ;           // D:E1
        8'h2B: fpdat = 12'h4EC ;           // F:F1
        8'h34: fpdat = 12'h462 ;           // G:G1
        8'h33: fpdat = 12'h3E8 ;           // H:A1
        8'h3B: fpdat = 12'h37B ;           // J:B1
        // 低音区(小字组)
        8'h1A: fpdat = 12'hD24 ;           // Z:C
```

```
        8'h22: fpdat = 12'hBB5 ;          // X:D
        8'h21: fpdat = 12'hA6E ;          // C:E
        8'h2A: fpdat = 12'h9D8 ;          // V:F
        8'h32: fpdat = 12'h8C5 ;          // B:G
        8'h31: fpdat = 12'h7D0 ;          // N:A
        8'h3A: fpdat = 12'h6F6 ;          // M:B
      default: fpdat = 12'h000 ;          // 静音
    endcase
endmodule
```

将 PS2keyboard_scanner 模块和 PS2key_decoder 模块进行例化，即可设计出键盘电子琴前端电路，Verilog 代码参考如下。

```
module keyboard_piano (OSC50MHz,rst_n,PS2C,PS2D,fpdout);
  input OSC50MHz;                        // 50MHz 晶振
  input rst_n;                           // 复位信号
  input PS2C,PS2D;                       // PS2 键盘时钟和数据输入
  output wire fpdout;                    // 分频系数输出
  // 内线线网定义
  wire [15:0] xscan_code;                // 键盘扫描码
  // 键盘扫描模块例化
  PS2keyboard_scanner U1 (
    .OSC50 ( OSC50MHz ),
    .rst_n ( rst_n ),
    .PS2C ( PS2C ) ,
    .PS2D ( PS2D ) ,
    .scan_code ( xscan_code )
    );
  // 按键盘译码模块例化
  PS2key_decoder U2 (
    .scan_code ( xscan_code ),
    .fpdat ( fpdout)
    );
endmodule
```

将 keyboard_piano 模块封装成图形符号，结合第 4 章图 4-10 所示的数控分频器设计出键盘电子琴，顶层设计电路如图 6-30 所示。

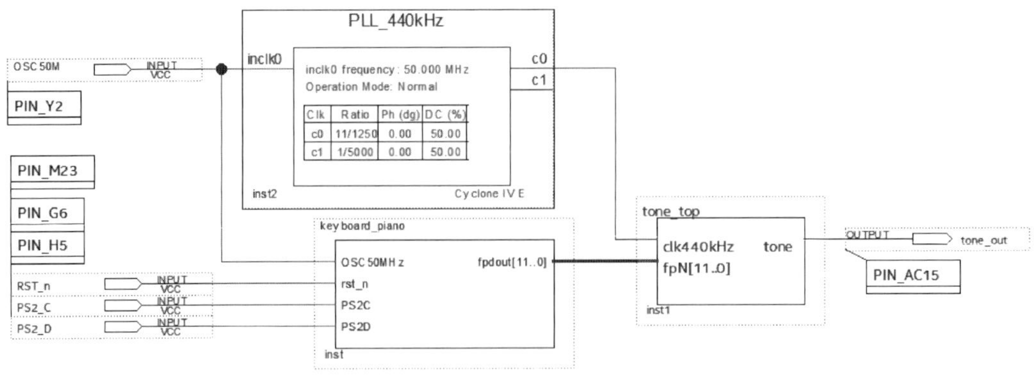

图 6-30　键盘电子琴顶层设计电路

另外，还可以充分利用键盘上的按键设计半音符和冗余音调，以适应更多乐曲的弹奏。这部分内容留给读者设计与实践。

6.5.2 VGA时序控制器的设计

6.5.2a 微课视频

6.5.2b1 微课视频

6.5.2b2 微课视频

6.5.2c1 微课视频

6.5.2c2 微课视频

VGA(Video Graphics Array)是IBM公司于1987年随其PS/2(Personal System 2)计算机推出的基于模拟信号的视频显示标准，定义了分辨率为640×480的视频显示模式。此后，IBM对VGA标准进行了扩展，先后定义了SVGA(Super VGA，分辨率为800×600)、XGA(Extended Graphics Array，分辨率为1024×768)和Super XGA(分辨率为1280×1024)等多种视频显示模式。

VGA具有传输速率高、色彩丰富和成本低等优点，目前仍为显示器和投影仪等电子产品的基本视频接口标准。

VGA物理连接采用15针/孔的D-sub接口，如图6-31所示，分为上、中、下3排，每排5针。其中，插头从左到右、从上向下依次编号为1～15，插座从右到左、从上向下依次编号为1～15。这样的编号方式能够使相同编号的端口在插接时一一对应。

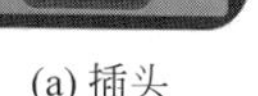
(a) 插头

(b) 插座

图6-31 VGA物理连接

VGA接口的信号定义如表6-8所示，主要有红(RED)、绿(GREEN)、蓝(BLUE)三基色模拟信号线，以及行同步(Horizontal Sync，HSYNC)和场同步(Vertical Sync，VSYNC)两条数字信号线。

表6-8 VGA接口信号定义

编号	名称	描述	编号	名称	描述	编号	名称	描述
1	RED	红色	6	RGND	红色地	11	ID0	地址码0
2	GREEN	绿色	7	GGND	绿色地	12	ID1	地址码1
3	BLUE	蓝色	8	BGND	蓝色地	13	HSYNC	行同步
4	ID2	地址码2	9	REVERVED	保留	14	VSYNC	场同步
5	SelfTest	自测试	10	SGND	数字地	15	ID3	地址码1

VGA三基色模拟量采用RS343电平标准，其中红色和蓝色信号的电压范围为0～0.714V，如图6-32所示，而绿色信号的电压范围为0～1.0V。三基色模拟量的电压值越高，则对应的颜色显示越饱和。红、绿、蓝三基色的不同混合比例能够组合出丰富的色彩。

VGA行同步信号和场同步信号分别为行扫描和场扫描提供同步信号，采用TTL电平标准。行同步信号和场同步信号分为前沿(Front Porch)、同步头(Sync)、后沿(Back Porch)和显示(Display Interval)4个阶段，如图6-33所示。不同的是，行同步信号以像素(pixel)为单位，而场同步信号则以行(line)为单位。行、场同步头(a段)为低电平有效，而b、c和d段则为高电平有效。c段为显示时间窗口，其余时段处于消隐(Blank)状态。

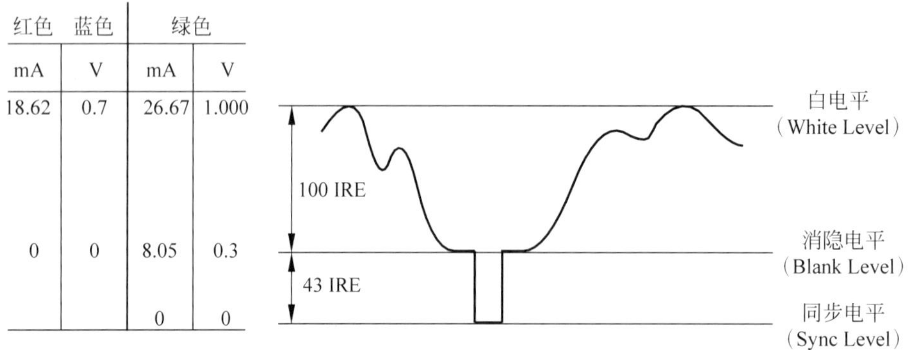

图 6-32 VGA 三基色电平标准

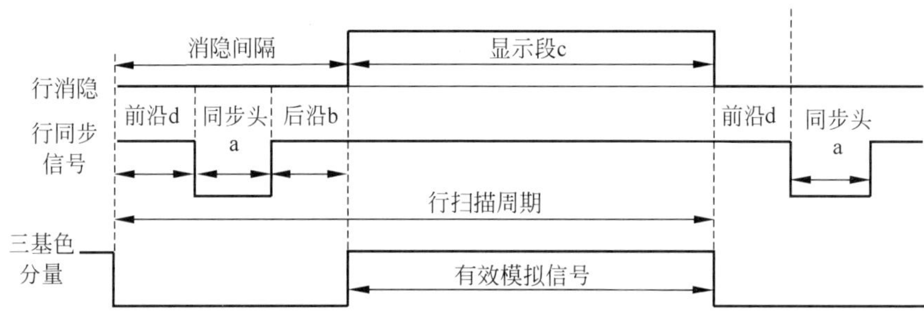

(a) 行同步信号时序

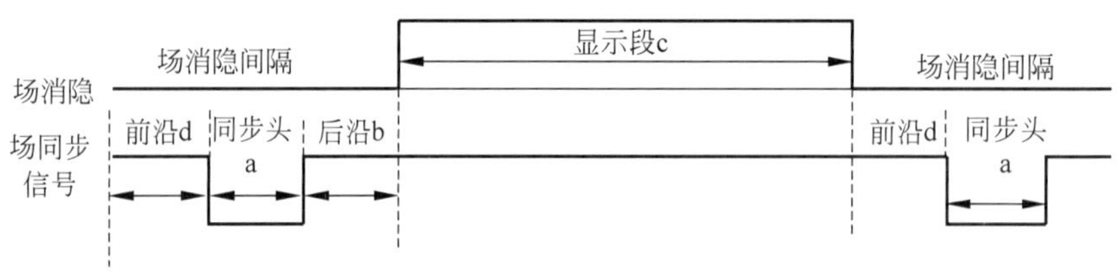

(b) 场同步信号时序

图 6-33 行、场同步信号时序

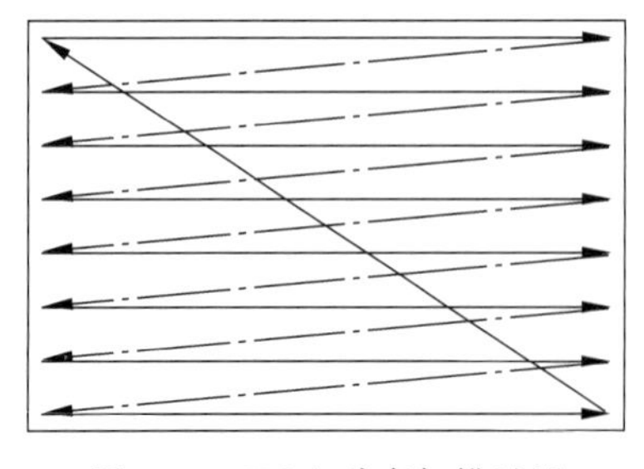

图 6-34 VGA 动态扫描过程

VGA 将显示图像按行划分为若干个像素，按列划分为若干行，采用动态扫描方式刷新显示，如图 6-34 所示。具体工作过程：从屏幕的左上方开始，从左向右、从上到下逐行(或隔行)扫描。每扫完一行后回扫到屏幕左侧下一行的起始位置，开始扫描下一行，并且在回扫期间消隐。行扫描过程用行同步信号进行同步，场扫描过程用场同步信号进行同步。扫描完一次完整图像(称为一帧)后，再回扫到屏幕的左上方，开始进行下一帧扫描。

基于 FPGA 实现 VGA 显示的应用系统结构如图 6-35 所示，由锁相环、VGA 时序控制器和像素生成电路 3 部分组成。锁相环用于生成 VGA 时序控制器所需要的时钟，VGA

时序控制器用于生成行、场同步信号以及动态扫描像素坐标，而像素生成电路则根据当前像素坐标输出相应的 RGB 像素值，然后通过 3 通道 D/A 转换器转换为三基色模拟信号，驱动 VGA 显示图像。

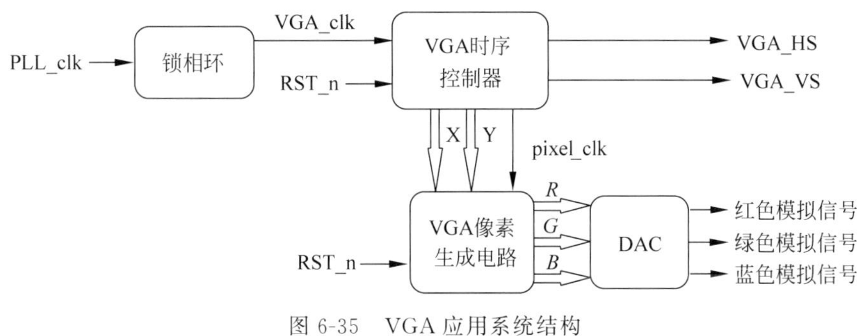

图 6-35 VGA 应用系统结构

【例 6-7】 设计 VGA 时序控制器，能够为 640×480@60Hz 显示模式提供行、场同步信号以及像素坐标。

分析 不同显示模式的行、场同步信号的具体参数如表 6-9 所示，其中@60Hz 表示每秒扫描 60 帧图像。

表 6-9 行、场同步信号参数

显示模式@60Hz	像素时钟/MHz	行同步参数/pixel					场同步参数/line				
		a 段	b 段	c 段	d 段	总像素	a 段	b 段	c 段	d 段	总行数
640×480	25.2	96	48	640	16	800	2	33	480	10	525
800×600	50	120	64	800	56	1040	6	23	600	37	666
1024×768	65	136	160	1024	24	1344	6	29	768	3	806
1280×720	74.25	40	220	1280	110	1650	5	20	720	5	750
1280×1024	108	112	248	1280	48	1688	3	38	1024	1	1066
1920×1080	148.5	44	148	1920	88	2200	5	36	1080	4	1125

从表 6-9 中可以看出，分辨率为 640×480 的图像每行共有 800 个像素点，其中显示段像素数为 640；每场共有 525 行，其中显示行数为 480。因此，显示 640×480@60Hz 图像时，VGA 像素时钟的频率应为 800×525×60Hz=25.2MHz。

VGA 时序控制器的设计与开发板 VGA 接口电路有密切的关系。DE2-115 开发板的 VGA 接口电路如图 6-36 所示，将 FPGA 输出的 8 位红(VGA_R)、绿(VGA_G)、蓝(VGA_B)三基色数字信号通过高速视频 DAC 芯片(ADV7123)转换为模拟量输出到 VGA 接口，同时由 FPGA 同步输出 VGA 图像显示所需要的行同步信号(VGA_HS)和场同步信号(VGA_VS)，以及 ADV7123 芯片所需要的时钟(DAC_CLK)、同步信号(VGA_SYNC_N)和消隐信号(VGA_BLANK_N)。

设计过程 基于上述 VGA 接口电路，设计 VGA 时序控制器的结构框图如图 6-37 所示，由两个过程语句和 DAC 控制信号生成逻辑语句 3 部分组成。其中，第 1 个过程语句 always(1)用于产生行同步信号 VGA_HS 和像素行坐标 X，第 2 个过程语句 always(2)用于产生场同步信号 VGA_VS 和像素列坐标 Y。

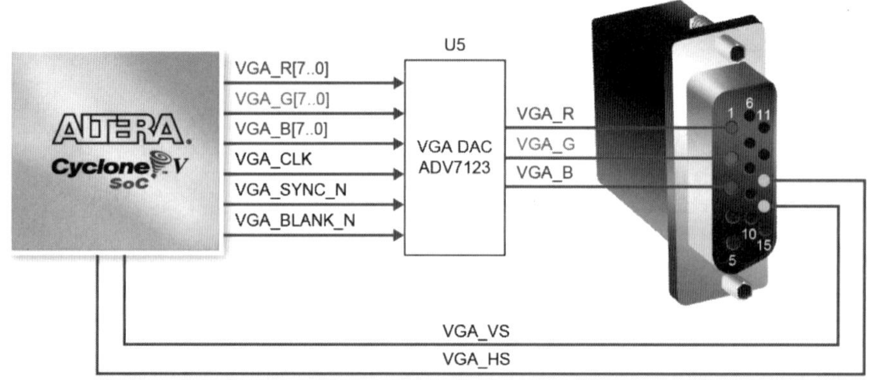

图 6-36 DE2-115 开发板 VGA 接口电路

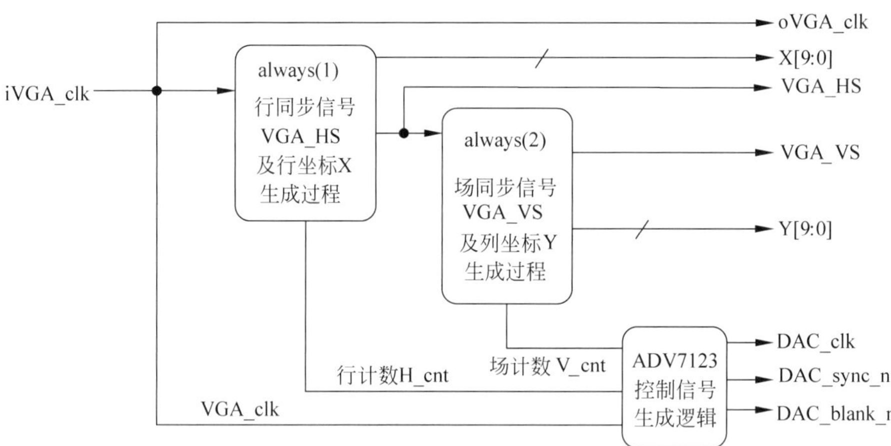

图 6-37 VGA 时序产生模块结构框图

根据上述结构框图，描述分辨率为 640×480@60Hz 模式行、场同步信号以及像素坐标 X、Y 的 VGA 时序控制器的 Verilog HDL 代码参考如下。

```
module VGA_controller (
  input                   iVGA_clk,                  // VGA 输入时钟
  output wire             oVGA_clk,                  // VGA 输出时钟
  output reg              VGA_HS,                    // VGA 行同步信号
  output reg              VGA_VS,                    // VGA 场同步信号
  output reg [9:0]        X,                         // 像素行坐标 X
  output reg [9:0]        Y,                         // 像素列坐标 Y
  output wire             DAC_clk,                   // ADV7123 时钟
  output wire             DAC_sync_n,                // ADV7123 同步信号
  output wire             DAC_blank_n                // ADV7123 消隐信号
  );
  // 640×480@60Hz 行参数定义
  localparam H_FRONT = 16;                           // 前沿
  localparam H_SYNC = 96;                            // 同步头
  localparam H_BACK = 48;                            // 后沿
```

```
localparam H_ACT = 640;                                    // 显示段
localparam H_BLANK = H_FRONT + H_SYNC + H_BACK;            // 消隐期
localparam H_TOTAL = H_FRONT + H_SYNC + H_BACK + H_ACT;    // 总像素
// 640×480@60Hz 场参数定义
localparam V_FRONT = 10;                                   // 前沿
localparam V_SYNC = 2;                                     // 同步头
localparam V_BACK = 33;                                    // 后沿
localparam V_ACT = 480;                                    // 显示段
localparam V_BLANK = V_FRONT + V_SYNC + V_BACK;            // 消隐期
localparam V_TOTAL = V_FRONT + V_SYNC + V_BACK + V_ACT;    // 总行数
// 内部变量定义
reg [9:0] H_cnt;                                           // 行计数器
reg [9:0] V_cnt;                                           // 场计数器
// VGA 输出时钟逻辑
assign oVGA_clk = iVGA_clk;
// ADV7123 时钟信号逻辑
assign DAC_clk = ~iVGA_clk;
// ADV7123 同步信号逻辑
assign DAC_sync_n = 1'b0;
// ADV7123 消隐信号逻辑
assign DAC_blank_n = ~((H_cnt < H_BLANK)||(V_cnt < V_BLANK));
// 行同步信号 VGA_HS 和行像素坐标 X 生成过程
always @( posedge iVGA_clk ) begin
  // 行计数
  if( H_cnt < H_TOTAL )
      H_cnt <= H_cnt + 1'b1;
  else
      H_cnt <= 0;
  // 行同步头生成
  if( H_cnt == H_FRONT - 1 )             // 检测行前沿结束点
     VGA_HS <= 1'b0;
  if( H_cnt == H_FRONT + H_SYNC - 1 )    // 检测行同步头结束点
      VGA_HS <= 1'b1;
  // 行像素坐标生成
  if ( H_cnt >= H_BLANK)
      X <= H_cnt - H_BLANK;
  else
      X <= 0;
end
// 场同步信号 VGA_VS 和列坐标 Y 生成过程
always @( posedge VGA_HS ) begin
  // 场计数
  if ( V_cnt < V_TOTAL )
      V_cnt <= V_cnt + 1'b1;
  else
      V_cnt <= 0;
  // 场同步头生成
  if( V_cnt == V_FRONT - 1 )             // 检测场前沿结束点
      VGA_VS <= 1'b0;
  if ( V_cnt == V_FRONT + V_SYNC - 1 )   // 检测场同步头结束点
```

```
        VGA_VS <= 1'b1;
    // 列像素坐标生成
    if ( V_cnt >= V_BLANK )
        Y <= V_cnt - V_BLANK;
    else
        Y <= 0;
    end
endmodule
```

为了测试 VGA 时序控制器的功能，还需要编写像素生成模块，产生 RGB 数字量送给 VGA 接口电路，在 VGA 时序控制器的作用下，驱动接口电路依次在 VGA 显示器像素坐标点(X、Y)上显示相应的色彩信息。

为方便理解像素的生成原理，将 VGA 显示方案分为按区域显示、按像素显示和按目标显示 3 种类型。

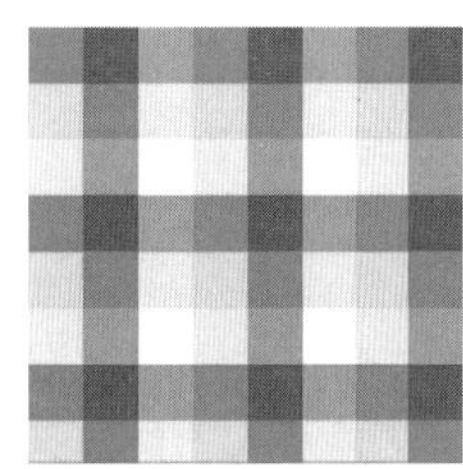
图 6-38 彩色方格图像

1. 按区域显示

按区域显示是指将 VGA 显示屏划分为若干个规则的区域，每个区域分配一种色彩。例如，将显示屏按行分为 8 个区、按列分为 8 个区时，整个屏幕共划分为 8×8=64 个区域。每个区域分配不同的色彩时，则会形成彩色方格图像(Color Pattern)，如图 6-38 所示。

应用片上 ROM 存储每个区域像素的色彩信息时，若每种色彩的 R、G、B 数值各用一个字节表示时，则 8×8 彩色方格图像仅需要使用 64×8×3=1536b 的存储空间。因此，按区域显示所需要的存储容量很小。

另外，也可以直接应用 Verilog 代码定义每个区域的色彩。描述 8×8 彩色方格图像的 Verilog HDL 代码参考如下。

```
module VGA_pattern (VGA_clk,X,Y,VGA_red,VGA_gre,VGA_blue);
  input VGA_clk;                        // 来自 iVGA_clk/oVGA_clk
  input [9:0] X,Y;                      // 像素点坐标
  output reg [7:0] VGA_red;             // 红色分量值
  output reg [7:0] VGA_gre;             // 绿色分量值
  output reg [7:0] VGA_blue;            // 蓝色分量值
  // 方格色彩定义
  always @( posedge VGA_clk ) begin
    // 将 VGA 显示区按行等分为 4 个区,从上向下红色分量依次增强
    VGA_red <= ( Y<120 )              ?     64    :
               ( Y>= 120 && Y<240 )   ?     128   :
               ( Y>= 240 && Y<360 )   ?     192   : 255 ;
    // 将 VGA 显示区按列等分为 8 个区,从左向右绿色分量依次增强
    VGA_gre <= ( X<80 )               ?     32    :
               ( X>= 80 && X<160 )    ?     64    :
               ( X>= 160 && X<240 )   ?     92    :
               ( X>= 240 && X<320 )   ?     128   :
               ( X>= 320 && X<400 )   ?     160   :
```

```
                 ( X>= 400 && X<480 )     ?    192     :
                 ( X>= 480 && X<560)      ?    224     : 255 ;
// 将 VGA 显示区再按行等分为 8 个区,从上向下蓝色分量依次减弱
VGA_blue <= ( Y<60 )                      ?    255     :
                 ( Y>= 60 && Y<120 )      ?    224     :
                 ( Y>= 120 && Y<180 )     ?    192     :
                 ( Y>= 180 && Y<240 )     ?    160     :
                 ( Y>= 240 && Y<300 )     ?    128     :
                 ( Y>= 300 && Y<360 )     ?    96      :
                 ( Y>= 360 && Y<420 )     ?    64 :    32 ;
  end
endmodule
```

定制锁相环 IP(ALTPLL)产生 25.2MHz(从 c0 输出)和 2.52MHz(从 c1 输出)方波，分别作为 VGA 时钟(iVGA_clk)和嵌入式逻辑分析仪的时钟，然后将定制好的锁相环 IP、VGA 时序控制器(VGA_controller)和像素生成模块(VGA_pattern)连接成如图 6-39 所示的顶层测试电路(设文件名为 VGA_pattern_tst.bdf)。

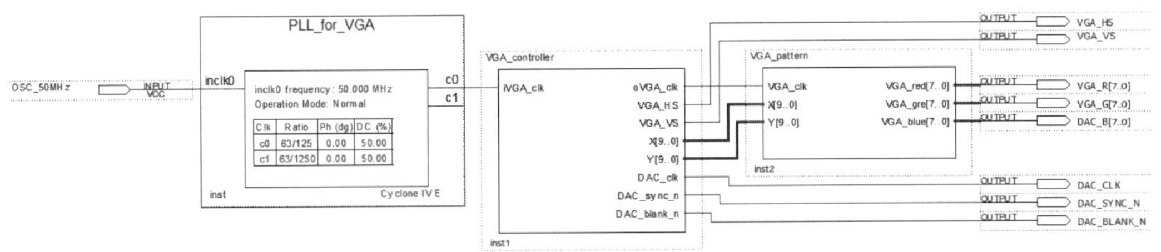

图 6-39 VGA 时序控制器顶层测试电路

以顶层测试电路 VGA_pattern_tst.bdf 建立工程，经过编译、综合和适配以及引脚锁定后下载到 DE2-115 开发板，即可驱动 VGA 显示彩色方格图像。

另外，还可以在顶层测试电路中嵌入逻辑分析仪(设分析仪名为 VGA_timing_tst.stp)以测试 VGA 的工作时序。将行同步信号 VGA_HS、场同步信号 VGA_VS 以及 R、G、B 三基色数据选为需要观测的信号。设置逻辑分析仪的采样时钟为 2.52MHz(每 10 个像素采集一个点)。为了能够观测到一帧完整的 VGA 时序，每帧至少应采样 $800\times525/10=42\times10^3$ 个点。因此，设置逻辑分析仪的采样深度为 64k。重新编译 VGA_pattern_tst 工程，下载到开发板后启动逻辑分析仪进行测试，得到一帧完整的 VGA 时序波形，如图 6-40 所示。

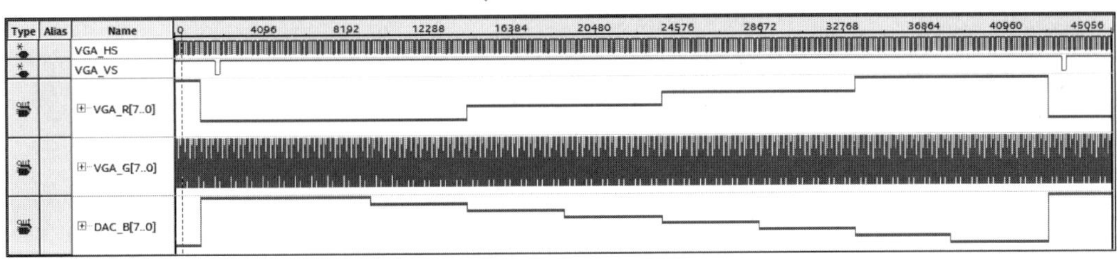

图 6-40 VGA 时序控制器时序波形

2. 按像素显示

按像素显示是指将 VGA 像素信息存储在 ROM/RAM 中，每个像素点对应一组存储单元，然后在 VGA 时序控制器的作用下从 ROM/RAM 中读取数据显示图像。ROM 用于存储固定的程序或数表，因此应用 ROM 能够显示静态图像。而 RAM 中的数据可以随机存储或读取，因此应用 RAM 能够显示动态图像。

1）应用 ROM 显示静态图像

对于简单的静态图像显示，可以应用 FPGA 片内 ROM 保存每个像素的色彩数据，方案如图 6-41 所示。

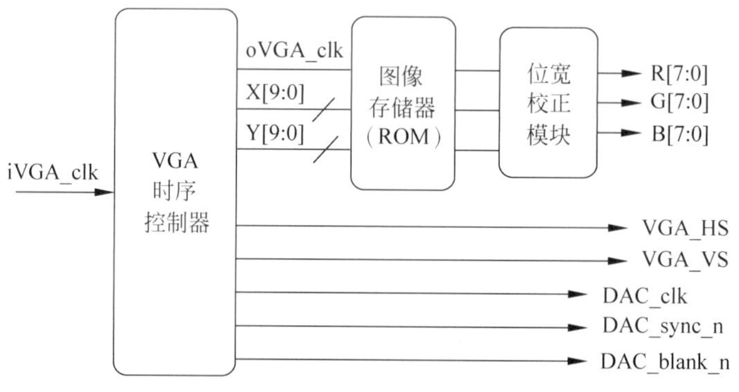

图 6-41　VGA 图像显示方案

计算机系统中广泛使用 RGB 模式表示图像的色彩。将红、绿、蓝色彩数据各用 1 字节表示，称为 RGB888 色彩模式，相应的图像称为真彩(True Color)图像。真彩图像每个像素占用 24 位二进制存储空间，共有 $2^{24}=16777216$ 种色彩组合。分辨率为 640×480 的真彩图像 tiger 如图 6-42(a)所示，相应的文件属性如图 6-42(b)所示。

(a) tiger

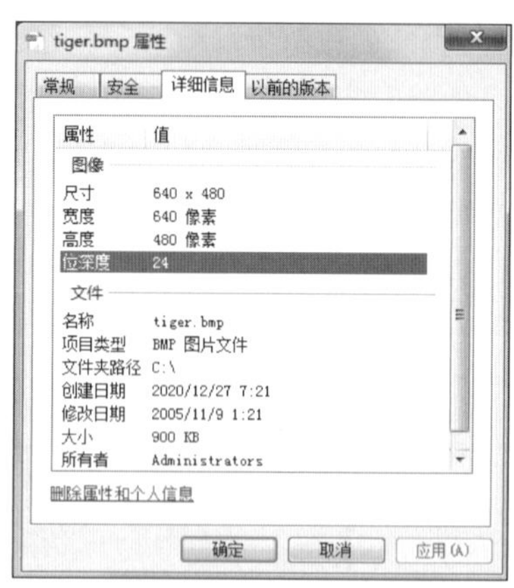

(b) 文件属性

图 6-42　真彩图像 tiger

除了 RGB888 模式之外，嵌入式系统中经常应用 RGB565 和 RGB332 等色彩模式。其中，RGB565 表示红、绿、蓝色彩数据分别用 5 位、6 位和 5 位二进制数表示，因此每个像素数据占用 2B 的存储空间，共有 65536 种色彩组合。

在 640×480 显示模式下，存储一幅真彩图像需要占用 640×480×24＝7200kb，存储一幅 RGB565 图像需要占用 640×480×16＝4800kb，这样的存储容量对 FPGA 片内存储器来说太大了，因为 DE2-115 开发板的 FPGA 芯片 EP4CE115F29C7 只有 3888kb 片内存储空间，还不能满足存储一幅 RGB565 图像的要求。

RGB332 模式表示红、绿、蓝三基色分别用 3 位、3 位和 2 位二进制数表示，每个像素数据只占用 1B 的存储空间，共有 256 种色彩组合。在 640×480 显示模式下，存储 RGB332 需要占用 640×480×8＝2400kb 的存储空间，因此 DE2-115 开发板 FPGA 的片内存储资源能够满足存储要求。

【例 6-8】 从真彩图像文件中提取 RGB 色彩数据，然后设计 VGA 像素生成电路，能够在 640×480 模式下显示 RGB332 图像。

分析 图像必须按照某种预先定义的数据格式存储，才能实现信息共享。目前计算机系统中广泛应用 BMP、JPEG 和 GIF 等多种类型的图像存储格式。

BMP(bitmap，位图)是 Windows 操作系统中广泛使用的图像存储格式。其中 24 位真彩位图文件不做任何变换直接存储图像的色彩数据，是获取 RGB 数据的主要来源。

在 BMP 文件中，数据以字节为单位存放的。多字节数据按照小端(Little Endian)方式存放，即低地址存放低位数据，高地址存放高位数据。例如，十六进制数据 1a2b3c4d 的字节存放顺序为 4d、3c、2b 和 1a。

BMP 文件数据由 4 部分组成。从文件头开始，依次为位图文件头、位图信息头、调色板和图像数据区。

(1) 位图文件头。

位图文件头(Bitmap-File Header)占用 14B，定义了如表 6-10 所示的 5 个文件参数。其中，图像数据区的偏移量 bfOffBits 为位图文件头、位图信息头和调色板所占用的字节数之和。不同色彩模式的调色板占用的字节数不同。

表 6-10 位图文件头参数

名称	字节数	含 义	内 容
bfType	2	位图文件标识，固定为 BM	0x424d
bfSize	4	位图文件大小	
bfReserved1	2	保留	0
bfReserved2	2	保留	0
bfOffBits	4	从文件头开始到图像数据区的偏移量	

(2) 位图信息头

位图信息头(Bitmap-Information Header)占用 40B，定义了如表 6-11 所示的 11 个位图参数。

表 6-11 位图信息头参数

名称	字节数	含 义	内 容
biSize	4	信息头占用的字节数	40(0x00000028)
biWidth	4	图像的宽度	对于 640×480 图像，值为 640
biHeight	4	图像的高度	对于 640×480 图像，值为 480

续表

名称	字节数	含　　义	内　　容
biPlanes	2	目标绘图设备包含的层数	必须设置为 1
biBitCount	2	每个像素占用的位数	取值为 1、4、8、16、24 或 32，分别表示单色、16 色、256 色、16 位高彩色、24 位真彩色和 32 位增强型真彩色
biCompression	4	压缩方式	0：不压缩
biSizeImage	4	位图像素占用的总字节数	灰度图像占用 1B，通道数为 1；24 位真彩位图像占用 3B，通道数为 3
biXPelsPerMeter	4	水平分辨率	不设置
biYPelsPerMeter	4	垂直分辨率	不设置
biClrUsed	4	图像使用的颜色	0 表示使用全部颜色。对于 256 色位图，值为 0x0100=256。
biClrImportant	4	重要颜色数	0：所有颜色都重要

需要说明的是，Windows 默认的最小扫描单位为 4B，因此位图文件每行像素占用的字节数是 4 的倍数，以达到按行快速存取的目的。位图的行字节数不是 4 的倍数时需要填 0 补齐。例如，对于分辨率为 350×320 的 24 位真彩图像，由于 350×3=1050 不能被 4 整除，需要在每行的行末补两个字节零（0x00），所以每行实际占用的字节数为 1052，所以位图占用的总字节数 biSizeImage 为 1052×320=336640B。

一般地，BMP 文件每行占用字节数的计算公式为

```
(int) ((biWidth × biBitCount + 31)/32) × 4
```

因此，位图像素占用的总字节数 biSizeImage 可以表示为

```
(int) ((biWidth × BitsPerPixel + 31)/32) × 4 × biHeight
```

其中，biHeight 为位图的高度，即行数。

（3）调色板。

调色板（Color Palette）是单色、16 色和 256 色位图文件所特有的。

调色板是一张映射表，表示标识颜色索引号与其代表颜色之间的对应关系。

调色板以 4B 为单位，每 4B 存放一个颜色值（B、G、R 和 Alpha，其中 Alpha 表示色彩的透明度），图像数据区中的数据是指向调色板的颜色索引号。对于 256 色图像，调色板占用 256×4=1024B。

由于早期的计算机显卡相对比较落后，不能显示出所有的颜色，所以在调色板中的颜色数据应尽可能将图像中主要颜色数据从前向后按顺序排列，并通过位图信息头中的参数 biClrImportant 说明有多少种颜色是重要的。

真彩图像不使用调色板，因为图像数据区中的 R、G、B 字节数据本身就代表了每个像素的色彩值，所以调色板占用字节数为 0。因此，24 位真彩图像数据区的偏移量为 bfOffBits=0x36，即十进制的 54（14+40+0）。

（4）图像数据区。

图像数据(Bitmap Data)区从位图文件头中定义的偏移量 bfOffBits 开始存放数据。如果图像的高度值 biHeight 为正，则图像数据的存放顺序是从图像的左下角到右上角，以行为主序依次存放位图图像全部像素的 RGB 值，即从左向右先存储最后一行像素的 RGB 数据，再存储倒数第 2 行像素的 RGB 数据，…，最后存储第 1 行像素的 RGB 数据，而且每个像素的数据是按 B、G、R 的顺序存放的。如果图像的高度值 biHeight 为负，则图像数据是按第 1 行、第 2 行、第 3 行，直到最后一行的自然顺序存放的。

分辨率为 640×480 的 24 位真彩图像位图文件 tiger.bmp(可从 DE2 开发板光盘中获得)的部分数据如图 6-43 所示。从位图数据中可以看出，文件大小 bfSize＝0x000e1036(对应十进制 921654B)，数据块偏移量 bfOffBits＝0x00000036(十进制 54)，信息头占用的字节数 biSize＝0x00000028(十进制 40)，图像的宽度 biWidth＝0x00000280(十进制 640)，图像的高度 biHeight＝0x000001e0(十进制 480)，每个像素占用的位数 biBitCount＝0x0018(十进制 24)，位图像素占用的总字节数 biSizeImage＝0x000e1000(十进制 921600B)。图像数据区中的前 640×3＝1920B 为最后一行 640 个像素的 B、G、R 数值。其中，3a、54 和 3b 分别为左下角第 1 个像素的 B、G、R 值；而 3b、58 和 3c 分别为左下角第 2 个像素的 B、G、R 值；一直到最后一行的最后一个像素的 BGR 值；紧接的 1920B 是倒数第 2 行 640 个像素的 BGR 值，…，依此类推，直到第 1 行 640 个像素的 BGR 值。

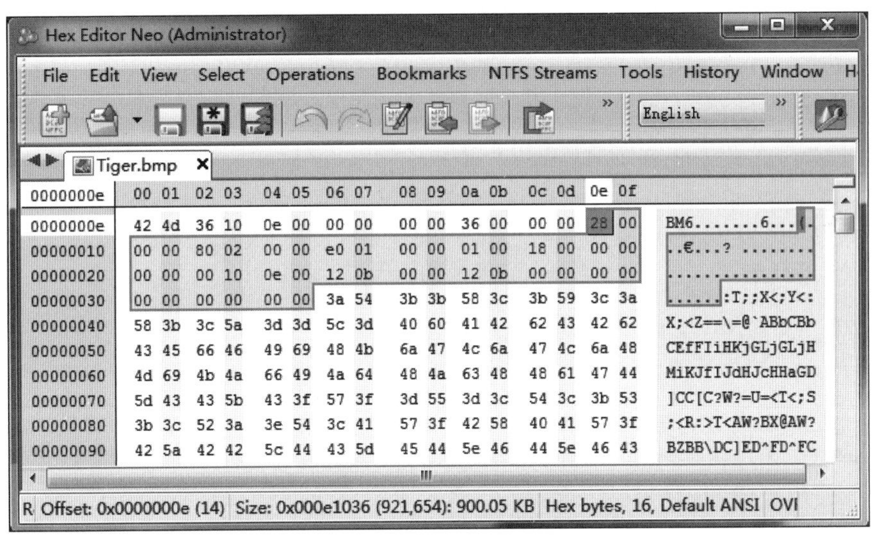

图 6-43　tiger.bmp 文件数据

根据真彩位图文件的数据格式，要显示 RGB332 图像，首先需要从位图文件中提取 RGB 三基色分量值，然后合成为 RGB332 色彩数据格式，再根据色彩数据建立存储器初始化文件，定制 ROM 并加载存储器初始化文件，最后在 VGA 时序控制器的作用下，输出行、场同步信号和 RGB332 数据值，驱动 VGA 接口显示图像。

设计过程　从位图文件中提取 RGB 数据既可以通过 C 程序设计，也可以应用 MATLAB 中的 m 语言实现。

从位图文件中提取 RGB 分量，合成为 RGB332 色彩数据，并生成存储器初始化文件的

C 程序参考如下。

```
#include <stdio.h>
#include <malloc.h>
#define BM 19778                          // 位图文件标志:0x424d,对应十进制 19778
#define PATH "c:\\tiger.bmp"              // 位图文件路径,设位图文件存放在 C 盘根目录下
/* 子程序 1: 判断是否为位图文件,标志在第 0～1 字节 */
int IsBitMap(FILE * fp)
  {
  unsigned short bfType;
  fread(&bfType,1,2,fp);
  if(bfType == BM)
    return 1;
  else
    return 0;
  }
/* 子程序 2: 获取位图宽度,参数在第 18～21 字节 */
long getBitMapWidth(FILE * fp)
  {
  long biWidth;
  fseek(fp,18,SEEK_SET);                  // 设置文件指针,指向从文件头开始、偏移量为 18 的位置
  fread(&biWidth,1,4,fp);                 // 读取 4B
  return biWidth;                         // 返回参数
  }
/* 子程序 3: 获取位图高度,参数在第 22～25 字节 */
long getBitMapHeight(FILE * fp)
  {
  long biHeight;
  fseek(fp,22,SEEK_SET);                  // 设置文件指针,指向从文件头开始、偏移量为 22 的位置
  fread(&biHeight,1,4,fp);                // 读取 4B
  return biHeight;                        // 返回参数
  }
/* 子程序 4: 获取每个像素的位数,参数在第 28～29 字节 */
unsigned short getBitsPerPixel(FILE * fp)
  {
  unsigned short biBitCount;
  fseek(fp,28,SEEK_SET);                  // 设置文件指针,指向从文件头开始、偏移量为 28 的位置
  fread(&biBitCount,1,2,fp);              // 读取 2B
  return biBitCount;                      // 返回参数
  }
/* 子程序 5: 获取图像数据区的起始位置,参数在第 10～13 字节 */
long getMapAreaOffBits(FILE * fp)
  {
  long bfOffBits;
  fseek(fp,10,SEEK_SET);                  // 设置文件指针,指向从文件头开始、偏移量为 10 的位置
  fread(&bfOffBits,1,4,fp);               // 读取 4B
  return bfOffBits;                       // 返回参数
}
/* 子程序 6: 获取 RGB 分量值,合成 RGB332 色彩数据,并建立存储器初始化文件 */
void getRGBdata(FILE * fp,unsigned char * r,unsigned char * g,unsigned char * b)
```

```
{
FILE * fp_rgb;                                          // 定义存储器初始化文件指针
// 变量定义
int i,j = 0;                                            // 循环变量
int BytesPerLine;                                       // 行字节数变量
unsigned char * pixel = NULL;                           // 像素指针,初始化为空指针
long biHeight,biWidth;                                  // 像素高度和宽度变量
unsigned short BitsPerPixel;                            // 每个像素的位数
long bfOffBits;

long ROM_init_address;                                  // 初始化地址
unsigned char ROM_init_data;                            // 初始化数据
// 获取位图参数
biHeight = getBitMapHeight(fp);                         // 获取图像高度
biWidth = getBitMapWidth(fp);                           // 获取图像宽度
BitsPerPixel = getBitsPerPixel(fp);                     // 获取每个像素的位数
bfOffBits = getMapAreaOffBits(fp);                      // 获取图像数据区的起始地址
// 打开存储器初始化文件
fp_rgb = fopen("c:\\tiger_rgb332.mif", "w+");
// 写入参数信息标注
fprintf(fp_rgb,"WIDTH = 8;\n");                         // 位宽为 8
fprintf(fp_rgb,"DEPTH = %ld;\n",biWidth * biHeight);    // 单元数 = 宽度 * 高度
fprintf(fp_rgb,"ADDRESS_RADIX = UNS;\n");               // 地址以十进制表示
fprintf(fp_rgb,"DATA_RADIX = UNS;\n");                  // 数据以十进制表示
fprintf(fp_rgb,"CONTENT BEGIN\n");                      // 存储数据开始标志

// 计算每行占用的字节数,补 0 对齐
BytesPerLine = ((BitsPerPixel * biWidth + 31)>> 5)<< 2;
// 分配行字节缓冲区
pixel = (unsigned char * )malloc(BytesPerLine);

// 像素三基色分解
for(j = biHeight - 1;j >= 0;j -- )                      // 按行倒序处理
  {
  // 设置文件指针,指向对应行像素的起始地址
  fseek(fp,bfOffBits + j * BytesPerLine,SEEK_SET);
  // 读取全行字节数据
  fread(pixel,1,BytesPerLine,fp);
  // 行像素 BGR 分解
  for(i = 0; i < biWidth; i++)
  {
   * (b + i) = pixel[i * 3];                            // 提取 B 分量,存入蓝色缓冲区
   * (g + i) = pixel[i * 3 + 1];                        // 提取 G 分量,存入绿色缓冲区
   * (r + i) = pixel[i * 3 + 2];                        // 提取 R 分量,存入红色缓冲区
  }
 // 合成 RGB332 格式数据,写入存储器初始化数据文件
 for(i = 0; i < biWidth; i++)
  {
  ROM_init_address = (biHeight - 1 - j) * biWidth + i;
```

```
    ROM_init_data = (( * (r + i)>> 5)<< 5) + (( * (g + i)>> 5)<< 2) + ( * (b + i)>> 6);
    fprintf(fp_rgb," % 6d : % 2d;\n",ROM_init_address,ROM_init_data);
    }
  }
  fprintf(fp_rgb,"END;\n");                                    // 存储数据结束标志
  fclose(fp_rgb);                                              // 关闭存储文件
  }
  // 主程序
  int main()
    {
    FILE * fp = fopen(PATH,"r");                               // 打开位图文件
    unsigned char * r, * g, * b;                               // 定义行缓冲区指针
    // 开辟行像素缓冲区,按每行 2000B 设置
    r = (unsigned char * )malloc(2000);                        // 红色缓冲区
    b = (unsigned char * )malloc(2000);                        // 绿色缓冲区
    g = (unsigned char * )malloc(2000);                        // 蓝色缓冲区
    // 判断是否为位图文件
    if(IsBitMap(fp))
      printf("该文件是位图!\n");
    else
      {
      printf("该文件不是位图!\n");
      // 不进行处理,关闭文件返回
      fclose(fp);
      return 0;
      }
  // 读取并显示位图信息
  printf("位图宽度 = % ld,位图高度 = % ld\n",
        getBitMapWidth(fp),getBitMapHeight(fp));
  printf("该图像是 % d 位图\n",getBitsPerPixel(fp));
  printf("图像数据区偏移地址 = % d\n",getMapAreaOffBits(fp));
  // 读取色彩数据,生成 RGB232 存储器初始化文件
  getRGBdata(fp,r,g,b);
  // 返回操作系统
  return 1;
  }
```

编译并运行上述 C 程序生成存储器初始化数据文件 tiger_rgb332.mif,然后定制 ROM,并将 tiger_rgb332.mif 加载到 ROM 中。

在 Quartus Prime 开发环境中,执行 Tools→IP Catalog 菜单命令打开 IP 目录。双击 Basic Functions 栏下 On Chip Memory 中的 ROM:1 PORT,开始定制 ROM。在弹出的图 6-44 所示的 Save IP Variation 对话框中输入定制 ROM 的名称和设置输出 HDL 的语言类型,并确认输出文件存放的工程目录。本例设工程目录为 C:/VGA_controller_tst,输出 IP 文件名为 ROM_tiger_rgb332,输出 HDL 的语言类型为 Verilog。

单击 OK 按钮进入设置 ROM 存储单元数和位宽界面。设置 ROM 的存储单元数为 307200(需要直接输入),位宽为 8 位,时钟模式为单时钟以及 M9K 实现方式。DE2-115 开发板的 Cyclone IV EP4CE115 FPGA 内部有 432 个 M9K 存储器块,每个 M9K 可配置成

8K×1、4K×2、2K×4、1K×8、1K×9、512×16 和 512×18 多种模式。实现 307200×8 位 ROM 时，需要占用 300 个 M9K 存储器块，如图 6-45 所示。

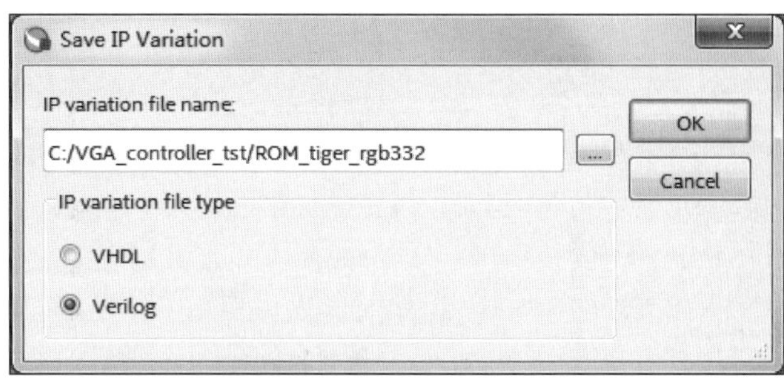

图 6-44 定制 ROM_tiger_rgb332 向导(1)

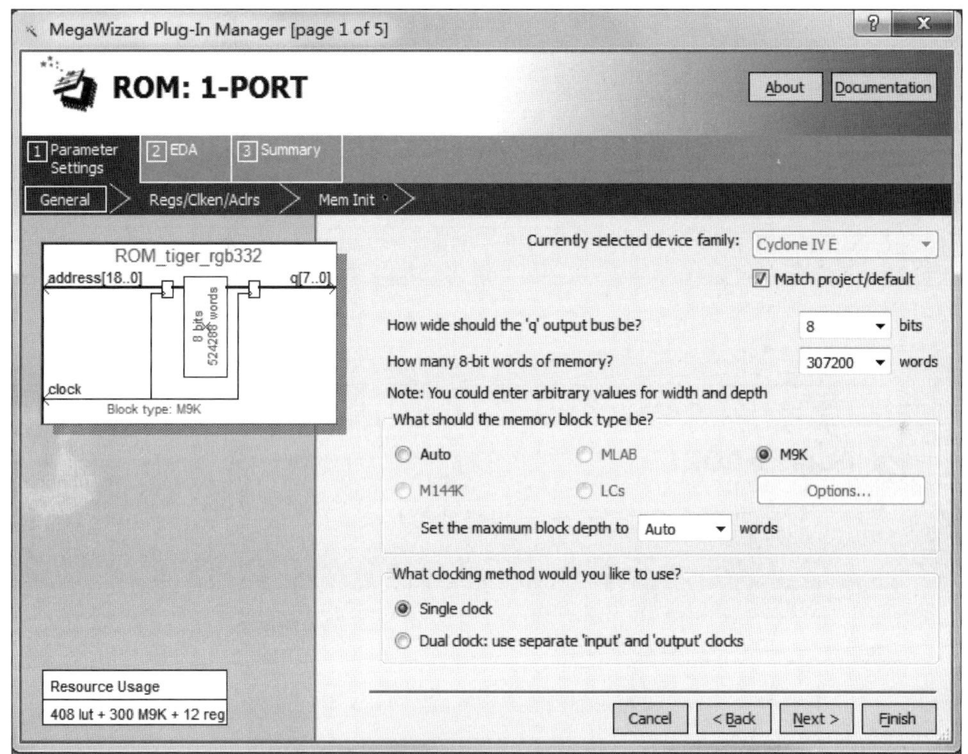

图 6-45 定制 ROM_tiger__rgb332 向导(2)

单击图 6-45 中的 Next 按钮进入添加功能端口界面，取消勾选'q' output port 选项，再单击 Next 按钮进入添加存储器初始化文件界面，如图 6-46 所示。单击 Browse 按钮查找并选中已经生成好的初始化文件 tiger_rgb332. mif，确认加入。

单击 Next 按钮两次进入输出文件确认界面，如图 6-47 所示。如果通过原理图设计顶层电路，则需要勾选 ROM_tiger_rgb332. bsf 选项选择输出图形符号文件，否则直接单击 Finish 按钮完成定制过程。

ROM 定制完成以后，既可以应用原理图设计图像显示顶层电路，也可以直接编写 Verilog HDL 通过模块例化方式描述顶层设计电路。

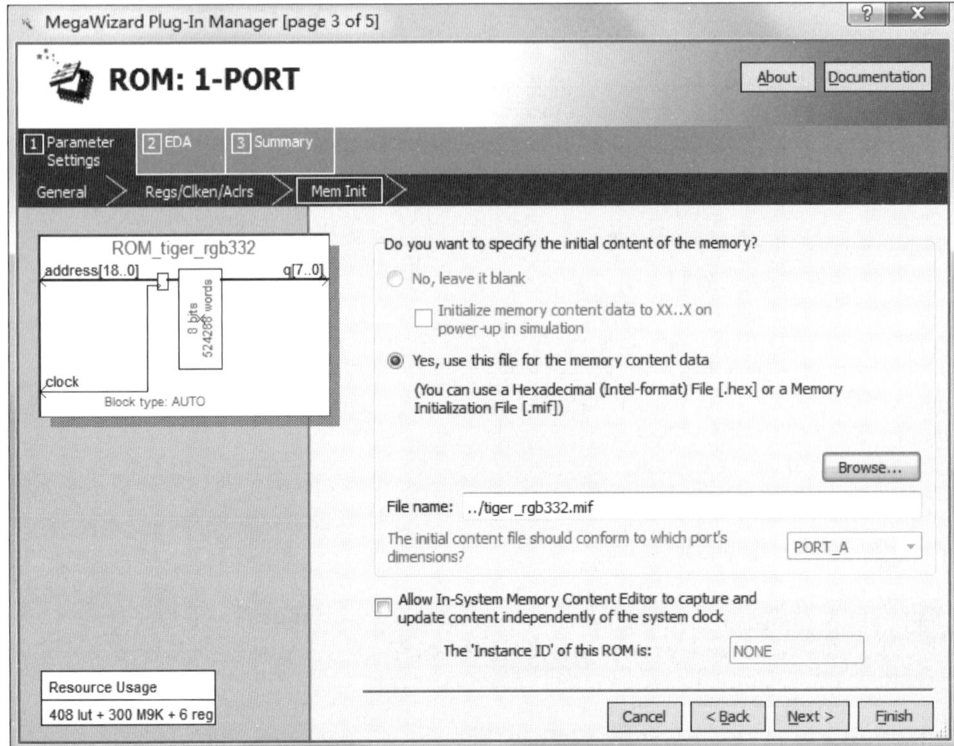

图 6-46　定制 ROM_tiger_rgb332 向导(3)

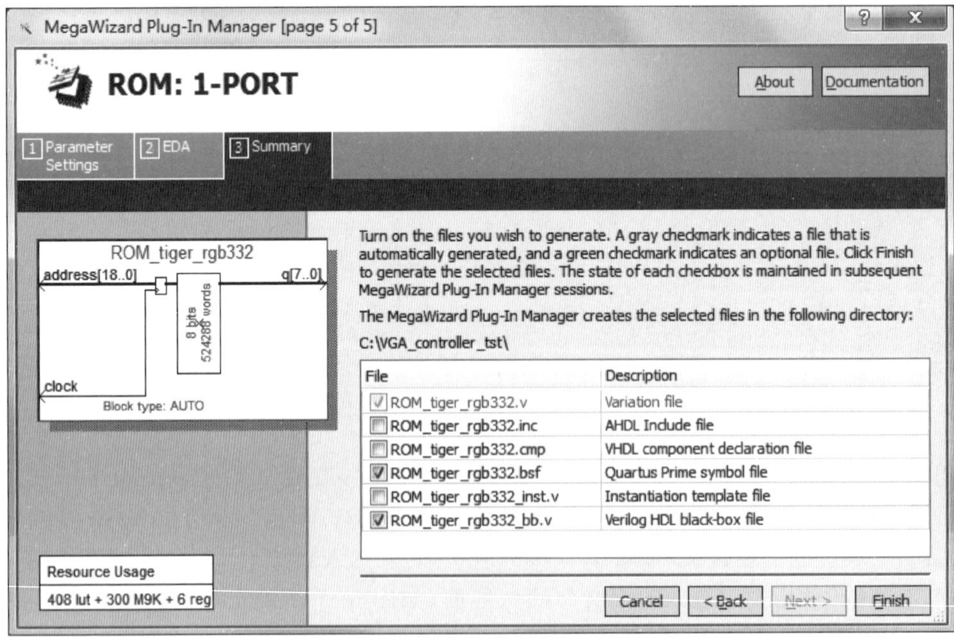

图 6-47　定制 ROM_tiger_rgb332 向导(4)

描述图像显示顶层设计电路的 Verilog HDL 代码参考如下。

```
module VGA_tiger_rgb332_top (
  input OSC50MHz,                     // 50MHz 输入
  output wire VGA_HS,                 // 行同步信号
  output wire VGA_VS,                 // 场同步信号
  output wire [7:0] VGA_R,
  output wire [7:0] VGA_G,
  output wire [7:0] VGA_B,
  output wire DAC_CLK,
  output wire DAC_SYNC_N,
  output wire DAC_BLANK_N
  );
  // 内部信号定义
  wire VGA_CLKin,VGA_CLKout;
  wire [9:0] Xtmp,Ytmp;
  wire [18:0] ROM_addr;
  wire [7:0] ROM_dat;
  // 锁相环例化,为 VGA 时序控制器提供时钟
  PLL_for_VGA U1 (.inclk0(OSC50MHz),.c0(VGA_CLKin));
  // VGA 时序控制器例化
  VGA_controller U2 ( .iVGA_clk(VGA_CLKin),.oVGA_clk(VGA_CLKout ),
                      .VGA_HS(VGA_HS),.VGA_VS(VGA_VS),
                      .X(Xtmp),.Y(Ytmp),
                      .DAC_clk(DAC_CLK),
                      .DAC_sync_n(DAC_SYNC_N),
                      .DAC_blank_n(DAC_BLANK_N));
  // ROM 地址 = Y×640 + X,而 640 可以分解为 2^9 + 2^7
  assign ROM_addr = ( Ytmp << 9 ) + ( Ytmp << 7 ) + Xtmp;
  // ROM 例化
  ROM_tiger_rgb332 U3
      (.clock(VGA_CLKout),.address(ROM_addr),.q(ROM_dat));
  // 输出三基色位数校正
  assign VGA_R = { ROM_dat[7:5], 5'b00000 };
  assign VGA_G = { ROM_dat[4:2], 5'b00000 };
  assign VGA_B = { ROM_dat[1:0], 6'b000000 };
endmodule
```

以 VGA_tiger_rgb332_top.v 模块建立工程,经过编译与综合以及引脚锁定后,下载到 DE2-115 开发板进行测试,即可显示出 RGB332 色彩模式的 tiger 图像。

另外,灰度(Gray Scale)图像是指只含有图像亮度信息的图像,在医学影像处理中广泛应用。根据像素的 RGB 值计算像素灰度值的心理学公式为

$$灰度值 = 0.299 \times 红色分量值 + 0.587 \times 绿色分量值 + 0.114 \times 蓝色分量值$$

根据上述公式,计算像素灰度值 gray_scale 的 Verilog 代码参考如下。

```
gray_scale = (77 * RED + 150 * GREEN + 29 * BLUE)>> 8
```

其中,灰度值 gray_scale 的位数由图像显示精度和 FPGA 资源量决定。取 n 位二进制数时,灰度为 2^n 级。

2）应用 RAM 显示动态图像

显示动态图像需要应用 RAM 存储图像数据。简单的动态图像可以应用 FPGA 片内 RAM 存储，而复杂的动态图像就需要外扩 SRAM/SDRAM 存储了。

【例 6-9】 基于双通道 DDS 正弦信号源，设计驱动电路能够在分辨率为 640×480@60Hz 的 VGA 显示器上显示李沙育图形。

分析 李沙育图形（Lissajous_figures）是应用不同频率比、不同相差的双路正弦信号合成的图形，如表 6-12 所示。其中，f_y/f_x 表示两个通道的频率比；ϕ 表示两个通道的相位差。

表 6-12 李沙育图形

f_y/f_x	$\phi=0°$	$\phi=45°$	$\phi=90°$	$\phi=135°$	$\phi=180°$
1∶1					
2∶1					
3∶1		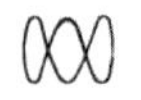		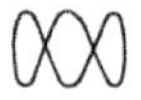	
3∶2					

李沙育图形通常应用双通道示波器显示。将示波器设置为 X/Y 显示模式，将双路正弦 DDS 的一路模拟信号作为示波器的扫描信号，另一路模拟信号作为波形信号，按表 6-12 所示的频率比和相位差设置双路 DDS，即可在示波器上显示出李沙育图形。

应用 VGA 显示李沙育图形的原理与示波器相同，但方法不同，需要以 DDS 输出的双路正弦数据 X 和 Y 作为 VGA 像素点坐标（X，Y），并将像素点（X，Y）的状态置 1 存储在 RAM 中，在 VGA 时序控制器的作用下，读取显示区 RAM 中像素点的状态值并驱动 VGA 显示。

设计过程 输出频率可变、相差可调的双路正弦数据可以应用如图 5-38 所示的双通道 DDS 正弦信号源产生。

由于双路 DDS 信号源输出 8 位正弦数据，取值范围为 0～255。因此，在分辨率为 640×480 的 VGA 显示器的正中央定义一个 256×256 像素的李沙育图形显示区，如图 6-48 所示，以其中一路正弦数据作为像素点的 X 坐标，另一路正弦数据作为像素点的 Y 坐标，即 DDS 输出的每组正弦数据对应一个李沙育图形像素点。同时，定义一个 256×256×1 位的 RAM 用于存储显示区每个像素点的状态，当 VGA 显示区的像素坐标属于李沙育图形时，定义其数据为 1，否则为 0。根据李沙育图形像素点的坐标（X，Y）更新 RAM 中存储的状态数据。在 VGA 时序控制器的作用下，读取像素数据驱动 VGA 显示。

为了不影响 VGA 图像的正常显示，选择在行回扫期间更新 RAM 中的像素数据，所以还需要定义一个与行扫描信号同步的像素数据更新控制信号 RAM_wen（RAM Write Enable）。当 RAM_wen 信号有效时，允许更新 RAM 中的像素数据。描述 RAM_wen 信号的 Verilog 代码参考如下。

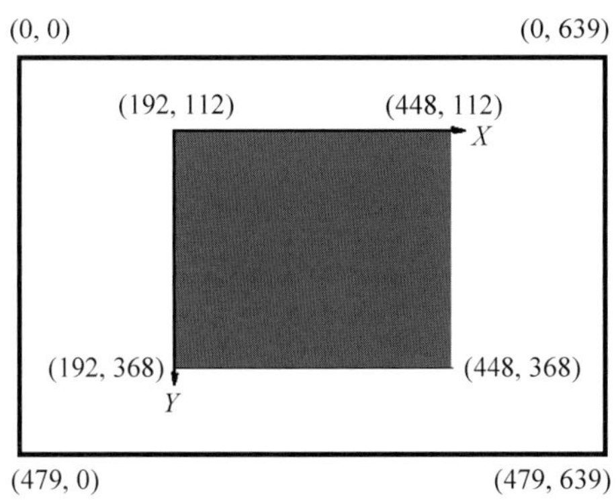

图 6-48　李沙育图形显示区域定义

```
wire RAM_wen;                                  // 线网定义
// 逻辑描述,在行同步信号前沿期间有效
assign RAM_wen = ( X_cnt <= H_FRONT );
```

其中,X_cnt 为行计数值。

根据上述设计思路和坐标定义,描述李沙育图形显示驱动模块的 Verilog 代码参考如下。

```
module lissajous_figures (
  input            DDS_clk,                             // DDS 时钟
  input            VGA_clk,                             // VGA 时钟
  input [7:0]      DDS_x,                               // DDS 数据 x
  input [7:0]      DDS_y,                               // DDS 数据 y
  output reg       VGA_HS,                              // 行同步信号
  output reg       VGA_VS,                              // 场同步信号
  output reg [7:0] RGB_r,                               // 红色分量输出
  output reg [7:0] RGB_g,                               // 绿色分量输出
  output reg [7:0] RGB_b,                               // 蓝色分量输出
  output wire      DAC_clk,                             // ADV7123 时钟
  output wire      DAC_sync_n,                          // ADV7123 同步信号
  output wire      DAC_blank_n                          // ADV7123 消隐信号
  );
  // 640×480@60Hz 行参数定义
  localparam H_FRONT = 16;                              // 前沿
  localparam H_SYNC = 96;                               // 同步头
  localparam H_BACK = 48;                               // 后沿
  localparam H_ACT = 640;                               // 显示段
  localparam H_BLANK = H_FRONT + H_SYNC + H_BACK;       // 消隐段
  localparam H_TOTAL = H_FRONT + H_SYNC + H_BACK + H_ACT; // 总像素
  // 640×480@60Hz 场参数定义
  localparam V_FRONT = 10;                              // 前沿
  localparam V_SYNC = 2;                                // 同步头
  localparam V_BACK = 33;                               // 后沿
  localparam V_ACT = 480;                               // 显示段
  localparam V_BLANK = V_FRONT + V_SYNC + V_BACK;       // 消隐段
```

```
localparam V_TOTAL = V_FRONT + V_SYNC + V_BACK + V_ACT;  // 总行数
// 内部变量定义
reg [9:0] H_cnt,X;                                      // 行计数器和行坐标
reg [9:0] V_cnt,Y;                                      // 场计数器和列坐标
// DAC 时钟信号逻辑
assign DAC_clk = ~VGA_clk;
// DAC 同步信号逻辑
assign DAC_sync_n = 1'b0;
// DAC 消隐信号逻辑
assign DAC_blank_n = ~((H_cnt < H_BLANK)||(V_cnt < V_BLANK));
// 行同步信号 VGA_HS 和行坐标 X 生成过程
always @(posedge VGA_clk) begin
  // 行计数
  if( H_cnt < H_TOTAL )
      H_cnt <= H_cnt + 1'b1;
  else
      H_cnt <= 0;
  // 行同步头生成
  if( H_cnt == H_FRONT - 1 )                            // 检测行前沿结束点
      VGA_HS <= 1'b0;
  if( H_cnt == H_FRONT + H_SYNC - 1 )                   // 检测行同步头结束点
      VGA_HS <= 1'b1;
  // 行坐标生成
  if ( H_cnt >= H_BLANK)
      X <= H_cnt - H_BLANK;
  else
      X <= 0;
end
// 场同步信号 VGA_VS 和列坐标 Y 生成过程
always @( posedge VGA_HS ) begin
  // 场计数
  if ( V_cnt < V_TOTAL )
      V_cnt <= V_cnt + 1'b1;
  else
      V_cnt <= 0;
  // 场同步头生成
  if( V_cnt == V_FRONT - 1 )                            // 检测场前沿结束点
      VGA_VS <= 1'b0;
  if ( V_cnt == V_FRONT + V_SYNC - 1 )                  // 检测场同步头结束点
      VGA_VS <= 1'b1;
  // 列坐标生成
  if ( V_cnt >= V_BLANK )
      Y <= V_cnt - V_BLANK;
  else
      Y <= 0;
end
// RAM 数据更新使能信号定义及逻辑描述
wire RAM_wen;
assign RAM_wen = ( H_cnt < H_FRONT );
// 图形显示区域定义及逻辑描述
```

```
    wire figures_area;
    assign figures_area = ( X >= 192) && ( X <= 448)
                          &&( Y >= 112) && ( Y <= 368);
    // 定义和描述同步寄存器,用于将 DDS 输出的 X 路和 Y 路正弦数据同步到 VGA 时钟域
    reg [7:0] reg_x0,reg_x1,reg_x2;
    reg [7:0] reg_y0,reg_y1,reg_y2;
    always @( posedge DDS_clk )
      begin reg_x0 <= DDS_x; reg_y0 <= DDS_y; end
    always @( posedge VGA_clk )
      begin reg_x2 <= reg_x1; reg_x1 <= reg_x0;
            reg_y2 <= reg_y1; reg_y1 <= reg_y0; end
    // 将 VGA 坐标 X 和 Y 转换为图形显示区坐标并锁存输出
    reg [7:0] X_area,Y_area;
    always @( posedge VGA_clk )
      if ( figures_area )
          begin X_area <= X - 192; Y_area <= Y - 112; end
    // RAM 存储体定义,应用片上存储资源实现
    ( * ramstyle = "mgk" * ) reg RAM_pixels [65535:0];
    // 显示点数据更新过程
    always @( posedge VGA_clk )
      if ( RAM_wen )                                          // RAM_wen 有效,更新像素数据
          RAM_pixels[{reg_y2,reg_x2}] <= 1'b1;
      else                                                    // 否则,清零
          RAM_pixels[{Y_area,X_area}] <= 1'b0;
    // 图形显示过程
    always @( posedge VGA_clk )
      if ( figures_area & RAM_pixels[{Y_area,X_area}])
        begin RGB_r <= 255; RGB_g <= 255; RGB_b <= 255; end // 图形为白色
      else
        begin RGB_r <= 0; RGB_g <= 0; RGB_b <= 0; end       // 背景为黑色
endmodule
```

新建工程,将上述模块经编译与综合后封装成图形符号文件 lissajous_figures. bsf,然后将图 5-38 所示的双通道 DDS 正弦信号源和封装好的图形符号文件连接成如图 6-49 所示的李沙育图形显示顶层设计电路,并重新定制锁相环从 c2 口输出 VGA 所需要的 25.2MHz。时钟信号编译并完成引脚锁定后下载到 DE2-115 开发板中。

根据 DDS 信号源输出信号的频率与频率控制字之间的关系式以及如表 5-5 所示的相差与相位初值之间的关系,应用 In-System Memory Content Editor 在线设置和更新 DDS 的频率控制字 Fword1 和 Fword2 以及相位控制字 Pvalue1 和 Pvalue2,即可在 VGA 显示器上显示李沙育图形。取李沙育图形的基波频率为 800Hz,则频率控制字应设置为 0x8,2 倍和 3 倍频率控制字分别设置为 0x10 和 0x18。

3. 按目标显示

对于只含一些简单图形的图像显示,可以在模块中直接定义这些图形目标,称为按目标显示。

【例 6-10】 设计一个 VGA 接球游戏。在 640×480 像素 VGA 显示屏的左、上、右 3 面均有厚度为 10 像素的实体墙,如图 6-50 所示,当球碰到这些墙体时反弹。在屏幕下方有

一个长度为 40 像素、高度为 5 像素的接球板，可以通过按键或键盘控制接球板的左右移动接球。当球运动至下方边界碰到接球板时反弹，未碰到接球板时接球失败，游戏结束。设球体为如图 6-51 阴影部分所示的非矩形目标，初始位置位于屏幕正中央，球的初始运动方向和球速自定义。接球板的初始位置位于屏幕正下方。同步统计和显示成功接球的次数。每成功接球 10 次，球的运动速度增加一级。

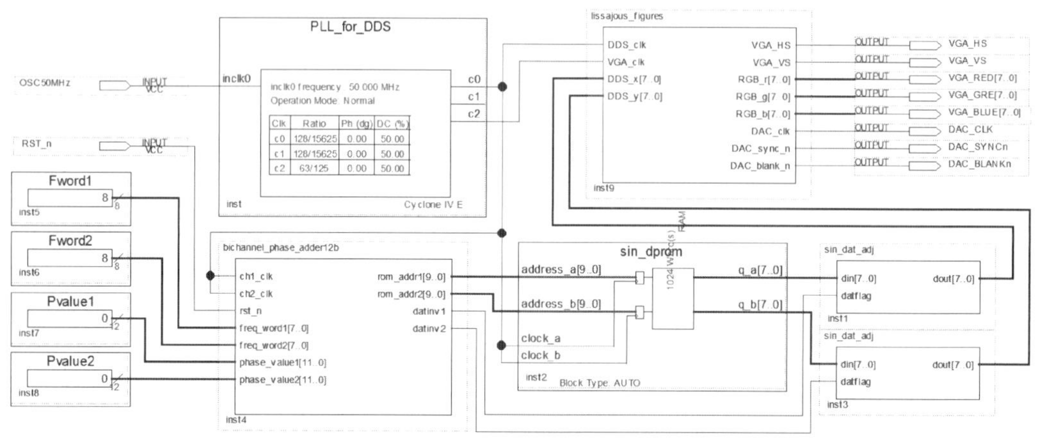

图 6-49 李沙育图形顶层设计电路

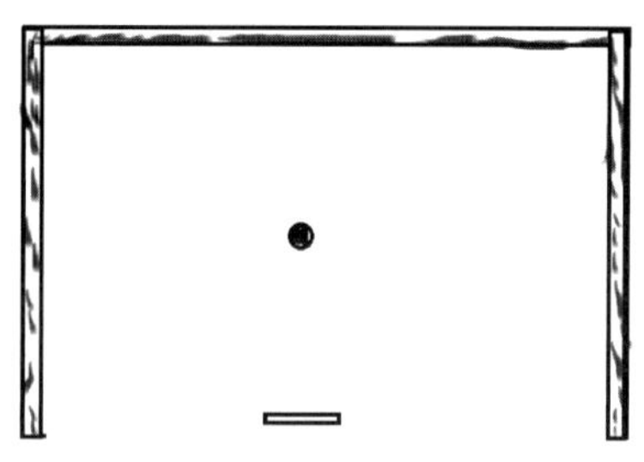
图 6-50 接球游戏初始画面

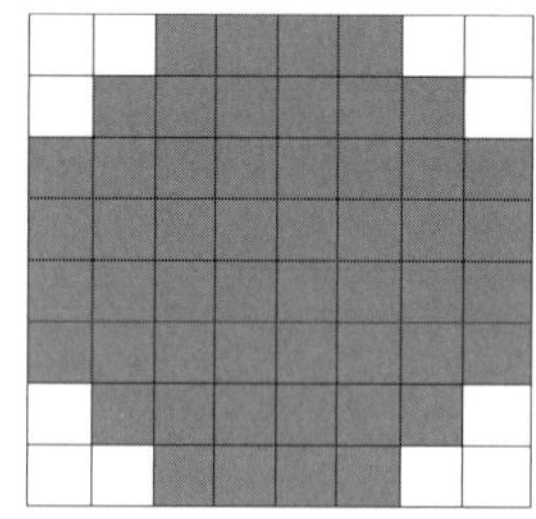
图 6-51 球体形状

分析 接球游戏的静态画面中只包含 3 个目标：墙体、球和接球板。其中，墙体和接球板为矩形目标，而球体为非矩形目标。

下面分两类描述这 3 个目标。

(1) 矩形目标的描述。

墙体为静态的矩形目标。由于墙体的边界形状规则，所以描述相对容易。首先定义墙体的参数，然后确定墙体的像素范围。

描述墙体的 Verilog HDL 代码参考如下。

```
// VGA 参数定义,分辨率为 640×480
parameter VGA_HSIZE = 10'd640, VGA_VSIZE = 10'd480 ;
// 墙体参数定义
localparam WALL_WIDTH = 10'd10 ;          // 墙体的宽度
// 输入端口定义
input [9:0] pix_x,pix_y;                  // 来自 VGA 时序控制器
```

```
// 内部线网定义以及墙体目标描述
wire topwall,leftwall,rightwall,wall;
assign topwall  =  ( pix_y < WALL_WIDTH );
assign leftwall  =  ( pix_x  < WALL_WIDTH );
assign rightwall  =  ( pix_x  >=  VGA_HSIZE  -  WALL_WIDTH );
assign wall  =  topwall || leftwall || rightwall;
```

上述代码中,pix_x 和 pix_y 为当前 VGA 像素点的坐标,来自 VGA 时序控制器输出的像素点坐标 X 和 Y。当像素点的坐标(pix_x,pix_y)落在墙体范围内时,线网信号 wall 有效,在当前像素点上显示墙体的色彩。

接球板为矩形目标,同样可以应用通过描述边界来确定目标范围。但是,接球板与墙体不同的是:①接球板横向和纵向都是不贯通的,因此需要同时确定上下左右边界;②接球板在游戏过程中能够左右移动,因此还需要定义两个边界变量/线网,分别用于保存和记录接球板的左右边界值。

由于接球板左右边界之差为接球板的长度,所以左右边界变量/线网只有一个是独立的。若定义左边界为独立变量,则描述接球板的 Verilog HDL 代码参考如下。

```
// 接球板参数定义,长度与高度
localparam BOARD_LEN  =  10'd40,BOARD_HEIGHT  =  10'd5;
// 接球板位置参数定义
localparam BOARD_INIT_LEFT  =  10'd300;              // 初始左边界位置
localparam BOARD_TOP  =  VGA_VSIZE  -  BOARD_HEIGHT;  // 上边界位置
localparam BOARD_BOTTOM  =  VGA_VSIZE  -  1;          // 下边界位置
// 变量和线网定义
reg [9:0] board_l_cs,board_l_ns;                     // 左边界变量,现态和次态
wire [9:0] board_r;                                   // 右边界线网
wire board;                                           // 接球板目标范围
// 右边界线网逻辑描述
assign board_r  =  board_l_cs  +  BOARD_LEN;
// 接球板目标范围定义
assign board  =  ( board_l_cs  <=  pix_x ) && ( pix_x  <=  board_r )
            && ( BOARD_TOP  <=  pix_y ) && ( pix_y  <=  BOARD_BOTTOM );
```

(2) 非矩形目标的描述。

球体为非矩形目标,其边界形状不规则,所以通过描述边界确定其目标范围的方法很复杂。对于非矩形目标,一般的处理方法是:①定义一个矩形区域,将非矩形目标限定在矩形区域范围内;②以位图方式描述矩形区域内每个像素点是否属于非矩形目标;③根据每个像素点的位图值确定是否输出非矩形目标的色彩。

对于如图 6-51 所示的类圆形球体,先定义一个 8×8 像素的方形球体,然后应用 8×8 位 ROM 存储方形球体范围内像素的位图信息,最后根据像素的位图值确定是否输出圆球体的色彩。

由于球体在游戏过程中能够上下左右移动,因此需要定义 4 个边界变量/线网,分别用于记录球体的上、下、左、右边界值。由于上下边界之差和左右边界之差均为球体的大小,所以 4 个边界变量/线网中只有两个是相互独立的。

若定义左边界和上边界为独立变量，则描述圆形球体的 Verilog HDL 参考代码如下。

```
// 球体参数定义
localparam BALL_SIZE = 10'd8;
// 球初始位置参数定义
localparam BALL_INIT_LEFT = 10'd315;    // 初始左边界位置:640/2-8/2-1
localparam BALL_INIT_TOP = 10'd235;     // 初始上边界位置:480/2-8/2-1
// 变量和线网定义
reg [9:0] ball_l_cs,ball_l_ns;          // 左边界变量,现态和次态
reg [9:0] ball_t_cs,ball_t_ns;          // 上边界变量,现态和次态
wire [9:0] ball_r,ball_b;               // 右边界线网和下边界线网
wire sqr_ball,cir_ball;                 // 方形球体和圆形球体目标
// 球体边界线网逻辑描述
assign ball_r = ball_l_cs + BALL_SIZE;  // 右边界线网值
assign ball_b = ball_t_cs + BALL_SIZE;  // 下边界线网值
// 方形球体目标范围定义
assign sqr_ball = ( ball_l_cs <= pix_x ) && ( pix_x < ball_r )
                && ( ball_t_cs <= pix_y ) && ( pix_y < ball_b );
// 方形球体内,位图地址和数据定义
wire [2:0] addr,pixcol;                 // 位图行地址和像素列
reg [0:7] bitmap;                       // 行位图值
wire map_pix;                           // 像素值
always @ *                              // 组合逻辑过程,描述位图
  case ( addr )
    // 行地址: 行位图值,其中 1 表示当前像素属于非矩形球体
    3'd0: bitmap = 8'b00111100;
    3'd1: bitmap = 8'b01111110;
    3'd2: bitmap = 8'b11111111;
    3'd3: bitmap = 8'b11111111;
    3'd4: bitmap = 8'b11111111;
    3'd5: bitmap = 8'b11111111;
    3'd6: bitmap = 8'b01111110;
    3'd7: bitmap = 8'b00111100;
  endcase
// 将当前 VGA 像素坐标(pix_x,pix_y)映射为球体位图地址和像素列
assign addr = pix_y[2:0] - ball_t_cs[2:0];
assign pixcol = pix_x[2:0] - ball_l_cs[2:0];
// 圆形球体目标范围定义
assign map_pix = bitmap[pixcol];        // 取列像素值
assign cir_ball = sqr_ball && map_pix;  // 圆形球体目标描述
```

3 个目标定义完成后，VGA 显示时还需要检测当前像素点是否属于某个目标，若属于某个目标，则显示相应目标的色彩，不属于则显示背景色。检测与显示的 Verilog 代码参考如下。

```
// 目标色彩参数定义
localparam WALL_COLOR      = 24'h00ff00; // 墙体为绿色
localparam BOARD_COLOR     = 24'h0000ff; // 接球板为蓝色
localparam BALL_COLOR      = 24'hff0000; // 球为红色
```

```
localparam BACKGROUND_COLOR    = 24'h000000;    // 背景为黑色
// 输入端口定义
input VGA_clk;
input rst_n;
// 输出端口定义
output reg [7:0] VGA_r;
output reg [7:0] VGA_g;
output reg [7:0] VGA_b;
// 时序过程,显示目标选择
always @( posedge VGA_clk or negedge rst_n ) begin
  if ( !rst_n )
      { VGA_r,VGA_g,VGA_b } <= BACKGROUND_COLOR;
  else if ( wall )
      { VGA_r,VGA_g,VGA_b } <= WALL_COLOR;
  else if ( board )
      { VGA_r,VGA_g,VGA_b } <= BOARD_COLOR;
  else if ( cir_ball )
      { VGA_r,VGA_g,VGA_b } <= BALL_COLOR;
  else
      { VGA_r,VGA_g,VGA_b } <= BACKGROUND_COLOR;
end
```

综合以上目标代码,编写静态目标显示模块 static_game_objects.v,结合例 6-7 中的 VGA 时序控制器模块 VGA_controller.v,设计如图 6-52 所示的静态目标测试电路。图 6-52 中 T 触发器应用电路用于将 50MHz 晶振信号分频为 25MHz,为 VGA 时序控制器提供时钟信号。

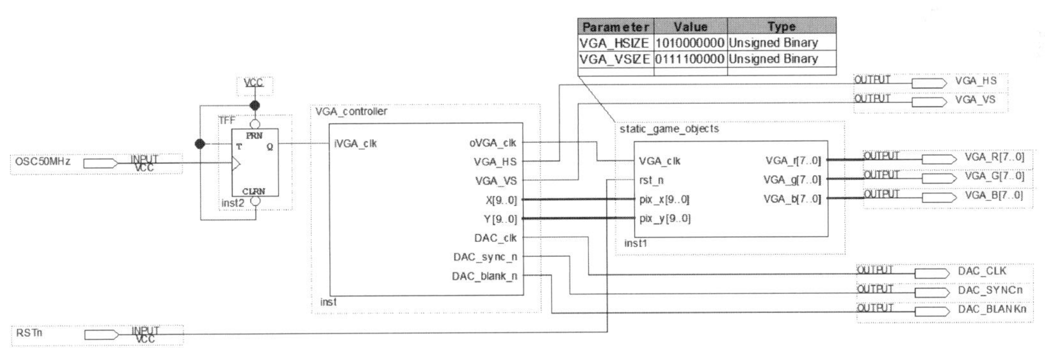

图 6-52 静态目标测试电路

建立静态目标测试电路工程,完成编译、综合与适配以及引脚锁定后,下载到 DE2-115 开发板就可以驱动 VGA 显示墙体、接球板和球体 3 个静态目标。

静态目标显示模块的代码整合和测试工程留给读者设计与实践。注意需要在 static_game_objects 模块中为边界变量 board_l_cs、ball_l_cs 和 ball_r_cs 赋初值。

设计过程 目标描述和测试完成后,就可以应用状态机计游戏过程。当接球板和球体在游戏过程中不断改变其位置时,就会产生运动的图像。

(1) 接球板移动控制。

接球板的移动受按键或(PS/2)键盘的控制。当左移键按下并且接球板还未碰到左侧墙体时,则接球板向左移动一个像素;当右移键按下并且接球板还未碰到右侧墙体时,则接球板向右移动一个像素。

控制接球板移动的 Verilog 代码参考如下。

```
// 按键输入,低电平有效
input key2left;
input key2right;
// 时序过程,描述状态转换过程
always @( negedge board_clk or negedge rst_n )
  if ( !rst_n )                          // 当复位信号有效时,设置接球板为初始位置
    board_l_cs <= BOARD_INIT_LEFT;
  else // 否则,在时钟脉冲作用下进行状态切换
    board_l_cs <= board_l_ns;
// 时序过程,确定接球板次态
always @( negedge board_clk or negedge rst_n )
  if ( !rst_n )                          // 当复位信号有效时,设置次态为初始位置
    board_l_ns <= BOARD_INIT_LEFT;
  else begin                             // 否则
    // 当左移键按下并且接球板未碰到左侧墙体时,接球板向左移动一个像素
    if ( !key2left && ( board_l_cs > WALL_WIDTH ))
      board_l_ns <= board_l_cs - 1'd1;
    // 当右移键按下并且接球板未碰到右侧墙体时,接球板向右移动一个像素
    if ( !key2right && ( board_r < VGA_HSIZE - WALL_WIDTH))
      board_l_ns <= board_l_cs + 1'd1;
end
```

(2) 球体运动控制。

球在游戏过程中上下左右移动,遇到墙体或接球板时镜像反弹。为简化设计,规定球从初始位置开始只能沿 45°方向运动,因此球体只有向左上、左下、右下和右上 4 种运动状态,分别用 BALL_STATE_LU、BALL_STATE_LD、BALL_STATE_RD 和 BALL_STATE_RU 表示。

根据上述规定和状态表示,描述球体运动的 Verilog 代码参考如下。

```
// 状态定义,顺序编码方式
localparam BALL_STATE_LU = 2'b00,                  // 左上
           BALL_STATE_LD = 2'b01,                  // 左下
           BALL_STATE_RD = 2'b10,                  // 右下
           BALL_STATE_RU = 2'b11;                  // 右上
// 球体状态变量定义
reg [1:0] ball_state_cs,ball_state_ns;
// 时序过程,状态转换过程
always @( negedge ball_clk or negedge rst_n)
  if ( !rst_n ) begin                              // 复位信号有效时
    ball_state_cs <= BALL_STATE_LU;                // 向左上方运动
    ball_l_cs     <= BALL_INIT_LEFT;               // 置于初始位置
```

```
        ball_t_cs <= BALL_INIT_TOP;
      end
    else begin // 否则,在时钟脉冲作用下进行状态切换
      ball_state_cs   <= ball_state_ns;
      ball_l_cs       <= ball_l_ns;
      ball_t_cs       <= ball_t_ns;
end
// 时序过程,描述次态逻辑
always @( negedge ball_clk or negedge rst_n )
  if ( !rst_n ) begin                                    // 复位信号有效时
    ball_state_ns <= BALL_STATE_LU;
    ball_l_ns <= BALL_INIT_LEFT;
    ball_t_ns <= BALL_INIT_TOP;
  end
  else                                                   // 否则,根据现态定义次态
    case ( ball_state_cs )
      BALL_STATE_LU: begin                               // "左上"状态时
        ball_l_ns <= ball_l_cs - 1'd1;
        ball_t_ns <= ball_t_cs - 1'd1;
        if ( ball_l_cs == WALL_WIDTH - 1 )               // 碰到左侧墙体时
          ball_state_ns <= BALL_STATE_RU;                // 转向右上方运动
        else if ( ball_t_cs == WALL_WIDTH - 1 )          // 碰到上方墙体时
          ball_state_ns <= BALL_STATE_LD;                // 转向左下方运动
      end
      BALL_STATE_LD: begin                               // "左下"状态时
        ball_l_ns <= ball_l_cs - 1'd1;
        ball_t_ns <= ball_t_cs + 1'd1;
        if ( ball_l_cs == WALL_WIDTH - 1 )               // 碰到左侧墙体时
          ball_state_ns <= BALL_STATE_RD;                // 转向右下方运动
        else if ( ball_b == BOARD_TOP )                  // 到达接球板上沿线时
          ball_state_ns <= BALL_STATE_LU;                // 转向左上方运动
      end
      BALL_STATE_RD: begin                               // "右下"状态时
        ball_l_ns <= ball_l_cs + 1'd1;
        ball_t_ns <= ball_t_cs + 1'd1;
        if ( ball_r == VGA_HSIZE - WALL_WIDTH )          // 碰到右侧墙体时
          ball_state_ns <= BALL_STATE_LD;                // 转向左下方运动
        else if ( ball_b == BOARD_TOP )                  // 到达接球板上沿线时
          ball_state_ns <= BALL_STATE_RU;                // 转向右上方运动
      end
      BALL_STATE_RU: begin                               // "右上"状态时
        ball_l_ns <= ball_l_cs + 1'd1;
        ball_t_ns <= ball_t_cs - 1'd1;
        if ( ball_r == VGA_HSIZE - WALL_WIDTH )          // 碰到右侧墙体时
          ball_state_ns <= BALL_STATE_LU;                // 转向左上方运动
        else if ( ball_t_cs == WALL_WIDTH - 1 )          // 碰到上方墙体时
          ball_state_ns <= BALL_STATE_RD;                // 转向右下方运动
      end
  endcase
```

(3) 接球状态检测。

当球体向下运动到达接球板的上沿线 BOARD_TOP 时,需要检测球体的下沿边界与接球板的上沿边界是否有重叠。有重叠则接球成功,球体向上反弹;没有则接球失败,游戏结束,返回初始界面。

如果用 catch_cnt 变量表示当前成功接球的次数,用 speed_level 变量表示速度等级,用 game_reboot 变量表示游戏重启标志,则检测接球状态的 Verilog 代码参考如下。

```
// 内部变量定义
reg [3:0] catch_cnt;                                  // 接球次数,成功接球 10 次晋级
reg [2:0] speed_level;                                // 速度等级,成功接球 10 次后加 1
reg       game_reboot;                                // 游戏重启标志,高电平有效
always @( negedge ball_clk or negedge rst_n )
  if ( !rst_n ) begin
    catch_cnt   <= 4'd0;                              // 接球次数为 0
    speed_level <= 1'd0;                              // 速度等级为 0
    game_reboot <= 1'd0;                              // 复位重启无效
  end
  else if ( ball_b == BOARD_TOP )                     // 球到达接球板的上沿线
    if ( ball_r > board_l_cs && ball_l_cs < board_r ) // 接球成功
      if ( catch_cnt < 4'd10 )                        // 不到 10 次
        catch_cnt <= catch_cnt + 4'd1;                // 接球次数加 1
      else begin                                      // 达到 10 次
        catch_cnt = 4'd0;                             // 次数清零
        speed_level <= speed_level + 1'd1;            // 等级加 1
      end
    else                                              // 接球失败
        game_reboot <= 1'd1;                          // 重启标志有效
```

(4) 接球板和球体速度控制。

接球板应具有足够高的移动灵敏度,但不能移动太快。对于分辨率为 640×480 的显示模式,虽然接球板的可移动范围为(VGA_HSIZE−2)×WALL_WIDTH=620 个像素,但是由于每个扫描行为 800 像素,所以如果要求接球板能够在 2s 内从左侧移动到右侧,则接球板的时钟频率应设置为 400Hz 以上。

接球板的时钟 board_clk 应基于行同步信号分频产生。VGA 帧刷新率为 60Hz 时,行同步信号 VGA_HS 的频率为 525×60=31.5kHz。若设计接球板的时钟频率为 500Hz,应用计数分频方法产生接球板时钟的 Verilog 描述代码参考如下。

```
wire board_clk;                                       // 接球板时钟
reg [5:0] cnt1;                                       // 计数变量
// 时序过程,描述 6 位二进制计数器
always @ ( negedge VGA_HS or negedge rst_n)
  if ( !rst_n )                                       // 复位信号有效时
    cnt1 <= 6'b0;
  else
    cnt1 <= cnt1 + 1'b1;
// 数据流描述,定义输出
assign board_clk = cnt1[5];                           // 31.5kHz/2^6 ≈492Hz
```

球体的运动速度由 speed_level 变量控制。speed_level 越高，则球的运动速度越快，要求控制球体运动的时钟频率越高。当 speed_level 为 0 时，若要求球体能够在 8s 内从左侧运动到右侧，则球体的时钟频率应设置为 100Hz 以上。若设计 speed_level 每增加 1 级，球速增加为原来的 1.2 倍时，则 speed_level 为 7 时的球速约为最初球速的 3.6 倍。

球体的时钟 ball_clk 同样应基于行同步信号分频产生。应用分频器产生球体时钟的 Verilog 代码参考如下。

```
reg [8:0] fpN;                                  // 分频系数
reg [8:0] cnt2;                                 // 计数变量
wire ball_clk;                                  // 球体时钟
// 组合逻辑过程,定义分频系数
always @( speed_level )
  case ( speed_level )
      3'd0: fpN = 315;                          // 31.5kHz/315 = 100Hz
      3'd1: fpN = 263;                          // 31.5kHz/263≈119.7Hz
      3'd2: fpN = 219;                          // 31.5kHz/219≈143.8Hz
      3'd3: fpN = 182;                          // 31.5kHz/182≈173Hz
      3'd4: fpN = 152;                          // 31.5kHz/152≈207Hz
      3'd5: fpN = 127;                          // 31.5kHz/127≈246Hz
      3'd6: fpN = 105;                          // 31.5kHz/105 = 300Hz
      3'd7: fpN = 88;                           // 31.5kHz/88≈358Hz
    default: fpN = 315;                         // 100Hz
  endcase
// 时序逻辑过程,描述分频计数
always @( negedge VGA_HS or negedge rst_n)
  if ( !rst_n )                                 // 复位信号有效时
     cnt2 <= 9'b0;
  else if ( cnt2 < fpN )
         cnt2 <= cnt2 + 1'b1;
     else
         cnt2 <= 9'b0;
// 数据流描述,定义球体时钟
assign ball_clk = ( cnt2 < (fpN >> 1) )? 0 : 1;
```

（5）系统时钟与复位逻辑。

为了能够应用 DE2-115 板载的 50MHz 晶振产生 VGA 所需要的时钟信号，同时添加系统复位信号以便控制游戏过程。另外，在接球失败后也能够自动重启游戏，需要在添加以下系统时钟与复位逻辑代码。

```
//系统时钟与复位输入
input sys_clk;                                  // 50MHz
input sys_rst_n;                                // 低电平有效
// VGA 时钟变量定义
reg VGA_clk;
//时序过程,产生 VGA 时钟信号
always@( posedge sys_clk )
  VGA_clk <= VGA_clk + 1'b1;                    // 25MHz
//复位逻辑
assign rst_n = sys_rst_n && ~game_reboot;
```

将上述 5 部分代码与描述静态目标范围的代码以及 VGA 时序控制器代码相综合，即可得到完整的接球游戏模块(ball_game_top. v)代码。然后，以模块 ball_game_top 建立工程，完成编译与综合以及引脚锁定后，即可实现接球游戏。

ball_game_top 模块的代码和工程留给读者整合与实践。

另外，还可以进一步扩展游戏功能：①将 catch_cnt 和 speed_level 变量引出到 ball_game_top 模块的输出端，以便驱动 DE2-115 开发板上的数码管显示当前的接球次数和速度等级；②增加两个输入端口，应用 4.6 节的伪随机序列产生器产生两个伪随机数定义球体的初始位置；③将 game_reboot 逻辑修改为 game_over 逻辑，接球失败后在 VGA 显示屏上显示 GAME OVER 字样后停机，等待系统复位后重新开始游戏。

在 VGA 显示屏上显示 GAME OVER 字样可参考例 6-8 进行设计，并应用字模软件提取字模数据，保存在 ROM 中选择显示。具体方法在此不再赘述。

6.5.3a
微课视频

6.5.3 A/D 转换控制器的设计

数据采集(Data Acquisition)是指把温度、压力、语音等物理量先通过传感器转换为电类模拟量，再应用 A/D 转换器转换为数字量的过程。

6.5.3b
微课视频

A/D 转换器是数据采集系统的核心部件。控制 A/D 转换过程传统的方法是应用微控制器(MCU)按照转换器工作的时序控制 A/D 转换器进行数据采集。受到 MCU 软件串行处理方式速度的限制，这种控制方法难以实现对高速信号进行实时采集，因而在应用上有很大的局限性。若基于状态机设计 A/D 转换控制器，应用硬件电路控制 A/D 转换过程，不仅工作速度快，而且可靠性高，是 MCU 控制方法所无法比拟的。

LTC2308 是 ADI 公司推出的 8 通道 12 位 A/D 转换器，内部电路结构如图 6-53 所示，由 8 通道模拟开关、12 位逐次渐近型 A/D 转换器、内置基准源和 4 线 SPI(Serial Peripheral Interface)兼容型串行接口组成。图 6-53 中，AV_{DD}、DV_{DD} 和 OV_{DD} 分别模拟电源(+5V)、数字电源(+5V)和输出电源(2.7～5.25V)，而 V_{REF} 和 REFCOMP 分别内置 2.5V 和 4.096V 基准源的输出端。

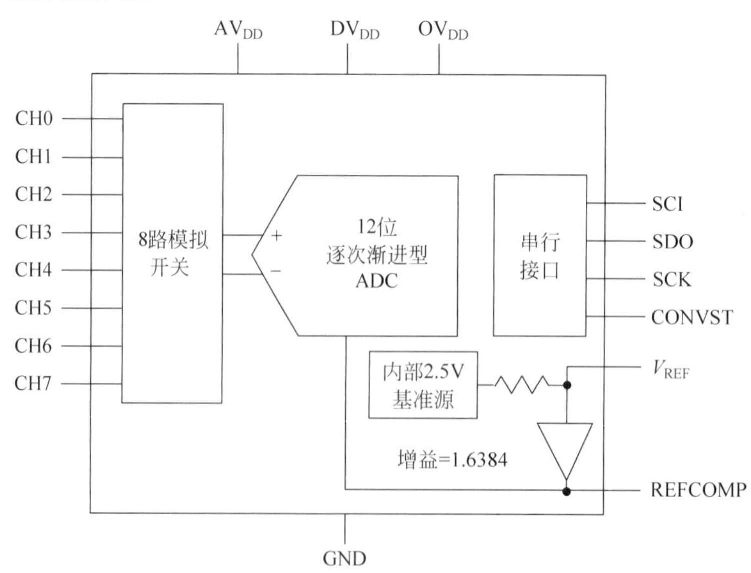

图 6-53 LTC2308 内部电路结构

LTC2308 的 8 通道模拟量输入端 CH0～CH7 可配置为单端输入、差分输入和混合输入 3 种类型，如图 6-54 所示。

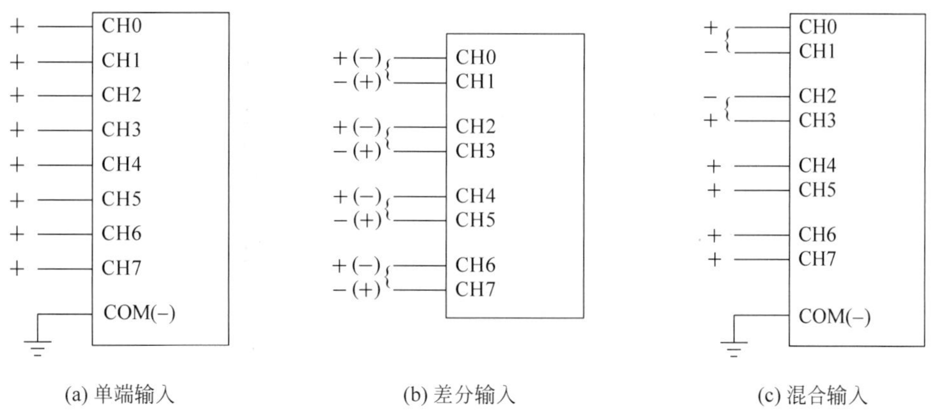

(a) 单端输入　(b) 差分输入　(c) 混合输入

图 6-54　模拟量通道配置模式

通道配置为单端输入时，对于单极性模拟信号，将 COM 端接地，如图 6-55(a)所示，输入模拟电压范围为 0～4.096V，转换为 12 位无符号二进制数；对于双极性模拟信号，将 COM 端设置为(REFCOMP/2)，如图 6-55(b)所示，输入模拟电压范围为±2.048V，转换为用补码表示的 12 位有符号二进制数。

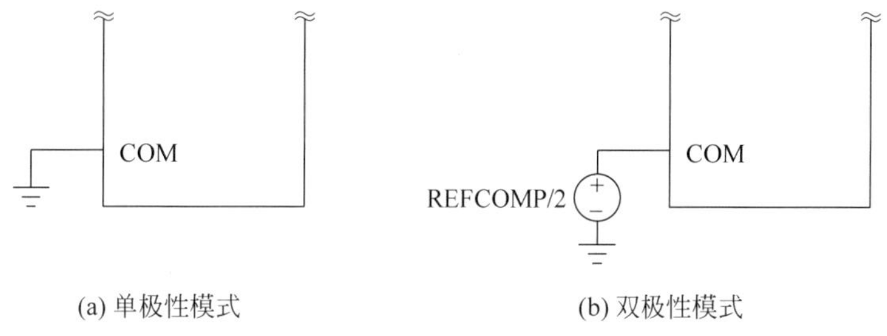

(a) 单极性模式　(b) 双极性模式

图 6-55　单端输入 COM 的设置

通道配置为差分输入时，CH0 与 CH1、CH2 与 CH3、CH4 与 CH5、CH6 与 CH7 分别组成 4 路差分对信号以减小共模信号干扰。另外，还可以将 CH0～CH7 配置成单端输入和差分输入的混合形式，目的在于应用单芯片对不同类型的模拟量进行数字化处理。

LTC2308 提供了 4 线 SPI 兼容性串行接口，可应用 MCU 或 FPGA 控制 A/D 转换过程和配置转换参数。CONVST 为 A/D 转换启动信号，有长、短两种时序方式。LTC2308 短 CONVST 时序如图 6-56 所示，其中 SDI 为串行数字输入端，用于设置 A/D 转换控制字，SDO 为串行数字输出端，用于输出 A/D 转换得到的数字量，而 SCK 为串行数据时钟。

LTC2308 的 A/D 转换过程在 CONVST 上升沿启动，经过 t_{CONV} 时间后转换结束。对于短 CONVST 时序方式，要求 CONVST 脉冲跳变为高电平后在 40ns 内或转换结束后立即返回低电平，以避免 CONVST 信号长时间保持高电平而使 LTC2308 进入 NAP(打盹)或 SLEEP(睡眠)省电模式，从而需要时间重新唤醒。

LTC2308 在前 6 个串行数据时钟 SCK 的上升沿通过 SDI 输入并锁存转换控制字。6 位转换控制字从高位到低位分别为 S/D、O/S、S1、S0、UNI 和 SLP，决定下一次的转换通道和输入量模式。UNI 用于设置输入模拟量的极性，UNI=0 为无极性输入，转换输出无符号二进制数；UNI=1 为双极性输出，转换输出补码表示的有符号二进制数。SLP 用于选择 NAP/SLEEP 节能模式。

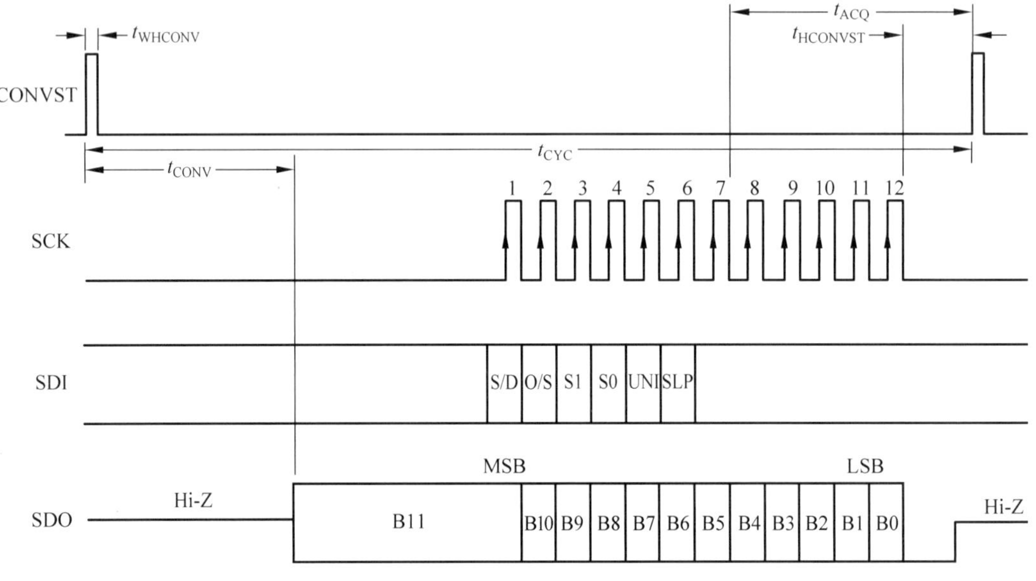

图 6-56 LTC2308 短 CONVST 时序图

从图 6-56 可以看出，A/D 转换结束后，LTC2308 立即将 12 位转换数据的最高位 B11 输出到 SDO 引脚上，其余转换数据 B10～B0 分别在串行数据时钟 SCK 的下降沿依次输出到 SDO 引脚上。因此，A/D 转换控制器可在串行数据时钟 SCK 的上升沿获取 A/D 转换得到的数字量。

LTC2308 主要时序参数如表 6-13 所示。

表 6-13 LTC2308 主要时序参数

符号	参数	条件	最小值	典型值	最大值	单位
$f_{S(MAX)}$	最高采样速率				500	kHz
f_{SCK}	串行数据时钟频率				40	MHz
t_{WHCONV}	CONVST 高电平持续时间		20			ns
t_{CONV}	A/D 转换时间			1.3	1.6	μs
t_{CYC}	A/D 转换周期			2		μs
$t_{HCONVST}$	第 7 个 SCK 下降沿后，CONVST 保持低电平时间		20			ns
t_{ACQ}	数据读取时间	第 7 个 SCK 上升沿到 CONVST 上升沿	240			ns
t_{WHSCK}	SCK 高电平持续时间	$f_{SCK}=f_{SCK(MAX)}$	10			ns
t_{WLSCK}	SCK 低电平持续时间	$f_{SCK}=f_{SCK(MAX)}$	10			ns

LTC2308 的转换通道配置如表 6-14 所示。其中，S/D 用于设置单端输入模式还是差分输入模式；O/S 在差分输入模式时用于设置差分信号的极性，在单端输入时与 S1 和 S0

一起作为 3 位通道选择地址(S1,S/D,O/S)。

表 6-14　LTC2308 的转换通道配置

S/D	O/S	S1	S0	0	1	2	3	4	5	6	7	COM
0	0	0	0	+	—							
0	0	0	1			+	—					
0	0	1	0					+	—			
0	0	1	1							+	—	
0	1	0	0	—	+							
0	1	0	1			—	+					
0	1	1	0					—	+			
0	1	1	1							—	+	
1	0	0	0	+								—
1	0	0	1			+						—
1	0	1	0					+				—
1	0	1	1							+		—
1	1	0	0		+							—
1	1	0	1				+					—
1	1	1	0						+			—
1	1	1	1								+	—

【例 6-11】 设计 A/D 转换控制器,能够控制 LTC2308 的数据采集过程,同步输出转换通道号和转换得到的数字量。

分析 由于 LTC2308 转换时间 t_{CONV} 的最大值为 1.6μs,数据读取时间 t_{ACQ} 的最小值为 240ns,取数据时钟为 25MHz 时,分别对应 40 和 6 个时钟脉冲,而写入转换控制字还需要的 7 个时钟脉冲,因此两次 CONVST 脉冲之间至少需要 40+6+7=53 个时钟脉冲。考虑到转换的时序裕量,以 60 个数据时钟计算,每次转换共需要 2.4μs。

设计过程 设计 60 进制计数器,并设状态分别用 0～59 表示。定义状态为 2 时产生启动脉冲 CONVST;定义状态为 3 时更新转换控制字以切换转换通道;定义状态为 44～55 时生成 12 个数据时钟 SCK;定义状态为 57 时输出 12 位转换数据;定义状态为 56 和 58 时分别输出转换数据无效和有效标志。

根据上述设计思路,描述 LTC2308 转换控制器的 Verilog 代码参考如下。

```
module LTC2308_controller(
  input                clk50M,              // 50M 晶振信号
  input                rst_n,               // 复位信号
  input [2:0]          iCHNo,               // 转换通道号输入
  input                iSDO,                // 串行转换数据输入
  output wire          CONVST,              // 启动脉冲输出
  output wire          oSCK,                // 数据时钟输出
  output reg           oSDI,                // 转换控制字输出
  output wire [2:0]    oCHNo,               // 转换通道号输出
  output reg           oADrdy,              // 转换数据有效标志
  output reg [11:0]    oADdat               // 并行转换数据输出
```

```
);
// 参数据定义
parameter uni_mode = 1'b1,slp_mode = 1'b0;
// 通道参数定义,单端单极性输入
localparam CH0 = {4'h8,uni_mode,slp_mode};
localparam CH1 = {4'hC,uni_mode,slp_mode};
localparam CH2 = {4'h9,uni_mode,slp_mode};
localparam CH3 = {4'hD,uni_mode,slp_mode};
localparam CH4 = {4'hA,uni_mode,slp_mode};
localparam CH5 = {4'hE,uni_mode,slp_mode};
localparam CH6 = {4'hB,uni_mode,slp_mode};
localparam CH7 = {4'hF,uni_mode,slp_mode};
// 内部变量定义
reg         clk;                     // 25MHz 内部时钟
reg [5:0]   cnt;                     // 状态计数变量
reg [5:0]   CHtmp;                   // 通道控制字寄存器
reg [11:0]  SDO_reg;                 // 转换数据寄存器
// 25MHz 时钟生成
always @( posedge clk50M or negedge rst_n )
   if ( !rst_n )
     clk <= 0;
   else
     clk <= clk + 1'b1;
// 时序逻辑过程,描述 60 进制计数器
always @( posedge clk or negedge rst_n )
   if ( !rst_n )
     cnt <= 6'd0;
   else if ( cnt == 6'd59 )
       cnt <= 6'd0;
     else
       cnt <= cnt + 1'b1;
// CONVST 脉冲生成逻辑
assign CONVST = ( cnt == 6'd2 )? 1'b1 : 1'b0;
// 通道控制字更新逻辑
always @( posedge clk )
   if ( cnt == 6'd3 )
     case ( iCHNo )
       3'b000: CHtmp <= CH0;
       3'b001: CHtmp <= CH1;
       3'b010: CHtmp <= CH2;
       3'b011: CHtmp <= CH3;
       3'b100: CHtmp <= CH4;
       3'b101: CHtmp <= CH5;
       3'b110: CHtmp <= CH6;
       3'b111: CHtmp <= CH7;
      default: CHtmp <= CH0;
    endcase
// 数据时钟生成逻辑
assign oSCK = (( cnt >= 44 ) && ( cnt <= 55))? clk : 1'b0;
// 通道号输出逻辑
```

```
    assign oCHNo = iCHNo;
    // 转换控制字输出过程,比数据时钟 SCK 提前半个时钟周期
    always @( negedge clk )
       case ( cnt )
         6'd43: oSDI <= CHtmp[5];
         6'd44: oSDI <= CHtmp[4];
         6'd45: oSDI <= CHtmp[3];
         6'd46: oSDI <= CHtmp[2];
         6'd47: oSDI <= CHtmp[1];
         6'd48: oSDI <= CHtmp[0];
        default: oSDI <= 1'b0;
      endcase
    // 在数据时钟的上升沿读取转换数据
    always @( posedge clk )
      case ( cnt )
        6'd44: SDO_reg[11] <= iSDO;
        6'd45: SDO_reg[10] <= iSDO;
        6'd46: SDO_reg[9] <= iSDO;
        6'd47: SDO_reg[8] <= iSDO;
        6'd48: SDO_reg[7] <= iSDO;
        6'd49: SDO_reg[6] <= iSDO;
        6'd50: SDO_reg[5] <= iSDO;
        6'd51: SDO_reg[4] <= iSDO;
        6'd52: SDO_reg[3] <= iSDO;
        6'd53: SDO_reg[2] <= iSDO;
        6'd54: SDO_reg[1] <= iSDO;
        6'd55: SDO_reg[0] <= iSDO;
       default: SDO_reg <= SDO_reg;
    endcase
    // 时序过程,转换数据输出
    always @( posedge clk )
      if ( cnt == 6'd57 )
        oADdat <= SDO_reg;
  // 转换数据标志输出过程
    always @( posedge clk ) begin
      if ( cnt == 6'd56 ) oADrdy <= 1'b0; // 无效
      if ( cnt == 6'd58 ) oADrdy <= 1'b1; // 有效
    end
  endmodule
```

将上述代码经过编译、综合后封装成图形符号(LTC2308_controller. bdf),以便在原理图顶层设计电路中调用。

建立向量波形文件,设置仿真结束时间为 2.6μs。若设置 iSDO 始终为高电平,启动 ModelSim 进行仿真,结果如图 6-57 所示。可以看出,LTC2308 转换控制器时序正确。

应用 FPGA 驱动 LTC2308 的接口电路如图 6-58 所示,可以应用 FPGA 片上系统或状态机驱动 LTC2308_controller 控制模拟量采集过程和转换数字量的读取。

对于单端单极性输入,LTC2308 采集的模拟电压 v_I 与转换得到的数据 D 之间的关系为

$$v_I = (D/1024) \times 4.096 = D/1000\ (\text{V})$$

其中，4.096V 为 LTC2308 内部基准源的电压值，并且注意输入模拟电压 v_I 应为 0～4.096V。

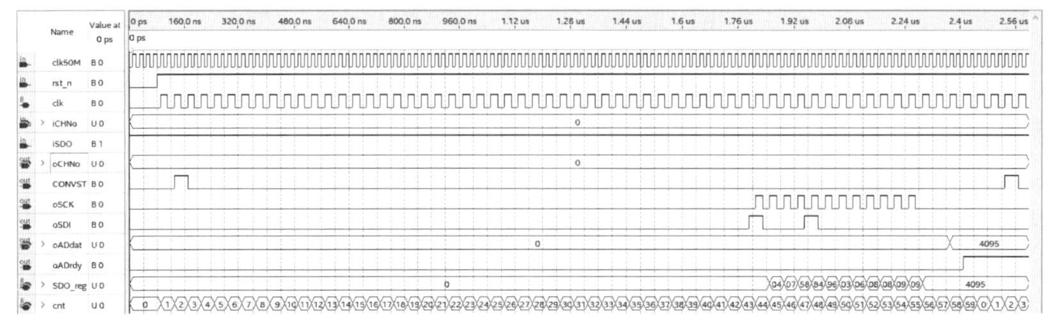

图 6-57　转换控制器仿真结果

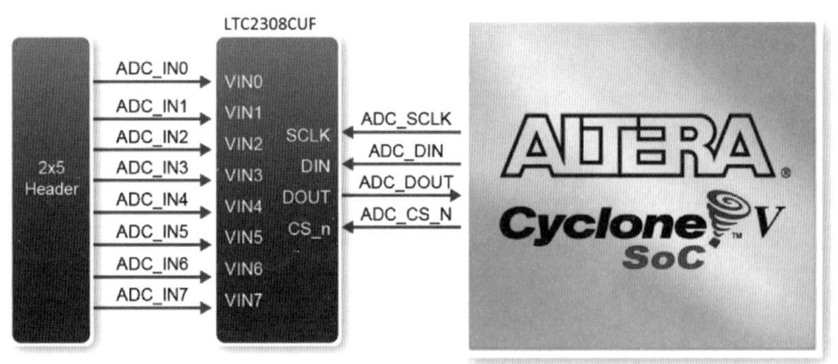

图 6-58　LTC2308 与 FPGA 接口电路

LTC2308 具有多路模拟量输入通道以及较高的转换速率和分辨率，常用于信号的正交解调、高速数据采集、工业过程控制、仪表和自动测试设备等多种应用场合。

本章小结

状态机用于描述任何有逻辑顺序和时序规律的事件。基于 HDL 的状态机描述方法具有固定的模式，结构清晰，不但易于构成性能良好的同步时序电路，而且能够处理现复杂的逻辑关系。

状态机有状态、输出和输入 3 个基本要素。状态用于划分逻辑顺序和时序规律，输出是指在某个状态下发生的特定事件，而输入为进入状态的条件。

根据状态机的输出是否直接与输入有关，将状态机分为 Moore 型状态机和 Mealy 型状态机两种类型。Moore 型状态机的输出仅仅取决于当前状态，与输入无关。Mealy 型状态机的输出不仅取决于当前状态，而且与输入有关。

状态机有状态转换图、状态转换表和 HDL 描述 3 种表示方法，其中 HDL 描述有一段式、两段式和三段式 3 种描述方式。

一段式状态机把状态机中的组合逻辑和时序逻辑用一个过程语句描述，输出为寄存器输出。一段式状态的优点是能够减少竞争-冒险，可靠性高，但缺点是结构不清晰，代码难以修改和调试，因此可阅读性和可维护性差。

两段式状态机应用两个过程语句，一个用于描述时序逻辑，另一个用于描述组合逻辑。时序过程语句用于描述状态机的状态转换关系，组合过程语句用于确定电路的次态以及输出。两段式状态机的优点是结构清晰，有利于添加时序约束，有利于综合、优化和布局布线。但两段式状态机的输出为组合逻辑电路，容易产生竞争-冒险，特别是用状态机的输出信号作为其他时序模块的时钟或锁存器的输入信号时会产生不良的影响。

三段式状态机采用 3 个过程语句，一个用于描述时序逻辑，一个用于确定电路的次态，另一个用于描述电路的输出。与两段式状态机相比，三段式状态机的描述代码清晰易读，输出既可以应用组合逻辑输出，也可以改为时序逻辑输出，因而使用更为灵活。因此，通常应用三段式状态机描述方法。

由于状态机的 HDL 描述方法易于处理更为复杂的逻辑关系，因此在现代数字系统设计中广泛应用，如开关消抖、交通灯控制、周期法测频、PS/2 键盘接口、VGA 时序产生和 A/D 转换控制均可以应用状态机设计。

设计与实践

6-1　应用状态机描述序列信号检测器，能够从输入的串行数据 X 中检测出 11111111 序列，输出检测结果 Y。

6-2　应用状态机描述序列信号产生器，能够循环产生周期性的 1011100101 序列。

6-3　应用状态机设计同步码检测电路。检测电路有一个位宽为 1 的串行输入口 iX，有一个位宽为 1 的检测结果输出口 oY，并设检测电路在时钟脉冲 CLK 的上升沿读取 iX 的值。当检测电路在 iX 序列中检测到同步码 10111 时，在 oY 口输出一个宽度为脉冲周期的高电平。

6-4　应用显示译码器 CD4511 和 3 线-8 线译码器 74HC138 设计的多位(共阴)数码管动态扫描驱动电路如图 6-59 所示。分析电路的工作原理，编写 Verilog 模块代码，能够驱动 8 个数码管分别显示由 8 个 BCD 码 $D_0, D_1, \cdots, D_7$ 定义的数字信息。应用 testbench，以显示数字 12345678 进行仿真测试。

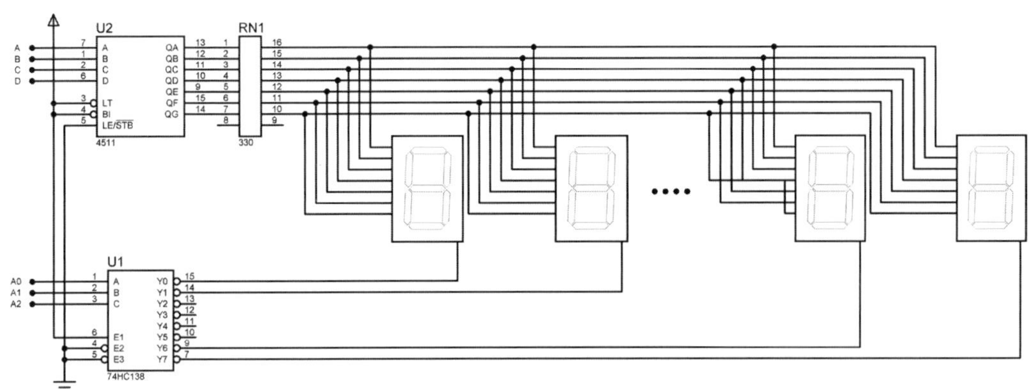

图 6-59　数码管动态扫描驱动电路

6-5 完成6.3节交通灯控制器的设计，下载到开发板进行功能测试。

6-6 完成6.4节周期法频率计的设计，下载到开发板进行性能测试，并填写表6-15。若要求频率测量的相对误差不大于0.01%，分析频率计的有效测频范围。

表6-15 周期法频率计测量结果分析表

信号源频率/Hz	测量值	相对误差/%	信号源频率/Hz	测量值	相对误差/%
6103.515625			2.9802322876953125		
3051.7578125			2.9802322876953125		
1525.87890625			2.86102294921875		
762.939453125			1.490116119384765625		
381.4697265625			0.7450580596923828125		
190.7348631825			0.37252902984619140625		
95.367431640625			0.186264514923095703125		
47.6837158203125			0.0931322574615478515625		
23.84185791015625			0.04656612873077392578125		
11.920928955078125			0.023283064365386962890625		
5.9604644775390625			0.0116415321826934814453125		

6-7 完成6.5.1节键盘电子琴的设计。下载到开发板，连接PS/2键盘进行测试。

6-8 完成6.5.2节VGA时序控制器的设计，并编写像素生成模块，能够在VGA显示器上显示8×8彩色方格图像。下载到开发板进行测试。

6-9 完成6.5.3节A/D转换控制器的设计。下载到开发板，外接模拟信号源进行测试。

6-10* 根据图6-60所示的结构框图，设计温度测量与显示系统。要求被测温度范围为0～99℃，精度不低于1℃。温度传感器选用LM35，A/D转换器选用LTC2308。LM35的功能与应用参考器件资料。

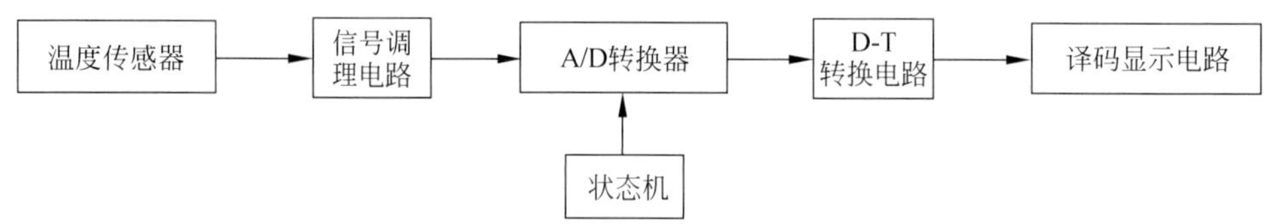

图6-60 温度测量与显示系统结构框图

6-11* 五子棋(Gobang)的棋盘如图6-61所示，为15×15线的方格图像。参考6.5.2节编写图像生成模块代码，能够在分辨率为640×480@60Hz的VGA显示屏上能够显示五子棋棋盘格图像。

6-12* 拍一张自己的肖像，裁剪为640×480像素大小并保存为24位真彩位图文件格式。从位图文件中提取三基色数据，然后设计肖像显示模块，在VGA显示器上显示自己的肖像。下载到开发板进行功能验证。

说明：肖像为彩色图像还是灰度图像不限。根据开发板资源量确定，要求清晰度越高越好。

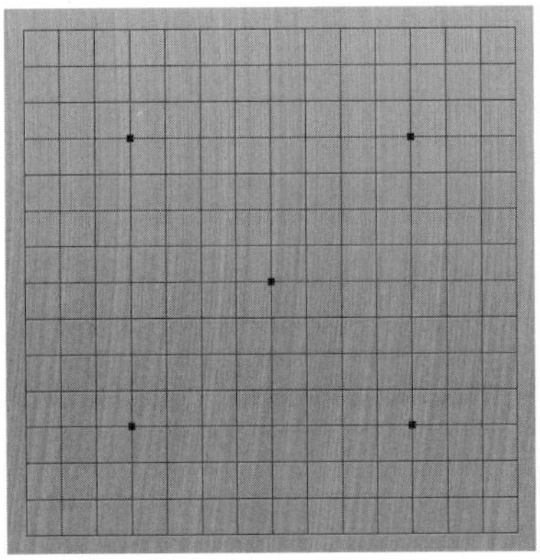

图 6-61 五子棋棋盘

6-13[*] 基于双通道 DDS 正弦信号源，设计驱动模块，能够在分辨率为 640×480@60Hz 的 VGA 显示器上清晰、稳定地显示两路信号的波形。数据采集的触发条件和信号幅度自定义。在满足触发条件时，完成一次双路信号的采集和显示。

提 高 篇

第7章 EDA技术深入应用

CHAPTER 7

功能和性能是衡量系统设计成败的关键因素。在设计数字系统时，我们希望所设计的系统不但性能更优，而且占用的资源更少。

制定 Verilog HDL 代码的编写规范，不但有利于提高代码的可阅读性、可维护性和可重用性，而且有利于优化综合结果，从而综合出稳定可靠的功能电路。同时，掌握数字系统的设计原则，明确不同描述方法与综合电路的关系，从而能够有的放矢地编写描述代码，有利于综合出功能正确、性能更优的电路模块。

不以规矩，不成方圆。本章首先讲述 Verilog HDL 代码的编写规范以及综合与优化设计问题，然后讲述时序分析方法和 EDA 设计中的异步时序问题，最后讲述 Verilog 中的数值运算方法。

7.1 代码编写规范

与计算机程序一样，应用 HDL 描述电路模块时，清晰、规范的代码是确保模块功能与性能的关键因素之一。

优秀 HDL 代码的编写目标是：①简洁规范，具有良好的可阅读性和可维护性，便于分析与调试；②紧贴硬件，确保模块功能正确，并且易于综合出优秀的电路；③结构清晰，具有良好的可重用性，以提高设计效率。

本节从标识符的命名、代码的书写风格、模块的声明和例化等方面简述 Verilog HDL 代码的编写规范。

7.1.1 标识符规范

标识符是用于定义语言结构名称的字符串。选择清晰明了的标识符有助于提高代码的可阅读性。

1. 标识符取名的规范

除了满足命名的基本规定外，标识符应该能够见文知义，即标识符的取名应包含对象、功能和状态等有效信息。

标识符的取名建议遵守以下规范。

(1) 选用有意义的、能够反映对象功能和特征的单词或短语作为标识符，以增强代码的可读性。

在数字系统设计中，顶层设计模块建议使用“对象_功能_top”的形式命名(如 DDS_top 和 VGA_game_top)，控制模块建议使用“对象_ctrl”的形式命名(如 AD_controller)，测试工程模块建议使用“对象_功能_tst”的形式命名(如 transceiver_tst)，而参数定义模块建议使用“对象_para”的形式命名，等等。

对于模块端口的命名，建议选用 clk/sys_clk/DDS_clk/VGA_clk/clk50MHz 等形象的标识符表示模块的时钟，用 data_in/din 和 data_out/dout 分别表示数据的输入端口和输出端口，用 cnt8_q 表示 8 位计数器 cnt8 的计数变量，用 sync_reg 和 AD_reg 表示寄存器等。

(2) 长标识符既不方便记忆，也不方便书写，而且容易导致拼写错误。因此，对于较长的单词建议采用缩略形式。部分常用缩略语及其含义如表 7-1 所示。

表 7-1 常用缩略语及含义

缩略语	含义	缩略语	含义	缩略语	含义
addr	address	clk	clock	cnt	counter
en	enable	inc	increase	mem	memory
pntr	pointer	pst	preset	rst	reset
rd	read	wr	write		

(3) 标识符由多个单词组成时，在单词之间以下画线“_”分开，以增加标识符的可阅读性，如 MEM_addr、DATA_in、MEM_wr、MEM_ce。

(4) 建议给标识符添加有意义的后缀，使标识符的特性更为明确。常用标识符后缀的定义如表 7-2 所示。

表 7-2 常用标识符后缀的定义

后缀	定　　义	后缀	定　　义
_clk	时钟信号	_d	寄存器数据输入
_en	使能(Enable)信号	_q	寄存器数据输出
_n	低电平有效信号	_r	寄存器变量
_z	三态输出的信号	_s	端口反馈信号
_L	后加数字，表示延迟周期数	_tb	testbench 文件

(5) 多时钟域标识符的命名。不同时钟域的时钟以及模块输入输出信号的命名，应加上适当的前缀或后缀加以区分，如 src_clk 和 dest_clk。对于全局时钟和对全局复位信号等系统级信号，建议使用字符串 sys 开头的标识符命名，如 sys_clk 和 sys_rst_n 等。同时，将系统划分为多个独立时钟的功能模块和负责模块间同步的功能模块，使系统的结构更为清晰，同时有利于时序分析。

2. 标识符大小写的规范

关于标识符的大小写，建议遵守以下规定。

(1) 常量和参数建议采用大写字符串表示。例如，应用参数定义语句定义状态机的内部状态：

```
localparam ST0 = 4'b0001, ST1 = 4'b0010, ST2 = 4'b0100, ST3 = 4'b1000;
```

以及存储器的数据位宽和存储深度：

```
parameter WIDTH = 8,DEPTH = 256;
```

(2) 线网名和变量名建议采用小写字符串表示。例如，定义 ROM 的地址、时序电路的状态变量和存储器变量：

```
wire [2:0] addr;
reg [3:0] current_state,next_state;
reg [WIDTH - 1:0] sin_rom [DEPTH - 1:0];
```

3. 标识符的缩写规范

由多个单词的首字符缩写构成的字符串应该大写，无论处于标识符的任何位置，如 ROM_addr 中的 ROM、rd_CPU_en 中的 CPU 等。

另外，注意标识符在整个工程项目中命名的一致性，即同一线网或变量在不同层次的模块中的命名应该保持一致，以方便文档的阅读和交流。

7.1.2 代码书写规范

良好的书写习惯对于提高代码的可阅读性和可维护性至关重要。Verilog HDL 从 C 语言发展而来，因此，许多 C 编程的原则都是可以借鉴的。

关于 Verilog 代码的书写，建议遵守以下规定。

(1) 当工程中包括多个模块时，采用层次化设计方法，用行为描述或数据流描述底层模块，顶层模块只用于模块之间的互连，尽量避免再做逻辑描述。

(2) 一个模块建议只使用一个时钟，并添加前缀或后缀加以说明。例如，DDS_clk、sys_clk、VGA_clk 和 clk2p8Hz 等。在多时钟域的数字系统设计中涉及跨时钟域时，建议设计专门的模块做时钟域的隔离。

(3) 基于可阅读性和可移植性方面的考虑，尽量不要在代码中直接写具体的数值，而是使用宏定义指令`define 或参数定义语句 parameter/localparam 定义常量和参数。其中，宏定义指令用于跨模块的常量和参数定义，对同时编译的多个文件起作用，而参数定义语句 parameter/localparam 用于定义模块内部的参数，不传递参数值到模块外。

(4) 在代码的不同功能段之间插入空行或者注释行，既可以避免代码的拥挤，又能提高代码的可阅读性。例如，应用三段式状态机描述时序逻辑电路时，在每个过程语句的上下都留有空行或添加注释行。

```
//第 1 个过程语句,时序逻辑,描述状态的转换关系
always @ ( posedge clk or negedge rst_n )
   if( !rst_n )                        // 复位信号有效时
     current_state <= IDLE;
   else
     current_state <= next_state;      // 状态转换
//第 2 个过程语句,组合逻辑,描述次态
always @ (current_state,input_signals)  // 电平敏感条件
   case ( current_state )
```

```
        S1: if (...) next_state = S2;          // 阻塞赋值
        S2: ... ;
        ...;
        default: ...;
    endcase
// 第 3 个过程语句描述输出,采用组合逻辑时
always @ ( current_state or input_signals )
    case( current_state )
        S1: if ( ... ) out = ...;
            else ...
        S2: if ( ... ) out = ...;
            else ...
        ...;
        default: ...;
    endcase
```

(5) 在赋值操作符和双目运算符的两边加入空格有利于代码清晰易读,但单目运算符和操作数之间不加空格。例如:

```
a <= b;
c <= a + b;
if (a == b) ...
a <= ~a & c;
```

对于比较长的表达式,建议去掉高优先级运算符前后的括号,这样能够更清晰地显示出表达式的结构。例如,应将代码

```
if (( &a == 1'b1 ) && ( !flag == 1'b1 ) || ( b == 1'b1 ))
```

修改为

```
if ( &a == 1'b1 && !flag == 1'b1 || b == 1'b1 )
```

(6) 应用赋值语句和条件语句时,注意表达式位宽的匹配。例如,若定义

```
reg [4:0] dat_a;                    // 5 位
reg [3:0] dat_b;                    // 4 位
reg [2:0] dat_c;                    // 3 位
```

则在过程语句中,将 dat_b 与 dat_c 相加赋值给 dat_a 时,建议书写为

```
dat_a <= { 1'b0, dat_b } + { 2'b00, dat_c }
```

(7) 关于语句的对齐和缩进方面,建议遵守以下规定。

a) 采用缩进结构。缩进结构有利于看清代码的结构和层次,增强代码的可阅读性。

b）使用 Tab 键对齐，不连续使用空格进行语句的对齐。但需要注意的是，不同编辑器对 Tab 键的解释不同，因此建议在编辑器中预先设置 Tab 键为 3 个或 4 个字符宽度。

c）使用多重条件语句 if…else if…else 时，建议 else 与 if 逐层对齐。

（8）代码中应加入简洁明了的注释以增强代码的可阅读性，建议注释内容不少于 30% 的代码篇幅。另外，在代码中使用中文注释时应特别注意，因为中文注释错位时会产生非法的 ASICII 码从而导致编译时发生语法错误。

（9）模块的声明规范。对模块进行声明时，建议遵守以下规定：

a）在系统规划阶段为每个模块进行命名，模块名能够表示模块的主要功能，端口名能够体现端口的含义和特性，如 async_FIFO_1024x16. v、UART_tx_byte. v 和 LED_drv. v 等。

b）无论模块是否需要仿真，都应在模块声明前添加时间尺度指令`timescale 说明时间单位和仿真精度，这样可以使设计者在相同的设计中以不同的时间单位和精度仿真模块，也可以为同一设计中两个不同的模块设定不同的时间单位和仿真精度。

c）对于复杂的系统设计，模块声明建议采用 ANSI 格式，即将端口类型合并在模块声明中进行定义，并对端口名的含义和特性做必要的注释。

d）模块中的端口建议按照输入、输出和双向的顺序书写，即模块时钟、复位信号、使能信号和控制信号、输出和双向口，同时说明端口的数据类型。

e）低电平有效的端口标识符后一律加_n，以明确端口为低电平有效。

f）端口名建议对齐。必要时，使逗号、冒号和注释也对齐。例如：

```
`timescale 1ns/1ps
model verilog_template (
  // 全局时钟和复位信号
  input clk_50,                          // 50MHz 时钟
  input rst_n,                           // 全局复位
  // I/O 接口
  input  [17:0] iSW;
  output [17:0] oRed_LED;
  …
  )
  …
endmodule
```

（10）模块例化的规范。对模块进行例化时，需要注意以下几点。

a）每个模块在例化前应添加模块的功能说明。

b）实例名统一命名，建议采用 Un_xx 的格式，其中 n 为例化序号，xx 为例化的子模块名。

c）实例模块的端口和子模块端口建议采用名称关联方式。

d）相关端口应写在一起，并且附加必要的注释。

对于串行接口模块 uart. v 的模块例化，书写格式建议如下。

```
uart U1_uart (
  .clk       ( clk_100M ),                // 时钟信号
  .rst_n     ( sys_rst_n ),               // 系统复位信号
  .vld       ( bt_data_out_vld ),         // ...
  .data_in   ( bt_data_out ),             // ...
  .uart_out  ( uart_tx ),
  .uart_in   ( uart_rx ),
  .vld       ( uart_data_out_vld ),
  .uart_out  ( uart_data_out ),
  .rdy_in    ( uart_in_rdy )
);
```

(11) 测试平台文件的编写规范。

测试平台文件 testbench 对模块的功能验证和时序分析有着举足轻重的作用，模块的测试激励信号应完备且有效。在编写 testbench 时，建议遵循以下原则。

① 测试激励的时序和响应输出应当兼顾功能验证和时序分析两种情况。

② 为了提高仿真效率，尽可能采用 HDL 语句判断响应与标准结果是否一致，给出成功或错误标志，而不是通过设计者观察波形进行判断。

③ 对于中、大规模电路设计，建议编写 testbench，调用 ModelSim 进行功能验证和时序分析。测试输入数据可以由 MATLAB 软件产生，testbench 读入数据产生激励，再把仿真结果写回 testbench，供 MATLAB 进行处理和分析。

④ ModelSim 支持 Verilog HDL 的所有语法。因此，可以使用 task 等描述测试激励，使 testbench 代码尽可能简洁。

7.1.3 文档管理规范

复杂的系统设计通常是由多个团队协作完成的。在设计之前，需要编写管理文档，制定系统的设计目标，定义系统的框架结构，确定每个模块的功能和接口规范，以便有效地指导自顶向下的设计过程。

在 EDA 工程中，文档管理方面建议遵循以下规范。

(1) 为了便于协作和交流，在设计过程中应编写详尽的过程管理文档。采用合理、条理清晰的文件目录结构有助于提高设计的效率，增强可维护性。建议采用如图 7-1 所示的文档目录结构。

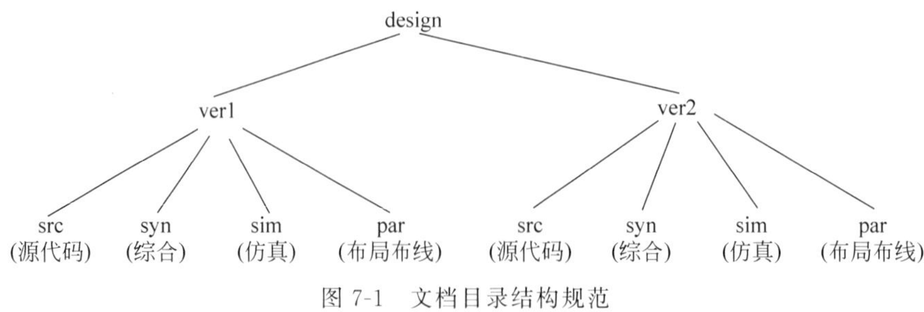

图 7-1 文档目录结构规范

(2) 模块的功能定义和接口规范不但影响着设计效率，甚至决定着系统设计的成败。

将系统中的每个模块都保存为一个单独的文件，而且文件名与模块名严格一致。同时，对模块的端口定义进行详细的说明。

（3）在模块的开头应说明所属项目、工程名和文件名、作者及团队、开发平台和器件，模块功能描述以及修订相关信息。文件头的格式参考如下。

```
// ****************************************************************
// Title             :          (所属项目)
// Project           :          (工程名)
// File              :          (文件名)
// Author            :          (作者)
// Organization      :          (单位或团队)
// Last Update       :          (最新更新日期)
// Platform          :          (开发平台)
// Simulator         :          (仿真工具)
// Targets           :          (目标器件)
// Description       :          (模块功能描述)
//----------------------------------------------------------------
// COPYRIGHT(c)       :        (版权信息)
// Revision           :        (修订版本)
// Revision Number    :        (修订号)
// Date               :        (修订日期)
// Modifier           :        (修订人)
// Description        :        (修订内容描述)
// ****************************************************************
```

需要特别强调的是，在系统设计过程中，应对模块的修订记录格外重视，必须将每次版本和修订的信息按照时间顺序详加叙述，以保持版本的继承性。另外，还需要注意，若采用中文对代码进行注释，应防止注释不当产生非法 ASCII 码而导致的编译语法错误。

7.2 综合与优化设计

硬件描述语言不同于程序，HDL 代码用于描述硬件电路。同一功能电路有多种描述方法，不同描述方法综合出的硬件电路会有所差异。有些描述方法综合出的电路占用的资源多，但工作速度快；有些描述方法占用的资源少，但工作速度慢。因此，设计时需要根据系统的功能和性能要求，选择合理的描述代码，在性能和资源消耗方面综合考虑。

优化是 FPGA 数字系统设计的重要课题，系统的性能和所消耗的资源不仅和编译与综合时的选项设置有关，同时与 HDL 代码的描述风格密切相关。

优化主要包括 4 方面：①设计优化，在设计阶段规划整个系统的架构，利用 FPGA 的特点尽可能简化设计；②布局布线优化，在布局布线过程中，合理的约束会大大提高整个系统的布局布线效果；③静态时序分析，静态时序分析用于在布局布线后检查整个工程的时序，找出最差的路径，进行一定的调整和修改优化系统时序；④综合优化，使设计系统在 FPGA 中的映射得到最大优化。

本节简要介绍 Quartus Prime 中的优化设置选项，然后详细分析描述方式和代码风格对综合电路的影响，最后讨论面积与速度优化方法。

7.2.1 软件优化设置

Quartus Prime 的优化设置用于控制分析与综合以及适配过程，以满足不同目标的应用需求。如果设计不能适配到指定的器件，就需要进行资源优化；如果时序性能达不到预期目标，就需要对性能进行优化；如果需要满足 I/O 时序的要求，则需要对内部时钟进行优化。

1. 分析与综合优化设置

分析与综合优化设置选项在 Quartus Prime 主界面 Assignment→Settings 菜单项，如图 7-2 所示。在左侧的 Category 栏中列出了可设置的选项，其中 Analysis & Synthesis Settings 用于设置分析与综合优化目标选项。

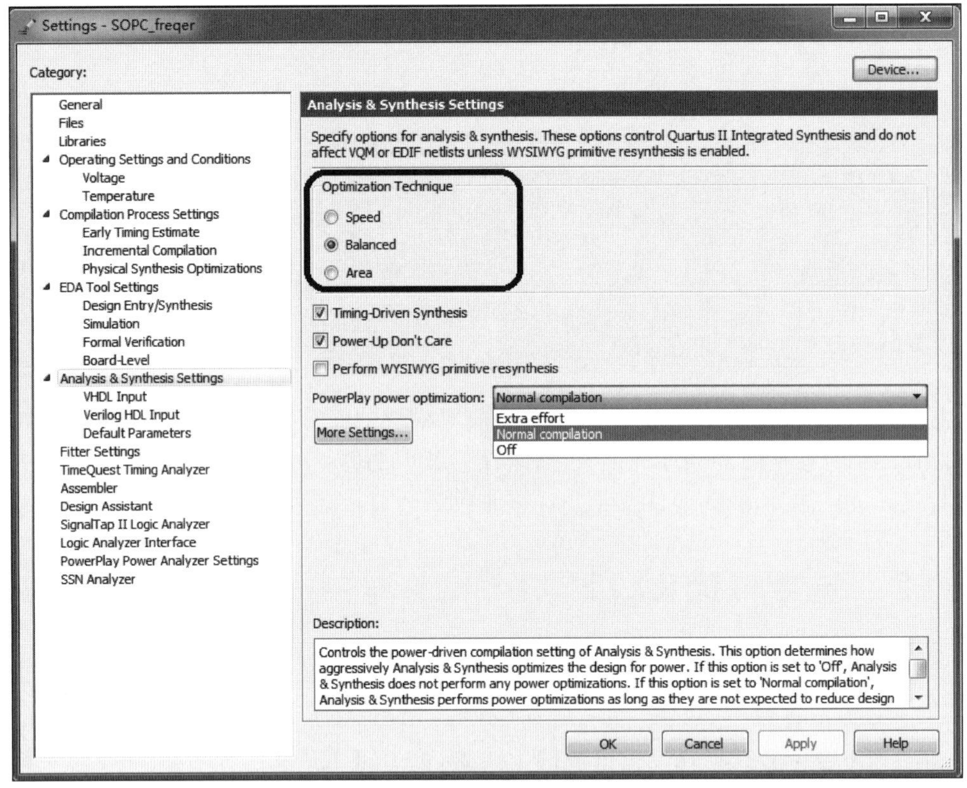

图 7-2 分析与综合设置选项

分析与综合设置中的 Optimization Technique 选项提供了 Speed、Balanced 和 Area 共 3 种优化策略。其中，Speed 是指以提高系统的工作速度为目标进行优化；Area 是指以节约占用的逻辑资源为目标进行优化；而 Balanced 则是速度与占用资源的折中选项。

如果用户在编译前没有进行分析与综合设置，如第 3 章中讲述的基本设计流程，则 Quartus Prime 默认采用 Balanced 优化策略，综合考虑了速度(Speed)、面积(Area)和成本(Cost)等因素。

2. 物理综合优化

随着数字系统的规模越来越大，设计的复杂程度越来越高，外围接口也越来越复杂，逻辑设计中时序收敛的挑战也越来越严峻。在保证代码效率的前提下，如果分析与综合设置优化的效果不明显，Quartus Prime 还提供了物理综合（Physical Synthesis）优化手段，在布局布线阶段对设计网表进行优化，改进某些布局的结果，补偿适配器的布线延时，以提高设计的时序收敛。

在设置物理综合优化选项之前，首先需要明晰两个概念：逻辑综合和物理综合。

所谓逻辑综合（Logic Synthesis），是将 HDL 代码转换为不含布局布线信息并且能够映射（Map）到门级电路的过程。因为逻辑综合不包含布局布线的信息，所以综合后的时序仅限于转换后的门级电路或器件内部逻辑单元或节点间逻辑单元级数等时延信息，而对于 FPGA 内部互联的时延是无法分析的。

传统数字系统设计的时延大部分取决于逻辑时延，但是基于新型 FPGA 器件设计的时延则更多地取决于 FPGA 内部互联时延。因此，节点（Nodes）的位置以及各个节点之间的布线（Route）就显得非常重要。

物理综合（Physical Synthesis）是加入布局布线信息，调用库信息和应用约束，生成门级网表和布局信息的过程。而物理综合优化通过改变网表的布局（Placement）优化综合结果，在不改变设计功能的情况下调整网表的布局或修改增加部分节点，从而达到优化设计性能和设计资源利用率等目的。

对于物理综合优化，建议在修改代码以及约束等因素无法达到满意效果的情况下考虑使用。这是因为物理综合带来性能提高或面积利用率提高的同时会带来编译时间的增加，因此需要综合考虑。

物理综合优化选项在 Quartus Prime 的 Assignment→Settings 菜单项中的 Compilation Process Settings 栏下，一部分用来优化性能（Performance），一部分用来优化资源（Area），如图 7-3 所示。下面进行简要说明。

1）针对性能的物理综合优化选项

针对性能的物理综合优化选项主要包括 Perform physical synthesis for combinational logic、Perform register retiming、Perform automatic asynchronous signal pipelining 和 Perform register duplication 4 部分。

Perform physical synthesis for combinational logic 用于优化组合逻辑电路关键路径的逻辑层数，优化示例如图 7-4 所示。

Perform register retiming 通过移动寄存器中组合逻辑中的位置平衡寄存器之间的路径时延以提升系统性能。

Perform automatic asynchronous signal pipelining 通过自动在异步信号路径上插入流水寄存器改善异步信号的建立时间和保持时间。

Perform register duplication 通过寄存器复制优化多扇出长路径上的时序，如图 7-5 所示，从而提升系统的性能。

关于 Effort level，不同级别的差异主要体现在编译时间的长短，与性能的提升成反比。

2）针对面积的物理综合优化选项

针对面积的物理综合优化选项适用于适配阶段的优化，其功能就是使设计优化可以适配到目标器件，包括 Physical synthesis for combinational logic 和 Logic to memory mapping 两部分。

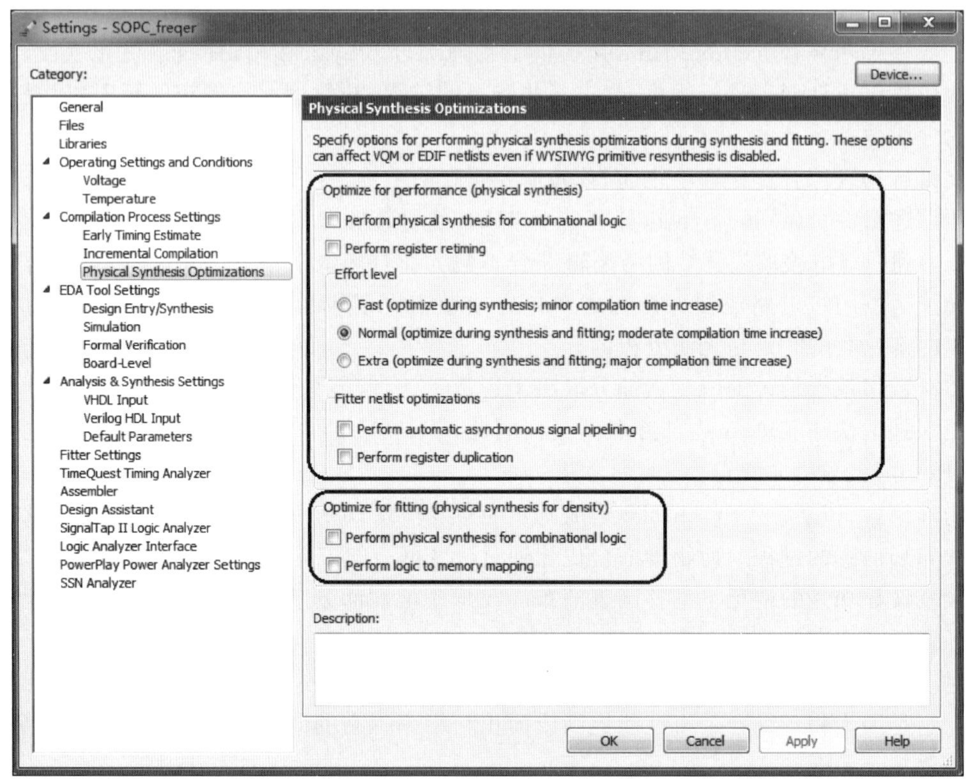

图 7-3　物理综合优化选项

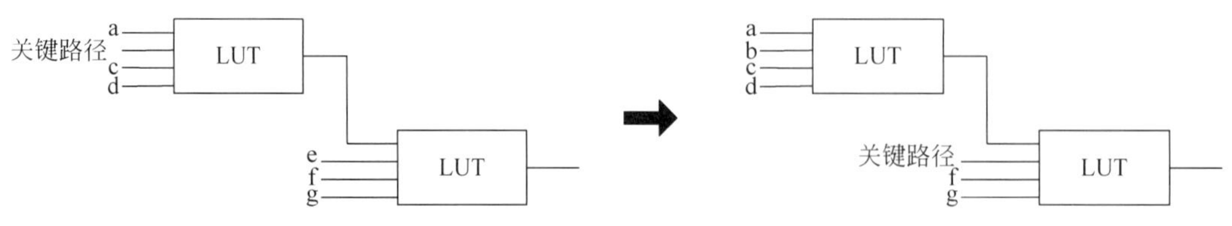

图 7-4　组合逻辑电路物理综合优化示例

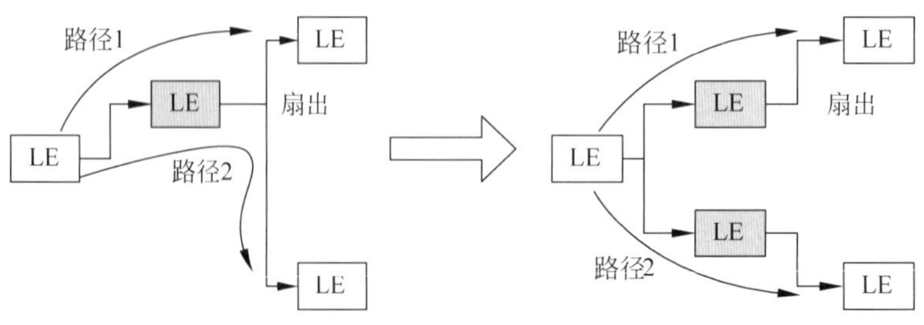

图 7-5　寄存器复制图例

Physical synthesis for combinational logic 是指适配时针对组合逻辑的优化，尽可能地减少组合逻辑以提高资源利用率，只有在 no-fit 事件发生时才会起作用。Logic to memory mapping 是指在适配时将部分逻辑移到未使用的存储空间中，同样也是在 no-fit 事件发生时才会起作用。

3. 适配设置

Category 栏中的 Fitter Settings 用于布局布线的设置，如图 7-6 所示。适配设置包括保持时序优化和多拐角时序优化。

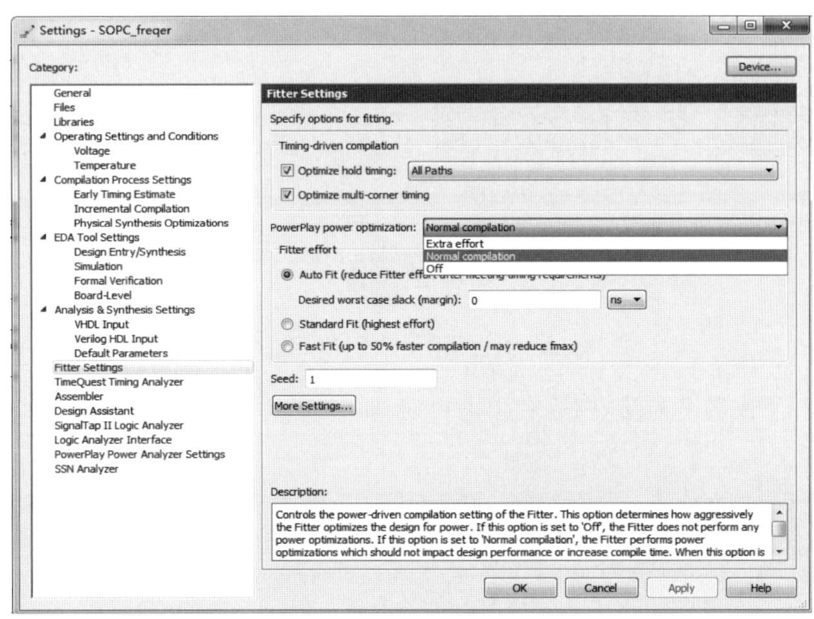

图 7-6　适配设置选项

保持时序优化(Optimize hold timing)允许适配器通过在合适的路径中添加延迟，从而实现保持时序的优化。关闭该选项时，则不会对任何路径进行保持时序优化。

多拐角时序优化(Optimize multi-corner timing)用于控制适配器是否对设计进行优化以满足所有拐角的时序要求和操作条件。使用这项功能，必须使能时序逻辑优化。

适配设置中还有布局布线的策略(Fitter effort)，有 3 种模式可供选择：最大努力模式(Extra effort)、标准编译模式(Normal compilation)和关闭模式(Off)。其中，Extra effort 模式需要的编译时间比较长，但可以提高系统的最高工作频率；Off 模式可以节省约 50% 的编译时间，但会使最高工作频率有所降低；Normal compilation 模式在达到设计要求的条件下，自动平衡最高工作频率和编译时间。

7.2.2　描述方法对综合的影响

同一功能电路有多种描述方法，不同描述方法综合出的电路会有所差异。因此，设计者必须深入理解硬件描述语言的语句特性，以便在设计中能够有的放矢地编写更有效的代码，从而综合出期望的电路结构，实现电路性能或资源利用率的优化。

1. 操作符的应用差异

Verilog HDL 定义了 9 类操作符。对于同一逻辑电路，可以应用不同的操作符进行描述。例如，设计模块用于检测 4 位输入数据全 0 时输出为 1，若应用以下代码来描述，则综合出的电路如图 7-7 所示，通过定制 Quartus Prime 中的比较器 IP 而实现的。

```
input [3:0] din;
output wire dout;
assign dout = (din == 4'b0);                // 关系操作符
```

若应用以下代码来描述，同样能够综合出图 7-7 所示的电路。

```
input [3:0] din;
output wire dout;
assign dout = (din == 4'b0)? 1'b1 : 1'b0;           // 条件操作符
```

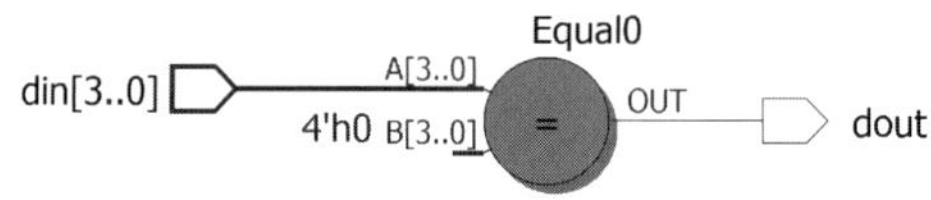

图 7-7　全 0 检测综合电路

若应用以下代码来描述，则综合出的电路如图 7-8 所示，这是通过或门和反相器实现的。

```
input [3:0] din;
output wire dout;
assign dout = ~|din;                                // 缩位或非
```

上述代码和应用以下代码描述的结果相同。因此，明确应用不同操作符与实现电路之间的关系，才能有的放矢地编写代码。

```
input [3:0] din;
output wire dout;
assign dout = ~(din[3] + din[2] + din[1] + din[1])     // 或非逻辑
```

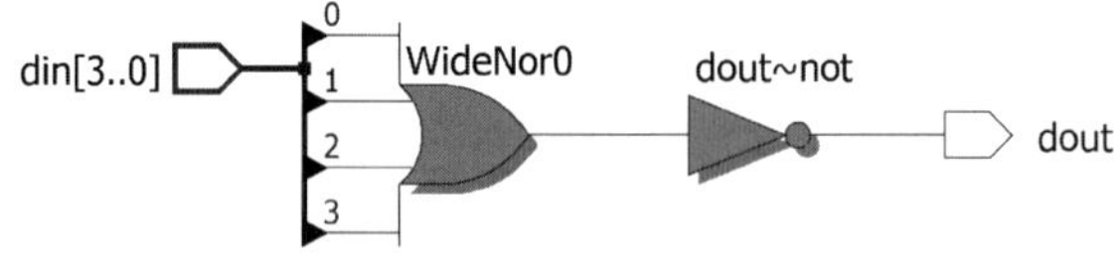

图 7-8　综合电路

2. 条件语句和分支语句的应用差异

if 语句和 case 语句是 Verilog HDL 中两种主要的行为描述语句。同一逻辑电路既可以用 if 语句描述，也可以用 case 语句描述。但需要注意的是，if 语句中条件的判断是依次递进的，隐含有优先级的关系，综合出的电路通常为级联结构，传输延迟时间长；case 语句中每个分支是平行的，没有优先级的概念，综合出的电路为并联结构的多路选择器，因而传输延迟时间短。例如，若应用条件语句描述 2 线-4 线译码器，参考代码如下。

```
module decoder_2to4(en,bincode,y);
  input en;
  input [1:0] bincode;
  output reg [3:0] y;
  // 行为描述，应用条件语句
  always @( en or bincode )
    if ( en )
      if      ( bincode == 2'b11 )  y = 4'b1000;
      else if ( bincode == 2'b10 )  y = 4'b0100;
      else if ( bincode == 2'b01 )  y = 4'b0010;
      else if ( bincode == 2'b00 )  y = 4'b0010;
      else                          y = 4'b0000;
    else
        y = 4'b0000;
endmodule
```

综合出的 RTL 电路如图 7-9 所示，为 5 级结构。其中，第 1 级将 bincode 与 2'h0 和 2'h1 进行比较，第 2 级进行选择，第 3 级将 bincode 与 2'h2 和 2'h3 进行比较，第 4 级进行选择，第 5 级用于使能控制。

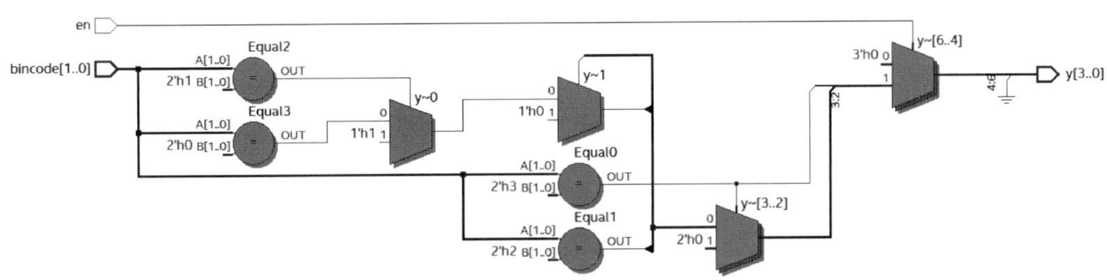

图 7-9　使用 if 语句综合出的译码器电路

若改用分支语句描述，将其功能描述语句改写为

```
always @(en or bincode )
   if ( en )
     case ( bincode )
       2'b00: y = 4'b0001;
       2'b01: y = 4'b0010;
       2'b10: y = 4'b0100;
       2'b11: y = 4'b1000;
       default: y = 4'b0000;
     endcase
   else
     y = 4'b0000;
```

则综合出的 RTL 电路如图 7-10 所示，仅为 2 级结构。其中，第 1 级实现 2 线-4 线译码，第 2 级用于使能控制。

从综合效果看，上述两种描述方式占用的资源基本相同，但应用 case 语句比用条件语句综合出的电路传输延迟时间小，因此，建议只有在需要描述优先逻辑的电路中才使用多重条件语句。在速度优化的项目中，使用 case 语句效果更好。

还需要强调的是，无论是用 if 语句还是用 case 语句描述组合逻辑电路，一定要防止意外综合出锁存器，因此要求：

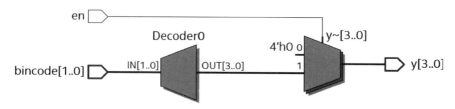

图 7-10 应用 case 语句综合出的译码器电路

(1) 在 case 语句中配套使用 default 语句;

(2) 在描述组合逻辑电路时,赋值表达式中参与赋值的所有线网/变量都必须在 always 语句的事件列表中列出。

另外,应用条件操作符也能够综合出多路选择结构。例如,应用条件操作符描述 2 线-4 线译码器,参考代码如下。

```
module decoder_2to4(en,bincode,y);
  input en;
  input [1:0] bincode;
  output wire [3:0] y;
  // 数据流描述,应用条件操作符
  assign y = ( !en ) ? 4'b0000 :
             bincode[1]? ( bincode[0] ? 4'b1000 : 4'b0100 ) :
                         ( bincode[0] ? 4'b0010 : 4'b0001 ) ;
endmodule
```

应用条件操作符综合出的 RTL 电路如图 7-11 所示。由于代码简洁,而且综合出的电路可控性好,因而在复杂数字系统设计中应用更为广泛,以提高系统的可靠性。

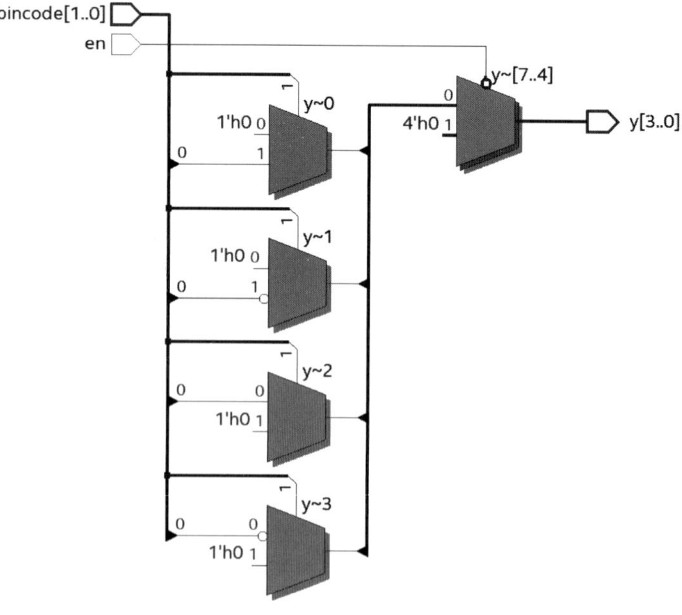

图 7-11 应用条件操作符综合出的译码器电路

3. 描述方式对综合电路的影响

Verilog 支持行为、数据流和结构 3 种描述方式。描述方式不同，综合出的电路占用的资源不同，电路性能也有差异。明确这些描述方式之间的差异，对于电路性能的优化有着至关重要的影响。

对于具有使能端的 3 线-8 线译码器，若应用行为方式描述，则 Verilog 描述代码参考如下。

```
module dec3_8a( s_n, bincode, y_n );
  input s_n;
  input [2:0] bincode;
  output reg [7:0] y_n;
  always @( s_n, bincode )
    if ( !s_n )
      case ( bincode )
        3'b000: y_n = 8'b11111110;
        3'b001: y_n = 8'b11111101;
        3'b010: y_n = 8'b11111011;
        3'b011: y_n = 8'b11110111;
        3'b100: y_n = 8'b11101111;
        3'b101: y_n = 8'b11011111;
        3'b110: y_n = 8'b10111111;
        3'b111: y_n = 8'b01111111;
        default: y_n = 8'b11111111;
      endcase
  else
       y_n = 8'b11111111;
endmodule
```

上述代码综合出的应用电路如图 7-12 所示，具体是将 Quartus Prime 中的通用译码器宏功能模块定制为 3 线-8 线译码器，再加上数据选择器实现使能(Enable)控制。

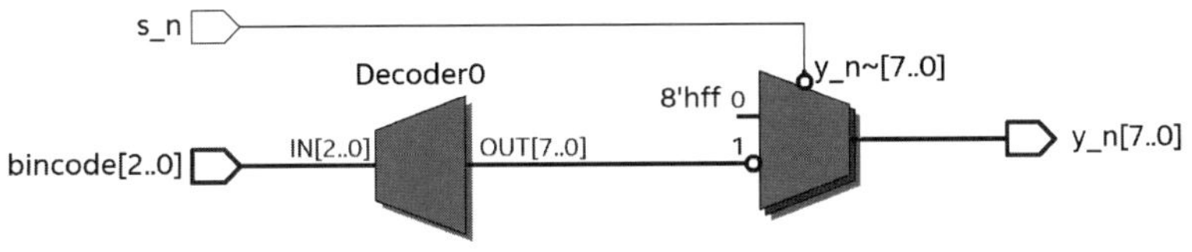

图 7-12　译码器综合电路(1)

若采用数据流方式描述，Verilog 参考代码如下。

```
module dec3_8b(s_n,a,y_n);
  input s_n;
  input [2:0] a;
  output wire [7:0] y_n;
  assign y_n[0] = ~((~s_n)&(~a[2])&(~a[1])&(~a[0]));
  assign y_n[1] = ~((~s_n)&(~a[2])&(~a[1])&a[0]);
  assign y_n[2] = ~((~s_n)&(~a[2])&a[1]&(~a[0]));
```

```
  assign y_n[3] = ~((~s_n)&(~a[2])&a[1]&a[0]);
  assign y_n[4] = ~((~s_n)&a[2]&(~a[1])&(~a[0]));
  assign y_n[5] = ~((~s_n)&a[2]&(~a[1])&a[0]);
  assign y_n[6] = ~((~s_n)&a[2]&a[1]&(~a[0]));
  assign y_n[7] = ~((~s_n)&a[2]&a[1]&a[0]);
endmodule
```

则综合出的电路如图 7-13 所示，以函数表达式映射的方式实现。

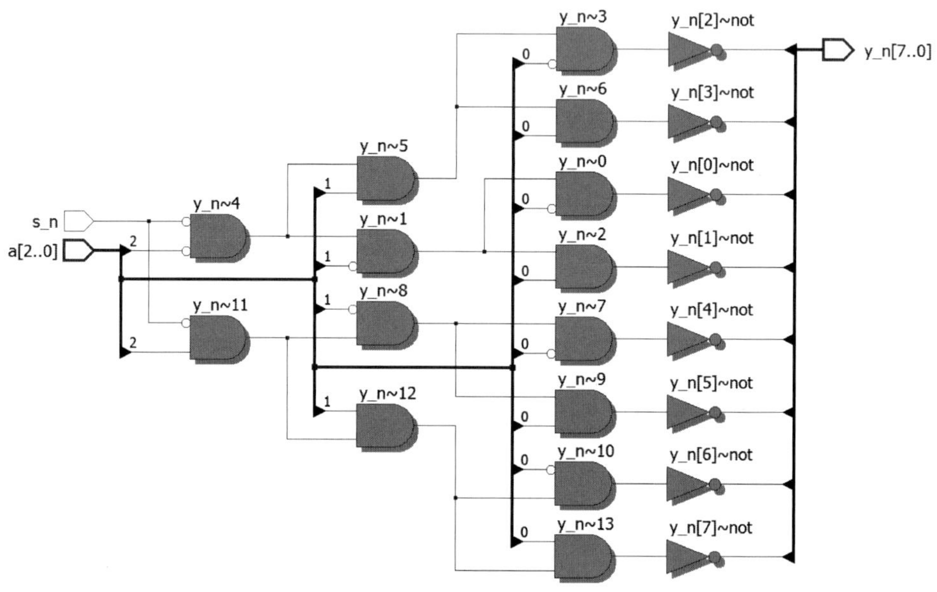

图 7-13 译码器综合电路(2)

若采用结构方式，调用 Verilog 基元进行描述，Verilog 参考代码如下。

```
module dec3_8c(s_n,a,y_n);
  input s_n;
  input [2:0] a;
  output wire [7:0] y_n;
  nand U0 (y_n[0],~s_n,~a[2],~a[1],~a[0]);
  nand U1 (y_n[1],~s_n,~a[2],~a[1], a[0]);
  nand U2 (y_n[2],~s_n,~a[2], a[1],~a[0]);
  nand U3 (y_n[3],~s_n,~a[2], a[1], a[0]);
  nand U4 (y_n[4],~s_n, a[2],~a[1],~a[0]);
  nand U5 (y_n[5],~s_n, a[2], ~a[1], a[0]);
  nand U6 (y_n[6], s_n, a[2], a[1],~a[0]);
  nand U7 (y_n[7],~s_n, a[2], a[1], a[0]);
endmodule
```

则综合出的电路如图 7-14 所示，由与非门电路实现。

综上所述，3 种描述方法综合出的电路不尽相同。相比来说，行为描述方式通过定制译码器 IP 实现，规范性好；数据流描述综合出的电路更为直观；而结构描述方式综合电路的可控性好，因而在集成电路设计中应用更为广泛。

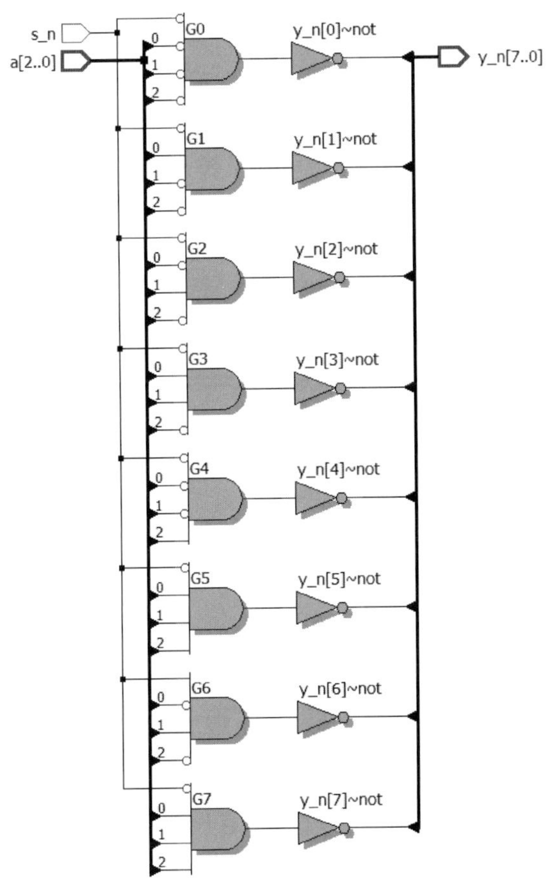

图 7-14 译码器综合电路(3)

7.2.3 优化设计方法

对于基于 FPGA 设计的数字系统，性能与面积是一对相互制约的因素。相应地，设计优化包含两层含义：①在满足系统性能要求的前提下，尽量节约芯片面积；②占用面积一定的情况下，尽可能提升系统的性能。通常需要在系统性能与占用面积之间寻找平衡点。

本节首先介绍基于 FPGA 数字系统的基本设计原则，然后重点讨论常用的优化方法。掌握这些原则和方法，在 FPGA 设计中往往能够达到事半功倍的效果。

1. FPGA 设计的基本原则

基于 FPGA 设计数字系统时，应遵循速度与面积、硬件、系统和同步 4 个基本原则。

1) 速度与面积的平衡与互换

俗话说："又要马儿跑，又要吃草少。"在数字系统设计中，我们希望系统的性能好，同时占用的资源少。对于基于 FPGA 设计的数字系统，通常使用面积(Area)衡量系统所消耗资源的多少，具体以消耗逻辑单元(Logic Element，LE)和存储资源的数量来衡量；使用速度(Speed)评估性能，具体是指在目标芯片上稳定工作时系统能够达到的最高频率，与组合电路的传输延迟时间、时序电路的建立时间、保持时间和时钟到输出端口的延迟时间等诸多因素有关。

但是,鱼和熊掌往往不可兼得。系统的性能好是以消耗资源为代价的,而要节约资源,也是以牺牲系统的性能为代价的。因此,速度和面积是 FPGA 系统设计中一对相互制约的因素。通常的情况是,某种设计方案占用的资源少,但是速度慢,而另一种设计方案性能好,但电路复杂,需要占用更多的芯片面积。因此,需要平衡系统的性能和所占用 FPGA 的资源量。

在具体的工程项目中,应根据性能指标的要求,在保证系统功能和性能的前提下,尽量降低资源消耗以降低功耗和节约成本。如果系统的时序裕量大,能够运行的工作频率远高于设计要求,那么就可以以时间换空间,通过模块复用、并-串转换等方法减小消耗的面积。如果性能要求高,那么就以空间换时间,通过串-并转换、模块复制和乒乓操作等方法换取系统性能的提升。

Quartus Prime 软件中的分析与综合设置(Analysis & Synthesis Settings)界面中的 Speed、Balanced 和 Area 选项,分别对应于速度优先、性能折中和面积优先 3 种综合优化策略,就是速度与面积原则的具体体现。

2) 硬件原则

Verilog HDL 虽然源于 C 语言,但并不是程序,即 Verilog 代码与 C 程序有着本质的区别。Verilog HDL 代码经过编译与综合后实现的是硬件电路,具有并行性,而 C 程序经编译后转化为机器语言,仍然需要在处理器中运行,为串行处理方式。因此,应用 Verilog HDL 对模块进行描述时,不能像写 C 程序那样,片面追求代码的简洁,而应该时刻牢记 Verilog 描述的是硬件电路,明晰描述代码与硬件电路之间的相关关系。例如,在 C 程序中,使用以下循环语句再平常不过了。

```
for (i = 0; i < N; i = i + 1) do_something();
```

但是,若在 Verilog HDL 中应用上述语句,综合工具会将 for 语句的每次循环翻译为一个相同的逻辑块,而不像 C 语言一样,按顺序执行,对变量具有记忆功能。因此,这样的描述方式会消耗大量的资源。例如,应用以下 Verilog 代码描述 8 线-3 线优先编码器。

```
module encode_83 (                      // 注: 本段代码来源于网络
  input [7:0] x,                        // 注: 8 路高/低电平输入
  output reg[2:0] y,                    // 注: 3 位二进制码输出
  output reg e                          // 无编码输入标志,高电平有效
   );

  integer i;
  integer j = 0;
  always @( * ) begin
    for (i = 0;i < 8;i = i + 1)
      begin
       if (x[i] == 1)                   // x[i] = 1 时更新输出
         y <= i;
```

```
        else                              // 否则,只将 j 加 1
          j = j + 1;
        end
        if (j == 8)                       // j = 8 时表示无编码信号输入
          e <= 1;                         // 无编码标志 e 设置为 1
        else
          e <= 0;
    end
endmodule
```

从程序运行的角度讲,上述代码能够完成 8 线-3 线优先编码的逻辑功能,但是不适合综合成硬件电路。这是因为:①上述代码综合出了时序电路,而不是所需要的组合逻辑电路,因而是错误的;②从资源消耗上看,应用 4.1.2 节例 4-2 的条件语句和例 4-3 的分支语句描述的 8 线-3 线优先编码器综合后均占用了(EP4CE115F29C7)10 个逻辑单元,而上述代码综合后占用了 703 个逻辑单元,资源占用是前两者的 70 倍。因此,应用 Verilog HDL 时,除了在编写测试平台文件 testbench 中,描述仿真测试激励时可以使用 for 循环语句外,建议在可综合电路设计中应尽量避免使用循环语句,而是选用操作符或应用 if 语句和 case 语句描述类似的逻辑。只有在需要描述多个相同的逻辑块时,才使用循环语句,而且循环次数必须为常量。

用 HDL 描述时,应对所实现硬件电路的功能和结构胸有成竹,选择合理的描述方式,应用适当的代码进行描述。因为综合工具对 HDL 代码进行综合时,综合出的硬件电路会因为描述方式和描述代码的不同而不同,从而直接影响着系统的性能。

例如,若定义

```
input [3:0] a,b,c,d,e,f,g,h;
output wire [5:0] sum;
```

实现加法时,应用代码

```
assign sum = ((a + b) + (c + d)) + ((e + f) + (g + h));
```

和直接使用代码

```
assign sum = a + b + c + d + e + f + g + h;
```

综合出的 RTL 电路分别如图 7-15(a)和图 7-15(b)所示。这两种电路虽然都使用了 7 个加法器,但前者为树状结构,传输延迟时间小;后者为链式结构,传输延迟时间大。因此,有意识控制代码的描述方式,能够综合出更优的硬件电路。

3) 系统原则

系统原则包括两层含义。一是指系统的软硬件协同设计,哪些功能用硬件电路实现,哪些功能用软件编程实现,以便在系统性能与资源占用方面达到平衡。一般来说,实时性要求高的功能模块适合用硬件电路实现。二是指基于 FPGA 设计数字系统时,应该对系统的硬件结构有清晰的构想,采用自顶向下的方法对系统进行分解,包括模块功能的划分、时钟域

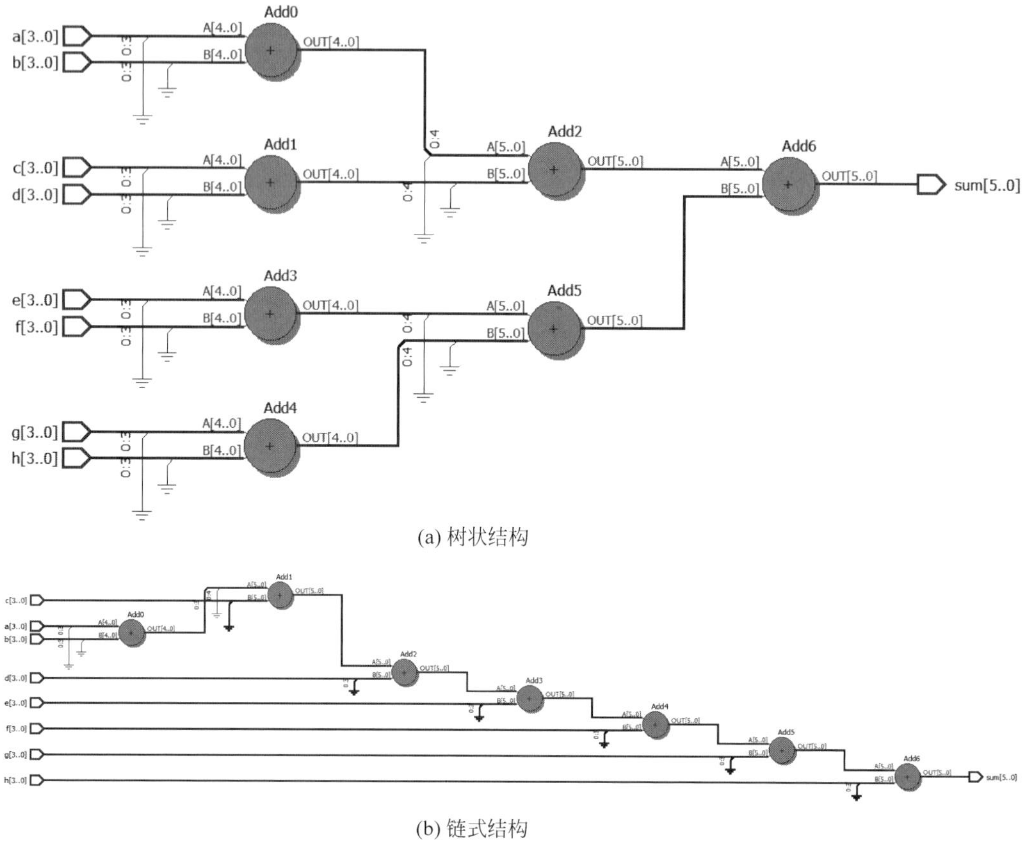

(a) 树状结构

(b) 链式结构

图 7-15 加法综合电路

信号的产生和驱动、模块复用、时序约束和引脚约束、面积和速度规划等。

系统层级的划分不仅关系到是否能够最大程度地发挥项目团队或成员的协同设计能力，而且直接决定着综合的效果和设计效率。模块化设计是系统原则的一个很好体现，是自顶向下、分工协作设计思路的具体体现，是复杂系统设计推荐的方法。

4）同步原则

时序逻辑电路有异步和同步两种类型。同步电路内部所有寄存器受一个时钟脉冲驱动，异步电路内部寄存器不全受一个时钟脉冲驱动。

与异步电路相比，同步电路具有以下主要优点：①方便应用触发器的异步复位和置位端，将系统置为确定的初始状态；②易于消除组合电路中的竞争-冒险，提高系统工作的可靠性；③容易应用流水线等优化方式，提高系统的工作速度。因此，基于 FPGA 设计数字系统时，建议应用同步时序逻辑电路。

同步电路虽然比异步电路复杂，但基于 FPGA 设计的数字系统是以占用逻辑单元的数量衡量面积的，相对来说，同步电路并不比异步电路浪费资源。

目前，商用 FPGA 芯片内部大多是面向同步时序电路设计而优化的。在同步电路中，时钟信号的传输延迟和稳定性决定着同步电路的性能。为了减小传输延迟，提高时钟信号的质量，FPGA 内部设有专用的时钟分配网络，包括全局时钟布线资源、专用的时钟管理模块和锁相环等。利用 FPGA 内部的锁相环完成时钟的分频、倍频和移相等操作，然后通过专用时钟分配网络分配时钟给系统的各个模块，不仅能够简化电路设计，还能够有效地提高系统工作的稳定性。

对于同步时序逻辑电路，稳定可靠的时序设计必须遵从以下两个基本原则：①在时钟的有效沿到达前，数据输入至少已经稳定了建立时间（t_{SU}）之久，这条原则简称满足建立时间原则；②在时钟的有效沿作用后，数据输入至少还要稳定保持时间（t_{HOLD}）之久，这条原则简称满足保持时间原则。另外，当系统具有异步复位功能时，复位信号还应该满足恢复时间和撤除时间的要求。最好应用异步复位同步释放信号作为系统的全局复位信号。

由于同步时序电路能够避免竞争-冒险，因此，在系统设计中推荐全部使用同步逻辑电路，并且不同时钟域的子系统需要设计跨时钟域的接口电路。

2. 常用优化设计方法

基于 FPGA 设计数字系统时，如果系统的时序裕量较大，即系统能够运行的最高工作频率远高于设计要求，就可以用时间换空间，通过模块的时分复用减少系统所消耗的芯片面积。反之，如果设计的时序要求很高，那么可以通过复制模块、应用流水线、串-并转换和乒乓操作等设计方法，以空间换时间，实现系统速度的提高。这些设计方法是 FPGA 设计内在规律的体现，合理地应用这些设计方法能够有效地节约 FPGA 资源或提升系统的性能。

1）并-串转换方法

并-串转换是 FPGA 设计的一个重要技巧，是数据流处理的常用手段，也是面积与速度互换思想的直接体现。

串行化是指把反复使用的、资源消耗大的逻辑电路分割出来，应用流水线方式，在时间上共享该电路以实现相同的功能。例如，数字信号处理中常用的乘加运算若采用常规的并行方式处理，会消耗大量 FPGA 内部的逻辑资源。如果能共享乘法器，则可以有效地节约 FPGA 资源。

下面举例进行分析。设 a0～a3 和 b0～b3 均为 4 位无符号二进制数，实现乘加运算 $y=a0\times b0+a1\times b1+a2\times b2+a3\times b3$ 时，若直接应用 Verilog 描述代码：

```
module p_mult_add (
  input [3:0] a0,a1,a2,a3,
  input [3:0] b0,b1,b2,b3,
  output wire [7:0] yout
  );
  // 数据流描述,无符号乘法
  assign yout  =  a0 * b0 + a1 * b1 + a2 * b2 + a3 * b3;
endmodule
```

则需要 4 个乘法器和 3 个加法器，共消耗了（EP4CE115F29C7）148 个逻辑单元。若改用串行处理，应用时序电路实现，Verilog 描述代码参考如下。

```
module s_mult_add (
  input clk,
  input [3:0] a0,a1,a2,a3,
```

```
    input [3:0] b0,b1,b2,b3,
    output reg [7:0] yout
    );
    reg [1:0] cnt;
    reg [3:0] atmp,btmp;
    wire [7:0] mult_tmp;
    // 乘法操作
    assign mult_tmp = atmp * btmp;
    // 四进制计数器逻辑
    always @( posedge clk )
       cnt  <= cnt + 1'b1;
    // 组合逻辑过程,选择被乘数和乘数
    always @( * )
       case ( cnt )
          2'b00: begin atmp = a0; btmp = b0; end
          2'b01: begin atmp = a1; btmp = b1; end
          2'b10: begin atmp = a2; btmp = b2; end
          2'b11: begin atmp = a3; btmp = b3; end
        default: begin atmp = a0; btmp = b0; end
       endcase
    // 时序逻辑,累加过程
    always @( posedge clk)
       yout  <= yout + mult_tmp;
endmodule
```

这样就可以应用一个乘法器实现,只消耗(EP4CE115F29C7)56个逻辑单元。

基于FPGA设计数字系统时,设计者应该熟悉FPGA内部各项资源,包括逻辑单元(LE)、RAM块、DSP和乘法模块等的数量和使用情况,以便在各种资源利用率之间达到平衡,从而最大限度地利用器件的内部资源。

2) 流水线设计思想

流水线(Pipelining)设计的基本思想对时序电路中传输延迟时间较大的组合逻辑块进行拆分,将原本在一个时钟周期完成的组合逻辑分割成多个较小的逻辑块,中间插入流水线寄存器,使其在多个时钟周期内完成,以提升这部分电路的工作频率,从而提高整个系统的性能。

下面以图7-16所示的同步时序电路进行分析,其中两个触发器之间有一个传输延迟时间为t_{LOGIC}的组合逻辑块。设触发器的时钟到输出时间用t_{CO}表示,建立时间用t_{SU}表示,则该同步电路的最小时钟周期为

$$t_{CLK(min)}=t_{CO}+t_{LOGIC}+t_{SU}$$

因此,最高工作频率为

$$f_{CLK(max)}=1/t_{CLK(min)}=1/(t_{CO}+t_{LOGIC}+t_{SU})$$

若$t_{LOGIC}\gg(t_{CO}+t_{SU})$,则上式可以近似表示为

$$f_{CLK(max)}=1/t_{CLK(min)}=1/(t_{CO}+t_{LOGIC}+t_{SU})\approx 1/t_{LOGIC}$$

这说明,在忽略t_{CO}和t_{SU}的情况下,t_{LOGIC}越大,电路的最高工作频率越低。

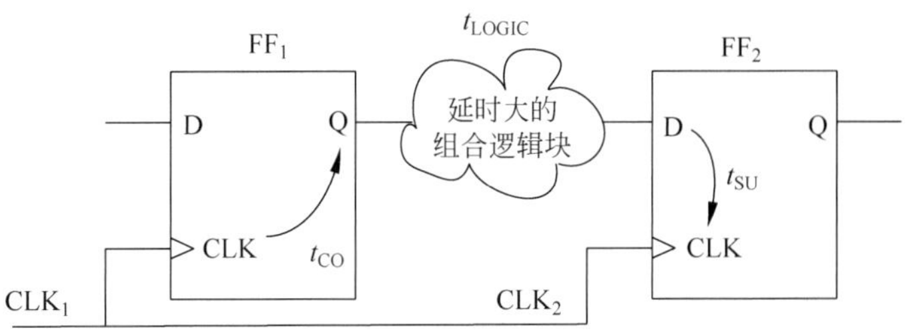

图 7-16 同步时序电路

如果能够将电路中的组合逻辑块拆分成两个传输延迟时间大致相等的组合逻辑块，并在两个组合逻辑块之间插入流水线寄存器，如图 7-17 所示，就构成了流水线结构的同步时序电路。

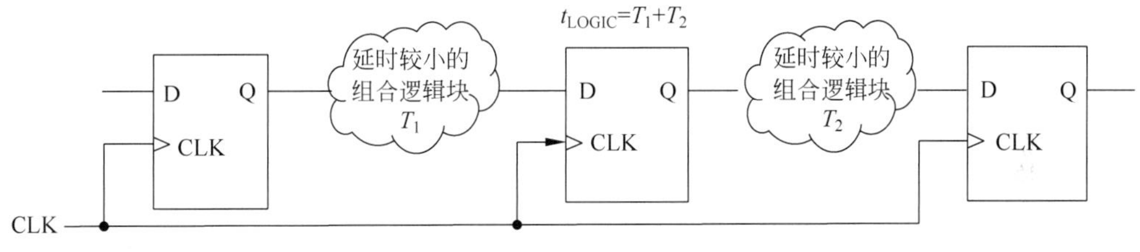

图 7-17 两级流水线结构

设拆分后的两个组合逻辑块的传输延迟时间分别用 T_1 和 T_2 表示，即

$$t_{LOGIC}=T_1+T_2$$

若 $T_1=T_2$，则

$$T_1=T_2=t_{LOGIC}/2$$

因此，电路的最小时钟周期为

$$t_{CLK(min)}=t_{CO}+T_1+t_{SU}=t_{CO}+t_{LOGIC}/2+t_{SU}$$

故最高时钟频率为

$$f_{CLK(max)}=1/t_{CLK(min)}=1/(t_{CO}+t_{LOGIC}/2+t_{SU})$$

若 $T_1=T_2>>(t_{CO}+t_{SU})$，则上式可以近似表示为

$$f_{CLK(max)}=1/t_{CLK(min)}=1/(t_{CO}+t_{LOGIC}/2+t_{SU})\approx 2/t_{LOGIC}$$

这说明，在忽略 t_{CO} 和 t_{SU} 的情况下，流水线结构同步电路的最高工作频率约为原电路最高工作频率的两倍。

当然，如果能够将组合逻辑块拆分成 3 个传输延迟时间大致相等的组合逻辑块，并在 3 个组合逻辑块之间插入两个流水线寄存器，则流水线结构同步电路的最高工作频率还可以进一步提升。

需要注意的是，应用流水线能够提高同步电路的性能，但会产生了输入到输出的延迟。这是因为流水线的每级输出相对于前一级输出，都会延迟一个时钟周期。因此，增加 n 级流水线，输出就会延迟 n 个时钟周期。

流水线思想的扩展应用是均衡同步电路的时序(Retiming)。例如，对于如图 7-18(a)所示的同步时序电路，两个组合逻辑块的传输延迟时间分别为 15ns 和 5ns，假设触发器的时钟到输出时间和建立时间均为5ns，则该同步电路的最高工作频率为1/(5ns+15ns+5ns)=40MHz。如果能将两个组合逻辑块的传输延迟时间均衡为10ns和10ns，如图7-18(b)所示，则电路的最高工作频率可以提升到1/(5ns+10ns+5ns)=50MHz，即经过时序均衡后，同步电路的工作速度提升了25%。

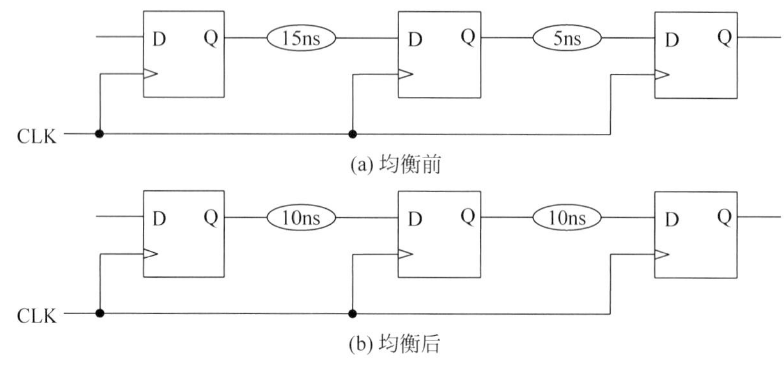

图7-18 同步电路时序均衡

3）缩短关键路径

关键路径(Critical Path)是指同步时序逻辑电路中，传输延迟时间最大的组合逻辑路径。关键路径对电路性能起着决定性的作用。如果能够对关键路径进行时序优化，就可以有效地提升系统的工作速度。例如，对于如图7-19所示的电路，从输入到输出之间有3条信号传输路径，设每条路径的传输延迟时间分别用t_{d1}、t_{d2}和t_{d3}表示。若t_{d1}大于t_{d2}和t_{d3}，则传输延迟时间为t_{d1}的信号路径称为关键路径，优化的主要目标是减小t_{d1}，才能有效地提高电路的工作速度。

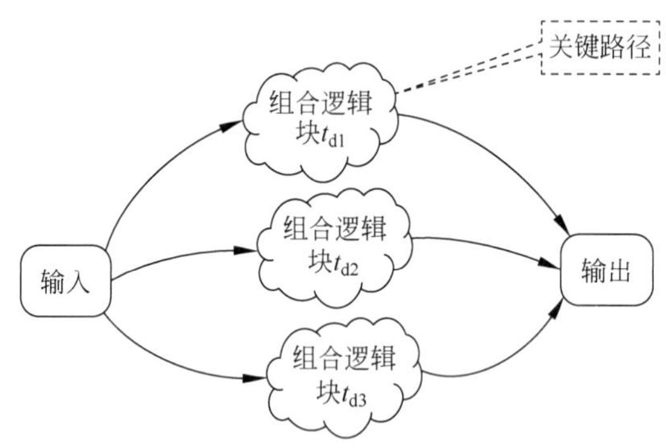

图7-19 关键路径法

对于带有功能控制端的2选1数据选择器$Y=(D_0A'_1A'_0+D_1A'_1A_0+D_2A'_1A_0+D_3A_1A_0)EN$，因为EN=0时$Y=0$，EN=1时$Y=D_0A'_1A'_0+D_1A'_1A_0+D_2A'_1A_0+D_3A_1A_0$，因此EN信号的传输路径为关键路径。

若应用以下代码进行描述，则关键信号EN的路径为两级门电路的传输延迟时间。

```
wire atmp,btmp,ctmp,dtmp;
assign atmp = D0 && !A1 && !A0 && EN;
assign btmp = D1 && !A1 && A0 && EN;
```

```
assign ctmp = D2 && A1 && !A0 && EN;
assign dtmp = D3 && A1 && A0 && EN;
assign y = atmp || btmp || ctmp || dtmp;
```

若应用以下代码进行描述，则关键信号 EN 的路径减小为一级门电路的传输延迟时间。

```
wire atmp,btmp,ctmp,dtmp;
assign atmp = D0 && !A1 && !A0 ;
assign btmp = D1 && !A1 && A0 ;
assign ctmp = D2 && A1 && !A0 ;
assign dtmp = D3 && A1 && A0 ;
assign y = ( atmp || btmp || ctmp || dtmp ) && EN;
```

关键路径的优化，通常有流水线和均衡时序两种方法。对于复杂工程，可以应用 Quartus Prime 中的时序分析工具 Timing Analyzer 分析电路的时序信息，用底层编辑器 Chip Planner 查看布局布线，查找和识别关键路径，对设计进行修补。关于 Chip Planner 的应用，可阅读 Intel 公司提供的相关文档。

4）乒乓操作

乒乓操作(Ping-Pong Operation)是串-并转化思想的具体体现，用低速电路实现高速数据流的处理。乒乓操作的典型应用电路如图 7-20 所示。

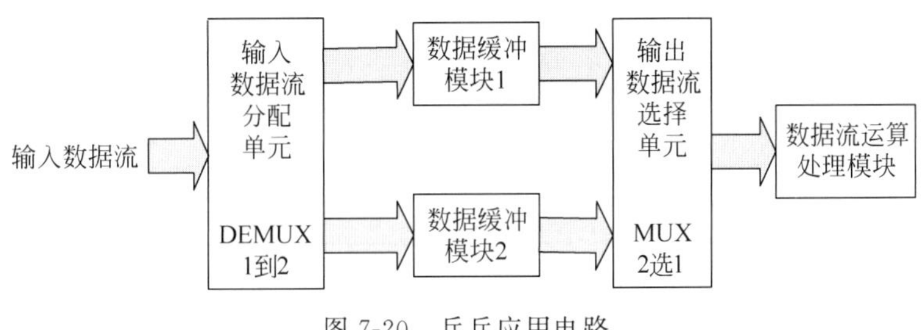

图 7-20　乒乓应用电路

乒乓操作的工作原理：前端通过数据分配器将输入的数据流交替分配到两个数据缓冲模块中，第 1 个时钟时将输入的数据存入数据缓冲模块 1，第 2 个时钟将输入的数据存入数据缓冲模块 2，依次反复进行；后端再应用数据选择器将两个数据缓冲模块的输出合并为数据流输出。

乒乓操作的最大特点是输入数据分配单元和输出数据选择单元按时钟相互配合进行切换，将经过缓冲的数据流不停顿地送到数据流运算处理模块进行运算和处理。乒乓操作模块为一个整体，从模块的两端来看，输入数据流和输出数据流都是连续不断的，因此非常适合对数据流进行流水线式处理。因此，乒乓操作通常应用于流水线式算法，完成数据的无缝缓冲与处理。

乒乓操作的本质是串-并和并-串转换，将高速的串行数据并行化，利用面积换速度，巧妙运用乒乓操作可以达到用低速模块处理高速数据流的效果。例如，为了提高采样速率，采用 4 片低速的流水线式 A/D 转换器构成的高速数据采集系统，电路结构如图 7-21 所示。

设数据采集系统时钟源的频率为 40MHz，A/D 转换器的时钟频率为 10MHz。脉冲分配电路的作用是将 40MHz 的 CLK 等分为 4 路顺序脉冲 $CLK_1 \sim CLK_4$，如图 7-22 所示，顺序控制 4 路 A/D 转换器对同一模拟信号进行分时采样。然后，在地址产生与时序控制电路的作用下，应用 4 选 1 数据选择器将 4 路采样数据合并为高速采样数据序列输出。

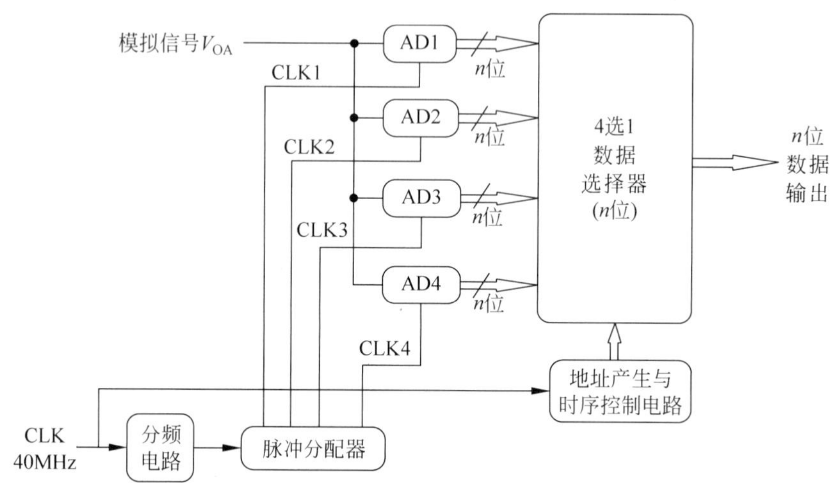

图 7-21 数据采集系统

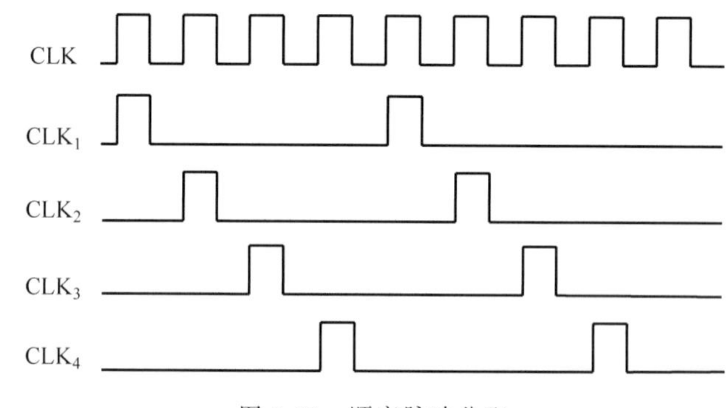

图 7-22 顺序脉冲分配

7.3 时序分析基础

数字电路分为组合逻辑电路和时序逻辑电路两大类。组合逻辑电路的输出只与输入有关；而时序逻辑电路的输出不但与输入有关，而且与电路的状态有关。

对于多输入多输出的组合逻辑电路，由于输入到输出的传输路径不同，即使电路的输入信号同时发生变化，输出信号的变化时间也不完全相同，所以组合逻辑电路容易产生竞争-冒险。

时序逻辑电路由组合逻辑电路和存储电路两部分组成。对于设计良好的时序逻辑电路，内部组合逻辑电路的输入信号在时钟脉冲的有效沿作用后变化，而其输出信号稳定后在下一次时钟脉冲的有效沿才会被“看到”，因此时序逻辑电路并不需要做组合逻辑电路的竞争-冒险分析，只需要考查存储电路工作的可靠性。

时序逻辑电路分为同步时序逻辑电路和异步时序逻辑电路两种类型。

同步时序逻辑电路的输入信号相对于时钟脉冲具有固定的相位关系。当输入信号满足触发器的时序要求时，其输出将在确定的延迟时间内进入有效状态。但是，由于同步电路内部的组合逻辑模块存在传输延迟时间，而且信号在线路上传输也需要时间，同时由于系统时钟不但存在上升时间和下降时间，而且由于网络延迟、线路负载和温度等因素的影响还可能导致时钟偏斜和时钟抖动等现象，这些因素都可能导致输入信号无法在规定的时间范围内到达触发器的输入端而不能被正确采样，或者采样时由于输入信号过早的消失而不能被正确存储而导致系统发生错误。另外，系统中的复位信号也会影响系统工作的可靠性。

时序分析就是对时序逻辑电路进行时序检查，通过分析电路中所有寄存器之间的路径延迟以检查电路的传输延迟是否会导致触发器的建立时间或保持时间违例，检查触发器的异步端口信号变化是否满足恢复时间和撤除时间的要求，以及分析时钟的传输延迟以检查时钟树的偏移和延时等情况。通过时序约束文件，告诉 EDA 软件该设计应该达到的时序指标，指导 EDA 软件优化布局布线以达到时序设计要求。

时序分析包括静态时序分析和动态时序分析两种类型。

静态时序分析(Static Timing Analyzer，STA)就是采用穷尽分析方法提取出整个电路存在的所有时序路径，计算信号在这些路径上的传播延时，检查信号的建立和保持时间是否满足时序要求，通过对最大路径延时和最小路径延时的分析，找出违背时序约束的错误。静态时序分析不需要输入向量就能穷尽所有的路径，且运行速度很快，占用内存较少，不仅可以对芯片设计进行全面的时序功能检查，而且还可利用时序分析的结果优化设计，因此，静态时序分析已经越来越多地被用到数字集成电路设计的验证中。

动态时序分析是将布线延迟信息反标注到门级网表中进行仿真，检查是否存在时序违例。动态时序分析包含门延迟和布线延迟信息，能够较好反映时序电路的实际工作情况。由于不可能产生完备的测试向量以覆盖门级网表中的每条路径，因此在动态时序分析无法暴露一些路径上可能存在的时序问题。

本节首先回顾触发器的动态参数，然后讲述时序分析的相关概念，以及在 Quartus Prime 开发环境下进行时序分析的基本方法和步骤，最后讨论异步时序与亚稳态产生的背景以及消除方法。

7.3.1 触发器的动态参数

触发器是构成时序逻辑电路的核心。为了保证触发器能够在时钟脉冲的有效沿能够可靠地采集数据，数字系统中各触发器的输入信号与时钟脉冲之间应满足一定的时序要求。

建立时间和保持时间用于描述触发器的输入信号与时钟脉冲之间的关系，而传输延迟时间则用于描述触发器的输出与时钟脉冲之间的关系。

对于上升沿工作的边沿 D 触发器，如图 7-23(a)所示，建立时间、保持时间和传输延迟时间的定义可以用图 7-23(b)进行说明。

1. 建立时间

建立时间(Setup Time)是指时钟脉冲的有效沿到来时，触发器的输入信号必须提前到达并且保持稳定的最短时间，用 t_{SU} 表示，如图 7-23(b)所示。换句话说，为了确保触发器能够在时钟脉冲的有效沿正确地采集数据，触发器的输入信号至少应提前时钟脉冲的有效沿

t_{SU} 时间到达触发器的输入端并且保持稳定。如果建立时间不够，触发器则不能可靠地锁定输入数据。

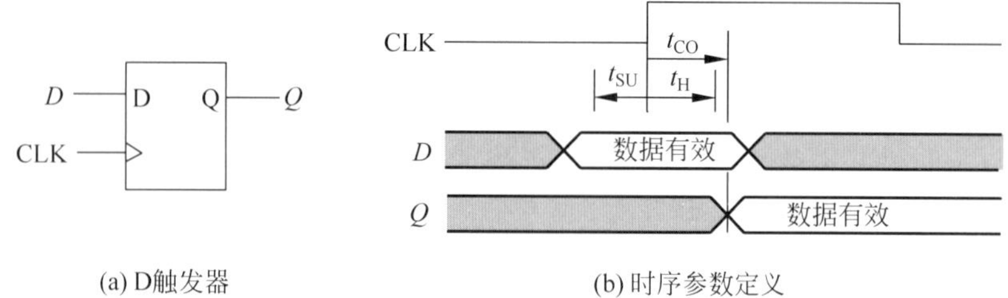

图 7-23　3 种时序参数的定义

下面以图 7-24 所示的 CMOS 边沿 D 触发器进行说明。

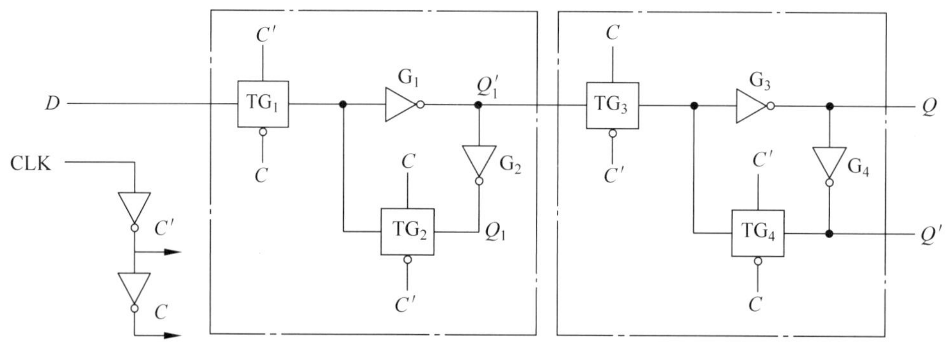

图 7-24　CMOS 边沿触发器的电路结构

当时钟 CLK 为低电平时，传输门 TG_1 和 TG_4 闭合，TG_2 和 TG_3 断开，此时输入信号 D 经由传输门 TG_1、反相器 G_1 和 G_2 到达 Q_1 点，使 $Q_1 = D$。设传输门和反相器的传输延迟时间均为 t_d，则输入信号 D 的变化传输到 Q_1 的延迟时间为 $3t_d$。

当时钟 CLK 的上升沿到来时，经过反相器的传输延迟时间 t_d 后传输门的控制信号 C' 开始变化，因此输入信号 D 必须先于时钟 CLK 的上升沿到达并且保持稳定的最短时间为 $2t_d$，即 $t_{SU} = 2t_d$。

2. 保持时间

保持时间(Hold Time)是指时钟脉冲的有效沿作用后，触发器的输入信号还必须维持稳定的最短时间，用 t_H 表示，如图 7-23(b)所示。如果保持时间不够，输入数据同样不能可靠地存入触发器。

对于如图 7-24 所示的 CMOS 边沿 D 触发器，传输门的控制信号 C 和 C' 改变使 TG_1 截止、TG_2 导通之前，输入信号 D 应该保持不变。因此，在时钟 CLK 的上升沿到达后 $2t_d$ 的时间内输入 D 应保持不变，即 $t_H = 2t_d$。

3. 时钟到输出时间

时钟到输出时间(Clock-to-Output Time)是指从时钟的有效沿开始算起，到触发器完成状态更新的延迟时间，用 t_{CO} 表示，如图 7-23(b)所示。

对于如图 7-24 所示的 CMOS 边沿 D 触发器，触发器的输出 Q 需要经过反相器 C 和 C'、传输门 TG_3 和反相器 G_3 的传输延迟后才能完成状态更新，而 Q' 还需要经过反相器 G_4

后才能完成状态更新，因此 $t_{CO}=5t_d$。

触发器的建立时间、保持时间和时钟到输出时间与实现触发器的 FPGA 器件类型和具体系列有关系。明确了 t_{SU}、t_H 和 t_{CO} 的含义后，就可以对同步电路进行时序分析了。

另外，对于具有异步控制端(包括复位端和置位端)的触发器，触发器的异步控制信号与时钟脉冲之间还应该满足一定的时序关系。

4. 恢复时间和撤除时间

触发器的异步复位信号与时钟脉冲之间关系用恢复时间和撤除时间两个参数来定义。对于上升沿工作的边沿 D 触发器，恢复时间和撤除时间的定义可以用图 7-25 进行说明。

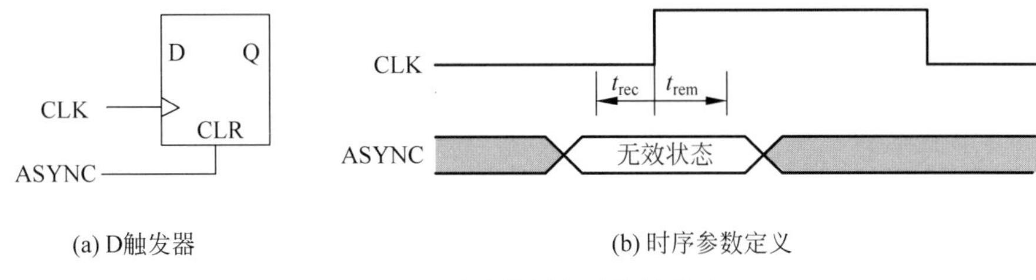

图 7-25　异步信号与时钟的关系

恢复时间(Recovery Time)是指在时钟脉冲的有效沿到来之前，异步复位信号应该恢复无效状态的最短时间，用 t_{rec} 表示。撤除时间(Remove Time)是指在时钟脉冲的有效沿作用之后，异步复位信号应该继续保持无效状态的最短时间，用 t_{rem} 表示。

如是触发器的异步复位信号不能在恢复时间和撤除时间的窗口内保持稳定，则会影响时钟脉冲的正常作用，从而影响系统工作的稳定性。

7.3.2 同步时序电路分析

触发器的建立时间和保持时间分别在时钟脉冲的有效沿左右定义了一个时间窗口。数字系统工作时，要求触发器的输入信号在这个时间窗口内保持稳定。如果输入信号不能在这个时间窗口内保持稳定，则称为时序违例(Timing Violation)。

同步时序逻辑电路内部所有的寄存器共享同一个时钟源，寄存器的状态更新在严格的时钟控制下完成。为了避免同步电路产生时序违例，同步电路中时钟脉冲的周期与触发器的建立时间、保持时间之间应满足一定的关系。

本节首先介绍时钟脉冲的特性，然后对同步电路的时序进行简要分析。

1. 时钟脉冲的特性

时钟是时序电路的脉搏。时钟的质量直接影响着时序电路工作的稳定性。理想的时钟脉冲应为周期固定的方波。在实际的数字系统中，时钟脉冲受到传输路径、线路负载和环境温度等因素的影响，会出现时钟偏斜、时钟抖动和占空比失真等现象。

时钟偏斜(Clock Skew)是指同源时钟到达两个寄存器时钟端的时间差异，用 t_{SKEW} 表示，分为正偏斜和负偏斜两种类型。

设时钟 CLK_1 和 CLK_2 来源于同一时钟 CLK。正偏斜是指时钟脉冲 CLK_2 滞后于 CLK_1，即 $t_{SKEW}>0$，如图 7-26 所示。负偏斜是指时钟脉冲 CLK_2 超前于 CLK_1，即 $t_{SKEW}<0$。

产生时钟偏斜的主要原因是时钟传输的静态路径不匹配以及时钟网络负载的不平衡。

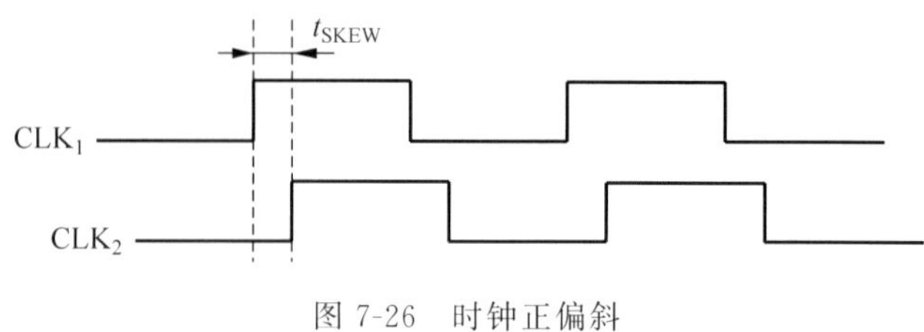

图 7-26 时钟正偏斜

时钟偏斜一般不会引起时钟周期的变化。

时钟抖动(Clock Jitter)是指时序电路中某些触发器的时钟周期发生了变化,分为周期抖动和周期间抖动两种。周期抖动(Period Jitter)是指时钟脉冲的周期相对于理想周期的偏差。对周期抖动进行差分运算,就可以得到周期间抖动(Cycle-Cycle Jitter)。周期抖动通常由干扰、电源波动或噪声等引起,范围大,比较容易确定;周期间抖动主要由环境因素造成,比较难以跟踪。

避免时钟抖动的主要方法有:①采用全局时钟网络;②采用抗干扰布局布线,增强时钟网络的抗干扰能力。

占空比失真是指时钟信号在传输过程中由于时延等因素的影响,导致脉冲宽度发生了变化,即脉冲高电平和低电平持续时间的比例发生了改变。在高速电路中,由占空比失真引起的问题很普遍。例如,DDR 系列片外高速存储器在时钟的上升沿和下降沿都需要对信号采样,占空比失真会改变系统的时序裕量,造成数字信号的失真。

2. 同步时序电路分析

同步时序电路的基本模型如图 7-27 所示,由两个 D 触发器和一个组合逻辑模块构成,两个触发器受同一时钟控制。图 7-27 中 t_{CO} 表示触发器的时钟到输出的延迟时间,t_{LOGIC} 表示组合逻辑模块的传输延迟时间,t_{SU} 表示触发器的建立时间。t_{CO} 和 t_{SU} 的具体数值与实现触发器的器件类型有关。

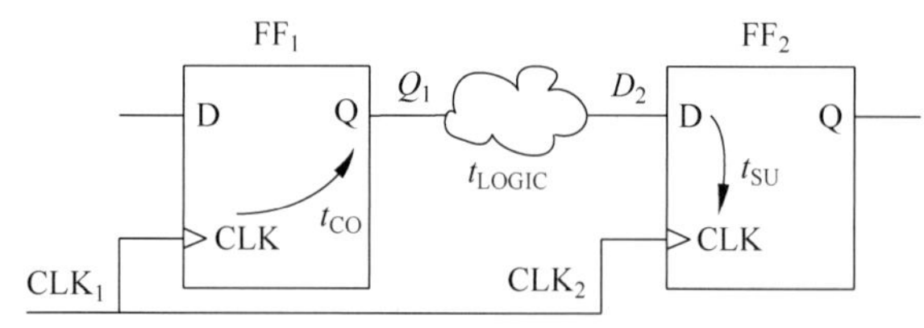

图 7-27 同步时序电路的基本模型

同步电路的工作过程:在时钟 CLK_1 的作用下,外部数据由触发器 FF_1 锁定后,经过组合逻辑模块传输到触发器 FF_2 的输入端,再由触发器 FF_2 锁定后输出。因此,习惯上将 FF_1 称为源寄存器(Source Register),将 CLK_1 称为源时钟或发送时钟(Source Clock/Launch Clock),同时将 CLK_1 的有效沿称为发送沿(Launch Edge);将 FF_2 称为目的寄存器(Destination Register),将 CLK_2 称为目的时钟或捕获时钟(Destination Clock/Capture Clock),同时将 CLK_2 的有效沿称为捕获沿(Capture Edge)。发起沿和捕获沿相差一个时钟周期。

为了确保同步时序逻辑电路能够可靠工作,目的寄存器的输入信号必须满足建立时间和保持时间的要求。

设同步时序电路时钟脉冲的周期用 t_{CYCLE} 表示。

1）建立时间裕量分析

如果不考虑时钟偏斜，那么在 CLK_1 的作用下，外部数据经过源寄存器的 Q_1 输出，再经过组合逻辑模块到达目的寄存器的输入端，即在发送沿作用后，数据经过时间 $t_{\mathrm{CO}}+t_{\mathrm{LOGIC}}$ 后到达 FF_2 的输入端 D_2，如图 7-28 所示。而对于目的寄存器，要求数据 D_2 相对于 CLK_2 的接收沿之前 t_{su} 时间到达并且稳定。

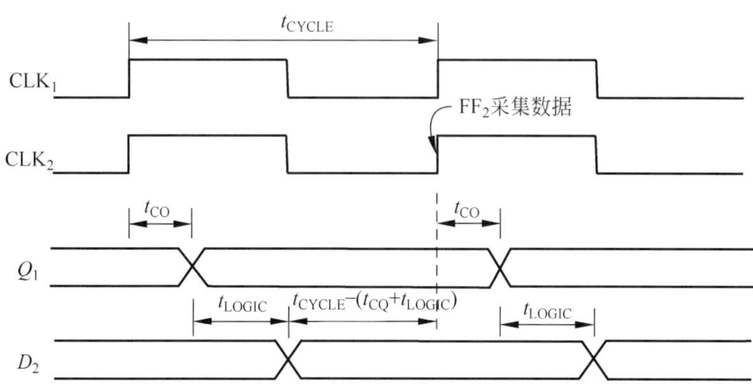

图 7-28　无时钟偏斜的同步电路时序分析

如果用 $t_{\mathrm{SU\_SLACK}}$ 表示目的寄存器的建立时间裕量，当时钟脉冲的周期为 t_{CYCLE} 时，建立时间裕量可以表示为

$$t_{\mathrm{SU\_SLACK}}=t_{\mathrm{CYCLE}}-(t_{\mathrm{CO}}+t_{\mathrm{LOGIC}})-t_{\mathrm{SU}}$$

当 $t_{\mathrm{SU\_SLACK}}\geqslant 0$ 时，说明目的寄存器的输入数据 D_2 相对于 CLK_2 的接收沿到达触发器并且稳定的时间满足触发器建立时间的要求。

考虑到时钟 CLK_2 与 CLK_1 之间存在正偏斜时，如图 7-29 所示，则建立时间裕量可表示为

$$t_{\mathrm{SU\_SLACK}}=t_{\mathrm{CYCLE}}-(t_{\mathrm{CO}}+t_{\mathrm{LOGIC}})-t_{\mathrm{SU}}+t_{\mathrm{SKEW}}$$

由于 $t_{\mathrm{SKEW}}>0$，因此建立时间裕量 $t_{\mathrm{SU\_SLACK}}$ 增加，说明正偏斜对建立时间是有益的。

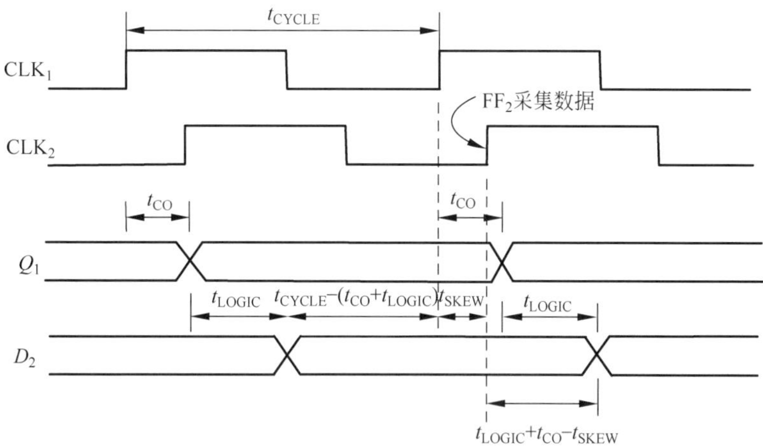

图 7-29　带有时钟偏斜的同步电路时序分析

2）保持时间裕量分析

如果不考虑时钟偏斜，在时钟 CLK_2 的有效沿作用后，源寄存器新发送的数据经过 t_{CO} 和 t_{LOGIC} 时间将到达目的寄存器的输入端，因此数据 D_2 的保持时间为 $t_{CO}+t_{LOGIC}$，如图 7-28 所示。要求触发器的保持时间为 t_H 时，如果 $t_{CO}+t_{LOGIC}\geqslant t_H$，即满足保持时间要求。

如果用 t_{H_SLACK} 表示目的寄存器的保持时间裕量，则 t_{H_SLACK} 可以表示为

$$t_{HOLD\_SLACK}=t_{CO}+t_{LOGIC}-t_H$$

当 $t_{H\_SLACK}\geqslant 0$ 时，说明输入数据 D_2 在时钟 CLK_2 的接收沿作用后还维持了足够长的时间，满足目的寄存器保持时间的要求，因此目的寄存器的状态 Q_2 不会因为新数据的到来而过早地改变。

考虑时钟 CLK_2 与 CLK_1 之间存在正偏斜时，如图 7-29 所示，则保持时间裕量 t_{H_SLACK} 可表示为

$$t_{HOLD\_SLACK}=t_{CO}+t_{LOGIC}-t_{HOLD}-t_{SKEW}$$

由于 $t_{SKEW}>0$，因此保持时间裕量 t_{HOLD_SLACK} 减小，说明正偏斜对保持时间是有害的。

由上述分析可知：时钟正偏斜时对建立时间有益，但对保持时间有害；反之，时钟负偏斜时对保持时间有益，但对建立时间有害。因此，对于同步时序电路，最好是时钟脉冲无偏斜，即 $t_{SKEW}=0$，这样对建立时间和保持时间都没有影响，这就要求同步时序电路中所有触发器的时钟不但来源于同一时钟，并且时钟网络具有良好的特性。

3）最高工作频率分析

对于如图 7-27 所示的同步时序逻辑电路，当 $t_{SU\_SLACK}=0$ 时，对应的时钟脉冲周期最小，此时时序电路的工作频率最高。由于 $t_{SU\_SLACK}=t_{CYCLE}-(t_{CO}+t_{LOGIC})-t_{SU}$，令 $t_{SU\_SLACK}=0$，即可以推出该同步时序电路可靠工作时，时钟脉冲的最小周期为

$$t_{CYCLE(min)}=t_{CO}+t_{LOGIC}+t_{SU}$$

因此，电路工作的最高时钟频率为

$$f_{max}=1/t_{CYCLE(min)}=1/(t_{CO}+t_{LOGIC}+t_{SU})$$

7.3.3 Timing Analyzer 的应用

在 1.1 节分析过，应用 8 片 74HC160 虽然能够级联为 10^8 进制计数器，但是由于计数器芯片性能的限制，无法对 40MHz 以上的信号进行正确计数。因此，应用集成计数器 74HC160 理论上能够设计出 1Hz～100MHz 的频率计，但实际上却无法达到性能要求。掌握了硬件描述语言之后，就可以直接根据功能表描述 74HC160 的逻辑功能，然后在可编程逻辑器件中实现。

Timing Analyzer 是内嵌于 Quartus Prime 开发环境的时序分析工具，能够提取同步电路中存在的所有时序路径，计算信号在这些路径中的传输延迟时间，根据指定的时序约束检查信号的建立时间和保持时间是否满足设计要求，通过对最大路径延时和最小路径延时的分析，找出违背时序约束的错误。

Timing Analyzer 不仅可以对设计电路进行全面的时序检查，还可以利用时序分析结果优化电路设计。因此，Timing Analyzer 已经越来越多地应用到数字系统设计的验证中。

应用 Timing Analyzer 进行时序分析的基本流程如图 7-30 所示，分为建立和综合工程、指定时序需求、在工程中添加.sdc 约束文件、重新编译工程以及查看时序分析报告等主要步骤。

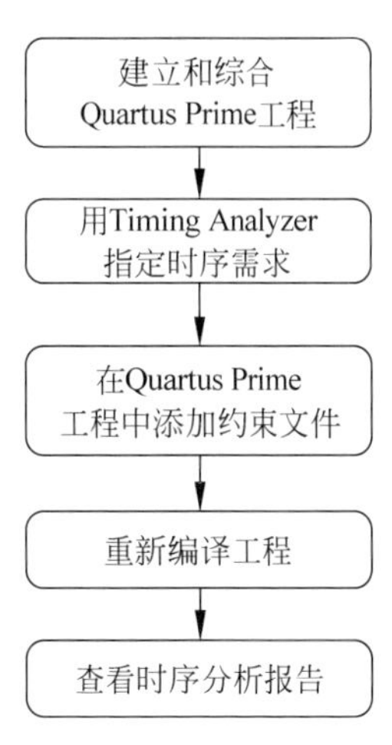

图 7-30　时序分析流程

本节以例 4-17 中描述的计数器模块 HC160.v 为例，讲述在 Quartus Prime 开发环境下，应用 Timing Analyzer 进行时序分析的基本方法与步骤。

1. 建立和编译工程

在 Quartus Prime 环境下，以 HC160.v 模块建立工程，并进行编译与综合。编译与综合过程完成后，展开 Quartus Prime 窗口左侧 Tasks 任务栏下 Timing Analyzer 中的 Clocks 项，可以看到如图 7-31 所示的时钟参数设置，表示在未指定时序约束的情况下，Timing Analyzer 默认计数器的时钟周期(Period)为 1ns，频率(Frequency)为 1000MHz，在 0 时刻上升(Rise)，在 0.5ns 时刻下降(Fall)，即时序分析默认计数器模块的时钟为 1000MHz 的方波。

HC160.v　　Compilation Report - HC160

Clocks

<<Filter>>

	Clock Name	Type	Period	Frequency	Rise	Fall	Duty Cycle	Divide by	Multiply by
1	clk	Base	1.000	1000.0 MHz	0.000	0.500			

图 7-31　默认时钟参数

在默认的时钟参数下，3 种时序分析模型的分析结果如表 7-3 所示。Slow 1200mV 85℃ Model 为芯片内核供电电压为 1200mV，工作温度为 85℃情况下的慢速传输模型；Slow 1200mV 0℃ Model 为芯片内核供电电压为 1200mV，工作温度为 0℃情况下的慢速传输模型；而 Fast 1200mV 0℃ Model 为芯片内核供电电压为 1200mV，工作温度为 0℃情况下的快速传输模型。

表 7-3　默认时钟下时序分析结果

分析模型	最高工作频率/MHz	建立时间裕量/ns	保持时间裕量/ns	恢复时间	撤除时间
Slow 1200mV 85℃ Model	504.29	—0.983	0.407	—	—
Slow 1200mV 0℃ Model	563.38	—0.775	0.365	—	—
Fast 1200mV 0℃ Model	—	0.025	0.188	—	—

可以看出，前两种慢速模型的建立时间裕量为负值，表示在 1000MHz 时钟下，计数器中触发器的建立时间未能满足时序要求。

2. 指定时序约束

上述分析是在未指定时序约束的情况进行的。对于 1Hz～100MHz 的频率计，我们并不需要计数器的工作频率达到 1000MHz，只要确保计数器能够在 100MHz 时钟下稳定工作就可以满足设计要求。

本节以约束计数器 HC160 的时钟频率为 400MHz 讲述时序分析的基本步骤。

(1) 启动 Timing Analyzer。

在 Quartus Prime 中,执行 Tools→Timing Analyzer 菜单命令启动时序分析工具,如图 7-32 所示,将弹出如图 7-33 所示的 Timing Analyzer 初始界面。

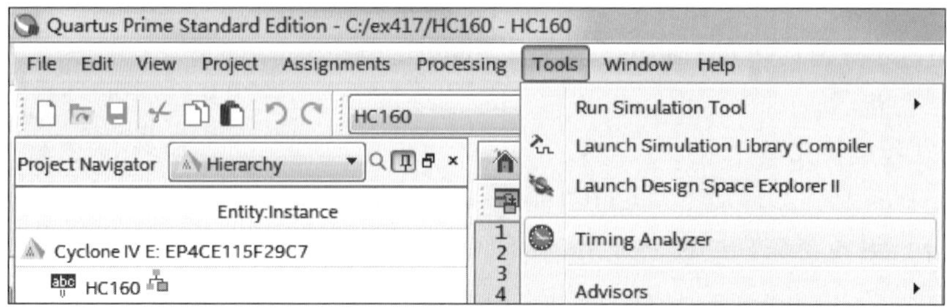

图 7-32 启动时序分析工具

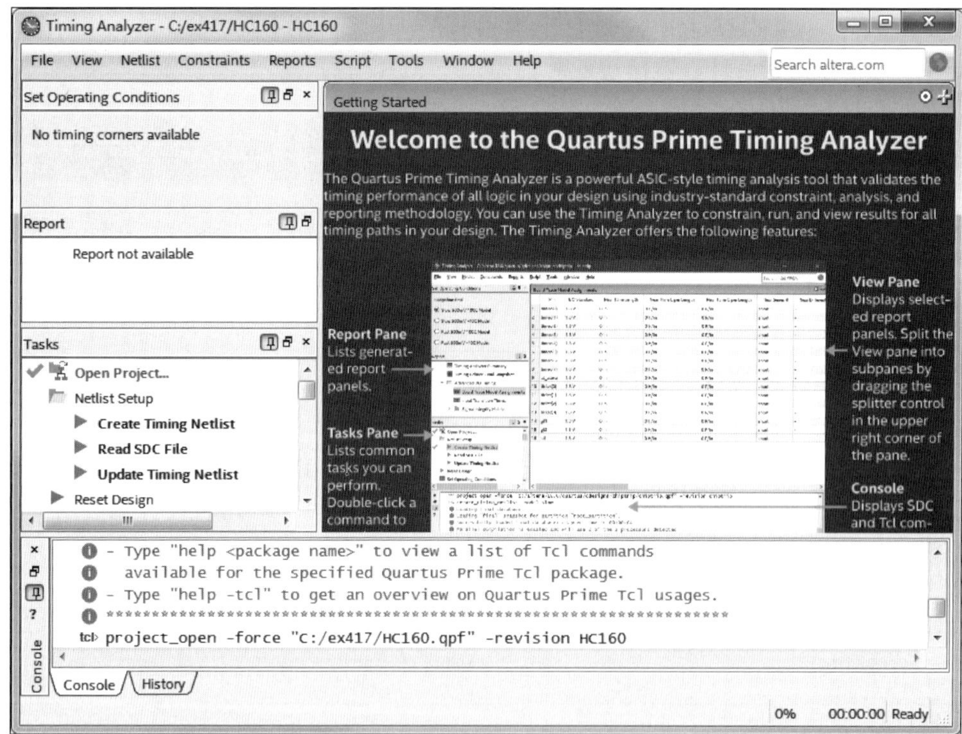

图 7-33 Timing Analyzer 初始界面

(2) 创建 Timing Netlist。

在 Timing Analyzer 主窗口中,执行 Netlist→Create Timing Netlist 菜单命令,将弹出如图 7-34(a)所示的 Create Timing Netlist 对话框。选择 Input netlist 栏下的 Post-map,如图 7-34(b)所示,其余选项保持不变。单击 OK 按钮开始生成时序分析网表。返回 Timing Analyzer 窗口后,可以看到 Timing Analyzer 窗口左侧的 Tasks 子窗口中的 Create Timing Netlist 任务前已经打勾,如图 7-35 所示,表示时序网表生成成功。

(3) 指定时序需求。

执行 Constraints→Create Clock 菜单命令,弹出如图 7-36(a)所示的 Creat Clock 对话

框。在 Clock name 文本框中输入 clk400，在 Period 文本框中输入 2.5，在 Waveform edges 栏的 Rising 和 Falling 文本框中不输入任何数值(默认占空比为 50%)，如图 7-36(b)所示，将时钟 clk400 设置为 400MHz 的方波。

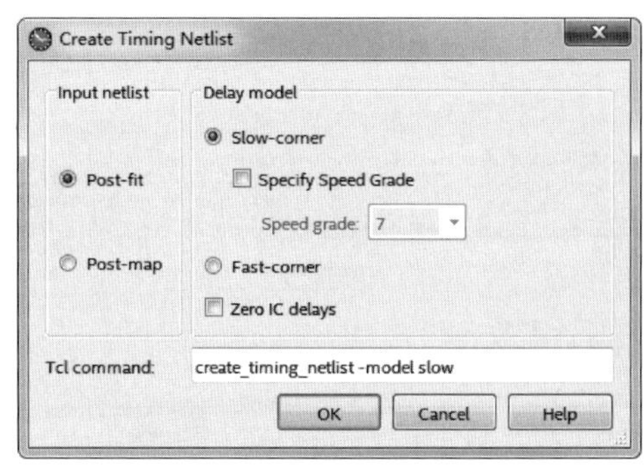

(a) 选项修改前

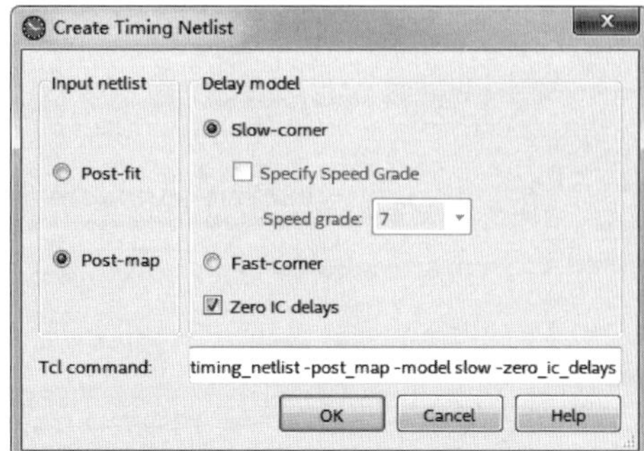

(b) 选项修改后

图 7-34 生成时序网表对话框

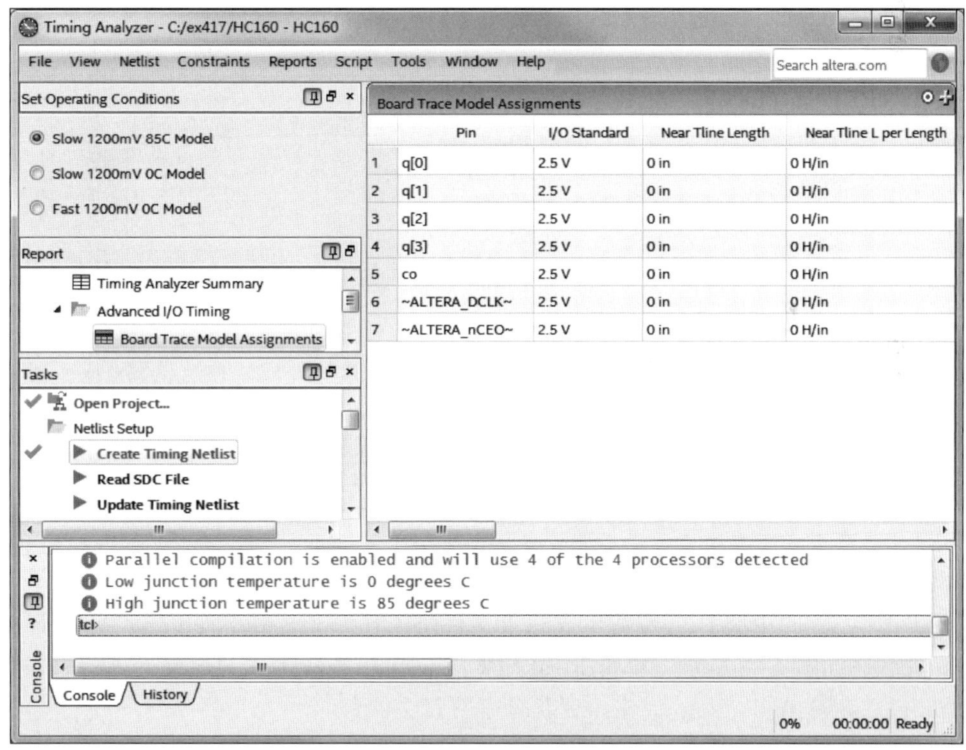

图 7-35 时序网表生成成功

单击图 7-36(a)中 Targets 文本框后的浏览按钮 [...]，将弹出如图 7-37 所示的 Name Finder 对话框。单击对话框中的 List 按钮显示工程所有的端口名，选中 clk 后移至右侧的 selected name 列表栏中，再单击 OK 按钮返回 Create Clock 对话框，如图 7-36(b)所示，即将设置的时钟 clk400 与 HC160 的时钟 clk 关联起来。

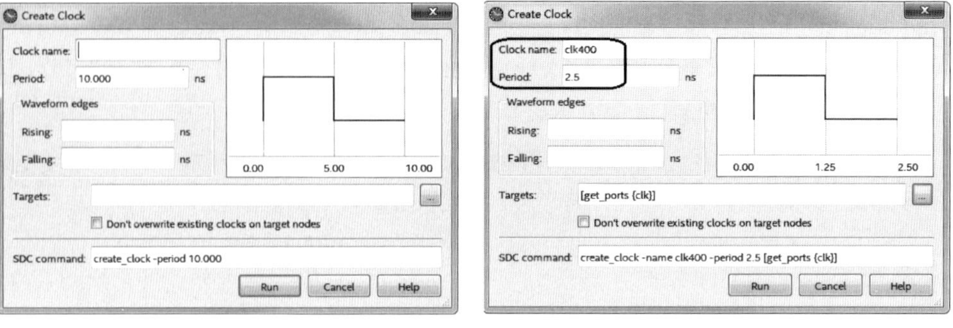

(a) 设置前　　(b) 设置后

图 7-36　设定时钟参数

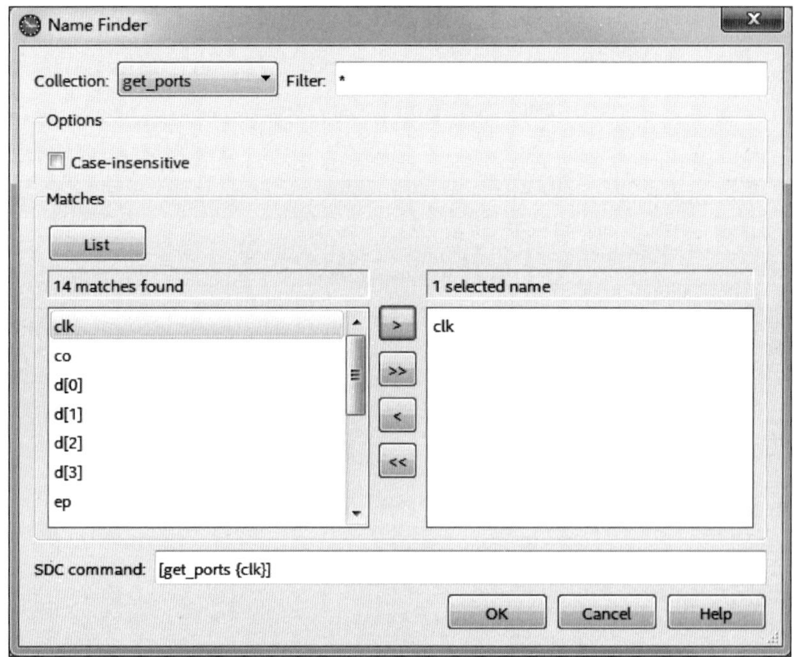

图 7-37　Name Finder 对话框

(4) 更新 Timing Netlist。

单击图 7-36(b)中的 Run 按钮生成约束文件(HC160.out.sdc)，Timing Analyzer 窗口任务栏的状态如图 7-38 所示。单击 Read SDC File 可以查看生成的约束文件信息，再单击图 7-39 中的 Update Timing Netlist 更新时序网表文件。

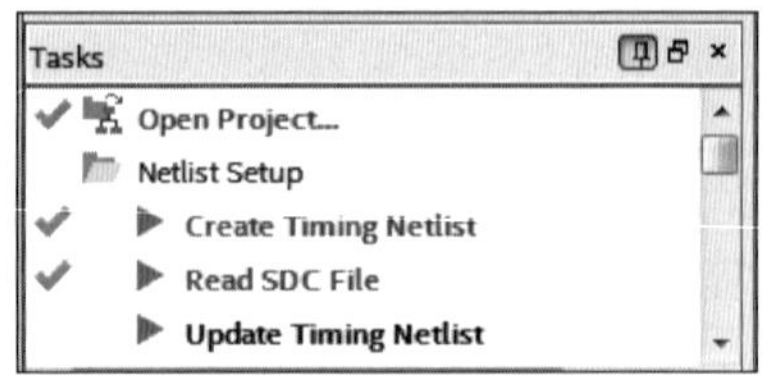

图 7-38　查看约束文件

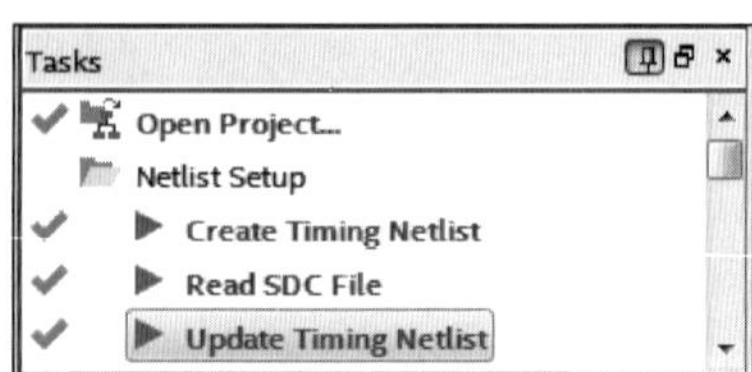

图 7-39　更新网表文件

执行 Constraints→Write SDC File 菜单命令，弹出如图 7-40 所示的 Write SDC File 对话框。单击 OK 按钮完成约束文件(HC160.out.sdc)写入。

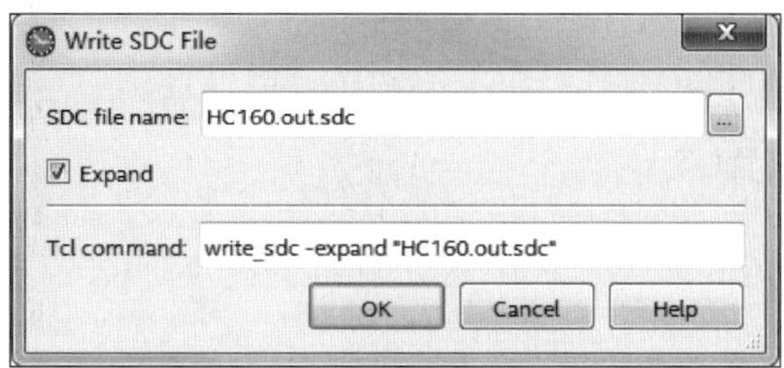

图 7-40 Write SDC File 对话框

关闭 Timing Analyzer 窗口，返回 Quartus Prime。

3. 添加约束文件到工程中

在 Quartus Prime 主界面中，执行 Project→Add/Remove Files in Project 菜单命令，在弹出的添加和删除文件对话框中单击浏览按钮 ...，查找生成的时序约束文件 HC160.out.sdc，如图 7-41 所示，然后单击"打开"按钮将约束文件 HC160.out.sdc 添加到计数器工程中，如图 7-42 所示。

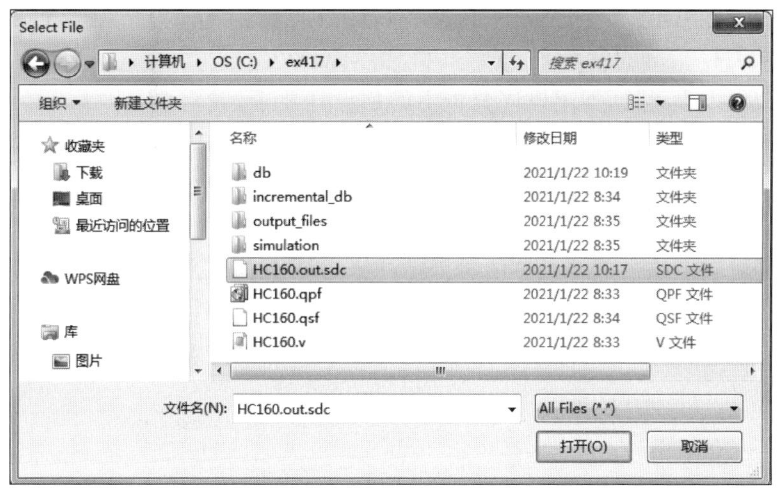

图 7-41 查找约束文件

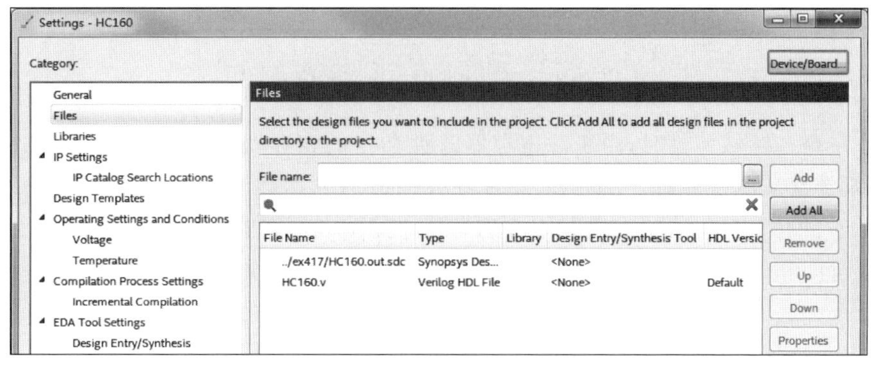

图 7-42 添加约束文件到工程中

4. 重新编译工程

在 Quartus Prime 主界面中，执行 Processing→Start Complication 菜单命令或直接单击主界面中的 ▶ 按钮启动全编译过程。

编译成功后即可查看给定时钟约束下的时序分析报告。

5. 查看时序分析报告

在给定时钟约束下，3 种时序分析模型的分析结果如表 7-4 所示。可以看出，两种慢速模型的建立时间裕量由负值转变为正值，表示计数器模块 HC160 在 EP4CE115F29C7 中能够稳定地工作在 400MHz 时钟下，而且能够测量的最高工作频率也有所提高。

表 7-4　时序分析结果

分析模型	最高工作频率/MHz	建立时间裕量/ns	保持时间裕量/ns	恢复时间	撤除时间
Slow 1200mv 85℃ Model	547.65	0.674	0.407	—	—
Slow 1200mv 0℃ Model	607.16	0.853	0.365	—	—
Fast 1200mv 0℃ Model	—	1.628	0.189	—	—

修改图 7-36(b)中的时钟频率为 500MHz，重新建立约束文件进行分析，可以看到计数器模块 HC160 仍然能够稳定地工作在 500MHz 时钟下。因此，基于 FPGA 设计频率计时，能够测量 500MHz 信号的频率。这部分内容留给读者实践。

对于复杂的工程设计，如果时序分析不满足设计要求，就需要修改约束条件，降低时钟频率或选择不同类型、不同速度和不同品质的目标器件，直到时序分析满足设计要求为止。

7.3.4 异步时序与亚稳态问题

异步时序逻辑电路内部寄存器的时钟脉冲来自两个及以上的时钟源，而且时钟源之间没有确定的相位关系。对于如图 7-43 所示的时序电路，当时钟 CLK_1 与 CLK_2 来自不同的时钟源时，为异步时序逻辑电路。相应地，把信号从源寄存器 FF_1 传输到目的寄存器 FF_2，称为跨时钟域(Clock Domain Crossing，CDC)传输。

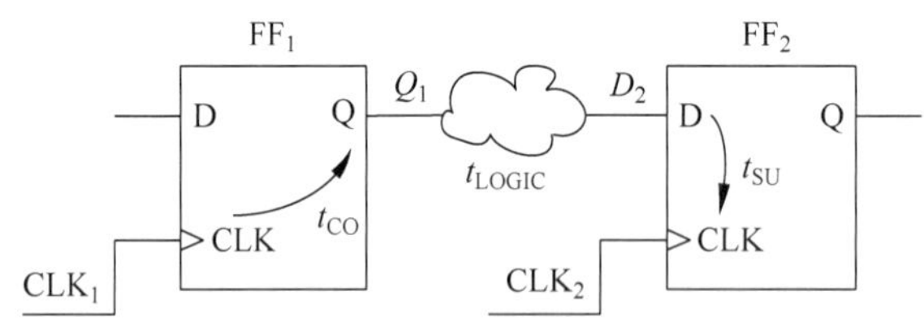

图 7-43　异步时序电路示例

信号在跨时钟域传输时，由于源寄存器时钟和目的寄存器时钟之间的相位没有确定的关系，所以数据从源寄存器发出后，有可能在任何时刻到达另一个时钟域的目的寄存器，因此无法保证目的寄存器的输入数据能够满足建立时间和保持时间的要求。如果输入信号不能在建立时间和保持时间的窗口内保持稳定，那么目的寄存器的输出有可能进入非 0 非 1 (V_{OHmin}～V_{OLmax})的不确定状态，如图 7-44 所示，这个状态称为亚稳态(Metastability)。相应地，目的寄存器脱离亚稳态进入稳态的时间称为决断时间(Resolution Time)，用 t_{met} 表示。

经过决断时间后，目的寄存器的输出稳定到 0 还是 1 是随机的，与输入信号没有必然的关系。

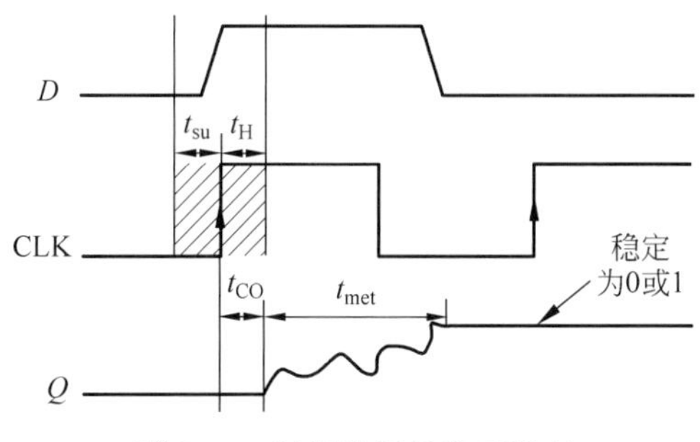

图 7-44　时序违规导致亚稳态

处于亚稳态的寄存器在决断时间前的输出电压可能在高电平与低电平之间振荡时，会导致后续的数字部件作出不同的判断，可能判断为 0，可能判断为 1，也可能进入亚稳态，从而引发数字系统发生错误。

除了信号的跨时钟域传输外，异步时序还有另外两种情况。

第 1 种情况是系统复位时，无论是异步复位还是同步复位。

对于异步复位，如果复位信号不能在触发器的恢复时间和撤销时间窗口内保持稳定，如图 7-45 所示，那么复位信号就可能影响到触发器输入数据的锁存过程而产生亚稳态。触发器的输出在 t_{co} 后可能会产生振荡，最终可能稳定到 0，也可能稳定到 1，从而导致系统发生逻辑错误。

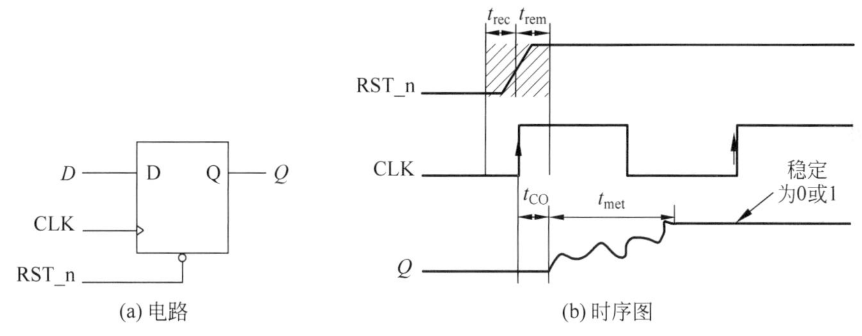

图 7-45　异步复位电路及时序图

对于同步复位，当输入信号 D 为高电平时，如果复位信号不能在触发器的建立时间和保持时间窗口内保持稳定，如图 7-46 所示，同样也可能产生亚稳态。

第 2 种情况是系统对外部信号的采集。对于按键和中断等外部输入信号，由于信号的作用时间不受系统时钟的控制，因此在采集过程中，外部信号可能在任何时刻发生变化，所以也无法保证满足寄存器建立时间和保持时间的要求。

综上分析，亚稳态产生的原因是触发器的输入信号变化不满足寄存器建立时间和保持时间的要求，或者复位信号不满足触发器恢复时间和撤除时间的要求。

当异步时序不满足要求时，触发器很可能会产生亚稳态。亚稳态产生的概率可以估算为

$$亚稳态概率 =（建立时间 + 保持时间）/ 时钟周期$$

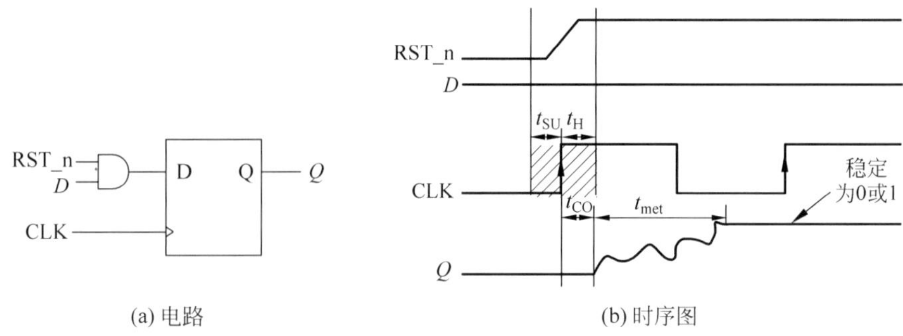

图 7-46　同步复位电路及时序图

可以看出，减小亚稳态产生的概率最直接的方法是降低系统的时钟频率，或者选用建立时间和保持时间更小的高端 FPGA 器件。除了降低时钟频率和选用更好的器件外，还可以改善时钟脉冲的质量，应用边沿陡峭的时钟信号以减小建立时间和保持时间窗口的宽度。

亚稳态是触发器固有的特性。在基于 FPGA 的数字系统设计中，可以应用以下 3 种技术方法减小亚稳态传播的概率：①引入同步寄存器减小单比特信号亚稳态传播的概率，实现异步信号与目的时钟域的同步；②应用异步 FIFO 实现多比特数据跨时域的传输；③应用异步复位同步释放信号改善纯异步复位信号的特性。

下面分别讲述这 3 种方法。

1. 单比特信号的跨时钟域同步

单比特信号跨时钟传输产生亚稳态的原因是信号与目的时钟不同步，不满足目的寄存器建立时间和保持时间的要求，从而导致目的寄存器不能输出正确的逻辑值。

亚稳态传播的概率与采集延迟时间之间近似为指数关系。延迟时间越长，亚稳态传播的概率越低。对于单比特信号的采集，最简单的方法是应用由移位寄存器构成的两级同步器(Double-Flop Synchronizer)延长信号的采集时间，如图 7-47 所示，俗称“打两拍”，以减小亚稳态发生概率。其中，同步器输入的异步信号为 async_signal，第 1 级触发器的输出为 reg1，第 2 级触发器的输出为同步信号 sync_out。

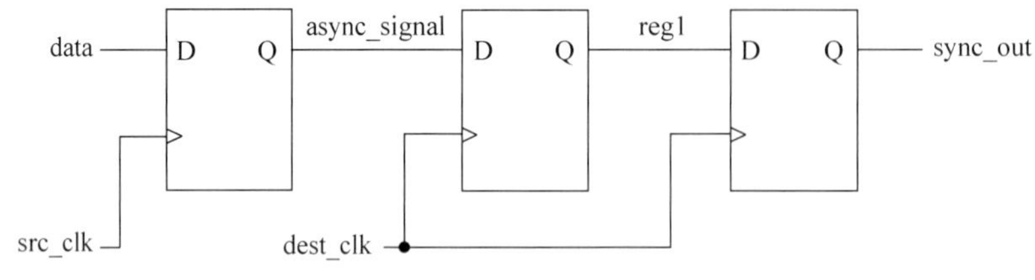

图 7-47　两级同步器

同步器在第 1 个时钟脉冲作用后，第 1 级触发器的输出 reg1 可能会产生亚稳态，如图 7-48 所示，但是 reg1 有机会在被第 2 级触发器锁存之前稳定下来，所以在第 2 个时钟脉冲作用后，输出的同步信号 sync_out 能够保持稳定。

需要注意的是，组合逻辑电路的输出不能直接应用同步器进行同步。这是因为组合电路的输出可能存在竞争-冒险现象，会增加同步器中第 1 级触发器产生亚稳态的概率，从而影响同步器输出信号的可靠性。所以，在跨时钟域同步之前，还需要在源时钟域先将组合电路的输出信号锁存后输出，如图 7-47 所示，然后再打两拍进行同步。

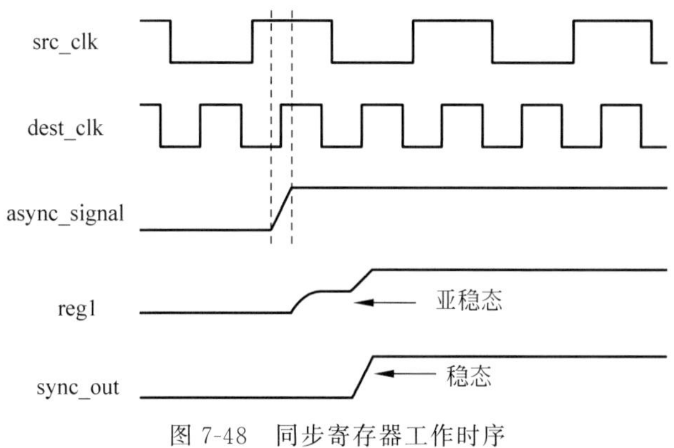

图 7-48　同步寄存器工作时序

由于两级同步器中的第 1 级触发器有可能产生亚稳态,因此除连接下一级触发器外,禁止从第 1 级触发器输出信号。如果需要同时从两级触发器输出信号,如边沿检测电路,则建议将两级同步器扩展为 3 级,从第 2 级和第 3 级触发器输出信号。

上述同步器适合于将慢时钟域的单比特信号同步到快时钟域。对于两级同步器,要求异步信号 async_signal 的脉冲宽度至少应维持一个同步器的时钟周期,才能保证信号在目的时钟域被采集到,输出同步信号 sync_out 的宽度取决于信号在目的时钟域被采集到的次数。另外,当目的时钟的频率远高于源时钟的频率时,还可以应用图 7-49 所示的改进电路以增加同步器的时钟周期,使可能进入亚稳态的触发器 FF_1 有更长的恢复时间,以减小亚稳态传播的概率。

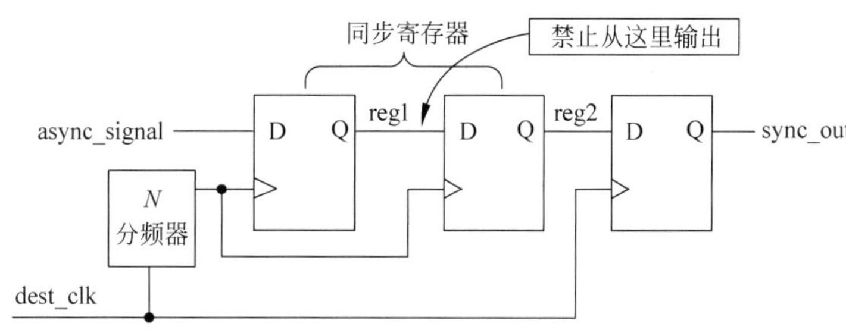

图 7-49　同步器改进电路(1)

同步器的级数以 2～3 级为宜。因为同步器的级数越多,将导致异步信号同步到目的时钟域的延迟时间越长,因此对异步信号的变化反应越慢。对于只关心信号边沿跳变的应用场合,还可以应用同步器提取脉冲的边沿,构成脉冲同步器(Pulse Synchronizer)。这种方法已经在例 4-26、例 6-4 和例 6-9 中应用过,在此不再赘述。

将单比特信号从快时钟域同步到慢时钟域时,如果异步信号 async_signal 的脉冲宽度维持不到一个同步器的时钟周期,则会导致目的时钟域来不及采集而引起脉冲丢失,如图 7-50 所示。

解决思路:应用图 7-51 所示的同步器改进电路,将异步信号 async_signal 反相后与输出的同步信号 sync_out 相与,作为第 1 个触发器的复位信号 CLR(低电平有效)。因此,当异步信号 async_signal 的上升沿到来时立即将触发器复位,然后在同步器时钟脉冲 dest_clk 的作用下,移位输出同步脉冲信号。当异步信号 async_signal 返回低电平并且输出同步信号 sync_out 恢复高电平后,解除触发器的复位状态。

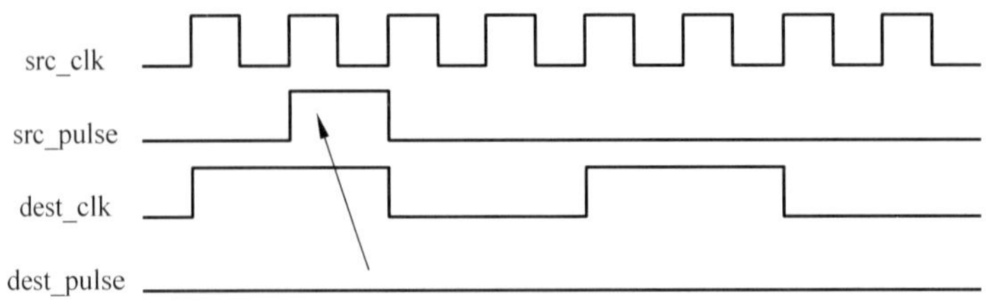

图 7-50　从快速钟域同步到慢时钟域引起信号丢失

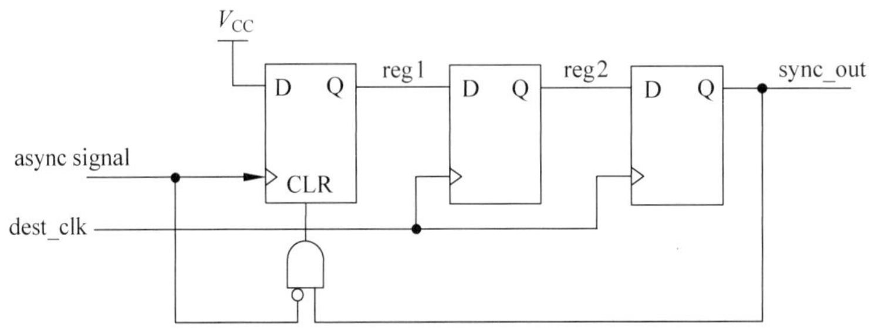

图 7-51　同步器改进电路(2)

2. 多比特数据的跨时钟域传输

对于多比特数据,普遍的方法是应用双口 RAM 或异步 FIFO 进行跨时域传输。

双口 RAM 有两个独立的读写端口,因此可以在源时钟域通过一个端口将数据写入,在目的时钟域再通过另一个端口将数据读出。

异步 FIFO 用于跨时钟域数据传输的原理与双口 RAM 相同。所不同的是,FIFO 没有外部读/写地址线,因而应用比双口 RAM 更方便。

应用异步 FIFO 的关键问题是如何判断 FIFO 的状态,产生空(empty)标志和满(full)标志。因为异步 FIFO 的读/写操作在不同的时钟域,所以无法像同步 FIFO 那样通过统计存储数据的个数产生 empty 和 full。

1) 异步 FIFO 空/满的检测方法

存储深度为 8 的异步 FIFO 的工作过程如表 7-5 所示。从工作过程可以看出,FIFO 为空有两种情况:①FIFO 复位时;②当读指针 rp 追上了写指针 wp,读/写指针相同时。

FIFO 已满只有一种情况:当写指针 wp 多走了一圈,折回来(Wrapped Around)追上了读指针 rp,读/写指针再次相同时,如表 7-5 所示。

表 7-5　异步 FIFO 的工作过程

读/写操作	FIFO 状态								状态标志
	单元 0	单元 1	单元 2	单元 3	单元 4	单元 5	单元 6	单元 7	
复位时	rp,wp								空
写 1 个数据后	rp	→wp							
再写 3 个数据后	rp				→wp				

续表

读/写操作	FIFO 状态								状态标志
	单元 0	单元 1	单元 2	单元 3	单元 4	单元 5	单元 6	单元 7	
读 2 个数据后			→rp		wp				
再读 2 个数据后					→rp,wp				空
写 3 个数据后					rp			→wp	
再写 5 个数据后					→wp,rp				满
读 4 个数据后	→rp				wp				

注：→表示移动的指针。

根据上述分析可知，FIFO 为空时和已满时读/写指针都相同。为了区分指针相同时 FIFO 为空还是已满，需要在 FIFO 的读/写指针前再多加一个标志位区分写指针是否比读指针多走了一圈。所以，对于存储深度为 2^n 的异步 FIFO，读/写指针应为 $n+1$ 位（1 位标志位 $+n$ 位地址），即深度为 8 的异步 FIFO 内部需要用 4 位地址指针，取值为 0000～0111 和 1000～1111，其中最高位为标志位，低 3 位为地址值。

添加了标志位后，每当读/写指针递加并越过 FIFO 的最后一个存储单元后，将读/写指针的最高位翻转，其余位回零。因此，判断异步 FIFO 空/满的方法是当读/写指针的所有位均相同时，说明 FIFO 为空；当读/写地址的最高位不同而其余均相同时，说明写指针比读指针多走了一圈，说明 FIFO 已满。

2）读/写指针的同步方法

由于异步 FIFO 的读/写在不同的时钟域，所以还需要将读/写指针同步到另一个时钟域与写/读指针进行比较才能产生空/满标志。但是，二进制读/写指针不能直接同步到另一个时钟域。这是因为，当 $n+1$ 位二进制读/写地址有多位同时发生变化（如地址从 0111 变化到 1000）时，如果直接应用同步器进行同步，则可能会因不同位亚稳态决断时间的差异而导致同步后的指针产生中间值而造成同步后的地址发生错误。

为了解决这一问题，一般的处理方法是先将二进制读/写指针值转换为格雷码再进行同步。因为格雷码的相邻码之间只有一位发生变化，其余位不变，如表 7-6 所示，而不像二进制指针那样存在多位同时发生变化的情况。由于 FIFO 的读/写通过地址加 1 实现，因而应用格雷码能够有效地避免同步后的指针产生中间值而造成地址错误。

表 7-6 4 位格雷码与二进制码比较

十进制地址	二进制码	格雷码	十进制地址	二进制码	格雷码
0	0 000	00 00	8	1 000	11 00
1	0 001	00 01	9	1 001	11 01
2	0 010	00 11	10	1 010	11 11
3	0 011	00 10	11	1 011	11 10
4	0 100	01 10	12	1 100	10 10
5	0 101	01 11	13	1 101	10 11
6	0 110	01 01	14	1 110	10 01
7	0 111	01 00	15	1 111	10 00

将读/写地址转换为格雷码后，能不能直接应用同步后的格雷码产生空/满标志呢？下面再进行分析。

深度为 2^n 的异步 FIFO 共有 $n+1$ 位读/写指针。设格雷码写指针用 wptr[n:0]表示，读指针用 rptr[n:0]表示，FIFO 为空用 rempty 表示，为满用 wfull 表示。

判断 FIFO 是否为空比较简单：当读/写指针值完全相同时，无论用二进制指针还是用格雷码指针，读指针和写指针都相同。因此，空标志产生的 Verilog 代码为

```
rempty = ( rptr == wptr );
```

FIFO 为满时二进制读/写指针的最高位不同而其余位相同。从表 7-6 中的二进制数和格雷码的对应关系可以看出，FIFO 为满时格雷码指针的最高位和次高位不同，其余位相同。因此，基于格雷码判断 FIFO 已满的 Verilog 代码为

```
wfull = ( wptr[n:n-1] == ~rptr[n:n-1])&&( wptr[n-2:0] == rptr[n-2:0]);
```

3）跨时钟域异步 FIFO 的描述

跨时钟域异步 FIFO 的典型结构如图 7-52 所示。在写时钟域(wclk)收到写指令(write instruction，简写为 winc)时，需要根据 wfull 标志判断 FIFO 是否已满，因为 FIFO 已满时不能再写。在 FIFO 不满的情况下，使写允许信号 wclken 有效，将数据 wdata 写入 FIFO 后写地址(waddr)加 1，同时将格雷码写指针(wptr)同步到读时钟域与格雷码读指针(rptr)进行比较，产生 rempty 标志。在读时钟域(rclk)收到读指令(read instruction，简写为 rinc)时，需要根据 rempty 标志判断 FIFO 是否为空，因为 FIFO 为空时不能再读。在 FIFO 非空的情况下，读出数据 rdata 后读地址(raddr)加 1，同时将格雷码读指针(rptr)同步到写时钟域与格雷码写指针(wptr)进行比较，产生 wfull 标志。

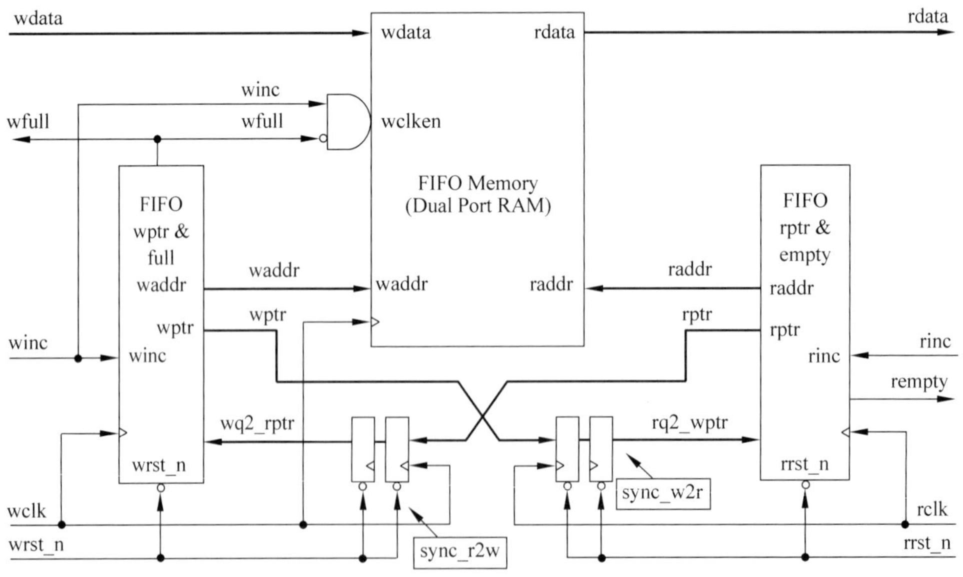

图 7-52 跨时域异步 FIFO 的典型结构

根据跨时钟域异步 FIFO 的结构和工作原理，描述 1024×8 位异步 FIFO 的 Verilog 代码参考如下。

```
module cdc_async_fifo #( parameter FIFO_WIDTH = 8 )(
  input                          wclk,rclk,              // 写时钟和读时钟
  input                          wrst_n,rrst_n,          // 写/读复位信号,低电平有效
  input                          winc,rinc,              // 写请求和读请求,高电平有效
  input [FIFO_WIDTH - 1:0]       wdata,                  // 写数据
  output wire [FIFO_WIDTH - 1:0] rdata,                  // 读数据
  output reg wfull,rempty                                // 满标志和空标志
  );
  // FIFO 地址位数和深度定义
  parameter FIFO_ADDR = 10;
  localparam FIFO_DEPTH = 1 << FIFO_ADDR;
  // FIFO 内部线网和变量定义
  reg [FIFO_ADDR:0]              wbin,rbin;              // 二进制写地址和读地址
  reg [FIFO_ADDR:0]              wptr,rptr;              // 格雷码写指针和读指针
  wire [FIFO_ADDR:0]             wbinnext,wptrnext;      // 写地址和指针次态
  wire [FIFO_ADDR:0]             rbinnext,rptrnext;      // 读地址和指针次态
  reg [FIFO_ADDR:0]              rq1_wptr,rq2_wptr;      // 写指针两级同步器
  reg [FIFO_ADDR:0]              wq2_rptr,wq1_rptr;      // 读指针两级同步器
  wire                           full,empty;             // 内部满标志和空标志
  wire [FIFO_ADDR - 1:0]         waddr,raddr;            // 存储器写地址和读地址
  // 描述 FIFO 存储实体(FIFO Memory)
  reg [FIFO_WIDTH - 1:0] fifo_mem [0:FIFO_DEPTH - 1];
  assign rdata = fifo_mem[raddr];                        // 读操作
  always @( posedge wclk )                               // 写过程
    if ( winc && !wfull ) fifo_mem[waddr] <= wdata;
  // 写地址和指针处理过程
  always @(posedge wclk or negedge wrst_n)
    if ( !wrst_n )
      { wbin, wptr } <= 0;
    else
      { wbin, wptr } <= { wbinnext, wptrnext };
  // FIFO 写地址定义
  assign waddr = wbin[FIFO_ADDR - 1:0];
  // 次态定义,FIFO 不满且有写请求时写地址加 1
  assign wbinnext = wbin + (winc && !wfull);
  // 将二进制写地址转换为格雷码
  assign wptrnext = (wbinnext >> 1) ^ wbinnext;
  // 内部满标志定义,组合逻辑
  assign full = (wptrnext == {~wq2_rptr[FIFO_ADDR:FIFO_ADDR - 1],
                                  wq2_rptr[FIFO_ADDR - 2:0]});
  // 满标志同步输出
  always @( posedge wclk or negedge wrst_n )
    if (!wrst_n) wfull <= 1'b0;
      else wfull <= full;
  // 读地址和指针处理过程
  always @( posedge rclk or negedge rrst_n )
```

```
        if (!rrst_n)
          { rbin, rptr } <= 0;
        else
          { rbin, rptr } <= { rbinnext, rptrnext };
      // FIFO 读地址定义
      assign raddr = rbin[FIFO_ADDR-1:0];
      // FIFO 不空且有读请求的时候读指针加 1
      assign rbinnext = rbin + (rinc & ~rempty);
      // 将二进制读地址转换为格雷码
      assign rptrnext = (rbinnext >> 1) ^ rbinnext;
      // 内部空标志定义,组合逻辑
      assign empty = ( rptrnext == rq2_wptr );
      // 空标志同步输出
      always @( posedge rclk or negedge rrst_n )
        if (!rrst_n) rempty <= 1'b1;
          else      rempty <= empty;
      // 将格雷码写指针 wptr 同步到读时钟域
      always @(posedge rclk or negedge rrst_n)
        if (!rrst_n)
          { rq1_wptr, rq2_wptr } <= 0;
        else
          { rq1_wptr, rq2_wptr } <= { wptr, rq1_wptr };
      // 将格雷码读指针 rptr 同步到写时钟域
      always @(posedge wclk or negedge wrst_n)
        if (!wrst_n)
          { wq2_rptr, wq1_rptr } <= 0;
        else
          { wq2_rptr, wq1_rptr } <= { wq1_rptr, rptr };
    endmodule
```

需要注意的是,由于异步 FIFO 通过比较读/写指针产生空/满标志,而读/写指针属于不同的时钟域,所以在比较时需要将读/写指针经过(两级)同步器同步到另一个时钟域,因此产生的满/空标志会延迟两个时钟周期。如果在同步时间内有新的数据写入,则同步后的写指针一定小于当前实际的写地址,所以判断 FIFO 为空时实际上不一定为空,因此不会出现读空的情况。同样的道理,如果在同步时间内有数据读出,则同步后的读指针一定小于当前的读指针,所以判断 FIFO 已满时不一定真的已满,因此不会出现写满的情况。异步 FIFO 空/满标志的延迟会导致空/满的判断更趋于保守,虽然会影响 FIFO 性能,但是不会出错。

3. 应用同步释放电路改善异步复位信号的特性

异步复位信号不受时钟的控制,具有直接、快速的优点。但是,当异步复位信号的释放时间不满足触发器的恢复时间和撤除时间要求时,有可能产生亚稳态。改进方法是应用异步复位信号对系统内部所有的寄存器复位后,释放时再经过时钟脉冲进行同步。这样做的好处是既能够应用异步复位信号对系统进行快速复位,又避免了异步复位信号直接释放时带来的亚稳态风险。

异步复位信号的同步释放电路原理如图 7-53 所示。当异步复位信号 async_rst_n 有效时，能够直接将两个触发器复位，因此第2个触发器的输出 rstn_sync_out=0；当复位信号 async_rst_n 释放后，两个触发器的复位信号转为无效，第1个触发器输入的高电平经过两个时钟脉冲后才能使 rstn_sync_out=1，因此第2个触发器的输出 rstn_sync_out 具有异步复位同步释放特性。因此，应用 rstn_sync_out 作为系统的全局复位信号时，既能够对系统中的所有寄存器直接复位，又能够避免复位信号直接释放时带来的亚稳态风险。

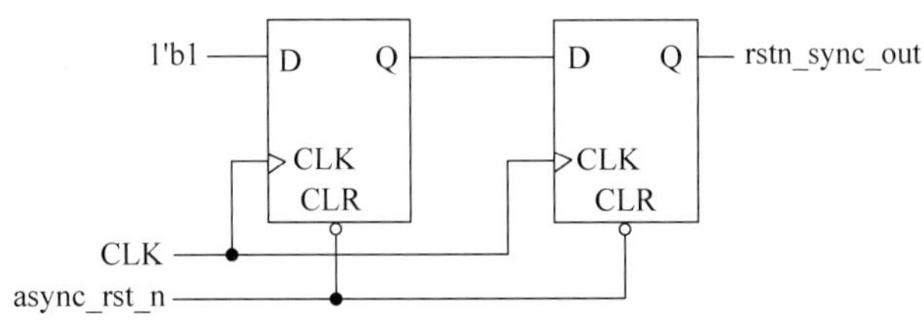

图 7-53　异步复位信号同步释放原理电路

根据上述电路的工作原理，描述异步复位同步释放电路模块的 Verilog 代码参考如下。

```
module async_rst_sysn_recover (
  input clk,
  input async_rst_n,
  output wire rstn_sync_out
  );
  // 内部变量定义
  reg sync_rst_reg0, sync_rst_reg1;
  // 描述输出
  assign rstn_sync_out = sync_rst_reg1;
  // 描述异步复位同步释放逻辑
  always @ ( posedge clk or negedge async_rst_n )
    if ( !async_rst_n ) begin                // 异步复位
       sync_rst_reg0 <= 1'b0;
       sync_rst_reg1 <= 1'b0;
    end
    else begin                               // 同步释放
       sync_rst_reg0 <= 1'b1;
       sync_rst_reg1 <= sync_rst_reg0;
    end
endmodule
```

在 Quartus Prime 开发环境下，应用向量波形法对上述代码进行仿真，得到的仿真波形如图 7-54 所示。可以看出，输入的异步复位信号 async_rst_n 在第8个时钟脉冲期间有效，在第14个时钟脉冲后释放；而输出信号 rstn_sync_out 在8个时钟脉冲期间有效，在第16个时钟脉冲的上升沿时才释放。因此，复位信号 rstn_sync_out 具有异步复位和同步释放的双重特性。

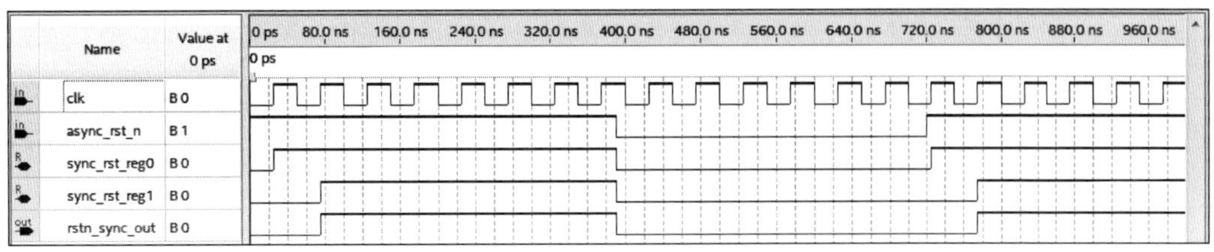

图 7-54　异步复位同步释放模块仿真波形

7.4 Verilog HDL 数值运算

数字系统中的数分为无符号数和有符号数两种类型。无符号数每位都是数值位，都有固定的权值。有符号数采用“符号位+数值”的方法表示，其中符号位为 0 时表示正数，为 1 时表示负数。

有符号数有原码、反码和补码 3 种表示形式。为了便于运算，有符号数均用补码表示。3 位补码表示的有符号数如表 7-7 所示。

表 7-7 有符号数与补码的对应关系

有符号数	3 位补码表示	有符号数	3 位补码表示
3	3b'011	—1	3b'111
2	3b'010	—2	3b'110
1	3b'001	—3	3b'101
0	3b'000	—4	3b'100

在 Verilog-1995 标准中，有符号数只能用整数类型(Integer)表示，并且具有 32 位固定位宽。如果需要应用 wire 类型或 reg 类型实现有符号数运算，那么就需要根据有符号数补码的表示方法，先扩展出符号位，再进行数值运算。

在 Verilog-2001 标准中，除了整数类型之外，wire 类型和 reg 类型以及模块的端口都可以用 signed 关键词定义为有符号类型，并且还可以应用 $ signed 和 $ unsigned 系统函数实现无符号数和有符号数之间的相互转换。但需要注意的是，$ signed 和 $ unsigned 系统函数只有将小位宽数扩展为大位宽数时才起作用。

另外，Verilog HDL 规定，当表达式中的任意操作数为无符号数时，其他的操作数会被当作无符号数处理，并且运算结果也为无符号数。这个规定对 Verilog-1995 和 Verilog-2001 标准都适用。

本节讨论应用 Verilog HDL 进行数值运算的要点。

7.4.1 有符号数的加法运算

两个 n 位二进制数相加，结果为 $n+1$ 位。

基于 Verilog-1995 标准中，两个无符号数相加时按照加法的运算规则直接进行，而两个有符号数相加时需要根据结果的位宽先扩展符号位，再进行相加。例如，数值 -2 用 3 位补码表示时为 3'b110，数值 3 用 3 位补码表示时为 3'b011。由于 $2+3=5$，而 5 至少需要用 3 位二进制数表示，再加上符号位，因此计算 $-2+3$ 时首先需要将两个数的补码扩展为 4 位，然后再进行相加。具体的算式为

```
符号位扩展 ↓
          4b'1110 = -2
        + 4b'0011 = 3
        ---------------
         4b'(1)0001 = 1
溢出,丢弃 ↑
```

根据上述计算方法，基于 Verilog-1995 标准实现有符号数加法时，先扩展出符号位，再

进行数值运算。Verilog 描述代码参考如下。

```
module add_signed_1995 (
  input [2:0] a,                          // 3 位补码输入
  input [2:0] b,                          // 3 位补码输入
  output wire [3:0] sum                   // 4 位补码输出
  );
  assign sum = {a[2],a} + {b[2],b};
endmodule
```

对于有符号数和无符号数的混合加法运算，如实现两个 3 位有符号二进制数相加，同时考虑来自低位的进位信号，基于 Verilog-1995 标准描述时，参考代码如下。

```
module add_carry_signed_1995 (
  input [2:0] a,                                      // 3 位补码输入
  input [2:0] b,                                      // 3 位补码输入
  input wire carry_in,                                // 进位输入,1 位无符号数
  output wire [3:0] sum                               // 4 位补码输出
  );
  assign sum = {a[2],a} + {b[2],b} + carry_in;        // 扩展符号位后相加
endmodule
```

在 Verilog-2001 标准中，由于模块的端口可以定义为有符号数据类型，因此基于 Verilog-2001 标准实现有符号数加法非常方便。参考代码如下。

```
module add_signed_2001 (
  input signed [2:0] a,                   // 3 位补码输入
  input signed [2:0] b,                   // 3 位补码输入
  output wire signed [3:0] sum            // 4 位补码输出
  );
  assign sum = a + b;
endmodule
```

但是，基于 Verilog-2001 描述混合加法时，如果直接应用以下代码描述，则加法运算的结果是错误的。

```
module add_carry_signed_2001 (
  input signed [2:0] a,                   // 3 位补码输入
  input signed [2:0] b,                   // 3 位补码输入
  input carry_in,                         // 进位输入,1 位无符号数
  output wire signed [3:0] sum            // 4 位补码输出
  );
  assign sum = a + b + carry_in;
endmodule
```

这是因为表达式中的 carry_in 为无符号数，根据 Verilog HDL 的规定，表达式中同时含有符号数和无符号数时，所有的操作数均被当作无符号数处理，因此运算结果是错误的。

如果先将 carry_in 转换为有符号数，再进行相加，即应用 assign sum ＝ a ＋ b ＋

$signed(carry_in)语句实现混合加法，加法结果仍然是错误的。这是因为当 carry_in 为 1 时，直接应用 $signed(carry_in)进行转换的结果为 4'b1111(−1 的补码)，所以加进位实际上变成了减进位。另外，将进位信号 carry_in 声明为 input signed carry_in 时也存在同样的问题。

解决这个问题的方法是在进位信号 carry_in 前面先补一位 0，即表示进位信号为非负数，然后再进行转换。

根据上述分析，基于 Verilog-2001 标准实现有符号数和无符号数混合加法时，正确的 Verilog 描述代码参考如下。

```
module add_carry_signed_2001 (
  input signed [2:0] a,                 // 3 位补码输入
  input signed [2:0] b,                 // 3 位补码输入
  input carry_in,                       // 进位输入,1 位无符号数
  output wire signed [3:0] sum          // 4 位补码输出
  );
  assign sum = a + b + $signed({1'b0,carry_in});
endmodule
```

7.4.2 有符号数的乘法运算

两个 n 位二进制数相乘，结果为 $2n$ 位。例如，−3(3'b101)乘以 2(3'b010)结果为 −6(补码表示为 6'b111010)。

基于 Verilog-1995 标准实现有符号二进制数乘法时，需要从低位向高位逐一检查乘数的每位以确定是否将被乘数移位累加到“乘积部分和”中，为 0 时不加，为 1 时移位累加。但需要注意以下两点：

(1) 如果被乘数为负数，运算时需要扩展符号位；

(2) 如果乘数为负数，则处理乘数的符号位时，先将被乘数取反加 1，再进行符号扩展。即实现 −3×2 和 2×−3 的乘法算式分别为

```
                3b'101 =-3    ←被乘数→     3b'010 = 2
            ×   3b'010 = 2    ←乘数→     × 3b'101 =-3
            ------------------          ----------------
                000000       符号位扩展 →  000010
 符号位扩展→    111010                     000000
            +   000000                   + 111000   ←取反加1，符号位扩展
            ------------------          ----------------
            6b'111010  =-6              6b'111010 =-6
```

根据上述乘法原理，基于 Verilog-1995 标准描述有符号数乘法的参考代码如下。

```
module mult_signed_1995 (
  input [2:0] a,                        // 被乘数,3 位补码输入
  input [2:0] b,                        // 乘数,3 位补码输入
  output wire [5:0] prod                // 6 位乘法结果,补码表示
  );
  // 内部线网定义
  wire [5:0] prod_tmp0;
  wire [5:0] prod_tmp1;
```

```
  wire [5:0] prod_tmp2;
  wire [2:0] inv_add1;
  // 移位累加逻辑
  assign prod_tmp0 = b[0]? {{3{a[2]}},a} : 6'b0;
  assign prod_tmp1 = b[1]? {{2{a[2]}},a,1'b0} : 6'b0;
  assign inv_add1 = ~a + 1'b1;          // 取反加 1
  assign prod_tmp2 = b[2]? {inv_add1[2],inv_add1,2'b0} : 6'b0;
  assign prod = prod_tmp0 + prod_tmp1 + prod_tmp2;
endmodule
```

对于有符号数和无符号数的混合乘法，基于 Verilog-1995 标准描述时，如果应用以下代码进行描述：

```
module mult_signed_unsigned_1995 (
  input [2:0] a,                         // 被乘数,3 位有符号数或无符号数
  input [2:0] b,                         // 乘数,3 位有符号数或无符号数
  output wire [5:0] prod                 // 6 位乘法结果
  );
  // 内部线网定义
  wire [5:0] prod_tmp0;
  wire [5:0] prod_tmp1;
  wire [5:0] prod_tmp2;
  // 移位累加逻辑
  assign prod_tmp0 = b[0]? {{3{a[2]}},a} : 6'b0;
  assign prod_tmp1 = b[1]? {{2{a[2]}},a,1'b0} : 6'b0;
  assign prod_tmp2 = b[2]? {{1{a[2]}},a,2'b0} : 6'b0;
  assign prod = prod_tmp0 + prod_tmp1 + prod_tmp2;
endmodule
```

则 a 为有符号数，b 为无符号数时，乘法的结果是正确的。但是 a 为无符号数，b 为有符号数时，乘法的结果是错误的。例如，－3(3'b101)乘以 2(3'b010)结果是－6(6'b111010)，但是 2(3'b010)乘以－3(3'b101)的结果却为 10。这是因为－3(3'b101)实际上按无符号数 5 处理了。

在 Verilog-2001 标准中，由于模块的端口可以直接定义为有符号类型，因此基于 Verilog-2001 实现有符号数乘法非常方便，参考代码如下。

```
module mult_signed_2001 (
  input signed [2:0] a,                  // 被乘数,3 位有符号数
  input signed [2:0] b,                  // 乘数,3 位有符号数
  output wire signed [5:0] prod          // 6 位乘法结果
  );
  // 直接应用乘法运算符描述
  assign prod = a * b ;
endmodule
```

但是，基于 Verilog-2001 标准实现混合乘法时，如果直接应用以下代码描述，则乘法的结果是错误的。

```
module mult_signed_unsigned_2001 (
      input signed [2:0] a,                    // 被乘数,3 位有符号数
      input [2:0] b,                           // 乘数,3 位无符号数
      output wire signed [5:0] prod            // 6 位乘法结果
      );
      assign prod = a * b ;
endmodule
```

这是因为根据 Verilog 表达式中同时含有符号数和无符号数的运算规则,操作数 a 也被当作无符号数处理了,因而产生了错误。当 a 为无符号数,b 为有符号数时也是同样的道理。

虽然应用 assign prod = a * $signed(b)语句先将无符号数 b 转换为有符号数再进行运算,但是乘法结果仍然是错误的。解决这个问题的方法是在无符号乘数 b 前面先补一位 0,即表示乘数为非负数,然后再进行转换。

根据上述分析,基于 Verilog-2001 实现混合乘法时,正确的 Verilog 描述代码参考如下。

```
module mult_signed_unsigned_2001 (
   input signed [2:0] a,                       // 被乘数,3 位有符号数
   input [2:0] b,                              // 乘数,3 位无符号数
   output wire signed [5:0] prod               // 6 位乘法结果
   );
   assign prod = a * $signed({1'b0,b}) ;
endmodule
```

7.4.3 FIR 滤波器的设计

数字滤波是数字信号处理最基本的算法。数字滤波器分为 FIR 和 IIR 两种类型,其中 FIR(Finite Impulse Response)为有限长单位冲击响应滤波器,具有线性相位特性。

数字滤波器的 z 域差分方程可表示为

$$y(n)=\sum_{k=0}^{M}b_k x[n-k]+\sum_{k=1}^{N}a_k y[n-k]$$

其中,$x[n]$为输入信号序列; $y[n]$为滤波后的输出信号序列; b_k 为输入信号序列的加权系数; a_k 为输出信号序列的反馈系数; M 和 N 均为正整数。

FIR 为非递归线性滤波器,输出信号序列的反馈系数 $a_k=0$,所以 FIR 滤波器的 z 域差分方程可表示为

$$y(n)=\sum_{k=0}^{M}b_k x[n-k]$$

FIR 数字滤波器有多种实现形式。根据其差分方程,可以画出如图 7-55 所示的直接型实现结构,其中 z^{-1} 表示序列延迟,应用移位寄存器实现。

设输入信号序列 $x[n]$为 8 位有符号数,序列加权系数 b_k 用 16 位有符号数表示。根据直接型实现结构,描述 16 级 FIR 数字滤波器的 Verilog 模板参考如下。

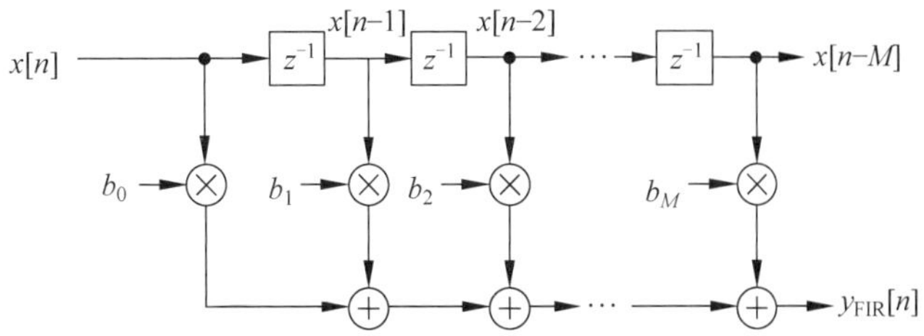

图 7-55 FIR 滤波器的直接型实现结构

```
`timescale 1ns/1ps
module FIR_demo /* synthesis multstyle = "dsp" */
  #( parameter DATA_WIDTH = 8 ) (
  input clk,                                  // 滤波器时钟
  input rst_n,                                // 复位信号
  input wire signed [DATA_WIDTH - 1:0]xin, // 序列输入,有符号线网类型
  output reg signed [DATA_WIDTH - 1:0]yout // 滤波输出,有符号变量类型
  );
  //滤波器参数定义
  localparam COEF_WIDTH = 16;                 // 加权系数为 16 位
  localparam FIR_ORDER = 16;                  // 滤波级数为 16
  //存储加权系数的寄存器组定义,有符号线网类型
  wire signed [COEF_WIDTH - 1:0]fir_coef [0:FIR_ORDER];
  /* 加权系数赋值.加权系数的具体数值根据 FIR 滤波器的类型和参数要求,
    可应用 MATLAB 滤波器设计工具 FilterDesigner 生成,然后扩展为 16 位有符号数. */
  assign fir_coef[0] = -17;                   // 示例值,需要根据滤波器设计参数修改
  assign fir_coef[1] = 62;                    // 示例值,需要根据滤波器设计参数修改
  assign fir_coef[2] = 456;
  assign fir_coef[3] = 1482;
  assign fir_coef[4] = 3367;
  assign fir_coef[5] = 6013;
  assign fir_coef[6] = 8880;
  assign fir_coef[7] = 11129;
  assign fir_coef[8] = 11983;                 // 示例值,需要根据滤波器设计参数修改
  assign fir_coef[9]  = 11129;
  assign fir_coef[10] = 8880;
  assign fir_coef[11] = 6013;
  assign fir_coef[12] = 3367;
  assign fir_coef[13] = 1482;
  assign fir_coef[14] = 456;
  assign fir_coef[15] = 62;
  assign fir_coef[16] = -17;                  // 示例值,需要根据滤波器设计参数修改
  // 序列延迟寄存器组 dly_reg 定义,有符号变量类型
  reg signed [DATA_WIDTH - 1:0] dly_reg [0:FIR_ORDER];
  //循环变量定义和延迟序列生成过程
  integer i;
  always @( posedge clk or negedge rst_n )
```

```
    if ( !rst_n )
      for (i = 0; i <= FIR_ORDER; i = i + 1) dly_reg[i] <= 0;
    else begin
      dly_reg[0] <= xin ;
      for (i = 1; i <= FIR_ORDER; i = i + 1) dly_reg[i] <= dly_reg[i - 1];
      end
  //存储乘法寄存器组 prod 定义,有符号变量类型
  reg signed [DATA_WIDTH + COEF_WIDTH - 1:0] prod [0:FIR_ORDER];
  //加权乘法过程
  always @( posedge clk or negedge rst_n )
    if( !rst_n )
      for (i = 0; i <= FIR_ORDER; i = i + 1) prod[i] = 0;
    else
      for (i = 0; i <= FIR_ORDER; i = i + 1) prod[i] = fir_coef[i] * dly_reg[i];
  //乘加结果缓存器定义,有符号变量类型
  reg signed [DATA_WIDTH + COEF_WIDTH - 1:0]sum_buf;
  //累加过程
  always @( posedge clk ) begin
    sum_buf = 0;
    for (i = 0; i <= FIR_ORDER; i = i + 1) sum_buf = sum_buf + prod[i];
    end
  //输出过程
  always @( posedge clk or negedge rst_n )
    if( !rst_n )
      yout <= 0;
    else
      yout <= sum_buf[DATA_WIDTH + COEF_WIDTH - 1:DATA_WIDTH + COEF_WIDTH - 8];
endmodule
```

需要说明的是,代码中/* synthesis multstyle = "dsp" */为属性语句,表示调用乘法器 IP 构建模块中的乘法器。如果应用/* synthesis multstyle = "logic" */或不使用属性语句,则表示应用 FPGA 内部的逻辑资源构建乘法器。另外,也可以应用 Verilog-2001 标准中的方法,将属性语句书写于模块名之前,用括号括起来,即

```
(* multstyle = "dsp" *) module FIR_demo #( parameter DATA_WIDTH = 8 )
```

其中,(* *)中的内容是属性(Attribute),可用于指定存储器的内容或说明综合(Synthesis)方式等。

应用 HDL 描述数字滤波器灵活性高,基于 FPGA 实现实时性好。2009 年电子设计竞赛 F 题数字幅频均衡功率放大器系统组成框图如图 7-56 所示,需要设计带通滤波器补偿前级带阻网络带来的幅频损失,使滤波器输出信号(v_3)的幅频特性均衡,通带内波动满足指标要求。

由于 FIR 滤波器的加权系数具有对称性,因此还可以应用系数的对称性进一步优化电路结构,以节约 FPGA 资源。这部分内容留言读者思考和实践。

另外,Quartus Prime 提供了功能强大的滤波器 IP ——FIR II,与 MATLAB 软件中的滤波器设计工具 Filter Designer 相配合,可以方便地设计和实现 FIR 滤波器,在信号处理和

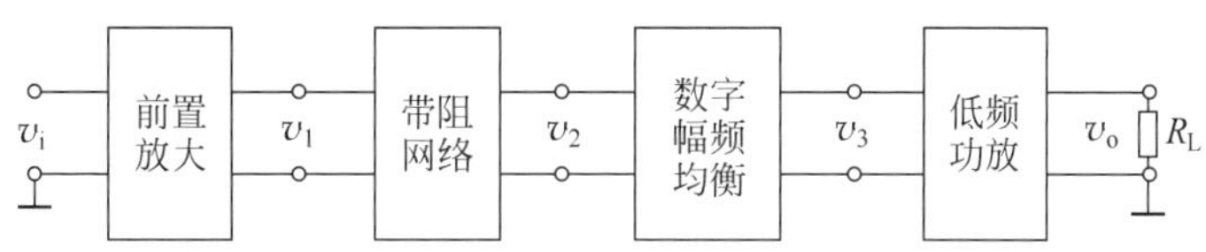

图 7-56 数字幅频均衡功率放大器系统组成框图

数字通信领域中有着重要的应用。有兴趣的读者可以查阅 Intel 公司提供的相关文档学习 FIR II IP 的使用方法。

7.5 串口通信收发机的设计

通信是指消息的传递或交换,分为模拟通信和数字通信两大类。数字通信是指以数字信号载荷消息的通信方式,分为基带传输和载波传输两种类型。

原始的数字信号称为基带信号,占用从直流到某一频率的频段。基带传输是指不对信号进行频谱搬移,直接在信道上进行传输;而载波传输是指将信号调制到载波上,以频带信号的形式在信道上进行传输。

数字信号调制有幅值键控(Amplitude Shift Keying,ASK)、频移键控(Frequency Shift Keying,FSK)和相移键控(Phase Shift Keying,PSK)3 种方式,其中 ASK 用数字信号调制载波的幅度,FSK 用数字信号调制载波的频率,而 PSK 则用数字信号调制载波的相位,如图 7-57 所示。

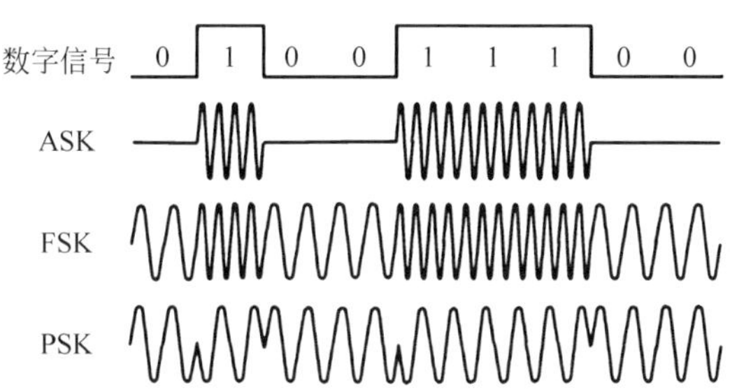

图 7-57 3 种数字信号调制方法

应用二进制序列调制载波幅度称为 2ASK,最简单的实现方法是用数字信号控制载波的通断(On-Off Keying,OOK),如图 7-57 所示。2ASK 的调制与解调相对简单,其传输带宽为基带信号带宽的 2 倍。

本节以 2021 年全国大学生电子设计竞赛 E 题(数字-模拟混合信号传输收发机)中数字信号传输系统的设计为例,讲述应用串口实现数字通信的方法。

设计如图 7-58 所示的数字-模拟信号混合传输收发机,能够无线传输数模混合信号。其中,对数字信号的传输要求如下:①在发送端,输入 4 个 0～9 的数字后存储并显示,按下发送键后对数字信号连续循环传输;②在接收端,解调出数字信号后应用 4 个数码管显示接收的数字,要求开始发送到数码管显示的响应时间不大于 2s;③发送端停止数字信号传输后,接收端数码显示延迟 5s 自动熄灭。

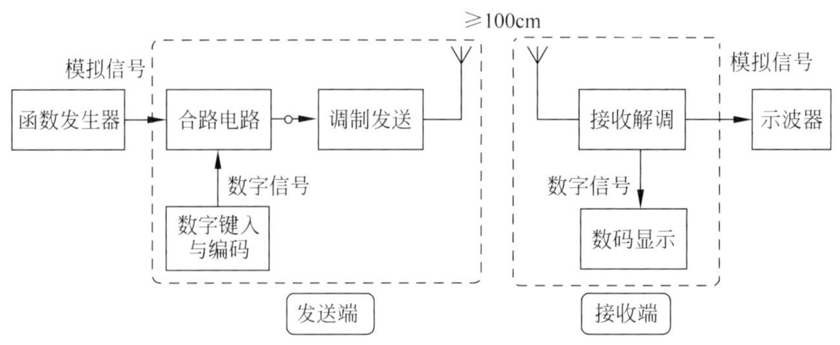

图 7-58 数字-模拟混合信号传输收发机

分析

(1) 竞赛题中定义了模拟信号占用的带宽为 50Hz～10kHz，并且要求收发机的信道带宽不大于 25kHz。因此，应用 2ASK 传输数字信号时，应将混合信号频谱限制为 10～12.5kHz，以满足信道带宽不大于 25kHz 的设计要求。

(2) 为避免传输数字-模拟混合信号发生频谱混叠，同时有利于分离数字信号和模拟混合信号，应尽量降低数字基带信号的频率，同时提高载波频率。定义基带信号的最高频率为 50Hz 时，以能够传输 10 次谐波进行计算，则载波频率最高可设置为 12kHz。

(3) 只要求传输 4 个数字，而且从开始发送到数码管显示的响应时间不大于 2s，所以对数字信号的传输速率要求不高，因此可应用串口的通信原理设计传输收发机。

UART 为通用异步收发器(Universal Asynchronous Receiver/Transmitter)，通常称为串口，其特点是通信线路简单，成本低，适用于对数字信号传输速率要求不高的应用场合。

UART 使用 DB-9 物理接口，应用两条信号线和地线就能够进行全双工通信，如图 7-59 所示。其中，TxD 为数据发送口，RxD 为数据接收端。单向传输数字信号时，只需要一条信号线和地线。

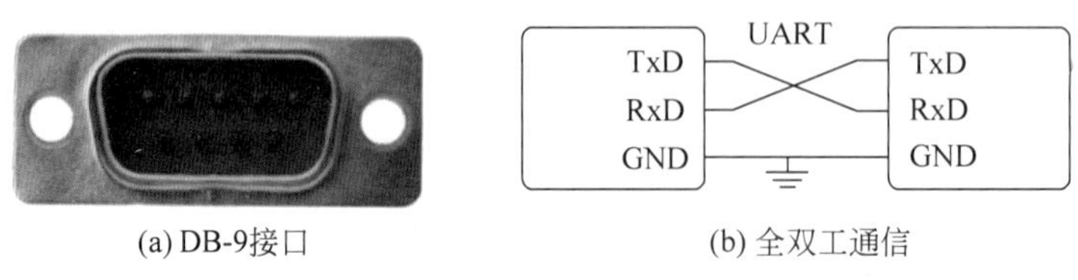

(a) DB-9接口 (b) 全双工通信

图 7-59 UART 接口

UART 支持 50，100，300，600，1200，9600，38400，19200 和 115200b/s 等多种传输速率，以适应不同的设备接口。在嵌入式系统设计中，UART 常用于主机与设备或上位机与下位机之间的字符通信。

UART 应用异步通信协议，只传输数据，不传输时钟，所以收发时需要事先约定传输速率(波特率或比特率)和数据格式，从而能够使接收数据与发送的数据相对应。UART 约定以帧(frame)为单位传输数据，数据帧格式如图 7-60 所示，由 1b 起始位(START)、5～8b 的数据位(D_0～D_7)、0～1b 奇偶校验位(PARITY)和 1～2b 停止位(STOP)构成。其中，START 恒为低电平，表示数据帧开始；STOP 恒为高电平，表示数据帧结束。在帧前和帧后，传输线为高电平，处于空闲状态。

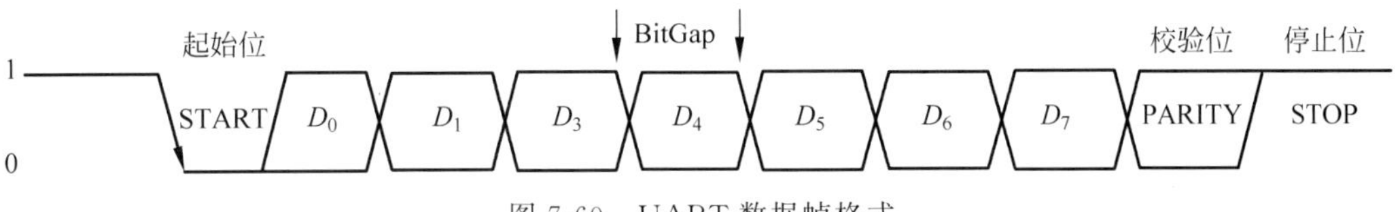

图 7-60　UART 数据帧格式

1. UART 发送模块的设计

不传输数据时，TxD 为高电平。发送模块收到发送启动脉冲后，立即将 TxD 拉低 1b 周期，表示数据帧的起始位，然后按照约定的传输速率由低到高逐位发送数据位以及奇偶校验位和停止位。一帧数据发送结束后，TxD 返回高电平。

设置传输波特率为 50Baud，并定义每帧传输 8b 数据、1b 奇偶校验位和 2b 停止位时，描述 UART 发送模块的 Verilog 代码参考如下。

```
module UART_transmitter(clk,TXstart, TX_data, Parity, TxD, TxD_busy);
  input          clk;                                    // UART 时钟
  input          TXstart;                                // 发送启动脉冲
  input [7:0]    TX_data;                                // 需要传输的数据
  input          Parity;                                 // 奇偶校验位
  output reg     TxD;                                    // 串行发送端
  output wire    TxD_busy;                               // 状态标志
  // 波特率参数和变量定义
  parameter ClkFreq = 50000000;                          // 时钟频率,50MHz
  parameter BaudRate = 50;                               // 波特率
  parameter BaudGenAccWidth = 24;                        // 分频计数位宽
  parameter BaudGenInc = ((BaudRate <<(BaudGenAccWidth - 4)) +
                          (ClkFreq >> 5))/(ClkFreq >> 4);// 计数增量
  reg [BaudGenAccWidth:0] BaudGenAcc;                    // 分频计数变量
  // 波特率脉冲定义及生成逻辑
  wire BaudTick = BaudGenAcc[BaudGenAccWidth];
  // 状态变量定义及发送忙标志逻辑
  reg [3:0] state;
  assign TxD_busy = ( state!= 0 );
  //波特率分频计数过程
  always @( posedge clk )
      if ( TxD_busy )
        BaudGenAcc <= BaudGenAcc[BaudGenAccWidth - 1:0] + BaudGenInc;
  //发送状态机描述过程
  always @( posedge clk )
      case ( state )
        4'b0000:  if(TXstart )    state <= 4'b0100;
        4'b0100:  if( BaudTick )  state <= 4'b1000;  // start
        4'b1000:  if( BaudTick )  state <= 4'b1001;  // bit 0
        4'b1001:  if( BaudTick )  state <= 4'b1010;  // bit 1
        4'b1010:  if( BaudTick )  state <= 4'b1011;  // bit 2
        4'b1011:  if( BaudTick )  state <= 4'b1100;  // bit 3
        4'b1100:  if( BaudTick )  state <= 4'b1101;  // bit 4
        4'b1101:  if( BaudTick )  state <= 4'b1110;  // bit 5
```

```
            4'b1110:  if( BaudTick )  state <= 4'b1111;    // bit 6
            4'b1111:  if( BaudTick )  state <= 4'b0011;    // bit 7
            4'b0011:  if( BaudTick )  state <= 4'b0010;    // parity
            4'b0010:  if( BaudTick )  state <= 4'b0001;    // stop1
            4'b0001:  if( BaudTick )  state <= 4'b0000;    // stop2
             default: if( BaudTick )  state <= 4'b0000;
        endcase
  //发送数据位定义及选择过程
  reg TxD_bit;
  always @ (state or TX_data or Parity )
     case ( state )
            4'b0000: TxD_bit = 1'b1;                        // idle
            4'b0100: TxD_bit = 1'b0;                        // start
            4'b1000: TxD_bit = TX_data[0];
            4'b1001: TxD_bit = TX_data[1];
            4'b1010: TxD_bit = TX_data[2];
            4'b1011: TxD_bit = TX_data[3];
            4'b1100: TxD_bit = TX_data[4];
            4'b1101: TxD_bit = TX_data[5];
            4'b1110: TxD_bit = TX_data[6];
            4'b1111: TxD_bit = TX_data[7];
            4'b0011: TxD_bit = Parity;
            4'b0010: TxD_bit = 1'b1;                        // stop1
            4'b0001: TxD_bit = 1'b1;                        // stop2
             default: TxD_bit = 1'b1;
     endcase
  //帧数据位同步输出过程
  always @( posedge clk )
      TxD <= TxD_bit;
endmodule
```

由于UART应用异步通信协议，发送端可能随时发送数据帧，因此接收端也需要随时准备接收帧数据。两个收发帧之间的空闲时间不确定，但同一数据帧内相邻比特之间的时间间隔(BitGap)由波特率决定。

2. UART接收模块的设计

不传输数据时，RxD为高电平。由于发送端可能随时发送数据帧，所以接收模块需要持续检测RxD是否跳变为低电平。当检测到RxD跳变为低电平时，表示数据帧开始，然后按照约定的传输速率和帧格式逐位接收和存储数据。一帧数据接收完成，RxD返回高电平后，接收模块需要再次持续检测RxD是否跳变为低电平。

在接收帧数据位时，最简单的方法是在每个比特位的中点处采样数据，如图7-61所示，作为该位的数值。但是，考虑到时钟扭曲、时钟抖动和传输线路噪声的影响，通常采用对每个比特位进行多次采样的方法，如采样8次或16次，以提高数据判决的准确性。多次采样数值相同则确认数据有效。

描述传输波特率为50，每个数据位采样8次的接收模块Verilog代码参考如下。

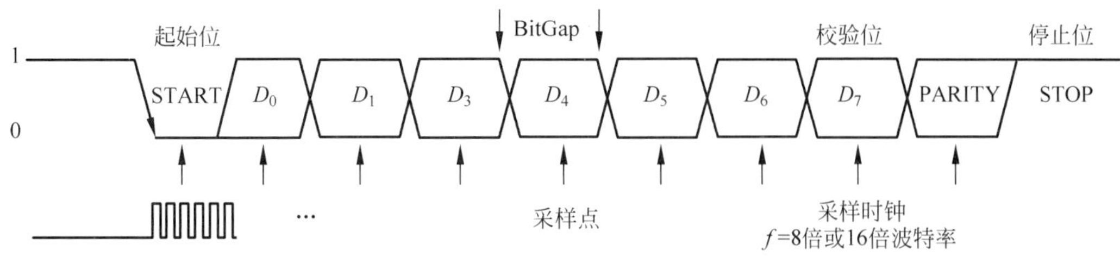

图 7-61 UART 接收采样示意图

```
module UART_receiver (
  input           clk,                                  // UART 时钟
  input           RxD,                                  // 串行接收端
  output reg [7:0] RX_data,                             // 接收数据输出
  output reg      RX_data_vld,                          // 数据有效标志
  output reg      Parity,                               // 奇偶标志
  output reg      RxD_eop,                              // 数据包结束标志
  output wire     RxD_idle                              // RxD 空闲标志
  );
  // 波特率参数定义
  parameter ClkFreq = 50000000;                         // 时钟频率,50MHz
  parameter BaudRate = 50;                              // 波特率
  parameter Baud8 = BaudRate * 8;                       // 8 次采样
  // 分频计数参数及变量定义
  parameter Baud8GenAccWidth = 21;                      // 分频计数位宽
  parameter Baud8GenInc = ((Baud8 <<(Baud8GenAccWidth - 4)) +
                     (ClkFreq >> 5))/(ClkFreq >> 4);    // 计数增量
  reg [Baud8GenAccWidth:0] Baud8GenAcc;                 // 分频计数变量
  // Baud8 分频计数过程
  always @( posedge clk )
    Baud8GenAcc <= Baud8GenAcc[Baud8GenAccWidth - 1:0] + Baud8GenInc;
  // 采样脉冲定义及生成逻辑
  wire Baud8Tick = Baud8GenAcc[Baud8GenAccWidth];
  //接收同步器定义.将 RxD 取反使空闲状态为 0 以防止启动时接收到无效数据
  reg [1:0] RxD_sync_inv;
  // 同步接收过程
  always @( posedge clk )
      if ( Baud8Tick )
        RxD_sync_inv <= { RxD_sync_inv[0], ~RxD };      // 左移存入
  // 采样次数以及接收数据位定义
  reg [1:0] RxD_cnt_inv;
  reg RxD_bit_inv;
  // 数据采样及判决过程
  always @ ( posedge clk )
    if ( Baud8Tick ) begin
        // 如果采样值为 1,并且采样次数不等于 3
        if ( RxD_sync_inv[1] && RxD_cnt_inv != 2'b11 )
            RxD_cnt_inv <= RxD_cnt_inv + 1;             // 采样次数加 1
        // 否则如果采样值为 0,并且采样次数不等于 0
```

```
        else if ( ~RxD_sync_inv[1] && RxD_cnt_inv != 2'b00 )
              RxD_cnt_inv <= RxD_cnt_inv - 1;                      // 采样次数减 1
        // 数值判决逻辑
        if ( RxD_cnt_inv == 2'b00 )                                // 如果采样计数值为 0
            RxD_bit_inv <= 0;                                      // 则接收数据为 0
        else if ( RxD_cnt_inv == 2'b11 )                           // 如果采样计数值为 3
            RxD_bit_inv <= 1;                                      // 则接收数据为 1
    end
// 状态变量及位间隔变量定义
reg [3:0] state, bit_space;
// 位间隔计数过程
always @ ( posedge clk )
    if  ( state == 0 )
        bit_space <= 0;
    else if ( Baud8Tick )
        bit_space <= {bit_space[2:0] + 1} | {bit_space[3],3'b000};
// next_bit 用于控制数据采样时刻,取决于 RxD 噪声大小,噪声很小时,取 8~11
wire next_bit = ( bit_space == 10 );
// 接收状态机描述
always @( posedge clk )
      if ( Baud8Tick )
          case ( state )
              // 如果 RXD_sync_inv 为 1,则检测到起始位,开始接收数据
              4'b0000:  if( RxD_bit_inv ) state <= 4'b1000;
              4'b1000:  if( next_bit )    state <= 4'b1001; // bit 0
              4'b1001:  if( next_bit )    state <= 4'b1010; // bit 1
              4'b1010:  if( next_bit )    state <= 4'b1011; // bit 2
              4'b1011:  if( next_bit )    state <= 4'b1100; // bit 3
              4'b1100:  if( next_bit )    state <= 4'b1101; // bit 4
              4'b1101:  if( next_bit )    state <= 4'b1110; // bit 5
              4'b1110:  if( next_bit )    state <= 4'b1111; // bit 6
              4'b1111:  if( next_bit )    state <= 4'b0011; // bit 7
              4'b0011:  if( next_bit )    state <= 4'b0010; // parity
              4'b0010:  if( next_bit )    state <= 4'b0001; // stop 1
              4'b0001:  if( next_bit )    state <= 4'b0000; // stop 2
               default:                   state <= 4'b0000;
          endcase
// 接收数据变量定义及存储过程
always @( posedge clk ) begin
    if ( Baud8Tick && next_bit && state[3] )
          RX_data <= { ~RxD_bit_inv, RX_data[7:1] };            // 右移存入
    if ( Baud8Tick && next_bit && state == 3 )
          Parity <= ~RxD_bit_inv;
    end
// 数据有效标志生成过程.接收到停止位,数据有效
always @( posedge clk )
    RX_data_vld <= ( Baud8Tick && next_bit && state == 1 && ~RxD_bit_inv);
// 间隙计数变量及过程
reg [4:0] gap_count;
always @( posedge clk )
```

```
        if ( state!= 0 )
            gap_count  <= 0;
        else if ( Baud8Tick & ~gap_count[4] )
            gap_count  <=  gap_count  +  1;
    // RxD 空闲标志逻辑,一个时钟脉冲内不再接收数据时有效
    assign RxD_idle  =  gap_count[4];
    // 数据包结束逻辑,以突发方式发送多个字符时视为一个"数据包"
    always @( posedge clk )
        RxD_eop  <=  Baud8Tick & ( gap_count == 15 );
endmodule
```

将 UART 发送模块和接收模块设计好后，就可以测试 UART 模块的功能了。

3. 收发模块的功能测试

将发送模块 UART_transmitter.v 和接收模块 UART_receiver.v 分别封装为图形符号，并建立如图 7-62 所示的 UART 收发测试电路，或者应用模块例化方式用 Verilog HDL 描述顶层测试电路，参考代码如下

```
module transceiver_tst (
    input                   iclk,
    input                   iTXstart,
    input [7:0]             iData,
    input                   iParity,
    output [7:0]            oDATA,
    output wire             oDATAvld,
    output wire             oParity,
    output wire             oRxEOP,
    output wire             oRxD_idle,
    output wire             oTxBusy);
    // 内部线网定义
    wire txd2rxd;
    // 发送模块例化
    UART_transmitter UART_transmitter_inst(
        .clk(iclk),.TXstart(iTXstart),.TX_data(iData),
        .Parity(iParity),.TxD(txd2rxd),.TxD_busy(oTxBusy));
    // 接收模块例化
    UART_receiver UART_receiver_inst(
        .clk(iclk),.RxD(txd2rxd),.RX_data(oDATA),
        .RX_data_vld(oDATAvld),.Parity(oParity),
        .RxD_eop(oRxEOP),.RxD_idle(oRxD_idle));
endmodule
```

以收发测试电路建立工程，完成编译、综合与适配以及引脚锁定后，就可以下载到 DE2-115 开发板测试收发模块的功能了。将 iTXStart、iData 和 iParity 锁定到开发板的滑动开关 SW 上，将 oDATA 锁定到开发板的 LED 上。通过拨动 iTXStart 开关发出启动脉冲，观察传输结束后接收到的数据 oDATA 与发送的数据 iData 是否相同，以验证收发模块功能的正确性。

掌握了 UART 的通信原理以及收发模块的描述方法后，下面讲述数字信号传输收发机的设计。

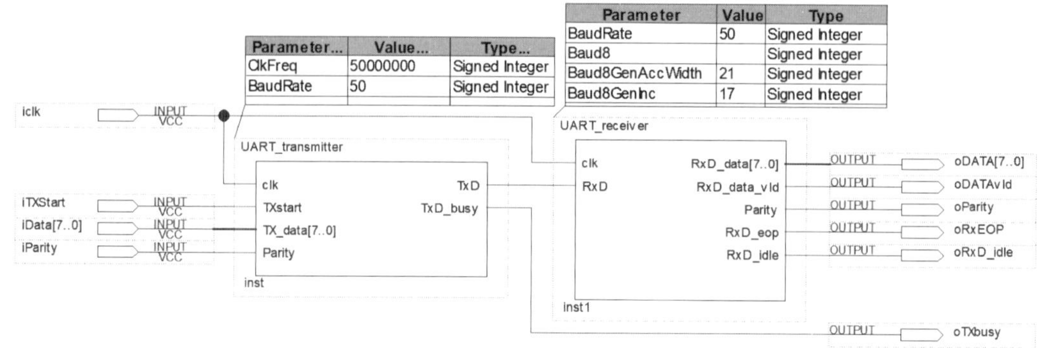

图 7-62 UART 收发测试电路

4. 发送机的设计

将需要传输的 4 个数字的 BCD 码分别用 d0、d1、d2 和 d3 表示，并将 d0 和 d1 合并为 data0 发送，将 d2 和 d3 合并为 data1 发送。同时，定义帧校验位为 0 时表示发送的数据为 data0，为 1 时表示发送的数据为 data1。定义数据帧格式中含有 2b 停止位，则每个数据帧共有 1+8+1+2=12b。选取 UART 的波特率为 50Band 时，则完成两帧数据的发送和接收共需要 2×12×2×20ms=960ms，即使考虑到发送机和接收机的时序裕量，仍然能够满足从发送数据到数码管显示数据的响应时间不大于 2s 的设计要求。

发送机的设计方案如图 7-63 所示，其中发送状态机用于控制 UART_transmitter 模块的发送数据和发送过程，载波发生器用于产生 12kHz 的方波，ASK 调制电路根据 TxD 产生 2ASK 信号。无线传输时，还需要将 2ASK 信号后调制到高频载波上进行传输。

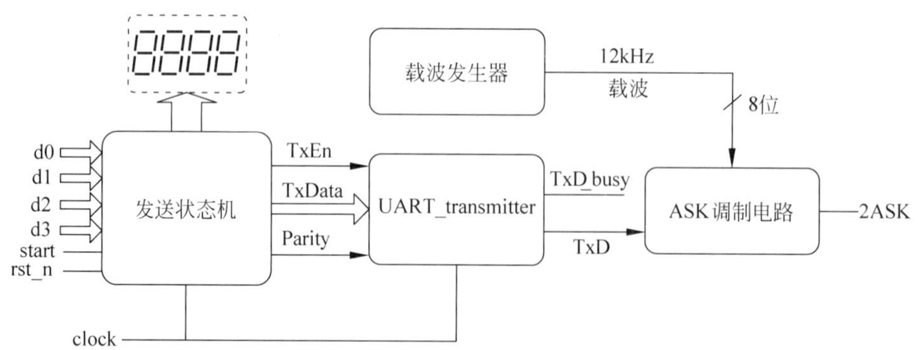

图 7-63 发送机的设计方案

根据上述设计方案，描述发送机的 Verilog 代码参考如下。

```
module transmitter_fsm (
    input clk,                                   // 时钟，50MHz
    input rst_n,                                 // 复位信号，低电平有效
    input start,                                 // 发送启动脉冲
    input [3:0] d0,d1,d2,d3,                     // 4 个数字输入
    output wire [6:0] Td0,Td1,Td2,Td3,           // 数码管段驱动信号
```

```
output wire ASKout                                        // 2ASK 序列输出
// output wire TxD                                        // 调试用
);
// 内部线网和变量定义
wire [7:0] data0 = { d0, d1 };
wire [7:0] data1 = { d2, d3 };
wire [7:0] data;                                          // 发送数据
reg  [0:7] start_reg;                                     // 同步寄存器
wire sync_start,TXstart;                                  // 同步发送信号及发送脉冲
wire TxD;                                                 // 发送数据口,调试时注销
// 启动脉冲同步过程
always @ ( posedge clk )
  start_reg <= { start, start_reg[0:6] };                 // 右移存入
// 启动脉冲生成逻辑
assign sync_start = &start_reg;
// 波特率参数、变量和线网定义
parameter ClkFreq = 50000000;                             // 时钟频率,50MHz
parameter BaudRate = 50;                                  // 波特率
parameter BaudGenAccWidth = 24;                           // 分频计数位宽
parameter BaudGenInc = ((BaudRate<<(BaudGenAccWidth-4)) +
                     (ClkFreq>>5))/(ClkFreq>>4);          // 计数增量
reg [BaudGenAccWidth:0] BaudGenAcc;                       // 分频计数变量定义
// 波特率脉冲信号定义及产生逻辑
wire BaudTick = BaudGenAcc[BaudGenAccWidth];
// 波特率分频计数过程
always @( posedge clk )
  if (sync_start )
    BaudGenAcc <= BaudGenAcc[BaudGenAccWidth-1:0] + BaudGenInc;
// 状态变量定义及状态机描述
reg [4:0] TXstate;                                        // 5 位,32 个状态
always @( posedge clk or negedge rst_n )
  if ( !rst_n )
      TXstate <= 5'd0;
  else if ( TXstate == 0 && sync_start )
       TXstate <= 5'd1;
    else if( TXstate != 0 && BaudTick )
        TXstate <= TXstate + 1'b1;
// 发送数据及启动脉冲逻辑
assign data = ~TXstate[4]? data0 : data1;
assign TXstart = ( TXstate == 5'd1 || TXstate == 5'd17 )? 1:0;
// 发送模块例化
UART_transmitter UART_transmitter_inst (
    .clk(clk),.TXstart(TXstart),
    .TX_data(data),.Parity(TXstate[4]),
    .TxD(TxD),.TxD_busy());
// 译码显示,例化 CD4511s 模块实现
CD4511s U1 (.bcd(data0[7:4]),.le(1'b0),.seg7(Td0));
CD4511s U2 (.bcd(data0[3:0]),.le(1'b0),.seg7(Td1));
CD4511s U3 (.bcd(data1[7:4]),.le(1'b0),.seg7(Td2));
CD4511s U4 (.bcd(data1[3:0]),.le(1'b0),.seg7(Td3));
```

```
    // 应用分频器生成 12kHz 载波及 ASK 输出
    parameter fpN = 4167;                          // 50MHz/12kHz≈4167
    reg [12:0] fp_cnt;                             // 13 位分频计数变量
    wire carrier;                                  // 载波
    always @ ( posedge clk or negedge rst_n )
      if ( !rst_n )
        fp_cnt <= 0;
      else if ( fp_cnt < fpN - 1 )
            fp_cnt <= fp_cnt + 1;
          else
            fp_cnt <= 0;
    assign carrier = ( fp_cnt < fpN/2 )? 0:1;     // 载波生成
    assign ASKout =   TXD ? carrier : 0;           // 2ASK 输出
endmodule
```

5. 接收机的设计

接收机的设计方案如图 7-64 所示。无线传输时，首先需要从接收到的高频调制信号中解调并滤波出 2ASK 信号，再从 2ASK 信号中解调出 RxD 送给 UART_receiver 模块以提取传输数据，接收及译码显示电路用于将接收到的两个 8 位数据 RX_data 分解为 4 个 BCD 码进行译码显示。

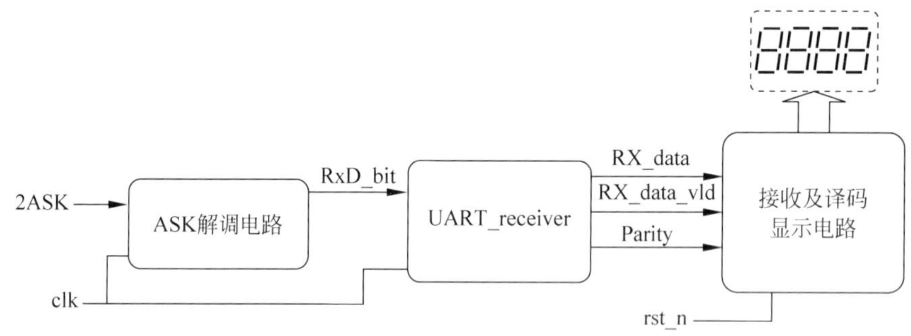

图 7-64　接收机的设计方案

2ASK 信号的解调有包络检波和相干解调两种方法。应用相干解调法时，接收机需要一个与发送端同频同相的 ASK 相干载波，否则会造成信号失真。相干载波可通过窄带滤波提取或应用锁相环产生，实现相对复杂。

包络检波法不需要相干载波，解调原理如图 7-65 所示。首先对接收到的 2ASK 信号进行整流，然后应用低通滤波器提取 ASK 信号的包络，最后在位定时脉冲的作用下，经过判决输出 RxD 序列，从而完成对 2ASK 的解调。

图 7-65　ASK 包络检波原理

包络检波法有模拟法和数字法两种实现方法。模拟法先应用包络检波器进行整流，再应用模拟低通滤波器提取 ASK 信号的包络，最后应用比较器通过位定时输出 RxD。数字法则先应用取绝对值算法实现整流，再应用数字低通滤波器提取 ASK 信号的包络，最后应用判决电路通过位定时输出 RxD。模拟方案与数字方案相比，实现相对简单得多，因此推荐应用模拟法对 2ASK 信号进行解调，这部分内容留给读者思考与实践。

根据上述设计方案，描述接收机数字部分的 Verilog 代码参考如下。

```
module receiver_fsm (
  input clk,                                  // 时钟,50MHz
  input rst_n,                                // 复位信号,低电平有效
  input RxD_bit,                              // RxD 输入
  output wire [6:0] Rd0,Rd1,Rd2,Rd3           // 数码管段驱动信号
  );
  // 内部线网和变量定义
  wire [7:0] RX_data;
  wire RX_data_vld,Parity,RxD_idle;
  wire blank_n = 1 'b1;                       // 灭灯信号,低电平有效
  reg [7:0] data0,data1;
  // UART 接收模块例化
  UART_receiver UART_receiver_inst (
      .clk(clk),.RxD(RxD_bit),.RX_data(RX_data),
      .RX_data_vld(RX_data_vld),.Parity(Parity),
      .RxD_eop(),.RxD_idle(RxD_idle));
  // 数据接收及存储过程
  always @ ( posedge RX_data_vld or negedge rst_n )
    if ( !rst_n ) begin
       data0 <= 8 'b0; data1 <= 8 'b0; end
    else if ( Parity )
           data1 <= RX_data;
        else
           data0 <= RX_data;
  // 译码显示,例化 CD4511 模块实现
  CD4511 U1 (.bcd(data0[7:4]),lt_n(1),.bi_n(blank_n),.le(0),.seg7(Rd0));
  CD4511 U2 (.bcd(data0[3:0]),lt_n(1),.bi_n(blank_n),.le(0),.seg7(Rd1));
  CD4511 U3 (.bcd(data1[7:4]),lt_n(1),.bi_n(blank_n),.le(0),.seg7(Rd2));
  CD4511 U4 (.bcd(data1[3:0]),lt_n(1),.bi_n(blank_n),.le(0),.seg7(Rd3));
endmodule
```

分别以发送机 transmitter_fsm 和接收机 receiver_fsm 建立工程，经编辑、综合与适配后封装成图形符号，并建立如图 7-66 所示的数字信号传输收发机顶层测试电路。再以顶层测试电路建立工程，经编译、综合与适配以及引脚锁定后下载到 DE2-115 开发板就可以测试传输系统的功能了。若将发送机的输出 oTxD 与接收机的输入 iRxD 相连，可以测试除 2ASK 之外传输系统的功能；若将发送机的输出 oASKout 经过包络检波后再与接收机的输入 iRxD 相连，就可以测试包括 2ASK 在内传输系统的功能了。这部分内容留给读者思考与实践。

另外，要求发送机停止数字信号传输后，接收机数码显示延迟 5s 自动熄灭时，可以修改接收机中灭灯信号 blank_n 的逻辑并添加计时电路，检测到 RxD_idle 空闲 5s 后，设置

blank_n 有效控制数码显示熄灭，直到复位信号 iRST2_n 有效时解除 blank_n 的有效状态。这部分功能同样留给读者思考与实践。

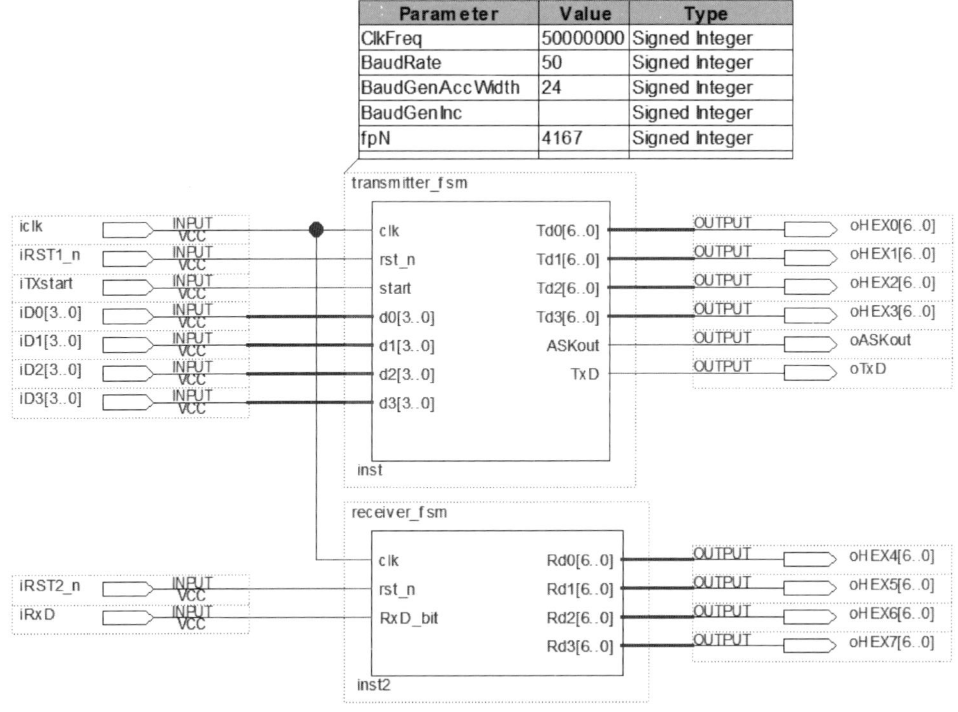

图 7-66 数字信号传输收发机顶层测试电路

本章小结

本章首先介绍 Verilog HDL 代码的编写规范、数字系统设计的基本原则以及综合与优化问题，然后重点讨论异步时序问题及其解决方案，最后结合实例讲述应用 Verilog HDL 进行数值运算的方法，以及串口数字通信的基本方法。

在基于 FPGA 的数字系统设计中，代码的质量是决定系统的功能和性能的关键因素。制定 Verilog HDL 代码的书写规范，有利于提高代码的可阅读性、可维护性和可重用性，同时易于优化综合结果，从而综合出稳定可靠的功能电路。掌握数字系统的设计原则，熟悉不同描述方法对综合电路的影响，有利于有的放矢地编写描述代码，有利于综合出功能正确、性能良好的电路模块。

在复杂数字系统设计中，不可避免地会遇到外部信号的采集以及跨时钟域数据的传输等异步时序问题，处理好异步时序，避免产生亚稳态是设计的关键。除了降低系统时钟频率和选用建立时间和保持时间更小的 FPGA 器件之外，通常应用同步寄存器处理单比特信号的跨时钟域同步问题，应用异步 FIFO 解决多比特数据的跨时钟域传输，以及改用异步复位同步释放信号提高复位信号的可靠性。

另外，在数字信号处理应用系统的设计过程中，应特别注意 Verilog HDL 关于无符号数和有符号数的运算规则。基于 Verilog-2001 标准,应用 signed 关键词将线网、变量或端口声明为有符号数据类型,从而能够高效地实现有符号数的数值运算。

串口通信是数字通信的基本方法,应用于对传输速度要求不高的应用场合。本节通过对电子设计竞赛题中数字混合信号传输收发机的设计,讲述应用 Verilog HDL 描述和实现串行通信系统的方法,以达到触类旁通的目的。

思考与练习

7-1 分别用条件语句和分支语句两种方式描述 8 线-3 线优先编码器 74HC148,查看综合后的 RTL 电路,对比两种描述方式的资源占用情况。

7-2 分别用行为描述、数据流描述和结构描述 3 种方式描述 74HC138,查看综合后的 RTL 电路,对比 3 种描述方式的资源占用情况。

7-3 画图解释触发器的建立时间和保持时间。建立时间和保持时间对触发器的输入信号有什么要求?查阅双 D 触发器 74HC74 的器件资料,说明 74HC74 的建立时间和保持时间的具体数值。

7-4 画图解释触发器的恢复时间和撤销时间。恢复时间和撤销时间对触发器的异步复位信号有什么要求?查阅双 D 触发器 74HC74 的器件资料,说明 74HC74 的恢复时间和撤销时间的具体数值。

7-5 分析应用同步电路为什么可以有效地组合逻辑电路的竞争-冒险。

7-6 简述应用流水线提高同步时序逻辑电路工作速度的原理。

7-7 什么是亚稳态?结合数字电路中 TTL 电平和 CMOS 电平的定义,说明亚稳态的电压范围。

7-8 什么是异步时序?应用哪些方法能够解决同步电路设计中的异步时序问题?

7-9 在数字系统设计中,如何处理外部输入信号的采集?

7-10 在数字系统设计中,如何解决单比特信号的跨时钟域传输?

7-11 在数字系统设计中,如何解决多比特数据的跨时钟域传输?

7-12 完成 7.4.3 节 FIR 滤波器的设计,对比应用属性语句“/* synthesis multstyle = "dsp" */”、“/* synthesis multstyle ="logic" */”和不应用属性语句对综合结果的影响。

参考文献

[1] 刘睿强，童贞理，尹洪剑. Verilog HDL 数字系统设计及实践[M]. 北京：电子工业出版社，2011.

[2] HASKELL R E，HANNA D M. FPGA 数字逻辑设计教程：Verilog[M]. 郑利浩，王荃，陈华锋，译. 北京：电子工业出版社，2010.

[3] 赵吉成，王智勇. Xilinx FPGA 设计与实践教程[M]. 西安：西安电子科技大学出版社，2012.

[4] 林灶生，刘绍汉. Verilog FPGA 芯片设计[M]. 北京：北京航空航天大学出版社，2006.

[5] 康磊，张燕燕. Verilog HDL 数字系统设计：原理、实例及仿真[M]. 西安：西安电子科技大学出版社，2012.

[6] 任爱锋，张志刚. FPGA 与 SOPC 设计教程：DE2-115 实践[M]. 2 版. 西安：西安电子科技大学出版社，2018.

[7] 何宾. EDA 原理及 Verilog 实现[M]. 北京：清华大学出版社，2010.

[8] ZWOLINSKI M. System Verilog 数字系统设计[M]. 夏宇闻，译. 北京：电子工业出版社，2011.

[9] 潘松，陈龙，黄继业. EDA 技术与 Verilog HDL[M]. 3 版. 北京：清华大学出版社，2013.

[10] BHASKER J. Verilog HDL 入门[M]. 3 版. 夏宇闻，甘伟，译. 北京：北京航空航天大学出版社，2008.

附录 A Verilog HDL 常用关键词表

APPENDIX A

关键词是 Verilog HDL 保留的用于定义语言结构的特殊标识符。在编写代码时，用户定义的标识符不能和关键词重名。

IEEE Std 1364 标准中定义的常用关键词如表 A-1 所示，按英文字母顺序排列，以方便读者学习和查找。每个/组关键词均附有简要的功能说明。

注意，所有的 Verilog HDL 关键词均用小写字母定义。

表 A-1 IEEE Std 1364 常用关键词

关 键 词	功 能 说 明
always	过程语句，其特点是反复执行。内部应用条件语句、分支语句和循环语句对 reg 变量进行赋值，以实现行为级描述
and	与门。Verilog HDL 定义的基元，具有多个输入端和一个输出端
assign	连续赋值语句。应用表达式或操作符对 wire 型线网进行赋值，以数据流方式描述组合逻辑电路
begin...end	顺序块标识，用于将多个语句组合在一起，使其形式上如同一条语句
buf	驱动器。Verilog HDL 定义的基元，具有一个输入端和多个输出端
bufif0	三态驱动器。Verilog HDL 定义的基元，具有一个输入端、一个输出端和一个三态控制端。三态控制端低电平有效
bufif1	三态驱动器。Verilog HDL 定义的基元，具有一个输入端、一个输出端和一个三态控制端。三态控制端高电平有效
case...endcase	分支语句，实现多路分支选择。用于描述译码器、数据选择器和状态机等
casex...endcase	分支语句，实现多路分支选择。分支表达式中出现的 x 和 z 与任意值匹配相等
casez...endcase	分支语句，实现多路分支选择。分支表达式中出现的 z 与任意值匹配相等
cmos	CMOS 开关。Verilog HDL 定义的基元，包含一个数据输入端、一个数据输出端和两个控制信号输入端。与数字电路中 CMOS 传输门相同
default	默认项。用于 case 语句中，表示未被列出值涵盖的分支表达式值
defparam	参数重定义语句。在层次化电路设计中，可以在上层模块中应用 defparam 语句重新定义下层模块中由 parameter 语句定义的参数值
for	循环语句。具有固定的循环次数，与 C 语言用法相同
forever	循环语句。没有循环条件，永远反复执行
fork...join	并行块标识，用于将多个语句组合在一起，使其形式上如同一条语句

续表

关 键 词	功 能 说 明
function…endfunction	函数定义语句。用于将模块中重复使用的代码段定义为函数，使描述代码更简洁，具有更好的可阅读性和可维护性
generate…endgenerate	Verilog-2001 标准新增的关键词，用于生成多个结构相同但参数不同的代码或模块。有 generate for、generate if 和 generate case 3 种应用形式
genvar	Verilog-2001 标准新增的关键词，用于定义 generate for 语句所需要的索引变量
if	条件语句。在过程语句中使用，实现行为级描述。有 if、if-else 和 if-else if 3 种应用形式
include	文件包含指令。用于将指定文件的代码复制到当前文件中，一起进行编译
initial	过程语句，其特点是只执行一次。只用于仿真中，用于对变量进行初始化和产生信号波形
inout	定义双向端口的关键词
input	定义输入端口的关键词
integer	定义整型变量的关键词
localparam	Verilog-2001 标准新增的关键词，用于定义模块中数值不可以更改的内部参数
module…endmodule	模块定义关键词。模块是构建数字系统的基本单元，由模块声明、端口定义、内部线网/变量定义和功能描述等多个部分构成
nand	与非门。Verilog HDL 定义的基元，具有多个输入端和一个输出端
negedge	定义信号下降沿的关键词
nmos	N 沟道 MOS 开关，包含一个数据输入端、一个数据输出端和一个控制信号输入端。控制信号为高电平时开关导通，否则关闭
nor	或非门。Verilog HDL 定义的基元，具有多个输入端和一个输出端
not	非门。Verilog HDL 定义的基元，具有一个输入端和多个输出端
notif0	三态反相器。Verilog HDL 定义的基元，具有一个输入端、一个输出端和一个三态控制端。三态控制端为低电平时反相器工作，否则输出为高阻状态
notif1	三态反相器。Verilog HDL 定义的基元，具有一个输入端、一个输出端和一个三态控制端。三态控制端为高电平时反相器工作，否则输出为高阻状态
or	或门。Verilog HDL 定义的基元，具有多个输入端和一个输出端
output	定义输出端口的关键词
parameter	参数定义语句。用标识符代替具体的数值，用于指定数据的位宽、参数和状态编码等参数。具有参数传递功能
pmos	P 沟道 MOS 开关，包含一个数据输入端、一个数据输出端和一个控制信号输入端。控制信号为低电平时开关导通，否则关闭
posedge	定义信号上升沿的关键词
pulldown	下拉电阻。Verilog HDL 定义的基元，表示将端口通过下拉电阻接地
pullup	上拉电阻。Verilog HDL 定义的基元，表示将端口通过上拉电阻接电源
rcmos	有通道电阻特性的 CMOS 开关。Verilog HDL 定义的基元，包含一个数据输入端、一个数据输出端和两个控制信号输入端

续表

关 键 词	功 能 说 明
real	定义实数变量的关键词。用于仿真中，表示延迟量和仿真时间等参数
realtime	定义实数型时间变量的关键词。用于仿真中，表示仿真时间
reg	寄存器变量定义关键词。寄存器变量的特点是，在某种触发机制的作用下分配到一个值后，在分配下一个值之前将一直保留原值
repeat	循环语句。具有固定的循环次数
rnmos	有通道电阻特性的 N 沟道 MOS 开关，包含一个数据输入端、一个数据输出端和一个控制信号输入端。控制信号为高电平时导通，否则关闭
rpmos	有通道电阻特性的 P 沟道 MOS 开关，包含一个数据输入端、一个数据输出端和一个控制信号输入端。控制信号为低电平时导通，否则关闭。
scalared	标量类型说明。用于定义可按位或部分位赋值的向量
signed	有符号数据类型声明。用于将 wire 线网、reg 变量、函数或模块端口定义为有符号数据类型
supply0	接地。Verilog HDL 定义的基元，用于接地(低电平)
supply1	接电源。Verilog HDL 定义的基元，用于接电源(高电平)
task...endtask	任务定义语句。将模块中重复使用的代码段定义为任务，使描述代码更简洁，具有更好的可阅读性和可维护性
time	定义时间变量关键词。用于仿真中，表示仿真时间
tran/rtran	双向开关。Verilog HDL 定义的基元，具有两个双向数据端口。tran 和 rtran 不可以关断，实现数据的无条件流动
tranif0/rtranif0	双向开关。Verilog HDL 定义的基元，具有两个双向数据端口和一个控制端口。控制信号低电平有效。当控制信号有效时开关导通，否则断开
tranif1/rtranif1	双向开关。Verilog HDL 定义的基元，具有两个双向数据端口和一个控制端口。控制信号高电平有效。当控制信号有效时开关导通，否则断开
tri	线网子类型。用于描述多个驱动源驱动的三态线网
triand	线与。对多个驱动源进行与操作
trior	线或。对多个驱动源进行或操作
unsigned	无符号数据类型声明。用于将 wire、reg、函数或模块的端口定义为无符号数据类型
vectored	向量类型说明。用于定义不能可按位赋值的向量
wand	具有线与(wire and)特性的连线定义关键词。当驱动源值为 0 时，线网为 0
while	循环语句。当循环条件满足时，执行循环体中的语句
wire	线网子类型。用于描述单个驱动源驱动的线网
wor	具有线或(wire and)特性的连线定义关键词。当驱动源值为 1 时，线网为 1
xnor	同或门。Verilog HDL 定义的基元，具有两个输入端和一个输出端
xor	异或门。Verilog HDL 定义的基元，具有两个输入端和一个输出端

图书资源支持

感谢您一直以来对清华大学出版社图书的支持和爱护。为了配合本书的使用，本书提供配套的资源，有需求的读者请扫描下方的“书圈”微信公众号二维码，在图书专区下载，也可以拨打电话或发送电子邮件咨询。

如果您在使用本书的过程中遇到了什么问题，或者有相关图书出版计划，也请您发邮件告诉我们，以便我们更好地为您服务。

我们的联系方式：

地　　址：北京市海淀区双清路学研大厦 A 座 714

邮　　编：100084

电　　话：010-83470236　010-83470237

资源下载：http://www.tup.com.cn

客服邮箱：tupjsj@vip.163.com

QQ：2301891038（请写明您的单位和姓名）

教学资源·教学样书·新书信息

人工智能科学与技术
人工智能|电子通信|自动控制

资料下载·样书申请

书圈

用微信扫一扫右边的二维码，即可关注清华大学出版社公众号。